高等学校"十一五"规划教材

# 纳米材料的制备与应用技术

### 李 群 主编

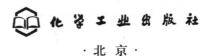

化学工业出版社

·北京·

本书首先介绍了纳米材料科学产生的背景和发展历程，继而介绍了纳米粒子、纳米材料的制备原理和方法，纳米粒子与材料的表面改性原理与方法，纳米粒子与材料的特有表征方法，纳米材料在橡塑材料、纺织材料、光学材料、磁性材料、陶瓷等无机材料、化工与催化、环境等诸多领域及相关产品中的应用原理与方法，最后介绍了纳米粒子与纳米材料的安全性问题与安全性研究方法。

本书既可作为应用化学专业本科或研究生教材及教学参考书使用，同时也适合材料、化工、纺织、印染、制药、精细化工、环保等专业的学生用作教材，亦可供相关专业工程技术、科研人员参考、使用。

**图书在版编目（CIP）数据**

纳米材料的制备与应用技术/李群主编. —北京：化学工业出版社，2008.7（2025.1重印）
高等学校"十一五"规划教材
ISBN 978-7-122-03393-2

Ⅰ. 纳…  Ⅱ. 李…  Ⅲ. 纳米材料-高等学校-教材
Ⅳ. TB383

中国版本图书馆 CIP 数据核字（2008）第 107788 号

---

责任编辑：宋林青　　　　　　　　　　文字编辑：徐雪华
责任校对：郑　捷　　　　　　　　　　装帧设计：史利平

---

出版发行：化学工业出版社（北京市东城区青年湖南街 13 号　邮政编码 100011）
印　　装：北京天宇星印刷厂
787mm×1092mm　1/16　印张 22¾　字数 593 千字　2025 年 1 月北京第 1 版第 10 次印刷

---

购书咨询：010-64518888　　　　　　　　售后服务：010-64518899
网　　址：http://www.cip.com.cn
凡购买本书，如有缺损质量问题，本社销售中心负责调换。

---

定　　价：49.80 元

主　　编：李　群

副 主 编：张　霞　李庆余　但建明　吴进怡

**编写人员**（按姓氏拼音排序）：

陈　永　但建明　韩国志　李庆余　李　群

刘　辉　刘志勇　彭桂花　王红强　王　毅

吴进怡　张　霞　赵昔慧

# 前 言

众所周知，包括纳米材料在内的先进材料是 21 世纪三大高新技术领域之一。而纳米材料与技术又是我国与世界发达国家几乎同步发展，最有可能赶超世界先进水平的技术领域之一。所以，了解或掌握纳米材料的特性、制备原理和方法以及应用技术及其研究方法对高级人才的培养具有重要现实意义。

"纳米材料"的命名出现在 20 世纪 80 年代，它是指三维空间中至少有一维处于 1～100nm 或由它们作为基体单元构成的材料，纳米材料是纳米科技发展的重要基础。1990 年在美国举办了第一届国际纳米科学技术会议，决定出版"纳米技术"、"纳米结构材料"、"纳米生物学"三种学术刊物，标志着纳米技术研究走向正规和成熟。随后，1991 年美国将纳米技术列入了"政府关键技术"，1993 年德国提出今后 10 年重点发展的 9 个关键技术领域中有 4 个涉及纳米技术；日本、欧盟等也都斥巨资用于纳米材料与纳米技术的开发；我国也将纳米材料与纳米技术列入了"863"、"973"计划和"十五"、"十一五"规划，并由科技部、国家计委、教育部、中国科学院和国家自然科学基金委员会等单位成立了全国纳米科技指导协调委员会，统筹规划全国的纳米科技研究方向。在 2001 年 7 月联合下发的《国家纳米科技发展纲要》中提出我国纳米科技在今后 5～10 年的发展主要目标是：在纳米科学前沿取得重大进展，奠定发展基础；在纳米技术开发及其应用方面取得重大突破；逐步形成精干的、具有交叉综合和持续创新能力的纳米科技骨干队伍；建立全国性的纳米科技研究发展中心和以企业为主体的产业化基地，以促进基础研究、应用研究和产业化的协调发展。在 2006 年初国务院制定的《2006～2020 年国家中长期科学和技术发展规划》中将纳米科学列入了这段时期内基础科学研究的四个主要方向之一，将纳米材料和纳米器件作为发展先进材料的重点目标。

人们之所以特别瞩目纳米材料，是因为纳米材料具有宏观材料所不具备的特殊性质，即所谓的表面效应、小尺寸效应、量子效应和宏观量子隧道效应。纳米材料的应用已渗透到军事、生物、高分子材料、电子、医疗、环境、生活日用品等几乎所有的生产和研究领域。1999 年，纳米技术逐步走向市场，全年纳米产品的营业额达到 500 亿美元，预计到 2010 年可高达 14400 亿美元。

纳米材料的制备及其应用原理和方法不仅仅适合于指导纳米材料的设计和生产，它对诸如军事、生物、高分子材料、电子、医疗、环境、生活日用品等纳米应用产品的设计和生产具有普遍的指导意义。尽管目前相关的科技书已有多种版本，但适合作为教科书的版本仍然较少。所以，作者按照教育部高教司函 [2005] 195 号中关于"十一五"国家级教材规划原则，根据教育部教学指导委员会建设"具有不同风格和特色的专业教材"的精神，依据《普通高等学校本科理工科专业规范》，组织国内部分高校编写了本部教材，旨在编写一本能满足化学、化工、应用化学及其相关专业教学要求的教科书。

本教材编写组始终本着"面向未来、质量第一"的原则进行工作，广泛听取了有关专家教授的宝贵意见，参阅了大量国内外有关教材和资料。本书的主要思路和基本要求如下：

1. 首先把纳米材料学作为一门新兴的交叉性边缘学科，介绍其诞生的背景和过程，同时重点介绍纳米学原理、纳米技术与应用，内容要能体现本科教育重理论基础教育的传统，同时体现本书学以致用、理论与实践相结合的特色。

2. 纳米产品的范围很广泛，同时考虑到各高校的优势学科和地域经济的不同，所以本书尽可能多地编入了多个领域纳米产品制备、性能与应用方法。一方面体现满足本科教育对知识的宽口径需求，另一方面也体现满足不同高校的特色方向的侧重性需求。

3. 章末编入思考题和参考资料，便于学生对重点内容的把握和练习，同时也为学生拓展知识面提供了便捷的途径。同时也体现尊重别人的知识产权。

4. 编写时注意到本书的主要适用对象是应用化学、化学、化工、材料、轻化工、环保等本科专业学生，目的是提供给他们作为专业选修课教材。所以，注重了理论知识的铺垫和应用实例与示范，便于教师易悟易教、学生易学易懂。

5. 体现创新性。作为一本教材，在内容上不一定能创新，但做到充分反映到目前为止本领域的理论基础和最新成果与研究现状。本教材在编写思路和知识组合技巧上是一种全新的尝试。

目前全国设有应用化学、化学、化工及相关专业的高等院校超过 300 所。纳米技术是21 世纪的关键高新技术之一，在上述专业的本科生中开设《纳米材料的制备与应用技术》课，对培养具有 21 世纪知识结构的人才很有必要。

本教材编写组由青岛大学（李群、赵昔慧）、东北大学（张霞、王毅）、新疆石河子大学（但建明、刘志勇）、广西师范大学（彭桂花、李庆余、王红强）、海南大学（陈永、吴进怡）、南京工业大学（韩国志）、河北师范大学（刘辉）等七所院校组成。编写分工如下：第1 章由韩国志执笔；第 2 章由吴进怡、但建明执笔，其中，2.2 由吴进怡编写，陈永对内容进行了部分修订，2.1，2.3 由但建明编写；第 3、4 章由张霞执笔，其中，第 4 章 4.1.7 由刘辉执笔；第 5 章由陈永执笔；第 6 章由李群执笔；第 7、8 章由王毅执笔；第 9 章由赵昔慧执笔；第 10 章由彭桂花执笔；第 11 章由李庆余、王红强执笔；第 12 章由刘志勇执笔，全书由李群修改统稿。

在本教材的编写过程中，参编单位的各位教授、博士付出了辛勤的劳动。在此教材即将出版之计，感谢各位编写人员的积极参与，感谢 2006～2010 年教育部化学类教学指导分委员会以及应用化学专业协作组有关专家的关心，感谢化学工业出版社的支持，也感谢参与该教材编写的有关高校的领导和专家的大力支持和帮助。

由于本教材体系在国内尚属首次建立，笔者学识有限，疏漏和不足之处在所难免，敬请各位读者批评指正，不胜感激。

《纳米材料的制备与应用技术》编写组

**2008 年 6 月**

# 目  录

第1章　纳米技术与纳米材料的由来及研究进展 ……………………………………… 1

1.1　纳米材料的涵义与特性 …………………………………………………………… 1

　1.1.1　纳米材料的涵义 …………………………………………………………… 1

　1.1.2　纳米材料的分类 …………………………………………………………… 2

　1.1.3　纳米材料的特性 …………………………………………………………… 2

　1.1.4　纳米材料的基本物理化学特性 …………………………………………… 4

1.2　纳米技术的由来与研究进展 ……………………………………………………… 6

　1.2.1　纳米技术的由来 …………………………………………………………… 6

　1.2.2　纳米技术的研究进展 ……………………………………………………… 8

1.3　几种典型的纳米材料 ……………………………………………………………… 13

　1.3.1　纳米纤维 …………………………………………………………………… 13

　1.3.2　碳纳米管 …………………………………………………………………… 15

　1.3.3　纳米二氧化钛 ……………………………………………………………… 16

思考题 ……………………………………………………………………………………… 18

参考文献 …………………………………………………………………………………… 18

第2章　纳米材料的表征方法 ……………………………………………………………… 20

2.1　纳米材料的常规表征法 …………………………………………………………… 20

　2.1.1　纳米材料的化学表征法 …………………………………………………… 20

　2.1.2　纳米材料的仪器表征法 …………………………………………………… 22

2.2　纳米材料的特有表征法 …………………………………………………………… 36

　2.2.1　透射电镜法（TEM）……………………………………………………… 36

　2.2.2　扫描电镜法 ………………………………………………………………… 41

　2.2.3　隧道扫描电镜法 …………………………………………………………… 47

　2.2.4　原子力显微镜法 …………………………………………………………… 52

2.3　纳米材料的其他表征法 …………………………………………………………… 58

　2.3.1　粒度分析法 ………………………………………………………………… 59

　2.3.2　比表面积法 ………………………………………………………………… 64

思考题 ……………………………………………………………………………………… 64

参考文献 …………………………………………………………………………………… 65

第3章　纳米粒子的制备方法 ……………………………………………………………… 67

3.1　物理方法 …………………………………………………………………………… 67

　3.1.1　气体冷凝法（气体中蒸发法）…………………………………………… 67

　3.1.2　球磨法 ……………………………………………………………………… 73

　　3.1.3　溅射法 ···························································· 76
　3.2　化学方法 ····························································· 77
　　3.2.1　化学沉淀法 ······················································ 77
　　3.2.2　溶胶-凝胶法 ····················································· 82
　　3.2.3　微乳液法 ························································ 86
　　3.2.4　高温高压溶剂热法 ················································ 88
　　3.2.5　燃烧合成法 ······················································ 89
　　3.2.6　模板合成法 ······················································ 90
　　3.2.7　电解法 ·························································· 90
　思考题 ································································· 90
　参考文献 ······························································· 90

**第4章　典型纳米材料的制备** ················································ 92
　4.1　无机纳米材料的制备 ·················································· 92
　　4.1.1　纳米二氧化钛的制备 ··············································· 92
　　4.1.2　纳米氧化锌的制备 ················································ 97
　　4.1.3　纳米氢氧化镁与氧化镁的制备 ········································ 99
　　4.1.4　纳米碳酸钙的制备 ················································ 105
　　4.1.5　纳米氧化铝和纳米氢氧化铝的制备 ····································· 111
　　4.1.6　介孔 $SiO_2$ 与纳米 $SiO_2$ 微粉的制备 ····························· 116
　　4.1.7　铁氧化物的制备 ·················································· 123
　4.2　碳纳米管的制备 ····················································· 132
　　4.2.1　碳纳米管的应用 ·················································· 133
　　4.2.2　碳纳米管的制备 ·················································· 133
　　4.2.3　定向多壁碳纳米管的制备 ··········································· 143
　4.3　生物纳米材料的制备 ·················································· 145
　　4.3.1　仿生纳米材料的设计与制备 ·········································· 145
　　4.3.2　智能纳米凝胶的合成 ··············································· 146
　　4.3.3　纳米药物载体材料的制备 ··········································· 149
　4.4　纳米金属的制备 ····················································· 150
　　4.4.1　纳米金属制备概述 ················································ 150
　　4.4.2　纳米金属的制备实例 ··············································· 152
　4.5　金属和半导体自组装有序纳米结构薄膜 ······································ 165
　　4.5.1　自然蒸发组装法 ·················································· 165
　　4.5.2　水-气界面自组装 ················································· 167
　　4.5.3　层层自组装（LBL）水溶性纳米粒子 ····································· 171
　　4.5.4　热处理自组装无机纳米粒子膜 ········································· 172
　　4.5.5　气相沉积自组装（CVD） ············································ 173
　思考题 ································································· 174
　参考文献 ······························································· 174

**第5章　纳米材料的改性** ·················································· 179
　5.1　纳米材料团聚及原因 ·················································· 180

5.2　纳米材料改性的原理 ……………………………………………………… 182
　　5.2.1　表面物理改性 ……………………………………………………… 182
　　5.2.2　表面化学改性 ……………………………………………………… 184
5.3　改性方法 …………………………………………………………………… 188
　　5.3.1　溶胶-凝胶法 ………………………………………………………… 188
　　5.3.2　沉淀法 ……………………………………………………………… 192
　　5.3.3　异质絮凝法 ………………………………………………………… 194
　　5.3.4　非均相成核法 ……………………………………………………… 195
　　5.3.5　微乳液法 …………………………………………………………… 195
　　5.3.6　化学镀 ……………………………………………………………… 197
　　5.3.7　气相沉积法 ………………………………………………………… 200
　　5.3.8　聚合物表面包覆改性 ……………………………………………… 201
　　5.3.9　纳米材料表面包碳 ………………………………………………… 205
　　5.3.10　等离子体处理法 …………………………………………………… 208
思考题 …………………………………………………………………………… 209
参考文献 ………………………………………………………………………… 209

第6章　纳米材料在纺织印染工业中的应用 …………………………………… 211
6.1　纳米材料在防辐射（防紫外）功能纺织品中的应用 …………………… 211
　　6.1.1　应用原理 …………………………………………………………… 212
　　6.1.2　应用方法与实例 …………………………………………………… 215
6.2　纳米材料在抗菌功能纺织品中的应用 …………………………………… 220
　　6.2.1　应用原理 …………………………………………………………… 221
　　6.2.2　应用方法与实例 …………………………………………………… 225
6.3　纳米材料在远红外保健功能纺织品中的应用 …………………………… 227
　　6.3.1　应用原理 …………………………………………………………… 227
　　6.3.2　应用方法与实例 …………………………………………………… 230
6.4　纳米材料在负离子保健功能纺织品中的应用 …………………………… 231
　　6.4.1　负离子及其保健作用 ……………………………………………… 231
　　6.4.2　负离子发生材料的制备 …………………………………………… 233
　　6.4.3　应用方法与实例 …………………………………………………… 234
6.5　纳米材料在芳香保健功能纺织品中的应用 ……………………………… 235
　　6.5.1　芳香的来源和医疗保健作用 ……………………………………… 235
　　6.5.2　芳香微胶囊的制备 ………………………………………………… 237
　　6.5.3　应用方法与实例 …………………………………………………… 239
6.6　纳米材料在阻燃功能纺织品中的应用 …………………………………… 240
　　6.6.1　纳米阻燃材料在阻燃功能纺织品中应用原理 …………………… 241
　　6.6.2　纳米材料在阻燃功能纺织品中应用实例 ………………………… 242
6.7　纳米材料在印染中的应用 ………………………………………………… 243
　　6.7.1　纳米颜料在喷墨印花中的应用 …………………………………… 243
　　6.7.2　纳米材料在染色工艺中的应用（染色/固色等） ………………… 246
6.8　纳米材料在疏水亲水纺织品制备中的应用 ……………………………… 248

　　6.8.1　超疏水表面与荷叶效应 ···················································· 248
　　6.8.2　超疏水性织物表面的制备原理 ··········································· 248
　　6.8.3　超双疏三防纺织品的生产实例 ··········································· 249
　思考题 ··············································································· 249
　参考文献 ············································································· 250

**第7章　纳米材料在环保中的应用** ·············································· 252
　7.1　纳米材料在废水治理方面的应用 ··········································· 252
　　7.1.1　水污染状况 ······························································· 253
　　7.1.2　纳米过滤材料在废水处理中的应用 ···································· 256
　　7.1.3　纳米光催化材料在废水处理中的应用 ································· 256
　　7.1.4　纳米吸附材料在废水处理中的应用 ···································· 262
　7.2　纳米材料在气体净化方面的应用 ··········································· 263
　7.3　处理固体垃圾 ······························································· 267
　思考题 ··············································································· 267
　参考文献 ············································································· 267

**第8章　纳米材料在光学方面的应用** ············································ 269
　8.1　红外反射材料 ······························································· 269
　8.2　光吸收材料 ································································· 271
　8.3　隐身材料 ··································································· 272
　　8.3.1　隐身技术及其发展 ······················································ 272
　　8.3.2　隐身材料及其发展 ······················································ 273
　　8.3.3　纳米隐身涂料的制备 ···················································· 276
　　8.3.4　纳米隐身涂料的发展趋势 ··············································· 276
　思考题 ··············································································· 277
　参考文献 ············································································· 277

**第9章　纳米技术在磁性材料方面的应用** ······································ 278
　9.1　概述 ········································································· 278
　9.2　几种纳米磁性材料 ························································· 278
　　9.2.1　磁记录材料 ······························································· 278
　　9.2.2　巨磁电阻材料 ···························································· 280
　　9.2.3　磁性液体材料 ···························································· 282
　　9.2.4　软磁铁材料 ······························································· 286
　思考题 ··············································································· 288
　参考文献 ············································································· 288

**第10章　纳米材料在催化方面的应用** ··········································· 290
　10.1　金属纳米粒子的催化作用 ················································ 290
　　10.1.1　超细贵金属催化剂的催化应用 ········································· 291
　　10.1.2　超细过渡金属催化剂的催化作用 ······································ 294

　　10.2　半导体纳米粒子的光催化作用 ·················································· 298
　　　10.2.1　半导体纳米粒子的光催化原理 ········································ 298
　　　10.2.2　半导体纳米粒子的应用方法与实例 ··································· 298
　　思考题 ·································································································· 302
　　参考文献 ······························································································ 302

## 第 11 章　纳米材料在精细化工方面的应用 ···································· 304
　　11.1　陶瓷增韧 ····················································································· 304
　　　11.1.1　陶瓷概述 ············································································ 304
　　　11.1.2　纳米陶瓷的性能 ··································································· 305
　　　11.1.3　纳米陶瓷的主要增韧机理 ··················································· 306
　　　11.1.4　纳米陶瓷的应用 ··································································· 307
　　11.2　纳米复合涂料 ··············································································· 309
　　　11.2.1　纳米涂料在环境领域的应用 ················································· 310
　　　11.2.2　纳米涂料在功能涂层材料领域的应用 ···································· 313
　　　11.2.3　其他领域应用方法与实例 ··················································· 315
　　11.3　纳米材料在胶黏剂工业中的应用 ······················································ 316
　　　11.3.1　纳米技术改性胶黏剂的原理 ················································· 316
　　　11.3.2　纳米材料改性胶黏剂的应用实例 ··········································· 319
　　11.4　纳米技术在化妆品方面的应用 ························································· 322
　　　11.4.1　纳米复合材料的光学性质 ··················································· 322
　　　11.4.2　应用方法与实例 ··································································· 323
　　11.5　纳米材料在化工助剂中的应用 ························································· 328
　　　11.5.1　纳米材料在塑料制品中的应用 ·············································· 328
　　　11.5.2　纳米塑料的其他性能 ··························································· 333
　　　11.5.3　纳米材料在橡胶制品中的应用 ·············································· 333
　　思考题 ·································································································· 334
　　参考文献 ······························································································ 334

## 第 12 章　纳米材料的安全性与安全性研究 ···································· 337
　　12.1　纳米材料安全性及研究意义 ···························································· 338
　　12.2　纳米材料安全性的研究方法 ···························································· 341
　　　12.2.1　毒理性研究 ········································································· 343
　　　12.2.2　病理性研究 ········································································· 347
　　12.3　其他安全性研究 ············································································ 350
　　　12.3.1　纳米毒性的修饰化学与纳米生物效应的应用 ··························· 350
　　　12.3.2　建立纳米技术的安全性评估 ················································· 350
　　　12.3.3　职业安全与卫生标准体系建设及意义 ···································· 351
　　思考题 ·································································································· 352
　　参考文献 ······························································································ 353

# 第 1 章
## 纳米技术与纳米材料的由来及研究进展

## 1.1　纳米材料的涵义与特性

### 1.1.1　纳米材料的涵义

　　纳米是一种比微米（μm）还小的长度单位，1 纳米（nm）等于 $10^{-3}\mu m$，$10^{-9}m$，即十亿分之一米，1nm 相当于头发丝直径的十万分之一。

　　"纳米材料"的命名出现在 20 世纪 80 年代，它是指三维空间中至少有一维处于 1～100nm 或由它们作为基体单元构成的材料。纳米材料又称为超微颗粒材料，由纳米粒子组成。纳米粒子处在原子簇和宏观物体交界的过渡区域，从通常的关于微观和宏观的观点看，这样的系统既非典型的微观系统亦非典型的宏观系统，是一种典型的介观系统。它具有表面效应、小尺寸效应和宏观量子隧道效应。当人们将宏观物体细分成超微颗粒（纳米级）后，它将显示出许多奇异的特性，即它的光学、热学、电学、磁学、力学以及化学方面的性质和大块固体时相比将会有显著的不同。

　　纳米材料是纳米科技发展的重要基础。纳米材料其实并不神秘和新奇，自然界中广泛存在着天然形成的纳米材料，如蛋白石（见图 1-1）、陨石碎片、动物的牙齿、贝壳、海洋沉积物等就都是由纳米微粒构成的。人工制备纳米材料的实践也已有 1000 年的历史，中国古代利用蜡烛燃烧之烟雾制成炭黑作为墨的原料和着色的染料，就是最早的人工纳米材料。如，安徽的徽墨，其颗粒就可以是纳米级的，非常非常细，从烟道里扫出来后一遍遍地筛，研制出来的墨非常均匀、饱满，写字力透纸背，墨粒子实际就是纳米颗粒。更为有趣的是，中国古铜镜镜面的防锈层经检测也是由纳米 $SnO_2$ 颗粒构成的薄膜。

图 1-1　蛋白石表面的纳米微观结构

### 1.1.2 纳米材料的分类

从不同的角度，纳米材料可以划分成以下几类：

（1）按照结构分

①零维纳米材料：该材料在空间三个维度上尺寸均为纳米尺度，即纳米颗粒，原子团簇等；②一维纳米材料：该材料在空间二个维度上尺寸为纳米尺度，即纳米丝、纳米棒、纳米管等，或统称纳米纤维；③二维纳米材料：该材料只在空间一个维度上尺寸为纳米尺度，即超薄膜、多层膜、超晶格等；④三维纳米材料，亦称纳米相材料（如，纳米介孔材料）。其结构分别如图 1-2 所示。

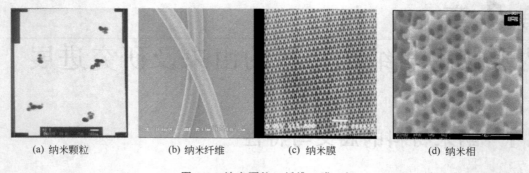

(a) 纳米颗粒　　　　　(b) 纳米纤维　　　　　(c) 纳米膜　　　　　(d) 纳米相

图 1-2　纳米颗粒、纤维、膜、相

（2）按化学组分分　可分为纳米金属、纳米晶体、纳米陶瓷、纳米玻璃、纳米高分子和纳米复合材料。

（3）按材料物性分　可分为纳米半导体、纳米磁性材料、纳米非线性光学材料、纳米铁电体、纳米超导材料、纳米热电材料等。

（4）按应用分　可分为纳米电子材料、纳米光电子材料、纳米生物医用材料、纳米敏感材料、纳米储能材料等。

（5）按纳米材料有序性分　可分为结晶纳米材料及非晶纳米材料。纳米材料可以是单晶，也可以是多晶；可以是晶体结构，也可以是准晶或无定形相（玻璃态），可以是金属，也可以是陶瓷、氧化物、氮化物、碳化物或复合材料。

### 1.1.3 纳米材料的特性

纳米材料晶粒极小，表面积特大，在晶粒表面无序排列的原子百分数远远大于晶态材料表面原子所占的百分数，晶界原子达 $15\% \sim 50\%$，导致了纳米材料具有传统固体所不具备的许多特殊基本性质，如表面效应、小尺寸效应、量子尺寸效应、宏观量子隧道效应和介电限域效应等。所有纳米材料具有三个共同的结构特点：即纳米尺度结构单元、大量的界面或自由表面以及各纳米单元之间存在着或强或弱的交互作用。

（1）小尺寸效应　当纳米微粒尺寸与光波的波长、传导电子的德布罗意波长以及超导态的相干长度或穿透深度等物理特征尺寸相当时，晶体周期性的边界条件将被破坏，声、光、力、热、电、磁、内压、化学活性等与普通粒子相比均有很大变化，这就是纳米粒子的小尺寸效应（也称体积效应）。如纳米微粒的熔点可以远低于块状金属，强磁性纳米颗粒（Fe-Co 合金等）为单畴临界尺寸时，具有高矫顽力等。通常金属纳米粒子的直径小于 10nm 时，就会失去金属光泽，事实上，所有的金属在纳米颗粒状态都呈现黑色。尺寸越小，颜色愈黑，熔点大大降低，具有高强度、高韧性、高比热、高导电率、对电磁波高吸收等特点（见表 1-1）。金属纳米颗粒对光的反射率很低，通常可低于 1%，大约几千纳米的厚度就能完全消光。利用这个特性，纳米材料可以作为高效率的光热、光电等转换材料，可以高效率地将太阳能转变为热能、电能。此外又有可能应用于红外敏感元件、红外隐身技术等。

表 1-1　金属纳米材料与固体材料的物性对比

| 材料名称 | 材料性质 | 固体材料 | 纳米材料 |
|---|---|---|---|
| Fe | 熔点/℃ | 1540 | 33 |
| Fe | 密度/(g/cm³) | 7.9 | 0.25 |
| Pd | 比热容/[J/(g·K)] | 0.24 | 0.37 |
| Cu | 热膨胀系数/×$10^{-6}$K$^{-1}$ | 16 | 31 |
| Pd | 杨氏模量/GPa | 123 | 88 |
| Sb | 磁化率 | −1 | 20 |
| Al | 临界超导温度/℃ | 1.2 | 3.2 |

（2）表面效应　纳米微粒由于尺寸小、表面积大、表面能高、位于表面的原子占相当大的比例（见表 1-2），这些表面原子处于严重的缺位状态，因此其活性极高，极不稳定，遇见其他原子时很快结合，使其稳定化。这种活性就是表面效应。用高倍率电子显微镜对直径为 2nm 的 Au 颗粒进行电视摄像，发现这些颗粒没有固定的形态，随着时间的变化会自动形成各种形状，如立方八面体、十面体、二十面体、多晶体等，它既不同于一般固体，又不同于液体，是一种准固体。在电子显微镜的电子束照射下，表面原子仿佛进入了"沸腾"状态，尺寸大于 10nm 后这种颗粒结构的不稳定性才消失，并进入相对稳定的状态。纳米颗粒的表面活性很高，在空气中金属颗粒会迅速氧化而燃烧。为防止自燃，可采用表面包覆或有意识地控制氧化速率，使其缓慢氧化生成一层极薄而致密的氧化层，确保表面稳定。利用表面活性，金属纳米颗粒有望成为新一代的高效催化剂和贮气材料以及低熔点材料。某些纳米金属粉末可作为制备动物生长素药物的新型添加剂，还可用于免疫分析。纳米材料的表面与界面效应不但引起表现原子的输运和构型变化，而且可引起自旋构像和电子能谱的变化。纳米材料的高催化活性和高反应性，以及纳米粒子容易团聚，与此有关。

表 1-2　粒子直径与表面原子数的关系

| 粒子直径/nm | 粒子中的原子数 | 表面原子的比例/% |
|---|---|---|
| 20 | 2.5×$10^5$ | 10 |
| 10 | 3.5×$10^4$ | 20 |
| 5 | 4.0×$10^3$ | 40 |
| 2 | 2.5×$10^2$ | 80 |

（3）量子尺寸效应　当粒子尺寸下降到最低值时，费密能级附近的电子能级会由准连续态变为分立能级，吸收光谱阈值向短波方向移动，这就好像一个圆锥体的麦堆，从远处看，其边缘是光滑连续的，从近处看，并不是连续的，而是一个一个的麦粒。纳米微粒的声、光、电、磁、热以及超导性与宏观特性有着显著的不同，称为量子尺寸效应。对于纳米粒子而言，当尺寸小于一定程度时，能带变得不再连续。对于多数金属纳米微粒，其吸收光谱恰好处于可见光波段，从而成为光吸收黑体；对于半导体纳米材料，可观察到谱线随微粒尺寸减小而产生蓝移现象，同时具有光学非线性效应。例如，导电的金属在纳米颗粒时可以变成绝缘体，磁矩的大小和颗粒中电子的奇偶数有关，比热容亦会出现反常变化，光谱线会产生向短波长方向的移动，这就是量子尺寸效应的宏观表现。因此，对纳米颗粒在低温条件下必须考虑量子效应，原有宏观规律已不再成立。

（4）宏观量子隧道效应　隧道效应是指微观粒子具有贯穿势垒的能力，后来人们发现一些宏观量，如磁化强度、量子相干器件中的磁通量等也具有隧道效应，称之为宏观量子隧道效应。宏观量子隧道效应和量子尺寸效应共同确定了微电子器件进一步微型化的极限和采用磁带磁盘进行信息储存的最短时间。例如，在制造半导体集成电路时，当电路的尺寸接近电子波长时，电子就通过隧道效应而溢出器件，使器件无法正常工作，经典电路的极限尺寸大概在 250nm。目前研制的量子共振隧道晶体管就是利用量子效应制成的新一代器件。

## 1.1.4　纳米材料的基本物理化学特性

纳米材料的物理、化学性质既不同于微观的原子、分子，也不同于宏观物体，纳米介于宏观世界与微观世界之间，人们把它叫做介观世界。当常态物质被加工到极其微细的纳米尺度时，会出现特异的表面效应、体积效应、量子尺寸效应和宏观隧道效应等，其光学、热学、电学、磁学、力学、化学等性质也就相应地发生十分显著的变化。在纳米世界，人们可以控制材料的基本性质，如熔点、硬度、磁性、电容，甚至于颜色，而不改变其化学成分。人们可以完全按照自己的意愿，合成具有特殊性能的新材料。

（1）电学性质　银是优良的良导体，10～15nm 的银微粒电阻突然升高，失去了金属的特征，变成了非导体，纳米金属微粒在低温会呈现电绝缘性；对用金属与非金属复合成的纳米颗粒膜材料，改变组成比例可使膜的导电性质从金属导电型转变为绝缘体；具有半导体特性的纳米氧化物粒子在室温下具有比常规的氧化物高的导电特性，因而能起到静电屏蔽作用。纳米静电屏蔽材料用于家用电器和其他电器的静电屏蔽具有良好的作用。一般的电器外壳都是由树脂加炭黑的涂料喷涂而形成的一个光滑表面，由于炭黑有导电作用，因而表面的涂层就有静电屏蔽作用。如果不能进行静电屏蔽，电器的信号就会受到外部静电的严重干扰。例如，人体接近屏蔽效果不好的电视机时，人体的静电就会对电视图像产生严重的干扰。为了改善静电屏蔽涂料的性能，日本松下公司已研制成功具有良好静电屏蔽的纳米涂料，所应用的纳米微粒有 $Fe_2O_3$，$TiO_2$，$Cr_2O_3$，$ZnO$ 等。这些具有半导体特性的纳米氧化物粒子在室温下具有比常规的氧化物高的导电特性，因而能起静电屏蔽作用。

（2）热学性能　纳米颗粒的熔点、开始烧结和晶化温度均比常规粉体的低得多。由于颗粒小，纳米微粒的表面能高、比表面原子数多，使得这些表面原子近邻配位不全，活性大以及体积远小于大块材料的纳米粒熔化所需的内能小得多，这就使得纳米微粒熔点急剧下降；纳米微粒尺寸小，表面能高，压制成块材后的界面具有高能量，在烧结中高的界面能成为原子运动的驱动力，有利于界面中的孔洞收缩，空位团的湮没，因此，在较低的温度下烧结就能达到致密化的目的，即烧结温度降低。

（3）化学活性　纳米粒子的比表面很大，表面原子数很多，使得纳米材料具有较高的化学活性。许多纳米金属微粒室温下在空气中就会被强烈氧化而燃烧；将纳米 Cr 和纳米 Cu 粒子在室温下进行压结就能够反应形成金属间化合物；无机材料的纳米粒子暴露在大气中会吸附气体，形成吸附层，因此可利用纳米粒子的气体吸附性做成气敏元件，对不同气体进行检测。

另外纳米粒子具有很高的催化活性，作为新一代催化剂备受国内外重视。作为催化剂，颗粒愈细或载体比表面愈大，催化效果愈好。纳米粒子具有无细孔，无其他成分，使用条件温和、使用方便等优点，对某些有机化合物的氢化反应，纳米级的 Ni、Cu 或 Zn 是极好的催化剂，可用来代替昂贵的 Pt 或 Pd。一般粒径为 30nm 的 Ni 可使加氢或脱氢反应速度提高 15 倍。

（4）力学性能　与传统材料相比，纳米材料的力学性能有显著的变化。常规多晶试样的

屈服应力 $H$（或硬度）与晶粒尺寸 $d$ 符合 Hall-Petch 关系，即：

$$H = H_{vo} + Kd^{-1/2}$$

其中，$H_{vo}$ 为一常数；$K$ 为一正常数。

纳米晶体材料的超细及多晶界面特征使它具有高的强度与硬度，表现为正常的 Hall-Petch 关系、反常的 Hall-Petch 关系和偏离 Hall-Petch 关系，即强度和硬度与粒子尺寸不呈线性关系。纳米材料不仅具有高强度和硬度，而且还具有良好的塑性和韧性。且由于界面的高延展性而表现出超塑性现象。从上面的公式可以看出，纳米粒子的力学性能和粒子的尺寸密切相关，粒子越小，硬度越大。

大量研究表明，纳米陶瓷材料具有超塑性性能，所谓超塑性是指材料在一定的应变速率下产生较大的拉伸应变。陶瓷材料在通常情况下呈脆性，然而由纳米超微颗粒压制成的纳米陶瓷材料却具有良好的韧性。因为纳米材料具有大的界面，界面的原子排列是相当混乱的，原子在外力变形的条件下很容易迁移，因此表现出甚佳的韧性与一定的延展性，使陶瓷材料具有新奇的力学性质。美国学者报道氟化钙纳米材料在室温下可以大幅度弯曲而不断裂。研究表明，人的牙齿之所以具有很高的强度，是因为它是由磷酸钙等纳米材料构成的。呈纳米晶粒的金属要比传统的粗晶粒金属硬 3～5 倍。至于金属-陶瓷等复合纳米材料则可在更大的范围内改变材料的力学性质，其应用前景十分广泛。

（5）纳米材料的光学性质　纳米粒子一个最重要的标志是尺寸与物理的特征量相差较大。例如，当纳米粒子的粒径与玻尔半径以及电子的德布罗意波长相当时，处于表面态的原子、电子与处于小粒子内部的原子、电子的行为有很大差别，这种表面效应和量子效应对纳米微粒的光学特性有很大的影响，甚至使纳米微粒具有同样材质的宏观大块物体不具备的新的光学特性。

① 线性与非线性性质　纳米材料的光学性质研究之一为其线性光学性质。纳米材料的红外吸收研究是近年来比较活跃的领域，主要集中在纳米氧化物、氮化物和纳米半导体材料上，如纳米 $Al_2O_3$、$Fe_2O_3$、$SnO_2$ 中均观察到了异常红外振动吸收，纳米晶粒构成的 Si 膜的红外吸收中观察到了红外吸收带随沉积温度增加出现频移的现象，非晶纳米氮化硅中观察到了频移和吸收带的宽化且红外吸收强度强烈地依赖于退火温度等现象。对于以上现象的解释基于纳米材料的小尺寸效应、量子尺寸效应、晶场效应、尺寸分布效应和界面效应。目前，纳米材料拉曼光谱的研究也日益引起研究者的关注。

纳米材料光学性质研究的另一个方面为非线性光学效应。纳米材料由于自身的特性，光激发引发的吸收变化一般可分为两大部分：由光激发引起的自由电子-空穴对所产生的快速非线性部分；受陷阱作用的载流子的慢非线性过程。其中研究最深入的为 CdS 纳米微粒。由于能带结构的变化，纳米晶体中载流子的迁移、跃迁和复合过程均呈现与常规材料不同的规律，因而其具有不同的非线性光学效应。

纳米材料非线性光学效应可分为共振光学非线性效应和非共振非线性光学效应。非共振非线性光学效应是指用高于纳米材料的共振吸收光照射样品后导致的非线性效应。共振光学非线性效应是指用波长低于共振吸收区的光照射样品而导致的光学非线性效应，其来源于电子在不同电子能级的分布而引起电子结构的非线性，电子结构的非线性使纳米材料的非线性响应显著增大。目前，主要采用 Z-扫描（Z-SCAN）和 DFWM 技术来测量纳米材料的光学非线性。此外，纳米晶体材料的光伏特性和磁场作用下的发光效应也是纳米材料光学性质研究的热点。通过以上两种性质的研究，可以获得其他光谱手段无法得到的一些信息。

② 宽频带强吸收　大块金属具有不同颜色的光泽，这表明它们对可见光范围各种颜色

（波长）的反射和吸收能力不同。当尺寸减小到纳米量级时，各种金属纳米粒子几乎都呈黑色，它们对可见光的反射率极低。

③ 蓝移现象　与大块材料相比，纳米粒子的吸收带普遍存在"蓝移"现象，即吸收带移向短波方向，利用这种蓝移现象可以设计波段可控的新型光吸收材料。

④ 其他光学性能　除上述特征外，纳米材料的荧光性能、纳米微粒强烈的反射红外线的功能、纳米微粒对紫外光很强的吸收能力等光学性能都有自己新的特点，不同于常规材料。利用其特性可制作高效光热、光电转换材料，可高效地将太阳能转化为热能、电能。此外又可作为红外敏感元件、红外隐身材料等。对纳米材料进行表面修饰后，纳米材料具有较大的非线性光学吸收系数。类似的现象在许多纳米微粒中均被观察到，这使得纳米微粒的光学性质成为纳米科学研究的热点之一。

（6）纳米材料的磁学性质　纳米粒子的小尺寸效应、表面效应、量子尺寸效应等使得它具有常规粗晶材料所不具备的磁特性。对用铁磁性金属制备的纳米粒子，粒径大小对磁性的影响十分显著，随粒径的减小，粒子由多畴变为单畴粒子，并由稳定磁化过渡到超顺磁性。这是由于在小尺寸下，当各向异性能减少到与热运动能可相比拟时，磁化方向就不再固定在一个易磁化方向上，磁化方向作无规律的变化，结果导致超顺磁性的出现。

# 1.2　纳米技术的由来与研究进展

## 1.2.1　纳米技术的由来

纳米技术是指在纳米尺寸范围内认识和改造自然，它研究 1～100nm 之间的物质组成体系的运动规律和功能特性，及其在实际生产和生活中的应用技术。其最主要的特征就是"小"。想像一下这样的可能性："强度为钢的 10 倍的材料而重量只有钢的一部分；把美国国会图书馆的所有信息缩进一个只有方糖大小的器件中；能检测出只有几个细胞大小的肿瘤"。这是美国前总统克林顿为"新国家纳米技术"做的宣传词。纳米学科领域包括纳米物理学、纳米电子学、纳米材料学、纳米机械学、纳米生物学、纳米医学、纳米信息技术、纳米制造等。

最早提出纳米尺度上科学与技术问题的科学家是著名物理学家、诺贝尔奖获得者理查德·费曼（1918～1988 年），1959 年，费曼预言，人类可以用小的机器制作更小的机器，最后将变成根据人类意愿，逐个地排列原子，制造"产品"，这是关于纳米技术最早的梦想。20 世纪 70 年代，科学家开始从不同角度提出有关纳米科技的构想。1974 年，科学家唐尼古奇最早使用纳米技术一词描述精密机械加工。1982 年，德国科学家宾宁（G. Binnig，1947～）和瑞士科学家罗勒（H. Roher，1933～）发明了研究纳米的重要工具——扫描隧道显微镜（scanning tunneling microscope，STM），使人类在大气和常温下看见原子、分子成为了现实，它是人类探索纳米世界和技术的里程碑。1989 年美国斯坦福大学搬走原子团"写"下斯坦福大学的名字，1990 年 IBM公司使用扫描探针移动 35 个原子，组成了 IBM 三个字母（见图 1-3），创造了人类最"微乎其微"

图 1-3　原子搬迁写成的 IBM 图像

的广告，纳米神话再次震惊世界。1993 年，中国科学院北京真空物理实验室也能自如地操纵原子，并成功写出"中国"二字，标志着我国开始在国际纳米科技领域占有了一席之地。

1990 年 7 月，第一届国际纳米科学技术会议在美国巴尔的摩举办，标志着纳米科学技术的正式诞生。

1991 年，碳纳米管被人类发现，它的质量是相同体积钢的六分之一，强度却是钢的 10 倍。诺贝尔化学奖得主斯莫利教授认为，纳米碳管将是未来最佳纤维的首选材料，也将被广泛用于超微导线、超微开关以及纳米级电子线路等。由此纳米碳管成为纳米技术的研究热点。

1997 年，美国科学家首次成功地用单电子移动单电子，利用这种技术可望在 20 年后研制成功速度和存贮容量比现在提高成千上万倍的量子计算机。1999 年，巴西和美国科学家在进行纳米碳管实验时发明了世界上最小的"秤"，它能够称量 $10^{-9}$ g 的物体，即相当于一个病毒的重量；此后不久，德国科学家研制出能称量单个原子重量的秤，打破了美国和巴西科学家联合创造的纪录。

1999 年，纳米技术逐步走向市场，全年纳米产品的营业额达到 500 亿美元。在世界范围内，无论是发达国家还是发展中国家，各国政府都已认识到纳米科技的发展将成为 21 世纪经济增长的新动力，因而不断加强对纳米科技研发的投入。同时，一些国家纷纷制定相关战略或者计划，投入巨资抢占纳米技术战略高地。日本设立纳米材料研究中心，把纳米技术列入新 5 年科技基本计划的研发重点；德国专门建立纳米技术研究网；美国将纳米计划视为下一次工业革命的核心，美国政府部门将纳米科技基础研究方面的投资从 1997 年的 1.16 亿美元增加到 2001 年的 4.97 亿美元。根据第三世界科学院在 2005 年 7 月发表的报告显示，美国、日本和欧盟这三大世界经济实体计划在 2005～2008 年度对纳米科技的投入分别达到 37 亿、30 亿和 17 亿美元以上，研究项目覆盖了能源、药物、微电子工业、材料、环境等众多领域。

面对世界如火如荼的纳米研究热，我国政府也同样相当重视和支持纳米技术的发展研究。2001 年，由科技部、国家计委、教育部、中国科学院和国家自然科学基金委员会等单位成立了全国纳米科技指导协调委员会，统筹规划全国的纳米科技研究方向。在 2001 年 7 月联合下发的《国家纳米科技发展纲要》中提出，今后 5～10 年我国纳米科技发展的主要目标是：在纳米科学前沿取得重大进展，奠定发展基础；在纳米技术开发及其应用方面取得重大突破；逐步形成精干的、具有交叉综合和持续创新能力的纳米科技骨干队伍。在这份发展计划中还规划了建立全国性的纳米科技研究发展中心和以企业为主体的产业化基地，以促进基础研究、应用研究和产业化的协调发展。在 2006 年初国务院制定的《2006～2020 年国家中长期科学和技术发展规划》中将纳米科学列入了这段时期内基础科学研究的四个主要方向之一，将纳米材料和纳米器件作为发展先进材料的重点目标。与纳米技术相关的重点研发项目有：纳米电子学和纳米生物学的核心技术；新功能材料的研发及工业化；发展亚微米尺度上的微纳电子机械系统。在"十五"期间，中国在纳米科学和纳米技术的研究开发中已经取得了长足的进步。由中国的研究人员撰写的与纳米科技有关的论文数以年均 30% 左右的速度增长。近年据美国《科学引文索引》核心期刊发表论文数统计显示，中国纳米科技论文总数已位居世界前列，其中不乏在《科学》和《自然》等世界著名科技期刊上发表的研究结果。据不完全统计，国内目前已有 50 多所大学，以及中国科学院的 20 多个研究所和 300 多个企业在从事与纳米科技相关的研发，并有一支来自研究所、大学和企业的 3000 多人的研究队伍。

## 1.2.2 纳米技术的研究进展

### 1.2.2.1 纳米材料

纳米科技的发展依赖于纳米材料，因此纳米材料是纳米科技的基础与核心。同时，纳米科技正在从根本上改变今后材料和器件的制造与生产方式。应用纳米科技可以从原子和分子开始制造材料和产品，即从原子、分子出发，到纳米粉末纤维和其他小结构组件，再到材料和产品。这种从小到大的制造方式，需要的材料较少，消耗能源较少，造成的污染程度较低。在纳米尺度上，通过精确地控制尺寸和组成来合成纳米结构单元，然后再将它们组合成具有独特性能和功能的较大结构，制备更轻、更强和可设计的材料。

20世纪90年代以来，准一维纳米材料的研制一直是纳米科技的前沿领域。1991年1月，日本筑波NEC实验室的饭岛澄男首次用高分辨电镜观察到碳纳米管，这些碳纳米管为多层同轴管，也叫巴基管（Bucky tube）。2000年10月，美国宾州大学研究人员在Science上发表文章称，纳米碳管的质量是相同体积钢的六分之一，却具有超过钢100倍的强度。不仅具有良好的导电性能，还是目前最好的导热材料。纳米碳管优异的导热性能将使它成为今后计算机芯片的热沉，也可用于发动机、火箭等的各种高温部件的防护材料。最新的研究表明，碳纳米管当中的空腔不仅可以充当微型试管、模具或模板，而且将第二种物质封存在这个约束空间还会诱导其具备在宏观材料中看不到的结构和行为。计算机模拟显示，封存在碳纳米管中的水能够以新的冰相存在，在合适的条件下，碳纳米管中液相和固相的明显界线将会消失，液体物质将会连续地转变成固体，而不发生明显的凝固过程。

纳米添加使传统材料改性是制备纳米材料的一个基础方法与思路。例如三氧化二铝陶瓷基板材料加入3%～5%的27nm纳米三氧化二铝，热稳定性提高了2～3倍，热导率提高10%～15%。纳米材料添加到塑料中使其抗老化能力增强，寿命提高。添加到橡胶中可以提高介电和耐磨特性。日本的新原皓一总结了几种纳米复合陶瓷的性能改善，发现纳米复合技术使陶瓷基体材料的强度和韧性提高2～5倍，工作温度提高25%～133%。

纳米颗粒的比表面积大、表面反应活性高、表面活性中心多、催化效率高、吸附能力强的优异性质使其在化工催化方面有着重要的应用。纳米粉材如铂黑、银、氧化铝和氧化铁等已直接用作高分子聚合物氧化、还原及合成反应的催化剂，大大提高了反应效率。例如，30nm的纳米Ni粉可将有机化学加氢和脱氢反应速度提高15倍。以粒径小于300nm的Ni和Cu-Zn合金超细粉末为主要成分制成的催化剂，可以使有机物氢化反应效率达到传统Ni催化剂的10倍。超细Fe、Ni、$\gamma$-$Fe_2O_3$混合轻烧结体可以代替贵金属Pt粉和WC粉而作为汽车尾气净化剂。

半导体光催化效应自发现以来，一直引起人们的重视。所谓半导体光催化效应是指在光的照射下，价带电子跃迁到导带，价带的孔穴把周围环境中的羟基电子夺过来，羟基变成自由基，成为强氧化剂。常用的光催化半导体纳米粒子有$TiO_2$（锐钛矿）、$Fe_2O_3$、CdS、ZnS、PbS、PbSe、$ZnFe_2O_4$等。半导体的光催化效应在环保、水质处理、有机物降解、失效农药降解等方面有着重要应用。例如，美国和日本将上述材料制成空心球，浮在含有有机物的废水表面上或被石油泄漏所污染的海水表面上，利用阳光进行有机物或石油的降解。在汽车挡风玻璃和后视镜表面涂覆一层纳米$TiO_2$薄膜，可以起到防污和防雾作用。还可以将纳米$TiO_2$等粉末添加到陶瓷釉料中，使其具有保洁杀菌功能，也可以添加到人造纤维中制成杀菌纤维。锐钛矿相纳米$TiO_2$微粒表面用$Cu^+$、$Ag^+$修饰，杀菌效果比单一的纳米$TiO_2$或$Cu^+$、$Ag^+$更好，在电冰箱、空调、医疗器械、医院手术室的装修等方面有着广阔的应用前景。一般常用的杀菌剂$Ag^+$、$Cu^+$等杀死细菌后，由于释放出致热和有毒的组分如内毒素，因而可能引起伤寒和霍乱。而利用 $TiO_2$ 光催化降解细菌，转化为 $CO_2$、$H_2O$ 和有机酸，不存在这个问题。利用纳米 $TiO_2$ 光催化效应可以从甲醇水溶液中提取 $H_2$。利用 Pt 化的纳米 $TiO_2$ 微粒可以使丙炔与水蒸气反应，生成可烧性的甲烷、乙烷和丙烷。Pt 化的纳米 $TiO_2$ 微粒通过光催化使醋酸分解成甲烷和 $CO_2$。为了提高光催化效率，人们还试图将纳米 $TiO_2$ 组装到多孔固体中增加比表面，或者将铁酸锌与纳米 $TiO_2$ 复合提高太阳光利用率。利用多孔有序阵列 $Al_2O_3$ 模板，在其纳米柱形孔洞的微腔内合成锐铁矿型纳米 $TiO_2$ 丝阵列，再将此复合体粘到环氧树脂衬底上，将模板去掉后，就在环氧树脂衬底上形成了纳米 $TiO_2$ 丝阵列。由于纳米丝比表面积大，比同样平面面积 $TiO_2$ 膜的接受光的能力增加几百倍，最大的光催化效率可以提高 300 多倍。

纳米科技未来的发展方向是要实现"由下而上"（bottom up）的方法来构建纳米器件。目前此方面的尝试有两类，一类是人工实现单原子操纵和分子手术，日本大阪大学的研究人员利用双光子吸收技术在高分子材料中合成了三维的纳米牛和纳米弹簧。另一类是各种体系的分子自组装技术。目前的研究对象主要集中在纳米阵列体系；纳米嵌镶体系；介孔与纳米颗粒复合体系和纳米颗粒膜。目的是根据需要设计新的材料体系，探索或改善材料的性能，目标是为纳米器件的制作进行前期准备，如高亮度固体电子显示屏，纳米晶二极管，真空紫外到近红外特别是蓝、绿、红光控制的光致发电和电子发光管等都可以用纳米晶作为主要的材料，国际上把这种材料称为"量子"纳米晶，目前在实验室中已设计出的纳米器件有 Si-$SiO_2$ 的发光二极管，Si 掺 Ni 的纳米颗粒发光二极管，用不同纳米尺度的 CdSe 做成红、绿、蓝光可调谐的二极管等。美国贝尔实验室的科学家利用有机分子硫醇的自组装技术制备直径为 $1\sim2nm$ 的单层的场效应晶体管。

另外，科学家们期望能够在材料中实现复杂的像生命一样的功能，创造出具有像生命一样行为的合成物，使材料变得聪明。比如混凝土能在内部检测到强度下降的征兆，或者能够对外来的腐蚀做出响应，并释放化学物质来抵抗腐蚀。又如期望建筑材料可以感觉天气状况并且通过改变其内部结构，使空气和湿气能够渗透，从而对天气变化做出响应。将来建筑物的舒适性和能源效率将会大大的改善，并能对敏感危害自动采取纠正或避免措施。我们还可能制造出能在任何地点、任何时间改变形状和颜色以便与环境相近的类似变色龙的伪装材料。我们还可以制造出具有自我修复功能的合金，会自动地填充、弥合并加强细微的裂纹。把塑料的分子链与陶瓷纳米粒子相结合而制成的材料将更加耐磨。在不久的将来，我们能借助纳米科技开发出许多以前在自然界中没有见过的材料。

近年来，我国在功能纳米材料研究上取得了举世瞩目的重大成果，引起了国际上的关注。一是大面积定向碳管阵列合成：利用化学气相法高效制备纯净碳纳米管技术，用这种技术合成的纳米管，孔径基本一致，约 20nm，长度约 100pm，纳米管阵列面积达到 3mm×3mm。其定向排列程度高，碳纳米管之间间距为 100pm。这种大面积定向纳米碳管阵列，在平板显示的场发射阴极等方面有着重要应用前景。这方面的文章发表在 1996 年的美国《科学》杂志上。二是超长纳米碳管制备：首次大批量地制备出长度为 $2\sim3mm$ 的超长定向碳纳米管列阵。这种超长碳纳米管比现有碳纳米管的长度提高 $1\sim2$ 个数量级。该项成果已发表于 1998 年 8 月出版的英国《自然》杂志上。英国《金融时报》以"碳纳米管进入长的阶段"为题介绍了有关长纳米管的工作。三是氮化镓纳米棒制备：首次利用碳纳米管作模板成功地制备出直径为 $3\sim40nm$、长度达微米量级的发蓝光氮化镓一维纳米棒，并提出了碳纳米管限制反应的概念。该项成果被评为 1998 年度中国十大科技新闻之一。四是硅衬底上碳纳米管阵列研制成功，推进碳纳米管在场发射平面和纳米器件方面的应用。五是一维纳米丝和纳米电缆：应用溶胶-凝胶与碳热还原相结合的新方法，首次合成了碳化钽（TaC）纳

米丝外包覆绝缘体 $SiO_2$ 和 TaC 纳米丝外包覆石墨的纳米电缆，当前在国际上仅少数研究组能合成这种材料。该成果研究论文在瑞典召开的 1998 年第四届国际纳米会议宣读后，许多外国科学家给予高度评价。六是用苯热法制备纳米氮化镓微晶；发现了非水溶剂热合成技术，首次在 300℃ 左右制成粒度达 30nm 的氮化锌微晶。还用苯合成制备氮化铬（CrN）、磷化钴（$Co_2P$）和硫化锑（$Sb_2S_3$）纳米微晶，论文发表在 1997 年的《科学》杂志上。七是用催化热解法制成纳米金刚石；在高压釜中用中温（70℃）催化热解法使四氯化碳和钠反应制备出金刚石纳米粉，论文发表在 1998 年的《科学》杂志上。被高度评价为"稻草变黄金"。

### 1.2.2.2　纳米电子学

纳米技术发展的一个主要动力来自电子工业。纳米电子学的目标是将集成电路的几何结构进一步减小，超越目前发展中遇到的极限，从而使其功能密度和数据通过量率达到目前难以想象的水平。这个目标的实现不仅需要对器件的概念进行革新，而且为了克服相互连接的限制，需要发展全新的集成电路块制作方法。在纳米尺度上，传统的晶体管工作所遵循的物理规律不再适用，新的物理效应将会出现。利用纳米电子学可发展新颖的量子器件，像共振隧道二极管、量子激光器和量子干涉器件等，到那时人类或许会进入到"量子王国"。纳米电子学另一个诱人的研究方向是发展分子电子器件和生物分子器件，它仍完全以分子组合为基础，是一种完全摒弃了以硅半导体为基础的电子。

未来所有的纳米电子器件都将具有更小（集成度更高）、更快（响应速度更快）、更冷（单个器件的功耗更小、温升低）的特点。如果记录媒体采用纳米层和纳米点的形式，1000张 CD 盘中的信息就可能存储到一个手表大小的存储器中。除了存储量千百倍甚至百万倍地增加外，计算机的速度也将大幅度提高。传送电磁信号（包括无线电信号和激光信号）的器件将变得更加小巧而功能却更加强大。任何人、任何物体都将可能在任何时间、任何地点与未来的互联网相连。而将来的互联网更像是一个无处不在的信息环境，而不仅仅是一个计算机网络。

美国半导体工业协会（SIA）制定一个关于信息处理器件在小型化、速度和功耗方面不断改善的技术发展线路。这些信息处理器件包括用于信号获取的纳米传感器，用于信号处理的逻辑器件，用于数据记忆的存储器，用于可视化的显示器和用于通讯的传输器件。根据 SIA 的预测，大概到 2010 年，半导体芯片可以达到 100nm 的精度，与纳米结构器件相距不远。实际上，1999 年，美国加州大学与惠普公司合作已经研制成功 100nm 的芯片。1998年，美国明尼苏达大学和普林斯顿大学制出了量子磁盘。

目前，利用纳米技术已经研制成功多种纳米器件。单电子晶体管，红、绿、蓝三基色可调谐的纳米发光二极管以及利用纳米丝、纳米棒制成的微型探测器已经问世。日本日立公司成功研制出单个电子晶体管，它通过控制单个电子运动状态来完成特定功能，即一个电子就是一个具有多功能的器件。美国威斯康星大学已制造出可容纳单个电子的量子点。在一个针尖上可容纳几十亿个这样的量子点。利用量子点可制成体积小、耗能低的单电子器件，在微电子和光电子领域将获得广泛应用。此外，若能将几十亿个量子点连结起来，每个量子点的功能相当于大脑中的神经细胞，再结合微细加工工艺，它将为研制智能型微型电脑带来希望。日本 NEC 研究所已经拥有制作 100nm 以下的精细量子线结构技术，并在 GaAs 半导体衬底上成功制作了具有开关功能的量子点阵列。美国也已经成功研制出尺寸只有 4nm 的具有开关特性的纳米器件，由激光驱动，并且开、关速度很快。

利用纳米磁学中显著的巨磁电阻效应（giant magnetoresistance，GMR）和很大的隧道磁电阻（tunneling magnetoresistance，TMR）现象研制的读出磁头将磁盘记录密度提高 30

多倍，瑞士苏黎世的研究人员制备了 Cu、Co 交替填充的纳米丝，利用其巨磁电阻效应制备出超微磁场传感器。磁性纳米微粒由于粒径小，具有单磁畴结构，矫顽力很高，用作磁记录材料可以提高信噪比，改善图像质量。1997 年，明尼苏达大学电子工程系纳米结构实验室采用纳米平板印刷术成功地研制了纳米结构的磁盘，长度为 40nm 的 Co 棒按周期性排列成的量子棒阵列。由于纳米磁性单元是彼此分离的，因而称为量子磁盘。它利用磁纳米线阵列的存储特性，存贮密度可达 400Gb/in² 。利用铁基纳米材料的巨磁阻抗效应制备的磁传感器已问世，包覆了超顺磁性纳米微粒的磁性液体也被广泛用在宇航和部分民用领域作为长寿命的动态旋转密封。

### 1.2.2.3　纳米医学

生命系统是由纳米尺度上的分子行为所控制的，如生物体内的 RNA 蛋白质复合体，其线度在 15～20nm 之间，并且生物体内的核酸、类脂物、碳氢化合物、多种病毒等，也是纳米粒子。

细胞中的细胞器和其他的结构单元都是执行某种功能的"纳米机械"，细胞就像一个个"纳米车间"，植物中的光合作用等都是"纳米工厂"的典型例子。细胞中的每一个酶蛋白分子就是一个个活生生的纳米机器人，酶蛋白构象的变化使酶分子不同结构域之间发出的动作就像是微型人在移动和重新安排被催化分子的原子排列顺序。细胞中的所有结构单元都是执行某种功能的微型机器；核糖体是按照基因密码的指令安排氨基酸顺序制造蛋白质分子的加工器；高尔基体是给新制造的蛋白质分子进行加工修饰的加工厂；加工好的蛋白质可以按照信号肽的指令由膜囊泡运送到确定的部位发挥功能；完成了功能使命的蛋白质还会被贴上标签送去水解成氨基酸并重新用于新蛋白质的合成。

纳米微粒的尺寸常常比生物体内的细胞、红血球还要小，这就为医学研究提供了新的契机。将包裹有纳米粒子的智能药物注入到血液中，输送到病灶细胞，为药物传播开辟了一个崭新的途径，也极大地增强了药物治疗的效力。纳米管可以吸取药物分子，并且在一定的时间内缓慢释放，使可控药剂成为现实。目前已得到较好应用的实例有：利用纳米 SiO₂ 微粒实现细胞分离的技术，纳米微粒，特别是纳米金（Au）粒子的细胞内部染色，表面包覆磁性纳米微粒的新型药物或抗体进行局部定向治疗等。

生物芯片包括细胞芯片、蛋白质芯片（生物分子芯片）和基因芯片（即 DNA 芯片）等，都具有集成、并行和快速检测的优点，已成为纳米生物工程的前沿科技。将直接应用于临床诊断，药物开发和人类遗传诊断。植入人体后使人们随时随地都可享受医疗，而且可在动态检测中发现疾病的先兆信息，使早期诊断和预防成为可能。

纳米技术应用于基因治疗是纳米生物技术最令人振奋的领域，主要包括基因改性和基于 DNA 分子的有序组装与生物有序结构模拟的仿生两方面。在基因改性治疗技术方面，可以应用隧道扫描显微镜获得蛋白质、核酸分子的图像，在微小空间将 DNA 分子变构、重新排列碱基序列等。

在 DNA 纳米仿生制造方面，是利用 DNA 复制过程中碱基互补法则的专一性、碱基的单纯性、遗传信息的多样性及双螺旋结构的拓扑靶向性，结合纳米技术，操纵单个原子、分子，制出与生命过程中每一个环节相类似的具有各种功能的纳米有机 2 无机复合机器。采用纳米材料作为基因传递系统具有显著优势。有报道说利用纳米技术可使 DNA 通过主动靶向作用定位于细胞，将质粒 DNA 浓缩至 50～200nm 大小且带上负电荷，促进其对细胞核的有效进入。

但是，我们不能忽略纳米材料本身对生物体的负面影响。2003 年 4 月，Science 首先发表文章讨论纳米材料与生物环境相互作用可能产生的生物效应问题。随后，Nature 和 Science 杂志在 1 年内，先后 4 次发表编者文章，美国化学会以及欧洲许多学术杂志也纷纷发表文章，与各个领域的科学家们探讨纳米生物效应，尤其是纳米颗粒对人体健康、生存环境和社会安全等方面是否存在潜在的负面影响，即纳米生物环境安全性问题。纳米生物效应的研究结果给化学领域提出了新的方向——降低乃至消除纳米毒性的修饰化学。对负纳米生物效应的纳米分子进行化学修饰，在保持其功能特性的同时消除其毒性。

目前对纳米负面生物效应发表的研究数据还很少，更没有任何一类纳米材料的系统性研究数据，这方面的工作仍然需要较长时间的积累和发展，建立完善的研究体系。

### 1.2.2.4　纳米军事

纳米技术将对国防军事领域带来革命性的影响。例如：纳米电子器件将用于虚拟训练系统和战场上的实时联系；化学、生物、核武器上的纳米探测系统；新型纳米材料可以提高常规武器的打击与防护能力；由纳米微机械系统制造的小型机器人可以完成特殊的侦察和打击任务；纳米卫星可用一枚小型运载火箭发射千百颗，按不同轨道组成卫星网，监视地球上的每一个角落，使战场更加透明。而纳米材料在隐身技术上的应用尤其引人注目。

美国国防部 10 多年前就清楚地认识到纳米技术的重要性，在对发展纳米科技的支持上一直起着重要的作用，每年投入 3500 万美元用于研制纳米新武器。通过先进的纳米电子器件在信息控制方面的应用，将使军队占据信息上的优势，在预警、导弹拦截等领域做出快速反应。通过纳米机械学、微小机器人的应用，无人驾驶战斗机由于不存在驾驶员受加速度力的限制，将提高部队的灵活性和增加战斗的有效性。用纳米和微米机械设备控制，国家核防卫系统的性能将大幅度提高。通过纳米材料技术的应用，可使武器装备的耐蚀性、吸波性和隐蔽性大大提高，可用于舰船、潜艇和战斗机等。1991 年海湾战争中，美国第一天出动的战斗机就躲过了伊拉克严密的雷达监视网，迅速到达首都巴格达上空，直接摧毁了电报大楼和其他军事目标，在历时 42 天的战斗中，执行任务的飞机达 1270 架次，使伊军 95% 的重要军事目标被毁，而美国战斗机却无一架受损。这场高技术的战争一度使世界震惊。为什么伊拉克的雷达防御系统对美国战斗机束手无策？为什么美国的导弹击中伊拉克的军事目标如此准确？空对地导弹击中伊拉克的坦克为什么有极高命中率？一个重要的原因就是美国战斗机 F117A 型机身表面包覆了红外与微波隐身材料，它具有优异的宽频带微波吸收能力，可以逃避雷达的监视。而伊拉克的军事目标和坦克等武器没有防御红外线探测的隐身材料，很容易被美国战斗机上灵敏红外线探测器所发现，通过先进的激光制导武器很准确地击中。

美国 F117A 型飞机蒙皮上的隐身材料就含有多种超微粒子，它们对不同波段的电磁波有强烈的吸收能力。为什么超微粒子，特别是纳米粒子对红外和电磁波有隐身作用呢？主要原因有两点：一方面由于纳米微粒尺寸远小于红外及雷达波波长，因此纳米微粒材料对这种波的透过率比常规材料要强得多，这就大大减少波的反射率，使得红外探测器和雷达接收到的反射信号变得很微弱，从而达到隐身的作用；另一方面，纳米微粒材料的比表面积比常规粗粉大 3~4 个数量级，对红外光和电磁波的吸收率也比常规材料大得多，这就使得红外探测器及雷达得到的反射信号强度大大降低，因此很难发现被探测目标，起到了隐身作用。

美国科学家运用纳米技术研制智能战斗服已经有 10 多个年头。他们除了希望战斗服的面料具有化学防护功能外，还设想在战斗服内安装微型计算机和高灵敏度的传感器。这样，士兵将及时地得到警报，轻松避开射来的子弹。在他们的设想中，智能战斗服还能监控周围环境的重要变化，像变色龙一样具有伪装能力，与周围环境融为一体。基于纳米电子学的更加先进的虚拟现实系统使军事训练变得更加经济、高效；利用昆虫作平台，把分子机器人植入昆虫的神经系统中，控制昆虫飞向敌方收集情报，使目标丧失功能。

除此之外，纳米技术在军事方面的应用还有以下几种构思在不远的将来也会成为现实：

(1)"麻雀"卫星　美国于 1995 年提出了纳米卫星的概念。这种卫星比麻雀略大,重量不足 10kg,各种部件全部用纳米材料制造,采用最先进的微机电一体化集成技术整合,具有可重组性和再生性,成本低、质量好、可靠性强。一枚小型火箭一次就可以发射数百颗纳米卫星。若在太阳同步轨道上等间隔地布置 648 颗功能不同的纳米卫星,就可以保证在任何时刻对地球上任何一点进行连续监视,即使少数卫星失灵,整个卫星网络的工作也不会受影响。

(2)"蚊子"导弹　由于纳米器件比半导体器件工作速度快得多,可以大大提高武器控制系统的信息传输、存储的处理能力,可以制造出全新原理的智能化微型导航系统,使制导武器的隐蔽性、机动性和生存能力发生质的变化。利用纳米技术制造的形如蚊子和微型导弹,可以起到神奇的战斗效能。纳米导弹直接受电波遥控,可以神不知鬼不觉地潜入目标内部,其威力足以炸毁敌方火炮、坦克、飞机、指挥部和弹药库。

(3)"苍蝇"飞机　这是一种如同苍蝇般大小的袖珍飞行器,可携带各种探测设备,具有信息处理、导航和通信能力。其主要功能是秘密部署到敌方信息系统和武器系统的内部或附近,监视敌方情况。这批纳米飞机可以悬停、飞行,敌方雷达根本发现不了它们。据说它还适应全天候作战,可以从数百千米外将其获得的信息传回己方导弹发射基地,直接引导导弹攻击目标。

(4)"蚂蚁士兵"　这是一种通过声波控制的微型导弹人。这些机器人比蚂蚁还要小,但具有惊人的破坏力。它们可以通过各种途径钻进敌方武器装备中,长期潜伏下来。一旦启用,这些"纳米士兵"就会各显神通:有的专门破坏敌方电子设备,使其短路、毁坏;有的充当爆破手,用特种炸药引爆目标;有的施放各种化学制剂,使敌方金属变脆、油料凝结或使敌方人员神经麻痹、失去战斗力。

# 1.3　几种典型的纳米材料

## 1.3.1　纳米纤维

具有高表面积的多孔材料已在许多领域中获得了应用。而纳米纤维以其超高的比表面积,在众多领域中显示了它强大的潜在生命力。与传统的刚性多孔材料不同,纳米纤维良好的柔性和延展性,大大增强了其孔径和形貌的可控性(见图 1-4)。

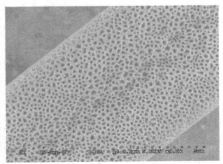

图 1-4　电纺纳米纤维

采用同轴毛细管喷射装置,电纺两种互不相容的液体,然后选择性的去掉内核而得到了中空纳米纤维(见图 1-5)。纤维的直径和壁厚还可以通过内外层液体的流速来控制。这种

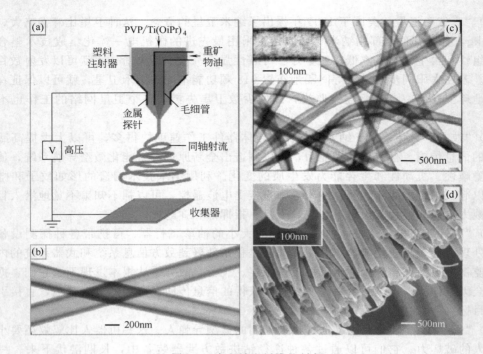

图 1-5　中空纳米纤维的制备

（a）制备核壳结构纤维的电纺装置示意图；（b）矿物油/（TiO₂/PVP）核壳结构 TEM 图；

（c）空气中 500℃煅烧得到的 TiO₂ 中空纳米纤维 TEM 图；（d）平行

电极收集装置得到的定向 TiO₂ 中空纳米纤维

中空纳米纤维将有望应用于微流控装置和光波传导领域。

聚合物纳米纤维用于生物医学是目前研究的热点。主要有以下几个方面。

（1）功能性膜　由电纺技术植被纳米纤维膜，该纤维膜可作为药物缓释材料，同时改变材料的组成、纤维直径等可有效控制生物材料的降解速度，并通过实验证实电纺制得的纳米纤维膜有防粘连的效果。Smith Daniel 等利用静电纺丝原理设计了一种医用设备，可以直接将降解高分子材料喷在伤口上，形成一层纤维包覆膜。该膜不但能促进皮肤生长，而且伤口愈合后没有疤痕。

（2）细胞支架　静电纺丝形成的纳米纤维结构能够基本满足组织工程支架的要求即支撑并引导细胞增殖。Li 用静电纺丝法制备了乙交酯/丙交酯共聚物细胞支架，他认为其结构与天然组织细胞外基质类似，具有多孔性、宽的孔径分布和良好的力学性能。

（3）仿生材料　人造血管的多孔性和顺应性能影响组织反应，多孔的人造血管有利于宿主组织的长入，使其内壁能更好的内膜化。利用静电纺丝技术，用聚氨酯、聚四氟乙烯等原料，获得的复层人造血管柔顺性好，孔隙率高，力学性能优良。从生物学角度看，人体几乎所有的器官，如骨、牙周组织、胶原、皮肤和软骨等都是以纳米级纤维形式存在。静电纺丝能够制备纳米级的仿生纤维，具有广阔的发展前景。

（4）细胞载体　Chu 等将骨细胞包埋在电纺制备的双层聚乳酸纤维膜中，形成纤维膜/细胞/纤维膜结构。结果发现这种结构浸在液氮后能保持完整，没有变脆。同时纤维膜的孔状结构有利于细胞释放，保持细胞活性。

此外，基于纳米纤维所具有的独特性能，研究人员提出其应用的十多个领域，除以上涉及的几个方面外还包括太阳帆、光帆以及在太空使用的镜面、植物杀虫剂方面、纳米导体、纳米电气应用，如场效应晶体管、超小型天线、化学催化剂装置和燃料电池的储氢罐等。

纳米纤维的应用领域如图 1-6 所示。

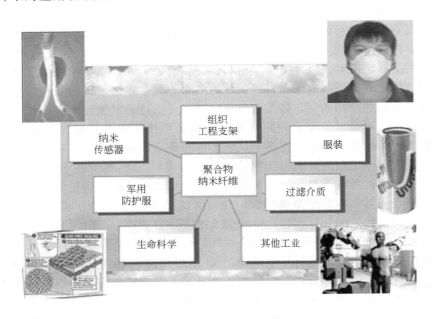

图 1-6　纳米纤维的应用领域

## 1.3.2　碳纳米管

　　碳纳米管（CNTs）是一类新型碳材料。近十几年来，碳纳米管一直是世界科学研究的热点。碳纳米管是由片层结构的石墨卷成的无缝中空的纳米级同轴圆柱体，圆柱体两端各有一个由半个富勒烯球体分子形成的"帽子"（见图 1-7），一般可分为由一层石墨组成的单壁碳纳米管和由多层石墨同轴组成的多壁碳纳米管两种。碳纳米管具有管小、长径比大的特点，使其具有优异的性能。是一种世人瞩目的新型材料。例如，多壁碳纳米管的平均杨氏模量约为 1800GPa，是钢的 100 倍，弯曲强度可达 14.2GPa，所存应变能达 100keV，显示出超强的力学性能，而密度仅为的1/6，是有史以来力学性能最好的材料之一。Comwell 等通过计算发现，碳纳米管在受力时，可以通过出现五边形和七边形对来释放应力，表现出良好的自润滑性能，这些为碳纳米管自润滑性能的应用展示了美好的前景。碳纳米管受其几何形状的限制，在垂直于管轴方向的热膨胀几乎为零。大面积定向生长的碳纳米管可以用来制备场发射管，碳纳米管有两个独特优异的电学性能，一个

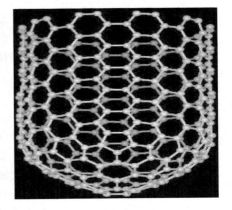

图 1-7　单壁碳纳米管

是场发射性质，另一个是碳纳米管的二重电性质。这两个独特的电学性能使得这种新型材料在微电子学上具有好的应用前景。场致发射是电磁学研究的重要技术之一，这是因为这类器件有着十分广泛的应用领域，如可用来制造显像管、扫描电子显微镜、高能电子武器，设计制作灵敏开关、超高频振荡器、场致发射平板显示器。由于碳纳米管顶端可以做得极为尖

锐，因此可以在比其他材料更低的激发电场作用下发射电子，并且由于强的碳碳结合键，使碳纳米管可以长时间工作而不损坏，具有极好的场致电子发射性能。这一性能可用于制作平面显示装置使之更薄，更省电。

碳纳米管具有如此优秀的力学性能，是一种绝好的纤维材料，它的性能优于当前的任何纤维，它既具有碳纤维的固有性质，又具有金属材料的导电导热性，陶瓷材料的耐热耐蚀性，纺织纤维的柔软可编性，以及高分子材料的轻度易加工性，是一种一材多能和一材多用的功能材料和结构材料，可望应用于材料领域的多个方面。在纳米机械方面，已经制成了纳米秤。纳米秤与悬挂的钟摆相似，弯曲常数是已知的，通过测量振动频率，可以测出粘接在悬壁梁一端的颗粒的质量，这个原理同样适用于测量粘接在碳纳米管自由端顶部的微小质量。这是最新发现的纳米秤，也是世界上最敏感的和最小的衡器。有专家认为，此纳米秤将可以用来衡量大生物分子的质量和生物颗粒（例如病毒），还可能导致一种纳米质谱仪的产生。碳纳米管作为探针型电子显微镜等的探针，是碳纳米管最接近商业化的应用之一。碳纳米管纳米级的直径使其制备的显微镜探针，比传统的 Si 或 $Si_3N_4$ 金字塔形状的针尖分辨率更高；碳纳米管具有较大的长径比，比传统的金字塔形状的针尖探测深度高，可以探测狭缝和深层次的特性。另外，碳纳米管弹性弯曲性好，可以避免损坏样品及探针针尖；并且可以对碳纳米管的端部有选择性地进行化学修饰，制备分析有机和生物样品官能团的探针针尖。由于碳纳米管探针针尖的优良特性，所以近年来有关该领域的研究成为热门话题之一。

同时，碳纳米管是一种极有潜力的储氢材料，碳纳米管由于其管道结构及多壁碳管之间的类石墨层空隙，使其成为最有潜力的储氢材料，成为当前研究的热点。关于碳纳米管的储氢性能，各国科学家们已经做出了很多工作。经研究发现，重约 500mg 的单壁碳纳米管室温储氢量可达 41.2%（质量分数），并且 78.13% 的存储氢在常温下可释放出来，剩余的氢加热后也可释放出来，这种单壁碳纳米管可重复利用。这一成果为储氢材料的研究开辟了广阔的前景。纳米碳管是一种极具发展前途的储氢材料，有望推动和促进氢能利用，特别是氢能燃料电池汽车的早日实现。然而对碳纳米管储氢的研究起步较迟，还有许多方面，如循环特性、储氢热力学和动力学行为、如何进一步提高其质量储氢容量和体积储氢容量、储放氢机理等，需要进行深入细致的研究，目前国内外的科学家们也正在为之努力。

总而言之，碳纳米管作为一种新型纳米材料在许多领域有着重要的应用前景，是 21 世纪最有前途的纳米材料之一。诺贝尔化学奖得主斯莫利教授认为，纳米碳管将是未来最佳纤维的首选材料，也将被广泛用于超微导线、超微开关以及纳米级电子线路等。

### 1.3.3　纳米二氧化钛

纳米二氧化钛（$TiO_2$）作为一种新型光催化剂、抗紫外线剂、光电效应剂等，以其神奇的功能，将在抗菌防霉、排气净化、脱臭、水处理、防污、耐候抗老化、汽车面漆等领域显示广阔的应用前景。随着其产品工业化生产和功能性应用发展的日趋成熟，它在环境、信息、材料、能源、医疗与卫生等领域的技术革命中将起到不可低估的作用。纳米二氧化钛分为锐钛型和金红石型两种晶型，外观均为白色粉末。其中锐钛型主要用做光催化剂，文献中关于锐钛型二氧化钛的光催化活性的研究较多。它是以纳米二氧化钛掺杂某些金属或金属氧化物制成的纳米级粉体。当用 $\lambda \leqslant 388nm$ 的紫外光照射锐钛型 $TiO_2$ 时，电子从价带激发到导带上，在价带上留下空穴，形成光生电子-空穴对：$e^- - h^+$。电子和空穴可分别被氧化剂和还原剂所捕获（见图 1-8）。如，它们吸附于 $TiO_2$ 表面的 $O_2$ 和 $H_2O$，作用生成超氧化物阴离子自由基，该自由基具有较强的氧化性可在室温下与有害气体反应分解有机物污染和有害菌。金红石型二氧化钛具有独特的颗粒形状，良好的分散性以及对紫外线较好的屏蔽作

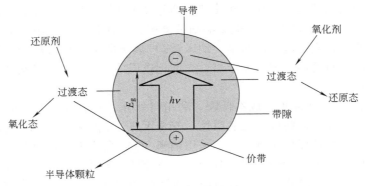

图 1-8　TiO₂ 光催化原理

用，可广泛用于化妆品、防护漆等，可提高涂料膜的抗老化性、耐冲刷性和自洁功能。

　　用纯纳米 TiO₂ 为光催化剂，需要外加紫外光源照射，不符合节能的原则。太阳光是一种连续光谱，也是一种取之不尽、用之不竭的清洁能源。为了充分利用太阳光能，改变传统紫外照射催化的状况，各国学者都致力于扩大 TiO₂ 吸收波长范围的研究，力争使催化反应在可见光下就能有效进行，于是，纳米 TiO₂ 的各种改性方法也应运而生，如制造复合半导体、掺杂金属改性、TiO₂ 光催化剂表面贵金属沉积改性等。

　　纳米 TiO₂ 抗菌防霉机理由于 TiO₂ 电子结构所具有的特点，使其受光时生成化学活泼性很强的超氧化物阴离子自由基和氢氧自由基，攻击有机物，达到降解有机污染物的作用。当遇到细菌时，直接攻击细菌的细胞，致使细菌细胞内的有机物降解，以此杀灭细菌，并使

图 1-9　纳米技术与材料同人类未来生活关系想像图

之分解。一般常用的杀菌剂银、铜等能使细菌细胞失去活性，但细菌杀死后，尸体释放出内毒素等有害的组分。纳米 $TiO_2$ 不仅能影响细菌繁殖力，而且能破坏细菌的细胞膜结构，彻底降解细菌，防止内毒素引起二次污染。纳米 $TiO_2$ 属于非溶出型材料，在降解有机污染物和杀灭细菌的同时，自身不分解、不溶出，光催化作用持久，并具有持久的杀菌、降解污染物效果。

$TiO_2$ 光催化技术工艺简单、成本低廉，利用自然光、常温常压即可催化分解病菌和污染物，具有高活性、无二次污染、无刺激性、安全无毒、化学稳定性和热稳定性好等特点，是最具开发前景的绿色环保催化剂之一。采用纳米 $TiO_2$ 光催化剂处理有机废水，能有效地将水中的卤代脂肪烃、卤代芳烃、硝基芳烃、多环芳烃、酚类、染料、农药等进行除毒、脱色、矿化，最终降解为二氧化碳和水，目前这方面的研究已取得进展，光催化降解污水将成为有效的处理手段。利用金红石型纳米 $TiO_2$ 的紫外线屏蔽优异性和高耐候性，以及光催化效应来降解氮氧化物（$NO_x$）、硫氧化物（$SO_x$）等，还可以有效地治理工业废气、汽车尾气排放所造成的大气污染，其原理是将有机或无机污染物进行氧化还原反应，生成水、二氧化碳、盐等，从而净化空气。研究结果显示，纳米 $TiO_2$ 光催化空气净化涂料、陶瓷等材料在消除氮氧化物等方面的应用具有良好的前景。

可以预见，21 世纪，纳米技术与纳米材料同人类未来生活会越来越密切（见图 1-9）。

## 思考题

1. 什么是纳米材料？为什么说纳米材料是一种介观材料？
2. 自然界存在很多天然纳米材料，请通过文献检索举出若干天然纳米材料的例子。
3. 纳米材料有哪四个特性？如何理解这四个特性？
4. 纳米材料是如何分类和命名的？
5. 纳米材料有哪些物理和化学特性？
6. 什么是纳米技术？简述纳米技术的发展历程。
7. 各国对发展纳米技术都非常重视，试分析形成"纳米热"的原因。
8. 请通过文献检索，试从纳米材料、纳米电子、纳米生物、纳米军事四个领域概述纳米技术的成果。
9. 什么是纳米纤维？纳米纤维有哪些潜在的用途？
10. 为什么说碳纳米管是 21 世纪最有前途的纳米材料之一？
11. 为什么说纳米二氧化钛是最具开发前景的绿色环保催化剂之一？
12. 为什么说在 21 世纪，纳米技术与纳米材料同人类未来生活会越来越密切？

## 参考文献

[1] 白春礼. 纳米科技及其发展前景. 新材料产业, 2001, (4): 8-11.
[2] 黄德欢. 纳米技术与应用. 上海: 中国纺织大学出版社, 2001.
[3] 张立德, 牟季美. 纳米材料和纳米结构. 北京: 科学出版社, 2001.
[4] 王文. 纳米材料的鼻祖——中国墨. 青年科学, 2006, (4): 13.
[5] Qun Li, Shui-Lin Chen. Durability of nano ZnO antibaterial cotton fabric to sweat. Journal of Applied Polymer Science, 2007, 103: 412-416.
[6] 任红轩. 世界主要国家纳米发展规划和政策. 中国高新技术企业, 2004, (4): 82-83.
[7] Salvetat J P, Kuik A J. Electronic and mechanical properties of carbon nanotubes. Advanced Materials 22, 1999, 22: 161.
[8] 解思深. 碳纳米管和其它纳米材料. 中国基础科学, 2000, (5): 4-7.
[9] Frank S N, Bard A J. Heterogeneous photocatalytic oxidation of cyanide ion in aqueous solution at $TiO_2$ powder. J Am Chem Soc, 1977, 99: 303.

［10］ 张其清，周志敏. 纳米技术与生物医学前沿. 中国生物医学工程进展——2007 中国生物医学工程联合学术年会论文集（下册）. 2007.

［11］ 张立德. 纳米材料技术应用新趋势和传统产品升级机遇. 新材料产业，2007，(6)：21-23.

［12］ 任红轩. 世界纳米科技发展趋势分析. 新材料产业，2007，(6)：1421-16.

［13］ 任成军. 纳米 $TiO_2$ 的光催化原理及其应用. 四川有色金属，2004，(2)：19-21.

［14］ Yamashita H，Harada M，Misaka J，et al. Photocatalytic Degradation of Organic Compounds Diluted in Water Using VisibleLight2responsive Metal Ion2implanted $TiO_2$ Catalysts：Feion2implanted $TiO_2$. Catalysis Today，2003，84 (4)：191-196.

［15］ 白春礼. 纳米科学与技术. 昆明：云南出版社，1995.

［16］ 张立德. 奇妙的纳米世界. 北京：化学工业出版社，2004.

［17］ 林鸿溢. 纳米科学技术的新发展. 科学，1996，(1)：71-76.

［18］ 王大志. 纳米材料结构特征. 功能材料，1993，24 (4)：303-306.

［19］ 成会明. 碳纳米管制备、结构、物性及应用. 北京：化学工业出版社，2002.

［20］ 周晓谦，周文淮. 纳米二氧化钛的光催化特性及应用进展. 辽宁化工，2002，31 (10)：448-451.

［21］ Wang，X. Y.，Drew，C.，Lee，S. H.. Nano letters，2002，(2)：1273-1275.

［22］ Cram D J，Angew. Chem. Int. Ed.，1988，(27)：1099-1112.

［23］ Stevens，M. M.，George，J. L. H. Science，2005，310：1135-1138.

［24］ H B Fu，J N Yao，D B Xiao et al. J. Am. Chem. Soc.，2001，123：1434-1439.

［25］ Yamada T，wasaki Y，Tada H，et al. Nat Biotechnol，2003，21 (8)：885-890.

［26］ B K An，S K Kwon，S D Jung et al. J. Am. Chem. Soc，2002，124：14410-14415.

［27］ H B Fu，B H Loo，D B Xiao et al. Angew. chem. Int. Ed.，2002，6 (41)：962-965.

［28］ D B Xiao，L Lu，W S Yang et al. J. Am. Chem. Soc.，2003，125：6740-6745.

［29］ K K Kim，J I Jin. Nano. Letters，2001，11 (1)：631-636.

# 第 2 章
## 纳米材料的表征方法

纳米材料与常规材料相比具有许多优良的特性，这些优良的特性与纳米材料的化学组成以及其具有的尺寸效应和表面效应等有极大的关系。所以，对纳米材料的分析表征一般包括纳米材料的成分分析、纳米材料的结构分析、纳米材料的粒度分析、纳米材料的形貌分析、纳米材料的界面分析，只有这样，才能够全面地说明纳米材料的组成、结构和性能，以及对其进行有效的利用。

## 2.1　纳米材料的常规表征法

化学组成对纳米材料的制备及纳米材料的性能有极大影响，也是决定纳米材料应用特性的最基本的因素。因此，对化学组分的种类、含量，特别是微量添加剂，杂质的含量级别、分布等进行表征，在纳米材料的研究中都是必须的和非常重要的，也是纳米材料分析中必要的常规表征法。化学组成包括主要组分、次要成分、添加剂及杂质等。化学组成的表征方法可分为化学分析法和仪器分析法。用仪器进行化学分析，按照分析手段不同又分为光谱分析、质谱分析和能谱分析等。

### 2.1.1　纳米材料的化学表征法

材料的化学表征法是以物质的化学反应为基础的分析方法，分为滴定分析法（或称为容量分析）和重量分析法两大类。通过化学表征能够确定物质的化学组成、测量各组成的含量。与材料成分的化学表征相关的主要是配位滴定法、氧化还原滴定法、沉淀滴定法和沉淀重量分析法。

#### 2.1.1.1　配位滴定法

又称络合滴定法，是以生成配位化合物为基础的滴定分析方法。配位化合物的中心离子为金属离子，因此，通过配位滴定法测定的一般是材料中金属成分的含量。

EDTA 的络合物具有以下特点，EDTA 的配位滴定非常适合于金属成分的分析：一般金属离子与 EDTA 形成 1∶1 的螯合物，反应能定量进行，计算简便；能与多种金属离子形成具有多个五元环的稳定螯合物；螯合物易溶于水，能在水溶液中滴定。

例如，纳米样品中 Al 含量的测定：将样品转化为溶液后，含 $Al^{3+}$ 溶液中加入过量的 EDTA 标准溶液，将溶液的 pH 值调节到 3.5 左右，煮沸，调节溶液 pH 值到 5～6，加入二甲酚橙指示剂，用 $Cu^{2+}$ 标准溶液返滴定过量 EDTA，这样根据加入的 EDTA 的量和消耗的 $Cu^{2+}$ 标准溶液的量就可以计算出 $Al^{3+}$ 的量，进而可以计算出样品中 Al 的含量。

#### 2.1.1.2　氧化还原滴定法

氧化还原滴定法是以氧化还原反应为基础的滴定分析法，氧化剂和还原剂都可以作为滴定剂，一般根据滴定剂的名称来命名氧化还原滴定法，常用的有高锰酸钾法、重铬酸钾法、碘量法、溴酸钾法及硫酸铈法。

氧化还原滴定法的应用很广泛，能够运用直接滴定法或间接滴定法测定许多无机物和有机物。

例如，纳米铜合金中铜的测定：

试样用 $HNO_3$ 分解，再用浓 $H_2SO_4$ 将 $HNO_3$ 蒸发除去；或者用 $H_2O_2$ 和 HCl 分解，煮沸除去过量 $H_2O_2$：

$$Cu + 2HCl + H_2O_2 =\!=\!= CuCl_2 + 2H_2O$$

调节酸度（pH＝3～4），加入过量 KI：

$$2Cu^{2+} + 4I^- =\!=\!= 2CuI \downarrow + I_2$$

用 $Na_2S_2O_3$ 标准溶液滴定生成的 $I_2$，加 $SCN^-$ 减少 CuI 对 $I_2$ 的吸附

$$CuI + SCN^- =\!=\!= CuSCN \downarrow + I^-$$

最好用纯铜标定 $Na_2S_2O_3$ 溶液，抵消方法误差。

#### 2.1.1.3　沉淀滴定法

以沉淀反应为基础的一种滴定分析法。用于沉淀滴定的反应应具备：沉淀的溶解度要小，不易形成过饱和溶液；沉淀反应快且定量地进行，沉淀组成恒定；有适当的检测终点方法。

由于上述条件的限制，能用于沉淀滴定法的反应就不多了。现主要使用生成难溶银盐的沉淀反应，即银量法，用于测定 $Cl^-$、$Br^-$、$I^-$、$SCN^-$、$Ag^+$ 等；根据检测终点方法的不同，并按创立者名字命名的银量法有：摩尔法、佛尔哈德法、法扬司法。

例如，纳米银合金中银含量的测定：银合金用 $HNO_3$ 溶解，并除去氮的氧化物后，用佛尔哈德法直接滴定便可。

#### 2.1.1.4　沉淀重量法

加入沉淀剂，使待测组分生成难溶化合物沉淀下来，经过滤、洗涤、干燥、灼烧、称重、计算待测组分的含量的方法称为沉淀重量分析法。沉淀重量分析法是最基本、最古老的分析方法；它不需要标准溶液或基准物质，准确度高；但是其操作繁琐、周期长；且不适用于微量和痕量组分的测定；目前沉淀重量分析法主要用于常量的硅、硫、镍、磷、钨等元素的精确分析。

例如，纳米硅酸盐中 $SiO_2$ 含量的测定：试样用 HCl 分解后，即可析出无定形硅酸沉淀，但沉淀不完全，而且吸附严重。可以将试样与 7～8 倍量的固体 $NH_4Cl$ 混匀后，再加 HCl 分解试样。此时，由于是在含有大量电解质的小体积溶液中析出硅酸，有利于硅酸的凝聚，沉淀也较完全，而且这样形成的硅酸含水量较少，结构紧密，因而吸附现象也有所减少。试样分解完全后，加适量的水溶解可溶性盐类，过滤，将沉淀灼烧称量，即可测得 $SiO_2$ 含量。

值得指出的是，对于纳米材料来说，化学分析法还是有较大的局限性。例如，陶瓷材料的化学稳定性较好，一般很难溶解，多晶的结构陶瓷更是如此等。所以，化学分析法仅能作为纳米材料表征的辅助手段。

### 2.1.2　纳米材料的仪器表征法

纳米材料的仪器表征，按照分析手段不同又分为光谱分析、质谱分析和能谱分析。其中，光谱分析主要包括火焰和电热原子吸收光谱，电感耦合等离子体原子发射光谱，紫外-可见光谱、红外光谱、拉曼光谱，特征 X 射线分析法。质谱分析主要包括电感耦合等离子体质谱和飞行时间二次离子质谱法。能谱分析主要包括 X 射线光电子能谱和俄歇电子能谱法。

#### 2.1.2.1　X射线衍射分析（XRD)

1895 年，德国物理学家伦琴偶然发现 X 射线，后来伦琴、巴克拉、劳厄、布拉格等人又进一步对 X 射线作了研究。X 射线通常是利用一种类似热阴极二极管的装置（X 射线管）获得的。当它与物质相遇时，就会产生一系列效应。就其能量转换而言：一是被吸收；二是穿透物质继续沿原方向传播；三是被散射，在散射波中有相干散射与非相干散射。

（1）X 射线衍射分析的原理　利用 X 射线研究晶体结构中的各类问题，主要是通过 X 射线在晶体中产生的衍射现象进行的，如图 2-1 所示。晶体内各原子呈周期排列，所以各原子散射波间也存在固定的位相关系而产生干涉作用，在某些方向上发生相长干涉（constructive interference)，即形成了衍射波。衍射波的两个基本特征：衍射线在空间的分布规律（衍射方向）和衍射强度。衍射线的分布规律是由晶胞的大小形状和位向决定的，而衍射强度则取决于原子在晶胞中的位置数量和种类。

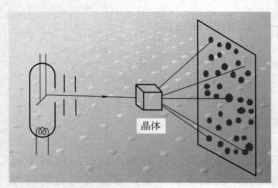

图 2-1　X 射线穿过晶体产生衍射

布拉格定律是晶体发生 X 射线衍射的理论基础，其理论表达式如下：

$$2d\sin\theta = n\lambda$$

式中，$d$ 为相邻平行晶面的面间距；$\theta$ 为入射角；$\lambda$ 为入射波波长；$n$ 为衍射级数。满足这个方程则产生衍射，衍射方向为产生干涉加强的反射方向。衍射是遵循以下的条件：

① 选择反射　产生选择反射的方向是各原子面反射线干涉一致加强的方向，即满足布拉格方程的方向。

② 极限条件　由 $2d\sin\theta = n\lambda$ 可知 $n\lambda \leqslant 2d$。当入射波长一定时，晶体中有可能参加反射的晶面族只有满足 $d \geqslant \lambda/2$ 时才发生衍射，利用此式可判断一定条件下出现的衍射数目的多少。

③ 衍射级数　$n$ 为整数，$n=1$，为一级衍射，$n=2$，$3$，... 则为二、三级……衍射。布拉格方程将晶体周期特点 $d$，X 射线本质 $\lambda$ 与衍射规律 $\theta$ 结合起来。利用衍射实验，只要知道其中两个，即可以算出第三个。

④ 衍射线的强度　由布拉格方程可知，当 $\lambda$ 一定后，对于一定晶体而言，$\theta$ 与 $d$ 有一一对应关系。研究衍射方向时，是把晶体看作理想完整的，但实际晶体并非如此。而且射线也并非严格单色，也不严格平行，因此，在计算某一反射强度时，应将晶体在 $\theta$ 附近的全部反

射强度累加起来。

(2) X 射线衍射分析方法（XRD）　X 射线衍射分析方法有照相法（粉末照相法和德拜照相法）和衍射仪法。前者大多数是利用底片来记录衍射线的，而后者由于与计算机相结合，具有高稳定性，高分辨率，多功能等特性，且可以自动给出大多数衍射实验结果，目前应用比较普遍。X 射线衍射仪主要由 X 光管、样品台、测角仪及检测器等部件组成。同时使光管和探测器作圆周同相转动，而探测器的角速度为光管的两倍，使两者保持 1:2 的角度关系。探测器是将射线的强度转变为相应的电信号，一般采用正比计数管、闪烁计数器、在探测器后再用脉冲高度分析起器将杂乱信号过滤、用定标器进行脉冲计数等，从而最终得到"衍射强度 $2\theta$"的衍射曲线。

对样品进行 X 射线衍射分析时，依据样品的状态和数量不同，采用不同的制样方法：

① 粉体样品　由于 X 射线的衍射强度及重现性很大，一部分取决于样品的颗粒度。颗粒越大，参与衍射的晶粒数就越少，而且还会产生初级消光效应。所以一般要求颗粒的大小在 $0.1\sim10\mu m$ 之间，且参比物质也要求结晶完好。晶粒小于 $5\mu m$，吸收系数小。一般用压片、胶带粘以及石蜡分散的方法制样，要求样品制备均匀，以取得好的重现性。

② 薄膜样品　因为 X 射线的穿透力很强，样品可以较厚，但要求具有较大的面积，而且薄膜较平整，表面粗糙度小。

③ 特殊样品　像样品量较少的粉体样品，一般采用分散在胶带纸上粘接或分散在石蜡油中形成石蜡糊的方法进行分析，要求尽可能分散均匀以及每次分散量控制相同，以保证测量结果的重现性。

(3) X 射线衍射分析（XRD）在纳米材料研究中的应用　X 射线衍射分析较常用于物相的定性和定量分析以及晶粒度、介孔结构等的测定。

① 分析原理　XRD 定性分析是利用 XRD 衍射角位置以及强度来鉴定未知样品的物相组成。各衍射峰的角度及其相对强度是由物质本身的内部结构决定的。每种物质都有其特定的晶体结构和晶胞尺寸，而这些又都与衍射角和衍射强度有着对应关系。因此，可以根据衍射数据来鉴别晶体结构。通过将未知物相的衍射花样与已知物相的衍射花样相比较，可以逐一鉴定出样品中的各种物相。目前可以利用粉末衍射卡片（PDF）进行直接比对，也可以通过计算机数据库直接进行检索。

XRD 定量分析是利用衍射线的强度来确定物相含量的。每一种物相都有各自的特征衍射线，而衍射线的强度与物相的质量分数成正比。各物相衍射线的强度随该相含量的增加而增加。目前对于 XRD 物相定量分析最常用的方法主要有单线条法、直接比较法、内标法、增量法以及无标法。

XRD 测定晶粒度是基于衍射线的宽度与材料晶粒大小有关这一现象。晶粒大小用 Scherrer 公式来计算。

$$D = K\lambda/\beta\cos\theta$$

式中，$D$ 为沿晶面垂直方向的厚度（也可以认为是晶粒尺寸），nm；$K$ 为 Scherrer 常数，一般取 0.89；$\lambda$ 为射线波长；$\beta$ 为衍射峰的积分半高宽，在计算的过程中，需转化为弧度（rad）；$\theta$ 为布拉格衍射角。在计算过程中考虑到仪器的宽化效应，需进行校准。此外，根据晶粒大小还可计算出晶胞的堆垛层及纳米材料的比表面积。

使用 Scherror 公式测定晶粒度大小的适用范围是 $5\sim300nm$。

② 在纳米材料研究中的应用

物相结构分析：利用 XRD 研究焙烧温度和时间对 $LaCoO_3$ 钙钛矿纳米材料物相结构的影响。当前驱体在 500℃煅烧 2h 后，出现了微弱的衍射峰，说明在该条件下还没有形成完善的晶相结构；在经过 600℃煅烧 2h 后，XRD 谱图出现了几个尖锐的衍射峰。通过与 $LaCoO_3$ 晶体的 XRD 标准谱图相对照，证实这些全部峰来源于钙钛矿相结构。以上结果说明利用非晶态配合物的方法可以在 600℃下生成具有纯钙钛矿相的 $LaCoO_3$ 晶体。随着焙烧温度的升高，钙钛矿结构的衍射峰信号明显增强，并且有些峰出现分裂现象。这是由于随着煅烧温度的升高，可以使 $LaCoO_3$ 钙钛矿晶相结构更加完美所致（见图 2-2）。同时，为了研究煅烧时间对 $LaCoO_3$ 钙钛矿晶相结构的影响，也对不同时间所得样品进行了 XRD 分析。如图 2-3 所示，前驱体在煅烧 1h 就形成无定形中间体存在。随着煅烧时间的增加，该峰逐渐消失。钙钛矿结构的衍射峰随着煅烧时间的增加略变尖锐，但没有显著变化。以上结果表明，煅烧温度对晶体状态的影响大于煅烧时间。

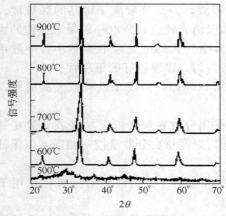

图 2-2　不同温度下煅烧 2h 样品的 XRD 图

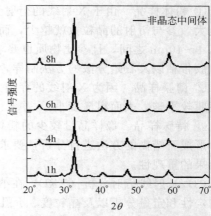

图 2-3　600℃煅烧不同时间样品的 XRD 图

　　纳米催化剂中毒研究：$LaCoO_3$ 可以作为汽车尾气净化催化剂，也可以用作导电电极材料，但该材料在使用过程中很容易发生中毒失活。通过对中毒失活样品的 XRD 研究分析，可以了解其失活产物和物相变化。利用粉末样品可研究 $LaCoO_3$ 在 $SO_2$ 中毒过程中的物相变化。

　　XRD 谱图表明，$LaCoO_3$ 粉末样品具有很好的钙钛矿结构（如图 2-4）。

　　500℃以下 1‰ $SO_2$ 气体中毒 5h 后，其 XRD 谱图表明样品转化为非晶态物质，说明样

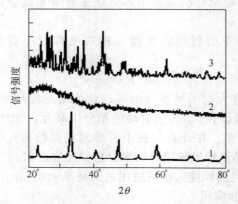

图 2-4　中毒前后 $LaCoO_3$ 粉末样品的 XRD 图

1—新鲜粉末样品；2—500℃中毒 5h；3—700℃中毒 5h

品的钙钛矿晶体结构已经被破坏。样品于 700℃ 中毒 5h 后，重新出现晶态，但组成复杂，经计算机检索拟合，可以认为新的复合晶体结构已基本不存在钙钛矿结构的特征峰，主要为硫酸镧氧化钴的衍射峰信号的叠加。这说明样品在 500℃ 进行中毒反应后，S 的侵入破坏了原钙钛矿结构；由于温度较低，不能形成新的晶相；700℃ 中毒反应使得 S 与 LaCoO₃ 充分反应，形成了新的晶相物种。

小角 X 射线衍射（SAXRD）：适用于制备良好的小周期纳米多层膜的调幅周期的测定以及纳米介孔材料的介孔结构。图 2-5 为纳米 TiN/AlN 薄膜样品的 XRD 谱。图中结果表明，对于 $d=2\mathrm{nm}$ 样品在 $2\theta=4.43°$ 时出现明锐的衍射峰，根据布拉格方程，可计算出其对应的调制周期为 1.99nm；而对于 $d=3.5\mathrm{nm}$ 样品的 $2\theta=2.66°$，调制周期为 3.31nm；分别与其设计周期 2nm 和 3.5nm 近似相等。对于介孔结构的研究，可以用 SAXRD 通过测定孔壁之间的距离来获得介孔的直径。这是目前测定纳米介孔材料结构最有效的方法之一。其局限是对于排列不规整的介孔材料，不能获得其孔径大小。

纳米介孔结构的测定：介孔 TiO₂ 粉体研究利用低分子量的聚乙二醇（PEG）作为结构定向剂，结合溶胶凝胶法可以制备具有一定介孔结构的 TiO₂ 纳米材料。经 60℃ 烘干 48h 的干胶样品的小角度 XRD 分析见图 2-6（a）。由图可见，以 5° 为中心有一峰包，其中心角度对应孔径为 1.7nm 左右，估计在前驱体粉末中有微孔结构存在，且孔径分布较宽，规整性也较差。干胶样品经 400℃ 热处理 1h 后形成锐钛矿型 TiO₂ 物相，其小角度 XRD 分析见图 2-6（b）。样品经热处理后，在 XRD 小角度衍射谱上未发现有峰信号。估计在升温过程中，骨架结构塌陷，使得孔结构消失。

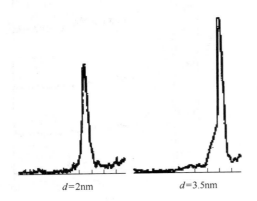

图 2-5　TiN/AlN 纳米多层膜的 XRD 小角度衍射

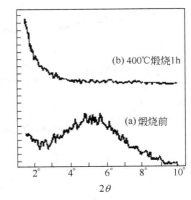

图 2-6　PEG 法制备 TiO₂ 介孔粉体 XRD 谱

纳米薄膜的厚度以及界面结构的测定：通过二维 XRD 衍射还可以获得物相的纵向深度剖析结果，也可以获得界面物相分布的结果。图 2-7 是在单晶硅片上制备的 50nm 的 Au 薄膜样品的 XRD 深度剖析图。从图上不仅可以了解物相组成，物相随深度的分布，还可以得到晶面取向的信息。

纳米薄膜分析：利用 XRD 对 TiO₂ 薄膜进行晶相结构和薄膜结构研究。

TiO₂ 薄膜是一种光催化剂，具有重要的应用前景。通过对 TiO₂ 薄膜的掺杂可以大幅度提高光催化剂的活性。而掺杂物质的存在状态，对其性能具有重要影响。在单晶硅基片上制备了 TiO₂ 薄膜并进行了 Pd 和 Pt 的掺杂研究，其 XRD 衍射结果如图 2-8 所示。对照锐钛型 TiO₂ 标准图，在 25.30° 和 47.90° 出现的两个峰可归属于锐钛型 TiO₂ 的特征峰，28.50° 的宽峰则是基底 Si 的信号。此结果是明，在 TiO₂ 薄膜/Si 中，TiO₂ 均以锐钛型晶相结构存在。当用 Pd 和 Pt 对 TiO₂ 薄膜进行掺杂后，XRD 结果无明显变化，说明掺杂剂并不影响

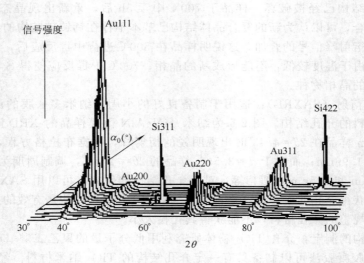

图 2-7　XRD 研究 Au/Si 薄膜材料的界面物象分布

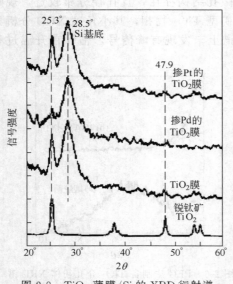

图 2-8　$TiO_2$ 薄膜/Si 的 XRD 衍射谱

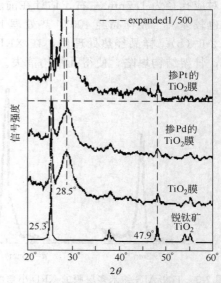

图 2-9　掺杂薄膜在加氢还原后的 XRD 谱

$TiO_2$ 薄膜的锐钛型结构。另外，XRD 锐钛型晶相结构中未检测到掺杂剂的信号，说明掺杂剂在薄膜中以高分散态存在。

图 2-9 是掺杂薄膜在加氢 XRD 衍射谱还原后的图。与图 2-8 比较可以发现，谱图上的峰仍对应于 $TiO_2$ 和 Si，但加氢还原后峰形变得更尖锐且强度提高，表明在加氢还原后，晶粒有明显的长大。掺 Pd 的 $TiO_2$ 薄膜在还原 2h 后与未掺杂的薄膜的 XRD 结果相似，谱图中未出现 Pd 的特征峰，说明 $TiO_2$ 薄膜中的金属 Pd 粒度极小，且高度分散，XRD 无法检测到。此结论与 XPS 的结果相一致。而掺杂 Pt 的 $TiO_2$ 薄膜在加氢还原 2h 后，XRD 的结果有明显的变化，在 28.30 出现一个极强的峰，在 26.60 还出现了一个弱峰，这两个峰对应于金属 Pt 粒子。将强峰缩小 500 倍后如虚线所示。可以看出，此峰极强且尖锐，说明 $TiO_2$ 薄膜中 Pt 粒子很大，表明在还原过程中 Pt 发生聚集，同样此结果与 XPS 的结果相一致。

#### 2.1.2.2　红外光谱法

　　红外辐射现象是 Willian Herschel 于 1800 年发现的。自 1835 年被 Ampere 确认它具有与可见光一样的性质后，对红外光的研究才陆续展开。红外光只能激发分子内振动和转动能级的跃迁，所以红外吸收光谱是振动光谱的重要部分。红外光谱主要是通过测定两种能级跃迁的信息来研究分子结构的。习惯上，往往把红外区按波长分为三个区域，即近红外区（0.78～2.5μm），中红外区（2.5～25μm）和远红外区（25～1000μm）。红外光谱是分子对红外光的吸收所产生的光谱。

　　对于纳米材料，由于晶粒尺寸小到了纳米量级，使材料的结构特别是晶界结构发生了根本的变化，进而导致其红外吸收发生明显变化：①随着纳米晶粒尺寸的减小，红外吸收峰趋于宽化。这是因为随着粒径减小，纳米晶的比表面积增大，表面原子所占比例增大，界面原子与内层原子的差异导致了红外吸收峰的宽化；②纳米材料吸收阈值与常规材料相比发生蓝移，颗粒尺寸越小，吸收波长越短。由于纳米晶的表面存在大量的断键，产生的离域电子在表面和体相之间重新分配，使该区域的力常数增大，键的强度增大，从而导致红外区的吸收频率上升，红外吸收峰发生蓝移；③与常规材料相比，有些纳米体系会出现一些新的吸收谱带。如，在研究单晶 $Al_2O_3$ 的红外吸收光谱时，人们发现在 400～1000cm$^{-1}$ 的波数范围内有许多精细的结构（如图 2-10），但在纳米 $Al_2O_3$ 的红外吸收中，在 400～1000cm$^{-1}$ 的波数范围内有一个宽而平的吸收带，对该样品进行热处理，即使温度从 837K 上升到 1473K，纳米 $Al_2O_3$ 的结构发生了变化，但对这个宽而平的吸收带没产生影响（如图 2-11）。可见当物质的尺度到纳米量级时，其红外吸收出现明显的宽化。

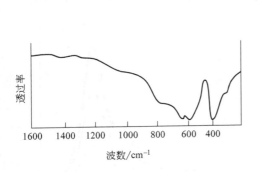

图 2-10　单晶 $Al_2O_3$ 红外吸收图谱图

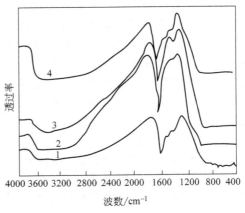

图 2-11　不同退火温度下单晶 $Al_2O_3$ 红外吸收图谱
1—873K；2—1073K；3—1273K；4—1473K

　　关于纳米结构材料红外吸收谱的特征及蓝移和宽化现象已有一些初步的解释，概括起来有以下几点。

　　① 小尺寸效应和量子尺寸效应，导致蓝移　这种看法主要是基于键的振动基础上。由于纳米结构颗粒尺寸很小，表面张力较大，颗粒内部发生畸变，使纳米材料平均键长变短。这就导致了键振动频率升高，引起蓝移。另一种看法是量子尺寸效应导致能级间距加宽，利用这一观点也能解释同样的吸收带在纳米态下常规材料出现在更高波数范围。

　　② 晶场效应　对纳米结构材料随热处理温度的升高红外吸收带出现蓝移现象主要归结于晶场增强的影响。这是因为在退火过程中纳米材料的结构会发生下面一些变化，一是有序度增强，二是可能发生由低对称到高对称相的转变，总的趋势是晶场增强，激发态和基态能

级之间的间距也会增大，这就导致同样吸收带在强晶场下出现蓝移。

③ 尺寸分布效应　对纳米结构材料在制备过程中要求颗粒均匀，粒径分布窄，但很难做到粒径完全一致。由于颗粒大小有一个分布，使得各个颗粒表面张力有差别，晶格畸变程度不同，因此，引起纳米结构材料键长有一个分布，这是引起红外吸收带宽化的原因之一。

④ 界面效应　纳米结构材料界面体积百分数占有相当大的比例，界面中存在空洞等缺陷，原子配位数不足，失配键较多，这就使界面内的键长与颗粒内的键长有差别。就界面本身来说，庞大比例的界面结构并不是完全一样的，它们在能量上、缺陷的密度上、原子的排列上很可能有差异，这也导致界面中的键长有一个很宽的分布，以上这些因素都可能引起纳米材料红外吸收带的宽化。当然，分析纳米结构材料红外吸收带的蓝移和宽化现象不能孤立地仅仅用上述看法的个别观点，要综合地进行考虑。

红外光谱法一般用作定性分析，定量分析较困难。用有机物对纳米材料进行改性或包覆时，红外光谱能有效地判断有机物的吸附以及成键情况。另外，在研究纳米粉体的分散和吸附时，红外光谱也是一种广为采用的方法。

### 2.1.2.3　元素分析法

对材料的元素组成可以运用化学方法进行常量组分的表征，但是对微量和痕量的元素组分则必须运用仪器分析的方法进行表征。常用的对元素进行表征的仪器分析方法有吸光光度法、原子吸收光谱法和原子发射光谱法。

（1）吸光光度法　吸光光度法是基于物质对光的选择性吸收而建立起来的分析方法，包括比色法、可见分光光度法及紫外分光光度法。

许多物质是有颜色的，如 $Cu^{2+}$ 水溶液呈蓝色。这些物质的浓度越大，颜色越深。可以通过目视比较颜色的深浅来测定物质的浓度，这种测定方法就称为比色分析法。随着测试仪器的发展，目前已经普遍使用分光光度计测量物质的吸光程度，应用分光光度计的分析方法称为分光光度法。分光光度法具有灵敏度高、选择性好、准确度较高、应用广泛、仪器简单、操作简便、分析快速的优点。

① 吸光光度法的原理

a. 物质对光的选择性吸收　物质对光具有选择吸收性，将不同波长的光透过某一固定浓度和厚度的溶液，测量每一波长下有色溶液对光的吸收程度（即吸光度 $A$），然后以波长为横坐标，以吸光度为纵坐标作图，即可得吸收曲线（吸收光谱），它描述了物质对不同波长光的吸收能力。如图2-12所示，二甲基黄对不同波长的光的吸收程度不同，

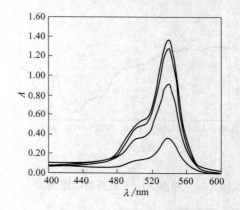

图 2-12　不同浓度的二甲基黄的吸收曲线

但存在一个最大的吸收光波长（图中由下至上二甲基黄浓度增大）。

b. 光的吸收基本定律——朗伯-比尔定律

$$T = \frac{I_t}{I_0}$$

$$A = \lg \frac{I_0}{I_t} = \lg \frac{1}{T} = -\lg T$$

式中，$A$ 为吸光度；$T$ 为透光度；$I_0$ 为入射光强度；$I_t$ 为透射光强度。

朗伯-比尔定律：当一束平行单色光垂直照射到均匀、非散射的吸光物质的溶液时，溶

液的吸光度与吸光物质的浓度及液层厚度成正比。此定律可表示为：

$$A = Kbc$$

式中，$A$ 为吸光度；$K$ 为比例常数，与吸光物质的性质、入射光波长、温度等有关；$b$ 为液层厚度，cm；$c$ 为溶液的浓度，$mol \cdot L^{-1}$ 或 $g \cdot L^{-1}$

c. 显色反应及显色条件的选择　待测物质本身有较深的颜色，可直接测定；待测物质是无色或很浅的颜色，需要选适当的试剂与被测离子反应生成有色化合物再进行测定，此反应称为显色反应，所用的试剂称为显色剂。按显色反应的类型来分，主要有氧化还原反应和络合反应两大类，而络合反应是最主要的。

显色反应应该有高的灵敏度，形成的有色物质的 $K$ 应大于 $10^4$；选择性要好，干扰要少，或干扰容易消除；形成的有色化合物的组成恒定，化学性质稳定，至少保证在测量过程中溶液的吸光度基本恒定；使用的显色剂在测定波长处无明显吸收，即显色剂对光的吸收与络合物的吸收有明显区别，要求两者的吸收峰波长之差 $\Delta\lambda$（称为对比度）大于 60nm。

为使显色反应进行完全，需加入过量的显色剂。但有些显色反应，显色剂加入太多，反而会引起副反应，对测定不利。在实际工作中根据实验结果来确定显色剂的用量。

显色反应时溶液的 pH 值影响显色剂的平衡浓度和颜色；影响被测金属离子的存在状态；影响络合物的组成；应制作 pH 值与吸光度关系曲线确定 pH 值范围。

显色反应大多在室温下进行，有些显色反应需加热至一定温度完成；有些有色物质温度偏高时易分解；应制作温度与吸光度关系曲线确定显色温度范围。

有些显色反应瞬间完成，溶液颜色很快达到稳定状态，并在较长时间内保持不变；有些显色反应虽能迅速完成，但有色络合物的颜色很快开始褪色；有些显色反应进行缓慢，溶液颜色需经一段时间后才稳定；应制作吸光度-时间曲线确定适宜时间。

干扰物质的存在会对显色反应造成不利的影响，如干扰物质本身有颜色或与显色剂反应，在测量条件下也有吸收，造成正干扰；干扰物质与被测组分反应或与显色剂反应，使显色反应不完全，也会造成干扰；干扰物质在测量条件下从溶液中析出，使溶液变混浊，造成无法准确测定溶液的吸光度。通过加入络合掩蔽或氧化还原掩蔽剂，使干扰离子形成无色络合物或无色离子；选择适当的显色条件以避免干扰；选择适当的光度测量条件；分离干扰离子等方法可以消除某些干扰。

有些有机溶剂能降低有色化合物的解离度，提高显色反应的灵敏度。如在 $Fe(SCN)_3$ 的溶液中加入丙酮，溶液的颜色便会加深；有些有机溶剂还可能提高显色反应的速率，影响有色络合物的溶解度和组成等。

d. 吸光度测量条件的选择　入射光波长应根据吸收曲线，一般选择最大吸收光波长 $\lambda_{max}$，这是因为在 $\lambda_{max}$ 处测定的灵敏度高，且能减少或消除由非单色光引起的对朗伯-比耳定律的偏离。在最大吸收波长处有其他吸光物质干扰测定时，可选择干扰物质吸收最小的波长进行测定。

参比溶液用来调节仪器零点，消除由吸收池壁及溶剂对入射光的反射和吸收带来的误差，扣除干扰，因而参比溶液的选择非常重要。如果仅待测物与显色剂的反应产物有吸收，可用纯溶剂作参比溶液；如果显色剂或其他试剂略有吸收，应用空白溶液（不加试样溶液）作参比溶液；如果试样中其他组分有吸收，但不与显色剂反应，则当显色剂无吸收时，可用试样溶液作参比溶液，当显色剂略有吸收时，可在试液中加入适当的掩蔽剂将待测组分掩蔽后再加显色剂，以此溶液作参比溶液。

从仪器测量误差的角度来看，为使测量结果得到较高的准确度，一般应控制标准溶液和被测试液的吸光度在 0.2～0.8 范围内。可通过控制溶液的浓度（如改变试样的取样量或改变显色体系的体积）或选择不同厚度的吸收池来达到目的。

② 吸光光度法的应用举例

钛的测定（$H_2O_2$ 法）：将样品中的 Ti 转化为 $TiO^{2+}$，加入 $H_2O_2$，在 $H_2SO_4$ 存在的条件下，$TiO^{2+}$ 与 $H_2O_2$ 反应

$$TiO^{2+} + H_2O_2 = [TiO(H_2O_2)]^{2+}$$
黄色

在 $\lambda_{max} = 410nm$ 处测量吸光度 $A$，再从标准曲线上查出 $TiO^{2+}$ 的浓度，即可算出样品中钛的含量。

（2）原子吸收光谱法　原子吸收光谱法是基于被测元素基态原子在蒸气状态对其原子共振辐射的吸收进行元素定量分析的方法。

① 原子吸收光谱法的基本原理

a. 共振线和吸收线　原子的电子由基态跃迁至第一激发态，吸收一定频率的辐射能量，产生共振吸收线（简称共振线）。当电子从激发态跃迁回基态，发射出同样频率的谱线，称为共振发射线（也简称共振线）。各种元素的原子结构和外层电子排布不同，基态到第一激发态跃迁（或由第一激发态跃迁回基态）吸收能量不同，因此各种元素的共振线不同而各有其特征，这种共振线称为元素的特征谱线。从基态到第一激发态的跃迁最易发生，因此对对各种元素来说特征谱线是吸收最强、最灵敏的线。原子吸收光谱法就是利用待测元素对特征谱线的吸收来进行分析的。

原子吸收光谱线有相当窄的频率或波长范围，即有一定宽度。当一束不同频率强度为 $I_0$ 的平行光通过厚度为 $b$ 的原子蒸气，一部分光被吸收，透过光的强度 $I_\nu$ 服从吸收定律：

$$I_\nu = I_0 \exp(-k_\nu b)$$

式中，$k_\nu$ 是基态原子对频率为 $\nu$ 的光的吸收系数。不同元素原子吸收不同频率的光，因而透过光强度 $I_\nu$ 和吸收系数 $k_\nu$ 将随入射光的频率 $\nu$ 而变化（图 2-13，图 2-14）。

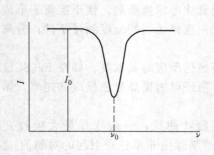

图 2-13　$I_\nu$ 和 $\nu$ 的关系

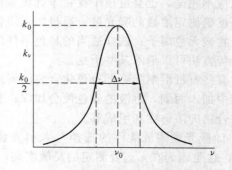

图 2-14　吸收线轮廓和半宽度

以透过光强度对吸收光频率作图可知，在频率 $\nu_0$ 处透过光强度最小，即吸收最大，这种情况称为原子蒸气在 $\nu_0$ 处有吸收线，吸收线有一定的宽度，通常称为吸收线轮廓，将吸收系数对频率作图，所得曲线为吸收线轮廓。原子吸收线轮廓以原子吸收谱线的中心频率（或中心波长）和半宽度表征。中心频率由原子能级决定，是最大吸收系数所对应的频率（或波长）。半宽度是中心频率位置，吸收系数极大值一半处，谱线轮廓上两点之间频率（或波长）的距离，以 $\Delta\nu$ 表示。

在通常的原子吸收条件下，吸收线轮廓主要受多普勒变宽和劳仑兹变宽的影响，当共存的原子浓度很小时，吸收线变宽主要受多普勒变宽的影响，多普勒变宽是由于热运动产生

的，所以又称为热变宽，一般可达 $10^{-3} nm$，是谱线变宽的主要因素。

b. **热激发时基态原子和激发态原子的分配**　原子吸收光谱是利用待测元素的原子蒸气中基态原子与共振线吸收之间的关系来测定的。在通常的原子吸收测定条件下，原子蒸气中基态原子数近似等于总原子数。在原子蒸气中（包括被测元素原子），可能会有基态与激发态存在。根据热力学的原理，在一定温度下达到热平衡时，基态与激发态的原子数的比例遵循 Boltzman 分布定律：

$$N_i/N_0 = (g_i/g_0)\exp(-E_i/kT)$$

$N_i$ 与 $N_0$ 分别为激发态与基态的原子数；$g_i$ 和 $g_0$ 为激发态与基态的统计权重，它表示能级的简并度；$T$ 为热力学温度；$k$ 为 Boltzman 常数；$E_i$ 为激发能。

从上式可知，温度越高，$N_i/N_0$ 值越大，即激发态原子数随温度升高而增加，而且按指数关系变化；在相同的温度条件下，激发能越小，吸收线波长越长，$N_i/N_0$ 值越大。尽管如此变化，但是在原子吸收光谱中，原子化温度一般小于 3000K，大多数元素的最强共振线都低于 600nm，$N_i/N_0$ 值绝大部分在 $10^{-3}$ 以下，激发态和基态原子数之比小于千分之一，激发态原子数可以忽略。因此，基态原子数 $N_0$ 可以近似等于总原子数 $N$。

c. **原子吸收法的定量基础**　在吸收线轮廓内，吸收系数的积分称为积分吸收系数，简称为积分吸收，它表示吸收的全部能量。从理论上可以得出，积分吸收与原子蒸气中吸收辐射的原子数成正比。数学表达式为：

$$\int K_\nu d\nu = \pi e^2 N_0 f/mc$$

式中，$e$ 为电子电荷；$m$ 为电子质量；$c$ 为光速；$N_0$ 为单位体积内基态原子数；$f$ 为振子强度，即能被入射辐射激发的每个原子的平均电子数，它正比于原子对特定波长辐射的吸收概率。这是原子吸收光谱分析法的重要理论依据。

若能测定积分吸收，则可求出原子浓度。但是，测定谱线宽度仅为 $10^{-3} nm$ 的积分吸收，需要分辨率非常高的单色器，而目前的光谱仪还难以达到。

目前，一般采用测量峰值吸收系数的方法代替测量积分吸收系数的方法。如果采用发射线半宽度比吸收线半宽度小得多的锐线光源，并且发射线的中心与吸收线中心一致，这样就不需要用高分辨率的单色器，而只要将其与其他谱线分离，就能测出峰值吸收系数。

在一般原子吸收测量条件下，原子吸收轮廓取决于多普勒变宽的（热变宽）宽度，通过运算可得峰值吸收系数：

$$K_0 = 2(\pi \ln 2)^{1/2} e^2 N_0 f / \Delta\nu_D mc$$

可以看出，峰值吸收系数与原子浓度成正比，只要能测出 $K_0$ 就可得出 $N_0$。

$$I_\nu = I_0 \exp(-k_\nu b)$$

当使用锐线光源时，可用 $K_0$ 代替 $K_\nu$，则：

$$A = \lg \frac{I_0}{I} = 0.434 K_0 \cdot b = 0.434 \frac{2\sqrt{\pi \ln 2}}{\Delta\nu_D} \frac{e^2}{mc} N_0 \cdot f \cdot b$$

即：

$$A = kN_0 b$$

由于基态待测原子数 $N_0$ 正比于待测原子总数 $N$，待测原子总数 $N$ 与试样中待测元素的浓度成正比，所以

$$A = K'c$$

式中，$K'$ 在一定的实验条件下是一个常数，这就是原子吸收光谱法定量的依据。

d. **分析方法**

标准曲线法：配制一组含有不同浓度被测元素的标准溶液，在与试样测定完全相同的条件下，按浓度由低到高的顺序测定吸光度值。绘制吸光度对浓度的标准曲线。测定试样的吸光度，在标准曲线上求出被测元素的含量。

标准加入法：分取几份相同量的被测试液，分别加入不同量的被测元素的标准溶液，其中一份不加被测元素的标准溶液，最后稀释至相同体积，使加入的标准溶液浓度为 0、$c_S$、$2c_S$、$3c_S$…，然后分别测定它们的吸光度，绘制吸光度对浓度的标准曲线，再将该曲线外推至与浓度轴相交。交点至坐标原点的距离 $c_x$ 即是被测元素经稀释后的浓度。

② 原子吸收光谱法的应用举例　用原子吸收光谱法连续测定样品中钙、镁、钠、钾的含量。

将样品转化为溶液后，经过适当稀释即可进行测定；当试液被雾化并进入乙炔火焰时，各种金属离子被原子化，产生了钙、镁、钠、钾的基态原子蒸气；这些蒸气能吸收从各相应金属元素空心阴极灯发射出来的共振发射线的辐射能，其吸收的程度与各金属元素基态原子蒸气的浓度成正比，即服从 $A = K'c$；从测得的各金属元素的吸光度，可分别在其各自的标准曲线上找出各金属元素在溶液中的浓度，即可求得样品中各金属元素的含量。

（3）原子发射光谱法　原子发射光谱法是根据待测元素发射出的特征光谱而对元素组成进行分析的方法。

① 原子发射光谱法的基本原理

a. 谱线的产生　在通常温度下，原子处于最低能量的基态，在激发能量作用下，原子获得足够能量，外层电子由基态跃迁到不同的激发态。原子（或离子）的外层电子处于激发态时是不稳定的，当它跃迁回到基态或较低的激发态时，就要释放出能量，若此能量以光的形式出现，即得到发射光谱，其为线光谱。由于各原子内部结构不同，发射出的谱线带有特征性，故称为特征光谱。测量各元素特征光谱的波长和强度便可对元素进行定性和定量分析。

b. 原子发射光谱法的定量基础　发射光谱定量分析是根据被测元素谱线强度来确定元素含量的，二者的关系可用罗马金-赛伯经验公式表达：

$$I = ac^b$$

或

$$\lg I = b\lg c + \lg a$$

式中，$I$ 是谱线强度；$c$ 是被测元素浓度；$a$、$b$ 是常数，其中 $a$ 与试样蒸发、激发和组成有关，称为发射系数，$b$ 与谱线自吸有关，称为自吸系数。常数 $a$、$b$ 受工作条件影响较大，且这种影响往往难以控制，因此采用测量谱线绝对强度的方法来进行定量分析有困难。

"内标法"解决了此项困难，该方法通过测定谱线相对强度来进行定量分析。首先在被测元素的谱线中选一条分析线，另外在内标元素谱线中选一条谱线作为内标线，内标元素可以是试样中的基体元素（某种浓度固定的元素或是试样中的主体元素），也可以是向试样中定量加入的某种元素。分析线和内标线合称为分析线对。

设被测元素的含量为 $c$，其谱线强度为 $I_L$，则

$$I_L = a_L c^b$$

同样，设内标元素含量为 $c_0$，对应内标线强度为 $I_0$，则

$$I_0 = a_0 c_0^{b_0}$$

相对强度 $R$ 为

$$R = I_L / I_0 = a_L c^b / a_0 c_0^{b_0}$$

当内标元素含量 $c_0$ 和工作条件一定时，$a_L/a_0 c_0{}^{b0}$ 常数，用 $a$ 表示，则

$$R = a c^b$$

或

$$\lg R = b \lg c + \lg a$$

即为内标法定量分析的基本关系式，它表明谱线相对强度的对数与待测组分含量对数成正比。进一步地，若采用摄谱法光谱定量分析，通过推导可以证明，$\lg R$ 与分析线对的黑度差 $\Delta S$ 成正比，即：

$$\Delta S = \gamma \lg R = \gamma b \lg c + \gamma \lg a$$

在一定工作条件下，$\gamma$、$b$、$a$ 是常数，则通过测量分析线对的黑度差便可求得待测组分的含量。上式即为应用内标法原理进行摄谱定量分析的基本公式。

c. 分析方法　实际工作中常用三个或三个以上的标准试样与待测试样在相同条件下并列摄谱，根据标准试样数据绘制 $\Delta S$-$\lg c$ 标准曲线，再由待测试样 $\Delta S$ 值，从曲线上查得被测组分含量 $c_x$，该方法也称为三标准试样法。

② 原子发射光谱法的应用举例　当分析的准确度要求不高，但要求简便快速地得到分析结果时，应用半定量分析方法就可以达到目的。

如分析黄铜中的铅：找出试样中 Pb 的灵敏线 283.3nm 和标准系列中的 283.3nm 的黑度进行目视比较，如果试样中 Pb 的这条谱线与 Pb 0.01% 标准试样的黑度相似，则此试样中 Pb 的质量分数即为 0.01%。

### 2.1.2.4　其他方法

纳米材料的分析除了上述地方法之外，还包括拉曼散射光谱、电子顺磁共振谱（EPR）、X 射线光电子能谱（XPS）、电子能量损失谱等测试方法，这些都是揭示纳米材料特性特征的常用方法。

(1) 拉曼光谱（Raman）　当光照射到物质上时会发生非弹性散射，散射光中除有与激发光波长相同的弹射成分（瑞利散射）外，还有比激发光波长长的和短的成分，后一现象统称为拉曼（Raman）效应。由分子振动、固体中的光学声子等元激发与激发光相互作用产生的非弹性散射称为拉曼散射。拉曼散射与晶格振动密切相关，只有对一定的晶格振动模式才能引起拉曼散射。因此用拉曼散射谱可以研究固体的各种元激发的状态。

纳米材料中的颗粒组元由于有序程度有差别，两种组元中对应同一种键的振动模也会有差别，对纳米氧化物的材料，欠氧也会导致键的振动与相应的粗晶氧化物也不同，这样就可以通过分析纳米材料和粗晶材料拉曼光谱的差别来研究纳米材料的结构和键态特征。Veprek 用拉曼光谱分析了纳米 Si 的量子尺寸效应。Siegel 等对纳米 $SiO_2$ 块体材料用拉曼光谱分析了该材料的结构界面结构和相变，提供了十分有用的信息。

下面以纳米 $TiO_2$ 为例介绍一下拉曼光谱在研究纳侧米材料结构上的应用。图 2-15 示出了不同温度烧结纳米 $TiO_2$ 块体的拉曼谱。由图可知拉曼谱随烧结温度增加发生明显变化。其中包括谱线的数目、位置和峰高的变化。与粗晶多晶金红石相比较，当烧结温度 $T \leqslant 773K$ 时，样品的相结构为金红石和锐钛矿的混合相，$B_{1g} + E_g$ 为 148cm$^{-1}$，$E_g$ 在 424cm$^{-1}$ 至 430cm$^{-1}$ 之间，$A_{1g}$ 为 612cm$^{-1}$，这些峰位相对常规材料有平移现象，所有峰变宽。当 $T \geqslant 1073K$ 时，拉曼谱上出现四个峰，同时在 798～800cm$^{-1}$ 间出现一个新峰，对以上差异的解释是粒度和缺氧位的影响。拉曼散射法可以基于以下的公式来测量纳米晶粒的平均尺寸：

$$d = 2\pi (B/\Delta\omega)^{1/2}$$

式中，$B$ 为一常数；$\Delta\omega$ 为纳米颗粒在拉曼光谱中某一振动峰的峰位相对于同样的块体材料中该峰的偏移量。

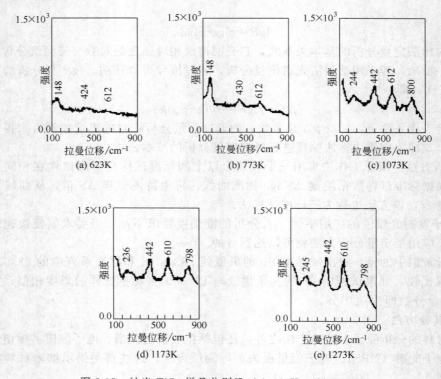

图 2-15　纳米 $TiO_2$ 样品分别经（a）623K、（b）773 K、（c）1073 K、（d）1173 K、（e）1273K 烧结后的拉曼光谱

图 2-16 是不同厚度二氧化钛薄膜的拉曼光谱，图中的纳米 $TiO_2$ 薄膜均为金红石结构。

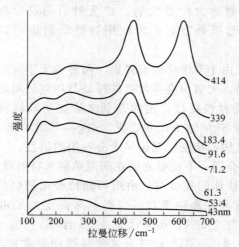

图 2-16　不同厚度 $TiO_2$ 薄膜的拉曼光谱

（2）电子顺磁共振谱（EPR）　电子顺磁共振谱主要用于研究固体杂质缺陷的局域电子态，确定晶格的局域对称性，它是测量缺陷状况的有效手段。例如采用电子顺磁共振可以分析 $In_2O_3$ 纳米线的缺陷状况，有助于对其光学特性进行分析。

又如，对纳米 $Al_2O_3$ 块体的核磁共振实验给出了与粉体相似的结果。图 2-17 为原始未退火的和 823K 退火的纳米 $Al_2O_3$ 块体与纳米粉体的核磁共振谱。可以看出在相同热处理条件下 $p_2$ 峰的线形、FWHM 和 $\delta$ 等参数基本相同，这表明纳米 $Al_2O_3$ 块体的庞大界面内核的近郊和次近郊原子组态、分布、距离基本与颗粒内相同，而纳米材料的界面组元与颗粒组元在结构上的差别主要是大于次近郊的范围。这表明纳米 $Al_2O_3$ 块体的界面在近程范围是有序的，不是气态结构。

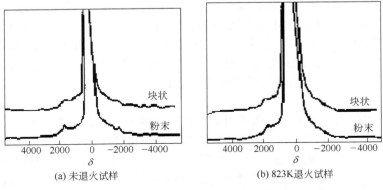

(a) 未退火试样　　　　　　　　　　(b) 823K退火试样

图 2-17　纳米 $Al_2O_3$ 块体和粉体[27]Al 共振谱的比较

（3）X 射线光电子能谱（XPS）　电子能谱是探测样品在入射粒子作用下发射出来的电子，分析这些电子所带有的信息（例如能量、强度和角分布等），从而了解样品的组成及原子和分子电子结构的一门科学。用光束激发样品的过程可以表示为：

$$M + h\nu \longrightarrow M^{+*} + e^- \left(\frac{1}{2}mv^2\right)$$

式中，M 为中性分子或原子；$M^{+*}$ 为处于激发态的离子；$h\nu$ 为入射光子；$e^-$ 为射出的光电子。

电子能谱可以采用不同类型的激发源，测量的对象和内容也可以有多种，这使得电子能谱形成若干个分支。对于分析化学来说，最有用的是 X 射线光电子能谱（XPS，X-ray photoelectron spectroscopy），其次是俄歇电子能谱（AES）和紫外光电子能谱（UPS）。XPS 不仅可以定性地分析测试样品组分（除 H、He 以外元素周期表中的所有元素）、化学价态等，还可以半定量地分析测试样品组成中原子数之比。

（4）电子能量损失谱　原子分子激发能 $E_j$ 可以用光吸收方法通过测量吸收谱峰直接得到：$E_j = h\nu$，也可以用电子能量损失谱仪得到。设入射和散射电子的能量分别为 $E_0$ 和 $E_a$，入射电子的能量损失值 $E$ 近似为激发能 $E = E_0 - E_a \approx E_j$，于是通过测量电子被原子分子散射的能量损失谱可以直接得到原子分子的各个激发能量，从而可以确定它们的价壳层和内壳层的激发态结构。这些激发结构包括里德伯态、自电离态、双电子激发态等。这就是电子能量损失谱方法（electron energy loss spectroscopy，EELS），这种测量装置称为电子能量损失谱仪。

EELS 主要研究非弹性散射引起能量损失的初级过程，不涉及原子回复基态过程发生的特征激发。因此从理论上说，EELS 在检测效率和检测超轻元素方面要比 EDS 好。从 EELS 图谱中还可以得到原子是如何分布的、能带结构、电子态密度以及原子的最近邻分布等信息。空间分辨的 EELS 是鉴定纳米管的最佳工具，也可以作为 C、B 和 N 杂化的同轴纳米电缆和 B 等纳米线的证据。

# 2.2 纳米材料的特有表征法

## 2.2.1 透射电镜法 (TEM)

1925 年 de Broglie 发现了波粒二像性，1926 年 Busch 指出具有轴对称性的磁场对电子束起着透镜的作用，有可能使电子束聚焦成像。1927 年进行了电子衍射实验。1932 年 Knoll 和 Ruska 提出了电子显微镜的概念，造出了第一台电子显微镜，其分辨率为 50nm（比光学显微镜高 4 倍），Ruska 为此获得 1986 年诺贝尔物理奖。1936 年英国造出第一台商用 TEM。目前 TEM 的最高空间分辨率可达 0.1nm。

### 2.2.1.1 原理

透射电镜的成像原理与光学显微镜类似，它们的根本不同点在于光学显微镜以可见光作照明束，透射电子显微镜则以电子为照明束。在光学显微镜中将可见光聚焦成像的是玻璃透镜，在电子显微镜中相应的为磁透镜。由于电子波长极短，同时与物质作用遵从布拉格（Bragg）方程，产生衍射现象，使得透射电镜自身在具有高的像分辨本领的同时兼有结构分析的功能。

透射电子显微镜结构包括两大部分：主体部分为照明系统、成像系统和观察照相室；辅助部分为真空系统和供电控制系统。

（1）照明系统　该系统分成两部分：电子枪和会聚镜。电子枪由灯丝（阴极）、栅级和阳极组成。加热灯丝发射电子束。在阳极加电压，电子加速。阳极与阴极间的电位差为总的加速电压。经加速而具有能量的电子从阳极板的孔中射出。射出的电子束能量与加速电压有关，栅极起控制电子束形状的作用。电子束有一定的发散角，经会聚镜调节后，可望得到发散角很小甚至为 0 的平行电子束。电子束的电流密度（束流）可通过调节会聚镜的电流来调节。

样品上需要照明的区域大小与放大倍数有关。放大倍数愈高，照明区域愈小，相应地要求以更细的电子束照明样品。由电子枪直接发射出的电子束的束斑尺寸较大，相干性也较差。为了更有效地利用这些电子，获得亮度高、相干性好的照明电子束以满足透射电镜在不同放大倍数下的需要，由电子枪发射出来的电子束还需要进一步会聚，提供束斑尺寸不同、近似平行的照明束。这个任务通常由被叫做聚光镜的电磁透镜完成。此外，在照明系统中还安装有束倾斜装置，可以很方便地使电子束在 2°～3°的范围内倾斜，以便以某些特定的倾斜角度照明样品。

（2）成像系统　该系统包括样品室、物镜、中间镜、反差光栏、衍射光栏、投射镜以及其他电子光学部件。样品室有一套机构，保证样品经常更换时不破坏主体的真空。样品可在 X、Y 二方向移动，以便找到所要观察的位置。经过会聚镜得到的平行电子束照射到样品上，穿过样品后就带有反映样品特征的信息，经物镜和反差光栏作用形成一次电子图像，再经中间镜和投射镜放大一次后，在荧光屏上得到最后的电子图像。

照明系统提供了一束相干性很好的照明电子束，这些电子穿越样品后便携带样品的结构信息，沿各自不同的方向传播（比如，当存在满足布拉格方程 $2d\sin\theta=\lambda$ 的晶面组时，可能在与入射束交成 $2\theta$ 角的方向上产生衍射束）。物镜将来自样品不同部位、传播方向相同的电子在其背焦面上会聚为一个斑点，沿不同方向传播的电子相应地形成不同的斑点，其中散射角为零的直射束被会聚于物镜的焦点，形成中心斑点。这样，在物镜的背焦面上便形成了衍射花样。而在物镜的像平面上，这些电子束重新组合相干成像。通过调整中间镜的透镜电流，使中间镜的物平面与物镜的背焦面重合，可在荧光屏上得到衍射花样，若使中间镜的物平面与物镜的像平面重合则得到显微像。通过两个中间镜相互配合，可实现在较大范围内调整相机长度和放大倍数。

（3）观察照相室　电子图像反映在荧光屏上。荧光发光和电子束流成正比。把荧光屏换成电子干板，即可照相。干板的感光能力与其波长有关。

（4）真空系统　真空系统由机械泵、油扩散泵、离子泵、真空测量仪表及真空管道组成。它的作用是排除镜筒内气体，使镜筒真空度至少要在 $10^{-5}$ Torr（1Torr＝133.322Pa）以上，目前最好的真空度可以达到 $10^{-9} \sim 10^{-10}$ Torr。如果真空度低的话，电子与气体分子之间的碰撞引起散射而影响衬度，还会使电子栅极与阳极间高压电离导致极间放电，残余的气体还会腐蚀灯丝，污染样品。

（5）供电控制系统　加速电压和磁透镜电流不稳定将会产生严重的色差及降低电镜的分辨本领，所以加速电压和透镜电流的稳定度是衡量电镜性能好坏的一个重要标准。透射电镜的电路主要由以下部分组成，高压直流电源、透镜励磁电源、偏转器线圈电源、电子枪灯丝加热电源，以及真空系统控制电路、真空泵电源、照相驱动装置及自动曝光电路等。

另外，许多高性能的电镜上还装备有扫描附件、能谱议、电子能量损失谱等仪器。

透射电镜的成像原理由阿贝首先提出，即频谱（傅里叶变换）和两次衍射成像的概念。并用傅里叶变换来阐明显微镜成像的机制。1906 年波特以一系列实验证实了阿贝成像原理。目前，电镜中的成像原理仍是阿贝成像原理。

阿贝成像原理如下所述。

（1）当一束平行光束照射到具有周期性结构特征的物体时，便产生衍射现象，除零级衍射束外，还有各级衍射束，经过透镜的聚焦作用，在其后焦面上形成衍射振幅的最大值，每一个振幅极大值又可看成为次级相干源，由它们发出次级波在像平面上相干成像。

（2）阿贝透镜衍射成像可分两个过程：平行光束受到有周期性特征物体的散射作用形成各级衍射谱，同级平行散射波经过透镜后都聚焦在后焦面上同一点；各级衍射波通过干涉重新在像平面上形成反映物的特征像。在透射电镜中，用电子束代替平行入射光束，用薄膜状的样品代替周期性结构物体，就可重复以上衍射成像过程。

（3）对于透射电镜，改变中间镜的电流，使中间镜的物平面从一次像平面移向物镜的后焦面，可得到衍射谱。反之，让中间镜的物面从焦面下移到一次像平面，就可看到像（图 2-18）。

### 2.2.1.2　检测方法

获取衍射花样最常用的方法是光阑选区衍射和微区选区衍射。前者选区面积要比后者大，不过斑点强度前者更强。

光阑选区衍射是通过在物镜平面上插入选取光阑限制参加成像和衍射的区域来实现的。在电镜实验中，通常是先观察试样像，这时中间镜物面与物镜像面相重，投影物镜面与中间镜像面相重，在观察屏

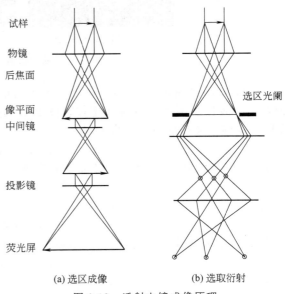

（a）选区成像　　　　（b）选取衍射

图 2-18　透射电镜成像原理

上看到的便是放大了的像。从像中发现所感兴趣的部位后，在物镜像平面上插入选区光阑，把不感兴趣区域挡掉，只让感兴趣区域保留下来，这时得到的便是选区像［图 2-18（a）］。然后减弱中间镜电流增大其距离，使中间镜物面由物镜像面上移至物镜后焦面，这样便可将物镜后焦面上的衍射花样投射到投影镜的物面上，再由投影镜投射到观察屏上，从而得到选区衍射花样［图 2-18（b）］。

从上述可以看出，选区是由选区光阑孔内径决定的。若物镜放大倍数为 $M$，所加选区光阑内径，即光阑所选像直径为 $Md$，这相当于所用试样上一直径为 $d$ 的区域，也就是所选试样区域为 d。因为虽然从试样出来的全部电子都参与了物镜后焦面上的衍射花样的形成和物镜像面上像的形成，然而只有 d 区内来的电子才能通过光阑孔进入下面组成的放大系统到达观察屏。由于像和衍射花样皆来自试样 d 区，因而实现了选区像观察和选区衍射结构分析，以及衍射条件的对应性。这对于确定微小相结构、取向、惯习面以及各种晶体缺陷几何、晶体学特征、成像的衍射条件等都是十分重要的。

### 2.2.1.3 检测实例

（1）电子衍射 图 2-19 所示是电子衍射所产生的衍射谱。如果样品是单晶（指整块晶体的结构是由一种空间点阵贯穿和决定的），则所得的衍射谱为规则排列的斑点，如图 2-19（a）所示。如果样品是多晶（由许多相同的小单晶合成的，但其相对取向完全无规则的），则所得的衍射谱为一系列不同半径的同心圆环，如图 2-19（b）所示。从图中可见，衍射谱中除了由透射束形成的中心亮斑外，尚有与透射束偏离一定角度的衍射束所形成的一系列的亮斑（或亮环）。这些衍射束与入射束的夹角必定满足于布拉格方程：

$$2d\sin\theta = n\lambda$$

 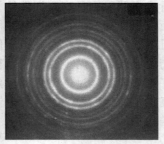

(a) 单晶电子衍射谱　　　　　　(b) 多晶电子衍射谱

图 2-19　电子衍射产生的衍射谱

式中，$d$ 为晶面距离；$n$ 为自然数；$\theta$ 为衍射束与入射束夹角的一半（称为布拉格角）；$\lambda$ 为电子波波长。这就是布拉格定律。图 2-20 是电子衍射原理图，从图中可见，从衍射点（或环）到屏中央透射斑的距离 $R$ 为：

$$R = L \cdot \tan 2\theta$$

$L$ 为从样品到屏的距离。由于 $\theta$ 角非常小，可以近似地认为：

$$\tan 2\theta \approx 2\sin\theta$$

那么：

$$R = L \cdot 2\sin\theta$$

用布拉格公式代入可得：

$$R = L \cdot \lambda/d$$

或

$$Rd = L\lambda$$

这就是电子衍射的基本公式，$L\lambda$ 称为相机长度。在相机长度确定的情况下（相机长度的测定通常是利用某些标准样品，如金、铝等的衍射谱来测定），测出 $R$ 就可以计算出对应的晶面间距 $d$。查相应的晶体结构 $d$ 值表就可以找出各斑点对应的晶面族 $\{hkl\}$。

对于单晶体的衍射花样，花样与反射面有定量几何关系：这类花样是零层倒易面与反射球相交形成的，衍射斑与透射斑皆在一套连续的网格上，花样的每一衍射斑对应一个 $(hkl)$ 反射面，透射斑和衍射斑连线 $R=L\lambda/d$；各衍射斑同属于一个晶带 $r=[uvw]$，都满足晶带定律：

$$\vec{g} \cdot \vec{r} = hu+kv+lw=0$$

透射斑至衍射斑连线间夹角 $\Phi$ 为相应反射面间夹角。

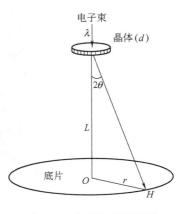

图 2-20　电子衍射原理图

由此可见，只要在花样上准确地测出 $R$ 和 $\Phi$，进而找出它们所代表的反射面指数 $hkl$，就可据此推算出有关晶体学数据，人们称 $R$ 和 $\Phi$ 为能使花样指数化的两特征量。花样指数标定时按前述方法标出各斑点对应的晶面族 $\{hkl\}$ 后，用相应晶系晶面夹角公式调整两斑点 $\{h_1k_1l_1\}$、$\{h_2k_2l_2\}$ 中 $hkl$ 相对位置和符号，使其满足 $\cos\Phi$ 值要求，以得出具体的晶面指数。

透射电镜在观察样品显微结构、物相鉴定、晶体取向关系、有序化与长周期结构、孪晶、晶体缺陷、惯习面确定等方面都有重要应用。

例如 Cu 与 $Ti_2SnC$ 反应过程中，由于 $Ti_2SnC$ 晶体结构为层状结构，Sn 与碳化钛层之间具有较弱的共价键，在一定的条件下 Sn 就有可能从 $Ti_2SnC$ 层状结构中抽出而形成 $TiC_x$。碳化钛即使在熔融态 Cu 中也不会与其反应，因此理论上最终反应产物应为 Cu(Sn) 固溶体和 $TiC_x$。但虽然 XRD 结果表明最终反应产物的确为 Cu(Sn) 固溶体和 $TiC_x$，仍不能充分证实 Sn 从层中抽出的理论反应过程。既然理论上 $TiC_x$ 的形成是 Sn 从 $Ti_2SnC$ 中抽出造成的，则原 $Ti_2SnC$ 晶粒必然与形成的 $TiC_x$ 晶粒存在一定的取向关系。为研究界面取向关系使用透射电子显微观察研究了 Cu-$Ti_2SnC$ 复合材料的 $Ti_2SnC/TiC_x$ 界面。图 2-21（a）给出了 $Ti_2SnC/TiC_x$ 界面的明场像。图 2-21（b）为电子束平行于 $TiC_x$ 的 $[0\bar{1}1]$ 晶带轴方向和 $Ti_2SnC$ 的 $[010]$ 晶带轴方向得到的 $Ti_2SnC/TiC_x$ 界面处的选区电子衍射图。重要的 $TiC_x$ 和 $Ti_2SnC$ 面指数已标在选区电子衍射图谱中。

透射电镜在纳米材料研究中用得最多的是对纳米材料形貌和结构的观察分析。碳纳米管

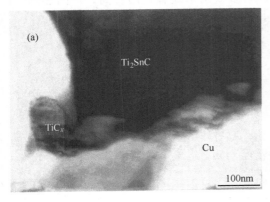
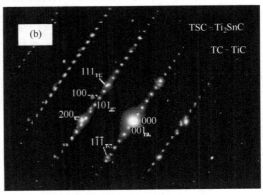

图 2-21　(a) $Ti_2SnC$ 和 $TiC_x$ 的界面明场像；(b) 选区电子衍射图

就是 S. Iijima 首先在透射电镜的观察下发现的。

图 2-22 为水热法制备的 MnOOH 纳米棒的 TEM 照片。

图 2-22　产物 MnOOH 纳米棒的 TEM 照片

从图中可看出，产物的形貌为棒状，其平均直径约为 75nm，长度约 2.5μm。该照片上呈现许多单晶衍射斑点，且指标为单斜结构的 MnOOH 晶体。这与产物 XRD 表征结果一致。

以醋酸锌（$Zn(CH_3COO)_2 \cdot 2H_2O$）和经硝酸处理过的碳纳米管（CNTs）为原料，一缩二乙二醇（DEG）为溶剂，采用溶胶法制备得到 ZnO-CNTs 纳米复合材料，为了研究反应时间对碳纳米管表面负载 ZnO 的影响，在不同的反应时间段对其进行 TEM 测试，结果如图 2-23 所示。当反应 20min，碳纳米管表面只零星负载着 ZnO 纳米颗粒［图 2-23（a）所示］，粒径约为 8nm；当反应时间延至 50min，碳纳米管表面的 ZnO 有所增加，且长成直径 10～12nm，长 20～25nm 的短柱形［图 2-23（b）］。这可能是碳纳米管的空间效应和溶剂 DEG 的共同作用，而使得 ZnO 生长基元优先接近成核晶体的自由一端，从而驱使 ZnO 晶体发生定向生长。当反应时间延至 70min 时［图 2-23（c）所示］，可以明显地观察到碳纳米管的外表面已均匀负载了一层致密的 ZnO 颗粒。随着反应时间的进一步延长，碳纳米管表面负载的 ZnO 的厚度也会相应增加［图 2-23（d）所示］，直至反应完全。这说明碳纳米管表面的 ZnO 颗粒是成核中心，醋酸锌水解产生的生长基元直接负载在碳纳米管表面已有的 ZnO 颗粒上，而不是在溶液中形成新的成核中心。因此，可以通过改变 ZnO 和 CNTs 的反应时间，来控制 CNTs 表面 ZnO 的负载量。

图 2-24 为经不同条件处理后得到的 MWNTs（多壁纳米碳管）形貌图，从图 2-24（a）

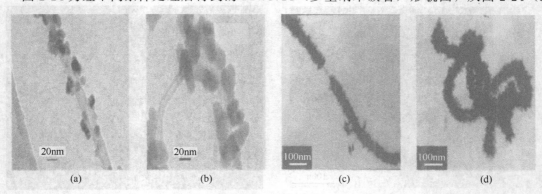

|  (a) |  (b) |  (c) |  (d) |

图 2-23　反应时间对 ZnO 负载量的影响

中可以看出预合成 MWNTs 中存有一定量无定形碳和催化剂颗粒。在空气中活化处理后除去了大多数无定形碳和催化剂颗粒，MWNTs 被打开并且短切 [图 2-24（b）]。经 $CO_2$ 活化后的 MWNTs 与经空气活化处理的 MWNTs 相似，但与预合成 MWNTs 相比，由于 $CO_2$ 在 MWNTs 内壁的氧化作用，一些 MWNTs 有更大的空心 [图 2-24（c）]。空气和 $CO_2$ 活化处理后的 MWNTs 更长更直，但经 KOH 活化处理后的 MWNTs 由于球磨作用变短，而且由于 KOH 的腐蚀作用其内部空心变大 [图 2-24（d）]。

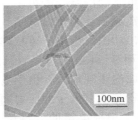
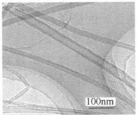
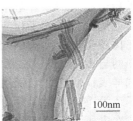

(a) 预合成的MWNTs　　　(b) 空气活化处理的MWNTs　　(c) $CO_2$- 活化处理的MWNTs　　(d) KOH活化处理的MWNTs
　　（多壁纳米碳管）　　　　　　　　　　　　　　　　　　　　　　　　　　　　　　　透射电子像

图 2-24　经不同条件处理后得到的 MWNTs 形貌图

## 2.2.2　扫描电镜法

扫描电子显微镜的发展过程，大致与透射电子显微镜相同。在 1932 年，第一部透射电子显微镜发展成功之后，德国 Knoll 于 1935 年提出有关扫描电子显微镜的理论及构想，1942 年制成第一台扫描电子显微镜（SEM），其后，经历 D. McMullan（1953），K. C. A. Smith（1955），以及 C. W. Oatly（1965）等专家的研究、改进和大力推展，始于 1965 年末才使扫描式电子显微镜成为商品问世。

### 2.2.2.1　原理

扫描电镜基本上是由电子光学系统、信号接受处理显示系统、供电系统、真空系统四部分组成。

扫描电镜成像原理如图 2-25 所示。在扫描电镜中，电子枪发射出来的电子束，经三个电磁透镜聚焦后，成直径为几个纳米的电子束。末级透镜上部的扫描线圈能使电子束在试样表面上做光栅状扫描。试样在电子束作用下，激发出各种信号，信号的强度取决于试样表面的形貌、受激区域的成分和晶体取向。设在试样附近的探测器把激发出的电子信号接收下来，经信号处理放大系统后，输送到显像管栅极以调制显像管的亮度。由于显像管中的电子束和镜筒中的电子束是同步扫描的，显像管上各点的亮度是由试样上各点激发出的电子信号强度来调制的，即由试样表面上任一点所收集来的信号强度与显像管屏上相应点亮度之间是一一对应的。因此，试样各点状态不同，显像管各点相应的亮度也必不同，由此得到的像一定是试样状态的反映。放

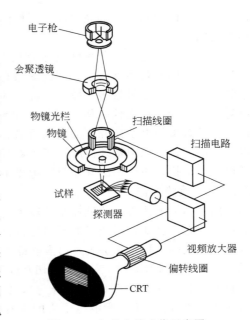

图 2-25　扫描电镜成像示意图

置在试样斜上方的波谱仪和能谱仪用来收集 X 射线，借以实现 X 射线微区成分分析。值得强调的是，入射电子束在试样表面上逐点扫描，因此试样各点所激发出来的各种信号都可选录出来，并可同时在相邻的几个显像管上显示出来，这给试样综合分析带来极大的方便。

具有高能量的入射电子束与固体样品的原子核及核外电子发生作用后，可产生多种物理信号：二次电子，背散射电子，吸收电子，俄歇电子，特征 X 射线。

下面主要介绍利用前两种物理信号进行电子成像的问题。其中，二次电子是指被入射电子轰击出来的核外电子。由于原子核和外层价电子间的结合能很小，当原子的核外电子从入射电子获得了大于相应结合能的能量后，可脱离原子成为自由电子。如果这种散射过程发生在比较接近样品表层处，那些能量大于材料逸出功的自由电子可从样品表面逸出，变成真空中的自由电子，即二次电子。二次电子来自表面 5～10nm 的区域，能量为 0～50eV。它对试样表面状态非常敏感，能有效地显示试样表面的微观形貌。由于它发自试样表层，入射电子还没有被多次反射，因此产生二次电子的面积与入射电子的照射面积没有多大区别，所以二次电子的分辨率较高，一般可达到 5～10nm。扫描电镜的分辨率一般就是二次电子分辨率。二次电子产额随原子序数的变化不大，它主要取决于表面形貌。利用二次电子得到的像为二次电子像，利用背散射电子得到的像为背散射像。二次电子的像衬度与试样表面的几何状态有关。电子像的明暗程度取决于电子束的强弱，当两个区域中的电子强度不同时，将出现图像的明暗差异，这种差异就是衬度。影响二次电子像衬度的因素较多，有表面凹凸引起的形貌衬度（质量衬度），原子序数差别引起的成分衬度，电位差引起的电压衬度。由于二次电子对原子序数的变化不敏感，均匀性材料的电位差别不大，因此主要用于形貌观察。

背反射电子是指入射电子与试样相互作用（弹性和非弹性散射）之后，再次逸出试样表面的高能电子，其能量接近于入射电子能量（$E_0$）。背反射电子的产额随试样的原子序数增大而增加。所以，背反射电子信号的强度与试样的化学组成有关，即与组成试样的各元素平均原子序数有关。背反射电子信号既可以用来显示形貌衬度，也可以用来显示成分衬度。

（1）形貌衬度　用背反射信号进行形貌分析时，其分辨率远比二次电子低。因为背反射电子来自一个较大的作用体积。此外，背反射电子能量较高，它们以直线轨迹逸出样品表面，对于背向检测器的样品表面，因检测器无法收集到背反射电子，图像过暗，而掩盖了许多有用的细节。

（2）成分衬度　成分衬度也称为原子序数衬度，背反射电子信号随原子序数 $Z$ 的变化比二次电子的变化显著得多，因此图像有较好的成分衬度。样品中原子序数较高的区域中由于收集到的电子数量较多，故荧光屏上的图像较亮。因此，利用原子序数造成的衬度变化可以对各种合金进行定性分析。样品中重元素区域在图像上是亮区，而轻元素在图像上是暗区。由于背反射电子离开样品表面后沿着直线运动，检测到的背反射电子信号强度要比二次电子低的多，所以粗糙表面的原子序数衬度往往被形貌衬度所掩盖。为了避免形貌衬度对原子衬度的干扰，被分析的样品只需抛光不必进行腐蚀。

### 2.2.2.2　检测方法

用于扫描电镜观察的试样制备较为简单，有的试样表面不需要再加工，可以直接观察它的自然状态。例如，对金属的断口进行分析时，就不需要加工，加工后反而破坏了断口的原貌。对于大的试样，无法放入扫描电镜内，需要切成小块放入。但是切割时应注意不能破坏观察面，并要保持清洁。对于不欲切割或不允许切割的样品则需要用 AC 纸制作复制膜，在其上面再喷上一层导电层（如金、碳等），放入扫描电镜内观察。若试样是绝缘材料，电子束打在试样上会累积电荷，影响电子束的正常扫描，制样时要在试样观察面上喷一层很薄的导电层，观测时便可将多余的电荷导走。在观察腐蚀试样时，要注意在腐蚀试样时，不能留有腐蚀产物，否则会出现假相。对于粉末试样，需先将导电胶或双面胶纸粘接在样品座上，再均匀地把粉末样撒在上面，用洗耳球吹去未粘住的粉末，再喷上一层导电膜，即可上电镜观察。

制备好的样品就可以进行观察了，观察时除采用前述的二次电子观察和背散射观察外，还可以采用吸收方式、透射方式、俄歇电子方式、X 射线方式、阴极发光方式、感应信号方式观察。

① 吸收方式　吸收方式是用吸收电子作信号的。它是入射电子射入试样后，经多次非弹性散射后能量消耗殆尽而形成的。这时如果在试样和地之间接入毫微安计并进行放大，就可以检测出吸收电子所产生的电流。假设入射电子电流为 $I_i$，总背射电子流（二次电子与背反射电子之和）为 $I_b$，那么吸收电流为

$$I_a = I_i - I_b$$

可见，用吸收电子成像其衬度刚好与二电子、背反射电子等衬度相反。因此吸收电子像也可用来显示试样表面元素分布状态和试样表面形貌，尤其试样裂缝内部的微观形貌。

② 透射方式　如果试样适当的薄，入射电子照射时就会有一部分电子透过试样，其中既有弹性散射电子，也有非弹性散射电子。其能量大小取决于试样的性质和厚度。所谓透射方式就是指用透射电子成像和显示成分分布的一种工作方式。扫描透射电子像基本上不受色差的影响，像质量要比一般透射电镜好。用电子能量分析器，选择能量为 $E_0$ 的弹性散射电子成像，或选择遭受特征能量损失 $\Delta E$ 的非弹性散射电子成像，像的质量更佳。由于 $\Delta E$ 与试样成分有关，所以非弹性散射电子像，即特征能量损失电子像，也可用来显示试样中不同元素的分布。

③ 俄歇电子方式　在入射电子激发下，若试样原子中某一电子（如 K 层电子）被电离，则空位便会由高能级电子（如 $L_2$ 层电子）来填充。高能级电子向低能级跃迁释放能量有两种方式：若以辐射形式，则产生特征 X 射线（$K_\alpha$）；若使原子中另一个电子（如 $L_2$ 层中的另一个电子）电离，则比该电离能多余的能量便成为该电子的动能。这种由于电子从高能级跃迁到低能级而被电离出来的电子成为俄歇电子。显然，俄歇电子的能量决定与原子壳的能级。每一种原子都有自己的特征俄歇能谱，俄歇电子能量极低，只有表层约 1nm 范围内产生的俄歇电子逸出表面后，才能不损失其特征能量而对俄歇峰有贡献，因此俄歇电子特别适合用于作表层分析。俄歇电子产生的概率随原子序数增加而减小，因此特别适合于作超轻元素（氦和氢除外）的分析。

④ X 射线方式　这种方式所收集并用作信号的是试样所发射出来的特征 X 射线。高能入射电子轰击固体试样，就好像是一只 X 射线管，试样是其中的靶。特征 X 射线的波长因试样元素不同而异，其相对强度与激发区相应元素含量有关，这是 X 射线方式用波谱仪或能谱仪进行微区元素定性分析得以实现的基础。

上述各种方式在扫描电镜中都得到了应用。但是，在一般情况下，用得最普遍的是作为形貌观察的二次电子像，用作微区成分分析的特征 X 射线谱，以及作为前两者补充的背反射电子像和吸收电子像。

### 2.2.2.3　检测实例

由于扫描电镜能直接观察大块试样，放大倍数范围广和景深大，在许多方面都得到广泛的应用。

（1）形貌观察　扫描电镜在纳米材料研究中用得最多的是对纳米材料形貌的观察。如图 2-26（a）所示为将 $Cu_2O$ 与 $Ti_2SnC$ 纳米混合粉经 500℃还原 3 h 后得到的 Cu-5%（体积分数）TiSnC 颗粒形貌（SEM 图像），从图中可以看出虽经 500℃长时间退火，Cu 仍然保持了较小的颗粒尺寸，颗粒呈球形。将图像放大后可以看出［图 2-26（b）］，颗粒尺寸分布不均匀，粒度在 10nm～1$\mu$m 之间分布。

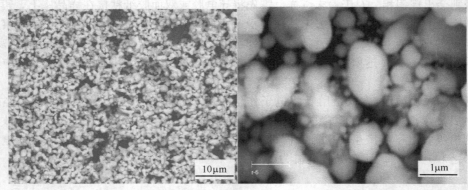

(a) Ti₂SnC 颗粒 SEM形貌　　　　　　　　(b) 局部放大图

图 2-26　Ti₂SnC 颗粒的 SEM 图像

图 2-27 为化学方法生长的 ZnO 纳米阵列，利用扫描电子显微镜可以清晰的看到 ZnO 纳米阵列的尺寸和形貌。

图 2-27　化学方法生长的 ZnO 纳米阵列

将试样表面腐蚀后可利用 SEM 观察样品的晶粒形貌，图 2-28 为热压法制备的 Cu-5%（体积分数）Ti₂SnC 复合材料的晶粒形貌，可以看出，绝大多数的 Ti₂SnC 颗粒均分布在 Cu 的晶界上。通过添加 Ti₂SnC，纯铜的晶粒尺寸显著减小了，利用截线法可测定出该复合材料的晶粒尺寸为 $0.74\mu m$。

由于背散射电子的产额随原子序数的增加而增加，所以，利用背散射电子作为成像信号不仅能分析形貌特征，也可以用来显示原子序数衬度，定性进行成分分析。因此，抛光后未经腐蚀的样品也可通过背散射像清楚的观察到第二相的分布与形貌。图 2-29 为热压法制备的 Cu-5%（体积分数）Ti₂SnC 复合材料抛光后未经腐蚀的样品，从该背散射像中可清楚的观察到 Ti₂SnC 较均匀的分散在 Cu 基体中，颗粒尺寸约为 500nm。

（2）破坏方式观察　从试样的断口特性可以分析材料的断裂原因和过程，因此，对断口的分析是失效分析不可或缺的一环。

图 2-30 为热压法制备的 Cu-1%（体积分数）Ti₂SnC 和 Cu-5%（体积分数）Ti₂SnC 复合材料的断口形貌，在样品的断裂表面都可以观察到韧窝，表明二者的断裂方式都为微孔连接机制。由断口特征可以确定复合材料的断裂方式为韧性断裂。比较图 2-30（a）和 2-30（b）

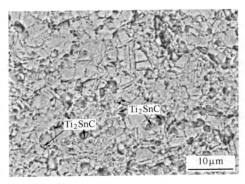

图 2-28  Cu-5％（体积分数）Ti₂SnC
复合材料显微结构图

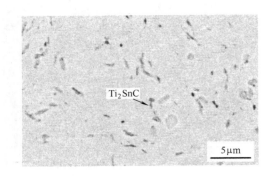

图 2-29  Cu-5％（体积分数）Ti₂SnC 复合
材料抛光后未经腐蚀的样品的背散射图像

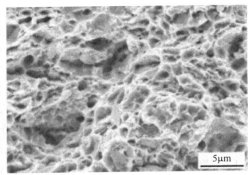

(a) Cu-1%(体积分数)Ti₂SnC

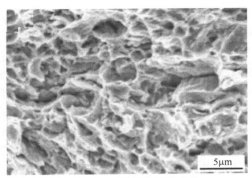

(b) Cu-5%(体积分数)Ti₂SnC

图 2-30  材料的拉伸断口形貌

不难看出 Cu-5％（体积分数）Ti₂SnC 复合材料断口的韧窝尺寸小于 Cu-1％（体积分数）Ti₂SnC 复合材料，并且前者韧窝数量也更少。靠近断裂表面的侧面的裂纹观察（图 2-31）揭示了材料中裂纹和孔洞的产生为相界开裂和增强相颗粒的断裂。Ti₂SnC 体积含量的增加提供了更多的孔洞形核据点，因此增加 Ti₂SnC 的体积含量对材料的塑性有降低作用。

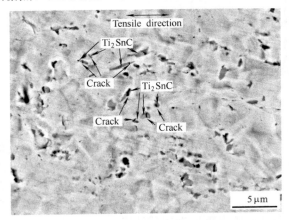

图 2-31  Cu-5％（体积分数）Ti₂SnC 断口附近的裂纹和孔洞

对材料磨损表面观察可以判断材料磨损过程中的破坏方式。图 2-32（a）为相对滑动速度为 20m/min，10N 载荷下与钢环对磨后纯铜的磨损表面形貌，磨损后纯铜表面形貌呈蜂

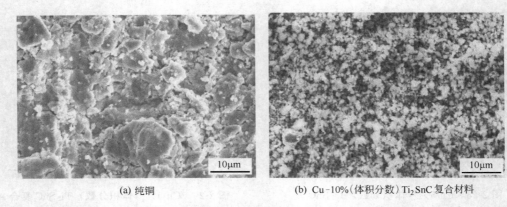

(a) 纯铜　　　　　　　　(b) Cu-10%（体积分数）Ti₂SnC 复合材料

图 2-32　纯铜与 Cu-10％（体积分数）Ti₂SnC 复合材料的摩擦表面形貌

窝状。试样磨损较为严重，表现为冷焊后较深层 Cu 基体的断裂破坏后生成的新鲜表面，揭示纯铜磨损过程为典型的黏着磨损。而在同样条件下磨损后，Cu-10％（体积分数）Ti₂SnC 复合材料的磨损表面均匀分布着一些小颗粒，有的颗粒尺寸甚至为纳米级，颗粒形状为球形［图 2-32（b）］。

　　Cu-10％（体积分数）Ti₂SnC 复合材料的能谱分析（图 2-33）表明这些颗粒为铜和铁的氧化物。Ti₂SnC 的添加显著增大了 Cu 基体的硬度和强度，在摩擦磨损过程中阻碍了基体材料的塑性变形和断裂，改善了材料的耐磨性。Ti₂SnC 颗粒在磨损过程中起到了承载作用，这有效地抑制了 Cu 与 Fe 之间的黏着。摩擦热造成了块和环接触表面温度的升高，促使了表面氧化，生成了由 Cu 和 Fe 氧化物组成的表面膜。氧化膜的生成进一步阻止了 Cu 基体与 Fe 之间的黏着行为。因此在这种摩擦磨损条件下氧化磨损是 Ti₂SnC 颗粒增强铜基复合材料重量损失的原因。

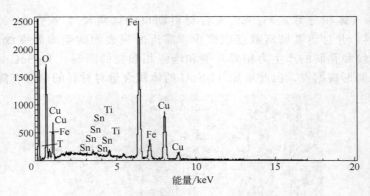

图 2-33　对应图 2-32（b）的能谱分析

　　在扫描电镜中将试片变形，可以研究金属形变过程、裂纹形核及扩展过程、不同组织在变形和断裂过程的行为和作用、裂纹尖端塑性变形区的特点等问题。因为在扫描电镜中研究的是大块试片，与在透射电镜中研究金属薄膜的变形情况相比，更符合金属变形和断裂的实际情形。在扫描电镜中加热和冷却，就可研究其高温和低温的组织状态，金属和合金的相变过程等问题，同样比在透射电镜中更接近实际情况。

　　环境扫描电镜（ESEM）的使用可使样品室的低真空压力达到 2600 Pa，也就是样品室可容纳分子更多，在这种状态下，可配置水瓶向样品室输送水蒸气或输送混合气体，若与高温或低温样品台联合使用则可模拟样品的周围环境，结合扫描电镜观察，可得到环境条件下试样的变化情况，进一步扩展了扫描电镜的使用范围。使用 ESEM，非导电材料不需喷镀导电膜，可直接观察，分析简便迅速，不破坏原始形貌；可保证样品在 100% 湿度下观察，即可进行含油含水样品的观察，能够观察液体在样品表面的蒸发和凝结以及化学腐蚀行为；可进行样品热模拟及力学模拟的动态变化实验研究，也可以研究微注入液体与样品的相互作用等。因为这些过程中有大量气体释放，只能在环扫状态下进行观察。

### 2.2.3 隧道扫描电镜法

1981 年，IBM Zurich 实验室的 Bining 和 Roher 研制出世界上第一台扫描隧道显微镜（scanning tunneling microscope，简称 STM），这标志着一种具有原子级分辨率的实空间成像技术诞生了，1986 年这两位科学家与发明电子显微镜的 Ruska 一道，获得诺贝尔物理学奖。

STM 实验可以在大气、真空、溶液、惰性气体甚至反应性气体等各种环境中进行，工作温度可以从绝对零度到摄氏几百度。STM 用途非常广泛，可用于原子级空间分辨的表面结构观察，用于研究各种表面物理化学过程和生物体系。STM 还是纳米结构加工的有力工具，可用于制备纳米尺度的超微结构，还可用于操纵原子和分子等。

#### 2.2.3.1 原理

（1）扫描隧道显微镜的基本原理　扫描隧道显微镜（STM）的基本原理是利用量子理论中的隧道效应。将原子线度的极细探针和被研究物质的表面作为两个电极，当样品与针尖的距离非常接近时（通常小于 1nm），在外加电场的作用下，电子会穿过两个电极之间的势垒流向另一电极。这种现象即是隧道效应。隧道电流 $I$ 是电子波函数重叠的量度，与针尖和样品之间距离 $S$ 和平均功函数 $\Phi$ 有关：

$$I \propto V_b \exp(-A\Phi^{\frac{1}{2}}S)$$

$V_b$ 是加在针尖和样品之间的偏置电压，平均功函数 $\Phi \approx \frac{1}{2}(\Phi_1 + \Phi_2)$，$\Phi_1$ 和 $\Phi_2$ 分别为针尖和样品的功函数，$A$ 为常数，在真空条件下约等于 1。扫描探针一般采用直径小于 1mm的细金属丝，如钨丝、铂-铱丝等；被观测样品应具有一定导电性才可以产生隧道电流。

由上式可知，隧道电流强度对针尖与样品表面的间距非常敏感，如果距离 $S$ 减小0.1nm，隧道电流 $I$ 将增加一个数量级，因此，利用电子反馈线路控制隧道电流恒定，并用压电陶瓷材料控制针尖在样品表面扫描，则探针在垂直于样品方向上的高低变化就反映出了样品表面的起伏，见图 2-34。将针尖在样品表面扫描时运动轨迹直接在荧光屏或记录纸上显示出来，就得到了样品表面态密度的分布或原子排列的图像。这种扫描方式可用于观察表

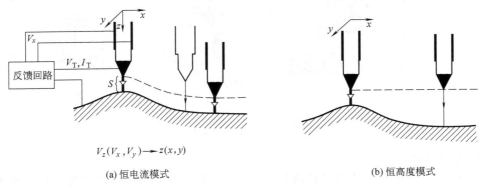

(a) 恒电流模式　　　　　　　　　　　(b) 恒高度模式

图 2-34　扫描模式示意图

面形貌起伏较大的样品，且可通过加在 $z$ 向驱动器上的电压值推算表面起伏高度的数值，这是一种常用的扫描模式。对于起伏不大的样品表面，可以控制针尖高度守恒扫描，通过记录隧道电流的变化亦可得到样品表面态密度的分布。这种扫描方式的特点是扫描速度快，能够减少噪声和热漂移对信号的影响，但一般不能用于观察表面起伏大于 1nm 的样品。

图 2-34 中 $S$ 为针尖与样品间距，$I_T$、$V_T$ 为隧道电流和偏置电压，$V_z$ 为控制针尖在 $z$ 方向高度的反馈电压。

从上述公式可知，在 $V_T$ 和 $I_T$ 保持不变的扫描过程中，如果功函数随样品表面的位置而异，也同样会引起探针与样品表面间距 $S$ 的变化，因而也引起控制针尖高度的电压 $V_z$ 的变化。如样品表面原子种类不同，或样品表面吸附有原子、分子时，由于不同种类的原子或分子团等具有不同的电子态密度和功函数，此时扫描隧道显微镜（STM）给出的等电子态密度轮廓不再对应于样品表面原子的起伏，而是表面原子起伏与不同原子和各自态密度组合后的综合效果。扫描隧道显微镜（STM）不能区分这两个因素，但用扫描隧道谱（STS）方法却能区分。利用表面功函数、偏置电压与隧道电流之间的关系，可以得到表面电子态和化学特性的有关信息。

如前所述，扫描隧道显微镜（STM）仪器本身具有的诸多优点，使它在研究物质表面结构、生物样品及微电子技术等领域中成为很有效的实验工具。例如生物学家们研究单个的蛋白质分子或 DNA 分子；材料学家们考察晶体中原子尺度上的缺陷；微电子器件工程师们设计厚度仅为几十个原子的电路图等，都可利用扫描隧道显微镜（STM）仪器。在扫描隧道显微镜（STM）问世之前，这些微观世界还只能用一些烦琐的、往往是破坏性的方法来进行观测。而扫描隧道显微镜（STM）则是对样品表面进行无损探测，避免了使样品发生变化，也无需使样品受破坏性的高能辐射作用。另外，任何借助透镜来对光或其他辐射进行聚焦的显微镜都不可避免的受到一条根本限制：光的衍射现象。由于光的衍射，尺寸小于光波长一半的细节在显微镜下将变得模糊。而扫描隧道显微镜（STM）则能够轻而易举地克服这种限制，因而可获得原子级的高分辨率。

（2）STM 的结构　常用的 STM 针尖安放在一个可进行三维运动的压电陶瓷支架上，如图 2-35 所示，$Lx$、$Ly$、$Lz$ 分别控制针尖在 $x$、$y$、$z$ 方向上的运动。在 $Lx$、$Ly$ 上施加电压，便可使针尖沿表面扫描；测量隧道电流 $I$，并以此反馈控制施加在 $Lz$ 上的电压 $V_z$；再利用计算机的测量软件和数据处理软件将得到的信息在屏幕上显示出来。

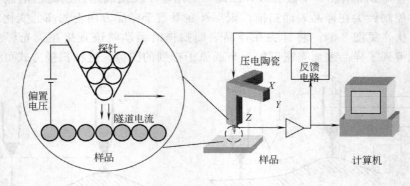

图 2-35　STM 的结构

### 2.2.3.2　检测方法

隧道针尖是 STM 技术中首要解决的问题之一，针尖的大小、形状和化学同一性不仅影响着图像的分辨率和表面的形貌，而且也影响着测定的电子态。如果能制备出针尖的最尖端只有一个稳定的原子而不是多重针尖（毛刺），那么隧道电流就会很稳定，而且能够获得原子级分辨率的图像。此外，还要求针尖的化学纯度高、无氧化层覆盖。目前制备针尖的方法主要有机械成型法和电化学腐蚀法。机械成型法，多用于铂铱合金，它有不易氧化和较好刚性的特点。机械成型法的基本过程如下：首先用丙酮溶液对针、镊子和剪刀进行清洁，用脱脂棉球对它们进行多次清洗，干燥后用镊子用力夹紧针的一端，慢慢的调整剪刀使剪刀和针尖的另一端成一定角度（30°～45°左右），握剪刀的手在伴有向前冲力（冲力方向与剪刀和针所成的角度保持一致）的同时，快速剪下，形成一个针尖。然后以强光为背景对针尖进行观察，看它是否尖锐，否则重复上述操作。对于电化学腐蚀方法，多用钨丝作针。基本方法是在装有 NaOH 电解液的容器中，扦入不锈钢或铂做成的阴极，而钨丝作为阳极，两极间施加 4～12V 电压。阳极钨丝安装在一个高度可调节的测微仪上。此时对钨丝腐蚀几分钟后，钨丝在界面附近变细变尖，形成针尖，然后再用去离子水和无水酒精对针尖冲洗。

制备好针尖即可采用恒流模式或恒高模式对样品表面进行观察。

### 2.2.3.3　检测实例

STM 作为新型的显微工具与以往的各种显微镜和分析仪器相比有明显的优势。首先，STM 具有极高的分辨率。它可以轻易的"看到"原子，这是一般显微镜甚至电子显微镜所难以达到的。我们可以用一个比喻来描述 STM 的分辨本领：用 STM 可以把一个原子放大到一个网球大小的尺寸，这相当于把一个网球放大到我们生活的地球那么大。其次，STM 得到的是实时的、真实的样品表面的高分辨率图像。而不同于某些分析仪器是通过间接的或计算的方法来推算样品的表面结构。STM 的使用环境宽松。电子显微镜等仪器对工作环境要求比较苛刻，样品必须安放在高真空条件下才能进行测试。而 STM 既可以在真空中工作，又可以在大气中、低温、常温、高温，甚至在溶液中使用。因此 STM 适用于各种工作环境下的科学实验。

STM 的应用领域是宽广的。无论是物理、化学、生物、医学等基础学科，还是材料、微电子等应用学科都有它的用武之地。STM 的价格相对于电子显微镜等大型仪器来讲是较低的。这对于 STM 的推广是有好处的。

STM 最重要的用途在于纳米技术上，具体如下。

（1）"看见"了以前所看不到的东西　自从 1983 年 IBM 的科学家第一次利用 STM 在硅单晶表面观察到原子阵列以后，大量的具有原子分辨率的各种金属和半导体表面的原子图像被相继发表。然而，在更多的情况下，获得高分辨率的图像并不意味着我们就可以直接看到原子。正如我们从 STM 的工作原理中可以预见的那样，STM 所观察到的并不是真正的原子或分子，而只是这些原子或分子的电子云形态。我们已经熟悉了这样的一个概念："分子是由原子组成的，原子是由原子核和围绕着原子核高速运动的电子组成的"。当原子组成分子后，原子中的某些电子在很多情况下将不再为某个原子所独有，而是被一些原子或整个分子所共有。这时，我们通过 STM 所获得的分子图像将不是与分子内部的原子排列一一对应的。因此利用 STM 研究分子的结构并不像我们所想像的那样容易，如何通过从 STM 获得的分子图像来解读分子内部的结构信息就成了一个十分重要而又具有挑战性的课题。

$C_{60}$ 分子由 60 个碳原子组成，是一种与足球结构类似的球形分子。1996 年美国和英国的三位科学家就因为发现了这种比足球小了几亿倍的"足球分子"而获得了诺贝尔化学奖，这足以说明这类分子的重要性。

同足球一样，$C_{60}$ 分子具有三维的立体结构，因此当它们吸附在固体表面上时，就存在着不同的吸附取向。为了研究 $C_{60}$ 分子的吸附位置和吸附取向，中国科学技术大学的科学工作者们在超高真空条件下将 $C_{60}$ 分子蒸发在单晶硅表面，利用 STM 在接近零下 200℃ 的低温条件下对样品表面进行扫描，获得了 $C_{60}$ 分子在不同实验条件下的高分辨图像。在此基础上，他们采用"指纹鉴定"的方法，通过严格的理论计算，将理论模拟图像与实验图像加以比较分析，从而将所获得的 $C_{60}$ 分子的 STM 图像与其内部的原子结构对应起来，在国际上首次确定了 $C_{60}$ 分子在 Si (111)-(7×7) 表面上的吸附取向（图 2-37）。这项成果的意义在于将理论分析与 STM 实验测量相结合，成功地确定了分子的内部结构信息。这对人们研究更加复杂的分子体系探索出了一条可行的方法。

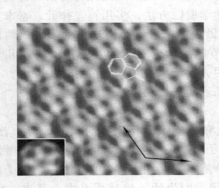

图 2-36　$C_{60}$ 分子的 STM 图像

图 2-37　Si(111)-(7×7) 原子图像

　　（2）实现了单原子和单分子操纵　自 STM 成功发明，并在科技领域获得广泛应用之后，人们就希望能够把 STM 探针作为在微观世界中操纵原子的"手"，实现人们直接操纵原子的梦想。20 世纪 90 年代初期，IBM 的科学家在 Ni 表面用 Xe 原子写出"IBM"三个字母（图 1-3），首先展示了在低温下利用 STM 进行单个原子操纵的可能性。随后科学家们又构造出了更多的原子级人工结构和更具实际物理含义的人工结构"量子栅栏"。

　　通常有以下几种可能的单原子或单分子操纵方式：利用 STM 针尖与吸附在材料表面的分子之间的吸引或排斥作用，使吸附分子在材料表面发生横向移动，具体又可分为"牵引"、"滑动"、"推动"三种方式；通过某些外界作用将吸附分子转移到针尖上，然后移动到新的位置，再将分子沉积在材料表面；通过外加电场，改变分子的形状，但却不破坏它的化学键。IBM 的科学家将 $C_{60}$ 分子放置在 Cu 单晶表面，利用 STM 针尖让 $C_{60}$ 分子沿着 Cu 表面原子晶格形成的台阶做直线运动。他们将一组 10 个 $C_{60}$ 分子沿一个台阶排成一列，多个等间距的这样的分子链，就构成了世界上最小的"分子算盘"（图 2-38），利用 STM 针尖可以来回拨动"算盘珠子"，从而进行运算操作。当然，这项工作的意义并不在于人们要用这样小的算盘来进行计算，而是在于它展示了一种前所未有的对单个分子的控制能力。有了这样的手段，我们就可以从真正意义上去构造分子器件，以实现其真正的应用价值。

图 2-38　分子算盘

　　（3）单分子化学反应已经成为现实　提起化学反应，我们最容易联想起来的一组画面就是：化学家将放在几个不同瓶子里的药品倒在一起，然后再通过搅拌或加热等一系列的步骤以获得他们想要的最终产物。然而，现在，科学家们所能做的要比这精细得多，他们甚至可以一个个地将单个的原子放在一起以构成一个新的分子，或是把单个分子拆开成几个分子或原子。单原子、单分子操纵在化学上一个极具诱惑力的潜在应用是可能实现"选键化学"——对分子内的化学键进行选择性的加工。虽然这是一个极具挑战性的目标，但现在已有一些激动人心的演示性的结果。在康奈尔大学 Lee 和 Ho 的实验中，STM 被用来控制单个的 CO 分子与 Ag（110）表面的单个 Fe 原子在 13K 的温度下成键，形成 FeCO 和 Fe（CO）$_2$ 分子。同时，他们还通过利用 STM 研究 C—O 键的伸缩振动特性等方法来确认和研究产物分子。他们发现 CO 以一定的倾角与 Fe-Ag（110）系统成键（即 CO 分子倾斜地立在 Fe 原子上），这被看成是 Fe 原子局域电子性质的体现。一个更为直观的例子是由 Park 等人完成的，他们将碘代苯分子吸附在 Cu 单晶表面的原子台阶处，再利用 STM 针尖将碘原子从分子中剥离出来，然后用 STM 针尖将两个苯活性基团结合到一起形成一个联苯分子，完成了一个完整的化学反应过程。利用这样的方法，科学家就有可能设计和制造具有各种全新结构的新物质。可以想像，如果我们能够随心所欲地对单个的原子和分子进行操纵和控制，我们就有可能制造出更多的新型药品、新型催化剂、新型材料和更多的我们暂时还无法想像的新产品，这必将对我们的生活产生深远的影响。

（4）在分子水平上构造电子学器件　人们一直在追求电子器件的高速化与小型化。而当前电子器件的制造工艺从本质上仍属于传统的"从上到下"的方法，即通过开发现有的宏观工艺手段的潜力来实现微型化程度的提高。如果能够按照我们的意愿，采取与之相反的"从下到上"方法，就如同用砖和瓦盖房子一样，在分子水平上增加结构的复杂度，一个一个地控制和操纵功能单分子，设计和构造各种功能器件，这无疑是一个激动人心的设想。利用单分子的独特的量子电子学特性，IBM 的科学家构造了第一个单分子放大器。其原理是，利用 STM 针尖压迫 $C_{60}$ 单分子，使 $C_{60}$ 分子变形，从而通过改变其内部的结构而使其电导增加了两个数量级。这种过程是可逆的，当压力除去后，电导又回复到原来的水平，因此可以把这个体系看成是一种"电力"开关。其开关能耗仅为 $10\sim18J$，比现有固体开关电路要小一万倍，而它的开关频率则要高得多。尽管这类的单分子放大器还仅仅处于实验室演示阶段，但不管怎样，它作为第一个单分子放大器的模型，其卓越的低能耗和高速度特性向人们展示了单分子器件的前景和魅力。

然而分子器件的构造并不是简单地将现有的电子器件的尺寸缩小。伴随着尺寸的减小，器件的量子电子学特性将变得越来越明显，这就需要我们重新认识它们的性质和行为。在单原子和单分子尺度，电子学行为将遵循量子力学规律，而不是我们所熟知的经典力学规律。一些我们已习以为常的问题在单分子的尺度上将不得不重新仔细考虑。我们知道，一般情况下金属和半导体材料具有正的电导，即流过材料的电流随着所施加的电压的增大而增加。但在单分子尺度下，由于量子能级与量子隧穿的作用会出现新的物理现象——负微分电导。中国科技大学的科学家仔细研究了基于 $C_{60}$ 分子的负微分电导现象。他们利用 STM 针尖将吸附在有机分子层表面的 $C_{60}$ 分子"捡起"，然后再把粘有 $C_{60}$ 分子的针尖移到另一个 $C_{60}$ 分子上方。这时，在针尖与衬底上的 $C_{60}$ 分子之间加上电压并检测电流，他们获得了稳定的具有负微分电导效应的量子隧穿结构。这项工作通过对单分子操纵构筑了一种人工分子器件结构。这类分子器件一旦转化为产品，将可广泛的用于快速开关、振荡器和锁频电路等方面，这可以极大地提高电子元件的集成度和速度。

近年来，科学家还在构造和组装分子尺度的机械设备方面取得了不少重要成果，已设计出了类似齿轮、开关、转栅等简单装置的分子器件。例如：已经有科学家报道了用 DNA 分子制造出一种可以反复开合的镊子，而其每条臂的长度只有 7 个纳米。我们相信，通过物理、化学、分子生物学、电子学和材料科学的合作，一类基于单原子、单分子的纳米尺度的电子学器件将逐步涌现，并最终转化为造福于我们生活的产品。

## 2.2.4 原子力显微镜法

### 2.2.4.1 原理

（1）原子力显微镜的原理　原子力显微镜（atomic force microscopy，AFM）是由 IBM 公司的 Binnig 与斯坦福大学的 Quate 于 1985 年所发明的，其目的是为了使非导体也可以采用扫描探针显微镜（SPM）进行观测。

原子力显微镜（AFM）与扫描隧道显微镜（STM）最大的差别在于并非利用电子隧道效应，而是利用原子之间的范德华力（Van Der Waals Force）作用来呈现样品的表面特性。假设两个原子中，一个是在悬臂（cantilever）的探针尖端，另一个是在样本的表面，它们之间的作用力会随距离的改变而变化，其作用力与距离的关系如图 2-39 所示。

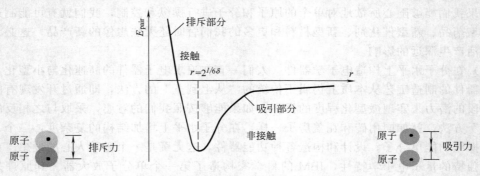

图 2-39　能量与原子间距的关系

当原子与原子充分靠近时，彼此电子云斥力的作用大于原子核与电子云之间的吸引力作用，所以整个合力表现为斥力的作用，反之若两原子分开有一定距离时，其电子云斥力的作用小于彼此原子核与电子云之间的吸引力作用，故整个合力表现为引力的作用。若以能量的角度来看，这种原子与原子之间的距离与彼此之间能量的大小也可从 Lennard-Jones 的公式中得到另一种印证。

$$E^{pair}(r) = 4\varepsilon\left[\left(\frac{\sigma}{r}\right)^{12} - \left(\frac{\sigma}{r}\right)^{6}\right]$$

其中，$\sigma$ 为原子的直径；$r$ 为原子之间的距离。

从上式可知，当 $r$ 降低到某一程度时其能量为 $+E$，也代表了在空间中两个原子是相当接近，能量为正值，若假设 $r$ 增加到某一程度时，其能量就会为 $-E$，说明空间中两个原子之距离相当远，能量为负值。不管从空间上去看两个原子之间的距离与其所导致的吸引力和斥力或是从能量的关系来看，原子力显微镜就是利用原子之间那奇妙的关系来把原子呈现出来。在原子力显微镜的系统中，是利用微小探针与待测物之间交互作用力，来呈现待测物的表面物理特性。所以在原子力显微镜中也利用斥力与吸引力的方式发展出两种操作模式：

① 利用原子斥力的变化而产生表面轮廓为接触式原子力显微镜（contact AFM），探针与试片的距离约数个 Å。

② 利用原子吸引力的变化而产生表面轮廓为非接触式原子力显微镜（non-contact AFM），探针与试片的距离约数十个 Å 到数百个 Å。

原子力显微镜的基本原理是：将一个对微弱力极敏感的微悬臂一端固定，另一端有一微小的针尖，针尖与样品表面轻轻接触，由于针尖尖端原子与样品表面原子间存在极微弱的排斥力，通过在扫描时控制这种力的恒定，带有针尖的微悬臂将对应于针尖与样品表面原子间作用力的等位面而在垂直于样品的表面方向起伏运动。利用光学检测法或隧道电流检测法，可测得微悬臂对应于扫描各点的位置变化，从而可以获得样品表面形貌的信息。下面，我们以激光检测原子力显微镜（atomic force microscope employing laser beam deflection for force detection，Laser-AFM）——原子力显微镜家族中最常用的一种为例，来详细说明其工作原理。

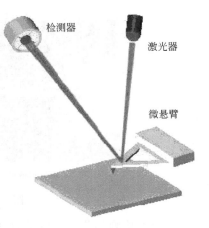

图 2-40　激光检测原子力显微镜探针工作示意图

如图 2-40 所示，二极管激光器（laser diode）发出的激光束经过光学系统聚焦在微悬臂（cantilever）背面，并从微悬臂背面反射到由光电二极管构成的光斑位置检测器（detector）。在样品扫描时，由于样品表面的原子与微悬臂探针尖端的原子间的相互作用力，微悬臂将随样品表面形貌而弯曲起伏，反射光束也将随之偏移，因而，通过光电二极管检测光斑位置的变化，就能获得被测样品表面形貌的信息。

在系统检测成像全过程中，探针和被测样品间的距离始终保持在纳米量级，距离太大不能获得样品表面的信息，距离太小会损伤探针和被测样品，反馈回路（feedback）的作用就是在工作过程中，由探针得到探针-样品相互作用的强度，来改变加在样品扫描器垂直方向的电压，从而使样品伸缩，调节探针和被测样品间的距离，反过来控制探针-样品相互作用的强度，实现反馈控制。因此，反馈控制是本系统的核心工作机制。

（2）原子力显微镜的结构　在原子力显微镜（atomic force microscopy，AFM）的系统中，可分成三个部分：力检测部分、位置检测部分、反馈系统（图 2-41）。

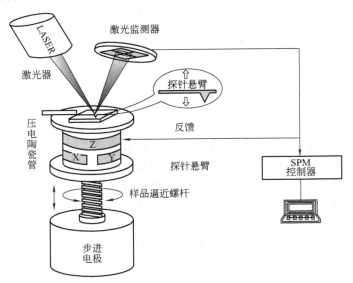

图 2-41　原子力显微镜（AFM）系统结构

① 力检测部分　在原子力显微镜（AFM）系统中，所要检测的力是原子与原子之间的范德华力。所以在本系统中是使用微小悬臂（cantilever）来检测原子之间力的变化量。

此微小悬臂有一定的规格，例如：长度、宽度、弹性系数以及针尖的形状，这些规格的选择是依照样品的特性，以及操作模式的不同，而选择不同类型的探针。图 2-42 是一种典型的 AFM 悬臂和针尖。

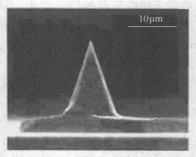

(a) AFM悬臂 　　　　　　　　　　　(b) 针尖

图 2-42　AFM 系统中的悬臂和针尖

② 位置检测部分　在原子力显微镜（AFM）系统中，当针尖与样品之间有了交互作用之后，会使得悬臂摆动，所以当激光照射在悬臂的末端时，其反射光的位置也会因为悬臂摆动而有所改变，这就造成偏移量的产生。在整个系统中是依靠激光光斑位置检测器将偏移量记录下并转换成电信号，以供 SPM 控制器作信号处理。

③ 反馈系统　在原子力显微镜（AFM）系统中，将信号经由激光检测器取入之后，在反馈系统中会将此信号当作反馈信号，作为内部的调整信号，并驱使通常由压电陶瓷管制作的扫描器做适当的移动，以保持样品与针尖保持合适的作用力。

原子力显微镜（AFM）便是结合以上三个部分来将样品的表面特性呈现出来的：在原子力显微镜（AFM）系统中，使用微小悬臂（cantilever）来感测针尖与样品之间的交互作用，此作用力会使 cantilever 摆动，再利用激光将光照射在 cantilever 的末端，当摆动形成时，会使反射光的位置改变而造成偏移量，此时激光检测器会记录此偏移量，也会把此时的信号给反馈系统，以利于系统做适当的调整，最后再将样品的表面特性以影像的方式呈现出来。

### 2.2.4.2　检测方法

原子力显微镜的工作模式是以针尖与样品之间作用力的形式来分类的。主要有以下几种。

（1）接触模式　将一个对微弱力极敏感的微悬臂的一端固定，另一端有一微小的针尖，针尖与样品表面轻轻接触。由于针尖尖端原子与样品表面原子间存在极微弱的排斥力，样品表面起伏不平而使探针带动微悬臂弯曲变化，而微悬臂的弯曲又使得光路发生变化，使得反射到激光位置检测器上的激光光点上下移动，检测器将光点位移信号转换成电信号并经过放大处理，由表面形貌引起的微悬臂形变量大小是通过计算激光束在检测器四个象限中的强度差值 $(A+B)-(C+D)$ 得到的。将这个代表微悬臂弯曲的形变信号反馈至电子控制器驱动的压电扫描器，调节垂直方向的电压，使扫描器在垂直方向上伸长或缩短，从而调整针尖与样品之间的距离，使微悬臂弯曲的形变量在水平方向扫描过程中维持一定，也就是使探针-样品间的作用力保持一定。在此反馈机制下，记录在垂直方向上扫描器的位移，探针在样品的表面扫描得到完整图像之形貌变化，这就是接触模式（图 2-43）。

（2）非接触模式　针尖在样品表面的上方振动，始终不与样品表面接触，针尖探测器检测的是范德华力和静电力等对成像样品没有破坏的长程作用力。

非接触模式可增加显微镜的灵敏度，但分辨率要比接触模式低，且实际操作比较困难。

（3）横向力（摩擦力）显微镜（LFM）　横向力显微镜（LFM）是在原子力显微镜（AFM）表面形貌成像基础上发展的新技术之一。工作原理与接触模式的原子力显微镜相似。

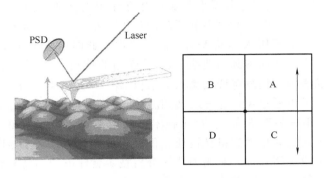

图 2-43　AFM 接触模式示意图

当微悬臂在样品上方扫描时，由于针尖与样品表面的相互作用，导致悬臂摆动，其摆动的方向大致有两个：垂直与水平方向。一般来说，激光位置探测器所探测到的垂直方向的变化，反映的是样品表面的形态。而在水平方向上所探测到的信号变化反映的是材料表面摩擦特性的变化，由于物质表面材料特性的不同，其摩擦系数也不同，所以在扫描过程中，导致微悬臂左右扭曲的程度也不同，检测器根据激光束在四个象限中（A＋C）－（B＋D）这个强度差值来检测微悬臂的扭转弯曲程度。而微悬臂的扭转弯曲程度随表面摩擦特性变化而增减（增加摩擦力导致更大的扭转）。激光检测器的四个象限可以实时分别测量并记录形貌和横向力数据。

（4）轻敲模式　用一个小压电陶瓷元件驱动微悬臂振动，其振动频率恰好高于探针的最低机械共振频率（约 50kHz）。由于探针的振动频率接近其共振频率，因此它能对驱动信号起放大作用。当把这种受迫振动的探针调节到样品表面时（通常 2～20nm），探针与样品表面之间会产生微弱的吸引力。在半导体和绝缘体材料上的这一吸引力，主要是凝聚在探针尖端与样品间的范德华吸引力。虽然这种吸引力比在接触模式下记录到的原子之间的斥力要小一千倍，但是这种吸引力也会使探针的共振频率降低，驱动频率和共振频率的差距增大，探针尖端的振幅减少。这种振幅的变化可以用激光检测法探测出来，据此可推出样品表面的起伏变化。

当探针经过表面隆起的部位时，这些地方吸引力最强，其振幅便变小；而经过表面凹陷处时，其振幅便增大，反馈装置根据探针尖端振动情况的变化而改变加在 $Z$ 轴压电扫描器上的电压，从而使振幅（也就是使探针与样品表面的间距）保持恒定。同 STM 和接触模式 AFM 一样，用 $Z$ 驱动电压的变化来表征样品表面的起伏图像。

在该模式下，扫描成像时针尖对样品进行"敲击"，两者间只有瞬间接触，克服了传统接触模式下因针尖被拖过样品而受到摩擦力、黏附力、静电力等的影响，并有效地克服了扫描过程中针尖划伤样品的缺点，适合于柔软或吸附样品的检测，特别适合检测有生命的生物样品。

（5）相移模式（相位移模式）　作为轻敲模式的一项重要的扩展技术，相移模式是通过检测驱动微悬臂探针振动信号源的相位角与微悬臂探针实际振动的相位角之差（即两者的相移）的变化来成像。

引起相移的因素很多，如样品的组分、硬度、黏弹性质等。因此利用相移模式，可以在纳米尺度上获得样品表面局域性质的丰富信息。迄今，相移模式已成为原子力显微镜的一种重要检测技术。

（6）曲线测量　AFM 除了形貌测量之外，还能测量力对探针-样品间距离的关系曲线

$Z_t$（$Z_s$）。它几乎包含了所有关于样品和针尖间相互作用的必要信息。当微悬臂固定端被垂直接近，然后离开样品表面时，微悬臂和样品间产生了相对移动。而在这个过程中微悬臂自由端的探针也在接近、甚至压入样品表面，然后脱离，此时原子力显微镜（AFM）测量并记录了探针所感受的力，从而得到力曲线。$Z_s$ 是样品的移动，$Z_t$ 是微悬臂的移动。这两个移动近似垂直于样品表面。用悬臂弹性系数 $c$ 乘以 $Z_t$，可以得到力 $F = c \cdot Z_t$。如果忽略样品和针尖弹性变形，可以通过 $s = Z_t - Z_s$ 给出针尖和样品间相互作用距离 $s$。这样能从 $Z_t$（$Z_s$）曲线决定出力-距离关系 $F$（$s$）。这个技术可以用来测量探针尖和样品表面间的排斥力或长程吸引力，揭示定域的化学和机械性质，像黏附力和弹力，甚至吸附分子层的厚度。如果将探针用特定分子或基团修饰，利用力曲线分析技术就能够给出特异结合分子间的力或键的强度，其中也包括特定分子间的胶体力以及疏水力、长程引力等。

（7）纳米加工　AFM 纳米加工技术是纳米科技的核心技术之一，其基本原理是利用 AFM 的探针——样品纳米可控定位和运动及其相互作用对样品进行纳米加工操纵，常用的纳米加工技术包括：机械刻蚀、电致/场致刻蚀、浸润笔（dip-pen nano-lithography，DNP）等。

### 2.2.4.3　检测实例

与电子显微镜相比，原子力显微镜有很多方面的优势：如样品准备简单，样品导电与否都能适合该仪器；操作环境不受限制，既可以在真空中，也可以在大气中进行；并且可以对所测区域的面粗糙度值进行统计等。自 20 世纪 80 年代第一台原子力显微镜问世至今，其分辨率和稳定性得到极大提高，在材料、生物、医药等多领域都有越来越广泛的应用。下面重点介绍 AFM 在纳米材料领域的应用。

（1）纳米材料的形貌表征　AFM 除了可以用来表征导体、半导体的形貌以外，还可以直接用于绝缘体样品研究，现在已经获得了许多材料的原子级分辨图像。除了观察样品表面的原子级分辨图像以外，近年来，AFM 技术对纳米材料的表征和研究也越来越普遍，其中纳米颗粒、纳米薄膜和纳米管是目前研究最多的几类材料。

AFM 对层状材料、离子晶体、有机分子膜等材料的成像可以达到原子级的分辨率，人们已经获得了石墨、云母、LiF 晶体、PbS 晶体、自组装膜等材料的原子或分子分辨图像。

图 2-44（a）为纳米级甲基丙烯酸甲酯的形貌图，把甲基丙烯酸甲酯滴在云母片新揭开的层面上，待其干燥后进行测试得到的纳米尺度的形貌图。其中（b）是（a）的三维形貌图。

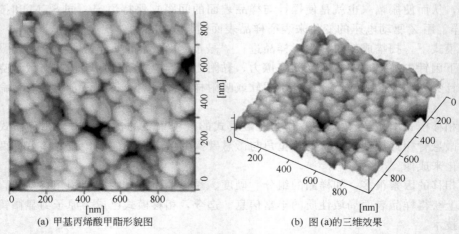

(a) 甲基丙烯酸甲酯形貌图　　　(b) 图(a)的三维效果

图 2-44　纳米级甲基丙烯酸甲酯的 AFM 图

图 2-45 为原子力显微镜观察的 CD 和 DVD 表面形貌，由软件分析知 DVD 光盘凹坑的平均深度为 132.66nm，而凹坑的长度的分散范围在 359.88～1291.13nm；CD 光盘凹坑的平均深度为 43.67nm，而凹坑的长度的分散范围在 820.31～3750nm 之间；CD-R 光盘的平均道间距为 940.93nm。可见，原子力显微镜（AFM）可直接对信息存储介质进行三维检测，并能形象直观的观测到信息存储介质表面结构。它具有分辨率高、能提供量化的三维信息和对样品无特殊要求的特点，是分析信息存储介质表面结构的重要工具。这种独特的优势使得 AFM 在未来的数据分析和处理中发挥重要作用。

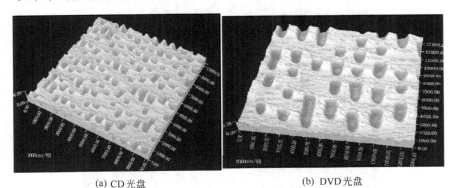

(a) CD 光盘　　　　　　　　　　(b) DVD 光盘

图 2-45　CD 和 DVD 表面形貌的 AFM 三维图

（2）纳米结构加工　利用 AFM 针尖与样品之间的相互作用力可以搬动样品表面的原子分子，而且可以利用此作用力改变样品的结构，从而对其性质进行调制。

图 2-46 为利用 AFM 针尖在 Au-Pd 合金上刻写的唐诗。

图 2-46　Au-Pd 合金上刻写的唐诗（$10\mu m \times 10\mu m$）

北京大学利用竖直结构的氧化锌纳米线的独特性质，在原子力显微镜的帮助下，研制出将机械能转化为电能的世界上最小的发电装置——纳米发电机。他们的研究小组利用氧化锌纳米线容易被弯曲的特性而在纳米线内部外部分别造成压缩和拉伸。同时，竖直生长的氧化锌是纤锌矿结构，同时具有半导体性能和压电效应。压电效应是由材料中的力学形变而导致电荷极化的效应，它是实现力电耦合和传感的重要物理过程。氧化锌纳米线的这种独特结构导致了弯曲纳米线的内外表面产生极化电荷。他们用导电原子力显微镜的探针针尖去弯曲单个的氧化锌纳米线，输入机械能。同时由于氧化锌具有半导体特性，他们巧妙地把这一特性和氧化锌纳米线的压电特性耦合起来，用半导体和金属的肖特基势垒将电能暂时储存在纳米线内，然后用导电的原子力显微镜探针接通这一电源，并向外界输电，从而完美地实现了纳米尺度的发电功能（如图 2-47）。更重要的是这一纳米发电机达到 $17\%\sim30\%$ 的发电效率，为自发电的纳米器件奠定了物理基础。这一成果发表在了美国《科学》杂志上。

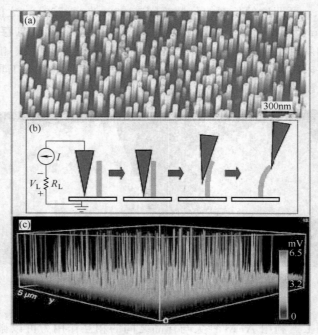

图 2-47　基于规则的氧化锌纳米线的纳米发电机

(a) 在氧化铝衬底上生长的氧化锌纳米线的扫描电子显微镜图像；(b) 在导电的原子力显微镜针尖作用下，纳米线利用压电效应发电的示意图；(c) 当原子力显微镜探针扫过纳米线阵列时，压电电荷释放的三维电压/电流信号图

（3）纳米尺度的机械性能分析　AFM 除了可以研究物质表面形貌以及针尖和样品之间的纵向相互作用力外，还可以利用横向力研究微区的摩擦性质。Bhushan 等利用 AFM 的横向力模式研究了 LB 和 SAMs 的润滑效果，发现自组装膜的润滑效果优于 LB 膜。人们也利用 AFM 来研究材料的局部磨损性质。Kato 等用反复刮刻的方法研究了聚碳酸酯薄膜的局域磨损性能，发现在测试过程中没有塑性变形，仅有一些体积膨胀现象。

AFM 除了可以测定表面微区摩擦性质以外，还可以对表征表面机械性能的其他物理量，例如表面微区硬度、弹性模量等进行精确测定。

（4）纳米尺度电学性质的研究　利用导电 AFM 可以对纳米尺度的材料结构的电学特性进行研究。所谓导电 AFM 就是将商用的 $Si_3N_4$ 针尖表面镀上导电层，或直接使用导电材料制备针尖，利用导电针尖作为一个可以在纳米尺度移动的微电极，利用 AFM 的超高空间分辨能力和可靠的定位能力对纳米结构进行局域电学性质的研究。Dai 等将碳纳米管分散沉积在纳米刻蚀的图形化表面上，用装有导电针尖的 AFM 测量了碳纳米管的导电性能，发现结构完整的碳纳米管的电阻小，而结构缺陷则会导致碳纳米管的电阻明显升高。此外，导电 AFM 除了可以进行电学性质测试外，还可以对原子、分子、纳米粒子、纳米管进行操纵，将二者结合起来就可以根据需要制备纳米器件，同时测定器件的电学性质。

# 2.3　纳米材料的其他表征法

对于纳米颗粒粒度分析除上述 X 射线法、透射电镜法、扫描电镜方法外，常用纳米颗粒粒度分析方法还有激光粒度分析法、沉降粒度分析法、电超声粒度分析法、比表面积法等多种分析方法。

## 2.3.1 粒度分析法

颗粒大小又称颗粒粒度，是纳米材料表征的重要指标。由于颗粒形状通常很复杂，难以用一个尺度来表示，所以常用等效粒度的概念。不同原理的粒度仪器依据不同的颗粒特性作等效对比。如沉降式粒度仪是依据颗粒的沉降速度作等效对比，所测的粒径为等效沉速径，即用与被测颗粒具有相同沉降速度的同质球形颗粒的直径来代表实际颗粒的大小。激光粒度仪是利用颗粒对激光的散射特性作等效对比，所测出的等效粒径为等效散射粒径，即用与实际被测颗粒具有相同散射效果的球形颗粒的直径来代表这个实际颗粒的大小。当被测颗粒为球形时，其等效粒径就是它的实际直径。大多数情况下粒度仪所测的粒径是一种等效意义上的粒径。

(1) 沉降法粒度分析　沉降法粒度分析是通过颗粒在液体中的沉降速度来测量粒度分布的方法。主要有重力沉降式和离心沉降式两种方式，适合纳米颗粒度分析的主要是离心式分析方法。

颗粒在分散介质中，由于重力或离心力的作用发生沉降，其沉降速度与颗粒的大小和重量有关。颗粒大的沉降速度快，颗粒小的沉降速度慢，从而在介质中形成一种分布。颗粒的沉降速度与粒径的关系服从 Stokes 定律；即在一定条件下，颗粒在液体中的沉降速度与粒径的平方成正比，与液体的黏度成反比。由于实际颗粒的形状绝大多数都不是球形的，不可能用一个数值来表示其大小。因此沉降式粒度仪所测的粒径也是一种等效粒径，叫做 Stokes 直径。Stokes 直径是指在一定条件下与所测颗粒具有相同沉降速度的同质球形颗粒的直径。当所测颗粒为球形时，Stokes 直径与颗粒的实际直径是一致的。目前的沉降式粒度仪大都采用重力沉降和离心沉降的优点，满足了对不同粒度范围的要求。

沉降式仪器有如下特点：①操作、维护简便，价格较低；②连续运行时间长，有的可达 12h 以上；③运行成本低，样品少，介质用量少，易损件少；④测试范围较宽，一般可达 0.1～200nm；⑤测试时间较短，单次测量时间一般在 10min 左右；⑥对环境的要求不高，在通常室温下即可运行。

离心沉降方式是用来测量超细样品的，以水为介质时的测量范围约 8～0.1μm 之间，圆盘离心粒度仪的测试下限甚至可达到 0.04μm。常用的沉降法存在着检测速度慢（尤其对小粒子）、重复性差、对非球形粒子误差大、不适用于混合物料（即粒子密度必须一致才能较准确）、动态范围窄等缺点。

(2) 电超声粒度分析法　电超声粒度分析法是最新出现的粒度分析方法，粒度测量范围为 5～100nm。它的分析原理较为复杂，简单地说，当声波在样品内部传导时，仪器能在一个宽范围超声波频率内分析声波的衰减值，通过测量的声波衰减谱，计算出衰减值与粒度的关系。分析中需要粒子和液体的密度、液体的黏度、粒子的质量分数等参数，对乳液或胶体中的柔性粒子，还需要粒子的热膨胀参数。这种独特的电超声原理优点在于它可测量高浓度分散体系和乳液的独特参数（包括粒径、ξ 电位势等），不需要稀释，避免了激光粒度分析法不能分析高浓度分散体系粒度的缺陷，且精度高，粒度分析范围更宽。

(3) 电镜观察法　对一次颗粒的粒度分析主要采用电镜观察法，有 SEM 和 TEM 两种方式。电镜观察法可以直接观察颗粒的大小和形状，但有较大的统计误差。由于它是对样品局部区域的观测，所以通常需要对多幅照片进行分析，因此其结果很难代表实际样品颗粒的分布状态，通常作为其他分析方法结果的参考。

（4）激光粒度分析法　激光粒度分析法的特点是测量精度高、速度快、重复性好、可测的粒径范围广、能进行非接触测量，因此目前已得到广泛应用。其中激光粒度分析法按其分析原理不同，又划分为激光衍射法和激光动态光散射法。激光衍射法主要针对微米和亚微米级颗粒，激光散射法则主要针对纳米颗粒的粒度分析。

下面以激光粒度分析法为例介绍纳米颗粒的粒度分析方法。

### 2.3.1.1　激光粒度分析原理

激光是一种电磁波，它可绕过障碍物，并形成新的光场分布，称为衍射现象。例如平行激光束照在直径为 $D$ 的球形颗粒上，在颗粒后可得到一个圆斑称为 Airy 斑（如图 2-48），Airy 斑直径 $d=2.44\lambda f/D$，$\lambda$ 激光波长，$f$ 透镜焦距。由此式可计算颗粒大小 $D$。

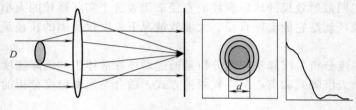

图 2-48　激光衍射法示意图

激光粒度测量仪的工作原理基于夫朗和费（Fraunhofer）衍射和米氏（Mie）散射理论相结合。颗粒对于入射光的散射服从经典的米氏理论。Mie 散射理论认为颗粒不仅是激光传播中的障碍物而且对激光有吸收部分透射和辐射的作用，由此计算得到的光场分布称为 Mie 散射，Mie 散射适用任何大小的颗粒，Mie 散射对大颗粒的计算结果与夫琅和费衍射基本一致。通常所说激光粒度分析仪是指利用衍射和散射原理的粒度仪。夫朗和费衍射只是严格米氏散射理论的一种近似，适用于当被测颗粒的直径远大于入射光的波长时的情况。

### 2.3.1.2　激光粒度分析仪装置

激光粒度仪是利用激光所特有的单色性、聚光性及容易引起衍射现象的光学性质制造而成的。激光衍射式粒度测量仪一般由激光源、检测器等组成。一般采用激发波长为632.8nm 的半导体激光器的单色光作为激发源。当分散在液体中的颗粒受到激光的照射时，就产生衍射现象，该衍射光通过付氏透镜后，在焦平面上形成靶芯状的衍射光环，衍射光环的半径与颗粒的大小有关，衍射光环光的强度与相关粒径颗粒的多少有关，通过放置在焦平面上的环型光电接受器阵列，就可以接受到激光对不同粒径颗粒的衍射信号或光散射信号，如图 2-49 所示。

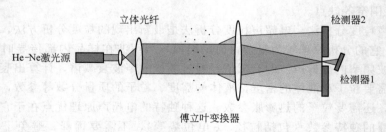

图 2-49　激光粒度分析仪器结构图

将光电接受器阵列上接受到的信号经 A/D 转换等变换后传输给计算机，再用夫朗和费衍射理论和 Mie 散射理论对这些信号进行处理，就可以得到样品的粒度分布了。

$$\overline{d}=\frac{\sum d_i V_i}{\sum V_i}$$

　　激光衍射与动态激光散射的比较：激光粒度分析技术是目前主要采用 Franhother 原理进行粒度及粒度分布分析。针对不同被测体系粒度范围，又可具体划分为激光衍射式和激光动态光散射式粒度分析仪两种。从原理上讲，衍射式粒度仪对粒度在 $5\mu m$ 以上的样品分析较准确，而动态光散射粒度仪则对粒度在 $5\mu m$ 以下的纳米、亚微米颗粒样品分析准确。

　　当一束波长为 $\lambda$ 的激光照射在一定粒度球形小颗粒上时，会发生衍射和散射两种现象，通常当颗粒粒径不小于 $10\lambda$ 时，以衍射现象为主，当粒径小于 $10\lambda$ 时，则以散射现象为主。目前激光粒度仪多以 $500\sim700nm$ 波长的激光作为光源，因此，衍射式粒度仪对粒径在 $5\mu m$ 以上的颗粒分析结果非常准确，而对于粒径小于 $5\mu m$ 的颗粒则采用了一种数学上的米氏修正，因此，它对亚微米和纳米级颗粒的测量有一定的误差，甚至难以准确测量。而对于散射式激光粒度仪，则直接对采集的散射光信息进行处理，因此，它能够准确测定纳米级颗粒，而对粒径大于 $5\mu m$ 的颗粒来说，散射式激光粒度仪则无法得出正确的测量结果。

　　在利用激光粒度仪对纳米体系进行粒度分析时，必须对被分析体系的粒度范围事先有所了解，否则分析结果将不会准确。另外，激光法粒度分析的理论模型是建立在颗粒为球形、单分散条件上的，而实际中被测颗粒多为不规则形状并呈多分散性。因此，颗粒的形状、粒径分布特性对最终粒度分析结果影响较大，而且颗粒形状越不规则，粒径分布越宽，分析结果的误差就越大。激光粒度分析法具有样品用量少、自动化程度高、快速、重复性好并可在线分析等优点。缺点是这种粒度分析方法对样品的浓度有较大限制，不能分析高浓度体系的粒度及粒度分布，分析过程中需要稀释，从而带来一定的误差。

### 2.3.1.3　粒度分析的样品制备

　　粒度分析过程中，样品制备是一个关键环节，它直接影响到测量结果的准确性。主要影响因素有取样方式、分散介质、分散剂等。

　　取样要具有充分的代表性。为了克服粉体样品发生离析现象对分析结果的影响，取样时采取的总的原则是：①在物料移动时取样；②采用多点取样；③取样方法要固定。分析样品一般全部放到烧杯等容器中制成悬浮液，悬浮液的量一般不少于 $60mL$。经分散、搅拌后要转移出一部分到样品槽中做测量用。缩分悬浮液所用的工具最好是用具有多方向进样功能的取样器（可用注射器改制），将悬浮液充分搅拌后从其中部缓缓抽取适量注入样品槽中。

　　分散介质是指用于分散样品的液体。粒度分析需要把粉体样品制备成悬浮液试样，所以选择合适的分散介质很重要。首先，所选定的介质要与被测物料之间具有良好的亲和性。其次，要求介质与被测物料之间不发生溶解，不使颗粒膨胀等变化。第三，沉降介质应纯净，无杂质。第四，使颗粒具有适当的沉降速度。常用的沉降介质加有水、水＋甘油、乙醇、乙醇＋甘油等。其中甘油是增勃剂，用来增大介质的黏度，以保证较粗的颗粒沉降在层流区内进行。

　　为了将试样与分散介质混合制成一定浓度的悬浮液，并使团粒分离，颗粒呈单体状态均匀分布在液体中，一般需要添加分散剂溶解到介质中，浓度一般在 $0.2\%$ 左右。分散剂浓度过高或过低都会对分散效果产生负面影响。当用乙醇、苯等有机溶剂做沉降介质时，一般不用加分散剂。一般采用超声分散和搅拌等促进颗粒达到分散。

### 2.3.1.4　粒度分析在纳米材料中的应用

　　(1) 电镜观察法研究高分子纳米球利用透射电镜，研究纳米高分子乳液的颗粒分布状况。首先将刚刚制备得到的乳液稀释到适当的倍数，然后在乳液中捞取液膜，直接将液膜涂在铜网上，干燥后用于透射电镜观察。其中，纳米颗粒的直径是通过计算透射电镜照片上 30 个颗粒直径的平均值求得的。

$$d_n = \sum n_i D_i / \sum n_i$$

式中，$d_n$ 为颗粒直径平均尺寸；$D_i$ 为颗粒直径尺寸。

如果使用透射电镜传统的制样方法，将液体添加到铜网上，直接形成液滴，然后在室温下干燥。实验证明，透射电镜下观察的实验数据没有重复性。这是由于聚氰基丙烯酸的量较少，颗粒本身具有较强的黏弹性，干燥过程中，颗粒之间的黏结比较严重，趋向于相互团聚，不利于试验观察。因此，我们选用的是直接提取液膜法。采用透射电镜观察了在不同 pH 值条件下制备的纳米颗粒的形貌和直径（图 2-50）。

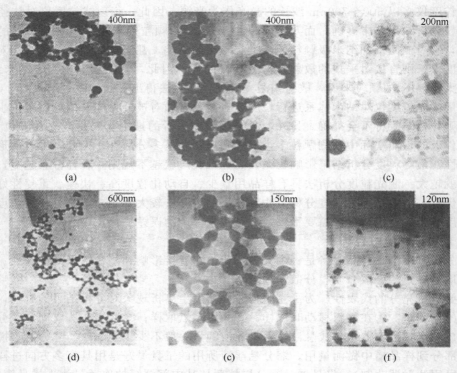

图 2-50　不同 pH 值条件对纳米颗粒形成过程的影响
(a)～(f) 的 pH 值分别为 2，3，4，5，6，8

（2）$TiO_2$ 纳米光催化剂颗粒分布研究　在纳米材料的制备过程中，尤其是利用溶胶法制备纳米材料时，均存在一次粒子的聚集问题。如何表征纳米材料的颗粒度以及分布对于纳米材料的研究非常重要。$TiO_2$ 是一种具有广泛应用前景的光催化剂，其活性与颗粒大小以及晶粒大小有直接的关系。一般来说只有形成纳米晶的 $TiO_2$ 才具有高的光催化活性。因此，研究纳米 $TiO_2$ 光催化剂粉体的聚集状态以及颗粒分布对光催化剂的研究具有指导作用。图 2-51（a）给出了 T25 工业 $TiO_2$ 的大部分粒子分布在 1000～3000nm，主要集中在 2000nm。即使最小的颗粒也达到 184nm，该结果说明合成的纳米 $TiO_2$ 已经发生了二次聚集，形成了颗粒较大的二次颗粒，这对其光催化活性的提高是不利的。因此，在 T25 纳米光催化剂的使用过程中，需要对 T25 进行再分散处理。通过对 T25 进行酸化分散处理后，即可以获得颗粒较小的纳米溶胶。图 2-51（b）是对不同 pH 值溶液分散处理后的 $TiO_2$ 颗粒分布图。从图上可见，随着 pH 值的降低，颗粒分布变窄，且颗粒直径也大幅度下降。当 pH 值为 0.91 时，其最小粒径为 40nm，基本与 T25 产品的 50nm 指标一致。

（3）石墨颗粒的粒度分析　同一石墨样品，分别用离心沉降分析、激光衍射分析以及动态激光散射分析颗粒大小分布特征，结果见图 2-52。从三种不同方法的分析结果来看，平

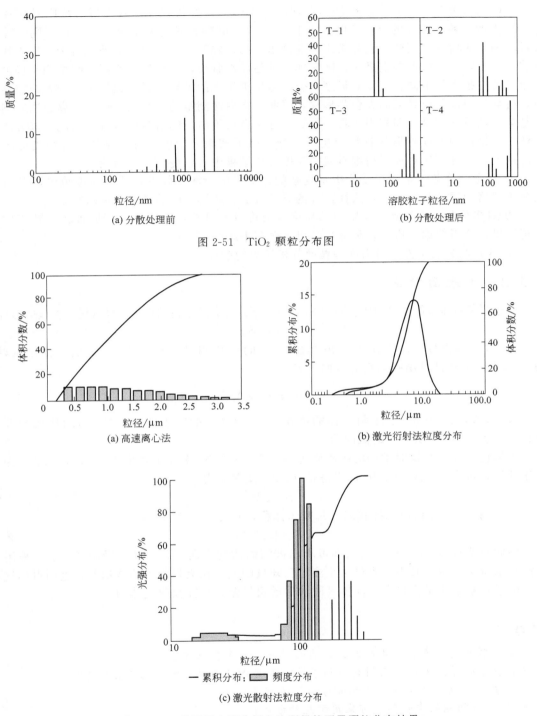

(a) 分散处理前　　　　　　　　　(b) 分散处理后

图 2-51　TiO₂ 颗粒分布图

(a) 高速离心法　　　　　　　　　(b) 激光衍射法粒度分布

—— 累积分布；▒ 频度分布

(c) 激光散射法粒度分布

图 2-52　三种不同力度分析方法测得的石墨颗粒分布结果

均粒度及粒度分布存在着很大差别，其中平均粒度采用激光散射法、高速离心沉降法、激光衍射法所测结果依次逐渐增大。激光散射法测得粒度完全小于 1μm，与电镜结果差异最大，对粒度在 1μm 以下颗粒分析精度高，但无法得到大颗粒的光信息，忽略了大颗粒存在的事实，因此，所得到的平均粒度结果不完全，分析结果偏小。得到这样的数据，结合电镜结果，可以认为选择这种方法分析是不合理的，数据不具有代表性。激光衍射法则对粒径在 $1\mu m$ 以上的颗粒有较高的分析精度，由于 $1\mu m$ 以下的颗粒光衍射信息较少，仪器则丢掉了大量小颗粒光信息，因此，它分析出的亚微米、纳米颗粒含量较少。另外，由于石墨为片状颗粒，长、宽、高比例差别极大，随着颗粒的运动与翻转，颗粒处于不同空间位相时提供的光信息就有很大的不同，仪器对粒度的分析将出现很大的差异，通常数量极少的大颗粒存在时，就会使粒度分析结果向大粒晶偏移，因此，衍射法测量的粒晶结果最大。离心法所测粒度是等效球重均粒晶，即相当于将一个石墨片折合成等质量的石墨球对待，因此，该方法在对像石墨这样的不规则形状颗粒分析时，分析结果较激光衍射法分析结果小，粒度分布变窄。从上述三种方法对片状超细石墨的粒度分析结果中可以得出以下结论：

① 对微纳分散体系的粒度分析是复杂的，要了解所测颗粒的性质、粒度范围以及所使用分析仪器的原理及针对性，选择适合的分析方法、仪器才能够得到合理的结果；

② 对多分散、不规则形状颗粒的粒度及粒度分布分析，不同的分析原理将导致不同的分析结果，分析数据时应将各种分析结果结合起来综合评判；

③ 良好的分散条件是得出准确粒度分析结果的前提。

### 2.3.2 比表面积法

通过测定粉体单位重量的比表面积 $S_w$，可由下式计算纳米粉的粒子直径（设颗粒呈球形）：

$$d=6/\rho S_w \tag{2-1}$$

其中，$\rho$ 为密度，$d$ 为比表面积直径。$S_w$ 的一般测量方法为 BET 多层气体吸附法。BET 法可由下式计算出吸附剂的表面积 $S$：

$$S=\frac{V_m}{V_0}N_A A_m \tag{2-2}$$

式中，$V_m$ 为单分子层吸附气体的体积；$V_0$ 为气体的摩尔体积；$N_A$ 为阿伏伽德罗常数；$A_m$ 为一个吸附质分子的截面积。

固体比表面积测定时常用的吸附质为 $N_2$ 气。一个 $N_2$ 分子的截面积为 $0.158nm^2$。为了便于计算，可令 $Z=N_A A_m/V_0$，于是式（2-2）便简化为：

$$S=ZV_m \tag{2-3}$$

若采用 $N_2$ 气并换成标准状态下每摩尔体积，则 $Z=4.250$，即

$$S=4.25V_m \tag{2-4}$$

因此只要求得 $V_m$，代入上式即可求出被测固体的表面积。气体的吸附量 $V_m$ 可采用容量法和重量法测定。其中，容量法是测定已知量的气体在吸附前后的体积差，进而得到气体的吸附量；重量法是直接测定固体吸附前后的重量差，计算吸附气体的量。

## 思考题

1. 纳米材料有哪些表征方法？哪些是纳米材料的特有表征方法？
2. 为什么说化学法表征纳米材料有局限性？哪些指标可以考虑用化学法测定？
3. 请说明 X 射线衍射分析用于物相分析的原理及方法。
4. XRD 进行物相的定量鉴定可采用哪几种方法？
5. 某样品衍射数据如下表所列，请作物相鉴定。

| $d/\text{Å}$ | $I/I_1$ | $d/\text{Å}$ | $I/I_1$ | $d/\text{Å}$ | $I/I_1$ | $d/\text{Å}$ | $I/I_1$ |
|---|---|---|---|---|---|---|---|
| 3.66 | 50 | 1.83 | 30 | 1.31 | 30 | 1.06 | 10 |
| 3.17 | 100 | 1.60 | 20 | 1.23 | 10 | 1.01 | 10 |
| 2.24 | 80 | 1.46 | 10 | 1.12 | 10 | 0.96 | 10 |
| 1.91 | 40 | 1.42 | 50 | 1.08 | 10 | 0.85 | 10 |

6. 从原理及应用方面指出 X 射线衍射、透射电镜中的电子衍射在材料结构分析中的异同点。

7. 说明透射电镜观察中减小选区误差的方法。

8. 下图中（a）、（b）、（c）为微钛处理钢中同一析出相衍射花样，（b）相对于（a）试样倾动 $54°44'$，（c）相对于（b）试样倾动 $24°15'$。所测数据如图所示，要求确定析出相、标出全部斑点指数，相应 B，示出验算过程，写出此例在鉴定未知相方面对你的启示。

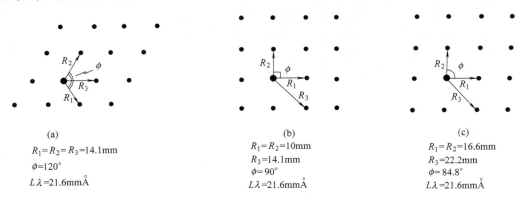

(a)
$R_1 = R_2 = R_3 = 14.1\text{mm}$
$\phi = 120°$
$L\lambda = 21.6\text{mm\AA}$

(b)
$R_1 = R_2 = 10\text{mm}$
$R_3 = 14.1\text{mm}$
$\phi = 90°$
$L\lambda = 21.6\text{mm\AA}$

(c)
$R_1 = R_2 = 16.6\text{mm}$
$R_3 = 22.2\text{mm}$
$\phi = 84.8°$
$L\lambda = 21.6\text{mm\AA}$

9. 扫描电镜和透射电镜成像的光路有何区别？

10. 扫描电镜和透射电镜成像原理有何不同？

11. 扫描电镜有哪些功能？

12. 试说明二次电子像、背反射电子像各有什么特点？在什么情况下各使用哪种电子像好。

13. 扫描隧道显微镜的基本原理与原子力显微镜有何不同？

14. 激光粒度仪测试原理是什么？粒度测试的样品如何准备？

# 参考文献

[1] 华东理工大学化学系，四川大学化工学院. 分析化学. 第 5 版. 北京：高等教育出版社，2003.
[2] 南京大学《无机及分析化学》编写组. 无机及分析化学. 第 3 版. 北京：高等教育出版社，1998.
[3] 武汉大学. 分析化学. 第 4 版. 北京：高等教育出版社，2000.
[4] Harris W E，Kratochvil B. An Introduction to Chemical Analysis. Philadelphia：Saunders，College Publishing，1981.
[5] 杜岱春. 分析化学. 上海：复旦大学出版社，1993.
[6] 黄惠忠. 纳米材料分析. 北京：化学工业出版社，2003.
[7] 张立德，牟季美. 纳米材料和纳米结构. 北京：科学出版社，2001.
[8] 吴刚. 材料结构表征及应用. 北京：化学工业出版社，2002.
[9] 余焜. 材料结构分析基础. 北京：科学出版社，2002.
[10] Pearson WB. A Handbook of Lattice Spacings and Structures of Metals and Alloys. Pergamon Press，1958.
[11] 王春秀. 纳米材料红外吸收特性研究：[硕士毕业论文]. 北京：首都师范大学，2006.
[12] Nzhang，Nraman，JKBailey，et al. Phys. Chem.，1992，96.
[13] CMMo，LDZhang，Zyuan，et al. Nanostructured Mater.，1995，5（1）.
[14] 朱明华. 仪器分析. 第 3 版. 北京：高等教育出版社，2000.
[15] Price W J. Spectrochemical analysis by atomic absorption. Heyden & Son，1979.
[16] 万家亮. 现代光谱分析手册. 武汉：华中师范大学出版社，1987.
[17] 马成龙，王忠厚，刘国范，等. 近代原子光谱分析. 沈阳：辽宁大学出版社，1989.
[18] 张立德，解思深. 纳米材料和纳米结构—国家重大基础研究项目新进展. 北京：化学工业出版社，2005.
[19] 李斗星. 材料科学中的高分辨电子显微学——发展历史、现状与展望. 电子显微学报，2000，19（2）：81-101.
[20] J. Y. Wu，Y. C. Zhou，J. Y. Wang，C. K. Yan. Interfacial reaction between Cu and $Ti_2SnC$ during processing of Cu-$Ti_2SnC$ composite. Z. Metallkd.，2005，96（11）：100-105.
[21] 张元广，陈友存. MnOOH 纳米棒的低温水热合成. 无机材料学报，2006，21（5）：1249-1252.
[22] 朱路平，黄文娅，马丽丽，等. ZnO-CNTs 纳米复合材料的制备及性能表征. 物理化学学报，2006，22（10）：1175-1180.
[23] Yong Chen，Chang Liu，Feng Li，Hui-Ming Cheng. Pore structures of multi-walled carbon nanotubes activated by air，$CO_2$ and KOH. J Porous Mater，2006，（13）：40-45.

[24] J. Y. Wu, Y. C. Zhou, C. K. Yan. Mechanical and electrical properties of Ti$_2$SnC dispersion-strengthened copper. Z. Metallkd. , 2005, 96 (8): 10.

[25] J. Y. Wu, Y. C. Zhou, J. Y. Wang. Tibological behavior of Ti$_2$SnC particulate reinforced copper matrix composites. J. Mater. Sci. Eng. A, 2006.

[26] 白春礼. 扫描隧道显微技术及其应用. 北京：上海科学技术出版社, 1994.

[27] E. 利弗森. 材料科学与技术丛书（第 2B 卷）：材料的特征检测（第 II 部分）. 北京：科学出版社, 1994.

[28] 白春礼. 原子和分子的观察与操纵. 长沙：湖南教育出版社, 1994.

[29] 王海迁. 原子尺度下的世界. 合肥：中国科学技术大学出版社, 2006.

[30] 白春礼, 田芳, 罗克. 扫描力显微术. 北京：科学出版社, 2000.

[31] 王中林. 压电式纳米发电机的原理和潜在应用. 物理, 2006, 35 (11).

[32] Z. L. Wang, J. H. Song. Science, 2006, 312.

[33] J. H. Song, J. Zhou, Z. L. Wang. Nano Lett. , 2006, 6.

[34] J. Zhou, N. S. Xu, Z. L. Wang. Adv. Mater. , 2006, 18.

# 第 **3** 章
## 纳米粒子的制备方法

纳米粒子（零维）、纳米纤维（一维）、纳米膜（二维）、纳米块体（三维）、纳米复合材料以及纳米结构材料的制备方法各不相同。本章重点介绍纳米粒子的制备方法。纳米粒子的制备方法很多，目前尚无确切的科学分类标准。如果按照物质的状态分类，制备方法可以分为固相法、液相法和气相法；按照制备过程所涉及的学科分类，可分为物理方法和化学方法；按照制备技术分类，可分为机械粉碎法、气体蒸发法、激光合成法、溶液法、等离子体合成法、溶胶-凝胶法等。分类方法不同，研究问题的侧重点不同。为了更明了地阐述纳米粒子制备过程的物理和化学机理，本书将按照物理方法和化学方法的分类来系统阐述纳米粒子的重要制备方法。

## 3.1 物理方法

### 3.1.1 气体冷凝法（气体中蒸发法）

气体冷凝法是在氩、氮等惰性气体中将金属、合金或陶瓷蒸发、汽化，然后与惰性气体相撞、冷却、凝结而形成纳米微粒。此方法早在 1963 年由 Ryozi Uyeda 及其合作者研制出，即通过在较纯净的惰性气体中的蒸发和冷凝过程获得较纯净的纳米微粒。20 世纪 80 年代初，Gleiter 等人首先提出，将气体冷凝法制得的具有清洁表面的纳米微粒，在超高真空的条件下紧压致密得到多晶体（纳米微晶）气体冷凝法的原理，如图 3-1 所示。

整个过程是在高真空室内进行。通过分子涡轮泵使其达到 0.1Pa 以上的真空度，然后充入低压（约 2kPa）的纯净惰性气体（纯度约为 99.9996 的 He 或 Ar 气）。欲蒸的物质（例如金属、$CaF_2$、NaCl 等离子化合物，过渡金属氧化物等）置于坩埚内，通过钨电阻加热器或石墨加热器等加热装置逐渐加热蒸发，生成原物质烟雾。由于惰性气体的对流，烟雾向上移动，并接近充液氮的冷却棒（冷阱，77K）。在蒸发过程中，由原物质发出的原子由于与惰性气体原子碰撞而迅速损失能量而冷却，这种有效的冷却过程在原物质蒸气中造成很高的局域过饱和，从而导致均匀成核过程。因此，在接近冷却棒的过程中，原物质蒸气首先形成原子簇，然后形成单个纳米微粒。在接近冷却棒表面的区域内，单个纳米微粒聚合而长大，最后在冷却棒表面聚集，用聚四氟乙烯刮刀刮下，收集获得纳米粉。

用气体冷凝法可通过调节惰性气体压力，蒸发物质的分压即蒸发温度和蒸发速率来控制纳米微粒的大小。实验表明，随蒸发速率的增加（等效于蒸发源温度的升高），粒子变大，或随着原物质蒸气压力的增加，粒子变大，在一级近似下，粒子大小正比于 $\ln p_v$（$p_v$ 为金属蒸气的压力）。由图 3-2 可见，随惰性气体压力的增大，Al、Cu 超微粒近似地成比例增大，同时也说明，大原子质量的惰性气体将导致大粒子。

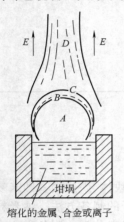

图 3-1　气体冷凝法制备纳
米微粒的原理示意图

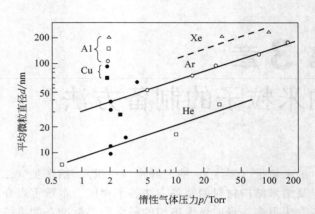

图 3-2　Al、Cu 超微粒的平均直径与 He、Ar、
Xe 惰性气体压力的关系
1Torr＝133.322Pa

气体冷凝法制备的纳米微粒表面清洁，粒径分布窄，粒度易于控制。许多研究者对此方法进行了深入研究，在此基础上对制备技术进行了改进，产生了一些新的纳米微粒的制备方法。目前，根据加热源的不同，可将气体冷凝法分为以下几种方法：电阻加热法；高频感压加热法，等离子体加热法；电子束加热法，激光加热法，通电加热蒸发法，流动油面上真空沉积法，爆炸丝法。其中，大部分方法都只涉及金属或金属化合物粒子的蒸发、冷凝等物理过程，但有些方法过程中也同时发生化学反应，生成金属化合物纳米微粒，例如通电加热蒸发法是通过 Si 和 C 反应生成 SiC 陶瓷材料纳米微粒的一种典型办法。下面将主要介绍这些方法中所涉及的物理过程。

### 3.1.1.1　电阻加热法

电阻加热法装置示意图如图 3-3 所示。蒸发源采用通常的真空蒸发使用的螺旋纤维或者舟状的电阻加热体，其形状如图 3-4 所示。因为蒸发材料通常是放在 W、Mo、Ta 等的螺丝状载样台上，所以有两种情况不能使用这种方法进行加热和蒸发：①两种材料（发热体与蒸发原料）在高温熔融后会形成合金；②蒸发原料的蒸发温度高于发热体的软化温度。目前使用这一方法主要是进行 Ag、Al、Cu、Au 等低熔点金属的蒸发。

图 3-5 中所示的电阻加热体是用 $Al_2O_3$ 等耐火材料将钨丝进行了包覆，所以熔化了的蒸发材料不与高温的发热体直接接触，可以在加热了的氧化铝坩埚中进行比上述银等金属具有更高熔点的 Fe、Ni 等金属（熔点在 1500℃ 左右）的蒸发。

此方法的优点是在常见的设备上添加很少的一些部件就可以制备纳米微粒。缺点是一次蒸发的量少，放上 1～2g 的原料，而蒸发后从容器内壁等处所能回收的纳米微粒只不过数十毫克。如果需要更多的纳米微粒，只有进行多次蒸发。因此，此方法只适用于研究中的纳米

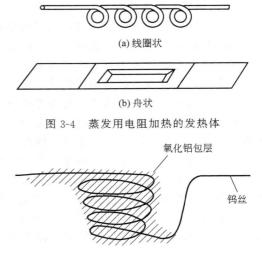

(a) 线圈状

(b) 舟状

图 3-4　蒸发用电阻加热的发热体

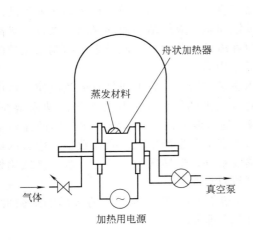

图 3-3　电阻加热制备纳米微粒的实验装置

图 3-5　氧化铝包覆蓝框状钨丝发热体

微粒制备方法。

#### 3.1.1.2　高频感压加热法

高频感压加热法是将耐火坩埚内的蒸发原料进行高频感压加热蒸发而制得纳米微粒的一种方法。高频感压加热法的实验装置如图 3-6 所示。

在内径 20mm、高 25mm 的坩埚内放入约 50g 铜，加热蒸发而形成的纳米微粒数据如图 3-7。所制备的纳米微粒的粒径可以通过调节蒸发空间的压力和熔体温度（加热源的功率）来进行控制，此外，使用不同种类的气体也可以控制粒径。

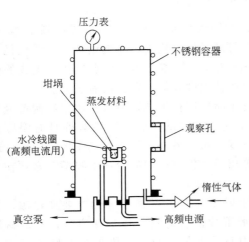

图 3-6　高频感压加热制备纳米微粒的实验装置

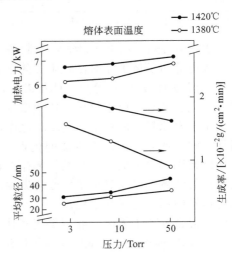

图 3-7　采用高频感压加热制备纳米微粒的制备条件

用高频感压加热熔化金属的优点在于：①可以将熔体的蒸发温度保持恒定；②熔体内合金均匀性好；③可以在长时间内以恒定的功率运转；④在真空熔融中，作为工业化生产规模的加热源功率可以达到 MW 级。此法的缺点是 W、Ta、Mo 等高熔点低蒸气压物质纳米微粒的制备非常困难。

### 3.1.1.3 等离子体加热法

等离子体尾焰区的温度较高，离开尾焰区的温度急剧下降，原料微粒在尾焰区处于动态平衡的饱和态，脱离尾焰后温度骤然下降而处于过饱和态，成核结晶而形成纳米微粒。等离子体按其产生方式可分为直流电弧等离子体和高频等离子体两种，由此派生出的制取微粒的方法有多种，如直流电弧等离子体法、混合等离子体法等。

（1）直流电弧等离子体法　直流电弧等离子体法是在惰性气氛下通过直流放电使气体电离产生高温等离子体，使原料熔化、蒸发，蒸气遇到周围的气体就会被冷却形成纳米微粒。实验装置如图 3-8 所示。生成室内被惰性气体充满，通过调节由真空系统排出气体的流量来确定蒸发气氛的压力。增加等离子体枪的功率可以提高由蒸发而生成的微粒数量。生成的纳米颗粒黏附于水冷管状的铜板上，气体被排除在蒸发室外，运转数十分钟后，进行慢氧化处理，然后再打开生成室，将附在圆筒内侧的纳米颗粒收集起来。

使用这一方法可以制备包括高熔点金属如 Ta（熔点 2996℃）等在内的金属纳米微粒，如表 3-1 所示，表中的纳米微粒顺序按金属熔点的大小排列。

**表 3-1　直流电弧等离子体法制备金属纳米粒子**

| 种类 | 生成条件 | | | | 生成速度 /(g/min) | 平均粒径 /nm |
| --- | --- | --- | --- | --- | --- | --- |
| | 压力/MPa | 电压/V | 电流/A | 功率/kW | | |
| Ta | 0.10 | 40 | 200 | 8 | 0.05 | 15 |
| Ti | 0.10 | 40 | 200 | 8 | 0.18 | 20 |
| Ni | 0.10 | 60 | 200 | 12 | 0.80 | 20 |
| Co | 0.10 | 50 | 200 | 10 | 0.65 | 20 |
| Fe | 0.10 | 50 | 200 | 10 | 0.80 | 30 |
| Al | 0.053 | 35 | 150 | 5.3 | 0.12 | 10 |
| Cu | 0.067 | 30 | 170 | 5.1 | 0.05 | 30 |

注：运转时间 1.0～1.5h；气体为 He＋15％H$_2$；坩埚内径 30mm（水冷铜坩埚）。

由表 3-1 可知，该方法最适合于制备 Fe 及 Ni 的纳米微粒。图 3-8 表示了在制备 Ni 微粒时，改变等离子体电流对微粒生成的影响。通常等离子体喷枪随电流的增加，其线束径变大。当电流为 100A 时，等离子体集束后，电流密度较大，等离子体喷射点过热，生成的颗粒较大。电流减小，由于等离子体功率较小，所以熔体温度较低，颗粒没有长大。

由于蒸发原料是放在水冷铜坩埚之中，用等离子喷枪进行加热，所以不用担心制备金属与坩埚之间的反应，这是该方法的优点。但是由于这一方法的熔融与蒸发表面具有温度梯度，所以无论如何生成的纳米颗粒都存在较大的粒度分布。另外，发生等离子体的阴极（通常是钨制的细棒）以及等离子体枪的尖端部分起等离子体集束作用的冷却铜喷嘴都必须在长时间的运转中不发生形状变化。

（2）混合等离子体法　混合等离子体法是采用射频（RF）等离子体为主要加热源，并将直流（DC）等离子体和 RF 等离子体组合，由此形成混合等离子体加热方式，来制备纳米微粒的方法。其实验装置如图 3-9 所示。由图中石英管外的感应线圈产生高频磁场（几MHz）将气体电离产生 RF 等离子体，由载气携带原料经等离子体加热，生成超微粒子附着在冷却壁上。由于气体或原料进入 RF 等离子体的空间会使 RF 等离子体弧焰被搅乱，导致超微粒的生成困难。所以，沿等离子室轴向同时喷出 DC（直流）等离子电弧束来防止 RF 等离子弧焰受干扰。

该制备方法具有以下优点：产生 RF 等离子体时没有采用电极，不会有电极物质（熔化或蒸发）混入等离子体而导致等离子体中含有杂质，因此制得的超微粒纯度较高；可使用非

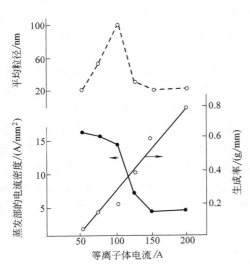

图 3-8　等离子体喷雾加热制备的 Ni
纳米微粒的平均粒径和生成率

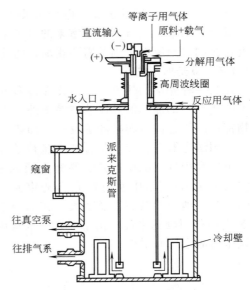

图 3-9　混合等离子体为加热源
制备纳米微粒的装置

惰性气体，同时等离子体所处的空间大，气体流速比 DC 等离子体慢，致使反应物质在等离子空间停留时间长，物质可以充分加热和反应。

### 3.1.1.4　电子束加热法

电子束加热用于熔融、焊接、溅射以及微加工等领域，其实验装置如图 3-10 所示。电子在电子枪内由阴极放射出来，电子枪内必须保持高真空（0.1Pa），因为阴极表面温度较高，为了使电子从阴极表面射出加上了高电压。即使是在电子枪以后的电子束系统，只要压力稍微上升，就会发生异常放电，而且电子会与残留气体碰撞而发生散射，使电子束不能有效地到达靶。为了保持靶所在的熔融室内的压力在高真空状态，都安装有排气速度很高的真空泵。

然而，气体中蒸发法中蒸发室需要 1kPa 左右的压力。为了在加有高压的加速电压的电子枪与蒸发室间产生压差，设置了一个小孔，将两孔间分别进行真空排气，再使用电子透镜，将中途散射的电子线集束，使其到达蒸发室。在图 3-10 所示的实验装置中，为防止由于小孔不断排气而导致的纳米微粒被吸入电子

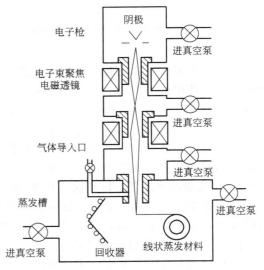

图 3-10　电子束加热的气体中
蒸发法制备纳米微粒的装置

枪，对压差部的气体导入方式进行了改进。将压差部位放于安放有最后一段小孔的蒸发室上部一点，由气体导入口导入的气体大部分流入蒸发室，保证纳米微粒生成所需的压力，同时它对于形成由小孔流向蒸发室的气流（图 3-10 向下的气流）有如下优点：①防止生成的微粒被吸入电子系统；②消除电子枪以及电子束系统的污染；③使设备长时间运转成为可能。

因为电子束作为加热源具有很高的热量投入密度，现已证明它适合于金属，特别是 W、

Ta、Pt 等高熔点金属的蒸发。但是如果使用坩埚，电子束加热法无法避免熔融金属与坩埚间的反应。如果将飞行到蒸发室来的电子束对准纤维状原料的尖端部，根据该处熔融、蒸发速度连续的供给原料，则不需要坩埚，防止了由于与坩埚反应而引进的杂质的混入。

### 3.1.1.5 激光加热法

作为一种光学加热方法，激光在许多方面得到应用。在纳米微粒的制备中应用激光具有如下的优点：①加热源可以放在系统外，不受蒸发室的影响；②不论是金属、化合物，还是矿物都可以用它进行熔融和蒸发；③加热源（激光器）不受蒸发物质的污染等。

应用激光器进行加热制备纳米微粒的装置如图 3-11 所示。该装置与电阻加热的情况相同，可以利用真空沉积装置。激光束通入系统内的窗口材料可采用 Ge 或者 NaCl 单晶板。研究人员在 Ar 气氛中使用 $CO_2$ 激光束照射市售的 SiC 粉末（$\alpha$-SiC）进行蒸发。随气氛压力的上升，纳米微粒的粒径变大。在 Ar 气 1.3kPa 气氛中生成的 SiC 微粒粒径约为 20nm，由 X 射线衍射峰的强度求出了 SiC 纳米微粒中 Si 的比率，结果如图 3-12 所示，Si 的含量随气氛压力的增加而增大。

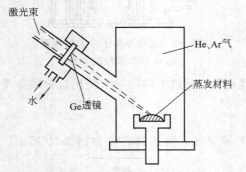

图 3-11　激光加热制备纳米微粒的装置

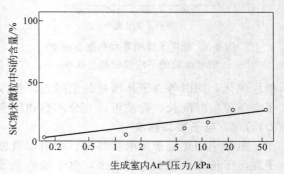

图 3-12　激光束加热制备的 SiC 微粒中 Si
颗粒比例与气体压力的关系

当激光照射在物体上时，特别是金属上时，物体能否有效的吸收激光是一个非常重要的问题。有人使用脉冲 Nd：YAG 激光来蒸发金属，激光平均最大功率为 200W 左右，脉冲宽度为 3.6ms，每一脉冲能量为 20～30J。采用这种脉冲激光，在 He 等惰性气体中进行照射，制备出了 Fe、Ni、Cr、Ti、Zr、Mo、Ta、W、Al、Cu 及 Si 等金属纳米微粒。若在活泼气氛中进行同样的激光照射，可以制备出氧化物及氮化物等陶瓷纳米微粒。调节蒸发时的气氛压力可以控制所制备的纳米微粒粒径。

### 3.1.1.6 流动油面上真空沉积法（VEROS）

该制备法的基本原理是在高真空中将原料用电子束加热蒸发，蒸发的金属原子沉积到旋转圆盘下表面的流动油面，在流动的油面内形成超微粒子，产品中含有大量超微粒的糊状油。图 3-13 是制备装置的示意图。

高真空的蒸发中是采用电子束加热，当水冷铜坩埚中的蒸发原料被加热蒸发时，打开快门，使蒸发物质在旋转圆盘的下表面上，从圆盘中心流出的油通过圆盘旋转时的离心力在下表面上形成流动的油膜，蒸发的原子在油膜中形成了纳米微粒。含有超微粒的油被甩进了真空室沿壁的容器中，然后将这种超微粒含量很低的油在真空下进行蒸馏，使它成为浓缩的含有超微粒子的糊状物。

此方法的优点有以下几点：①可制备 Ag、Au、Pd、Cu、Fe、Ni、Co、Al、In 等超微粒子，平均粒径约 3nm；②粒径均匀，分布窄，如图 3-14 所示；③超微粒分散的分布在油中；④粒径尺寸可控。通过改变蒸发条件，例如蒸发速度、油的黏度、圆盘转速等，可控制

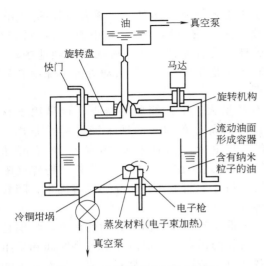

图 3-13　流动油面上真空沉积法
制备超微粒的装置图

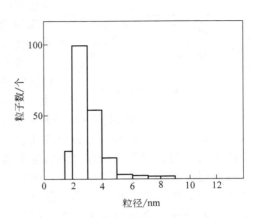

图 3-14　VEROS 法制备 Ag 纳
米微粒的粒径分布

粒径的大小。圆盘的转速高，蒸发的速度快，油的黏度高均使粒子的粒径增大，最大可 8mm。

　　VEROS 法制备的纳米微粒最后在油中形成浆糊状，这是制备孤立状态（粒径在 5nm 下）的极细纳米微粒的有效方法之一。

### 3.1.1.7　爆炸丝法

　　爆炸丝法适用于工业上连续生产纳米微粒。基本原理是先将金属丝固定在一个充满惰性气体（$5 \times 10^6$Pa）的反应室中（如图 3-15 所示），丝两端的卡头为两个电极，它们与一个大电容相连形成回路，加 15kV 的高压，金属丝在 $500 \sim 800$kA 的电流下进行加热，融断后在电流中断的瞬间，卡头上的高压在融断处放电，使熔融的金属在放电过程中进一步加热变成蒸气，在惰性气体碰撞下形成纳米金属或合金粒子沉降在容器的底部。金属丝可以通过一个供丝系统自动进入两卡头之间，从而使上述过程重复进行。

　　虽然气体中蒸发法主要以金属的纳米微粒为研究对象，但是，也可以使用这一方法制备无机化合物（陶瓷）、有机化合物（高分子）以及复合金属的纳米微粒。

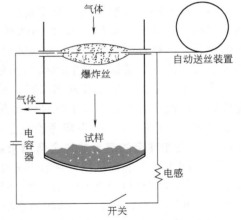

图 3-15　爆炸丝法制备纳米微粒装置示意图

## 3.1.2　球磨法

　　在矿物加工、陶瓷工艺和粉末冶金工艺中所使用的基本方法是材料的球磨。球磨法是利用介质和物料之间的相互研磨和冲击使物料粒子粉碎。球磨法最早用于制备氧化物分散增强的超合金，目前，此技术已扩展到生产各种非平衡结构，包括纳米晶、非晶和各种准晶材料。已发展了应用于不同目的的各种球磨方法，包括振动磨、搅拌磨、胶体磨、纳米气流粉碎气流磨等各种产品。

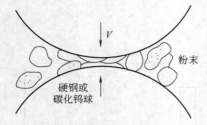

图 3-16　球磨法工艺示意图

球磨法的基本工艺如图 3-16 所示。掺有直径约 $50\mu m$ 粒子的粉体被放在一个密封容器内，其中有许多硬钢球或包覆碳化钨的球。此容器被旋转、振动或猛烈地摇动。磨球与粉体的有效比是 5～10，此数值随着加工原材料的不同而有所区别。

球磨法具有产量大、工艺简便等特点，很早用于材料的制备，但是要制备分布均匀的纳米级材料并非是一件容易的事情。理论上，固体粉碎的最小粒径可达 0.01～0.05$\mu m$，然而用目前的机械粉碎设备与工艺很难达到这一理想值。此外，粉碎极限还取决于物料种类、机械应力施加方式、粉碎方法、粉碎工艺条件、粉碎环境等因素，随着纳米技术的发展，物料的粉碎极限将逐渐得到改善。

在使用球磨法制备纳米材料时，所要考虑的一个重要问题是表面和界面的污染，特别是在球磨中由磨球（主要是铁）和气氛（氧、氮等）引起的污染。可通过缩短球磨时间和采用洁净、延展性好的金属粉末来克服。因为，这样磨球可以被这些粉末材料包覆，从而减少铁的污染。采用真空密封的方法或手套箱中操作可以降低气氛的污染。

1988 年，日本东京大学的 Shigu 等人首先报道了高能球磨法制备 Al-Fe 纳米晶材料，为纳米材料的制备找出一条实用化途径。高能球磨法是利用球磨机的转动或振动使硬球对原料进行强烈的撞击、研磨和搅拌，把金属或合金粉末粉碎为纳米微粒。如果将两种或两种以上的金属粉末同时放入球磨机的球磨罐中进行高能球磨，粉末颗粒经压延、压合、碾碎、再压合的反复过程，最后获得组织和成分分布均匀的合金粉末。由于这种方法是利用机械能达到合金化而不是用热能或电能，所以把高能球磨制备合金粉末的方法称为机械合金化（methanical alloying，简称 MA）。

高能球磨法制备纳米晶需要控制以下几个参数和条件，即正确选用硬球的材质（不锈钢球、玛瑙球、硬质合金球等），控制球磨温度和时间，原料一般选用微米级粉体或小尺寸的条带碎片。球磨过程中颗粒尺寸、成分和结构变化通过不同时间球磨粉体的 X 光衍射、电镜观察等方法进行监视。高能球磨与传统筒式低能球磨的不同之处在于磨球的运动速度较大，使粉末产生塑性形变及固相形变，而传统的球磨工艺只是对粉末起均匀混合的作用。高能球磨法已经成功制备出以下几种纳米晶材料：纯金属纳米晶、互不相溶体系的固溶体、纳米金属间化合物及纳米金属-陶瓷粉复合材料。

### 3.1.2.1　高能球磨法制备的纯金属纳米晶

高能球磨可以很容易地使具有 bcc 结构（如 Cr、Mo、W、Fe 等）和 hcp 结构（如 Zr、Hf、Ru 等）的金属形成纳米晶结构，而具有 fcc 结构的金属（如 Cu）则不易形成纳米晶。表 3-2 列出了一些 bcc 和 hcp 结构的金属经球磨形成的纳米晶的尺寸、晶界储能及比热容变化。由表中可以看出，球磨后得到的纳米晶粒径小，晶界能高。

表 3-2　几种纯金属元素高能球磨后晶粒尺寸、热焓、比热容的变化

| 元素 | 结构 | 平均晶粒 $d$/nm | $\Delta H$/(kJ/mol) | $\Delta c_p$/% |
|------|------|------|------|------|
| Fe | bcc | 8 | 2.0 | 5 |
| Nb | bcc | 9 | 2.0 | 5 |
| W | bcc | 9 | 4.7 | 6 |
| Hf | hcp | 13 | 2.2 | 3 |
| Zr | hcp | 13 | 3.5 | 6 |
| Co | hcp | 14 | 1.0 | 3 |
| Ru | hcp | 13 | 7.4 | 15 |
| Cr | bcc | 9 | 4.2 | 10 |

对于纯金属粉末，如 Fe 粉，纳米晶的形成仅仅是机械驱动下的结构演变。图 3-17 是纯 Fe 粉在不同球磨时间下的晶粒粒度和应变的变化曲线。从图中可以看出，Fe 的晶粒粒度随球磨时间的延长而下降，应变随球磨时间的增加而不断增大。纯金属粉末在球磨过程中，晶粒的细化是由于粉末的反复形变，局域应变的增加引起了缺陷密度的增加，当局域切应变带中缺陷密度达到某临界值时，粗晶内部破碎，这个过程不断重复，在粗晶中形成了纳米颗粒或粗晶破碎形成单个的纳米粒子。

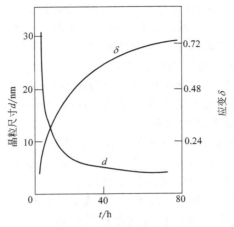

图 3-17　Fe 粉晶粒粒度和应变随球磨时间的变化

### 3.1.2.2　不互溶体系纳米结构材料的制备

众所周知，用常规熔炼方法无法将相图上几乎不互溶的几种金属制成固溶体，但用机械合金化法很容易做到。近年来，用此种方法已制备了多种纳米固溶体。例如，将粒径小于或等于 $100\mu m$ 的 Fe，Cu 粉体放入球磨机中，在氩气保护下，球与粉质量比为 4 : 1，经 8h 或更长时间球磨，得到粒径为十几个纳米的 Fe-Cu 合金纳米粉（如图 3-18）。

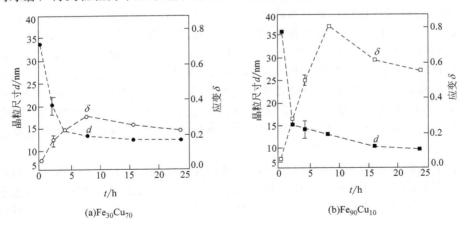

(a)Fe$_{30}$Cu$_{70}$　　　　　　　(b)Fe$_{90}$Cu$_{10}$

图 3-18　Fe-Cu 合金纳米晶粒尺寸和应变与球磨时间的关系

对于 Ag-Cu 二元体系，在室温下几乎不互溶，但将 Ag、Cu 混合粉经 25h 的高能球磨，开始出现具有 bcc 结构的固溶体，球磨 400h 后，固溶体的晶粒度减小到 10nm。对于 Al-Fe，Cu-Ta，Cu-W 等用高能球磨也能获得具有纳米结构的亚稳相粉末。Cu-W 体系几乎在所有的成分范围内都能得到平均粒径为 20nm 的固溶体，Cu-Ta 体系球磨 30h 后形成粒径为 20nm 左右的固溶体。

### 3.1.2.3 纳米金属间化合物的制备

纳米金属间化合物，特别是一些高熔点的金属间化合物在制备上较为困难。目前，已经在 Fe-B，Ti-Si，Ti-B，Ti-Al（-B），Ni-Si，V-C，W-C，Si-C，Pd-Si，Ni-Mo，Nb-Al，Ni-Zr 等 10 余个合金体系中应用高能球磨法制备了不同晶粒尺寸的纳米金属间化合物。研究结果表明，纳米金属间化合物往往作为球磨过程的中间相出现。例如，在球磨 Nb-25％Al 时发现，球磨初期首先形成 35nm 左右的 $Nb_3Al$ 和少量的 $Nb_2Al$，球磨 2.5h 后，金属间化合物 $Nb_3Al$ 和 $Nb_2Al$ 迅速转变为 10nm 左右的 bcc 结构固溶体。在 Pd-Si 体系中，球磨首先形成纳米金属间化合物 $Pd_3Si$，然后再形成非晶相。对于具有负混合热的二元或二元以上的体系，球磨过程中亚稳相的转变取决于球磨的体系以及合金的成分。如 Ti-Si 合金体系中，在 Si 含量为 25％～60％（原子分数）的成分范围内，金属间化合物的自由能大大低于非晶以及 bcc 和 hcp 固溶体的自由能，在这个成分范围内球磨容易形成纳米结构的金属间化合物，而在上述成分范围之外，由于非晶的自由能较低，球磨容易形成非晶。

### 3.1.2.4 金属-陶瓷纳米复合材料的制备

高能球磨法能把金属与陶瓷粉（纳米氧化物、碳化物等）复合在一起，从而获得具有特殊性质的新型纳米复合材料。如日本国防学院把几十纳米的 $Y_2O_3$ 粉体复合到 Co-Ni-Zr 合金中，$Y_2O_3$ 占 1％～5％，在合金中呈弥散分布状态，使得 Co-Ni-Zr 合金的矫顽力提高约两个数量级。用高能球磨法可制得 Cu-纳米 MgO 或 Cu-纳米 CaO 复合材料，这些氧化物纳米微粒均匀分散在 Cu 基体中，这种新型复合材料的电导率与 Cu 基本一样，但强度大大提高。

这里应当指出，除了上述几种纳米粉体可以通过高能球磨法制取外，相图上可互溶的几种元素也可以用高能球磨法制备纳米晶固溶体。得到的粉体经压制（冷压或热压）后，可获得块体材料，再经适当热处理来获得所需的性能。例如 Morris 等将粗的 Cu-5％（原子分数）Zn 合金粉与适量的添加剂一起球磨，由此得到的纳米 Cu 粉中有约 10.8％（体积分数）的 Cu 粒子内部弥散分布着纳米氧化锆和碳化锆。将所有粉体在室温下冷压成条状，然后在 700℃或 800℃热挤压成棒材。这时弥散相粒径为 4～7nm，Cu 晶粒为 38～60nm。经热处理后获得所需的纳米结构材料，这时弥散相长至 23nm，Cu 晶粒为 135nm。Schulz 等用机械合金化方法制备出 $Fe_{78}Si_9B_{13}$ 合金的纳米晶粉体，粉体中的每个颗粒由粒径 10nm 的晶粒构成。他们将这种粉体冷压成条状，用作电化学电池的阴极。还有一种制备块体的方法是将球磨制成的纳米晶粉体放入高聚物中制成性能优良的复合材料。例如，Eckert 等将微米级 Fe 和 Cu 粉按一定比例混合后经高能球磨制成 $Fe_xCu_{100-x}$ 合金粉体，电镜观察结果表明，粉体中的颗粒是由极小的纳米晶体构成，晶粒间为高角晶界，他们将这种粉体与环氧树脂混合制成类金刚石刀片。

高能球磨法制备的纳米金属与合金结构材料具有产量高、工艺简单等优点，但也存在一些不足，主要是晶粒尺寸不均匀，还容易引入杂质。然而，它能制备出用常规方法难以获得的高熔点的金属或合金纳米材料，成为当今材料科学的热点之一，近年来受到材料科学工作者的高度重视。

## 3.1.3 溅射法

溅射法的原理如图 3-19 所示。将两块金属板（Al 阳极板和蒸发材料阴极靶）平行放置在氩气中（40～250MPa），在两极间施加 0.3～1.5kV 的电压，由于两极间的辉光放电形成 Ar 离子。在电场的作用下 Ar 离子撞击阴极的蒸发材料靶，使靶材原子从其表面蒸发出来形成超微粒子，并在附着面上沉积下来。粒子的大小和尺寸分布主要取决于两电极间的电压、电流和气体压力。靶材的表面积愈大，原子的蒸发速度愈高，获得的超微粒的量愈大。例如使用 Ag 靶制备出了粒径 5～20nm 的纳米 Ag 微粒，蒸发速度与靶的面积成正比。在这种方法中，如果将蒸发材料靶做成几种元素（金属或者化合物）的组合，还可以制备复合材料的纳米微粒。

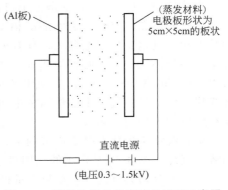

图 3-19　溅射法制备超微粒的原理示意图

当在更高的压力空间使用溅射法时，也同样制备了纳米微粒。在这种方法中，靶材达高温，表面发生熔化（热阴极），在两极间施加直流电压，使高压气体，如 13kPa 的 15% $H_2$ 和 85% He 的混合气体，发生放电，电离的离子冲击靶材表面，使原子从熔化的蒸发靶材上蒸发出来，形成超微粒子，并在附着面上沉积下来。

溅射法制备纳米微粒的优点是：控制蒸发材料靶的成分可以制备多种纳米金属，包括高熔点和低熔点金属（常规热蒸发法只能适用于低熔点金属），甚至多组元的化合物超微粒子，如 $Al_{52}Ti_{48}$，$Cu_{91}Mn_9$ 及 $ZrO_2$ 等；可以有很大的蒸发面，通过加大被溅射的阴极表面可提高纳米微粒的获得量；可以形成纳米颗粒薄膜等。

# 3.2　化学方法

## 3.2.1　化学沉淀法

化学沉淀法通常是在溶液状态下将不同化学成分的物质混合，在混合溶液中加入适当的沉淀剂制备纳米粒子的前驱体沉淀物，再将此沉淀物进行干燥或煅烧，从而得到相应的纳米粒子。例如，利用金属盐或氢氧化物的溶解度，调节溶液酸度、温度、溶剂等，使其沉淀，然后对沉淀物洗涤、干燥、加热处理制成纳米粒子。生成粒子的粒径通常取决于沉淀物的溶解度，沉淀物的溶解度越小，相应粒子的粒径越小。化学沉淀法主要分为共沉淀法、均相沉淀法、水解沉淀法等。

### 3.2.1.1　共沉淀法

含有多种阳离子的溶液中加入沉淀剂后，所有离子完全沉淀的方法称为共沉淀法。共沉淀又分为单相共沉淀和混合物共沉淀。

（1）单相共沉淀　沉淀物为单一化合物或单相固溶体时，称为单相共沉淀，又称为化合物沉淀法。溶液中的金属离子是以具有与配比组成相等的化学计量化合物形式沉淀的。因而，当沉淀颗粒的金属元素之比为产物化合物的金属元素之比时，沉淀物具有原子尺度上的均匀性。化合物沉淀法是一种能够得到组成均匀的微粉的方法，不过，在制备过程中，通常需要对微粉进行热处理。在热处理之后，微粉沉淀物是否还保持其组成的均匀性尚有争议。例如，在 Ba，Ti 的硝酸盐溶液中加入草酸沉淀剂后，形成单相化合物 $BaTiO(C_2H_4)_2 \cdot 4H_2O$ 沉淀。在 $BaCl_2$ 和 $TiCl_4$ 的混合水溶液中加入草酸后也可得到单一化合物 $BaTiO(C_2H_4)_2 \cdot 4H_2O$ 沉淀。经高温（450～750℃）加热分解，生成 $BaTiO_3$。反应方程式如下：

$$BaTiO(C_2H_4)_2 \cdot 4H_2O \longrightarrow BaTiO(C_2H_4)_2 + 4H_2O$$

$$BaTiO(C_2H_4)_2 + 1/2O_2 \longrightarrow BaCO_3(无定形) + TiO_2(无定形) + CO + CO_2$$

$$BaCO_3(无定形) + TiO_2(无定形) \longrightarrow BaCO_3(晶体) + TiO_2(晶体)$$

实验证明，$BaTiO_3$ 并不是由 $BaTiO(C_2H_4)_2 \cdot 4H_2O$ 微粉的热解直接得到的，而是热解生成碳酸钡和二氧化钛之间的固相反应得到的。因为 $BaTiO(C_2H_4)_2 \cdot 4H_2O$ 热解产生的碳酸钡和二氧化钛是超细颗粒，具有很高的反应活性，这种合成反应在 450℃ 开始。要得到完全单一相的钛酸钡，必须加热到 750℃，在这期间的各种温度下，有很多中间产物生成。所以，$BaTiO(C_2H_4)_2 \cdot 4H_2O$ 所具有的良好的化学计量性就丧失了。几乎所有利用化合物沉淀法合成微粉的过程中都伴随有中间产物的生成，中间产物的热稳定性差别越大，所合成微粉组成的不均匀性越大。

单相沉淀法的缺点是适用范围窄，仅对有限的草酸盐适用，如二价金属的草酸盐间产生固溶体沉淀，图 3-20 是常用的利用草酸盐进行化合物沉淀的合成装置。

（2）混合物共沉淀法　如果沉淀产物为混合物时，称为混合物共沉淀。四方氧化锆或全稳定立方氧化锆的共沉淀制备就是一个普通的例子。用 $ZrOCl_2 \cdot 8H_2O$ 和 $Y_2O_3$ 为原料来制备 $ZrOCl_2$-$Y_2O_3$ 纳米粒子的过程如下：$Y_2O_3$ 用盐酸溶解得到 $YCl_3$，然后将 $ZrOCl_2 \cdot 8H_2O$ 和 $YCl_3$ 配制成一定浓度的缓冲溶液，在其中加 $NH_3 \cdot H_2O$ 后便有 $Zr(OH)_4$ 和 $Y(OH)_3$ 的沉淀粒子缓慢生成，反应方程式如下：

$$ZrOCl_2 + 2NH_3 \cdot H_2O + H_2O \longrightarrow Zr(OH)_4\downarrow + 2NH_4Cl$$

$$YCl_3 + 3NH_3 \cdot H_2O \longrightarrow Y(OH)_3\downarrow + 3NH_4Cl$$

得到的氢氧化物混合物沉淀经洗涤、脱水、煅烧可得到具有良好烧结活性的 $ZrO_2(Y_2O_3)$ 微粒。混合物共沉淀过程是非常复杂的。溶液中不同种类的阳离子不能同时沉淀，各种离子的沉淀先后次序与溶液的 pH 值密切相关。例如，Zr、Y、Mg、Ca 的氯化物溶于水形成溶液，随 pH 值的逐渐增大，各种金属离子发生沉淀的 pH 值范围不同，如图 3-21 所示。上述各种离子分别进行沉淀，形成了水、氢氧化锆和其他氢氧化物微粒的混合沉淀物。

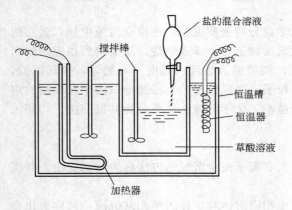

图 3-20　利用草酸盐进行化
合物沉淀的合成装置

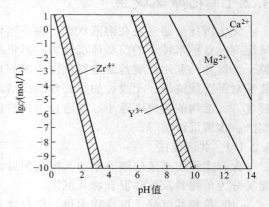

图 3-21　水溶液中锆离子等金属离子
的浓度与溶液 pH 值关系

为了获得均匀的沉淀，通常是将含有多种阳离子的盐溶液慢慢加到过量的沉淀剂中并进行搅拌，使所有沉淀离子的浓度大大超过沉淀的平衡浓度，尽量使各组分按比例同时沉淀出来，从而得到较均匀的沉淀物。但由于不同阳离子组分之间沉淀产生的浓度及沉淀速度存在差异，故溶液的原始原子水平的均匀性可能部分的失去，沉淀通常是氢氧化物或水合氧化物，也可能是草酸盐、碳酸盐等。

### 3.2.1.2　均相沉淀法

一般的沉淀过程是不平衡的，但如果控制溶液中沉淀剂的浓度，使之缓慢地增加，则溶液中的沉淀会处于平衡状态，且沉淀能在整个溶液中均匀的出现，这种方法称为均相沉淀法。通常是通过溶液中的化学反应使沉淀剂缓慢的生成，从而克服了由外部向溶液中加沉淀剂而造成沉淀剂的局部不均匀性，结果沉淀不能在整个溶液均匀出现的缺点。例如，尿素水溶液的温度升高至 70℃ 左右时，尿素发生分解，即：

$$(NH_2)_2CO + 3H_2O \longrightarrow 2NH_3 \cdot H_2O + CO_2\uparrow$$

由此生成的沉淀剂 $NH_3 \cdot H_2O$ 在金属盐溶液中分布均匀，浓度低，使得沉淀物均匀生成。由于尿素的分解速度受到加热温度和尿素浓度的控制，因此可以使尿素的分解温度降得很低。利用此法可以获得多种盐的均匀沉淀，如锆盐颗粒以及球形 $Al_2O_3$ 粒子。

### 3.2.1.3　金属醇盐水解法

金属醇盐水解法是利用一些金属有机醇盐能溶于有机溶剂并可发生水解，生成氢氧化物或氧化物沉淀的特性，制备细粉料的方法。此种制备方法有以下特点。

① 采用有机溶剂作金属醇盐的溶剂，由于有机溶剂的纯度高，因此得到的氧化物粉体的纯度高。

② 可制备化学计量的复合金属氧化物粉末。

复合金属氧化物粉末的最重要指标之一是氧化物粉末颗粒之间组成的均匀性，用醇盐水解法能获得具有同一组成的微粒。例如，由金属醇盐合成的 $SrTiO_3$，通过对 50 个颗粒进行组分分析结果见表 3-3。由表可知，不同浓度醇盐合成的 $SrTiO_3$ 微粒的 $Sr/Ti$ 之比都非常接近 1。这表明合成的粒子，以粒子为单位都具有良好的组成均一性，复合化学计量组成。

**表 3-3　由醇盐合成 $SrTiO_3$ 微粒子组成分析**

| 醇盐浓度 /(mol/L) | 加水量 （对理论量） | 水解回流时间 /h | 阳　离　子　比 | | | |
| --- | --- | --- | --- | --- | --- | --- |
| | | | 平均值 | | 标准偏差 | |
| | | | Sr | Ti | Sr | Ti |
| 0.117 | 20 倍 | 4 | 1.005 | 0.998 | 0.0302 | 0.0151 |
| 0.616 | 20 倍 | 2 | 1.009 | 0.996 | 0.0458 | 0.0228 |
| 3.61 | 6.8 倍 | 2 | 1.018 | 0.991 | 0.0629 | 0.0314 |

(1) 金属醇盐的合成　金属醇盐是有机金属化合物的一个种类，可以用通式 $M(OR)_n$ 来表示，它是醇（ROH）中羟基 H 被金属 M 置换形成的化合物。如 $Zr(OC_2H_5)_4$，称作锆乙醇盐或乙醇锆。它亦可看作是金属氢氧化物 $M(OH)_n$ 中氢氧根的 H 被烷基 R 置换而成的一种化合物。如 $Si(OC_2H_5)_4$、$B(OC_2H_5)_3$、$Ti(OC_2H_5)_4$，习惯上被称作硅酸乙酯、硼酸乙酯和钛酸乙酯。金属醇盐活性高，易水解，有一定的挥发性，能溶于普通有机溶剂，在工业上有广泛用途。可用于制备高性能的耐火材料、电子材料、光学材料、铁电薄膜、光波导、光导纤维和其他复合功能材料，也可用作催化剂、催化剂载体和吸附材料等。近年来，被广泛用于合成玻璃和陶瓷。金属醇盐具有以下特点：

① 金属醇盐可通过减压蒸馏或在有机溶剂中重结晶进行纯化，降低杂质离子含量；

② 控制金属醇盐或混合金属醇盐的水解程度，可发生水解-缩聚反应，在近室温下，形成金属-氧-金属高分子网络结构，从而大大降低材料的烧结温度；

③ 在惰性气氛下，金属醇盐高温裂解，能有效地在衬底上沉积，形成氧化物薄膜，用于制备超纯粉末和纤维；

④ 由于金属醇盐易溶于有机溶剂，几种金属醇盐可实行分子级水平的混合。直接水解可得到高度均匀的多组分氧化物粉末；控制水解可制得高度均匀的干凝胶；高温裂解可制得高度均匀的薄膜、粉末或纤维。

金属醇盐的合成方法很多，可以通过下列方法来合成。

① 金属与醇反应　碱金属、碱土金属、镧系等元素可以与醇直接反应生成金属醇盐

和氢：

$$M+nROH \longrightarrow M(OR)_n+n/2H_2$$

其中 R 为有机基团，如烷基—$C_3H_7$，—$C_4H_9$ 等，M 为金属。电负性很强的金属，如 Li、Na、K、Ca、Sr、Ba 在惰性气氛下直接溶于醇而制得醇化物。Be、Mg、Al、Tl、Sc、Y、Yb 等电负性较弱的金属必须在催化剂（如 $I_2$，$HgCl_2$，$HgI_2$）的存在下进行反应。熔融的钠汞齐、钾汞齐与短链醇反应亦可制得醇盐。

$$M(Hg)+ROH \longrightarrow M(OR)+1/2H_2+Hg$$

② 金属卤化物与醇反应　金属不能与醇直接反应的可以用卤化物代替金属。硼、硅、磷等元素的氯化物与醇作用，可以完全醇解：

$$BCl_3+3C_2H_5OH \longrightarrow B(OC_2H_5)_3+3HCl\uparrow$$
$$SiCl_3+4C_2H_5OH \longrightarrow Si(OC_2H_5)_4+4HCl\uparrow$$
$$PCl_3+3C_2H_5OH \longrightarrow P(OC_2H_5)_3+3HCl\uparrow$$

多数金属卤化物的醇解都不完全，仅部分 $X^-$ 与 RO—基发生置换，为了使金属卤化物醇解完全，需加入 $NH_3$、吡啶、三烷基胺、醇钠等碱性基，除去生成的卤化氢，使反应进行到底。最常用的是氨法，氨法最初用于醇钛的合成：

$$TiCl_4+4ROH+4NH_3 \longrightarrow Ti(OR)_4+4NH_4Cl$$

生成的 $NH_4Cl$ 通过过滤除去。如果反应完后在反应液中加入酰胺或腈，氯化铵便溶解在酰胺或腈中，处于溶液下层，通过分液漏斗分液便可除去氯化铵层。

氨法已成功用于制备多种金属醇盐，如：硅、锗、钛、锆、铪、钽、铁、锑、钒、铈、铀、钍等。在氨法中，用伯醇、仲醇制备金属醇盐比较成功，用叔醇由于存在醇的消除反应，生成水而得不到金属醇盐。如果首先在叔醇中加入吡啶，再加入氯化物，然后通入氨气，便可制得纯的、产率较高的金属叔醇盐。例如叔丁醇钛的制备：

$$TiCl_4+4(CH_3)_3COH+4NH_3 \longrightarrow [(CH_3)_3CO]_4Ti+4NH_4Cl$$

Anand 等提出了一种改进的氨法，用于制备钛、锆、铪等的醇盐：

$$MCl_4+4HCl+4RCOOR'+4NH_3 \longrightarrow M(OR')_4+4RCOCl+4NH_4Cl$$

使用的酯有甲酸乙酯、乙酸乙酯、草酸二乙酯、乙酸正丙酯、乙酸异丙酯、乙酸正丁酯和乙酸异丁酯等。

Bradley 等提出了以 $ZrOCl_2 \cdot 6H_2O$ 为原料制备醇锆的方法。在以氯化氢饱和的 $ZrOCl_2 \cdot 6H_2O$ 的乙醇溶液中加入吡啶，可得到白色固体 $(C_5H_6N)_2ZrCl_6$，此物质比金属的氯化物稳定，再用氨法可制得醇锆。利用此法可制得铈、钚的醇盐。

$$ZrOCl_2 \cdot 6H_2O+4HCl+2C_5H_5N \longrightarrow (C_5H_6N)_2ZrCl_6+7H_2O$$
$$(C_5H_6N)_2ZrCl_6+4ROH+6NH_3 \longrightarrow Zr(OR)_4+6NH_4Cl+2C_5H_5N$$

③ 金属卤化物与碱金属醇盐反应　虽然氨法能用于许多金属醇盐的制备，但还存在一些不能用此法制备的醇盐。例如，制备钍的醇盐时，由于存在下列平衡，而得不到 $Th(OR)_4$：

$$Th(OR)_4+NH_4^+ \Longleftrightarrow [Th(OR)_3]^++NH_3+ROH$$

碱金属醇盐是一种比氨更强的碱。可用于制备钍（IV）、锡（IV）的醇盐：

$$ThCl_4+4NaOR \longrightarrow Th(OR)_4+4NaCl$$
$$2SnCl_2+9NaOC_2H_5 \longrightarrow NaSn_2(OC_2H_5)_9+8NaCl$$
$$NaSn_2(OC_2H_5)_9+HCl \longrightarrow 2Sn(OC_2H_5)_4+NaCl+C_2H_5OH$$

用金属醇盐法可制备下列金属的醇盐：镓、铟、硅、锗、锡、铁、砷、锑、铋、钛、钍、铀、硒、碲、镧、镨、钕、镱、钐、钇、铒、钆、钬、钜、镍、铬、铜、钴。

对于不溶性的金属甲醇盐，氨法及醇钠法均不适用，可以用甲醇锂法，因为氯化锂溶于甲醇，过滤便得到金属甲醇盐：

$$MCl_n + nLiOCH_3 \longrightarrow M(OCH_3)_n + nLiCl$$

此法已成功用于制备下列金属的甲醇盐：铀、铍、铌、镧、钒、铁（Ⅱ、Ⅲ）、锰（Ⅱ）、钴、镍、铜（Ⅱ）、钛（Ⅲ）。

④ 氧化物及氢氧化物与醇反应　氧化物与氢氧化物相当于酸酐和酸，与醇进行酯化反应，存在下列平衡：

$$MO_n + 2nROH \Longrightarrow M(OR)_{2n} + nH_2O$$
$$M(OH)_n + nROH \Longrightarrow M(OR)_n + nH_2O$$

使用共沸法已成功用于下列金属醇盐的制备：钠、铊、硼、硅、锗、锡、铅、砷、硒、钒和汞。其中，锡、锗、铅是由其烷基氧化物或烷基氢氧化物制得其烷基烷氧基化合物：

$$(CH_3)_3PbOH + ROH \longrightarrow (CH_3)_3Pb(OR) + H_2O$$

⑤ 醇交换反应　醇盐可与醇发生醇解反应，生成混合醇盐或另一种醇的盐：

$$M(OR)_n + xR'OH \longrightarrow M(OR)_{n-x}(OR')_x + xR'OH$$

醇交换反应广泛用于不同元素的醇盐的制备中，例如：锌、铍、硼、铝、镓、铟、硅、锗、锡、钛、锆、铪、铈、钍、钒、铁、锑、铌、钽、硒、碲、铀、镨、钕、钐、钆、钇、镱等。

此外，利用醇盐与酯反应，可以得到另一种醇盐和另一种酯，此法一般用于异丙醇盐制备叔丁醇盐：

$$M[O\text{-}CH(CH_3)_2]_4 + 4CH_3COOC(CH_3)_3 \longrightarrow M[O\text{-}(CH_3)_3]_4 + 4CH_3COOCH(CH_3)_2$$

碱金属、碱土金属、稀土金属元素所构成的碱性醇盐与由锌、铝、锆、铌、钽等元素所构成的酸性醇盐之间可发生反应，生成复合醇盐。

（2）金属醇盐水解制备纳米粉　金属醇盐与水反应生成氧化物、氢氧化物、水合氧化物的沉淀。除硅和磷的醇盐外，几乎所有的金属醇盐与水反应都很快，产物中的氢氧化物、水合物灼烧后变为氧化物。迄今为止，已制备了 100 多种金属氧化物或复合金属氧化物粉末。

① 一种醇盐的水解产物　表 3-4 列出了各种金属醇盐的水解产物。由于水解条件不同，沉淀的类型亦不同。例如铅的醇化物，室温下水解生成 $PbO \cdot 1/3H_2O$，而回流下水解生成 $PbO$ 沉淀。

表 3-4　水解金属醇化物生成沉淀的分类

| 元　素 | 沉　淀 | 元　素 | 沉　淀 | 元　素 | 沉　淀 |
|---|---|---|---|---|---|
| Li | $LiOH(s)$ | Fe | $FeOOH(a)$ | Sn | $Sn(OH)_4(a)$ |
| Na | $NaOH(s)$ | | $Fe(OH)_2(c)$ | Pb | $PbO \cdot 1/3H_2O(c)$ |
| K | $KOH(s)$ | | $Fe(OH)_3(a)$ | | $PbO(c)$ |
| Be | $Be(OH)_2(c)$ | | $Fe_3O_4(c)$ | As | $As_2O_3(c)$ |
| Mg | $Mg(OH)_2(c)$ | Co | $Co(OH)_2(a)$ | Sb | $Sb_2O_5(c)$ |
| Ca | $Ca(OH)_2(c)$ | Cu | $CuO(c)$ | Bi | $Bi_2O_3(a)$ |
| Sr | $Sr(OH)_2(a)$ | Zn | $ZnO(c)$ | Te | $TeO_2(c)$ |
| Ba | $Ba(OH)_2(a)$ | Cd | $Cd(OH)_2(c)$ | Y | $YOOH(a)$ |
| Ti | $TiO_2(a)$ | Al | $AlOOH(c)$ | | $Y(OH)_3(a)$ |
| Zr | $ZrO_2(a)$ | | $Al(OH)_3(c)$ | La | $La(OH)_3(c)$ |
| Nb | $Nb(OH)_5(a)$ | Ga | $GaOOH(c)$ | Nd | $Nd(OH)_3(c)$ |
| Ta | $Ta(OH)_5(a)$ | | $Ga(OH)_3(a)$ | Sm | $Sm(OH)_3(c)$ |
| Mn | $MnOOH(c)$ | In | $In(OH)_3(c)$ | Eu | $Eu(OH)_3(c)$ |
| | $Mn(OH)_2(a)$ | Si | $Si(OH)_4(a)$ | Gd | $Gd(OH)_3(c)$ |
| | $Mn_3O_4(c)$ | Ge | $GeO_2(c)$ | | |

注：（a）为无定形；（c）为结晶形；（s）为水溶解。

② 复合金属氧化物粉末　金属醇盐水解法可以制备各种复合金属氧化物粉末。两种以上金属醇盐制备复合金属氧化物超细粉末的途径如下。

a. 复合醇盐水解法　金属醇化物具有 M—O—C 键，由于 O 原子的电负性强，M—O 键表现出强的极性 $M^{\delta+}—O^{\delta-}$，电负性弱的元素，其醇化物表现为离子性，电负性强的元素的醇化物表现为共价性。金属醇化物 $M(OR)_n$ 与金属氢氧化物相比，相当烷基置换了 $M(OH)_n$ 中的 H，电负性弱的金属醇化物表现出碱性，电负性强的元素的醇化物表现出酸性。碱性醇盐和酸性醇盐的中和反应就生成复合醇化物。

$$MOR + M'(OR)_n \longrightarrow M[M'(OR)_{n+1}]$$

复合醇盐的水解产物一般是原子水平混合均一的无定形沉淀。如 $Ni[Fe(OEt)_4]_2$、$Co[Fe(OEt)_4]_2$、$Zn[Fe(OEt)_4]_2$ 的水解产物均是无定形沉淀，灼烧后的产物分别为 $NiFe_2O_4$、$CoFe_2O_4$、$ZnFe_2O_4$。

b. 金属醇盐混合溶液水解法　两种以上金属醇盐之间没有化学结合，而只是分子水平上的混合，它们的水解具有分离倾向。但是大多数金属醇盐水解速度很快，仍然可以保持粒子组成的均一性。两种以上金属醇盐水解速度差别很大时可采用溶胶-凝胶法制备均一性的超微粉。关于溶胶-凝胶法制备纳米粉将在 3.2.3 节介绍。下面举例说明用金属醇盐混合溶液水解法制备 $BaTiO_3$ 的详细工艺过程。

$BaTiO_3$ 纳米粉末制备流程如图 3-22 所示。由 Ba 与醇直接反应得到 Ba 的醇盐，并放出氢气；醇与加有氨的四氯化钛反应得到 Ti 的醇盐，然后滤掉氯化铵。将上述获得的两种醇盐混合溶入苯中，使 Ba∶Ti 之比为 1∶1，再回流约 2h，然后在此溶液中慢慢加入少量蒸馏水并进行搅拌，由于水解白色微粒沉淀出来（晶态 $BaTiO_3$）。Kiss 等直接将 $Ba(OC_3H_7)_2$ 和 $Ti(OC_5H_{11})_4$ 溶入苯中，加入蒸馏水分解制得了粒径小于 15nm，纯度为 99.98% 以上的 $BaTiO_3$ 纳米粒子。

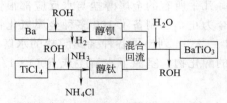

图 3-22　$BaTiO_3$ 纳米粉末制备流程

用金属醇盐法制备 $BaTiO_3$ 纳米微粒过程中，醇盐的种类，例如由甲醇、乙醇、异丙醇、正丁醇生成的醇盐对微粒的粒径、晶型及结构没有本质影响，都得到单相的结晶性 $BaTiO_3$。从这些 $BaTiO_3$ 的 X 射线衍射图及电子显微镜观察结构可以证实这一点。图 3-23 是各种醇盐合成的 $BaTiO_3$ 粉末的 X 射线衍射谱。醇的沸点越高，X 射线衍射所表现的粉末的结晶性越好。

醇盐的浓度对最后得到的纳米微粒的粒径的影响也不是十分明显。图 3-24 是 $BaTiO_3$ 微粒的晶粒直径与醇盐浓度的关系。从图 3-19 可以看出，浓度从 0.01～1/mol/L，粒径仅由 10nm 增大至 15nm。

用金属醇盐混合溶液水解法合成微粉，在几种情况下都可以由水解反应直接获得结晶性氧化物，除 $BaTiO_3$ 之外，还有 $SrTiO_3$、$BaZrO_3$、$CoFe_2O_4$、$NiFe_2O_4$、$MnFe_2O_4$ 以及一些固溶体如 $(Ba, Sr)TiO_3$、$Sr(Ti, Zr)O_3$、$(Mn, Zn)Fe_2O_4$ 等。

### 3.2.2　溶胶-凝胶法

溶胶-凝胶法又称胶体化学法，它的历史可以追溯到 19 世纪中叶，Ebelman 发现正硅酸

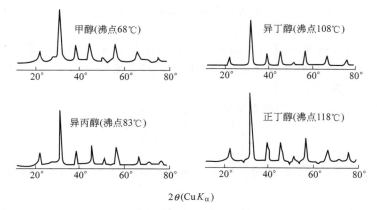

图 3-23　各种醇盐合成的 BaTiO$_3$ 粉末的 X 射线谱

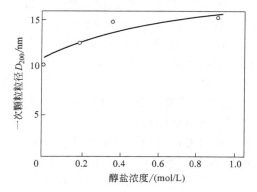

图 3-24　BaTiO$_3$ 微粒的晶粒直径与反应醇盐浓度的关系

乙酯水解形成的 SiO$_2$ 呈玻璃状，Graham 发现 SiO$_2$ 凝胶中的水可以被有机溶剂置换，此现象引起了化学家的注意，经过长时间的探索，逐步形成胶体化学学科。20 世纪 30 年代至 70 年代，溶胶-凝胶法被用来制备陶瓷、玻璃等无机材料，近年来被广泛用于制备纳米微粒。其基本原理是将金属醇盐或无机盐经水解直接形成溶胶或经解凝形成溶胶，然后使溶质聚合凝胶化，再将凝胶干燥、焙烧去除有机成分，最后得到无机材料。其工艺特点如下：

① 通过各种反应物溶液的混合，很容易获得均相多相组分体系；

② 对材料制备所需温度可大幅度降低，从而能在较温和的条件下合成多种功能材料；

③ 由于溶胶的前驱体可以提纯，而且溶胶-凝胶过程能在低温下可控制进行，因而可制备高纯或超纯物质，且可避免在高温下对反应容器的污染等问题；

④ 溶胶或凝胶的流变性质有利于通过喷射、旋涂、浸拉、浸渍等技术制备各种膜、纤维或沉积材料。

溶胶-凝胶法包括以下几个过程。

（1）溶胶的制备　溶胶的制备主要有两种方法：一是先将部分或全部组分用适当沉淀剂先沉淀出来，经解凝，使原来团聚的沉淀颗粒分散成原始颗粒。由于这种原始颗粒的大小一般在溶胶体系中胶核的大小范围，因而可制得溶胶。另一种方法是由盐溶液出发，通过控制沉淀过程，直接形成细小的颗粒，从而得到胶体溶液。

（2）溶胶-凝胶转化　溶胶中含有大量的水，凝胶化过程中，体系失去流动性，形成一种开放的骨架结构。实现溶胶-凝胶转化的途径有两个：一是化学法，通过控制溶胶中的电解质浓度；二是物理法，迫使胶粒间相互靠近，克服斥力，实现胶凝化。

（3）凝胶干燥　一定条件下，如加热，使溶剂蒸发，得到粉料。干燥过程中凝胶结构变化很大。

通常溶胶-凝胶过程根据原料的不同可分为有机途径和无机途径两类。在有机途径中，通常是以金属有机醇盐为原料，在无机途径中原料一般为无机盐。下面分别加以介绍。

### 3.2.2.1 无机盐的水解-聚合反应

当阳离子 $M^{2+}$ 溶解在纯水中则发生如下的溶剂化反应：

$$M^{2+}:O\begin{array}{c}H\\ \\H\end{array}\longrightarrow\left[M\leftarrow O\begin{array}{c}H\\ \\H\end{array}\right]^{2+}$$

溶剂化对过渡金属阳离子起作用，使化学键由离子键向部分共价键过渡，水分子显示弱酸性，溶剂化分子发生如下的变化：

$$[M-OH_2]^{Z+}\rightleftharpoons[M-OH]^{(Z-1)+}+H^+\rightleftharpoons[M=O]^{(Z-2)+}+2H^+$$

在通常的水溶液中，金属离子可能有三种配体，即水（$H_2O$），羟基（—OH）和氧基（=O）。若用 N 表示以共价键方式与阳离子 $M^{Z+}$ 键合的水分子数目，则其分子式可以表示为：$[MO_xH_{2N-h}]^{(Z-h)+}$，式中 $h$ 定义为水解摩尔比。当 $h=0$ 时，母体是水合离子 $[M(OH_2)_N]^{Z+}$，$h=2N$ 时，母体为氧合离子 $[MO_N]^{(2N-Z)-}$，如果 $0<h<2N$，这时母体可以是氧-羟基配合物 $[MO_x(OH)_{N-x}]^{(N+x-ZD)-}$（$h>N$），羟基-水配合物 $[M(OH)_h \cdot (OH_2)_{N-h}]^{(Z-h)}$（$h<N$），或者是羟基配合物 $[M(OH)]^{(N-x)-}$（$h=N$）。金属离子的水解产物一般可借"电荷-pH图"进行粗略判断。

在不同条件下，这些配合物可通过不同方式聚合形成二聚体或多聚体，有些可进一步聚合形成骨架结构。如按亲核取代（$S_N1$）方式形成羟桥 M—OH—M，羟基-水配合物 $[M(OH)_x \cdot (OH_2)_{N-x}]^{(Z-x)+}$（$x<N$）之间的反应可按 $S_N1$ 机理进行。电荷的母体（$Z-h\geq1$）不能无限制的聚合形成固体，这主要是由于在缩合期间羟基的亲核强度（部分电荷 $\delta$）是变化的，如 Cr(Ⅲ) 的二聚反应：

$$2[Cr(OH)(OH_2)_5]^{2+}\rightleftharpoons\left[(H_2O)_4Cr\begin{array}{c}O\\H\\ \\O\\H\end{array}Cr(OH_2)_4\right]^{4+}+2H_2O$$

这是因为在单聚体中 OH 基上的部分电荷是负的（$\delta_{OH}=-0.02$），而在二聚体中 $\delta_{OH}=+0.01$，这意味着二聚体中的 OH 基已经失去了再聚合的能力。零电荷母体（$h=Z$）可通过羟基无限缩聚形成固体，最终产物为氢氧化物 $M(OH)_Z$。

从水羟基配位的无机母体来制备凝胶时，取决于诸多因素，如 pH 梯度、浓度、加料方式、控制的成胶速度、温度等。因为成核和生长主要是羟桥聚合反应，而且是扩散控制过程，所以需要对所有因素加以考虑。有些金属可形成稳定的羟桥，进而生成确定结构 $M(OH)_Z$。而有些金属不能形成稳定的羟桥，因而当加入碱时只能生成水合的无定形凝胶沉淀 $MO_{x/2}(OH)_{z-x} \cdot H_2O$。这类不确定结构的沉淀当连续失水时，通过氧聚合最后形成 $MO_{x/2}$。对多价元素如 Mn、Fe 和 Co，情况更复杂一些，因为电子转移可发生在溶液固相中，甚至在氧化物和水的界面上。

### 3.2.2.2 金属有机醇盐的水解-聚合反应

金属烷氧基化合物 $[M(OR)_n]$ 是金属氧化物溶胶-凝胶合成中常用的反应分子母体，几乎所有金属（包括镧系金属）均可形成这类化合物。$[M(OR)_n]$ 与水充分反应可形成氢氧化物或水合氧化物：

$$[M(OR)_n]+nH_2O \longrightarrow M(OH)_n+nROH$$

实际上，反应中伴随着水解和聚合反应是十分复杂的。水解一般在水或水和醇的混合溶剂中进行并生成活性的 M—OH，反应可分为三步：

$$H-O+M-OR \longrightarrow \overset{H}{\underset{H}{O}}:M-OR \longrightarrow HO-M \longleftarrow \overset{R}{\underset{H}{O}} \longrightarrow M-OH+ROH$$

随着羟基的生成，进一步发生聚合作用。随实验条件的不同，可按照三种聚合方式进行：

① 烷氧基化作用

$$M-\overset{}{\underset{H}{O}}+M-OR \longrightarrow M-\overset{}{\underset{H}{O}}:M-OR \longrightarrow M-O-M \longleftarrow \overset{R}{\underset{H}{O}} \longrightarrow M-O-M+ROH$$

② 氧桥合作用

$$M-\overset{}{\underset{H}{O}}+M-OH \longrightarrow M-\overset{}{\underset{H}{O}}:M-OH \longrightarrow M-O-M \longleftarrow \overset{H}{\underset{H}{O}} \longrightarrow M-O-M+H_2O$$

③ 羟桥合作用

$$M-OH+M \longleftarrow \overset{R}{\underset{H}{O}} \longrightarrow M-\overset{H}{O}-M+ROH$$

$$M-OH+M \longleftarrow \overset{H}{\underset{H}{O}} \longrightarrow M-\overset{H}{O}-M+H_2O$$

### 3.2.2.3　溶胶-凝胶法在纳米材料合成中的应用

用溶胶-凝胶法制备氧化物粉体的工作早在 20 世纪 60 年代初期就开始了。Lackey 等人用该法制备了核燃料，如 $UO_2$、$TnO_2$ 球形颗粒，此后又被用来制备 $Y_2O_3$（或 CaO）、$ZrO_2$、$CeO_2$、$Al_2O_3$ 及 $Al_2O_3$-$ZrO_2$ 陶瓷粉料。近年来，很多人用此法来制备纳米微粒及纳米粒子薄膜等，有关的例子很多，下面仅介绍两个典型粒子。

（1）醇盐水解溶胶-凝胶法已成功的制备出 $TiO_2$ 纳米微粒（≤6nm），有的粉体平均粒径只有 1.8nm。该制备方法的工艺过程如下：在室温（288K）将 40mL 钛酸四丁酯逐滴加入到去离子水中，水的加入量为 256mL 和 480mL，边滴加边搅拌并控制滴加和搅拌速度，钛酸四丁酯经水解、缩聚形成溶胶。超声振荡 20min，在红外灯下烘干，得到疏松的氢氧化钛凝胶。将此凝胶磨细，然后在 673K 和 873K 烧结 1h，得到 $TiO_2$ 超微粉。

（2）无机盐水解溶胶-凝胶法制 $SnO_2$ 纳米微粒的工艺过程如下：将 20g $SnCl_2$ 溶解在 250mL 乙醇中，搅拌 0.5h，经 1h 回流，2h 老化，在室温放置 5d，然后在 333K 的水浴锅中干燥 2d，再在 100℃ 烘干得到 $SnO_2$ 微粉。

溶胶-凝胶法的优缺点如下：

① 化学均匀性好。由于溶胶-凝胶过程中，溶胶由溶液制得，故胶粒内及胶粒间化学成分完全一致。

② 纯度高。粉料，特别是多组分粉料制备过程中无需机械混合。

③ 颗粒细。

④ 该法可容纳不溶性组分或不沉淀组分均匀的固定在凝胶体系中。不溶性组分颗粒越细，体系化学均匀性越好。

⑤ 烘干后的球形凝胶颗粒自身烧结温度低，但凝胶颗粒间烧结性差。

⑥ 干燥时收缩大。

## 3.2.3　微乳液法

微乳液法是利用两种互不相溶的溶剂在表面活性剂的作用下形成一个均匀的乳液，从乳液中析出固相，使得成核、生长、聚结、团聚等过程局限在一个微小的球形液滴内，由于颗粒之间的团聚受到限制，从而制得纳米微粒。

### 3.2.3.1　微乳液法的原理

微乳液通常是由表面活性剂、助表面活性剂（通常为醇类）、油（通常为碳氢化合物）和水（或电解质水溶液）组成的透明的、各向同性的热力学稳定体系。微乳液中微小的"水池"被表面活性剂和助表面活性剂所组成的单分子层界面所包围而形成微乳颗粒，其大小可控制在几十至几百埃之间。微小的"水池"尺度小且彼此分离，因而构不成水相，通常被称之为"准相"，这种特殊的微环境，被称为"微反应器"。已被证明是多种化学反应，如酶催化反应、聚合物合成、金属离子与生物配体的络合反应等的理想介质。

微乳颗粒在不停地作布朗运动，不同颗粒在互相碰撞时，组成界面的表面活性剂和助表面活性剂的碳氢链可以互相渗入。与此同时，"水池"中的物质可以穿过界面进入另一颗粒中。例如，由阴离子表面活性剂构成的微乳液的电导渗滤现象就是由于"水池"中的阳离子不断穿过微乳界面，在颗粒间跃迁时所形成的长程导电链所致。微乳液的这种物质交换的性质使"水池"中进行的化学反应成为可能。

利用微乳液法制备纳米微粒通常是将两种反应物分别溶于组成完全相同的两份微乳液中，然后在一定条件下混合。两种反应物通过物质交换而彼此遭遇，发生反应生成的纳米微粒可在"水池"中稳定存在。通过超速离心，或将水和丙酮的混合物加入反应完成后的微乳液中等方法，使纳米微粒与微乳液分离。再以有机溶剂清洗去除附着在纳米微粒表面的油和表面活性剂，最后在一定温度下进行干燥处理，即可得纳米微粒的固体样品。微乳液法的一般工艺流程可以表示为：

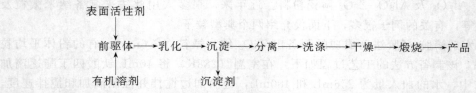

适合于制备纳米微粒的微乳液应符合下列条件：①在一定组成范围内，结构比较稳定；②界面强度应较大；③所用表面活性剂的亲水/疏水平衡常数（HLB 值）应在 3～6 范围内。表 3-5 列出了一些非离子型表面活性剂的 HLB 值，由表可见符合上述要求的有 Span-80、Span-60 等。

表 3-5　一些表面活性剂的 HLB 值

| Span-60 | Span-80 | Span-65 | Span-85 | Tween-61 | Tween-81 |
| --- | --- | --- | --- | --- | --- |
| 4.7 | 4.3 | 2.1 | 1.8 | 9.6 | 11.0 |

通常配制微乳液的步骤是先将一定量的表面活性剂、油和水混合，然后慢慢将醇加入至刚出现澄清透明的微乳液为止。可以采用稀释法求出界面醇的含量，然后计算出颗粒的结构

参数。在一定的 $W$（水与表面活性剂的摩尔数之比）范围内，"水池"半径 $R_W$ 与 $W$ 近似呈线性关系。如对 AOT（琥珀酸二辛酯磺酸钠，sodium Bis-(2-ethylhexyl) sulfosuccinate）微乳液，$R_W(A)=1.5W$，根据 $R_W$ 与 $W$ 的关系，可根据某个 $W$ 时的 $R_W$ 值推算出另一 $W$ 时的 $R_W$ 值。

微乳颗粒界面强度对纳米微粒的形成过程及最后产物的质量均有很大影响，如果界面比较松散，颗粒之间的物质交换速率过大，则产物的大小分布不均匀。影响界面强度的因素主要有：①含水量；②界面醇的含量；③醇的碳氢链长。微乳液中，水通常以缔合水（或束缚水，bound water）和自由水两种形式存在（在某些体系中，少量水在表面活性剂极性头间以单分子态存在，且不与极性头发生任何作用，trapped water）。前者使极性头排列紧密，而后者与之相反。随 $W$ 的增大，缔合水逐渐饱和，自由水的比例增大，使得界面强度变小。醇作为助表面活性剂，存在于界面表面活性剂分子之间。通常醇的碳氢链比表面活性剂的碳氢链短，因此界面醇量增加时，表面活性剂碳氢链之间的空隙变大。颗粒碰撞时，界面也易相互交叉渗入，可见界面醇含量增加时，界面强度下降。一般而言，微乳液中总醇量增加时，界面醇量也增加，但界面醇与表面活性剂摩尔数之比值存在一最大值。超过此值后再增加醇，则醇主要进入连续相。如前所述，界面中醇的碳氢链较短，使表面活性剂分子间存在空隙，醇的碳氢链越短，界面空隙越大，界面强度越小；反之，醇的碳氢链长，越接近表面活性剂的碳氢链长，则界面空隙越小，界面强度越大。AOT 微乳液具有特殊的性质，在不含助表面活性剂时，与油、水一起即可形成微乳液，因此，该体系界面强度很大，但当醇引入时，界面强度明显下降。

### 3.2.3.2　微乳液法制备纳米微粒

自从 Boutonnet 等首次用微乳液制备出 Pt、Pd、Rh、Ir 等单分散金属纳米微粒以来，该方法已得到重视。用微乳液法已制备出的纳米微粒有以下几类：①金属纳米微粒，除 Pt、Pd、Rh、Ir 外，还有 Au、Ag、Cu、Mg 等；②半导体材料，如 CdS、PbS、CuS 等；③Fe、Co、Ni 等金属的硼化物；④$SiO_2$、$Fe_2O_3$ 等氧化物；⑤AgCl、$AuCl_3$ 等胶体颗粒；⑥$CaCO_3$、$BaCO_3$ 等金属碳酸盐；⑦磁性材料 $BaFe_{12}O_{19}$ 等。

微乳液制备纳米微粒的方法在不断改进。例如，在以 AOT 为表面活性剂的微乳液制备 CdS 纳米微粒时，如在微乳液中加入六甲基磷酸酯（hexamethyl phosphate，HMP）作为保护剂时，微粒的多分散性下降，即微粒大小变得更均一。同样在 AOT 微乳液制备 CdS 纳米微粒时，如果一份微乳液的"水池"中溶入 $S^{2-}$，另一份并不是直接将 $Cd^{2+}$ 溶入"水池"中，而是以等量的表面活性剂 $(AOT)_2Cd$（即以 Cd 取代 AOT 中的 Na）与 AOT 混合使用，则得到的纳米微粒的大小也变得更均一。

辐射技术等也被引入了纳米微粒的微乳液制备法中。Henglei 等最早尝试在离子水溶液中加入适量表面活性剂，如 SDS（sodium dodecyl sulfate），再经辐照还原，制备纳米微粒。此后 Kurihara 等尝试对微乳液进行辐照，成功地制备出了 Au 微粒。Barnickel 等对含 $AgNO_3$ 的微乳液进行紫外线辐照，也制得了 Ag 微粒。

在以微乳液制备纳米微粒的报道中，被用于配制微乳液的表面活性剂也有很多种。阴离子表面活性剂有 AOT、SDS；阳离子表面活性剂有 CTAB（cetyltrimethylammonium bromide）；非离子表面活性剂有 Triton X-100 [结构简式为 $CH_3C(CH_3)_2CH_2C(CH_3)_2C_6H_4$$(OCH_2CH_2)_{9.5}OH$]、$C_2E_5$（dodecyl-pentaethyleneglycol-ether）和 $C_{12}E_7$（dodecyl-heptaethyleneglycol-ehter）等。表面活性剂的选择和微乳液的配制对合成纳米微粒的性质和质量均是至关重要的。

### 3.2.4 高温高压溶剂热法

溶剂热反应是指在高温高压（溶剂自生压力）下，在溶剂（水或乙醇等）中进行有关反应的总称，其中水热法研究较多。

#### 3.2.4.1 水热法

"水热"一词大约出现在一百四十年前，原本用于地质学中描述地壳中的水在温度和压力联合作用下的自然过程，以后越来越多的化学过程也广泛使用这一词汇。尽管拜耳法生产氧化铝和水热氢还原法生产镍粉已被使用了几十年，但一般将它们看作特殊的水热过程。直到 20 世纪 70 年代，水热法才被认识到是一种制备陶瓷粉末的先进方法。简单来说，水热法是一种在密闭容器内完成的湿化学方法，与溶胶凝胶法、共沉淀法等其他湿化学方法的主要区别在于温度和压力。水热法研究的温度范围在水的沸点和临界点（374℃）之间，但通常使用的是 130～250℃ 之间，相应的水蒸气压是 0.3～4MPa。与溶胶凝胶法和共沉淀法相比，其最大优点是一般不需高温烧结即可直接得到结晶粉末，从而省去了研磨及由此带来的杂质。据不完全统计，水热法可以制备包括金属、氧化物和复合氧化物在内的 60 多种粉末，所得粉末的粒度范围为几个微米到几个纳米，且一般具有结晶好、团聚少、纯度高、粒度分布窄以及多数情况下形貌可控等特点。在超细粉末的各种制备方法中，水热法被认为是环境污染少、成本较低、易于商业化的一种具有较强竞争力的方法。

水热法通常可以分为以下几种。

（1）水热氧化

反应式可表示为：$mM + nH_2O \longrightarrow M_mO_n + nH_2$，其中 M 为铬、铁及合金等。

（2）水热沉淀

例如：$2KF + MnCl_2 \longrightarrow 2KCl + MnF_2$

（3）水热合成

例如：$FeTiO_3 + 2KOH \longrightarrow K_2O \cdot TiO_2 + Fe(OH)_2$

（4）水热还原

例如：$M_xO_y + yH_2 \longrightarrow xM + yH_2O$，其中 M 为铜、铁等。

（5）水热分解

例如：$ZrSiO_4 + 2NaOH \longrightarrow ZrO_2 + Na_2SiO_3 + H_2O$

（6）水热结晶

例如：$2Al(OH)_3 \longrightarrow Al_2O_3 \cdot H_2O + 2H_2O$

目前，用水热法制备的超细粒子的粒径已经达到几个纳米。例如，将 $SnCl_4$ 的酸性溶液置于高压反应釜中，于 423K 加热 12h，可获得 5nm 的四方 $SnO_2$ 的纳米粉体。将锆粉在 100MPa、523～973K 下水热氧化可得到粒径为 25nm 的单斜氧化锆纳米粉体。在 100MPa、773～973K，$Zr_5Al_3$ 合金粉末水热反应可生成 10～35nm 的单斜晶氧化锆、正方氧化锆和 α-$Al_2O_3$ 的混合粉体。用碱式碳酸镍及氢氧化镍水热还原工艺已成功制备出 30nm 的镍粉。

#### 3.2.4.2 有机溶剂热法

有机溶剂热法是以有机溶剂（如甲酸、苯、己二胺、四氯化碳以及乙醇等）代替水作溶媒，采用类似水热合成的原理制备纳米级复合氧化物气敏材料的一种方法。非水溶剂在此过程中，既是传递压力的介质，又起到了矿化物的作用。同水溶剂相似，非水溶剂处于近临界状态下，能够发生通常条件下无法实现的反应，并能生成具有介稳态结构的材料。

苯由于其稳定的共轭结构，是溶剂热合成的优良溶剂，最近成功地发展成苯热合成技术，首先用来制备成 GaN。钱逸泰等在真空中将 $Li_3N$ 和 $GaCl_3$ 在苯溶剂中于 553K 下进行热反应，制备出 30nm 的 GaN 粒子，GaN 的产率达到 80%。另外使用还原-热解-催化合成法合成了金刚石粉末，反应过程如下。将 5mL $CCl_4$ 和过量的 20g 金属 Na 放入 50mL 的高压釜中，质量比为 Ni：Mn：Co＝70：25：5 的 Ni-Co 合金加到高压釜中作催化剂，在 973K 反应 48h，然后在釜中冷却。在还原实验开始时，高压釜中存在高压，随着 $CCl_4$ 被金属 Na 还原，压强减少，制得灰黑色粉末的密度是 $3.21g/cm^3$，经过 XRD、TEM 和 Raman 光谱结构分析，证明是金刚石粉末。

### 3.2.5　燃烧合成法

燃烧合成法是指当反应物达到放热反应的点火温度时，以某种方式点燃，随后的反应由放出的热量来维持，得到的燃烧产物即为所需样品。

#### 3.2.5.1　低温燃烧合成法

低温燃烧合成（low-temperature combustion synthesis，LCS）是以有机物为反应物的燃烧合成。有机盐凝胶或有机盐与金属硝酸盐的凝胶在加热时发生强烈的氧化还原反应，燃烧产生大量气体，可自我维持，并合成出氧化物粉末，又称溶胶凝胶燃烧合成，凝胶燃烧等。这种燃烧反应的特点是点火温度低（150～200℃），燃烧火焰温度低（1000～1400℃），产生大量气体，可获得高比表面积的粉体，已用于单一氧化物和复杂氧化物粉末的制备，因此同燃烧温度通常高于 2000℃ 的自蔓延高温合成相比，可称为低温燃烧合成法。

吴孟强等通过用金属硝酸盐（氧化剂）和柠檬酸（燃料）的凝胶-燃烧方法合成了纳米晶 $SnO_2$ 粉体，凝胶的着火温度为 250℃，采用 XRD，TEM，BET 及 FTIR 对粉体进行了表征，所得粉体的平均粒径为 30nm，考察了着火温度、燃料用量和热处理温度对所获得的粉体特性的影响。酒金婷等在 PVA 水溶液中加入分析纯 $Co(NO_3)_3$，调节两者比例并加以搅拌，使金属离子均匀地分布于聚合物的网状结构中，继续搅拌并加热到 100～130℃，液体变为半透明的深红色黏性凝胶。继续加热，有机物产生剧烈燃烧反应，在 400℃ 煅烧 2h，最终制得平均粒径为 33nm 的 $Co_3O_4$ 纳米粒子。黎大兵等利用硝酸盐与柠檬酸混合形成凝胶，并在较低温度（200～300℃）点火并燃烧，合成了粒径为 20～30nm 的 $(CeO_2)_{0.9-x}$ $(GdO_{1.5})_x(Sm_2O_3)_{0.1}$ 系列粉体。王志强等以硝酸铝和尿素为原料，采用微波引燃及添加糊精，在 900℃ 通氧条件下燃烧合成了纳米 $\alpha$-$Al_2O_3$，并研究了其烧结特性。

低温燃烧法合成纳米粉体具有工艺简单，产品纯度高、粒度小、形态可控及活性高等优点，同时节省时间和能源，并可提高产物的反应能力，因此有很强的商业竞争力。工业化应用上处于研究开发阶段，其瓶颈是价格太高，分解出的气体对环境有污染。

#### 3.2.5.2　高温燃烧合成法

高温燃烧合成法利用外部提供必要的能量诱发高放热化学反应，体系局部发生反应形成化学反应前沿（燃烧波），化学反应在自身放出热量的支持下快速进行，燃烧波蔓延整个体系。反应热使前驱物快速分解，导致大量气体放出，避免了前驱物因熔融而粘连，减小了产物的粒径。体系在瞬间达到几千度的高温，可使挥发性杂质蒸发除去。例如，以硝酸盐和有机燃料经氧化还原反应制备 Y 掺杂的 10nm $ZrO_2$ 粒子。采用柠檬酸盐/醋酸盐/硝酸盐体系，所形成的凝胶在加热过程中经历自点燃过程，得到超微 $La_{0.84}Sr_{0.16}MnO_3$ 粒子。在合成氮化物、氢化物时，反应物为固态金属和气态 $N_2$、$H_2$ 等，反应气渗透到金属压坯空隙中进行反应。如采用钛粉坯在 $N_2$ 中燃烧，获得的高温来点燃镁粉坯合成出 $Mg_3N_2$。

### 3.2.6 模板合成法

利用基质材料结构中的空隙作为模板进行合成。结构基质为多孔玻璃、分子筛、大孔离子交换树脂等。例如将纳米微粒置于分子筛的笼中，可以得到尺寸均匀，在空间具有周期性构型的纳米材料。Herron 等 Na-Y 将型沸石与 Cd(NO₃) 溶液混合，离子交换后形成 Cd-Y 型沸石，经干燥后与 N₂S 气体反应，在分子筛八面体沸石笼中生成 CdS 超微粒子。南京大学采用气体输运将 $C_{60}$ 引入 13X 分子筛与水滑石分子层间，并可以将 Ni 置换到 Y 型沸石中去，观察到 $C_{60}$Y 光致光谱由于 Ni 的掺入而产生蓝移现象。

### 3.2.7 电解法

此法包括水溶液电解和熔盐电解两种。用此法可制得很多用通常方法不能制备或难以制备的金属超微粉，尤其是负电性很大的金属粉末。还可制备氧化物超微粉。采用加有机溶剂于电解液中的滚筒阴极电解法，制备出金属超微粉。滚筒置于两液相交界处，跨于两液相之中。当滚筒在水溶液中时，金属在其上面析出，而转动到有机液中时，金属析出停止，而且已析出之金属被有机溶液涂覆。当再转动到水溶液中时，又有金属析出，但此次析出之金属与上次析出之金属间因有机膜阻隔而不能联结在一起，仅以超微粉体形式析出。用这种方法得到的粉末纯度高，粒径细，而且成本低，适于扩大和工业生产。

### 思考题

1. 按照反应体系的状态（气态、液态或固态）分类，纳米材料的制备主要有哪些方法？
2. 气体中蒸发法又叫气体冷凝法，根据加热源不同，又可以细分为哪些方法，这些方法的工作原理有何区别？
3. $SiO_2$ 气溶胶又称为"气体胶水"，被作为基质材料广泛用于复合材料的制备，试分析正硅酸乙酯（TEOS）的溶胶-凝胶过程机理。
4. 均匀沉淀法使用的沉淀剂除了尿素以外，还有哪些物质可以作为均匀沉淀剂。均匀沉淀剂的使用条件是什么？
5. 试比较沉淀法、溶胶-凝胶法、微乳液法和高温水热法制备纳米材料的优缺点。

### 参考文献

[1] 张立德，牟季美. 纳米材料和纳米结构. 北京：科学出版社，2001.
[2] Gleiter H. Progress in Mater. Sci.，1989，33：223.
[3] 王广厚，韩民. 纳米微晶材料的结构和性质. 物理学进展，1990，10 (3)：248-252.
[4] 尾崎义治，贺集诚一郎著，赵修建，张联盟译. 纳米微粒导论. 武汉：武汉工业大学出版社，1991.
[5] 王世敏，许祖勋，傅晶编著. 纳米材料制备技术. 北京：化学工业出版社，2002.
[6] 曹茂盛，关长斌，徐甲墙编著. 纳米材料导论. 哈尔滨：哈尔滨工业大学出版社，2001.
[7] Shigu P H, Huang B, Nishitani S R, et al. Suppl. Trans. Tapan Inst. Metals, 1988, 29：3.
[8] 梁国宪，王尔德，王晓琳. 高能球磨制备非晶态合金研究的进展. 材料科学与工程，1994，12 (1)：47-50.
[9] Fecht H J, Hellstern E, Fu Z, et al. Adv. Powder Metall.，1989，1：11.
[10] Morris D G, Morris MA, Mator. Sci. and Engn. A, 1991, 137：418.
[11] M. L. Trudeau, L. Dignard Bailey, R. Schulz. Nanostructured materials, 1993, 2 (4)：361.
[12] Eckert J, Halzer J C, Krill C E, et al. Adv. Poeder Metall.，1989，1：11.
[13] Johnson D W. Am. Ceram. Soc. Bull.，1981，60：221.
[14] Mazadiyaski K S, Dolloff R T, Smith J S. J Am. Ceram. Soc, 1969, 52：52.
[15] Haber K. Ceramic Intl. 1979，5：148.
[16] Blendell J E, Bowen H K, Coble R L. Am Ceram Soc Bull.，1984，63 (6)：797.
[17] Shi J L, Gao J H, Lin Z X. Solid State Ionics, 1989, 32/33：537.

[18] Anand S K，Singh J J，et al. Israel J Chem，1969，7：171.

[19] Bradley D C，et al. J Chem. Soc ，1952，2032.

[20] Bradley D C，Mehratra R C，Gaur D P. Metal Alkoxides，New York：Academic Press，1978.

[21] Kiss K，Magder J，Vukasovich M S，et al. J. Am. Ceram. Soc.，1966，49：291.

[22] Lackey W J. Nucl. Tech.，1980，49：321.

[23] Woodhead J L. Science of Ceramics，1983，12：179.

[24] Pileni M P，Lisiecki I. Colloids and Surfaces A，1993，80：53.

[25] Boutonnet M，Kizling J，et al. Colloids and Surfaces，1982，5：209.

[26] 高濂，乔海潮. 乳浊液法制备超细氧化锆粉体. 无机材料学报，1994，(2)：217.

[27] Motte L，Petit C，et al. Langmuir，1992，8：1049.

[28] Henglein A. In：Topics in Current Chemistry. Vo.143. Beilin：Springer. 1988，113 and references therin.

[29] Kurihara K，Kizling J，et al. J. Am. Chem. Soc.，1983，105：2574.

[30] Barnickel P，Wokaun A，et al. J. Colloid Interface Sci.，1992，148（1）：80.

[31] 程永亮，宋武林，谢长生. 燃烧法制备氧化物纳米材料的研究进展. 材料导报，2003，17（7）：70-72.

# 第 **4** 章
## 典型纳米材料的制备

## 4.1　无机纳米材料的制备

### 4.1.1　纳米二氧化钛的制备

自从 1972 年，A. Fujishima 等发现受辐射的 $TiO_2$ 表面能发生对水的持续氧化、还原反应以来，纳米 $TiO_2$ 作为光催化剂用来催化降解有机污染物，引起了人们的普遍关注。将这种材料做成空心小球浮在含有有机物的废水表面上，利用太阳光可以进行有机物的降解，美国、日本利用这种方法对海上石油泄漏造成的污染进行了处理；将 $TiO_2$ 粉体添加到陶瓷的釉料中，具有保洁杀菌的功能，也可以添加到人造纤维中制成杀菌纤维；锐钛矿纳米 $TiO_2$ 表面用 $Cu^+$、$Ag^+$ 修饰，杀菌效果更好，在电冰箱、空调、医疗器械等方面有着广泛的应用前景；铂化的 $TiO_2$ 纳米粒子的光催化可以使丙炔与水蒸气反应，生成可燃性的甲烷、乙烷和丙烷；纳米 $TiO_2$ 的光催化效应可以从甲醇水溶液中提取 $H_2$ 而被广泛研究用于清洁氢能源的开发。近年来，纳米 $TiO_2$ 的光催化在有机污染物的治理方面得到了应用，Mattthews 等人曾对 30 多种有机物的光催化分解进行了研究，发现光催化法可将烃类、卤化物、羧酸、染料、表面活性剂、含氮有机物、有机农药等完全氧化为 $CO_2$ 和 $H_2O$ 等无毒物质。光催化剂还可用于无机物的脱毒降解，空气净化，包括油烟气、工业废气、汽车尾气、氟里昂及氟里昂替代物的光催化降解。为了制备光催化活性较高的纳米 $TiO_2$，人们发展了各种物理方法和化学方法，其中化学方法制备纳米 $TiO_2$ 由于设备简单，周期短，反应条件易于控制而被广泛研究，下面主要介绍几种重要的纳米 $TiO_2$ 的化学制备方法。

#### 4.1.1.1　化学气相沉积法（电阻炉加热法）

气相法制取 $TiO_2$ 的原理是将钛的无机盐，如 $TiCl_4$、$TiO(SO_4)$ 或钛的有机醇盐，在气相与 $O_2$ 发生氧化反应或与水蒸气发生水解反应，或钛的有机醇盐发生热裂解得到 $TiO_2$ 粒子。涉及的主要化学反应方程式如下：

$$TiCl_4 + O_2 \longrightarrow TiO_2 + 2Cl_2$$
$$Ti(OR)_4 + 2H_2O \longrightarrow TiO_2 + 4ROH$$

$$Ti(OR)_4 \longrightarrow TiO_2 + C_nH_{2n} + H_2O$$

化学气相沉积反应装置简图如图 4-1 所示。用高纯氮气（99.999%）作为载气和惰性稀释气体，通过 $TiCl_4$ 和 $H_2O$ 的汽化器，混合气进入反应器，产物 $TiO_2$ 粒子用膜过滤收集，膜孔径为 $0.1\mu m$。化学气相沉积法得到的 $TiO_2$ 粒子为球形，未经热处理前为锐钛矿型，950℃热处理后变为金红石型。$TiO_2$ 粒径随反应温度的升高而迅速减小，温度由 550℃ 升至 900℃，粒径由 200nm 减小到 75nm。原因是升高温度，反应速率增大，提高了 $TiO_2$ 的气相过饱和度使成核数目增加，从而使粒径减小。另外，$TiO_2$ 的粒径随着 $TiCl_4$ 分压的增加而变大，随着 $O_2$ 分压的增加而减小。

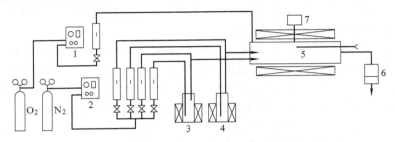

图 4-1  化学气相沉积法制备纳米 $TiO_2$ 的简单工艺流程

1—$O_2$ 纯化器；2—$N_2$ 纯化器；3—$TiCl_4$ 气化器；4—$H_2O$ 气化器；

5—反应器；6—收集器；7—温度控制器

### 4.1.1.2  钛醇盐的气相水解法（气溶胶法）

钛醇盐气相水解反应装置如图 4-2 所示。高纯氮气（99.999%）分四路进入反应器，一路进入 $Ti(OR)_4$ 气化器，携带 $Ti(OR)_4$ 蒸气从中心喷管进入主反应器；一路通过水气化器将水蒸气带入反应器中部；另两路分别进入反应器稀释饱和气流。反应器分为两段，一段为混合段，热氮气携带反应物经喷嘴喷出，在该段与冷氮气混合，形成 $Ti(OR)_4$ 气溶胶颗粒；另一段是水解反应段，$Ti(OR)_4$ 与水蒸气混合，发生水解反应，生成 $TiO_2$ 超细颗粒。所得 $TiO_2$ 为球形多孔粒子，粒径偏大。当温度 <420℃，为非晶，粒径为 206nm，温度达到 420℃时，由无定形向锐钛矿转变。

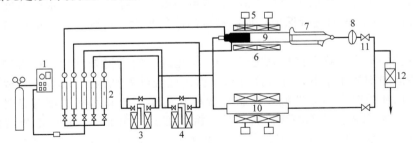

图 4-2  气溶胶法制备纳米 $TiO_2$ 的流程图

1—纯化器；2—转子流量计；3—$Ti(OR)_4$ 气化器；4—$H_2O$ 气化器；5—温控系统；

6—加热器；7—热泳动过滤器；8—膜过滤器；9—主反应器；

10—参照反应器；11—截止阀；12—尾气净化器

此方法的优点是可快速形成锐钛矿型、金红石型或混合晶型的纳米 $TiO_2$ 粉，后处理简单，连续化程度高，适合于工业化大规模生产。缺点是气相法对设备和技术要求高，生产出来的粉体粒径相对较大，原料在反应前需要完全气化，消耗很多的能量和大量的湿度低的惰性气体，因此只有蒸气压较高的挥发性钛盐才可能用气相法生产纳米 $TiO_2$ 粒子。同时不可

避免地产生 $TiO_2$ 粒子的氯污染和碳污染。

### 4.1.1.3  液相沉淀法

液相法一般是将钛的无机盐（如：$TiCl_4$、$TiOSO_4$）或钛的有机醇盐在溶液中水解生成 $TiO_2$ 水合物，干燥或经热处理得到纳米 $TiO_2$ 晶体。与气相法比较，液相法操作简便、对设备要求不高，适于实验室制备 $TiO_2$。但反应周期长，三废量大。

（1）钛的无机盐水解制备 $TiO_2$    利用钛的无机盐，常见的有 $TiCl_4$、$TiOSO_4$ 和 $Ti(SO_4)_2$，在室温下或一定温度下（不超过100℃）水解，水解过程中加入 $HCl$、$HNO_3$ 或 $NaOH$、$NH_3 \cdot H_2O$ 调节反应体系的 pH 值，得到 $TiO_2$ 沉淀。$TiO_2$ 粉的结构与反应条件有关，通常较低温度下得到的是无定形或锐钛矿结构，在高温下向金红石转变。钛的无机盐水解沉淀法由于原料成本低而被广泛研究。

清华大学孙海涛等以 $TiCl_4$ 为原料，分别在酸性、中性和碱性条件下水解得到了纳米 $TiO_2$ 粉，在一定温度焙烧后，得到了锐钛矿结构的 $TiO_2$ 粉。探讨了 pH 值条件对 $TiO_2$ 粉结构和性能的影响。与碱性条件下的结果比较，在酸性和中性条件下得到的 $TiO_2$ 颗粒的粒径较大，比表面积降低，但光催氧化苯酚的性能较高，在水中的分散性较好。

东北大学高荣杰等利用 $TiCl_4$ 水解制备了纳米 $TiO_2$ 水合物，当 $TiCl_4$ 水解完成后立即用 $NH_3 \cdot H_2O$ 中和，产物为锐钛矿型；$TiCl_4$ 水解1天后再用 $NH_3 \cdot H_2O$ 中和，产物为混合晶型，经650℃处理后由锐钛矿向金红石转变。粒径在 $10 \sim 20nm$ 之间。

张青红等将 $TiCl_4$ 在一定条件下水解，得到的 $TiO_2$ 粉在一定温度下烧结得到粒径较小（7.2nm）的金红石颗粒，在对铬酸钠水溶液的光催化降解反应中，与 6.8nm 的锐钛矿 $TiO_2$ 粉的光催化活性相当。

（2）钛的有机醇盐水解沉淀法    与钛的无机盐相比，钛的有机醇盐反应更温和，在溶液中的反应更易于控制，得到的 $TiO_2$ 颗粒更细小、纯度更高。这种方法是将钛的有机醇盐（常用的有钛酸四丁酯 TBOT、钛酸四异丙酯 TIPO）溶于有机溶剂中，在一定温度下水解，得到纳米 $TiO_2$ 粉。在水解过程中，反应的初始条件，包括钛盐的浓度、有机溶剂与水的量、溶液的 pH 值、反应温度、反应时间及各种添加剂的存在，都会对 $TiO_2$ 的性质，如粒径的分布、形貌、晶体结构、表面性质及晶体缺陷等有很大的影响，直接影响到 $TiO_2$ 的光催化活性。唐方琼等将钛酸四丁酯在乙醇/水体系中水解，控制醇盐的水解速度，并用羟丙基纤维素对 $TiO_2$ 颗粒表面进行保护，抑制颗粒的聚集长大，得到了单分散的粒径可控的纳米 $TiO_2$ 粒子。

通常，钛盐的常温水解产物为无定形 $TiO_2$，经过一定高温处理后，可得到晶体 $TiO_2$。有时，在某些添加剂的作用下，可直接得到锐钛矿或金红石结构的 $TiO_2$。如黄军华等采用醇盐水解法，以钛酸四丁酯为钛源，控制醇盐和水的摩尔比和水解速度等条件制备出 $5 \sim 20nm$ 的纳米 $TiO_2$ 粉体。用乙醇洗涤粉体后，沉淀物变为无定形；若在乙醇洗涤以前用醋酸处理，得到的为锐钛矿 $TiO_2$。但往往晶化程度不高，影响了其光催化活性。图 4-3 是将钛酸四丁酯水解，在不同热处理温度下得到的 $20 \sim 40nm$ 的 $TiO_2$ 粒子，对甲基红 60min 内的光催化降解率达到90%以上。

### 4.1.1.4  溶胶-凝胶法（sol-gel technology）

溶胶-凝胶法是20世纪60年代发展起来的制备玻璃、陶瓷等无机材料的新工艺。其基本原理是将钛盐（多为钛的有机醇盐）水解直接形成溶胶或经解凝形成溶胶，然后使溶胶聚合凝胶化，再将凝胶干燥、焙烧去除有机成分，得到 $TiO_2$ 粉。将 $TiO_2$ 粉在一定温度下进行热处理，得到锐钛矿或金红石 $TiO_2$ 晶体。钛盐的水解过程可看作是双分子亲核取代反应，其反应历程如下：

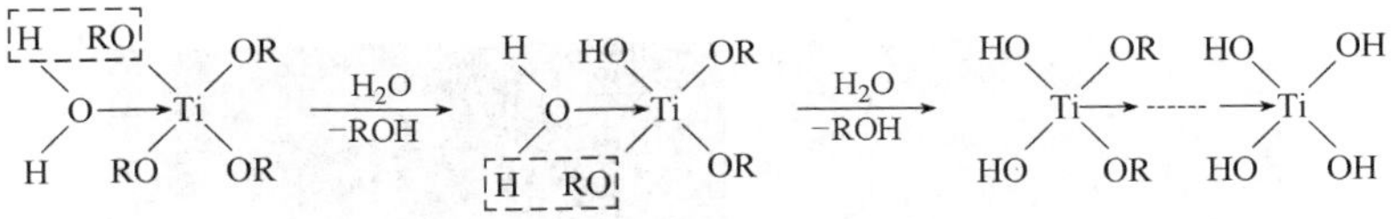

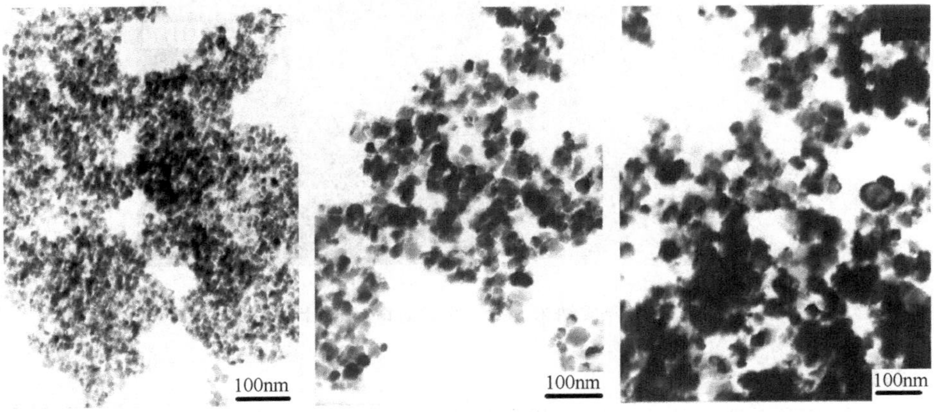

(a) 420℃　　　　　　　　(b) 550℃　　　　　　　　(c) 600℃

图 4-3　不同温度下热处理得到的 $TiO_2$ 粉的透射电镜照片

　　控制反应条件包括钛盐的浓度、溶液的 pH 值、反应温度及加入不同的添加剂可得到不同粒径、形貌及晶体结构的纳米 $TiO_2$ 粉。

　　溶胶-凝胶法的优点是化学均匀性好。由于溶胶-凝胶过程中，溶胶由溶液制得，故胶粒内和胶粒间化学成分完全一致，制得的 $TiO_2$ 纯度高、颗粒细。而且该法可容纳不溶性组分或不沉淀组分，不溶性颗粒可均匀地分散于溶液中，经胶凝化，不溶性组分可自然固定在凝胶体系中。不溶性组分颗粒越细，体系化学均匀性越好。此方法的缺点是材料烧结性差，烘干后的凝胶颗粒自身烧结温度低，凝胶干燥时收缩大。

### 4.1.1.5　高温水解法（水热法）

　　高温水热法是利用湿化学法直接合成单晶体和高性能金属化合物粉体的先进方法之一。它是在特殊的密闭反应容器（高压釜）里，通过对反应容器加热，创造一个高温、高压反应环境，使得通常难溶或不溶的物质溶解并且重结晶，由于水热反应是在非受限的条件下进行，因此在制备纳米粉体上与其他湿化学方法相比有许多优越性。如在高温高压下一次完成，无需后期晶化处理，所制得粉体粒度分布窄，团聚程度低，成分纯净，制备过程污染小等。

　　Humin Cheng 等以 $TiCl_4$ 为钛源，水热合成了均匀地锐钛矿和金红石纳米 $TiO_2$。研究了水热条件的变化对 $TiO_2$ 粒度、形貌、晶相的影响，得出制备锐钛矿和金红石 $TiO_2$ 的最佳工艺条件。结果表明，增加 $TiCl_4$ 的浓度或增加体系的酸度，利于形成金红石 $TiO_2$；提高水热温度（＞200℃）可降低 $TiO_2$ 颗粒间的聚集；加入 $SnCl_4$ 和 NaCl，可有效降低颗粒的尺寸，并易于形成金红石 $TiO_2$；而加入 $NH_4Cl$ 容易引起颗粒之间的聚集。

　　适当降低水热温度，可以利用低温水热反应（70℃）直接合成锐钛矿纳米 $TiO_2$ 粒子，粒径仅几个纳米，且呈高度分散状态，其 TEM 照片如图 4-4 所示。

　　水热法可直接得到晶体 $TiO_2$，无需热处理，而且制备的 $TiO_2$ 具有晶粒发育完整、原始粒径小、分布均匀、颗粒团聚较少等优点，但对反应设备的要求很高，需要耐高温高压的装置，如高压反应釜，成本较高。

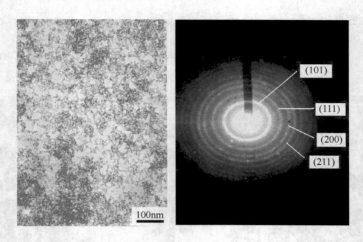

图 4-4　70℃水热合成纳米 $TiO_2$ 的透射电镜照片和电子衍射照片

#### 4.1.1.6　微乳液法

微乳液是在表面活性剂的作用下，将水相高度分散在油相中或反之形成的"油包水"或"水包油"型热力学稳定体系。其中小水滴或小油滴就是一个"微型反应器"，其大小可以控制到几个到几十纳米之间，尺度小且彼此分离，是理想的反应介质。微乳液的结构从根本上限制了颗粒的生长，使超细粉末的制备变得容易。例如施利毅等将分别含有 $NH_3 \cdot H_2O$ 和 $TiCl_4$ 的微乳液（由 TX-100、正己醇、环己烷和水组成）充分混合，得到水合 $TiO_2$，洗涤、离心、干燥后，在 650℃下煅烧 2h 得到锐钛矿 $TiO_2$，平均粒径为 24.6nm。在 1000℃下煅烧 2h 得到金红石 $TiO_2$，平均粒径为 53.5nm。

以上 $TiO_2$ 的制备方法各有优缺点。沉淀法和溶胶-凝胶法工艺简单、合成温度低，但沉淀法得到 $TiO_2$ 粒度较大，在离心、洗涤过程中易团聚；溶胶-凝胶法得到的 $TiO_2$ 粒度细、分散性好，但不可避免地产生碳污染，即使在 900℃ 处理 20h 以上，仍含有 0.03%（质量分数）的碳。沉淀法和溶胶-凝胶法得到的 $TiO_2$ 粒子在制备初期为无定形，还需一定温度的晶化处理。水热法制备的 $TiO_2$ 粉体在高温高压下一次完成，无需后期的晶化处理，所得粉体粒度分布窄，成分纯净，但对设备的要求苛刻。微乳液法具有不需加热、设备简单、粒径可控等优点，缺点是使用大量有机溶剂，成本较高，反应条件苛刻，最终产物的分离、洗涤较为繁杂。

在 $TiO_2$ 的各种制备方法中钛源的选择也是值得考虑的重要因素。一般来说，有机钛盐性质较稳定，制备和后处理较为容易，但价格较贵。无机钛盐的价格相对便宜，但操作相对困难，如 $TiCl_4$ 遇空气剧烈水解冒白烟，而且在后处理阶段，如何除去牢固吸附在纳米颗粒表面的阴离子，也是有待解决的难题。有研究表明，残存的阴离子对 $TiO_2$ 的光催化性能有较大的影响。

在实际应用中，应根据用途和成本选择合适的制备方法。由于纳米粒子的比表面积较大，处于热力学不稳定态，倾向于相互团聚以降低表面自由能。因此，目前降低纳米 $TiO_2$ 的团聚、提高分散性也是亟待解决的问题。近年来为了获得形貌规则、粒径小、活性高的纳米 $TiO_2$ 粉，除控制工艺条件如：原料浓度、反应温度、反应速度及原料混合形式外，在反应过程中常添加各种表面活性剂来减少颗粒的团聚，同时控制纳米 $TiO_2$ 颗粒的形状、尺寸及对颗粒表面进行修饰。

## 4.1.2　纳米氧化锌的制备

纳米 ZnO 是一种新型高功能精细无机化工材料，由于颗粒尺寸的细微化，比表面积急剧增加，使得纳米 ZnO 产生了其块体材料所不具备的表面效应、小尺寸效应和宏观量子隧道效应等。因而纳米 ZnO 在磁、光、电、化学、物理学和生物学等方面具有许多独特的优异性能，在橡胶、涂料、油墨、染料、玻璃、压电陶瓷、光电子以及医药等领域展示出广阔的应用前景。纳米 ZnO 的制备方法有多种，按照研究学科可分为物理法和化学法，按照物质的状态又可分为固相法、液相法和气相法。本小节按第一种分类方法对纳米 ZnO 的合成技术加以介绍。

### 4.1.2.1　物理法

物理制备法是指采用光、电技术使材料在真空或惰性气体氛中蒸发，然后使原子或分子形成纳米微粒；或用球磨、喷雾等力学过程获得纳米微粒。物理法包括机械粉碎法和深度塑性变形法两大类。机械粉碎法是采用特殊的机械粉碎、电火花爆炸等技术，将普通级别的 ZnO 粉碎至细。该法制得的 ZnO 的最细粒度可以达到 100nm，但由于磨介的尺寸和进料细度影响粉碎性能，一般很难得到 1～100nm 的粉体，而且产品的粒度分布范围较宽，能耗大，容易引入杂质。深度塑性变形法是原材料在准静压下发生严重塑性变形，使材料的尺寸细化到纳米量级。该法制得的 ZnO 粉体的纯度高，粒度可控，但对生产设备的要求较高。

### 4.1.2.2　化学法

化学制备方法各组分的含量可精确控制，并可实现分子、原子水平上的均匀混合，通过工艺条件的控制可获得粒度分布均匀、形状可控的纳米粒子，因此它是目前制备纳米 ZnO 的主要方法。它又分为化学沉淀法、化学气相沉积法、水解法、热分解法、溶胶-凝胶法等多种方法。

（1）激光诱导法　激光诱导法是在空气气氛中用激光束直接照射锌片表面，经加热、汽化、蒸发、氧化等过程制备纳米 ZnO 粉体的一种方法。该法具有能量转换效率高、可精确控制等优点，但成本较高、电能消耗大，难以实现工业化生产。

（2）化学沉淀法　化学沉淀法依据沉淀方式可分为：直接沉淀法和均匀沉淀法。

直接沉淀法是在锌盐溶液中，加入合适的沉淀剂，$Zn^{2+}$ 在一定条件下生成沉淀析出，沉淀热解后得到纳米 ZnO。常用的沉淀剂有氨水、碳酸氢铵和乙二酸铵，沉淀剂不同，反应机理不同，得到的沉淀产物不同，热解温度也不同。

① 以 $NH_3 \cdot H_2O$ 为沉淀剂：

$$Zn^{2+} + 2NH_3 \cdot H_2O \longrightarrow Zn(OH)_2\downarrow + 2NH_4^+$$

$$Zn(OH)_2 \xrightarrow{400\sim700℃} ZnO + H_2O\uparrow$$

② 以 $(NH_4)_2CO_3$ 为沉淀剂：

$$Zn^{2+} + (NH_4)_2CO_3 \longrightarrow ZnCO_3\downarrow + 2NH_4^+$$

$$ZnCO_3 \xrightarrow{350\sim750℃} ZnO + CO_2\uparrow$$

③ 以 $(NH_4)_2C_2O_4$ 为沉淀剂：

$$Zn^{2+} + (NH_4)_2C_2O_4 + 2H_2O \xrightarrow[pH=3]{70℃} ZnC_2O_4 \cdot 2H_2O\downarrow + 2NH_4^+$$

$$ZnC_2O_4 \cdot 2H_2O \xrightarrow{260\sim500℃} ZnO + 2CO_2\uparrow + 2H_2O$$

易求实等以 $ZnCl_2$ 为原料，$NH_3 \cdot H_2O$ 为沉淀剂制得了 18nm 的 Zn。Jing Liqiang 等以 $ZnSO_4$ 为原料，NaOH 为沉淀剂制得了平均粒径为 12～25nm 的 ZnO。李群以 $ZnCl_2$ 为原料，$H_2C_2O_4$ 为沉淀剂制得了 50nm 的 ZnO（图 4-5）。

均匀沉淀法是我国化学家唐永康与美国化学家 Willrad 首先提出的。均匀沉淀法是利用某一化学反应，使溶液中的构晶离子由溶液中缓慢地、均匀地释放出来。此时，所加入的沉淀剂不直接与被沉淀组分发生反应，而是通过化学反应使沉淀剂在整个溶液中均匀地、缓慢地析出。与直接沉淀法相比，由于沉淀剂在整个溶液中均匀的释放出来，从而使沉淀在整个溶液中缓慢均匀的析出。利用均匀沉淀法在不饱和溶液中均匀地得到沉淀的方法通常有两种即：①在溶液中进行包含氢离子变化的缓慢的化学反应，逐渐提高溶液的 pH 值，使溶解度下降而析出沉淀；②借助形成或放出沉淀离子的反应提高沉淀离子的浓度。目前，常用的均匀沉淀剂有尿素 $[CO(NH_2)_2]$ 和六亚甲基四胺 $(C_6H_{12}N_4)$。其反应原理分别如下：

图 4-5 纳米 ZnO 的 TEM 照片（单位长度 50nm）

① 以尿素作沉淀剂

$$CO(NH_2)_2 + 3H_2O \xrightarrow{\triangle} CO_2\uparrow + 2NH_3 \cdot H_2O$$

$$Zn^{2+} + 2NH_3 \cdot H_2O \longrightarrow Zn(OH)_2\downarrow + 2NH_4^+$$

$$Zn(OH)_2 \xrightarrow{\triangle} ZnO(s) + H_2O\uparrow$$

其工艺流程如图 4-6 所示。

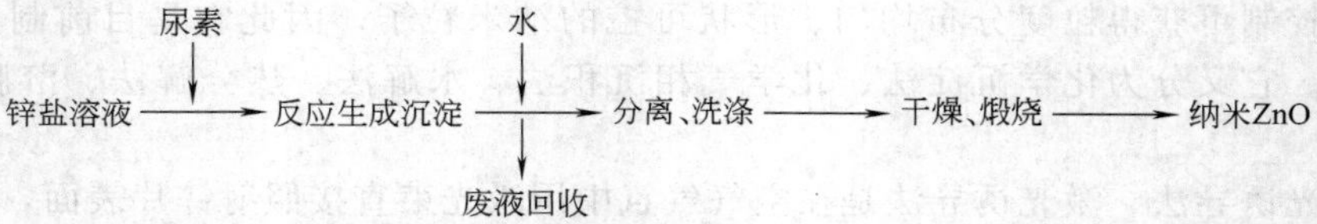

图 4-6 以尿素为沉淀剂均相沉淀法制备 ZnO 的工艺流程

② 以六亚甲基四胺作沉淀剂：

$$(CH_2)_6N_4 + 10H_2O \xrightarrow{\triangle} 6HCHO + 4NH_3 \cdot H_2O$$

$$Zn^{2+} + 2NH_3 \cdot H_2O \longrightarrow Zn(OH)_2\downarrow + 2NH_4^+$$

$$Zn(OH)_2 \xrightarrow{\triangle} ZnO(s) + H_2O\uparrow$$

在均匀沉淀过程中，由于构晶离子的过饱和度低，且在整个溶液中浓度比较均匀，使沉淀物的颗粒晶型完整、均匀而且致密，便于洗涤过滤。同时，本法还可以避免杂质的共沉淀，得到的粒子粒径小，分布较窄，分散性好。只是阴离子的洗涤较繁杂，这是沉淀法普遍存在的问题。Andres Verges 等用 $Zn(NO_3)_2$ 和六亚甲基四胺作用制得了单分散 ZnO 粉体。

（3）溶胶-凝胶法　溶胶-凝胶法是以金属醇盐为原料，在有机介质中进行水解、缩聚反应，使溶液经溶胶凝胶化过程，干燥、煅烧后得到粉体。最早由 Ewell 等人于 1935 年提出，于 1952 年广泛用于制备多种陶瓷材料。常用的无机和有机锌盐有：$Zn(NO_3)_2$、$ZnSO_4$、$ZnCl_2$、$Zn(CH_3COOH)_2$ 等。通过调节工艺参数如 pH 值、溶液浓度、反应温度和时间等，可制得粒径小、分布窄、纯度高的纳米 Zn 粉。Chu Sheng-yuan 等以 $Zn(CH_3COOH)_2$ 为原料，利用 sol-gel 法制得了纳米 ZnO 粉体。该方法的优点是产物粒度均匀、纯度较高、反应易于控制，不足是金属醇盐原料成本较高，并且不易制得高质量的凝胶。

（4）反胶团法　反胶团法又称微乳液法，是使表面活性剂的浓度超过其 CMC 后，形成亲水基头朝内、疏水链朝外的液体颗粒结构。胶团颗粒直径小于 10nm 时称作反胶团；颗粒直径介于 10～200nm 时，称为 W/O 型微乳液。Hingorani S 等以 $Zn(NO_3)_2$ 为水相，正辛烷为油相，十六烷基三甲基溴化胺为表面活性剂，制得了 14nm 左右的 ZnO 粒子。Lu Chunghsi 等以 Zn(CH₃COOH)₂ 为原料，Span80 为表面活性剂，正庚烷为油相，制得了 80nm 左右的 ZnO 粒子。

此方法的特点是胶团水核的直径限制了粒子的生长，有利于制备小尺寸的纳米粒子，缺点是需要使用大量的有机溶剂，容易造成环境污染。

（5）水热法　水热法是在高温、高压下在水溶液或蒸气等介质中进行的化学反应。Li Wenjun 等以 Zn(CH₃COO)₂ 和氨水为原料，在 150～250℃利用水热法制备出 15～900nm 的棒状 ZnO 粒子。Yeh Chihsien 等以 Zn(NO₃)₂ 和氨水为原料，在 100～200℃下水热反应 0.5～2h 制得了 15nm 左右的球状和棒状 ZnO 粒子。

水热法直接生成氧化物，避免了沉淀法需要煅烧转化成氧化物这一可能形成硬团聚的步骤，所以合成的 ZnO 粉体粒度小、团聚少、晶粒结晶良好、晶面完整等特点，而被广泛用于纳米粉体的合成。

除了上述几种方法外，美国佐治亚大学王中林教授领导的课题小组用高温反应技术制备氧化锌等纳米带，所得到的纳米带都是结构完美的，呈半导体特性。图 4-7 是 ZnO 纳米带的透射电镜照片，其原子结构的晶格像和电子衍射像都是很完美的晶体结构。所制备的纳米带厚 5～30nm，宽 100～300nm，长几十微米。王中林教授认为，用高炉烧结技术可以规模生产二维纳米带材料，这些材料不仅是稳定的半导体或绝缘体，而且是完美晶态结构产品。

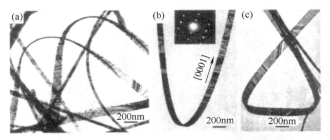

图 4-7　ZnO 纳米带的透射电镜照片

以上介绍了几种制备纳米 ZnO 的方法，每种制备技术的研究都在不断深入，很多问题需要不断去探索，如：纳米 ZnO 颗粒的制备机理，ZnO 纳米颗粒的形状控制、粒度分布，ZnO 纳米颗粒的收集、储运，ZnO 纳米颗粒的批量合成技术等。随着对纳米 ZnO 研究的深入，具有创新意义、更经济更有效的制备技术一定会不断出现。

## 4.1.3　纳米氢氧化镁与氧化镁的制备

### 4.1.3.1　纳米氢氧化镁的制备

纳米氢氧化镁材料是一种三维空间至少有一维处于纳米尺度（1～100nm）并具有与常规氢氧化镁不同的光、电、磁、热等许多奇特性能的新型材料。作为重要化工产品和制备纳米氧化镁前驱物的纳米氢氧化镁已经在陶瓷、食品、环保、医药、阻燃和电子材料等行业有着广泛的应用前景。有关纳米氢氧化镁粉体制备方法的文献报道很多，主要有以下几种方法。

（1）直接沉淀法　直接沉淀法制备纳米氢氧化镁是向含有 $Mg^{2+}$ 的溶液中加入沉淀剂，使生成的沉淀从溶液中析出，最常见的是氢氧化钠法和氨法，反应方程式为：

$$Mg^{2+} + 2NaOH \longrightarrow Mg(OH)_2\downarrow + 2Na^+$$

$$Mg^{2+} + 2NH_3 \cdot H_2O \longrightarrow Mg(OH)_2\downarrow + 2NH_4^+$$

直接沉淀法操作工艺简单,控制反应条件可制得片状、针状和球形的纳米氢氧化镁粉体。东北大学林慧博等研究了用 NaOH 和 $MgCl_2 \cdot 6H_2O$ 制备纳米氢氧化镁的最佳工艺条件为:反应温度 80℃,反应时间 20min,$Mg^{2+}$ 和 $OH^-$ 物质的量比为 1:2,$Mg^{2+}$ 浓度为 0.5mol/L,制得产品粒径约为 90nm 的片状均匀分散的氢氧化镁。其 TEM 照片如图 4-8 所示。由于氨的挥发性较强,所以氨法制备纳米氢氧化镁容易造成环境污染。但用氢氧化钠方法制备纳米氢氧化镁成本相对较高,而且制备分散性良好的纳米氢氧化镁所需反应条件苛刻。

(2) 沉淀-共沸蒸馏法 液相法制备纳米 $Mg(OH)_2$ 的团聚问题一直没有得到很好的解决,加入分散剂可以有效防止液相反应阶段的团聚,但由于 $Mg(OH)_2$ 颗粒表面吸附水分子形成氢键,OH 基团易形成液相桥,导致干燥过程中颗粒结合而产生硬团聚。采用非均相共沸蒸馏干燥技术可有效脱除颗粒表面的水分子,从而更有效地控制团聚。选择的共沸溶剂要能与水形成共沸混合物,共沸条件下蒸汽相中含水量大,其表面张力要比水小。此外,它本身的沸点要尽可能的低。常用的共沸溶剂是一些醇类物质,如正丁醇、异丁醇、仲丁醇和正戊醇等。戴焰林等将制备的 $Mg(OH)_2$ 沉淀用一定量的正丁醇打浆,于 93℃ 共沸蒸馏,体系温度由 93℃ 升高到正丁醇的沸点 117℃ 的过程中水分完全蒸发,在 117℃ 下继续蒸发除去正丁醇,最后得到了粒径为 50~70nm 的片状氢氧化镁,其 TEM 照片如图 4-9 所示。但由于正丁醇会对环境造成一定的污染,并且正丁醇的回收也比较麻烦,因此,要想实现工业化生产还有一定的难度。

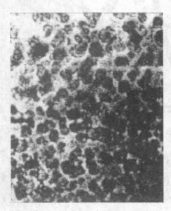

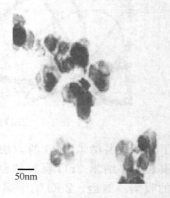

50nm

图 4-8 直接沉淀法制备纳米
氢氧化镁的 TEM 照片

图 4-9 沉淀-共沸蒸馏法制备的
纳米氢氧化镁的 TEM 照片

(3) 金属镁水化法 金属镁水化法主要以镁粉($w=99.999\%$)和蒸馏水为原料在乙二胺溶剂中合成纳米氢氧化镁棒。纳米氢氧化镁棒属于一维纳米材料,合成的关键是控制它的成核与一维方向上的晶体生长。乙二胺溶剂分子作为二价配位体与 $Mg^{2+}$ 形成络合物,这种络合物的稳定性随温度的升高而降低,当体系温度升高到一定值时,$OH^-$ 与络合物配位。同时 $OH^-$ 的作用减弱了 $Mg^{2+}$ 与 $OH^-$ 之间的结合力,而 $Mg^{2+}$ 与 $O^{2-}$ 之间的化学键逐渐形成。最后 $Mg^{2+}$ 与 N 分离,$Mg^{2+}$ 与 $OH^-$ 形成一维的纳米 $Mg(OH)_2$ 棒,乙(撑)二胺在此过程中被消耗。图 4-10 为纳米氢氧化镁棒的形成机理。这种方法制得的纳米 $Mg(OH)_2$ 棒晶化完全,而且制备过程中不易引入杂质,可以用来生产超导体添加剂纳米 MgO 棒。但对原料和设备要求高,所以制备成本相对要高。

(4) 液-固相电弧放电法 早在 19 世纪初,人们就通过在两根石墨电极间放电而首次发现了电弧,但应用电弧技术从事炭材料研究并取得突破性进展却在 20 世纪末。Hao 等采用

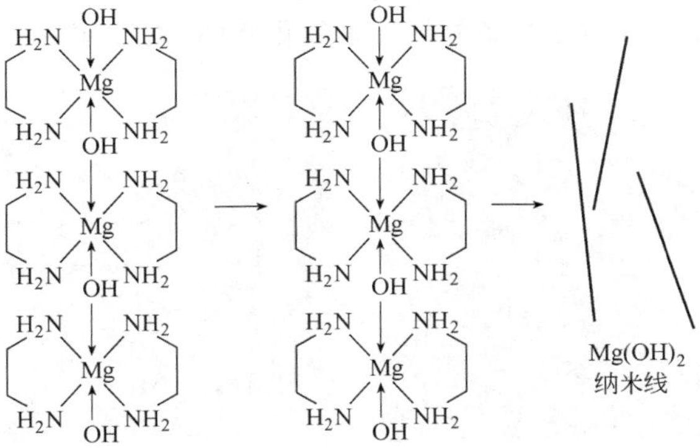

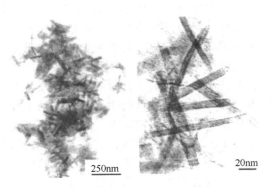

图 4-10  纳米氢氧化镁棒的形成机理

液-固相电弧放电技术成功地合成了纳米 $Mg(OH)_2$ 棒。他们用 0.5mol/L 的 NaCl 溶液作为电解液，两条镁带作两个电极，一端固定在电解池里面，一端每间隔 5s 取出一次，这个过程大约需要持续 5min。电极间的距离为 3cm，电压被调节在 $50 \sim 200V$。为了证明反应能在低温下进行，电解池被放在一个大的循环水槽里。在液-固相电弧放电法的过程中，两极之间产生的热使金属镁带融化，融化的金属镁粒子聚集在电极附近并与 $OH^-$ 反应生成 $Mg(OH)_2$。

$$Mg(metal) \longrightarrow Mg(colliod) \longrightarrow Mg^{2+}$$
$$Mg^{2+} + 2OH^- \longrightarrow Mg(OH)_2 \downarrow (nanorods)$$

得到的沉淀经蒸馏水和醇溶液洗涤后检测无 NaCl 后在烘箱中 80℃ 干燥，制备出的纳米 $Mg(OH)_2$ 棒直径为 $8 \sim 10nm$，长度约 250nm。采用此方法制备的纳米氢氧化镁的 TEM 照片如图 4-11 所示。该方法的优点是操作简便温度低，制得的产品纯度高。但是成本高，产率低，所以难以实现工业化。

图 4-11  液-固相电弧放电法制备的纳米
氢氧化镁的 TEM 和 HRTEM 照片

此外李振中等人研究了高温沉淀-水热法制备纳米氢氧化镁的方法，制备工艺如下：将 81.2g 六水合氯化镁溶于 250mL 蒸馏水中，将 32g 氢氧化钠溶于 60mL 蒸馏水中并装入预先制好的聚丙烯薄膜袋，热封好之后与氯化镁溶液一同放入 500mL 高压釜中，升温至 160℃ 开始搅拌，继续升温至 180℃ 恒温并搅拌一定时间之后快速冷却，用蒸馏水洗涤、抽滤多次后，将所得膏状物在 $(105 \pm 5)$℃ 下烘干得到白色粉体产品。试样的制备：先将一定量的乙烯-乙酸乙烯酯共聚物（EVA）加入转矩流变仪中，待熔融后，再加入一定量的 MH

阻燃剂进行熔融混合，混炼温度135℃，混炼时间为10min。然后将混合样品在平板硫化机压成1mm厚的试样。采用该方法制备的纳米氢氧化镁的SEM照片如图4-12所示。

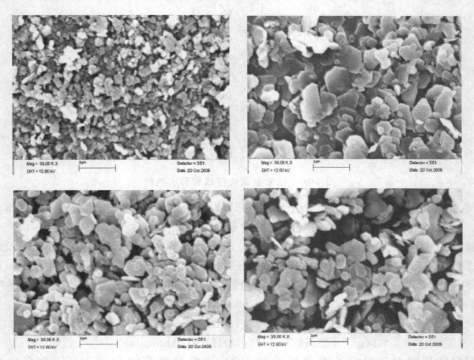

图4-12  不同水热时间的氢氧化镁产品SEM照片（水热时间依次为：10min，1h，3h，5h）

### 4.1.3.2  纳米氧化镁的制备技术

纳米氧化镁是一种新型高功能精细无机材料。由于其结构的特殊性，决定了它具有不同于本体的电学、磁学、热学及光学性能。采用纳米氧化镁，不使用烧结助剂便可以实现低温烧结，制成高致密度的细晶陶瓷，渴望开发为高温、高腐蚀气氛等苛刻条件下使用的尖端材料；它可以作为氧化锆、氧化铝、氧化铁等其他纳米粒子的烧结助剂和稳定剂而获得高质量的纳米相陶瓷。另外，纳米氧化镁可作为油漆、纸张及化妆品的填料、塑料和橡胶的添加剂和补强剂、脂肪的分解剂、医药品的擦光剂、化学吸附剂以及各种电子材料、催化剂、超导体、耐火材料的辅助材料等。纳米氧化镁材料的主要类型有纳米粉末、纳米薄膜、纳米丝和纳米固体。目前，关于纳米氧化镁粉末的研究较多，氧化镁纳米丝和纳米薄膜次之，其他方面的研究较少。纳米氧化镁粉体的制备有两种途径：一是通过机械粉碎的方法将氧化镁粉末进一步细化；另一是通过物理化学方法，将原子或分子状态的物质凝聚成所需的颗粒。此外，还有有机配合物前驱体法、微乳液法、水热合成法也可合成纳米氧化镁粉体。

（1）均匀沉淀法  李宪平以尿素和氯化镁为原料制备了纳米级MgO粉体，实验涉及的反应方程式如下：

$$CO(NH_2)_2 + 3H_2O \Longrightarrow CO_2 + 2NH_3 \cdot H_2O$$

$$NH_3 \cdot H_2O \Longrightarrow NH_4^+ + OH^-$$

$$Mg^{2+} + 2OH^- \Longrightarrow Mg(OH)_2$$

$$Mg(OH)_2 \Longrightarrow MgO + H_2O$$

其中尿素的水解速率最小，是整个反应的控制步骤，这使水解生成的氨气均匀的生成氢氧化镁沉淀，因此生成的粒径较小且粒度分布较窄。这实际上归结为对晶核生成速率和生长速率

图 4-13　氧化镁的电子衍射及 TEM 照片

的影响。采用均匀沉淀法制备的纳米氧化镁的 TEM 照片如图 4-13 所示。

（2）微波固相合成法　孙明等人研究了微波固相法合成纳米氧化镁的方法。固相法合成纳米氧化镁部分是按 1:1 质量比称取乙酸镁和草酸，混合后研磨，混合物在 5min 左右开始潮湿，颜色慢慢变成灰白，发出很浓的刺激性气味；20min 后，样品开始变成白色粉末，继续研磨，刺激性气味减弱。前驱体的研磨时间为 1h，研磨后的样品于 100℃ 干燥后在马弗炉中焙烧。其反应机理如下：

$$Mg(Ac)_2 \cdot 4H_2O + H_2C_2O_4 \cdot 2H_2O \xrightarrow{\text{研磨}} MgC_2O_4 \cdot 2H_2O + 2HAc + 4H_2O$$

$$MgC_2O_4 \cdot 2H_2O \xrightarrow{\text{焙烧}} MgC_2O_4 \xrightarrow{-CO} MgCO_3 \xrightarrow{-CO} MgO$$

微波固相法合成纳米氧化镁部分是按照 1:1 的质量比称取乙酸镁和草酸，混合并在研钵中研磨 1h，而后放入微波炉中加热，经焙烧即可得到 MgO 颗粒，TEM 照片见图 4-14。

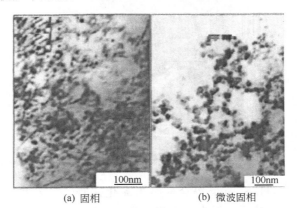

　　(a) 固相　　　　　　　　　　　(b) 微波固相

图 4-14　固相法及微波固相法制备氧化镁的 TEM 照片比较

（3）有机配合物前驱体法　以乙酰丙酮及其衍生物、有机胺和醋酸根为配位剂，与镁离子发生配位反应可制得纳米氧化镁粉末。

① 乙酰丙酮及其衍生物为配位剂　K.Chhor 等用乙酰丙酮合镁和其衍生物六氟化乙酰丙酮合镁为前驱体，辅以超临界介质且以 $CO_2$ 为共溶剂反应，得到的中间体经 $400 \sim 600℃$ 煅烧，可获得粒径小于 100nm 的氧化镁粉末。金属螯合物在甲醇中的反应如下：

$$ML_2 \xrightarrow{ROH} [ML(OR)(ROH)]_n + nLH \xrightarrow{ROH + H_2O} [M(OR)_x(OH)_{4-x}]_n + 2nLH$$

此处 M 代表金属离子，L 代表配位剂阴离子。反应形成的中间体的结构如图 4-15 所示。

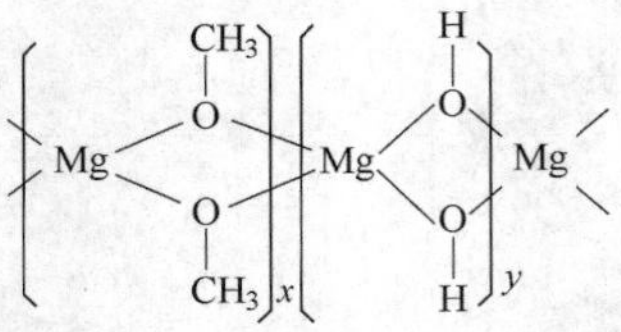

图 4-15　合成 MgO 的中间体 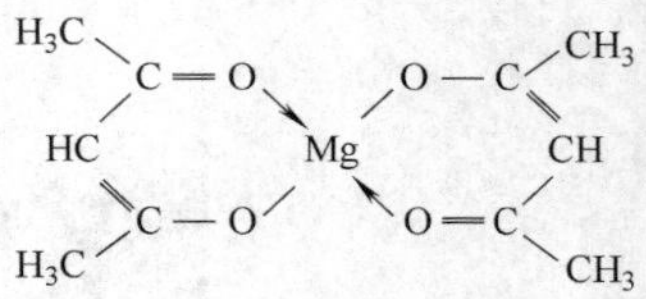　　　　图 4-16　乙酰丙酮合镁结构示意图

前驱体乙酰丙酮合镁和其衍生物六氟化乙酰丙酮合镁中，镁原子与氧原子形成配位键，其中 O 提供电子，Mg 接受电子。图 4-16 为乙酰丙酮合镁的结构示意图。六氟化乙酰丙酮合镁与乙酰丙酮合镁结构类似，镁原子的配位数均为 4。朱传高通过电解的方法获得制备纳米氧化镁所需的前驱体乙醇镁配合物。电解过程中，生成的乙醇镁在乙醇中的溶解度很小，电解液中出现白色混浊，但用微量注射器加入 0.1mL 乙酰丙酮，电解液即可恢复澄清。之后每隔 40min 滴入 0.1mL 乙酰丙酮。电解液恢复澄清是由于乙酰丙酮基中氧离子具有很强的配位能力，与氧原子一起可以和镁离子形成环状螯合物，起到了防止物质团聚的作用。乙酰丙酮在阴极上发生如下反应：

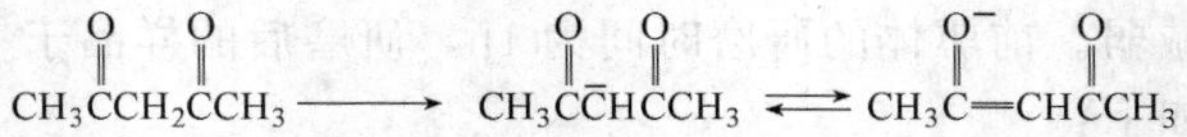

乙酰丙酮与镁离子配位，形成的前驱体为 $Mg(OR)_{2-x-y}(OH)_y(acac)_x$。经搅拌，洗涤，红外干燥得到干凝胶，再煅烧即可得到粒径在 15～20nm 的纳米氧化镁粉末，TEM 照片见图 4-17。

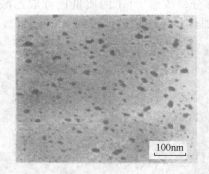

图 4-17　纳米 MgO 颗粒的电子透射形貌图

② 有机胺为配位剂　H. S. Jung 等合成纳米氧化镁时，加入摩尔分数为 20% 的二乙醇胺作为稳定剂。在充满 $N_2$ 的反应器中，将二乙醇胺（DEA）加入到摩尔分数为 7.6% 的甲氧基镁的甲醇溶液中，得到的粉末在真空干燥器中干燥；再将得到的干粉在 $O_2$ 中以 5℃/min 的速度加热，当样品达到实验温度时，停止加热，制得 10～15nm 纳米氧化镁粉末。

以二乙醇胺为配位剂所形成的配合物前驱体结构如图 4-18 所示。其中氮原子与氧原子为给电子体，镁原子接受电子，形成两个镁氮配位键和两个镁氧配位键。

③ 醋酸根为配位剂　K. Chhor 等用无水醋酸镁为前驱体同样得到了纳米氧化镁。无水醋酸镁的分解温度是 323℃。将无水醋酸镁的甲醇（或乙醇）溶液在间歇反应器中加热，当温度超过 200℃时即有固体颗粒形成。无水醋酸镁的乙醇溶液加热到 260℃时拍下的显微照

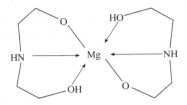

图 4-18　镁-二乙醇胺配离子的
结构示意图

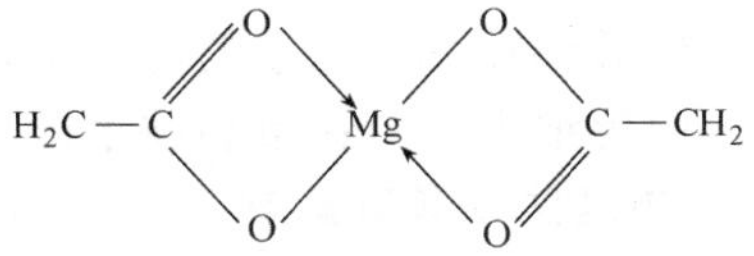

图 4-19　醋酸镁 $[(CH_3COO)_2Mg]$ 的
结构示意图

片与相同温度时镁的螯合物为前驱物时拍下的照片比较显示，二者均为层状凝胶结构。将层状凝胶加热至 550℃即可使层状凝胶结构消失并形成 50～80nm 的立方晶系纳米氧化镁。用无水醋酸镁为前驱体，其结构如图 4-19 所示，也是镁原子与氧原子形成四个配位键，其中 O 提供电子，Mg 接受电子。

（4）直接水解沉淀法　李强等称取一定量六水合硝酸镁和苹果酸，将其溶解在由去离子水和无水乙醇组成的 25mL 混合溶剂中，搅拌使硝酸镁和苹果酸完全溶解。向所得溶液中滴加浓氨水，调节溶液到一定的 pH 值，室温下搅拌 2～3h，然后调节温度到 80℃蒸发溶剂，得到无色透明的有黏稠性的湿凝胶，随后湿凝胶在真空干燥箱中 100℃干燥

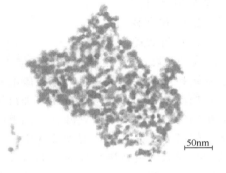

图 4-20　700℃煅烧制成的
纳米氧化镁的 TEM 照片

3h，得到干凝胶。在 500～700℃煅烧一定时间，得到纳米氧化镁样品，TEM 照片见图 4-20。

## 4.1.4　纳米碳酸钙的制备

碳酸钙作为一种填充剂被广泛地应用于橡胶、塑料、造纸、涂料、油墨、医药等工业。据美国预测，以碳酸钙为代表的无机矿物增量剂在黏合剂、涂料、密封剂中的应用市场年增长率为 5%。在欧洲近年来仅在造纸中碳酸钙的年平均用量就超过 1100 万吨，而我国该产品的年产量约为 30 万吨（轻钙）。纳米碳酸钙的粒径范围一般为 100nm 以内，是一种白色粉末，其主要特点是粒径小、粒子大小均匀、比表面积大（可达 10～70m²/g），性能大大优于一般轻质碳酸钙。由于超细微化，其晶体结构及表面电子结构发生了明显改变，产生了普通碳酸钙所不具有的量子尺寸效应、小尺寸效应、表面效应、宏观量子效应，在磁性、光热阻、催化性、熔点等方面与常规材料相比显示出优越性。将其用于橡胶、造纸、塑料等能使制品表面光艳、伸长度大、抗张力高、耐弯曲、龟裂性好，是优良的白色补强性填料。在高级油墨、涂料中具有良好的光泽、透明、稳定、快干等特性。据报道粒径在 10～100nm 之间的纳米碳酸钙对橡胶、塑料等具有补强作用；粒径为 5～20nm 的超微细碳酸钙其补强效果可与白炭黑相当；在 100～1000nm 之间的微细碳酸钙具有半补强作用；在 1～3μm 之间的沉淀碳酸钙只起填充剂作用。

我国于 20 世纪 80 年代初开始研制纳米碳酸钙，80 年代末实现工业化生产，2002 年全国纳米级碳酸钙产量约为 10 万吨，仅占轻质碳酸钙总产量的 4% 左右。纳米碳酸钙在欧美等发达国家的消费占全部轻钙产品的一半，而且专业化率很高。2003 年，我国的纳米碳酸

钙实际生产能力仅 15 万吨左右，其中纳米级活性碳酸钙的生产能力不足 10 万吨，远远不能满足市场需求，每年仍需从日本、英国等国家进口十几万吨。据有关专家预测，未来几年间，纳米碳酸钙在发达国家的需求量将以年均 10% 的速度增长，在我国将以年均 20% 的速度增长，因此纳米碳酸钙市场前景广阔。

#### 4.1.4.1 物理法制备碳酸钙

物理法制备纳米 $CaCO_3$ 是指从原材料到粒子的整个制备过程没有化学反应发生的制备方法，即对 $CaCO_3$ 含量高的天然石灰石、白垩石等进行机械粉碎而得到纳米 $CaCO_3$ 产品的方法。但是用粉碎机粉碎到 $1\mu m$ 以下相当困难，只有采用特殊的方法和机械设备才有可能达到 $0.1\mu m$ 以下。采用日本细川粉体工学研究所的纳米工业制造系统可以得到平均粒径为 $0.5\sim0.7\mu m$ 的微细 $CaCO_3$。哈尔滨康特超细粉体工程有限公司已研制出最细可达 $\leqslant0.5\mu m$ 的 WXQF 型超细气流分级机。

#### 4.1.4.2 碳化法

（1）间歇式碳化法

① 间歇鼓泡碳化法　目前在湿法碳酸钙的生产中，大多数采用传统的间歇鼓泡碳化法。纳米级超细碳酸钙是在生产轻质碳酸钙的基础上，改变碳化工艺（加入添加剂，即结晶控制剂）控制晶型和粒径，经沉淀（加沉淀剂），再经分离、干燥、粉碎、包装，制得不同晶型、大小均匀的纳米级超细碳酸钙。间歇鼓泡式碳化法是国内外较常用的生产方法，该法是将净化后的氢氧化钙乳液降温到 25℃ 以下，泵入碳化塔并保持一定液位，塔底通入含有一氧化碳的窑气鼓泡进行碳化反应，通过控制反应温度、浓度、气液比、添加剂等工艺条件制备纳米碳酸钙。此法投资小、工艺过程及操作简单，但能耗较高，工艺条件难以控制，粒度分布较宽。广东广平化工实业有限公司、广东恩平市嘉维化工实业有限公司、安徽铜陵集团碳酸钙厂以及广东省龙门县精细碳酸钙厂早期的纳米碳酸钙生产装置就是采用这种技术生产的。其工艺流程图见图 4-21。

此种方法生产效率低，气液接触差，碳化时间长，工艺上对碳酸钙晶体不易控制，产品一次成形颗粒大，粒径粗且不均匀，还易在反应中产生包裹现象，最终导致产品返碱，影响产品的质量。

② 间歇搅拌式碳化法　间歇搅拌式碳化法采用低温搅拌鼓泡釜式碳化反应器，通过加入晶型控制剂制备不同晶体结构和不同粒径的碳酸钙。方法是将 25℃ 以下的氢氧化钙乳液泵入碳化反应罐中，通入一氧化碳，在搅拌状态下，进行碳化反应，通过控制反应温度、浓度、搅拌速度、添加剂等工艺条件制备纳米碳酸钙。该法因搅拌气-液接触面积大，反应较均匀，产品粒径分布较窄等，已成为近几年纳米碳酸钙生产的主要方法。其制备技术主要由华东理工大学技术化学物理研究所和上海卓越纳米新材料股份有限公司拥有。其工艺流程图见图 4-22 所示。

在产业化过程中对碳化压应过程控制及碳酸钙粒子表面改性等方面作了重大改进，主要解决了粒子分布、表面处理优化、粒子二次团聚等问题，使产品质量有了进一步的提高，已

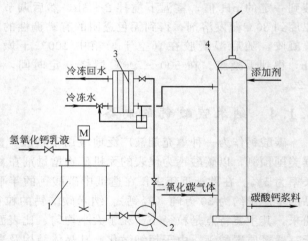

图 4-21　间歇鼓泡式碳化法流程图
1—浆液槽；2—浆料泵；3—换热器；4—碳化塔

形成了具有自主专利的制备技术，工艺技术已达国际先进水平。该制备技术具有下列特点：

达到和部分超过国外同类产品指标；

粒子性能（形貌、粒度、晶型）可控，形成了不同形态的纳米碳酸钙系列产品，适合各种不同用途对粒子形貌的需求；

产品性能稳定重复，0.1kt/a 中试，3kt/a 工业化试验和 15kt/a 生产线合成粒子与小试产品粒子性能相同，且批与批之间相当重复，消除了化工生产中的放大效应。

进行了纳米碳酸钙的表面改性处理，现已形成用于汽车底漆、涂料、密封胶、塑料、橡胶和油墨等不同用途的系列化纳米级碳酸钙产品。

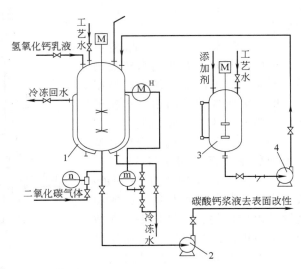

图 4-22　间歇搅拌式碳化法流程图

1—碳化罐；2—浆料输送泵；3—添加剂合成罐；4—添加剂泵

（2）超重力碳化法　用 $Ca(OH)_2$ 悬浊液和 $CO_2$ 气体在超重力反应旋转填充床反应器中进行碳化反应制备立方形纳米 $CaCO_3$。超重力结晶法从根本上强化了反应器内的传递过程和微观混合过程，且 $CaCO_3$ 成核过程与生长过程分别在两个反应器中进行，即将反应成核区置于高度强化的微观混合区，宏观流动型式为平推流，无返混（超重力反应器）。这种组合工艺确保了结晶过程满足较高的产物过饱和度，产物浓度空间分布均匀，所有晶核有相同的生长时间等要求。超重力反应结晶法制备立方形纳米 $CaCO_3$ 过程中，由于 $CO_2$ 吸收传质过程为整个碳化过程的关键步骤，因此强化 $CO_2$ 在液相中的传质速率是提高整个过程速率的有效途径。同时由于溶液中 $CO_3^{2-}$ 的浓度是由化学吸收而生成的，因此控制 $CO_2$ 的吸收速率也是控制体系中过饱和度高低的有效手段之一。超重力加速度 $g$、液体循环量、气体流量、$Ca(OH)_2$ 初始浓度等操作条件对碳化反应过程均有影响。利用超重力反应结晶法可以制备出平均粒度为 15～40nm、分布较窄的 $CaCO_3$，碳化反应时间较传统方法大大缩短。立方形纳米 $CaCO_3$ 的晶体结构为方解石晶型，属六方晶系。该晶体结构与普通碳化法合成的产物相同，立方形纳米 $CaCO_3$ 颗粒因表面效应显著，其热分解温度下降了 195℃。

北京化工大学超重力研究中心研制开发的超重力法合成纳米碳酸钙技术，成功地制备出粒径为 15～30nm 的纳米碳酸钙，并为合成纳米颗粒而设计了具有独特新型结构的超重力反应器。超重力反应器是一高速旋转的填料床，氢氧化钙乳液在超重力反应器中通过高速旋转的填料床时，获得较重力加速度大 2～3 个数量级的离心速度，在这种情况下，乳液被填料破碎成极小的液滴、液丝和极薄的液膜，极大地增加了气液接触面，强化了碳化速度；同时，由于乳液在旋转床中得到高度分散，限制了晶粒的长大，即使不添加晶型控制剂，也可制备出粒径为 15～30nm 的纳米级碳酸钙。其工艺流程图如图 4-23 所示。

超重力法合成纳米碳酸钙技术与超重力反应装置具有如下特点：

① 超重力反应法基于分子混合与反应结晶理论，合成纳米碳酸钙的方法和设备，属国际首创。

② 以氢氧化钙乳液和一氧化碳为原料，利用气-液-固超重力反应法，成功的合成出平均粒径 15～30nm、比表面积在 62～77m²/g 范围内粒度可调、粒度分布均匀、品质高的纳米

碳酸钙产品，其质量指标处于国际领先水平。

③ 粒子形貌、粒度、晶型可控，形成了不同形态的纳米碳酸钙系列产品，毋需添加晶体生产抑制剂，即可生成各种不同用途对粒子形貌的要求，且产品纯度高。

④ 适用范围广，超重力法制备技术和装备不但适用于气-液-固三相反应，而且还适用于气-液和液-液反应体系制备纳米材料，已成功地制备出碳酸钙、氢氧化铝、碳酸锶、碳酸钡、白炭黑等纳米粉体材料，开发了相应的气-液-固超重力反应法、气-液超重力反应法和液-液超重力反应法制备技术。

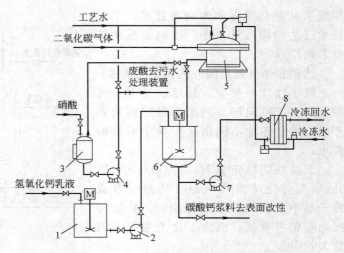

图 4-23　超重力法工艺流程图
1—精浆槽；2—浆料泵；3—硝酸罐；4—硝酸泵；5—超重力反应器；
6—循环罐；7—循环泵；8—循环冷却器

⑤ 工业化实验表明，超重力法技术和装置与传统的间歇鼓泡式、间歇搅拌式碳化法制备技术相比，具有设备体积小、生产效率高，产品质量稳定等特点。

目前，蒙西高新材料股份公司、山西丙城华新纳米材料有限公司、巢东纳米材料科技股份有限公司、山东盛大科技股份有限公司等单位利用该技术建设的工业化生产装置已建成投产。

（3）多级喷雾碳化法　多级喷雾碳化法制备纳米 $CaCO_3$ 的基本步骤为：将经过精制的石灰乳悬浮液配制成工艺要求的浓度，加入适量的添加剂，充分混匀后泵入喷雾碳化塔顶部的雾化器中，在高速旋转产生的巨大离心力作用下，乳液被雾化为微细粒径的雾滴；经过混合、干燥的含有适量 $CO_2$ 混合气体由塔底部进入，经气体分布器均匀分散在塔中，雾滴在塔内同气体进行瞬时逆向接触发生化学反应生成 $CaCO_3$。由多级喷雾碳化法制备的 $CaCO_3$ 产品的粒度细小且均匀，平均粒径在 30～40nm 范围内，微粒晶型可以调节控制。此法生产能力大，产品质量稳定，能耗低，投资较小。

河北科技大学胡庆福等研究的多级喷雾碳化技术，采用二段喷雾碳化塔（装置如图 4-24 所示），氢氧化钙乳液通过压力喷嘴喷成雾状与一氧化碳混合气体逆流接触，使氢氧化钙乳液为分散相，窑气为连续相，大大增加了气液接触表面，通过控制氢氧化钙乳液浓度、流量、液滴径、气液比等工艺条件，在常温下可制得粒径在 40～80nm 的碳酸钙。其制备技术具有下列特点：

① 连续生产效率高，生产能力大，操作稳定；

② 气液接触面积大，反应均匀，晶核生成和成长可分开控制，易于实现在不同碳化率下添加控制剂、表面处理剂等；

③ 可制造立方形、链锁形等各种中一型产品，可制造超细（<100nm）的和超微（<20nm）的产品，粒度均匀；

④ 可以用少量活性物质制造出均匀的高活性产品。

（4）环保型碳化法　传统的轻质碳酸钙制造工艺，对原料石灰石的质量要求很高：含 $CaCO_3$ 96.5％（质量分数，下同），$Mg_2CO_3$＞1.46％。如果制备纳米 $CaCO_3$，对石灰石质量要求更高，这不但增加成本，限制了纳米 $CaCO_3$ 工业的发展，而且生产过程中产生的废

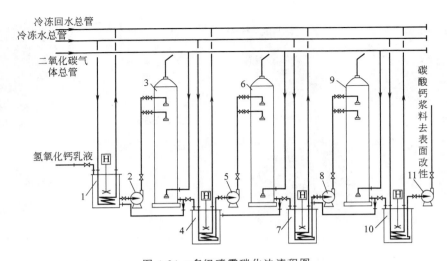

图 4-24　多级喷雾碳化法流程图

1—精浆槽；2,5,8—浆料泵；3,6,9—碳化塔；4,7,10—浆液槽；11—浆液输送泵

水和含 $CO_2$ 的碳化尾气对环境有一定程度的污染。此外现有活化剂、活化工艺制得的产品活化率低，分散性欠佳，影响应用效果。针对以上缺点，祁寿虎等发明了一种含 $CaCO_3$ 为 $98\%\sim95\%$、$MgCO_3$ 为 $2\%\sim5\%$ 的普通石灰石及 $CO_2$ 体积含量 $\geq55\%$ 的气体为原料，生产活性纳米 $CaCO_3$ 的工艺，它包括以下步骤：

① 将 $CaCO_3$ 为 $98\%\sim95\%$，$MgCO_3$ 为 $2\%\sim5\%$ 的普通石灰石煅烧，煅烧后生成的生石灰中进行消化反应生成粗灰乳，精制后得到精制灰乳；

② 向精制灰乳内加入结晶控制剂，然后再通入 $CO_2$ $55\%$（体积分数）的气体进行碳化；

③ 将碳化后制得的碳化料浆送往活化工序加入活化剂进行活化；

④ 将活化后制得的活化料浆进行过滤、干燥、粉碎、过筛制得成品活性纳米 $CaCO_3$。

该发明方法工艺过程简单、成本低，可以实现与氨碱法纯碱联产，使得生产过程的废气得以利用，因而对环境不会产生污染；制得的产品粒度均匀，粒度 $<80nm$，产品活化率 $>98\%$，改善了产品的分散性能。

（5）超声空化碳化法　超声波是频率在 $20\sim10^6 kHz$ 且不引起听觉的机械波。超声波在液体中传播时，由于强力的声压作用的影响，产生疏密区，而负压在介质中产生许多空腔，空腔随着压力而膨胀、爆炸，真空腔爆炸时产生瞬间压力，将达到几千个乃至上万个大气压。真空腔爆炸是大气能量的爆发，具有强烈的力学、热学、化学、电学等一系列空化物理效应和作用，该空化作用产生的局部高温和高压，为晶核的形成提供了所需的能量，使得晶核的形成速度可提高几个数量级。晶核形成速率的提高使晶体的粒径减小，高温和在晶体表面的大量微小气泡还大大降低微小晶粒的比表面自由能，抑制了晶核的聚结和长大。空化作用产生的强烈冲击波和高速微射流等极端特殊的物理环境，不断的使颗粒质层松动、剥落、粉碎，也能达到细化颗粒的功效。空腔产生的气流不断消除气、液、固相间交界面的边界层，加速气、液、固相间的传质速率和化学反应速率，由于气流的推动使粒子不断相互碰撞，由此消除粒子包裹及团聚，使反应更加彻底。

韩峰等研究表明：经超声波照射制备的碳酸钙比未经超声波照射制备的碳酸钙，其粒径减少了 $50\%\sim80\%$，最小粒径可达到 $20nm$，而且粒径更均匀，晶型更规则，分散性更好；并且氢氧化钙悬浮液波美度降低，所得的碳酸钙粒径更小，TEM 照片如图 4-25 所示。

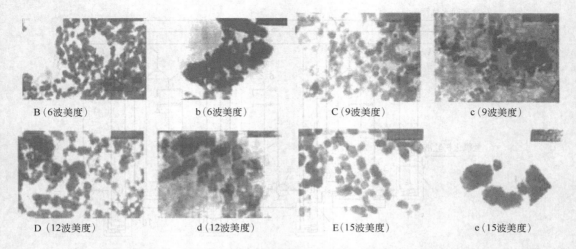

B（6波美度）　　　　b（6波美度）　　　　C（9波美度）　　　　c（9波美度）

D（12波美度）　　　　d（12波美度）　　　　E（15波美度）　　　　e（15波美度）

图 4-25　Ca(OH)$_2$ 悬浮液的波美度对碳酸钙粒径影响的 TEM 照片

### 4.1.4.3 微乳液法

微乳液法合成纳米 CaCO$_3$ 采用液体油为有机介质，微小的"水池"被表面活性剂和助表面活性剂所组成的单分子层界面分割开来而形成微乳颗粒，其大小可控制在几纳米至几十纳米之间。CaCl$_2$-NaCO$_3$ 微乳液法合成的机理是通过有机介质，即大量的表面活性剂将 Ca$^{2+}$ 和 CO$_3^{2-}$ 彼此分开，从而调节 Ca$^{2+}$ 和 CO$_3^{2-}$ 的传质。在微乳液法合成 CaCO$_3$ 中，可以采用吐温-80 作为表面活性剂，在预搅拌期间，这种活性剂可以形成大量纳米级的微乳胶团，隔绝 Ca$^{2+}$ 和 CO$_3^{2-}$，降低二者的反应速率，从而抑制 CaCO$_3$ 晶核生长，有效降低产物粒径。微乳液法制备的纳米 CaCO$_3$ 所需的实验装置和操作简单并且可人为地控制颗粒的大小，因此近些年来引起人们的极大关注。叶颖等采用 Triton X-100/环己烷/正辛醇 W/O 型微乳液体系，制备出了粒径分布均匀、尺寸在 70～100nm 范围内的球形 CaCO$_3$ 颗粒，TEM 照片见图 4-26。

图 4-26　不同 Ca$^{2+}$ 浓度条件下制备的碳酸钙颗粒 TEM 图
Ca$^{2+}$ 的浓度依次为：0.1mol/L，0.5mol/L，0.75mol/L，1.0mol/L，1.25mol/L

#### 4.1.4.4　凝胶法

凝胶法是从凝胶的两端或一端让 $CO_3^{2-}$ 和 $Ca^{2+}$ 扩散，在凝胶内生成结晶体的方法。采用该法在凝胶内一旦生成结晶核，其位置不改变，所以能连续地观察晶核的生成与生长，较适合于对结晶过程的研究。与晶核生成和生长有关的因素有凝胶的浓度、$CO_3^{2-}$ 和 $Ca^{2+}$ 的浓度、pH 值、添加剂的种类和浓度等。控制不同条件可以得到文石或球霞石型碳酸钙。陈沉等采用凝胶法，通过改变反应物浓度和利用不同的反应物，生长出碳酸钙的三种同质异象体，SPA 照片见图 4-27。

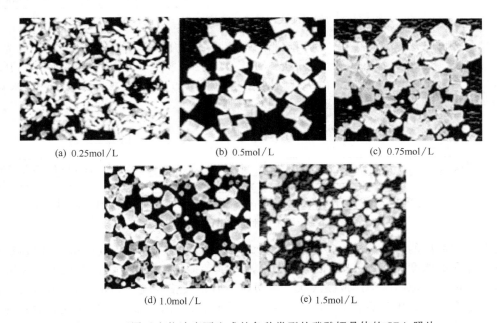

(a) 0.25mol/L　　　(b) 0.5mol/L　　　(c) 0.75mol/L

(d) 1.0mol/L　　　(e) 1.5mol/L

图 4-27　不同反应物浓度下生成的各种类型的碳酸钙晶体的 SPA 照片

目前，我国纳米碳酸钙约 30％用于橡胶制品，30％用于塑料制品，20％用于造纸，20％用于涂料及其他制品。由于产不足需，每年都得大量进口，进口量约为 10 万吨（包括纳米、亚纳米碳酸钙产品）。近年来随着我国经济的快速发展，尤其是涂料、塑料等行业产品的升级换代，对纳米级碳酸钙的需求量将不断增加，同时，造纸工业生产工艺的不断进步，也将促进我国纳米碳酸钙的发展。

### 4.1.5　纳米氧化铝和纳米氢氧化铝的制备

#### 4.1.5.1　纳米氧化铝的制备

氧化铝是白色粉末，已经证实氧化铝有 α、β、γ、δ、η、θ、κ 和 λ 等十一种晶体。不同的制备方法及工艺条件可获得不同结构的纳米氧化铝。$\alpha\text{-}Al_2O_3$ 是在地壳中含量非常丰富的一种氧化物。氧化铝有多种晶型，其中 $\alpha\text{-}Al_2O_3$ 属高温稳定晶型，具有较高的熔点和很高的化学稳定性，通常可使用拜尔法和电熔法来生产 $\alpha\text{-}Al_2O_3$ 粉体。此类粉体广泛应用于制备各种氧化铝陶瓷。而具有量子效应的纳米氧化铝粉体还可带来高化学活性、高比表面能、独特光吸收作用等各种优异性能，可广泛应用于冶金、机械、化工等领域。因此研究和开发纳米氧化铝材料的制备工艺及其应用，具有重要的社会效益和经济价值。

（1）均相沉淀法制备氧化铝　利用尿素在水溶液中加热时缓慢分解释放出 $OH^-$、$CO_3^{2-}$ 来控制沉淀的生长速度，可以得到粒度均匀、纯度高的纳米粒子，经过高温灼烧得到纳米氧化铝。基本实验流程如图 4-28 所示。在实验过程中，采用 0.1mol/L 的硝酸铝溶液，1mol/L 的尿素（尿素浓度较低时反应不易进行），在 90℃ 以上连续回流反应 2h，有白色胶体生成。胶体经乙醇、去离子水洗涤，抽滤，干燥，高温灼烧后得到纳米氧化铝。

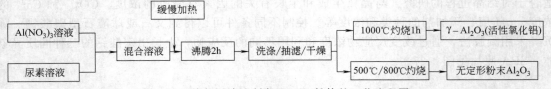

图 4-28 均相沉淀法制备 $Al_2O_3$ 粉体的工艺流程图

（2）凝胶网络法制备氧化铝 利用琼脂的凝胶网络结构制备纳米氧化铝粉末。首先制备含 $Al^{3+}$ 的热琼脂溶液，冷却，待溶液形成凝胶，切成小块浸泡在氢氧化钠溶液中，$OH^-$ 扩散进入凝胶，和 $Al^{3+}$ 发生反应。由于凝胶网络的阻碍作用，可以形成尺寸较小的纳米颗粒，经烧结可得纳米氧化铝粉体，反应过程如图 4-29 所示。

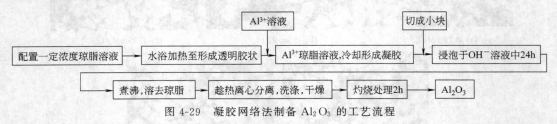

图 4-29 凝胶网络法制备 $Al_2O_3$ 的工艺流程

配制一定浓度的琼脂溶液，浸泡 4h，于 90℃ 水浴中加热并不断搅拌至溶液呈透明状，加入一定体积的浓度为 0.4mol/L 的硝酸铝溶液，继续搅拌 15min，将此溶液倒入培养皿中形成薄层，冷却，琼脂冷却形成凝胶状。用塑料小刀将凝胶切成 0.5cm×0.5cm×0.5cm 的小块，浸泡在稀氢氧化钠溶液中，隔 12h 换一下浸泡液，24h 后取出凝胶小块，放在热水浴中煮沸，溶去琼脂，趁热离心分离，取下层沉淀物用热水洗涤，干燥，得到表面包覆有机物的 $Al(OH)_3$ 沉淀，在不同温度时灼烧可得不同形态的产物 $Al_2O_3$。上层琼脂溶液可以回收利用，既节省了成本又减少了对环境的污染。

（3）超声场中湿法制备氧化铝

① 超声沉淀-煅烧法 超声沉淀-煅烧法是指在超声场中，沉淀剂与母液发生反应生成前驱沉淀物，前驱沉淀物再经高温煅烧得到纳米粉末。该法方便易行，制备成本明显低于国内其他方法，设备简单且生产周期较短适合工业化生产。陈彩凤等采用超声沉淀-煅烧法制备了平均粒径约 15nm 的 $Al_2O_3$ 粉末。配制 0.1~0.4mol/L 的铝铵矾 $[NH_4Al(SO_4)_2 \cdot 12H_2O]$ 水溶液作为反应母液，1.0~2.5mol/L 的 $NH_4HCO_3$ 溶液为沉淀剂，在频率为 25kHz 的超声场中两者发生反应：

$$NH_4Al(SO_4)_2 + 4NH_4HCO_3 \longrightarrow NH_4Al(OH)_2 + 2(NH_4)_2SO_4 + 3CO_2\uparrow + H_2O$$

反应结束后将沉淀产物进行陈化、离心、烘干，得到 $NH_4Al(OH)_2CO_3$ 前驱沉淀物，前驱沉淀物在 1200℃ 高温下煅烧，最终得到粉末，TEM 照片如图 4-30 所示。

② 超声水解法 超声水解法是制备高纯超细粉的一种新技术。将平均粒度为 5~10$\mu m$ 的活性微细铝粉和水混合，在超声频率为 20kHz 的超声场中，应用超声乳化技术使水解液剧烈翻腾。一旦达到反应条件，反应过程进行得很激烈，并为放热反应，反应过程中铝粉不断分裂、强化，最终产物为极细的灰白色粉末。体系中的反应方程式可表示为：

$$2Al + 4H_2O \longrightarrow 2AlO(OH) + 3H_2\uparrow$$

$$2Al + 6H_2O \longrightarrow 2Al(OH)_3 + 3H_2\uparrow$$

在该反应中放出大量的 $H_2$，$H_2$ 不仅可形成许多微气泡，增大水与活性微细铝粉的接触面积，实现两者的互溶，而且起到了分散剂的作用，为单分散 $Al(OH)_3$ 的制备提供了良好的条件。将反应产物 $Al(OH)_3$ 离心、真空干燥后，再在高温下灼烧可得到 $\gamma$ 和 $\alpha$ 相 $Al_2O_3$ 粉末。该法具有成本低、流程短、纯度可控及便于规模化生产等特点。

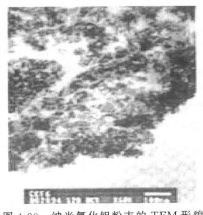

图 4-30　纳米氧化铝粉末的 TEM 形貌

（4）铵明矾热解法　铵明矾热解法是先用硫酸溶解氢氧化铝，制备成硫酸铝溶液，然后加入硫酸铵与之反应制得铵明矾。再根据纯度要求，多次重结晶精制，最后将精制的铵明矾加热分解成 $Al_2O_3$，其反应过程为：

$$2Al(OH)_3 + 3H_2SO_4 \longrightarrow Al_2(SO_4)_3 + 6H_2O$$
$$Al_2(SO_4)_3 + (NH_4)_2SO_4 + 24H_2O \longrightarrow 2NH_4Al(SO_4)_2 \cdot 12H_2O$$
$$2NH_4Al(SO_4)_2 \cdot 12H_2O \longrightarrow Al_2O_3 + 2NH_3 + 4SO_3 + 13H_2O$$

碳酸铝铵热解法是铵明矾热解的改进。明矾重结晶精制后，与碳酸氢铵反应制得铵片钠铝石，然后，经老化、沉淀、过滤、烘干、研磨，再经高温热分解得到纳米氧化铝，其化学过程为：

$$4NH_4HCO_3 + NH_4Al(SO_4)_2 \cdot 12H_2O \longrightarrow NH_4Al(OH)_3CO_2 + 2(NH_4)_2SO_4 + 3CO_2 + 13H_2O$$
$$2NH_4Al(OH)_3CO_2 \longrightarrow 2NH_3 + 3H_2O + 2CO_2 + Al_2O_3$$

（5）溶胶-凝胶法　将金属醇盐溶解于有机溶剂中，通过蒸馏、醇盐水解、聚合形成溶胶，溶胶随着水的加入转变成凝胶。凝胶在真空状态下低温干燥，得到疏松的干凝胶，再将干凝胶进行高温煅烧处理，即可制得粒度为几十纳米的 $Al_2O_3$ 粉末。该法制备的氧化铝粉末粒度小，且粒度分布窄。

南京大学的杨绍光等用阳极氧化法得到了孔径大小可调的纳米氧化铝模板。由于其小尺寸分布的孔径和内部孔间距具有相对规则的结构，多孔氧化铝膜表现出很多非常的物理和化学性质，使其在催化剂载体材料方面受到人们的广泛关注。曾佩兰等分别在两种不同的介质硫酸和草酸溶液中，采用阳极氧化法制备了纳米氧化铝模板，其方法主要是以高纯铝箔（99.999%）为原料，在 $H_3PO_4$、$H_2SO_4$ 和 $H_2O$ 的混合液中或在 $HClO_4$、$C_2H_5OH$ 和 $H_2O$ 的混合液中，以 $90\mathrm{mA/cm^2}$ 恒电流电化学抛光，在合成气或氮气气氛中 $500\,^{\circ}\mathrm{C}$ 退火除去机械

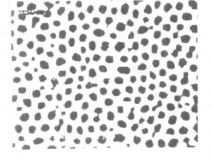

图 4-31　0.3mol/L 草酸液中阳极氧化铝膜的 SEM 图

应力和结构缺陷，创造微粒尺寸大面积孔生长条件。使用 0.3mol/L 的草酸溶液为电解质，30～60V 电压氧化 2～4h，用化学刻蚀法以 5％磷酸溶液打开孔底，得到高度有序的六方孔阵纳米氧化铝模板，其 SEM 图片如图 4-31 所示。

### 4.1.5.2 纳米氢氧化铝的制备

纳米级活性氢氧化铝阻燃剂是合成材料无卤阻燃剂之一，它具有阻燃、消烟、填充三大功能，在燃烧时无二次污染，并且超细氢氧化铝比表面积更大，表面能更高，阻燃效果更好，作为添加剂不影响材料的力学性能和加工特性，而且具有补偿性能。目前国外已有多种超细甚至纳米级氢氧化铝商品上市，如美国 Salem 公司的产品 Mica1932 和 Mica1912，平均粒径 0.06$\mu$m，美国铝业公司的 hydra1705，其平均粒径达到 0.5$\mu$m。我国也有许多可以生产纳米氢氧化铝的公司，如山东铝厂和贵州铝厂等。蒙西高新技术集团有限公司与北京化工大学合作，利用超重力法生产的纳米级活性氢氧化铝，平均粒径小于 80nm，粒径分布窄，性能指标稳定。

纳米氢氧化铝的制备方法包括固相法和液相法。机械粉碎法不易制得纳米粒子，主要用于粉体的纯度和粒度要求不太高的情况，在用于加工粒径小于 5$\mu$m 超细粉体时，能量消耗大幅上扬，生产成本高。液相法所得粉体具有成本低、纯度高、白度好、颗粒均匀规则、易于分散等优点。液相法主要包括碳分法、沉淀法、水热法、溶胶-凝胶法和微乳法等。

（1）直接沉淀法　直接沉淀法是在混合的金属盐溶液中加入沉淀剂，快速析出沉淀，再经过洗涤、干燥处理得到产品。在沉淀法中，沉淀剂与金属盐溶液之间的微观混合程度是影响沉淀过程的关键因素。为此，一些研究者采用超重力场强化微观混合。刘有智采用该方法制备纳米级氢氧化铝，经过复合表面活性剂三乙基苄基氯化铵/磷酸钠对 Al(OH)$_3$ 粒子进行改性，制备具有憎水性的纳米 Al(OH)$_3$ 粉体。粒度分布均匀，平均粒径 20nm，TEM 照片见图 4-32。

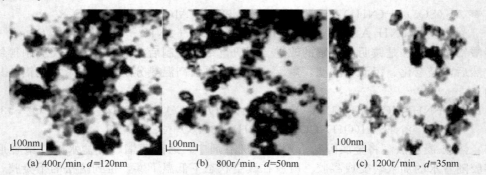

(a) 400r/min，$d$=120nm　　(b) 800r/min，$d$=50nm　　(c) 1200r/min，$d$=35nm

图 4-32　氢氧化铝的 TEM 照片（投料转速对粒径的影响）

（2）高浓度碳分制备纳米氢氧化铝　高浓度纳米氢氧化铝（ATH）悬浮液制备的难点是黏度大导致传质困难。碳分纳米 ATH 悬浮液是黏度极高的时变性非牛顿流体，其黏度随质量分数增加显著增加。用流变的方法筛选出对悬浮液有明显降黏作用的分散剂，其中一种聚电解质和一种阳离子分散剂相配伍可降黏一个数量级以上。在高浓度碳分反应中添加所筛选出的分散剂，成功制得板状形貌，单个粒度 0.2$\mu$m×0.05$\mu$m（长×厚）且分散性良好的纳米 ATH，产率较未添加分散剂的有明显提高。高浓度碳分实验过程如下：将配制好的高浓度铝酸钠溶液倒入四口烧瓶内，向烧瓶内通入二氧化碳气体，打开搅拌，开始进行碳分反应。随着反应的进行，白色 ATH 沉淀逐渐增多，悬浮液黏度明显增大。在碳分反应的过程中从成核期开始，分阶段加入适量的所筛选出的分散剂。随着分散剂的加入黏稠的悬浮液流变状况得到明显改善，碳分 ATH 悬浮液固含量最高可达 0.22g/mL。用二氧化碳调节 pH 值到 12 左右停止反应。反应终了的悬浮液再经过老化、洗涤和干燥即得产品，TEM 照片见图 4-33。

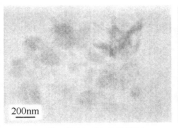

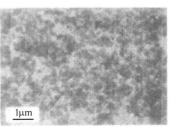

(a) 一种分散剂（放大5万倍）　　　(b) 两种分散剂（放大5万倍）　　　(c) 两种分散剂（放大1万倍）

图 4-33　高浓度碳分添加分散剂碳分所制得 ATH 的 TEM（[ATH]＝0.22g/mL）

（3）螺旋通道型旋转床制备氢氧化铝　以偏铝酸钠溶液和二氧化碳气体为原料，采用螺旋通道型旋转床超重力法制备纳米氢氧化铝粉体。实验装置及流程如图 4-34 所示。螺旋通道型旋转床有 4 条螺旋形通道，主要特点是不装填料，与旋转填充床（RPB）相比不易堵塞，传质单元数较多，强化传质-反应过程的效果更好。实验流程为：$NaAlO_2$ 溶液从水槽中经过水泵进入转鼓中间，由于离心力的作用，液体自内向外通过具有螺旋型通道的旋转转子流出。$CO_2$ 气体自钢瓶经减压阀切线进入转鼓内，自外缘向内作强制性流动，在螺旋通道内与液体进行逆流接触，最后由转子中间通道出去。空气由鼓风机经减压阀汇同 $CO_2$ 气体进入转鼓内。采用该方法制备样品的 TEM 照片如图 4-35 所示。

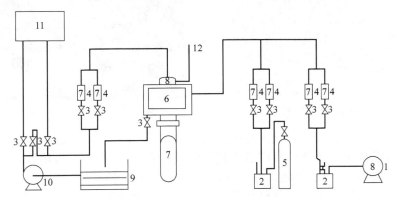

图 4-34　通道型旋转床超重力沉淀反应器

1—风机；2—进气缓冲罐；3—阀门；4—转子流量计；5—$CO_2$
气罐；6—离心反应器；7—调速电机；8—气水分离器；
9—受液槽；10—离心泵；11—高位槽；12—排气口

（4）均匀沉淀法　均匀沉淀法是以尿素等为沉淀剂，通过尿素在溶液中的均匀分解产生沉淀剂，其优点是沉淀剂均匀释放，沉淀剂与金属离子微观混合均匀。Yüksel Sarikaya 等计算了 $Al(NO_3)_3$，$Al_2(SO_4)_3$，$AlCl_3$ 三种不同体系中均相沉淀所需的反应活化能和尿素分解过程中释放的能量，结果证明了尿素分解过程决定了沉淀速度，而且在 $AlCl_3$ 和 $Al(NO_3)_3$ 系统中的沉淀过程最终生成了溶胶，而在 $Al_2(SO_4)_3$ 溶液中最终得到的是沉淀颗粒。Ferhat Kara 等认为在 $[CO(NH_2)_2]/[Al(NO_3)_3]＝5.4$ 时，调节 $Al(NO_3)_3$ 的浓度可以控制颗粒尺寸分布、团聚程度和气孔率。董海峰等以尿素和氯化铝为原料，采用均匀沉淀法制备出胶粒直径为 75nm，样品的 SEM 照片见图 4-36。

（5）水热法　公延明等采用水热法，制备出表观粒度大约在长 120nm、宽 80nm 左右的纳米氢氧化铝颗粒。而郭奋等把超重力法与水热法结合起来制备超细氢氧化铝粉体，产品热

图 4-35　氢氧化铝的 TEM 照片

失重温度为 360℃左右、失重率 52％左右，TEM 照片见图 4-37。水热法是制备结晶良好、无团聚超细纳米粉体的优选方法之一，但需要高温高压设备。

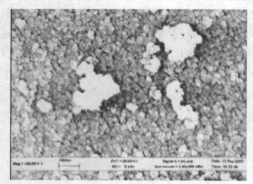

图 4-36　氢氧化铝的 SEM 照片

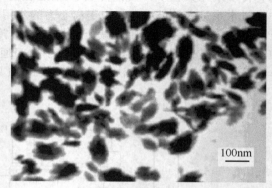

图 4-37　改性氢氧化铝的 TEM 照片

　　(6) 微乳液法　微乳液法一般由有机溶剂、水溶液、活性剂、表面活性剂形成 W/O 型微乳液，利用微乳液中的水核作反应器来制备纳米粒子。如 Matson 等用超临界流体-反胶团方法在 AOT-丙烷-$H_2O$ 体系中制备 $Al(OH)_3$ 胶体粒子时，使一种反应物在水核内，另一种为气体，将气体通入液相中，充分混合使二者发生反应而制备纳米颗粒。具体方法是采用快速注入干燥氨气的方法得到球形均匀分散的超细 $Al(OH)_3$ 粒子。陈龙武等用水、辛烷基苯酚聚氧乙烯醚（Triton X-100）、正己醇、正己烷微乳液体系制备 $Al(OH)_3$ 胶体粒子，得到直径为 6nm 的超细颗粒，有较好的均匀性。解晓斌等用 PEG＋正丁醇/正庚烷/水溶液（铝酸钠）体系 W/O 型微乳液中通入 $CO_2$，焙烧后制备出了纯度大于 99.9％、粒度小于 80nm 的 $Al(OH)_3$ 与 $Al_2O_3$ 纳米粉体。

　　纳米氧化铝粉体是现代工业中不可缺少的重要材料。为了获得性能更为优良、应用更为广阔的各种纳米氧化铝粉体材料，各种新型制备工艺的研究仍在不断进行中。除了对超细粒度、高纯度的不断追求外，纳米氧化铝粉体的研究还不断向功能化方向发展。随着材料的制备和应用研究的不断深入，纳米氧化铝粉体材料将在各种领域发挥更大的作用。

## 4.1.6　介孔 $SiO_2$ 与纳米 $SiO_2$ 微粉的制备

### 4.1.6.1　介孔 $SiO_2$ 的制备

　　对于纳米孔组装体系，具有纳米空间的材料按其孔尺寸的大小可分为 3 类：孔尺寸小于 2nm 的称为微孔材料；孔尺寸大于 50nm 的称为大孔材料；孔尺寸介于 2nm 和 50nm 之间的称为介孔材料。1992 年 mobil 公司的科学家首先合成了 M41S（六方状 MCM-41，立方状 MCM-48，层状 MCM-50）系列硅基分子筛（图 4-38），从而揭开了合成介孔分子筛的序幕。与传统的微孔分子筛相比，这类材料具有规整的有序孔道排列与窄的孔径分布，较大的孔径（$1.5\sim10\text{nm}$ 可调），较高的比表面积（约 $1000\text{m}^2/\text{g}$）和良好的热及水热稳定性。由于其优异的性能，所以被广泛应用于催化，物质分离领域以及用作微粒反应器。从而为设计纳米电子器件提供了新的契机。因此，有人把它称为分子筛合成领域的里程碑。

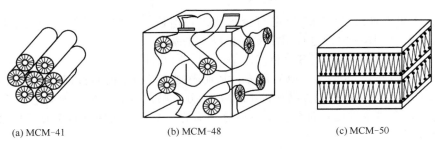

(a) MCM-41　　　　　　(b) MCM-48　　　　　　(c) MCM-50

图 4-38　三种典型的介孔材料示意图

按化学组成分类，介孔材料一般可分为硅基（silica-based）和非硅组成（non-silicated composition）介孔材料两大类。按其结构不同介孔硅基材料可分为六种，其中较为常见的有：六方相（hexagonal）的 MCM-41，其空间群为 P6m；立方相（cubic）的 MCM-48，空间群为 Ia3d；层状（lamellar）稳定的 MCM-50。另外，还有六方相的 SBA-1，空间群为 PM3n；三维六方结构的 SBA-2，空间群为 P63/mmc；无序排列的六方结构的 MSU-n，空间群为 P6m。介孔硅基纳米结构材料的合成如表 4-1 所示。

**表 4-1　介孔硅基纳米结构材料的合成**

| 名　称 | 模　板 | 合成温度 | Surf. /SiO₂ | 介　质 | 合成途径 |
|---|---|---|---|---|---|
| MCM-41 | $C_{8\sim18}N^+(CH_3)_3$ | $>100℃$ | $0.25\sim1.0$ | 碱性 | $S^+I^-$ |
| | $C_{8\sim18}N^+(CH_3)_3$ | 室温 | $>0.25$ | 酸性 | $S^+X^-I^+$ |
| MCM-48 | $C_{16}N^+(CH_3)_3$ | $>100℃$ | $1.0\sim1.5$ | 碱性 | $S^+I^-$ |
| MCM-50 | $C_{16}N^+(CH_3)_3$ | $>100℃$ | $1.2\sim2.0$ | 碱性 | $S^+I^-$ |
| HMS | $C_{8\sim18}NH_2$ | 室温 | 0.27 | 中性 | $S^0I^0$ |
| | $C_{8\sim18}NH_2$ | 室温 | 0.27 | 酸性 | $S^+X^-I^+$ |
| MSU-1 | $C_{11\sim15}(EO)_{9\sim30}$ | 室温 | 0.1 | 中性 | $S^0I^0$ |
| MSU-2 | $C_8Ph(EO)_{8\sim18}$ | 室温 | 0.1 | 中性 | $S^0I^0$ |
| MSU-3 | $(PEO)_{13}(PPO)_{30}(PEO)_{30}$ | 室温 | 0.1 | 中性 | $S^0I^0$ |
| SBA-1 | $C_{10\sim18}N^+CH_3(C_2H_5)_2$ | $<100℃$ | 0.13 | 酸性 | $S^+X^-I^+$ |
| | $C_{10\sim18}N^+CH_3(C_2H_5)_2$ | $<100℃$ | 0.13 | 酸性 | $S^+X^-I^+$ |
| SBA-2 | $C_{m-s-1}$① | $<100℃$ | 0.05 | 碱性/酸性 | $S^+I^-/S^+X^-I^+$ |
| SBA-3 | $C_{n-s-m}$② | $<100℃$ | 0.06 | 酸性 | $S^+X^-I^+$ |

① $C_{m-s-1}$：$CH_{2m+1}N(CH_3)_2(CH_2)_sN(CH_3)_3$；$m=12$、14、16、18；$s=2\sim12$。

② $C_{n-s-m}$：$m=12$、14、16、18；$s=2$、3、6。

与传统的微孔分子筛（如 ZSM-5）的合成相比，介孔分子筛在起初的合成条件与之不同的只有模板剂。因此，在以后新结构介孔分子筛的探索中对新型模板剂及其作用机理的研究一直处于核心地位。而 HMS、MSU 以及 SBA 等新型介孔分子筛的合成也多以模板剂技术的创新为基础，但是合成物系的温度、酸碱度以及模板剂与 $SiO_2$ 前体摩尔浓度之比（Surf. /SiO₂）等参数对分子筛晶相结构的影响也不容忽视，其中对应关系如表 4-1 所示。

从表 4-1 可以看出具有六方结构的 MCM-41 分子筛既可以在水热合成条件下从碱性介质中通过 $S^+I^-$ 途径得到，亦可在室温条件下从酸性介质中通过 $S^+X^-I^+$ 途径获得。相比之下后者不仅操作条件温和、晶化周期较短，更重要的是通过 $S^+X^-I^+$ 静电作用包结于分子筛产物中的模板剂可以用简单的溶剂萃取法加以回收，这不仅有助于降低分子筛成本，而且可以避免在分子筛煅烧过程中排放 $NO_x$ 有害气体。这是由于在 $S^+X^-I^+$ 体系中 $S^+$ 与 $I^+$ 持同性电荷，且各带电粒子浓度有以下关系：

$$[X^-]=[S^+]+[I^+]+[H^+]$$

因此 $S^+$ 理论上可以通过"$S^+X^-$"电对全部离去，即该体系中的模板剂理论上可以 100% 回收。反之在 $S^+I^-$ 体系中带电粒子浓度存在以下关系：

$$[S^+]=[X^-]+[I^-]+[OH^-]$$

所以大量 $S^+$ 不能通过"$S^+X^-$"电对离去，从而限制了模板剂的直接回收。

与 MCM-41 不同，具有立方结构的 MCM-48 分子筛的合成只能在水热合成条件下于碱性介质中进行，合成条件比较苛刻。所幸该分子筛的三维孔道结构有利于分子扩散，因此目前也被广泛应用。

HMS 分子筛起初的合成采用了中性条件和长链伯胺模板剂，其晶相的形成经历了基于氢键作用的 $S^0I^0$ 组装过程。但是我们认为在此条件下离子键的作用仍不可忽视。因为即便在中性条件下可溶性硅物种仍带部分负电荷，而伯胺亦可通过水解而带正电荷。

与 MCM-41 相似，HMS 分子筛也具有六方结构，但其有序尺度较小，其 X 射线粉末衍射（XRD）只显示 100 面的衍射峰。然而由于该分子筛合成条件温和，所用模板剂价廉且易直接回收，因此该分子筛在实际应用中仍具有较大的吸引力。

MSU 系列分子筛的合成机理与晶相结构特征与 HMS 十分相似，所不同的是该合成过程采用了生物可降解的非离子表面活性剂为模板剂。与长链季铵盐和伯胺相比，该模板剂虽然价格昂贵，但其用量较少，并且可以直接通过溶剂萃取回收。MSU-1 是由脂肪醇聚乙烯醚（alkyl-PEO alcohols）形成的胶团为模板制备得到的介孔材料，MSU-2 是由烷基苯酚聚氧乙烯醚（alkyl-aryl-PEO）形成的胶束为模板得到的介孔材料，MSU-3 是由聚氧乙烯和聚氧丙烯的嵌段共聚物（PEO/PPO block copolymer），即 Pluronec 类表面活性剂为模板得到的介孔材料。

SBA-n 是以双子胺类两亲化合物为模板剂合成的一类介孔分子筛。该分子筛的问世丰富了分子筛晶相的类型，并对分子筛形成机理的诠释产生了广泛影响。但由于双子胺类模板剂价格昂贵且不易获得，从而限制了该分子筛系列的工程应用。

值得重视的是上述分子筛的合成所用模板剂尾部碳链长度与分子筛孔径有近乎线性的关系，亦即各分子筛孔径的大小在一定范围内可通过改变模板剂尾部碳链进行调变。此外使用混合模板剂或在合成物系中引入辅助溶剂亦可达到对分子筛孔径调变的目的。

（1）MCM-41 的制备技术　M41S 系列分子筛起初的合成是以长链烷基三甲基铵盐 $[C_nH_{2n+1}N^+(Me)_3X^-$，$n=8\sim16$，$X=Cl$，Br 或 $OH]$ 阴离子型表面活性剂（$S^+$）为模板，在水热反应釜中（温度 $>100℃$，自生压力）于碱性（酸性）介质中，通过正硅酸乙酯等硅源先驱体的水解产生的硅物种（$I^-$）在 $S^+I^-$（或 $S^+X^-I^+$）静电作用下超分子组装完成，然后利用高温热处理或化学方法除去有机表面活性剂，所留下的空间即构成介孔孔道。介孔氧化硅材料的一般合成路线与合成流程图如图 4-39 所示。

虽然 MCM-41 发现已经二十多年了，但对于介孔结构的形成机理仍存在不少争论，目前主要有以下几种观点：Monnier 等提出的电荷密度匹配机理，霍启升等提出的广义液晶模板机理，Inagaki 等提出的硅酸盐片迭机理，以及真正液晶模板机理。这些机理虽然不同，

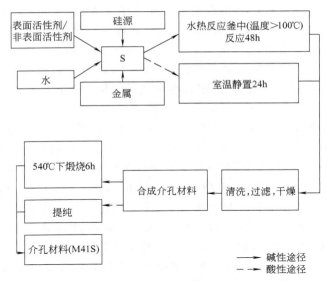

图 4-39　介孔氧化硅材料制备的流程图

但在一定程度上都来自于具有代表性的 Mobil 的科学家们最早提出的两种可能机理：液晶模板机理和协同作用机理（见图 4-40）。目前，合成 MCM-41 的具体方法大致有：室温合成、微波合成、湿胶焙烧法和相转变法等方法。为了产生多孔结构，必须将合成得到的产物中的模板剂脱除，主要的方法有高温灼烧和溶剂萃取，使用微波加热和利用超临界液体萃取脱除表面活性剂效果也很好，还可以使用 $O_3$，$N_2O$ 或 $NO_2$ 作为氧化剂除去 MCM-41 中的模板剂。

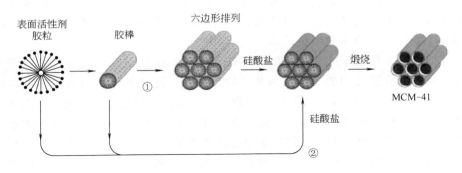

图 4-40　Mobil 公司提出的 MCM-41 的两种形成机理
① 液晶模板机理；② 协同作用机理

　　1992 年美国科学家 Kresge 等发表在 Nature 杂志上的研究工作，他们首次采用十六烷基三甲基氯化铵、十六烷基三甲基氢氧化铵等阳离子表面活性剂为模板剂，加入少量的起催化作用的铝源及四甲胺硅酸酯，在碱性条件下用水热晶化法于 150℃晶化硅酸盐或者铝硅酸盐凝胶 48h，所得固态产物用焙烧的方法除去模板剂。经 XRD 表征，所合成的分子筛为新型的介孔分子筛，空间结构为六方孔道结构，BET 比表面积测试其比表面积为＞1000m²/g，对环己烷的吸附可增重 50%。之后，对于介孔分子筛的研究引起了人们的极大关注，有关其合成条件已进行了大量的研究工作。

　　国内对介孔分子筛的研究开始于 1995 年。大连化物所的赵修松等以硅溶胶为硅源，水热合成了孔径为 3.8nm 的介孔分子筛 MCM-41，吉林大学的孙研等以白炭黑和正硅酸乙酯为硅源采用水热法和室温直接法分别合成了介孔分子筛 MCM-41。南开大学的袁忠勇等在国内首次合成含 Ti、Cd 的介孔分子筛 MCM-41。此后国内含杂原子 MCM-41 介孔分子筛的研究有：负载 Fe 的邻菲咯啉配合物的 MCM-41 分子筛应用于苯酚的羟化反应；在 Cr/MCM-41 的一维孔道内进行乙烯的聚合形成聚乙烯；将稀土元素 La 引入到 MCM-41 介孔分子筛的骨架中；2001 年进行的金属 Pt 团簇在氧化钛修饰的 MCM-41 中的组装；2004 年茂锆金属配合物成功接枝到介孔分子筛 MCM-41 上。

（2）MCM-48 制备技术　目前，MCM-48 介孔分子筛膜的制备方法主要有两种，一种是水热合成，一种是浸涂。Nishiyama 等在水热条件下在多孔载体（不锈钢及氧化铝陶瓷片）上合成出 MCM-48 介孔分子筛膜。反应在碱性条件下进行，典型的凝胶组成（摩尔比）为：$n$TEOS：$n$CTAB：$n$NaOH：$n$H$_2$O＝1.0：0.59：0.5：61。首先将载体放入一定量的正硅酸乙酯中，然后在搅拌下将溶有十六烷基三甲基溴化铵和氢氧化钠的水溶液加入到正硅酸乙酯中，混合后得到一个澄清溶液，搅拌 30min 后溶液开始变浑浊，继续搅拌反应 90min，最后将载体取出平铺于高压反应釜底，倒入成膜液，将反应釜放入 363K 烘箱中静止晶化 96h。反应结束后取出载体用去离子水处理至中性，先室温下干燥，后经程序升温去除模板剂即得 MCM-48 介孔分子筛复合膜。

McCool 等在 Nishiyama 等人工作的基础上以浸涂和水热合成两种方式在多孔的氧化铝陶瓷片上制备出了 MCM-48 膜，并通过表征和性能测试对两种膜进行比较。发现以浸涂方式制备的膜在载体表面所沉积的 SiO$_2$ 颗粒均匀，膜薄，约为 2$\mu$m，渗透通量大，气体渗透速率约为水热法制备的膜的 2～3 倍。但由于孔壁较薄将会导致其强度、热稳定性及水热稳定性较差。相反水热合成的膜沉积的颗粒不规则，膜也比较厚，约为 7$\mu$m，因此渗透通量小，气体渗透速率小，但其孔壁较厚。

多孔载体上 MCM-48 介孔分子筛复合膜的制备才刚起步，人们对强碱性条件下的成膜机理还不了解，随着人们对成膜机理的认识和对 MCM-48 载体膜的进一步研究，在 MCM-48 载体膜的制备方面必将取得新的成果。

（3）其他硅基材料制备技术　1995 年，Huo 等用 Gemini（C$_{n-s-m}$）型双价阳离子型表面活性剂合成了含有笼结构的三维六角相产物 SBA-2。这种新型表面活性剂的典型结构为 C$_n$H$_{2n+1}$N$^+$Me$_2$(CH$_2$)$_s$N$^+$Me$_2$C$_m$H$_{2m+1}$，通过改变两侧或中间烷基链的长度和性质能够有效调节产物的孔结构。通过引入适当的极性添加剂，可以调节胶团的临界堆积参数，从而改变材料的孔结构。如叔戊醇的引入使憎水中心的体积增大，胶团向曲率半径减小的方向转变（从球形胶粒转变为棒状），所得的介孔材料也从 SBA-2 向 MCM-41 转变；非极性分子均散甲苯的加入，使胶团的憎水部分增溶膨胀，从而扩大了产物的孔径。1998 年，Zhao 等用 PEO-PPO-PEO 型高分子表面活性剂作模板剂在酸性条件下合成了高规整度的 SBA-15，这种材料的孔径可以增大到 30nm，孔壁可以增大到 6nm，其水热稳定性也相应地有所提高。

2003 年，朱金华等采用钛酸丁酯和乙酰丙酮作用后的产物作为钛的前驱体，水热法一步合成出了 Ti-SBA-15 分子筛。与用两步法合成的 Ti-SBA-15 比较，一步法合成的 Ti-SBA-15 中钛分散度好，添加量高，对催化氧化环己烯有较高的催化活性。目前 MSU-X 的合成大多以正硅酸乙基酯为原料，由于 TEOS 水解速度慢，合成过程较易控制，但是 TEOS 价高、易燃、有刺激性，使其实际应用受到一定限制。以硅酸钠为原料合成 MSU-1 的研究较少。2005 年，杨骏等采用两步合成的方法，以硅酸钠、A（EO）$_9$ 为原料，在酸性至碱性的范围里（0.78～9.59）合成了 MSU-1 介孔分子筛，结果显示该法的反应时间短、在低 pH 值条件下合成产物的孔道有序度高、孔分布窄。

#### 4.1.6.2　纳米 SiO₂ 粒子的制备

纳米 SiO₂ 的分子状态呈三维链状结构（或称三维网状结构、三维硅石结构等），表面存在不饱和的残键和不同键合状态的羟基，如图 4-41 所示。

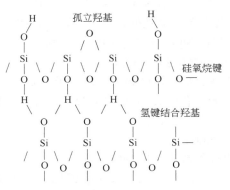

图 4-41　纳米 SiO₂ 三维链状结构

这使得 SiO₂ 纳米微粒具有高的表面活性。因表面欠氧而偏离了稳态的硅氧结构，故分子式可常写为 $SiO_x$（其中 $x$ 在 1.2~1.6 之间）。

由于纳米 SiO₂ 小尺寸效应、表面界面效应、量子尺寸效应和宏观量子隧道效应和它的特殊光、电特性、高磁阻现象、非线性电阻现象以及其在高温下仍具有的高强、高韧、稳定性好等奇异特性，使纳米 SiO₂ 在橡胶、涂料、塑料、纤维、生物技术等领域有着广泛的应用。利用 SiO₂ 补强和抗色素衰减的特性，将其分散在橡胶中，可制得彩色橡胶，从而改变传统橡胶的单一黑色；纳米 SiO₂ 应用于涂料中，可提高涂料的抗老化性能，其悬浮稳定性、流变性、表面硬度、涂膜的自洁能力也都有显著改善；纳米 SiO₂ 应用于塑料中，利用其透光、粒度小的特性，可使塑料更致密，塑料薄膜的透明度、强度、韧性和防水性能大大提高；纳米 SiO₂ 应用于纤维中，可制成杀菌、防霉、除臭、抗静电和抗紫外线辐射的布料；纳米 SiO₂ 应用于生物技术领域中，可制出纳米药物载体、纳米抗菌材料、纳米生物传感器、纳米生物相容性人工器官及微型智能化医疗器械等，这将在疾病的诊断、治疗、卫生保健方面发挥重要作用。除上述所列应用领域外，纳米 SiO₂ 在机械、通讯、激光、军事等领域中还具有广阔的应用前景。纳米 SiO₂ 作为纳米材料家族中的一员，对其开发具有重要的实际意义。

SiO₂ 的制备工艺可分为干法和湿法两大类。干法包括气相法和电弧法，湿法有沉淀法、溶胶-凝胶（sol-gel）法、微乳液法、超重力反应和水热合成法等。干法工艺制备的产品具有纯度高、性能好的特点，但生产过程中能源消耗大、成本高。而湿法所用原材料广泛、廉价。无论采用哪种方法，其追求的目标是相同的，即制备出粒度均匀、分布窄、纯度高、分散性好、比表面积大的纳米 SiO₂。

（1）气相法　气相法多以 SiCl₄ 为原料，采用 SiCl₄ 气体在氢氧气流高温下水解制得烟雾状的 SiO₂：

$$2H_2 + O_2 \longrightarrow 2H_2O$$
$$SiCl_4 + 2H_2O \longrightarrow SiO_2 + 4HCl$$
$$2H_2 + O_2 + SiCl_4 \longrightarrow SiO_2 + 4HCl$$

该法优点是产物纯度高、分散度高、粒子细而且成球形，表面羟基少，因而具有优异的补强性能，但原料昂贵，能耗高，技术复杂，设备要求高，这些条件限制了产品的应用。

（2）沉淀法　沉淀法是硅酸盐通过酸化获得疏松、细分散的、以絮状结构沉淀出来的 $SiO_2$ 晶体。

$$Na_2SiO_3 + 2HCl \longrightarrow H_2SiO_3 + 2NaCl$$
$$H_2SiO_3 \longrightarrow SiO_2 + H_2O$$

该法原料易得，生产流程简单，能耗低，投资少，但是产品质量不如采用气相法和凝胶法的产品好。目前，沉淀法制备 $SiO_2$ 技术包括以下几类：

① 在有机溶剂中制备高分散性能的 $SiO_2$；

② 酸化剂与硅酸盐水溶液反应，沉降物经分离、干燥制备 $SiO_2$；

③ 碱金属硅酸盐与无机酸混合形成 $SiO_2$ 水溶胶，再转变为凝胶颗粒，经干燥、热水洗涤、再干燥、煅烧制得 $SiO_2$；

④ 水玻璃的碳酸化制备 $SiO_2$；

⑤ 通过喷雾造粒制备边缘平滑非球形 $SiO_2$。

采用沉淀法制备 $SiO_2$，因其反应介质、反应物配比、工艺条件不同，所得产物性能迥异。现有使用沉淀法制备高性能 $SiO_2$（BXS-245）对硅橡胶补强，补强性能等价于气相白炭黑，该粒子综合物理性能平衡，在低剪切条件下与硅橡胶混合即可获得补强结构，通过确定合适配方，在一定硬度水平上使配合胶料获得最佳的强度。

（3）溶胶-凝胶（sol-gel）法　溶胶-凝胶技术由于其自身独有的特点成为当今重要的一种制备 $SiO_2$ 材料的方法。该工艺是将硅酸酯与无水乙醇按一定摩尔比混合，搅拌成均匀的混合溶液，在搅拌状态下缓慢加入适量去离子水，调节溶液的 pH 值，再加入合适的表面活性剂，反应一定时间后，经过一定后处理（陈化、干燥等）得到所需材料。

碱性条件下，$SiO_2$ 粒子的形成可分为水解和缩合两个步骤：

① 水解：
$$C_2H_5O\!-\!\underset{\underset{OC_2H_5}{|}}{\overset{\overset{OC_2H_5}{|}}{Si}}\!-\!OC_2H_5 + 4H_2O \longrightarrow HO\!-\!\underset{\underset{OH}{|}}{\overset{\overset{OH}{|}}{Si}}\!-\!OH + 4CH_3CH_2OH$$

② 缩合：
$$HO\!-\!\underset{\underset{OH}{|}}{\overset{\overset{OH}{|}}{Si}}\!-\!OH + HO\!-\!\underset{\underset{OH}{|}}{\overset{\overset{OH}{|}}{Si}}\!-\!OH \longrightarrow HO\!-\!\underset{\underset{OH}{|}}{\overset{\overset{OH}{|}}{Si}}\!-\!\underset{\underset{OH}{|}}{\overset{\overset{OH}{|}}{Si}}\!-\!OH + H_2O$$

第一步，正硅酸乙酯水解生成正硅酸和相应的醇；第二步，生成的硅酸之间通过相互碰撞，彼此交联、缩合成 $SiO_2$ 的微晶核，再经过一段时间的生长和发育，最终形成粒径大小均匀的 $SiO_2$ 单分散球形颗粒。这两步反应几乎是同时进行的，不能单独地描述水解和缩合的过程。

用溶胶-凝胶法反应温度较其他方法低，能形成亚稳态化合物，具有纳米粒子的晶型、粒度可控、且粒子均匀度高，纯度高，反应过程易控制，副反应少、分相，并可避免结晶等优点。从同一种原料出发，改变工艺过程即可获得不同的产品。该法原料与沉淀法相同，只是不直接生成沉淀，而是形成凝胶，然后干燥脱水。产品特性类似于干法产品，价格又比干法产品便宜，但工艺较沉淀法复杂，成本亦高。

（4）微乳液法　微乳液法，又称反相胶束法，是液相制备法中的较为新颖的一种手段。金属盐和一定的沉淀剂形成微乳状液，在较小的微区内控制胶粒成核和生长，热处理后得到纳米粒子。王玉琨等 TrintonX-100/正辛醇/环己烷/水（或氨水）形成微乳液，在考察该微乳液系统稳定相行为的基础上，由 TEOS（四乙基原硅酸盐）水解反应制备纳米 $SiO_2$ 粒子。由表 4-2 可以看出，在保持水与正硅酸乙酯分子数之比 $n$ 不变的条件下，水与表面活性剂分子数之比 $m$ 增大粒径增大，而在相同 $m$ 值的条件下 $n$ 减小，则粒径显著增大，且团聚严重。

表 4-2 不同 $m$ 和 $n$ 条件下纳米 SiO₂ 的平均粒径

| 水与正硅酸乙酯分子数之比 $n$ | 水与表面活性剂分子数之比 $m$ | 粒子形貌 | 平均粒径/nm |
|---|---|---|---|
| 1.5 | 8 | — | — |
| 2 | 8 | 球形 | 70～90 |
| 3 | 8 | — | — |
| 4 | 4 | — | — |
| 4 | 6 | 球形,均一 | 40 |
| 4 | 8 | 球形,均一 | 50 |
| 4 | 10 | 球形 | 55 |

该工艺的分析结果表明:选择适当 $n$ 和 $m$,可以合成具有无定形结晶的疏松球形纳米级 SiO₂ 粒子,且反应后处理较简单。

(5)超重力反应法 超重力技术,即旋转填充床(RPB)技术,是近年来兴起的强化传递与反应的高新技术。该法以硅酸钠为液相,二氧化碳为气相,采用超重力反应装置,使气、液两相在比地球重力场大数百倍的超重力场条件下的复孔介质中产生流动接触,巨大的剪切力使液体撕裂成极薄的膜和极小的丝和滴,从而产生巨大的快速更新相界面,导致相间传质速率比在传统塔器中大 1～3 个数量级,使微观混合速率得到极大强化,使溶液达到过饱和且分布均匀,从而快速、高质量地生产出纳米 SiO₂。

贾宏等将一定浓度的水玻璃溶液静置过滤后置于超重力反应器中,升温至反应温度,加入絮凝剂和表面活性剂,开启旋转填充床和液料循环泵不断搅拌和循环回流,温度稳定后,通入 CO₂ 气体进行反应,同时定时取样测定物料的 pH 值,当 pH 值稳定后停止进气。加酸调节料液的 pH 值,并保温陈化,最后经过洗涤、抽滤、干燥、研磨、过筛等操作,制得粒度为 30nm 的 SiO₂ 粉体,工艺流程如图 4-42 所示。用超重力法制备的纳米 SiO₂ 粒子大小均匀,平均粒径小于 30nm。在超重力环境中,传质过程和微观混合过程得到了极大的强化,大大缩短了反应时间。

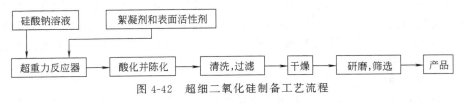

图 4-42 超细二氧化硅制备工艺流程

## 4.1.7 铁氧化物的制备

铁氧化物是自然界中存在最广泛的化合物之一,它们几乎遍布全球的各个角落,如各种水体(海洋、湖泊、河流等)、土壤、矿物、地壳的岩石层以及生物体内等。铁氧化物的种类繁多,目前在自然界发现或在实验室合成的就有十六种之多(表 4-3)。

尽管存在着十六种铁氧化物,然而只有 $\alpha$-Fe₂O₃,$\gamma$-Fe₂O₃,$\alpha$-FeOOH 和 Fe₃O₄ 等几种铁氧化物因其独特的物理化学性质而被广泛应用。一方面,由于氧化铁颜色多、色谱广、无毒和廉价等原因,氧化铁可广泛用于涂料、颜料等工业中。在世界范围内,氧化铁颜料的产销量仅次于钛白,是第二个量大面广的无机颜料,是第一大彩色颜料。近十年来,全球氧化铁的消费量不断增加,全世界的氧化铁产品用于着色的销售量约为 60 万～65 万吨,其中 70% 来源于合成氧化铁,30% 来源于天然氧化铁。近年来,随着对纳米材料认识和研究的深入,人们发现具有小的颗粒尺寸和窄的粒径分布范围的氧化铁纳米粒子,由于原级粒子很微

表 4-3 铁氧化物的种类

| 羟基氧化物和氢氧化物 | 氧 化 物 |
|---|---|
| 针铁矿（α-铁黄）Goethite α-FeOOH | 三氧化二铁 Hematite α-Fe$_2$O$_3$ |
| 纤铁矿（γ-铁黄）Lepidocrocite γ-FeOOH | 四氧化三铁 Magnetite Fe$_3$O$_4$ |
| γ-铁黄 Akaganeite β-FeOOH | 磁性氧化铁 Maghemite |
| 斯沃特曼矿 Schwertmannite Fe$_{16}$O$_{16}$(OH)$_y$(SO$_4$)$_z$·$n$H$_2$O | γ-Fe$_2$O$_3$ |
| δ-铁黄 δ-FeOOH | β-Fe$_2$O$_3$ |
| Heroxyhyte δ′-FeOOH | ε-Fe$_2$O$_3$ |
| 高压羟基氧化铁 High pressure FeOOH | 氧化亚铁 Wustite FeO |
| 水合氧化铁 Ferrihydrite Fe$_5$HO$_8$·4H$_2$O | |
| 氢氧化铁 Bernalite Fe(OH)$_3$ | |
| 氢氧化亚铁 Fe(OH)$_2$ | |
| 绿锈 Green Rusts Fe$_x^{III}$Fe$_y^{II}$(OH)$_{3x+2y-z}$(A$^-$)$_z$；A$^-$ Cl$^-$；1/2SO$_4^{2-}$ | |

细（10～90nm），对可见光波没有散射能力，具有透明的着色效果，同时还具有很强的耐光性、耐候性以及强烈的吸收紫外线的能力，可保护对紫外线敏感的物质，因此可广泛用于高档油漆如木材着色和高档汽车面漆以及药品、化妆品和食品添加剂等方面。另一方面，铁系氧化物在建筑材料、塑料、橡胶、催化剂、功能陶瓷、玻璃、造纸、油墨、油地毡、高级精磨材料、磁记录材料以及宠物饲料添加剂等工业中也有着广泛的应用。此外，由铁和锌、镍、锰等可形成具有尖晶石结构的软磁铁氧体材料，也是用途广泛的催化剂和磁性材料。

纳米金属氧化物粉体的制备方法可归纳为气相法、液相法和固相法。气相法是直接利用气体或者通过各种手段将物质变成气体，使之在气体状态下发生物理变化或化学反应，最后在冷却过程中凝聚长大形成纳米微粒的方法。液相法是以均相的溶液为出发点，通过各种途径使溶质与溶剂分离，溶质形成一定形状和大小的颗粒。得到所需粉末的前驱体，热解后得到纳米微粒。固相法则是通过从固相到固相的变化来制造粉体，既包括由大块的固体经物理变化如高能球磨制得纳米颗粒的物理法，也包括通过固相反应合成纳米颗粒的过程。由于液相法能精确控制产品的化学组成，可用于单一产品或复合化合物的制备，因此应用最广。

就铁氧化物而言，常用的合成方法主要包括：强迫水解法、化学沉淀法、水热法、溶剂热法、溶胶-凝胶法、微乳液法以及固相转化法等。本节将以几种重要的铁氧化物为例简单介绍它们的合成过程。

### 4.1.7.1 α-Fe$_2$O$_3$ 的合成

（1）强迫水解法 众所周知，大多数多价态阳离子均易发生水解。水解作用随着温度的升高而加快，高温下的水解过程又通常称为强迫水解。一般说来，利用金属盐溶液的强迫水解来合成均分散金属氧化物纳米粒子是最简单的方法之一。1978 年，Matijevic 等采用三价铁盐强迫水解首先制得了均分散的纳米氧化铁粒子；自此以后有关利用各种改进的强迫水解法制备 α-Fe$_2$O$_3$ 微粒的报道层出不穷。研究结果表明：改变 Fe$^{3+}$ 溶液的初始浓度、溶液的酸度、阴离子种类、溶剂的种类以及加入添加剂等均可影响水解过程，获得不同形貌、不同粒径的产物。如 T. P. Raming 等采用 FeCl$_3$ 水溶液的强迫水解制得了平均粒径为 41nm 纳米的球形氧化铁粒子；阚世海等以 FeCl$_3$ 水溶液为原料利用强迫水解法制备了平均粒径为 30～65nm 的立方形 α-Fe$_2$O$_3$ 微粒。任福民、曾桓兴等以 Fe(NO$_3$)$_3$ 溶液为原料在 NaH$_2$PO$_4$ 晶体生长助剂的作用下，利用强迫水解法制备出了纺锤形的 α-Fe$_2$O$_3$ 微粒。魏雨等仍以 Fe(NO$_3$)$_3$ 为原料，在不同量的有机二膦酸 HEDP 存在下利用沸腾回流的强迫水解法制备了纺锤形和针状的 α-Fe$_2$O$_3$ 粒子。强迫水解法中常使用的铁盐有氯化物、硫酸盐、硝酸盐等无机盐以及金属醇盐。水解法的优点是工艺简单、产品粒度均匀、分散性好、反应温度较低等。缺点是盐溶液的浓度较小，随着溶液浓度的增大，水解变得越来越困难，通常不能满足工业化生产的需要。为了提高水解速度，在制备过程中还可辅以微波照射。

制备实例 1：预热 2L 0.02mol/L HCl 溶液至 98℃，加入 16.6g $Fe(NO_3)_3 \cdot 9H_2O$ 得到初始浓度为 0.02mol/L 的 $Fe^{3+}$ 溶液，将该溶液在 98℃ 下恒温放置 7d，可生成亮红色的沉淀，过滤、洗涤、干燥，可制得约 3g 的 $\alpha\text{-}Fe_2O_3$ 粉末。

制备实例 2：将 HCl 溶液（37%）加入到 100℃ 二次蒸馏水中得到 0.002mol/L HCl 水溶液，将 $FeCl_3 \cdot 6H_2O$ 溶于上述溶液中制得 0.02M 的 $Fe^{3+}$ 溶液，再将溶液转移到适当容器中，密封，在 100℃ 放置 7d，离心、洗涤、干燥后可得球形 $\alpha\text{-}Fe_2O_3$ 纳米粒子 ［图 4-43（a）］。

制备实例 3：在 0.2mol/L $Fe(NO_3)_3$ 溶液中，按照 ［$Fe^{3+}$］/［HEDP］＝222 的比例加入有机二膦酸 HEDP，将该溶液转移至适当容器中，在磁力搅拌下沸腾回流 70h，过滤、洗涤、干燥，可制得纺锤形的 $\alpha\text{-}Fe_2O_3$ 微粒。若将 ［$Fe^{3+}$］/［HEDP］ 调整为 333，可制得扫把状 $\alpha\text{-}Fe_2O_3$ 微粒；若 ［$Fe^{3+}$］/［HEDP］＝333，再加入 $HNO_3$ 并使其初始浓度为 0.05mol/L，则可制得针状 $\alpha\text{-}Fe_2O_3$ 微粒 ［图 4-43（b）］。

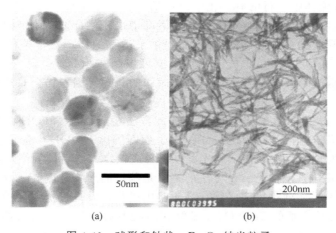

图 4-43 球形和针状 $\alpha\text{-}Fe_2O_3$ 纳米粒子

（2）凝胶-溶胶法 该方法由日本学者 Sugimoto 首先提出。先向 $FeCl_3$ 溶液中加入 NaOH 溶液，制备 $Fe(OH)_3$ 凝胶，经两步相转化制备 $\alpha\text{-}Fe_2O_3$ 微粒。利用该方法反应物的初始浓度可以提高到 1.0mol/L，颗粒形貌为准立方形。

制备实例：在搅拌条件下，将 100mL 5.4mol/L NaOH 溶液滴加到 100mL 2.0mol/L $FeCl_3$ 溶液中，制得含有 0.1mol/L $Fe^{3+}$ 的 $Fe(OH)_3$ 凝胶（0.9mol/L），将反应体系置于容器中在 100℃ 密闭陈化 8 天，可制得准立方形的 $\alpha\text{-}Fe_2O_3$ 微粒（图 4-44）。

（3）液相催化相转化法 魏雨等发现在近中性范围（pH＝5～9）内微量 Fe（Ⅱ）能显著加速 $Fe(OH)_3$ 凝胶的相转化过程，利用该过程在沸腾回流的开放体系中可以快速合成纳米级 $\alpha\text{-}Fe_2O_3$ 粒子。通过改变反应物浓度、初始 pH 值、$n_{Fe(Ⅱ)}/n_{Fe(Ⅲ)}$ 以及加入添加剂等条件可实现 $\alpha\text{-}Fe_2O_3$ 微粒的粒径和形貌可控制备。

制备实例：准确量取 50mL Fe（Ⅲ）盐溶液，在磁力搅拌下，用 6.0mol/L 的 NaOH 溶液调节体系的 pH 值至 7.0，此时体系生成了大量的 $Fe(OH)_3$ 凝胶。按照 $n_{Fe(Ⅱ)}/n_{Fe(Ⅲ)}＝$ 0.02 的比例加入 Fe（Ⅱ）溶液，再用稀的 NaOH 溶液将体系的 pH 值重新调至 7.0。而后将反应体系转移到适当容器中，在磁力搅拌下沸腾回流 1h，过滤、水洗、干燥处理后即得 $\alpha\text{-}Fe_2O_3$ 微粒。当在体系中添加微量的 $PO_4^{3-}$ 时可制得纺锤形的 $\alpha\text{-}Fe_2O_3$ 微粒（图 4-45）。

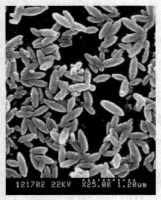

图 4-44 准立方形的 $\alpha$-Fe$_2$O$_3$ 微粒

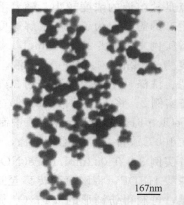

图 4-45 纺锤形 $\alpha$-Fe$_2$O$_3$ 微粒

（4）水热法 水热反应是在高温高压下（温度在 100℃以上，压力在 $10^5$Pa 以上）水（水溶液）或蒸汽等流体中进行的有关化学反应的总称。由于反应在高温高压下进行，表现出与常温下不同的性质，如溶解度增大、离子活度增强、化合物晶体结构易转型及氢氧化物易脱水等，为一定形式的前驱物溶解-再结晶提供了适宜的物理化学条件，尤其适用于制备各种特殊形状的 $\alpha$-Fe$_2$O$_3$ 粒子。该方法水热温度可控制在 100～300℃不等，反应过程中反应温度的高低，升温速率，搅拌速度以及反应时间的长短等因素均会对产物的粒径大小和磁学性能产生影响。

Matsumoto 等在 20 世纪 80 年代首先利用此方法在前驱物 Fe(OH)$_3$ 凝胶中加入晶体助长剂有机二膦酸 HEDP 制备出了针状 $\alpha$-Fe$_2$O$_3$。魏雨等以 Fe(OH)$_3$ 凝胶为反应前驱物，调节 pH 值，在晶体助长剂存在下，采用先釜外定温成核，入釜后控制恒定速率升温制备出了重现性良好的针状 $\alpha$-Fe$_2$O$_3$ 粒子。该方法的特点是制得的产物纯度高、分散性好、晶化程度较高且大小可控，不足之处是反应必须在高压釜中进行，设备投资大，操作费用较高。

制备实例 1：在计算量的 Fe(NO$_3$)$_3$ 硝酸铁溶液中滴加 NaOH 溶液调节体系的 pH 值为 7.5～7.8，将体系中生成的 Fe(OH)$_3$ 沉淀升温至 60～65℃后保温 3min，过滤，水洗，重新分散到去离子水中，分散后的体积约为 Fe(NO$_3$)$_3$ 溶液的 1/2，加入晶体成长助剂 HEDP，用 5％的 NaOH 溶液调节 pH 值为 10～10.5 后入釜，在 180℃反应 2h，冷却至室温，过滤、洗涤、干燥可制得 $\alpha$-Fe$_2$O$_3$ 微粒。

制备实例 2：将计算量的硫酸亚铁铵 [(NH$_4$)$_2$SO$_4$·FeSO$_4$·6H$_2$O] 溶于适量水中制成 0.1mol/L 的 Fe(Ⅱ) 溶液，取 100mL 的该溶液与 10mL 50％的水合联氨混合，用 1.0mol/L H$_2$SO$_4$ 溶液调节 pH 值为 3～5，将反应体系置于 200mL 的高压釜内在 150℃反应 4h，冷却至室温，过滤、洗涤、干燥可制得 $\alpha$-Fe$_2$O$_3$ 微粒（图 4-46）。

制备实例 3：分别将 1.6g 的油酸钠和 8mL 乙醇与 1mL 油酸的混合物加入到 16mL 含 0.48g FeCl$_3$·6H$_2$O 的溶液中，将上述混合物转移到 30mL 的高压釜中，搅拌 2h 后密封在 180℃反应 12h，冷却至室温，沉淀经乙醇洗涤，室温干燥，可得立方形 $\alpha$-Fe$_2$O$_3$ 纳米粒子（图 4-47）。

（5）溶剂热法 将水热法中的溶剂水换成有机溶剂，在高温高压的密闭容器中合成纳米微粒的方法叫做溶剂热法。用醇作溶剂时又常叫作醇热法。

制备实例：0.404g 的 Fe(NO$_3$)$_3$·9H$_2$O 和 0.600g 聚乙烯基吡咯烷酮（PVP）[摩尔比 PVP：Fe(Ⅲ)$=2\times10^{-2}$：1] 溶于 36mL $N,N$-二甲基甲酰胺 HCON(CH$_3$)$_2$（DMF）中，将体系转移至 70mL 的高压釜中，在 180℃反应 30h，离心、分别用去离子水和无水乙醇洗涤，

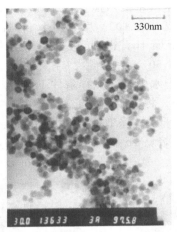

图 4-46　水热法制备的 $\alpha$-Fe$_2$O$_3$ 微粒

图 4-47　立方形 $\alpha$-Fe$_2$O$_3$ 纳米粒子

图 4-48　准立方形粒子

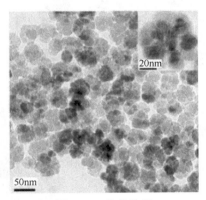

图 4-49　花状粒子

室温干燥可得准立方形的 $\alpha$-Fe$_2$O$_3$ 纳米微粒（图 4-48）。没有添加表面活性剂 PVP 时，制得的是花状的 $\alpha$-Fe$_2$O$_3$ 纳米微粒（图 4-49）。

（6）其他合成方法　材料的性质与其形貌有密切的关系，近年来很多学者研究发现当将传统的合成方法相结合时可制得各种不同形貌的 $\alpha$-Fe$_2$O$_3$ 纳米微粒及纳米结构材料。

制备实例 1：首先合成 $\alpha$-FeOOH 纳米棒：①室温反应：FeSO$_4$·7H$_2$O(0.5mmol) 和

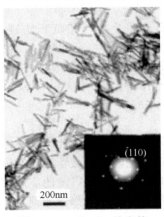

图 4-50　$\alpha$-Fe$_2$O$_3$ 纳米棒

无水 $CH_3COONa$（1mmol）溶于 20mL 去离子水中，在空气中强烈搅拌，20min 后得到黄色的悬浮物。②水热处理：将上述生成的混悬物移入高压釜中在 100℃反应 8h，自然冷却至室温、离心、水洗，再晶无水乙醇洗涤后在 40℃下真空干燥 4h，得到 $\alpha$-FeOOH 纳米棒，该 $\alpha$-FeOOH 在 250℃焙烧 2h 后制得 $\alpha$-Fe$_2$O$_3$ 纳米棒（图 4-50）。

制备实例 2：0.27g FeCl$_3 \cdot$6H$_2$O 溶于 70mL 去离子水中，在搅拌条件下加入 10mL 乙二醇（EG）和 40mL 2 M NaOH 溶液，继续搅拌 30min，将反应体系转入高压釜中在 200℃进行水热转化 20h，自然冷却至室温，离心分离，去离子水洗涤数次，再用无水乙醇洗涤，60℃下干燥得 FeOOH，然后将制得的 FeOOH 在 600℃焙烧 1h 制得飞机状 $\alpha$-Fe$_2$O$_3$ 纳米结构材料（图 4-51，图 4-52）。

图 4-51　飞机状 FeOOH

图 4-52　飞机状 $\alpha$-Fe$_2$O$_3$

制备实例 3：Jimmy C. Yu 等利用传统的水热法和微波水热法结合制备出了雪花状 $\alpha$-Fe$_2$O$_3$ 纳米结构（图 4-53）。

图 4-53　雪花状 $\alpha$-Fe$_2$O$_3$

制备实例 4：Wu 等利用金属-有机化学气相沉积法制备出定向生长的 $\alpha$-Fe$_2$O$_3$ 纳米棒（图 4-54）。

制备实例 5：纯度达 99.96%（质量分数）Fe 基质清洗干净后放入置于管式炉的石英管中，控制炉温 600℃，压力为 1atm，通入含有 CO$_2$、SO$_2$、NO$_2$ 和 H$_2$O 的混合气流氧化 120h，可得 $\alpha$-Fe$_2$O$_3$ 纳米线（图 4-55）。

### 4.1.7.2　$\gamma$-Fe$_2$O$_3$ 的合成

随着纳米科学的不断发展，人们对纳米材料的性能提出了越来越高的要求，磁性纳米粒子由于其特殊的超顺磁性，因而在巨磁电阻、磁性液体和磁记录、软磁、永磁、磁致冷、巨磁阻抗材料以及磁光器件、磁探测器等方面有广阔的应用前景。$\gamma$-Fe$_2$O$_3$ 和 Fe$_3$O$_4$ 作为一种磁性材料，无论是在工业生产还是科学研究上都备受瞩目。

（1）溶胶-凝胶法

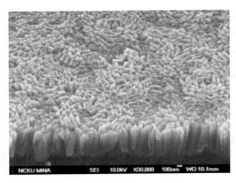

图 4-54  定向生长的 α-Fe₂O₃ 纳米棒

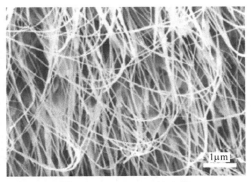

图 4-55  α-Fe₂O₃ 纳米线

制备实例：利用溶胶-凝胶法制备 $\gamma$-Fe$_2$O$_3$ 的报道相对较少，该方法将 20g 的 Fe(NO$_3$)$_3$·9H$_2$O 溶于 80mL 乙二醇中，充分搅拌，然后按下面的流程进行处理，可制得 $\gamma$-Fe$_2$O$_3$ 微粒。

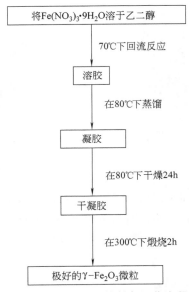

图 4-56  $\gamma$-Fe$_2$O$_3$ 的制备工艺流程

（2）热分解法

制备实例 1：在 100℃将 3.04mmol 的 Fe(CO)$_5$ 加入到 20mL 辛醚和 1.92mL 油酸的混合物中，并缓慢加热回流 2h，加热中可以观察到橘黄色的混合物先变为无色，再变为黑色，将该体系冷却至室温或在 80℃通气 14h，再回流 2h，离心、乙醇洗涤，可得 11nm$\gamma$-Fe$_2$O$_3$ 纳米粒子 ［图 4-57 （a）］。改变 Fe(CO)$_5$ 和油酸的比例为 1：1 可得 5nm $\gamma$-Fe$_2$O$_3$ 粒子 ［图 4-57 （b）］。

（3）由 Fe$_3$O$_4$ 氧化制备

制备实例 1：在 0.85mL 12.1mol/L HCl 中加入 25mL 脱氧水，将 5.2g FeCl$_3$ 和 2.0g FeCl$_2$ 溶于上述溶液中，在搅拌条件下滴加 250mL 1.5mol/L 的 NaOH 溶液，此时生成的是具有超顺磁性的 Fe$_3$O$_4$ 沉淀，对该沉淀进行磁分离，水洗、离心；用 500mL 0.01mol/L HCl 溶液中和沉淀的表面电荷，离心分离后加入水得到 Fe$_3$O$_4$ 胶粒，粒径为 8.5nm±

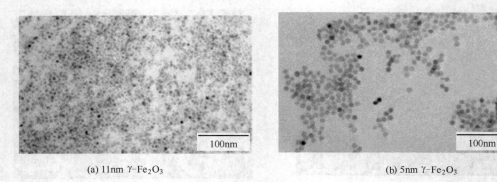

(a) 11nm γ-Fe₂O₃        (b) 5nm γ-Fe₂O₃

图 4-57　γ-Fe₂O₃ 纳米粒子

1.3nm（图 4-58）。将 $Fe_3O_4$ 溶胶的 pH 值调节到 3.5，在 100℃通空气氧化 30min，可得长约 20～50nm 宽约 4～6nm γ-Fe₂O₃ 针状粒子。反应方程式为

$$FeCl_2(1mol) + FeCl_3(2mol) \longrightarrow Fe_3O_4 \longrightarrow \gamma\text{-}Fe_2O_3$$

TEM 照片如图 4-59 所示。

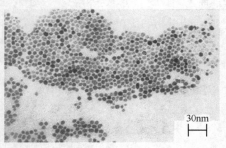

图 4-58　Fe₃O₄ 胶粒

图 4-59　针状 γ-Fe₂O₃

　　制备实例 2：将 Fe(CO)₅ 和十二烷胺 $C_{12}H_{25}NH_2$（DDA）按 1∶1 混合，在 180℃热解制备出球状、菱形和三角形的 γ-Fe₂O₃ 纳米微粒（图 4-60），当 Fe(CO)₅ 与 DDA 的比例为 1∶10 时得到了六角形的 γ-Fe₂O₃ 纳米微粒（图 4-61）。

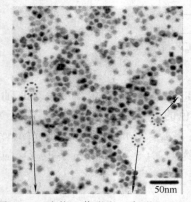

图 4-60　球状、菱形和三角形 γ-Fe₂O₃

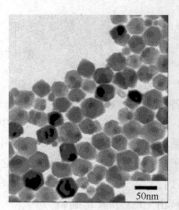

图 4-61　六角形 γ-Fe₂O₃

　　（4）由 α-Fe₂O₃ 粒子制备

　　γ-Fe₂O₃ 纳米线的制备：首先制备 α-Fe₂O₃ 纳米线，将其在还原气氛（60mL/min N₂∶H₂=10∶1）中，在 375～390℃加热 6h，可得 γ-Fe₂O₃ 纳米线（图 4-62）。

图 4-62　γ-Fe$_2$O$_3$ 纳米线

### 4.1.7.3　Fe$_3$O$_4$ 的合成

（1）化学共沉淀法

制备实例：将 Fe(Ⅱ) 和 Fe(Ⅲ) 盐按物质的量比为 1∶2 的比例混合放入烧瓶中，加入蒸馏水溶解，在强烈搅拌的同时缓慢滴加 NH$_3$·H$_2$O 溶液或 NaOH 溶液，直至 pH≥9，将体系移入适当容器中，高温恒温水浴晶化一定时间。可制得 Fe$_3$O$_4$ 纳米粒子。研究表明体系的初始 pH 值、初始浓度、反应温度等均会对产物的粒径产生影响。如崔升等以氨水为沉淀剂采用化学共沉淀法制备了约 10nm 纳米四氧化三铁粒子。

（2）溶剂热法

制备实例 1：在室温、搅拌条件下将 1.0mmol 的 FeCl$_3$·6H$_2$O 和 5.0mmol NaAc·3H$_2$O 加入到 8.0mL 的乙二醇中，将反应体系转移到 50mL 的高压釜，在 160～180℃反应 8～72h，自然冷却至室温，无水乙醇洗涤，60℃干燥 6h，可得圆饼干状 Fe$_3$O$_4$ 纳米粒子（图 4-63）。

图 4-63　圆饼干状 Fe$_3$O$_4$

制备实例 2：以二茂铁 [Fe(C$_5$H$_5$)$_2$]、丙酮（C$_3$H$_6$O）和水合联氨（N$_2$H$_4$·H$_2$O）为初始物制备 Fe$_3$O$_4$ 纳米粒子。将 2mmol 的二茂铁加入到 50mL 的丙酮中 C$_3$H$_6$O 中，搅拌形成均相溶液，然后加入 10mL 的水合联氨，将上述混合物转移到自制的带有磁铁（磁场 0.25T）的高压釜中，在 240℃转化 12h，自然冷却至室温，过滤、洗涤，真空干燥 6h，可得针状 Fe$_3$O$_4$ 纳米粒子（图 4-64）。

（3）水热法

制备实例：在高压釜放入 1.39g FeSO$_4$、1.24g Na$_2$S$_2$O$_3$、14mL 蒸馏水，缓慢滴加 10mL 1.0mol/L NaOH 溶液，不断搅拌，反应温度为 140℃，12h 后冷却至室温，得到灰黑灰色沉淀，经过滤，热水和无水乙醇洗涤，在 70℃真空干燥 4h，得到 50nm 多面体 Fe$_3$O$_4$

图 4-64　针状 $Fe_3O_4$

纳米晶体（图 4-65），此产率高于 90%。

（4）由 α-$Fe_2O_3$ 转化制备 $Fe_3O_4$

制备实例：首先制备 α-$Fe_2O_3$ 纳米线（直径为 40～90nm，长度为 10～20mm），以 20mL/min 的流速通入 $N_2$：$H_2$＝10：1 的混合气体，以 150℃/min 加热速率升温至 410～430℃，并在此温度下保温 6h，可以制得 $Fe_3O_4$ 纳米线（图 4-66）。

图 4-65　多面体 $Fe_3O_4$ 纳米晶体

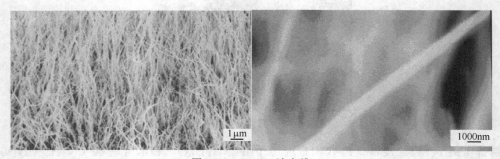

图 4-66　$Fe_3O_4$ 纳米线

# 4.2　碳纳米管的制备

碳纳米管是在 1991 年 1 月由日本 NEC 公司的电子显微学专家 Iijima 使用高分辨率分析电镜从电弧法生产的碳纤维中发现的。它是一种管状的碳分子，按照管子的层数不同，分为单壁碳纳米管和多壁碳纳米管。管子的半径方向非常细，只有纳米尺度，几万根碳纳米管并起来也只有一根头发丝宽，而在轴向则可长达数十到数百微米，碳纳米管的名称也因此而来。管上每个碳原子采取 sp² 杂化，相互之间以碳-碳 σ 键结合起来，形成由六边形组成的蜂窝状结构作为碳纳米管的骨架。每个碳原子上未参与杂化的一对 p 电子相互之间形成共轭 π 电子云。碳纳米管的分子结构决定了它具有一些独特的性质，如具有超常的强度、热导率、磁阻，且性质会随结构的变化而变化，可由绝缘体转变为半导体、由半导体变为金属等。由于独特的物理化学性质使得碳纳米管在场发射、分子电子器件、复合材料增强剂、催化剂载体等领域有着广泛的应用前景。

## 4.2.1　碳纳米管的应用

碳纳米管如同一个纳米试管和纳米容器。图 4-67 所示为单壁碳纳米管，它的中空结构可以容纳其他元素的原子或分子。

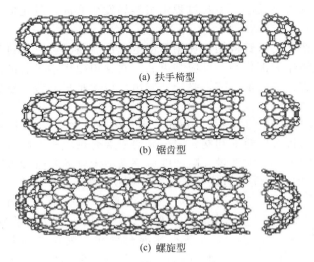

(a) 扶手椅型

(b) 锯齿型

(c) 螺旋型

图 4-67　单壁碳纳米管

目前，碳纳米管已经用来储存氢气等气体而用于燃料电池中。氢气被很多人视为未来的清洁能源，但是氢气本身密度低，压缩成液体储存又十分不方便。碳纳米管自身重量轻，具有中空的结构，可以作为储存氢气的优良容器，储存的氢气密度甚至比液态或固态氢气的密度还高。适当加热，氢气就可以慢慢释放出来。

碳纳米管优越的电学性能已经在场发射显示器件、传感器、纳米电极等方面得到了广泛研究和一定程度的应用。2001 年全球最大的计算机制造商 IBM 公司已研制出碳纳米结晶管，它比硅芯片晶体管的运行速度更快，能耗更低，集成度更高，而且能够大幅度简化芯片生产过程。该晶体管是制造更小巧，速度更快的计算机的技术关键。

碳纳米管具有很高的轴向强度和刚度，理论预言其强度大约为钢的 100 倍，而密度只有钢的 1/6，并具有良好的柔韧性，被誉为超级纤维，因此碳纳米管常用作复合材料的增强体。同时，它优良的导电、导热性能可改善复合材料的功能。对机器人、光纤转换器、假肢等这类器件来说，经过一种材料的反应将电能直接转换成机械能是至关重要的。

## 4.2.2　碳纳米管的制备

碳纳米管的制备是对其开展研究与应用的前提。获得管径均匀、高纯度、结构完美的碳纳米管是研究其性能和应用的基础，而大批量、低成本的合成工艺是碳纳米管能否实现工业应用的保证。目前制备碳纳米管的方法主要有电弧放电法、激光法和化学气相沉积法等。

#### 4.2.2.1 单壁碳纳米管的制备

相对多壁碳纳米管而言，单壁碳纳米管的管壁仅仅由一层石墨片组成，直径主要分布在0.4～3nm 之间。单壁碳纳米管真正代表了一维纳米材料的性能。目前，常用的制备单壁碳纳米管的方法包括石墨电弧法、化学气相沉积法（又称催化裂解法）和激光蒸发法。由于单壁碳纳米管的半径较小、石墨层片卷曲的曲率大，其生长条件比多壁碳纳米管更苛刻一些。例如要求催化剂粒径更小、反应温度更高。一般来说，石墨电弧法和激光蒸发法制备的碳纳米管纯度和晶化程度都较高，但产量较低。化学气相沉积法是实现工业化大批量生产碳纳米管的有效方法，但由于生长温度较低，碳纳米管中通常含有较多的结构缺陷，并伴有较多的杂质。虽然采用石墨电弧法、激光蒸发法和化学气相沉积法已经能够小批量制备单壁碳纳米管，但是迄今为止人们还不能实现直接在平面基底上生长大面积定向单壁碳纳米管阵列。这是因为单壁碳纳米管的直径较小，生长过程中很容易发生弯曲，其定向生长比多壁碳纳米管更加困难。

（1）电弧法 单壁碳纳米管最初是在用石墨电弧法制备富勒碳的过程中被发现的。阳极石墨棒中填充有铁或钴作为催化剂。反应结束后，富含单壁碳纳米管的烟灰黏附在容器内壁上。此后，研究人员进行了大量研究，终于开发出可以大批量制备单壁碳纳米管的石墨电弧工艺。

① 氦气保护石墨电弧法 1997 年 Joumet 等人在《自然》杂志上报道了批量合成单壁碳纳米管的工艺。他们将石墨粉末和钇、镍金属粉末混合后填充在阳极中，通过石墨电弧法得到克量级的单壁碳纳米管。大批量、高纯度单壁碳纳米管的制备设备同传统的石墨电弧设备基本相同（如图 4-68），但实验方法和工艺条件有所不同。

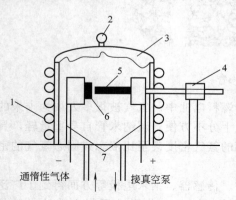

**图 4-68 电弧法设备简图**
1—水冷系统；2—真空压力表；3—真空室；
4—电极进给系统；5—石墨移动电极；
6—石墨固定电极；7—水冷通电柱

阳极为直径 6nm 的石墨棒，阴极为直径 16nm 的石墨棒。在阳极一端钻内径为 3.5nm 的小孔，填充金属混合物和石墨粉末（金属按 $x(Y)=1\%$，$x(Ni)=4.2\%$ 的比例均匀混合在石墨粉末中），或采用含金属镍、钇的复合电极（金属按 $x(Y)=1\%$，$x(Ni)=4.2\%$ 比例均匀混合在石墨棒中）。抽真空后，关闭真空室的真空阀，通入压力为 $6.6\times10^4$ Pa 的氦气。接通电源后，通过调整阴极与阳极之间的距离以产生电弧放电，电流控制在 100A，保持两极间电压为 30V。放电在数分钟内完成。充分水冷后，收集到以下几种产物：在反应室内壁上可获得橡胶似的炭灰生成物；悬挂在反应室内壁和阴极间的网状物（不填加 Ni 或者 Y 时，无网状物生成）；阴极端部的圆柱状沉积物；沉积物周围的"衣领"状产物，占产物总量的 20％，黑色，质轻。

这种批量制备单壁碳纳米管的石墨电弧法具有以下特点：产物的产率和单壁碳纳米管的纯度高；单壁碳纳米管集结成束状；制备批量的单壁碳纳米管所需时间很短。通过扫描电子显微镜和透射电子显微镜分析研究，其形貌如图4-69 和图 4-70 所示。

该方法出现后，研究人员对其进行了多方面改进。通常的石墨电弧放电是在阴阳极间呈直线型的端面间放电，多壁碳纳米管的生成物也黏附着在阴极上。如果阴阳极同侧放置，并

图 4-69 相互缠绕的单壁碳纳米管

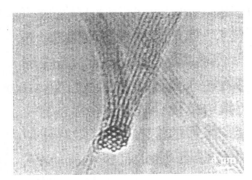

图 4-70 单壁碳纳米管束的高分辨
透射电子显微镜照片

形成一定角度，阴阳极间的放电变为点与点间放电，生成物成片附着在蒸发室内壁等处，这样即可大幅度增加单壁碳纳米管的产量。而且，在钇和镍等金属催化剂作用下，单壁碳纳米管的生长速度加快，有可能生长出直径更小的单壁碳纳米管。

② 氢气保护电弧放电法 传统的电弧法以氦作为保护介质，中国科学院沈阳金属研究所成会明研究小组开发了一种有效制备单壁碳纳米管的半连续氢电弧法，设备示意图如图 4-71 所示。他们通过此方法实现了高纯度单壁碳纳米管的大批量制备。

同传统石墨电弧法相比，氢电弧方法具有如下特点：

a. 在大直径阳极圆盘中填充混合均匀的反应物，可有效克服传统电弧法中反应物数量有限且均匀性差的缺点，利于单壁碳纳米管的大批量制备。

b. 阴极棒与阳极圆盘上表面成斜角，在电弧力的作用下可在反应室内形成一股等离子流，及时将单壁碳纳米管产物携带出高温反应区，避免了产物烧结。同时保持反应区内产物浓度较低，利于单壁碳纳米管的连续生长。

c. 阴极与阳极的位置均可调整，当部分原料反应完毕后可通过调整电极位置，利用其他区域的原料继续单壁碳纳米管的合成。

他们还通过改进氢电弧法实现了宏观长度的单壁碳纳米管长绳的制备。阴极为直径 10nm 的石墨棒，一端削尖，阳极为直径 50nm 的粗石墨棒，由均匀分布的石墨、催化剂 $[x(\mathrm{Ni})=2.5\%，x(\mathrm{Co})=1.0\%]$ 和生长促进剂 $[x(\mathrm{S})=0.8\%]$ 组成。两电极间呈 $30°\sim50°$ 夹角，易于等离子流的形成和单壁碳纳米管长束的合成。采用氩气和氢气的混合气体作为缓

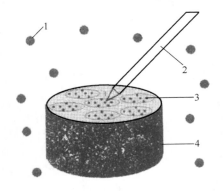

图 4-71 氢电弧法设备简图
1—氢气分子；2—阴极；3—催化剂；4—阳极

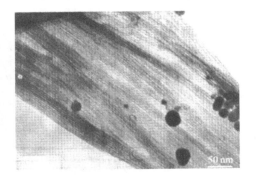

图 4-72 单壁碳纳米管长绳中的一根管束

冲气体，即可生长出定向单壁碳纳米管长绳，长度可达 10cm，直径从几微米至 $100\mu m$。当单独使用氩气、氢气或氮气时，则无长绳状产物出现。图 4-72 所示的是单壁碳纳米管长绳中一根管束的透射电子显微镜照片。

（2）激光蒸发法　激光蒸发法的设备简图如图 4-73 所示。在 1200℃ 的电阻炉中，由激光束蒸发石墨靶，流动的氩气（$6.67 \times 10^4$ Pa）使产物沉积到水冷铜柱上。

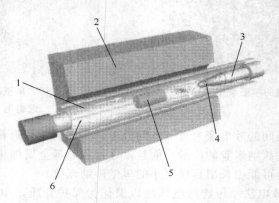

图 4-73　激光蒸发石墨棒法制备碳纳米管设备简图
1—缸气；2—电炉；3—水冷铜收集器；4—棉絮状纳米管产物；5—石墨靶；6—激光

石墨棒中掺杂金属粉末 [$x$(Ni/Co)=1.2%，颗粒直径约 $1\mu m$]。单壁碳纳米管产物在 1000℃ 的真空环境中热处理，使 $C_{60}$ 和其他富勒碳小分子升华掉。高纯度的单壁碳纳米管产物由随机排列的长达数微米、直径为 10～20nm 的细小纤维组成，如图 4-74（a）所示。透射电子显微镜检测表明这些细小纤维为单壁碳纳米管束 [见图 4-74（b）]。在某些透射电子

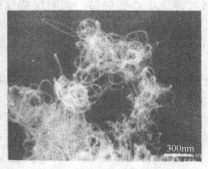

(a) 扫描电子显微镜照片

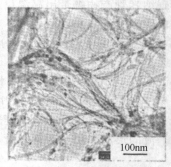

(b) 透射电子显微镜照片

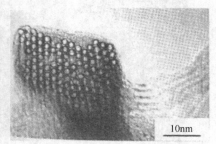

(c) 单根管束

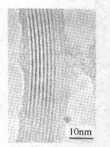

(d) 对同一根管束的不同角度的观察结果（相差30°）

(e) 对同一根管束的不同角度的观察结果（相差30°）

图 4-74　激光蒸发法制备的单壁碳纳米管的电子显微镜照片

显微镜照片中，管束长度超过 $100\mu m$。图 4-74（c）显示的是管束的一个端部横截面视图，可以清晰地观察到单壁碳纳米管具有统一的直径，晶格常数 $a \approx 1.7nm$。所有单壁碳纳米管的端部都由半球型端帽封口，没有发现金属催化剂颗粒的存在。Ni/Co 催化剂随机分布在产物中，通常镶嵌在较大的非晶碳颗粒中。

（3）化学气相沉积法　实验装置如图 4-75 所示。实验中所用的反应室为直径 22mm、长 600mm 的石英管。电阻炉 1 用来蒸发二茂铁，碳纳米管在电阻炉 2 中生长。催化裂解法制备单壁碳纳米管所要求的条件比较苛刻，二茂铁是溶解在碳氢化合物液体中，随溶液一起蒸发。为了方便地控制各组分的引入量，氢气分成两路，一路通过苯与噻吩的溶液后引入反应室（$H_2$ I），另一路直接通入反应室（$H_2$ II）。通过控制各路氢气的流量以及苯溶液的蒸汽压，可方便控制苯在整个反应组分中的分压。将二茂铁放在电阻炉 1 中，通过控制电阻炉 1 的温度控制其引入量。这样，所有反应组分通过氢气迅速带到电阻炉 2 的反应室内，在一定温度下反应生长出碳纳米管。生长出的碳纳米管沉积到反应室的后端（瓷舟上及反应室壁上）。通过对主要工艺参数（如反应温度、硫添加量及氢气流量等）的优化，最终制备出了单壁碳纳米管。

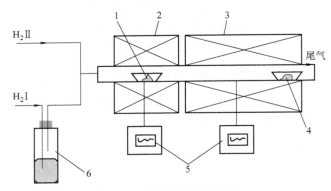

图 4-75　化学气相沉积装置

1—二茂铁粉末；2—电阻炉 1；3—电阻炉 2；4—产物；5—控制器；6—苯＋噻吩溶液

单壁碳纳米管生长条件比较苛刻，因此精确控制工艺参数尤为重要。制备碳纳米管工艺中影响产物生长的主要因素有反应温度、硫添加量、氢气流量等。

① 反应温度的影响　反应温度应控制在 1050～1200℃。在小于 1050℃时，产物主要为块状非晶碳；在反应温度为 1120～1140℃时，产物为粉状碳纳米管及少量束状碳纳米管；在温度大于 1160℃，特别是在 1180℃时，得到较多的碳纳米管膜。由前面的结果可知，只有膜状产物中才有单壁碳纳米管。因此，较高的反应温度有利于单壁碳纳米管的生长。

② 硫添加量的影响　实验发现硫元素的添加对单壁碳纳米管的生长至关重要。不添加噻吩时，产物主要为块状非晶碳；噻吩的摩尔分数小于 0.699 时，产物主要为粉状碳纳米管及少量束状碳纳米管；噻吩的摩尔分数大于 0.930 时，产物主要为块状非晶碳和粉状碳纳米管。当噻吩的摩尔分数在 0.699%～0.930% 范围内可以得到单壁碳纳米管。从实验结果看，生成单壁碳纳米管的噻吩添加量范围较大，这可能是因为苯与噻吩的引入是通过氢气带入，在苯溶液中，噻吩含量很低，其蒸气分压低，因此随噻吩添加量的增加，其蒸气偏压与苯相比要低得多，因此所需噻吩添加量范围较大。但是根据透射电子显微镜观察，对不同噻吩添加量下碳纳米管的外径进行统计，如图 4-76 所示。

根据硫元素对产物的影响，合适地硫添加量可使铁催化剂具有较高的活化程度。另外，在不同硫添加量的情况下，催化剂的活性不同，因此催化析出的碳（碳纳米管轴向生长）与

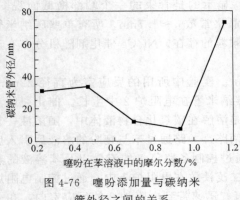

图 4-76　噻吩添加量与碳纳米
管外径之间的关系

管壁外延生长碳（热解碳的沉积，导致碳纳米管呈径向生长）的不同决定了碳纳米管的直径大小。在合适的硫添加量的情况下，催化剂活性大，反应室中的大部分碳参与了催化生长，热解碳量少，碳纳米管主要沿轴向生长。因此管径小，甚至生长出单壁碳纳米管。在较多的硫添加量情况下，由于硫使部分催化剂失去活性，反应室中部分碳沿碳纳米管径向沉积，从而使碳纳米管变粗。

③ 氢气流量的影响　通过控制两路氢气流量，可以方便控制反应室中的碳氢比（C/H）。过高的碳氢比不利于碳纳米管、特别是单壁碳纳米管的生长，因此氢气流量的控制决定了单壁碳纳米管的生长。实验发现，两路氢气的总流量低于 $250cm^3/min$，不能产生碳纳米管；而氢气流量过高也不利于碳纳米管的生长。如表 4-4 所示。在合适的氢气流量下，在 C/H 较小的情况下制备的单壁碳纳米管要多一些。氢气总流量太低，反应室中的 C/H 相对较大，不利于碳纳米管的生长。而氢气流量过高，冷氢气对反应气氛冲击很大，严重影响碳纳米管的生长条件。

**表 4-4　氢气流量对产物的影响**

| 实验方案 | 温度/℃ | 氢气流量/(mL/min) | | 产物形态 |
| --- | --- | --- | --- | --- |
| | | $H_2$（Ⅰ） | $H_2$（Ⅱ） | |
| 1 | 1120 | <200 | | AC |
| 2 | 1120 | 250 | | AC、CF |
| 3 | 1120 | 300 | | CF、SC |
| 4 | 1150 | 80 | 220 | SC、CF |
| 5 | 1150 | 100 | 200 | CF、SC、FC |
| 6 | 1150 | 120 | 180 | CF、SC、FC |
| 7 | 1150 | 150 | 150 | AC、CF、SC、FC |

在一定工艺参数下，宏观产物呈束状或膜状。大多数束状产物从反应室的石英管壁上收集到，而膜状产物以薄膜的形式覆盖在瓷舟或石英管壁上。图 4-77 是束状产物的透射电镜照片；图 4-78 是膜状产物的透射电镜照片。

#### 4.2.2.2　多壁碳纳米管的制备

同制备单壁碳纳米管相同，制备多壁碳纳米管的方法主要有三种：石墨电弧法、化学气

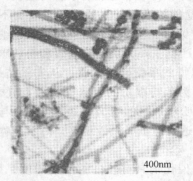

400nm

图 4-77　束状产物的透射电镜照片

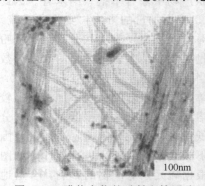

100nm

图 4-78　膜状产物的透射电镜照片

相沉积法（又称催化裂解法）和激光蒸发法。

（1）石墨电弧法　石墨电弧法是最早用于制备碳纳米管的工艺方法，后经 Ebbesen 等人优化工艺，每次可制得克量级的碳纳米管。石墨电弧法制备多壁碳纳米管的工艺简图如图 4-79 所示。

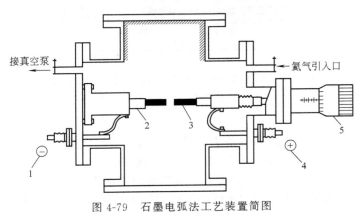

图 4-79　石墨电弧法工艺装置简图

1—阴极接头；2—阴极；3—阳极；4—阳极接头；5—线性进给装置

在真空反应室中充惰性气体或氢气，采用较粗大的石墨棒为阴极，细石墨棒为阳极，在电弧放电的过程中阳极石墨棒不断被消耗，同时在石墨阴极上沉积出含有碳纳米管的产物。在采用石墨电弧法合成碳纳米管时，工艺参数的改变将大大影响碳纳米管的产率。1991 年，Iijima就是使用石墨电弧法来制备出碳纳米管的。现在，人们在尝试寻找简单的制备方法，通过改变电弧介质来简化电弧装置，液氮（图 4-80）和水溶液都曾被用来替换氦气和氢气制备碳纳米管。

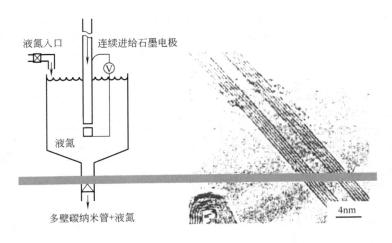

(a) 设备简图　　　　　(b) 多壁碳纳米管的高分辨透射电镜照片

图 4-80　以液氮为介质的电弧法制备碳纳米管

（2）激光蒸发法　$C_{60}$ 是在激光蒸发石墨靶过程中被发现的。Smalley 等人首次使用激光蒸发法实现了单壁碳纳米管的批量制备，他们采用类似的实验设备，通过激光蒸发过渡金属与石墨的复合材料棒制备出多壁碳纳米管。激光蒸发设备同单壁碳纳米管合成设备类似，设备简图如图 4-81 所示。在 1200℃的电阻炉中，由激光束蒸发石墨靶，流动的氩气使产物

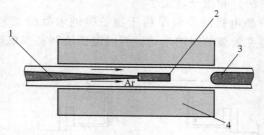

图 4-81　激光蒸发石墨棒法制备碳纳米管设备简图

1—激光束；2—石墨靶；3—水冷铜柱；4—电阻炉

沉积到水冷铜柱上。

（3）化学气相沉积法　Yacaman 等人最早采用铁和石墨颗粒 $[w(Fe)=2.5\%]$ 作为催化剂，在常压、700℃条件下分解体积分数为 9% 乙炔/氮气（流量为 150mL/min），获得了长度 50$\mu$m、微观结构和直径与 Iijima 报道结果相当的碳纳米管。另外，分解其他气体，如乙烯、苯蒸气等也成功地获得了碳纳米管。催化裂解法制备碳纳米管常用的工艺设备简图如图 4-82 所示。在催化裂解碳氢化合物制备碳纳米管的工艺中，作为催化剂的金属元素有铁、钴和镍等。研究表明，多壁碳纳米管的直径在很大程度上取决于催化剂颗粒的直径，因此通过催化剂种类与粒径的选择及工艺条件的控制，可获得纯度较高、尺寸分布较均匀的多壁碳纳米管。

① 基种催化法　基种法的基本原理是：用碳氢化合物（以丙烯为例）为碳源，氢气为还原气，在铁、钴和镍基催化剂作用下，在管式电阻炉中裂解原料气形成自由碳原子，并沉积在催化剂上，最终生长成碳纳米管。

下面介绍采用固态粉状镍基催化剂，以丙烯为碳源制备碳纳米管的工艺。将镍基催化剂均匀分布于瓷舟底部，放入石英管中部，如图 4-83 所示。封闭石英管后，通入氮气，并开始升温。至 303K 时通入氢气，还原催化剂中的金属镍原子，并关闭氮气。当温度升至裂解温度（1043K 左右）后，通入原料气（丙烯），开始碳纳米管的合成。

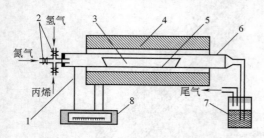

图 4-82　催化裂解法工艺设备简图

1—热电偶；2—质量流量计；3—石英舟；4—电阻炉；
5—催化剂；6—石英管反应室；
7—洗瓶；8—温度控制器

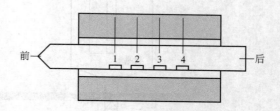

图 4-83　四个瓷舟在炉中相对位置

（1、2、3、4 瓷舟，底部均布镍基催化剂）

通过实验分析发现，在合成碳纳米管的温度范围内（953～1043K），温度越低，碳纳米管的产量越高，生长速率越大，丙烯碳的利用率越高；裂解时间越短，碳纳米管的生长速率越大，丙烯碳的转化率越低；原料气丙烯流量越大，碳纳米管的产量越高，生长速率越大，丙烯碳的转化率越低。当然，产量越高，催化剂的利用率也越高。实验分析还表明，温度越高，碳纳米管有效生长时间越短。对碳纳米管制备影响最大的工艺参数是裂解温度，它通过影响碳纳米管的有效生长时间而影响碳纳米管的产量、平均生长速率和原料气中碳的转化率。以裂解时间为 35min、丙烯流量为 200mL/min 的条件下制备碳纳米管为例，分析温度对碳纳米管形貌影响，如图 4-84 所示。

图 4-84（a）是在 953K 下制备的碳纳米管形貌，具有以下特点：碳纳米管的平均直径较小且较均匀，但曲率较大，且相互缠绕，形成微米级团簇。在此温度下，碳纳米管主要沿轴向生长，而沿径向的生长很少。图 4-84（b）是在 983K 温度下制备的碳纳米管形貌，图中碳纳米管比图（a）中碳纳米管粗且均匀性较差，缠绕形成的碳纳米管颗粒的直径减小。说明在此温度下碳纳米管沿轴向生长速率仍然很高，但径向生长速率也有所增加。图 4-84（c）是在 1043K 温度下制备的碳纳米管形貌，管径也最大，但曲率很小。

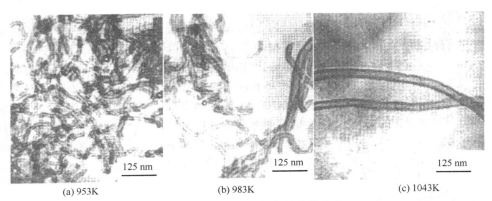

(a) 953K　　　　　　　(b) 983K　　　　　　　(c) 1043K

图 4-84　不同温度下制备的碳纳米管

在相同温度下，若气体流量小，则加热时间长，制备的碳纳米管的管径将有所增加。在合成碳纳米管的温度范围内，温度越低，制备的碳纳米管的直径越小，但曲率增大，缠绕程度增高，甚至形成微米级团簇。反之，则制备的碳纳米管的直径越大，曲率也越小，且不相互缠绕。若温度太低，将产生非晶碳。

② 浮动催化法　浮动催化法的设备简图如图 4-85 所示。反应室为陶瓷管，电阻炉（额定温度 1200℃）立式放置，反应室放置在电阻炉中。反应室的上部是蒸发器，上面装有进气口及反应溶液（苯或正己烷与二茂铁的混合溶液）入口。反应室下面安装产物收集器及尾

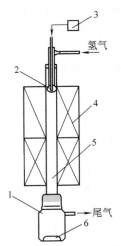

图 4-85 浮动催化法装置简图

1—收集器；2—蒸发器；3—反应溶液；4—电阻炉；5—反应室；6—产物

气出口。

操作过程如下：密封反应室，通氮气 100mL/min 并开始升温，升温至 800℃ 左右时开始通氢气并停止通氮气。继续升到预定的反应温度，引入反应溶液开始制备产物，保持30～60min 后停止。切断电阻炉电源，通氮气并停止氢气，冷却至室温取出产物检测。反应溶液通过液体流量泵引入反应室。载气的引入通过气体质量流量计控制。实验中采用的原料如下：苯或正己烷作碳源，苯的质量分数为 99.5%；正己烷的质量分数为 99%；分析纯的二茂铁 $[Fe(C_5H_5)_2]$ 为催化剂；噻吩（$C_4H_4S$）或三苯膦 $[(C_6H_5)_3P]$ 作助催剂，噻吩为分析纯，质量分数为 99%，三苯膦为化学纯，灼烧残渣（硫酸盐）的质量分数为 0.1%；反应温度为 1000～1200℃，反应溶液引入流量为 0.1～2.0mL/min，载气（氢气）的引入量为 50～500mL/min。

根据工艺参数的不同，可以制备出不同结构形态的产物。下面介绍实验中制备的几类主要产物。图 4-86 是粗碳纳米管产物的透射电子显微镜照片。从图中可以看出产物呈管状，直径在 30～100nm 之间，平均直径约 60nm，长度约几十微米到几百微米。这种碳纳米管的主要特点是管腔大，管壁相对较薄，管身弯曲。在每根碳纳米管的一端都有催化剂颗粒，而另一端则是开口的。催化剂颗粒有的呈短棒形，有的呈梨形。碳纳米管的内径与催化剂颗粒的直径相当，即催化剂颗粒的直径决定了管腔的大小。图 4-87 是细直碳纳米管产物的照片。这种碳纳米管的特点是管腔小，管径为 10～60nm，管壁相对较厚，且管身较直没有弯曲。碳纳米管的端部很少有催化剂颗粒存在，且多为开口。

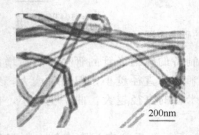
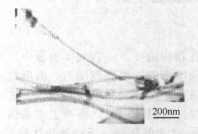

图 4-86　粗大碳纳米管的透射电镜照片　　　　图 4-87　细直碳纳米管的透射镜照片

（4）其他制备方法

① 热解聚合物法　通过热解某些聚合物或有机金属化合物，也可得到碳纳米管。Cho 等人将柠檬酸和甘醇聚酯化，并将得到的聚合物在 400℃ 空气中加热 8h，然后冷却至室温，得到了碳纳米管。热处理温度是关键因素，聚合物的分解可能产生碳悬键并导致碳的重组而形成碳纳米管。在 420～450℃ 下用镍作为催化剂，在氢气中热解粒状的聚乙烯，也可合成碳纳米管。

Sen 采用在 900℃ 下的氩气和氢气中热解二茂铁、二茂镍和二茂钴，也得到了碳纳米管。这些金属化合物热解后不仅提供了碳源，同时也提供了催化剂颗粒，其生长机制与催化裂解法相似。

② 火焰法　通过燃烧低压碳氢气体可得到宏观量的 $C_{60}/C_{70}$ 等富勒碳，同时也发现了碳纳米管及其他纳米结构。Richter 等人通过对乙炔、氧和氩气的混合气燃烧后的炭黑进行检测，观察到附着大量非晶碳的单壁碳纳米管。Daschowdhury 等人在苯、乙炔和乙烯同氧及惰性气体的混合物燃烧后的炭黑中也发现了纳米级的球状物和管状物。对火焰法中纳米结构的生长机理目前还没有很明确的解释。

③ 离子（电子束）辐射法　Chemozatonskii 等人通过电子束蒸发覆在硅基体上的石墨

合成了直径为 10～20nm 的沿同一方向排列的碳纳米管。Yamamoto 报道了一种制备碳纳米管的新方法，他在高真空条件下（$5.33 \times 10^{-3}$ Pa）用氩离子束对非晶碳进行辐照得到了 10～15 层厚的碳纳米管。

④ 电解法　Hsu 等以熔融碱金属卤化物为电解液，石墨棒为电极，在氢气氛中通过电解方法合成了碳纳米管及葱状结构。电解电压、电流、电极浸入电解液的深度和电解时间等是影响产物性质的几个重要因素。

⑤ 金属材料原位合成法　在上述方法中，碳纳米管是在碳、碳氢气体和金属/碳流的自由空间中合成的。俄罗斯的 Chemozatonskii 等人在检测粉末冶金法制备的 Fe-Ni-C、Ni-Fe-C 和 Fe-Ni-Co-C 合金时，在微孔洞中发现了富勒烯和单壁碳纳米管，并由此提出了相应的生长机制。该方法虽然奇特，但对金属基碳纳米管复合材料的研究具有重要的价值。Kyotani 等人采用"模板碳化"技术，以分布有均匀且平直的纳米级沟槽的氧化铝膜为模板，在 800℃下热解丙烯，让热解碳沉积在沟槽壁上，再用氢氟酸除掉氧化铝，即得到两端开口的碳纳米管。

另外，采用太阳能法也可以制备多壁碳纳米管，但由于产量和质量的限制，对其研究及应用并不广泛。

### 4.2.3　定向多壁碳纳米管的制备

#### 4.2.3.1　定向碳纳米管薄膜的制备

实验装置示意图如图 4-88 所示。采用卧式电阻炉中的石英管（长 120cm，内径 30mm）作为反应器。碳源、催化剂、氢气和保护气体氩气从石英管一端引入，尾气从另一端排出。石英管入口的橡皮塞上插有一根进气管（内径 5mm）、一根玻璃毛细管（内径 1mm）和一个热电偶（见图 4-89）。氩气和氢气沿进气管导入，而二甲苯和二茂铁的混合溶液由注射器（量程为 5mL，精度为 0.1mL）从毛细管逐滴注入。热电偶的测温点和毛细管的端部处于同一位置，用于测定石英管内毛细管端部的温度。

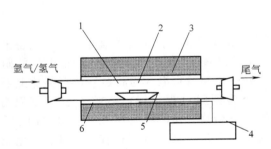

图 4-88　实验装置示意图

1—石英舟；2—基底；3—反应器；4—控温仪
5—热电偶；6—电阻炉

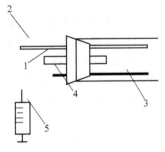

图 4-89　石英管入口处放大图

1—进气管；2—毛细管；3—石英管
4—热电偶；5—注射器

定向碳纳米管薄膜的制备过程主要包括以下几个步骤：

① 称取适量二茂铁粉末（1～6g），溶于一定体积的（通常为 50mL）二甲苯中。混合均匀后形成棕黄色透明溶液，然后静置 24h。

② 将生长基底（石英片）放在石英舟上，再把石英舟缓缓推入电阻炉中间。用密封胶封闭石英管的两端。

③ 通入氩气，流量为 100mL/min。加热石英管至反应温度，入口处热电偶的显示温度

在 150℃左右。

④ 通入氢气，氩气和氢气的流量分别为 1000mL/min 和 150mL/min。用注射器吸取适量二茂铁和二甲苯溶液，通过毛细管缓慢均匀地逐滴注入炉内。每隔 1min 注入一滴二甲苯溶液。

⑤ 反应完毕，关闭氢气，使电炉在氩气中冷却至室温，取出样品。

由于定向薄膜中碳纳米管沿同一方向生长，薄膜的厚度等于碳纳米管的长度。随着反应时间的延长，薄膜的厚度也随之增大。图 4-90 是一些定向碳纳米管薄膜的扫描电镜照片，它们具有不同的厚度。

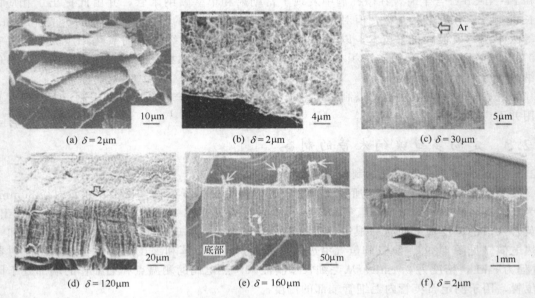

图 4-90    不同厚度的定向碳纳米管薄膜

### 4.2.3.2 超长定向碳纳米管的制备

中科院物理所的谢思深研究小组使用溶胶凝胶技术和催化裂解碳氢化物方法制备出超长（可达 2mm）多壁碳纳米管。他们将 10mL 四乙氧基硅同 15mL 浓度为 1.5mol/L 的硝酸铁水溶液和 10mL 乙醇混合在一起，磁力搅拌 20mm。然后将混合物滴在一块石英片上形成一个 30～50μm 厚的薄膜。凝胶以后，在 80℃下将薄膜过夜干燥，凝胶分裂成面积为 5～20mm² 的小片。将基底在真空和 450℃的条件下焙烧 10h，然后在 $2.4 \times 10^4$ Pa 的压力和 500℃温度下，在体积分数为 9%氢气/氮气流中还原 5h。经过上述过程，在基底上生成大量铁/硅纳米颗粒，作为碳纳米管生长的催化剂。然后将基底置于体积分数为 9%的乙炔/氮气中，在 $2.4 \times 10^4$ Pa 的压力和 600℃温度下反应 1～48h。超长定向碳纳米管在基底表面上生长，如图 4-91 所示。碳纳米管的长度随反应时间的增加而增长，48h 后可达 2mm。如果延长反应时间，长度有可能进一步增加。高分辨电子显微镜检测表明碳纳米管具有较为统一的外径（20～40nm），碳纳米管阵列中管间距约为 100nm。

### 4.2.3.3 碳纳米管的自组装

为构建纳米集成系统，需要按人们意愿对纳米结构进行自由排列。美国伦赛勒理工学院使用化学气相沉积方法直接在 Si/SiO₂ 基底上自组织生长具有预定取向的碳纳米管，形成一维、二维及三维空间的规则排列。碳纳米管优先垂直于基底，并可以按光刻形成的图案选择性成核生长，从而达到可控的目的。图 4-92 为自组织生长的定向碳纳米管图片。d 为碳纳米管圆柱束间距，生长高度控制在 $1\sim2\mu m$ 之间（生长速度约为 $10\mu m/min$）。

这项技术可以应用于电子设备制造，并有望大规模应用于传统的基于硅的微电子制造技术中。

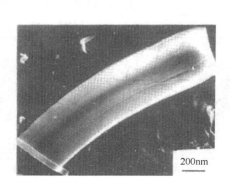

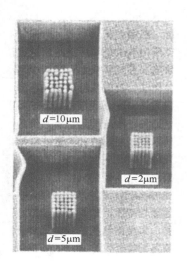

图 4-91　2mm 超长定向多壁碳纳米管阵列　　　　图 4-92　定向碳纳米管自组装阵列

# 4.3　生物纳米材料的制备

很多生物现象发生在纳米水平，与其他化学学科一样，生物化学也同纳米材料、纳米科技产生了密切联系。核酸与蛋白质是执行生命功能的重要纳米成分，是最好的生物纳米材料。这些成分相互作用编织了一个复杂的、完美的生物世界。图 4-93 是一些具有纳米结构的天然生物材料的电子显微图像。其中单晶脊骨（图 a）来自于海洋生物——海胆；多孔海绵状单晶（图 b）来自于栉蛇尾鼠类动物；矿物板层结构（图 c）系老鼠的门牙；植物体中非晶 $SiO_2$ 可被纤维素、蛋白质大分子稳定而形成纳米丝（图 d），这种 $SiO_2$/生物大分子复合体存在于植物的树叶、树枝等部位；一些细菌中细胞膜上的蛋白质可形成有序结构（图 e），该有序结构可作为模板，在注入石膏后形成纳米矿物薄膜（图 f）。生物纳米材料研究，不仅涉及基因与蛋白质的结构与功能，包括它们的识别、结合、相变、特殊因子的释放、生物电化学信号的产生与传导、生物力学与热力学特性，而且还涉及新技术工具的发展。尽管很多根本问题仍然不清楚，但是带有生物与纳米特征的新材料研究与开发已取得很大进展。

## 4.3.1　仿生纳米材料的设计与制备

对生物矿化的研究发现：有机分子可以改变无机晶体的生长形貌和结构。这一发现为新材料的设计提供了重要思路。例如，采用有机分子在水溶液中形成的逆向胶束、微乳液、磷脂囊泡及表面活性剂囊泡作为无机底物材料的空间受体和反应界面，将无机材料合成限制在有限的纳米级空间，从而合成无机纳米材料。

贝壳珍珠层的纹层结构——由文石和生物聚合体相间排列构成的定向涂层，赋予了珍珠层高的强度、硬度和韧性。珍珠层的这种优异特性鼓舞化学家和材料科学家开发仿生纳米材料组装技术。受珍珠层结构的启发，Sellinger 等以二氧化硅、表面活性剂（聚十二烷丙烯

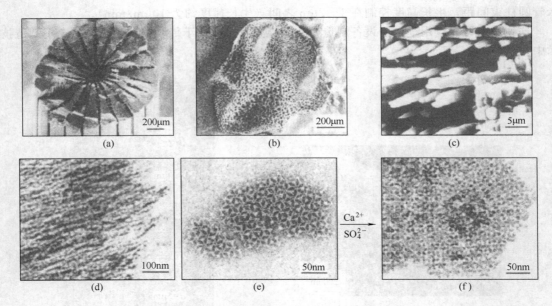

图 4-93　丰富多彩的天然纳米生物材料

酸酯）和有机单分子胶束溶液为原料，用浸涂法完成了自组装过程。实验方法是先在甲醇-水溶剂中，制备可溶性硅酸盐、偶联剂、表面活性剂（低于胶束浓度）、有机单分子的均相溶液。在浸涂过程中，甲醇首先蒸发，沉积膜中非蒸发相浓度不断提高，当超过临界胶束浓度时胶束形成。连续蒸发使二氧化硅-表面活性剂-单分子胶束协同组装成表面有机液体-结晶相。与此同时，无机及有机前驱体有机化迅速形成纹层结构。纳米结构内产生伴随无机聚合的有机聚合作用，并将有机-无机表面共价连接。Bunke 等应用仿生涂层技术，模仿牙齿、骨骼和贝壳的生物矿化作用过程，使塑料、陶瓷等表面功能化，使其对溶液-衍生陶瓷相沉积具有表面活性。然后在功能材料表面结晶成核生长，形成高性能致密氧化物、氢氧化物、硫化物多晶陶瓷薄膜。

　　钛和它的一些合金被广泛用于整形外科和牙齿的植入，它的表面一般是通过各种方法被涂上羟基磷灰石（HA），如等离子喷涂或离子束辅助沉积。但是这些方法很昂贵，对设备要求很高，此外由于反应在高温下进行，很难控制涂层的成分和晶体结构。最近，一些新的仿生技术用于在钛基体上产生羟磷灰石涂层，这种方法的主要过程是：利用 $NaH_2PO_4$ 制得一种稳定的含有高钙和磷酸根离子的溶液，添加 $NaHCO_3$ 得到过饱和石灰溶液。随 $NaHCO_3$ 的加入，溶液的 pH 值逐步稳定地提高。经过 24h 的沉浸，在基体上形成了约 $40\mu m$ 厚的规则涂层，涂层的成分从羟基磷灰石（HA）到 HA-磷酸二钙二水合物（DCPD）可以调节，其 SEM 照片如图 4-94 所示。

## 4.3.2　智能纳米凝胶的合成

　　智能纳米凝胶是高分子微凝胶的一种，一般情况下它的粒径不大于 100nm，这种凝胶能够感应外界环境的变化，并因此而发生相应的物理化学性质的变化。这些外界因素包括温度、离子强度、pH 值、溶剂以及光、电、磁、压强等。凝胶在感应这些外界刺激响应后的变化特性，在化妆品工业、涂料行业、印刷业，尤其是在生物医药行业的应用最为引人注目。如生物活体标记、免疫隔离细胞移植、基因治疗和药物定位缓释等。Flory 等早在 20 世纪 50 年代就对智能凝胶的溶胀变化作过理论上的研究。著名的凝结专家 Tanaka 的实验

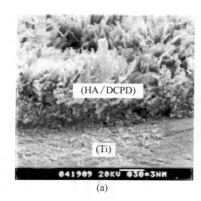

图 4-94　Ti 基体上形成的仿生涂层

室发现凝胶的体积变化并给出其状态方程凝胶。近几年来，随着高分子科学与生物医药的交叉研究的兴起，生物医用高分子凝胶的研究已成为高分子研究的一大热点。

高分子微凝胶与无机材料微球或者生物脂质体相比具有很多优点，如价廉、对外界非响应因素的稳定性好、易功能化、制备简单等。目前高分子智能微凝胶在药物载体和基因工程治疗方面的应用已成为现代高分子科学发展的新方向。智能药物载体的单体主要按其作用机制来选则，而基因工程治疗上应用的材料一般为带有一定电性的高分子微凝胶。在生物制药上，传统的给药方式如使用片剂、胶囊及针剂等，给药后药浓度起伏较大而且使用时间有限，只有频繁的小剂量给药，给患者造成极大不便。而以高分子智能微凝胶作为药物载体，可以减少服药次数，屏蔽药物的刺激性的气味，通过外界条件人为控制药物计量、提高药物疗效，并且可以降低药物的成本等。这种载药体系在体内的作用效果与传统的服药方式的比较见图 4-95，被称为纳米载药系统（nano-based drug delivery systems，NDDS）。纳米载药系统主要是将药物分子与天然或合成高分子载体通过化学键合、物理吸附或包裹，在不降低原有药效并抑制其副作用的情况下，以合适的浓度和时间将控释系统导向至患病的部位，然后体系通过一系列的物理、化学及生物控制，将药物等以最佳剂量和时间释放出来，达到定时、定位、定量发挥药物的疗效。

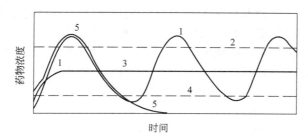

图 4-95　纳米载药体系和传统药物在体内的释放曲线
1—控制释放；2—所需的最大剂量；3—缓释；
4—所需的最小剂量；5—传统释放

智能微凝胶的合成方法比较多，不同的合成方法产生具有不同的粒径和表面结构的凝胶，从而具有不同的用途。高分子微凝胶的制备可以归结为物理和化学两种方法，如图 4-96 所示。从图中可以看到，路线 2 主要是物理方法，该方法的特点是预先合成一定分子量的高分子或利用具有一定分子量的天然高分子，然后运用物理的方法使粒子细微，这种方法得到的微球粒径分布较宽、粒径较大。路线 1 则是高分子化学合成方法。从图 4-97 可以看出，合成方法与微凝胶粒的关系很大，但是，可以通过改变实验体系和合成条件实现对粒径的控制。

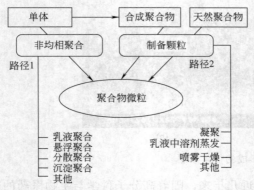

图 4-96　高分子微球的物理和化学制备方法示意图

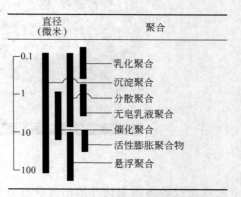

图 4-97　制备方法和凝胶粒径的关系

　　中科院上海原子核研究所应用无皂乳液聚合和反向微乳液聚合合成 20～100nm 的微凝胶粒子。无皂乳液聚合是指完全不含乳化剂或只含微量的乳化剂的乳液聚合，其中乳化剂所起的作用与传统的乳液聚合不同，其粒子的形成机理和粒子的稳定条件不同于传统的乳液聚合。乳胶粒主要是通过结合在聚合物上的离子基团、亲水基团和分子间的范德华力稳定。引入这些基团的途径有三种，一是引发剂分解产生的碎片；二是聚合体系中加入离子型的共聚单体；三是体系中的亲水性的单体的存在。这些基团在微凝胶离子的表面形成一层保护层，它们之间的位阻效应是稳定粒子的根本所在。

　　无皂乳液聚合实验中所加入的乳化剂的量一般小于乳化剂的临界胶束浓度（cmc），其作用是在反应过程中阻止粒子由于热运动和搅拌而产生的相互凝并，增加微凝胶表面的双电层的电量和空间位阻。Wayne 等用十二烷基硫酸钠 SDS 改进无皂乳液聚合合成聚 $N$-异丙基丙烯酰胺的微凝胶，并研究了 SDS 的浓度与微凝胶粒子的粒径的关系如图 4-98。当乳化剂增加到一定的浓度后微凝胶的粒径将不再降低而趋向于稳定。微乳液聚合由于体系中加入大量的乳化剂，所以是由胶束来控制微凝胶粒子的大小，其主要影响因素为乳化剂、单体和反应介质的匹配。引发方式对微凝胶的粒径也有一定的影响，而且它还影响微凝胶的表面性质。目前常用热、光、氧化还原等引发聚合的微凝胶表面有大量残留引发剂碎片，这限制了它在生物医学上的应用。也可采用辐射引发反应，体系中不需加引发剂和交链剂，通过射线与单体作用，产生自由基引发反应和交链。由此合成出一系列具有光、温度和 pH 值响应的纳米微凝胶。图 4-99 和图 4-100 是静态激光光散射的表征结果。

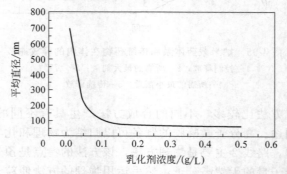

图 4-98　凝胶粒径与乳化剂浓度的关系（25℃光散射表征）

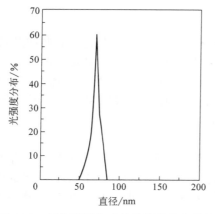

图 4-99 无皂乳液合成纳米凝胶的表征结

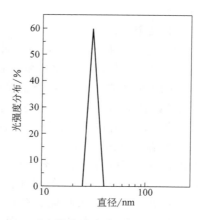

图 4-100 反向微乳液合成纳米微粒的表征结果

　　生物医用高分子凝胶是最近发展起来的交叉研究领域，如具有仿生功能的凝胶，组织工程用高分子凝胶，以及是缓释、靶向制剂用的智能高分子纳米凝胶。以高分子微凝胶作为载体的智能药物制剂已经实现了商品化，如 1990 年美国上市的商品名为 Norplant 类固醇激素，商品名为 Ocusert 治疗青光眼的皮罗卡品等。相信随着高分子科学和生物医学的不断发展，新的智能纳米微凝胶载体和效果更佳的生物医学工程药物制剂将会被研究出来。

### 4.3.3　纳米药物载体材料的制备

　　纳米药物载体材料分为两种：生物降解型和非生物降解型高分子材料。生物降解型材料包括聚（α-羟基酸），如聚乳酸、聚乙醇酸、乳酸-乙醇酸的共聚物等；交链聚酯，如聚丙交酯，聚（ε-己内酯）及聚氰基丙烯酸烷基酯等；聚原酸酯；聚酐和多态肽。非生物降解型材料包括：聚甲基丙烯酸甲酯、聚苯乙烯、聚酰胺等。还有一类纳米药物，即固体脂质纳米粒（solidliqid nanoparticles，SLN），它一般是以固态的天然的或合成的类脂，如卵磷脂、三酰甘油等为载体，将药物包裹于类脂核中制成的粒径约为 50～1000nm 的固体胶粒给药体系，但由于水溶性药物的 SLN 包封率低，而且生物大分子药物 SLN 面临胃肠环境因素的灭活，使得 SLN 的应用受到一些限制。在此重点介绍生物降解型材料为载体的纳米药物。

　　生物可降解聚合物纳米粒与药物的结合方式可以是包裹，也可以是附载或吸附，且聚合物材料为生物降解型，在人体内水解酶的作用下水解成单体，最终产物为水和二氧化碳。一般没有在人体内积聚的问题，因此很受药学界关注。聚合物纳米粒的制备方法应用最广泛的是溶剂挥发法（又称为液内干燥法、溶剂固化法等），还有其他一些方法，如喷雾干燥法、界面聚合法和熔融法等。

#### 4.3.3.1　溶剂挥发法

　　溶剂挥发法常用于聚乳酸（PLA）、乳酸、羟基乙酸共聚物（PLGA）等类纳米粒的制备。Maria 等以乳酸-羟基乙酸共聚物（PLGA）为载体，用双乳化-溶剂挥发法制备了载有 L-门冬酰胺酶的纳米球，在制备过程中采用超声乳化技术将纳米球粒径控制在 200nm 左右，包封率达到 40%。马利敏等使用新合成的嵌段聚酯化合物 ε-己内酯-D,L-丙交酯嵌段共聚物［poly(-ε-caproactone-block-DL-ac-tide)PCLA］为载体材料，采用超声双乳化-溶剂挥发法制备了胰岛素聚酯纳米粒，载药纳米粒平均粒径为 167.3nm，其中 99%＜341.3nm，大小均匀，呈球形，平均包封率达 37.9%。何林等用溶剂挥发法制备了阿克拉霉素 A 聚乳酸纳米粒（ACM-PLA-Np），所得纳米粒平均粒径为 80nm，平均载药量为 18.5%，平均包封率为 86.7％。

### 4.3.3.2　界面聚合法

　　界面聚合法常用于聚氰基丙烯烷酯（PACA）纳米粒的制备。将药物、脂肪酸及氰基丙烯烷酯（ACA）单体溶于无水乙醇中制成油相，搅拌均匀后，再缓缓加入到含有表面活性剂的水相中即可制成 PACA 载药纳米粒。张强等用氰基丙烯酸正丁酯包裹硫酸庆大霉素，分别使用了四种不同的表面活性剂，结果包封率都在 80％ 以上。段明星等以氰基丙烯酸异丁酯包裹胰岛素，所得纳米粒平均粒径 260nm，包封率 80％ 以上。

### 4.3.3.3　喷雾干燥法

　　喷雾干燥能直接将溶液、乳状液、混悬液干燥成粉末或颗粒，方法比较简便，省去了蒸发、粉碎等步骤。Wagenear 等以非甾体类抗炎药物为模型，聚乳酸、丙交酯-乙交酯共聚物为材料，采用喷雾干燥法制成载药微囊，粒子粒径较小，已接近球形，包封率高达 99％，载药量达 10％。喷雾干燥工艺易实现工业化，可进行批量生产。

### 4.3.3.4　熔融法

　　Wichert 等以熔融法制备亲神经药物 vinpocetine 的聚乳酸（PLA）微球，制备时直接将药物与 PLA 混合熔融，待熔融物冷却后，再乳化、干燥、收集微球。这种方法因为不使用有机溶剂，因此不存在残留溶剂的毒性问题。但制备时温度较高，对药物稳定性有较高要求。

　　目前采用的生物降解型聚合物材料所制成的载药纳米粒有很多优点：可以通过改变载体材料，改变表面活性剂或某些制备条件控制制剂微粒的大小；选择合适的载体材料便可制出有缓释作用的纳米药物；由于聚合物纳米粒表面亲水性强，使其被肝、脾吸收减少，可延长药物在体内循环的时间；可以防止药物在胃酸条件下水解，提高药物在胃肠道的稳定性。作为极有开发潜力的纳米药物，其突出的优点越来越为医药学界所重视。总之，纳米粒给药系统作为药物发展的工具，有着极其广泛的应用前景，终将为药物制剂方面开创一片全新的景象。

# 4.4　纳米金属的制备

## 4.4.1　纳米金属制备概述

　　一般来说有两种方法可以合成纳米金属粒子：从上到下（top-down）和从下到上（bottom-up）。从上到下的方法是把宏观粒子减少到纳米尺度，一般来说这个方法很难制备形貌均一的粒子，尤其是更难制备很小的粒子。从下到上的方法更适合于生成粒度均一的粒子，就像下面将要阐述的那样，这些粒子有不同的大小、形状和结构。下面介绍两种从下到上的纳米金属粒子的主要制备技术。

### 4.4.1.1　气相合成

　　气相合成纳米金属的装置如图 4-101 所示。它有一个加热装置，金属靶物可以被简单地通过加热或者激光辐照而蒸发。然后原子流通过不同结构的狭缝聚集成束流。根据质量的不同采用质谱装置来筛分粒子。簇束发生器的缺点是缺少一个对簇的保护壳，由于热力学上裸露的金属粒子更倾向于形成金属-金属键，所以它们产生后立刻就聚合成多晶的粉末。解决这个问题的方法包括在载体上沉积粒子。最近一个更有前途的方法是在溶液采用裸露粒子与配体分子的自发反应，在其表面形成一个包覆层。这个方法和化学方法很相似，几十年来这些化学方法一直被用来制备克量级稳定的纳米粒子，因此采用化学方法制备纳米粒子是更合适的选择。下面我们将讨论化学合成纳米金属粒子的原理。

#### 4.4.1.2　化学合成

19 世纪中叶，迈克尔法拉第（Michael Faraday）用柠檬酸钠还原 $[AuCl_4]^-$ 的方法制备了传统的金溶胶。现在已经形成了大量的可以在稀溶液中制备贵金属胶体的其他方法。所有生成纳米金属粒子的化学合成路线是从还原带正电荷金属原子开始的。这些带正电荷金属原子为简单离子或者溶液中络合物的中心，溶剂可以从水到非极性介质的范围选择。金属化合物的性质决定了所选择的还原剂的种类。氢气、氢化物以及像乙醇这样的还原性有机物和很多其他物质都已经有很成功的应用。在形成团簇过程中最关键和最复杂的步骤是：如果当还原过程开始时，已经存在配体分子，通过限制其生长就可以阻止大粒子的形成。图 4-102 给出了溶液中纳米粒子形成的主要步骤的简单图示。

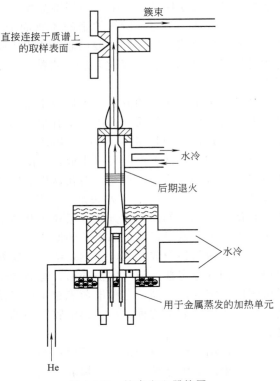

图 4-101　簇束发生器简图

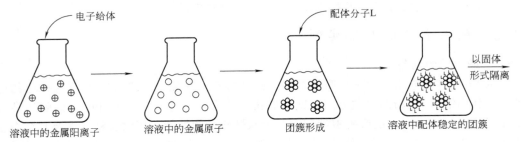

示例：配体稳定的 $Au_{55}$ 簇

图 4-102　团簇合成的步骤简图

盐还原是合成金属胶体粒子最常用的方法之一。由于乙醇有 α-氢原子，所以已被证明是非常成功的还原剂，例如：

$$RhCl_3 + 3/2R^1R^2CHOH \longrightarrow Rh_{胶体} + 3/2R^1R^2C{=}O + 3HCl$$

钯是另外一种用乙醇以胶状合成的金属。金可能是最广为人知的胶体金属。法拉第最先在水溶液中用磷蒸气还原〔$AuCl_4$〕⁻而制得金胶体。后来，人们成功地用其他的各种不同的化合物制得了金胶体。最为人所知的金的还原剂是柠檬酸钠。尤其是 Turkevitch 和他的同事发展了金胶体的合成方法。柠檬酸也非常适用于制备铂溶胶。另外对贵金属盐有很强还原性的物质是氯气、氢化硼、氢氯化羟胺、甲醛，一氧化碳和其他化合物也已经成功地应用到实际中。

制备纳米金属粒子的方法并不仅限于把阳离子还原到零价态，它还可以通过有机金属化合物的热解来合成。然而，这项技术有很大的局限性，还没有达到像盐还原法一样重要的地步。像 Pd(dba)$_2$，Pd$_2$(dba)$_3$，Pt$_2$(dba)$_3$（dba 指二亚苄基丙酮）这样的络合物和氢或者一氧化碳在温和的条件下反应可以生成自由配体和成为纳米粒子的零价金属。最后，有两种方法虽然不像盐还原法这样重要，但在这里也应当提及，那就是光分解和辐射分解。然而，在一些特殊的情况下采用这些方法是有优势的。大体上，光分解的方法在摄影上有长期的传统，它使用光把银的卤化物分解成银粒子和卤素。辐射分解的方法从金属离子开始并产生溶剂化电子，这些电子可以把阳离子还原成中性的原子。

无论采用何种合成方法，在制备纳米金属粒子的过程中，采用具有保护作用的包覆都可以提高它们的稳定性。没有保护的话，这些粒子只能存在于稀溶液中，由一个带电的外壳提供微弱的稳定性。然而，这种电荷稳定不可以使粒子在固态互相隔开，并且溶液只能够浓缩到一定的程度。如果这种"法拉第溶胶"中的水被蒸发，那么我们就能得到多晶的金沉淀或者金镜。

保护作用的纳米粒子包覆壳可以用不同的方法得到。一种最普通的方法是使用有机聚合物，例如聚乙烯吡咯烷酮、聚乙烯醇或聚甲基乙醚，使用这些或相关的功能性液态聚合物，这些纳米粒子就可以直接在聚合物中产生，从而可以生成起催化作用的液态复合物。这些相对较稀的体系不能用于纳米粒子的物理研究，所以已经研究了不同的方法采用强键合分子来保护粒子表面。人们已经设计了各种合成方法制得到特定的团簇。

## 4.4.2　纳米金属的制备实例

### 4.4.2.1　纳米铁的制备

纳米 Fe 粉在粉末冶金材料、吸波材料、磁性材料、脱氯催化剂等方面有着广泛的应用前景。如利用纳米 Fe 粉的矫顽力高、饱和磁化强度大（可达 1477km$^2$/kg）、信噪比高和抗氧化性好等优点，可大幅度改善磁带和大容量软硬磁盘的性能；用铁、钴、镍及其合金粉末生产的磁流体性能优异，可广泛应用于密封减振、医疗器械、声音调节、光显示等领域；铁、钴、氧化锌粉末及碳包金属粉末可作为军事用高性能毫米波隐形材料、可见光-红外线隐形材料和结构式隐形材料以及手机辐射屏蔽材料；利用纳米 Fe 粉的高饱和磁化强度和高磁导率的特性，可制成导磁浆料，用于精细磁头的粘结结构等；纳米 Fe 粉采用粉末冶金方法可生产结构零件。纳米 Fe 粉制备方法主要有惰性气体冷凝法、热等离子体法、溅射法、高能球磨法、深度塑性变形法、固相还原法、液相还原法、热解羰基铁法、微乳液法（或反胶团法）、电沉积法等。

（1）惰性气体冷凝法（IGC）　1989 年 Gleiter 等首次用惰性气体冷凝和原位成型方法，成功制备了纳米级金属铁微粒。我国李发伸等采用该方法，在真空腔体中通入纯度为 99.99%的氩气，利用难熔金属钼（Mo）作为加热源，金属铁在蒸发腔内蒸发结束后，通入微量的氮气，对微粒表面进行长时间的钝化处理，制得平均粒径为 7.8nm 左右的纳米铁微粒。此法制得的纳米 Fe 粉的平均粒径小，产品纯度高，但消耗的能量大，成本高。

（2）热等离子体法　热等离子体法的实验装置如图 4-103 所示，制备设备主要由不锈钢真空室、可移动阴极及可转动阳极、自动收粉系统、直流电源和原位压片机五部分组成，整个设备均有相应的水冷配置。制备时先将设备抽真空，然后充入高纯 Ar 和 $H_2$，调节气体总量及比例，高频引弧，依靠电弧区高温将金属熔化蒸发，经自动收粉系统冷凝沉积将纳米粒子收集起来，密封储藏。

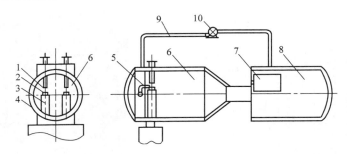

图 4-103　热等离子体法制铁的实验装置

1—钨电极；2—坩埚；3—水冷铜模；4—水冷隔腔；5—吹风机；6—制粉室；

7—鼠笼和滤布；8—收粉室；9—循环气路；10—轴流风机

实验时将装有原材料的石墨坩埚放在水冷铜模上，调节钨极底部与样品间的距离至 $1\sim 2mm$，抽真空至 $5\times 10^{-3}Pa$ 左右，充入一定比例的 Ar 和 $H_2$，引弧。在等离子体的作用下金属样品迅速熔化、蒸发，并由轴流风机带至收粉室。在整个蒸发过程中通循环冷却水，蒸发一定时间后关电弧，冷却后充 Ar 气至常压。收集制粉室、收粉室及滤布上的粉末，即可得到纳米铁粉。该设备与以往的同类制备设备不同的地方在于采用了循环气路的方法。节省了等离子工作气体的损耗，并且将以往的液氮冷却改成了循环水冷却，这从很大程度上降低了粉体的制备成本。罗驹华等采用［Ar＋$H_2$］电弧等离子体方法制备出球形的，平均粒径为 50nm 的铁超微粒子（图 4-104）。

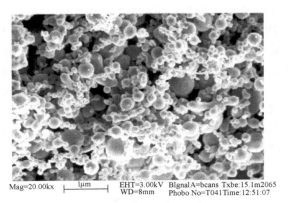

图 4-104　铁超微粒子扫描电镜照片

（3）溅射法　潘成福等利用溅射手段并用 $Al_2O_3$ 隔离 Fe 的办法，通过控制溅射时间、氩气压强及 $Al_2O_3$ 与 Fe 的比例，把 Fe 和 $Al_2O_3$ 同时溅射到同一衬底上，制得粒径在 $3.5\sim 9nm$ 之间的铁微粒薄膜。实验过程为：

① 制备 Fe 及 $Al_2O_3$ 的复合靶（图 4-105）。

② 把复合靶放到溅射室的靶位置上，玻璃衬底放在样品架上（使其先不对准靶）。

③ 开启真空机组，使真空度达到 $5\times 10^{-6}Torr$。

④ 充入氩气，并打开自动压强控制器，调整压强为 $1\times 10^{-2}Torr$。

⑤ 打开电源高压，使起辉正常。

⑥ 溅射十分钟，将靶表面杂质去掉。

⑦ 将样品架转到对准靶的位置，开始溅射。

潘成福等经过多次反复试验，获得样品的透射电镜照片如图 4-106 所示。

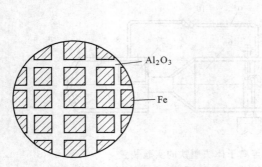

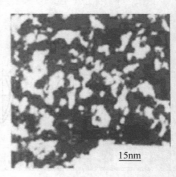

15nm

图 4-105　Fe 及 Al$_2$O$_3$ 的复合靶　　　　图 4-106　Fe 纳米样品的 TEM 照片

（4）**热解羰基铁法**　热解羰基铁法是利用热解、激光和超声等激活手段，使羰基铁 Fe(CO)$_5$ 分解，并成核生长，制得纳米金属铁微粒。羰基铁热解可用下式简单表示：

$$Fe(CO)_5 \longrightarrow Fe(s) + 5CO(g)$$

F. Habashi 研究表明：羰基铁的分解随温度提高，控制整个反应的环节由化学变化环节变为扩散环节。因此既要提高 Fe(CO)$_5$ 的热解率，又要防止温度太高 CO 在铁的催化下析炭，通常热解温度控制在 275～350℃ 之间。传统的热解方法所得到的铁的粉末粒度通常都在亚纳米级，很难制取纳米级金属铁颗粒。柳学全等在试验中采用在有保护性液体（即载液）与分散剂存在的条件下，热解羰基铁来制取纳米级金属铁颗粒。这样不仅可以避免颗粒长大，而且可以防止颗粒被氧化。其工艺过程如下：首先把载液及分散剂按所需的要求调配好，加入带有搅拌装置的圆底三口瓶（约 1000mL）中，其中一口接保护气，一口为加料口，另一口为加有冷凝管的排气口。通过保护气入口向反应器内的液体中通入高纯氩和高纯氢的混合气，并开始搅拌。待反应器内的氧被彻底赶完后，把反应器置于已加热的恒温装置中加热，同时打开冷却水，以防载液、分散剂及后面所加羰基铁的挥发。待液体介质升温到所需温度后，通过加料口向反应容器中滴加液体羰基铁，滴加速度依反应时间而定。羰基铁液体滴加完约 10min 后，关掉冷却水，停止搅拌和通氩氢混合气，把反应器从恒温装置中移去，倒去液体，浓缩便制出了纳米级金属铁磁性颗粒（图 4-107）。

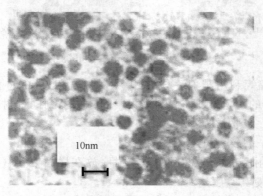

10nm

图 4-107　铁粒子的透射电镜照片

（5）**液相还原法**　王翠英等报道了在表面活性剂存在下于乙醇-水的简单液相体系中，以 KBH$_4$ 为还原剂来还原 FeCl$_2$ 制备纳米铁金属微粒。然后再用含镍盐的修饰溶液进行原位粒子的电化学修饰，可以形成性能稳定的以金属铁铵为中心的多层复合的纳米结构。具体操作如下：向 5mmol/L FeCl$_2$ 的乙醇-水混合溶液中，加入 2mL 20mmol/L 的十二烷基苯磺酸钠，配成 50mL 溶液（其中乙醇的体积分数为 0.9）。在机械搅拌下加入 25mL 20mmol/L NaBH$_4$ 的乙醇-水混合溶液（其中乙醇的体积分数是 0.9）。反应 30min，再加入主要由 NiSO$_4$、乳酸、丙酸和醋酸钠组成的混合修饰溶液继续反应 30min。最后采用磁铁分离沉淀，分别用无水乙醇和丙酮多次洗涤并在真空干燥箱中于 60～70℃下干燥获得所需产物。不修饰样品的制备除修饰步骤外与上述过程完全一致。图 4-108 为纳米铁粒子的 TEM 照片和相应的选区电子衍射花样。

图 4-108　纳米铁粒子的 TEM 照片和相应的选区电子衍射花样

（6）**微乳液法（或反胶团法）**　李铁龙等利用 Span/Tween 混合表面活性剂微乳液制备了纳米铁，其形貌如图 4-109 所示。由图 4-109（a）～（d）可见，纳米铁粒径约 80～90nm，铁粒子周围有呈浅黑灰色包覆层，其厚度约为 10nm，该薄层为 S-T 的混合物。纳米铁粒子呈现出明显的核壳结构，核壳粒子外形为圆形，纳米铁复合粒子在整个体系中呈良好的分散状态。同时图 4-109（d）显示出一个单独的复合粒子的微观形貌及内部结构，可以看出，其外表为球形。

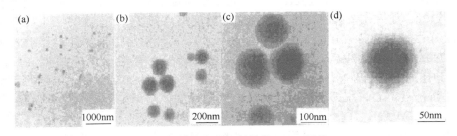

图 4-109　微乳液法制铁的 TEM 照片

### 4.4.2.2　纳米钴的制备

磁性钴纳米材料由于其独特的电磁学性质、热学性质和光学性质，在半导体材料、催化材料和纳米器件等方面得到了广泛的研究，尤其是在单电子器件、超高密度信息存储和生物抗癌药物方面有着良好的应用前景。目前，制备纳米钴粉的方法主要有微乳液法、气相沉积法、水合肼还原法和多元醇还原法等。

（1）**均匀沉淀法**　应用均匀沉淀法，利用喷射转换工艺制备纳米级 WC/Co 粉末。这种喷射转换工艺如图 4-110 所示。此工艺基本上包括 3 个步骤。

① 钨和钴的水溶液的制备和混合。采用偏钨酸铵 $[(NH_4)_6(H_2W_{12}O_{40})\cdot 4H_2O]$ 和氯化钴 $[CoCl_2\cdot 6H_2O]$ 的水溶液或钨酸三乙二氨钴 $[Co(en)_3WO_4+H_2WO_4]$ 水溶液制备均匀的钨和钴盐水溶液。

② 溶液经喷雾干燥得到极细而均匀的钨和钴盐混合物粉末。

③ WC/Co 混合粉末在流动床反应器中被还原和碳化成纳米级 WC/Co 粉末。

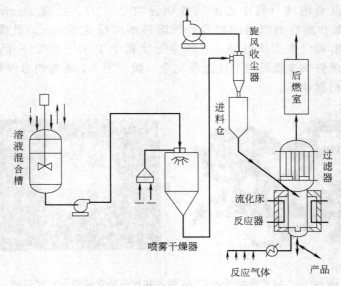

图 4-110  喷射转换工艺示意图

沉淀转化法具有设备简单,原料成本低,工艺流程短,操作方便,产率高等优点。已制备出 $Co_3O_4$,$Co(OH)_2$ 等超微粒子。

(2) **高温醇还原法**  申承民等利用两种表面活性剂包裹金属表面(强键合和弱键合),合成出具有 hcp 相,平均粒径为 14nm±1.9nm 的单分散磁性纳米晶 Co。具体操作为:将 $Co(CH_3COO)_2\cdot 4H_2O$ 与油酸加入到含有二苯醚的反应器中。在氮气保护下,加热到 200℃,这时溶液中由于水分被蒸发出去,紫色的四水醋酸钴转变为深色的"蓝钴"。反应温度达到 200℃时,加入三辛基膦,然后将反应的温度提高到 240℃。在另一个烧杯中,将一定量的 1,2-十二烷二醇溶解在二苯醚中,加热到 80℃。然后将溶液用注射器射入热的反应容器(240℃)中。几分钟后,溶液的颜色从蓝色转变为黑色,反应溶液在 240℃保持 10min,直到还原剂完全消耗。冷却到室温后,生成黑色磁性沉淀。将一定量的无水乙醇加入到溶液中沉降后离心,用丙酮洗沉淀两次,用惰性气体烘干,干燥气氛下保存。图 4-111 为所得 Co 的 TEM 照片。

(3) **高温液相分解法**  杨海涛等用高温液相分解钴的有机前驱体的方法成功制备出不同平均粒径的钴纳米粒子,其粒径分布的标准偏差 $\sigma$ 一般在 10% 左右。通过粒子选择性沉淀,粒径分布的标准偏差可以降低到 $\sigma=5\%$ 左右,具体操作如下:在一圆底烧瓶中,将摩尔比为 1:1 的 $C_{18}H_{34}O_2$ 和 $C_{18}H_{15}P$ 加到 40mL 的 $C_{12}H_{10}O$ 中,通 $N_2$ 保护,升温至 200℃ 左右。在另外的容器中,将一定量的 $Co_2(CO)_8$ 溶解在 5mL 的 $C_{12}H_{10}O$ 中,待其完全溶解后用注射器快速注入到圆底烧瓶中并剧烈搅拌,溶液变为黑色,并有白烟产生,反应 30min 后冷却到室温。然后向得到的黑色溶液中加入乙醇,离心沉淀得到黑色的钴纳米粒子。将离心得到的钴纳米粒子重新溶于 $C_7H_{16}$ 中,缓慢滴加乙醇,有絮状沉淀产生,离心沉淀,分离上清液和沉淀。所得到的沉淀为粒径比较大的钴纳米粒子,粒径较小的钴纳米粒子留在上清

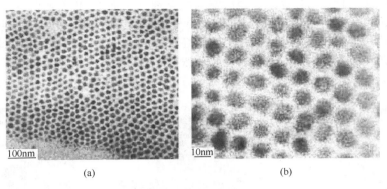

图 4-111 Co 的 TEM 照片

液中。反复重复这一过程，即选择性沉淀，就可将钴纳米粒子的粒径分布的标准偏差控制在 $\sigma \leqslant 5\%$ 左右。所得小尺寸纳米 Co 粒子的照片如图 4-112 所示。

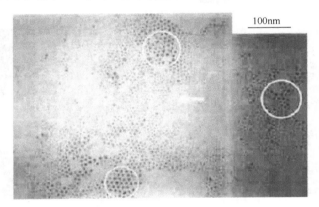

图 4-112 Co 粒子的 TEM 照片

### 4.4.2.3 纳米铜的制备

由于纳米铜粉（10～100nm）具有尺寸小、比表面积大、电阻小及量子尺寸效应、宏观量子隧道效应等特点，因此其还拥有与常规材料不同的一些新特性。近年来有关纳米铜粉的制备、性能及应用的研究在国内外一直受到广泛的关注。纳米铜粉可以作为催化剂直接应用于化工行业（如乙炔聚合），也可以用于高级润滑剂。纳米铜粉是高导电率、高强度纳米铜材不可缺少的基础原料。1995 年 IBM 的 C-KHU 等人指出纳米铜由于低电阻可用于电子连接后，引起电子界的极大兴趣。纳米铜粉的研制是一项可能带来铜及其合金革命性变化的关键技术，具有重要的理论意义和实用价值。迄今为止，纳米铜粉的主要制备方法有：气相蒸发法、等离子体法、机械化学法、γ射线辐照-水热结晶联合法、化学还原法等。

（1）化学还原法 肖寒等以硫酸铜（$CuSO_4 \cdot 5H_2O$）为原料，VC 为还原剂，聚乙烯吡咯烷酮为保护剂和分散剂，将还原剂和保护剂在反应体系外预先混合后再加入到硫酸铜溶液中，制备得到粒径 20～40nm 的铜粉 [图 4-113（a）]。张志梅等以硫酸铜（$CuSO_4 \cdot 5H_2O$）和次亚磷酸钠（$NaH_2PO_2$）为主要原料制备了纳米铜粉，反应方程式如下：

$$2Cu^{2+} + H_2PO_2^- + 2H_2O =\!=\!= 2Cu\downarrow + H_2PO_4^- + 4H^+$$

TEM 检测结果表明，这种铜粉的粒径为 30～50nm [图 4-113（b）]。温传庚等用甲醛作还原剂，采用液相沉淀法制备铜纳米粒子，所得到的纳米铜粉 TEM 照片如图 4-113（c）所示。林荣会等以硼氢化钾为还原剂、硫酸铜为氧化剂并添加 PVP 等辅助材料，采用还原法成功地制备了改性酚醛树脂用球形、粒径为 10～50nm 的纳米铜，其 TEM 照片如图 4-113 (d) 所示。黄钧声等采用 $KBH_4$ 在液相中化学还原 $CuSO_4$，并加入 KOH 和络合剂 EDTA，制得了纳米级的纯净铜粉。通过调整反应物的浓度，可以消除 $Cu_2O$ 等杂质。研究了络合剂 EDTA 和氨水对铜粉纯度的影响，产物铜粉的 TEM 照片如图 4-113 (e) 所示。

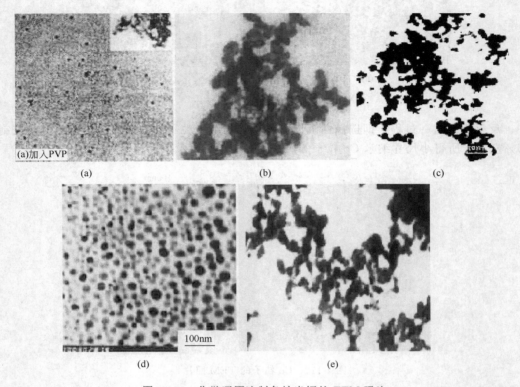

图 4-113　化学还原法制备纳米铜的 TEM 照片

（2）撞击流反应沉淀法　陈振等采用液相还原沉淀法在浸没循环撞击流反应器中，以氨水作为络合剂，聚乙烯吡咯烷酮（PVP）为分散剂，用硼氢化钾（$KBH_4$）还原氯化铜制得粒径为 5～20nm 的纳米铜粉（图 4-114）。

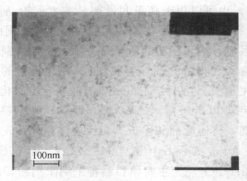

图 4-114　铜的 TEM 照片

（3）超声电解法　朱协彬等在一定的电解工艺条件下，引入超声波成功制备出粒径约在 29～39nm 之间的纳米铜粉。图 4-115 为其 SEM 照片。具体工艺为：以分析纯硫酸铜配制成较低浓度 0.120～0.125mol/L 的溶液，并加入 118～210mol/L 硫酸调配成电解液。在室温下将电解装置引入超声装置中（超声波频率 20～60kHz），电解过程中加入适量的有机溶剂以防氧化，如乙醇、甲苯、油酸等（均为分析纯）。电解完成后的溶液在进行高速离心、真空抽滤、酒精洗涤和真空干燥后，得到粉末产物。

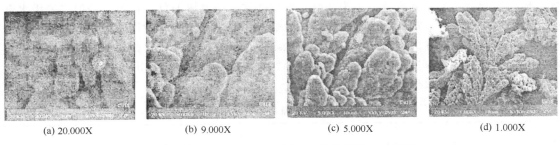

(a) 20.000X　　(b) 9.000X　　(c) 5.000X　　(d) 1.000X

图 4-115　超声电解铜粉不同放大倍数下的 SEM 照片

（4）界面生长法　宋吉明等在均相溶液中，利用肼还原法得到单质硒和铜，然后通过在正丁醇-水形成的油水界面上生长，制备出不同纳米结构的硒-铜复合物。对复合物的光电性质进行了研究，发现硒-铜复合物的紫外吸收较单一的纳米硒和纳米铜都有一定的红移。纳米铜粒子的平均粒径为 50nm，图 4-116 为纳米硒-铜复合物的 TEM 照片。

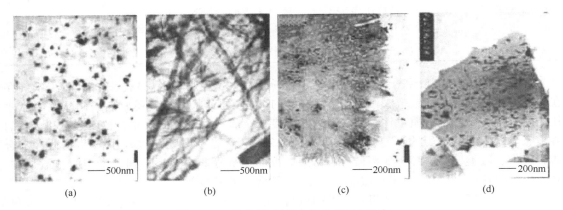

(a)　　——500nm　　(b)　　——500nm　　(c)　　——200nm　　(d)　　——200nm

图 4-116　纳米硒-铜复合物的 TEM 照片

（5）晶核生长法　刘伟等采用晶核生长法制备纳米铜粒子。用 $NaBH_4$ 还原出小粒径的纳米铜作为晶核，用抗坏血酸还原 $Cu^{2+}$ 在晶核上快速生长，制备出粒径为 80～90nm 的均匀纳米铜粒子（图 4-117）。

与常规铜粉相比，纳米铜粉显示了较优异的特性，因此纳米铜粉的研制与开发具有很广阔前景。现阶段，尽管人们在纳米铜粉制备技术和开发应用方面有很大进展，但难于实现工业化，因而有待于更深入研究，降低成本、提高效率、完善工艺，把纳米铜粉实用化、规模化，解决制备过程中纳米铜粉的团聚及后续存放（抗氧化）问题是今后的研究方向。

### 4.4.2.4　纳米银的制备

超细银粉的制备方法主要有气相法、液相法和固相法。气相法投资大、能耗大、产率低；固相法制备

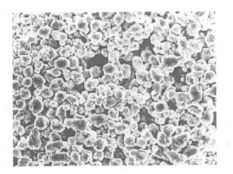

图 4-117　纳米铜的 SEM 照片

的超细银粉粒径偏大而且粒径分布范围宽；液相化学还原法是目前低成本小批量制备超细银粉的常用方法。

（1）液相化学还原法制备超细银粉的原理　液相化学还原法制备超细银粉的原理是用还原剂把银从它的盐或配合物水溶液或有机体系中以粉末形式沉积出来。常用的还原剂有甲醛、抗坏血酸、甘油、有机胺、不饱和醇、柠檬酸钠、肼及肼的化合物等，一般多采用水合肼。在银氨水溶液中，加入一定量添加剂硝酸盐，在还原剂水合肼的作用下，调整添加剂的量，可以得到不同粒度的银粉。所用的硝酸盐添加剂可以是一种或两种，添加量根据要求而定。此法制得的银粉粒度小、粒径分布范围小、重现性好。表 4-5 示出了用不同化学还原法制备超细银粉的化学反应式。

表 4-5　液相还原法制备超细银粉

| 还原方法 | 化学反应式 | |
| --- | --- | --- |
| 双氧水还原法 | $2Ag^+ + 2NaOH \longrightarrow Ag_2O + 2Na^+ + H_2O$ | $Ag_2O + H_2O_2 \longrightarrow 2Ag\downarrow + H_2O + O_2$ |
| 氢气还原法 | $Ag^+ + NaOH \longrightarrow AgOH + Na^+$ | $2AgOH + H_2 \longrightarrow 2Ag\downarrow + 2H_2O$ |
| 甲基磺酸钠 | $HOCH_2SO_2Na \cdot 2H_2O + HCHO + H_2O \longrightarrow HCOONa + HOCH_2SO_3H$ | |
| 还原法 | $HCOONa + Ag^+ + H_2O \longrightarrow Ag\downarrow + HCOOH + Na^+$ | |
| 非水溶剂法 | $Ag^+(alcohol) + T(alcohol) \longrightarrow AgI(alcohol)$ | $AgI(alcohol) \longrightarrow Ag\downarrow(alcohol) + I(alcohol)$ |
| 抗坏血酸还原法 | $KAg(CN)_2 + C_6H_6O_4(OH)_2 \longrightarrow Ag\downarrow + C_6H_6O_6 + KCN + HCN$ | |
| 水合肼还原法 | $2Ag^+ + 2N_2H_4 \cdot H_2O \longrightarrow 2Ag\downarrow + N_2\uparrow + 2NH_4^+ + 2H_2O$ | |
| 甲酸铵还原法 | $HCOONH_4 + Ag^+ \longrightarrow Ag\downarrow + NH_4^+ + H_2O + CO_2$ | |

（2）高分子保护还原法　该法制备纳米银粉是在聚乙烯基吡咯烷酮（PVP）等保护剂存在下还原硝酸银或其他银盐来制备粒径为 30～100nm 的球状银粉。还原剂与硝酸银的摩尔比，保护剂与硝酸银的质量比，反应时间和温度及杂质对银颗粒的尺寸、粒度分布和颗粒的凝聚有显著影响。常用的还原剂有：Fe、Al、Zn、Cu 等金属还原剂；甲酸及其盐、水合肼、醛类、胺类、某些醇、葡萄糖、脂肪酸、抗坏血酸等非金属还原剂。常用的分散剂有：聚乙烯吡咯烷酮（PVP）、聚乙烯醇（PVA）、明胶、乙醇胺等。

张宗涛等研究了制备超细银粉的 PVP 保护机理，认为 PVP 的保护机制分为 3 个步骤：首先银离子配合物与 PVP 形成分散的水溶液；其次，银离子-PVP 体系比纯银离子体系更易被水合肼还原，提高了银离子的成核能力；然后 PVP 可以有效防止银离子的团聚与颗粒长大。P. K. Khanna 等首次使用甲基磺酸钠作为还原剂，在 pH＝1～5，从甲酸和硝酸银体系中还原制备了粒径在 100～200nm 的片状银。H. H. Nersisyan 等从硝酸银溶液中，以十二烷基磺酸钠作表面活性剂，用水合肼、甲酸和葡萄糖作还原剂，通过中间体 AgO 制备了粒径为 60～120nm 的银粉和粒径为 10～20nm 的银溶胶。周全法等以氰化银钾为原料，在还原剂抗坏血酸和保护剂 PVP 预混体系中，制得了分散性好，粒度分布均匀的纳米级颗粒状银粉，其平均粒径为 25nm。印万忠等以工业硝酸银为原料，采用新型还原剂 AX2、引入 AJO-02 作表面保护剂，用液相化学还原法制备出球形或类球形纳米银粉，平均粒径为 10～40nm。王武生等首次报道了在线性和交联聚氨酯体系中，在常温处于黏弹态、线性或交联的高分子分散体粒子内，原位还原生成纳米银颗粒。用此方法制得的纳米银粉技术指标为：松装密度 0.55g/cm³，振实密度 0.80g/cm³，平均粒径 25nm，比表面积 21.8m²/g。刘江等曾使用甲酸铵作还原剂，PVPK90 作保护剂，从 80g/L 的硝酸银溶液中采用特殊加料方式，制备了粒度＜0.4μm 的片状银粉，工艺简单，产率可达 99%。采用次磷酸钠作还原剂，六偏磷酸钠作分散剂，PVP 作保护剂的酸性还原体系在 40～42℃、pH＝1～2 条件下还原硝酸银溶液，可得到粒径为 10～30nm 的纯纳米银粉，产率可达 70％～80％，图 4-118 为纳米银的 TEM 照片。

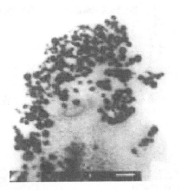

图 4-118　纳米银的 TEM 照片

（3）微乳液法　Bagwe 等将含有硝酸银的微乳液和含硼氢化钠的微乳液混合后，制备了纳米银颗粒。实验表明：改变有机溶剂、表面活性剂（十二烷基磺酸钠、带 5 个环氧乙烷的壬基酚醚）和有机添加剂（苄醇和甲苯），胶束内的物质交换率也随之发生改变。交换率越高，所得银粉粒径越小，吸收光谱蓝移。另外，还发现加入少量的非离子表面活性剂，所得银粉粒径显著减小。梁海春等采用微乳液法制备纳米银粒子，表面活性剂为十二烷基硫酸钠（SDS），助剂为正己醇，有机相为环己烷或甲苯，用水合肼还原 $AgNO_3$ 可得黑色纳米银粉。改变水和 SDS 的摩尔比（$R$），可获得不同粒径的纳米银粒子，透射电镜照片如图 4-119 所示。

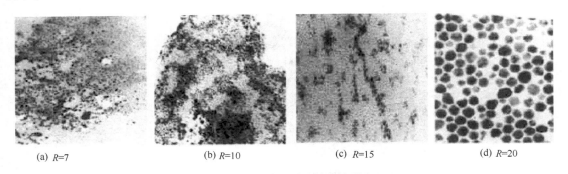

(a) $R=7$　　　　　(b) $R=10$　　　　　(c) $R=15$　　　　　(d) $R=20$

图 4-119　纳米银的透射电镜照片

（4）喷雾热分解法　该法以一定湿度的热空气为载气，将含所需正离子的某种金属盐的溶液喷成雾状，送入加热设定的反应室内通过化学反应生成微细的金属粒子，制备出具有良好形态的银超细粉体。影响粒子形貌的因素有：热空气湿度、热分解段温度、前驱体溶液浓度和流量。金宗莲等采用超声雾化器将 0.2～1.5mol/L 的 $AgNO_3$ 溶液以 0.3L/h 的流量雾化为细小的液滴，液滴与湿度为 0.2～0.9 的热空气同时被引入长 0.7m、内径为 0.04m 的玻璃管内的干燥段，控制此分段温度为 600～900℃。最后用布袋收集粒径为 100～200nm 的超细银粉。图 4-120 为喷雾热解法制备金属银粉实验装置示意图，图 4-121 不同热分解下制备的银超微粉的 TEM 照片。

（5）电解法　廖学红等将一定量的配位剂（1g 柠檬酸或 0.3g 半胱氨酸）、0.05g $AgNO_3$ 溶解于 50mL 蒸馏水中配成电解液，将电解池置于超声清洗器中（50Hz、100W），

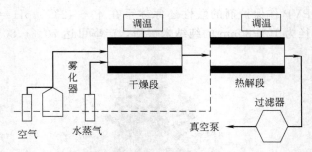

图 4-120　喷雾热解法制备金属银粉试验装置示意图

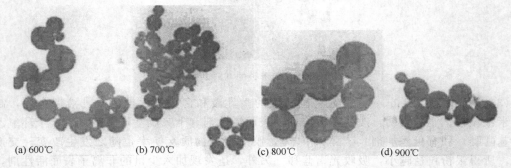

(a) 600℃　　　　(b) 700℃　　　　(c) 800℃　　　　(d) 900℃

图 4-121　不同热分解下制备的银超微粉的 TEM 照片

电极体系为铂丝-铂片（5mm×6mm）双电极，以铂片电极为工作电极，于 10mA 电流下电解 25min，将产物离心分离，分别用蒸馏水及丙酮洗涤 2 次可得到粒径在 15～20nm 的树枝状或球形的银粉，如图 4-122 所示。

200　nm　　　　　　　　　　400　nm

图 4-122　树枝状纳米银粒子的 TEM 照片

（6）其他方法　照相洗印废水中含有银离子，许瑞波等通过调整洗印废水的酸度，将其与白铁反应生成粗银，用硝酸溶解并制成 0.01mol/L AgNO₃。将溴化钾配成饱和溶液，加入适量菲尼酮再缓慢匀速地加入 AgNO₃ 溶液中，强力搅拌后在紫外光下照射，固液分离。取固相在 363K 下烘干 12h，得到平均粒径为 20nm、表观堆积密度为 170kg/m³ 的银粉，回收率＞95％。北京化工大学于 1995 年发明了超重力反应沉淀法合成纳米颗粒的新方法。西安建筑科技大学研究的树脂吸附-化学还原法制备纳米银粉技术，经实验证明可以制备出 100nm 的银粉，该技术目前正在进一步研究中。

### 4.4.2.5　纳米金的制备

金纳米粒子的制备始于纳米科技开始发展的 20 世纪 80 年代末。到目前为止已经发展了许多制备金纳米粒子的方法，总体上可分为物理法和化学法。

（1）物理法　物理法中真空蒸镀是一种较常见的制备方法，即在真空中高温加热或用等离子体将金原子蒸发，使其在冷的固体基底上冷凝，制得纳米尺寸的金粒子。但此法较难控制金粒子的粒径和形状。在此基础上产生了软着陆的制备方法，即在蒸镀过程中是在氩气流中产生金纳米粒子，金原子沉积在表面有一层氩气的冷基底上。这样获得的金纳米粒子在外形上更趋于球形，一致性更好。此外还运用激光消融法制备纳米金粒，即用激光烧蚀在 SDS（十二烷基硫酸钠）水溶液中的金盘以获得金纳米粒子。在制备过程中使用表面活性剂以阻止金纳米粒子的重新聚集，此法可制备尺寸为 1～5nm 的金粒子。

（2）化学法　在化学制备方法中，用不同种类、不同剂量的还原剂还原氯金酸 $HAuCl_4$，可制备粒径不同的纳米金。常见的制备方法大致可分为白磷还原法、抗坏血酸还原法、柠檬酸钠还原法和鞣酸-柠檬酸钠还原法。后两种方法制得的金颗粒直径较为均一，因此较为常用。还原剂的选择与制备的纳米金颗粒的大小有关。一般来说若制备金颗粒直径在 5～12nm 的纳米金则用白磷或抗坏血酸还原氯金酸；若欲制备直径大于 12nm 的纳米金则用柠檬酸钠还原氯金酸。在用同一种还原剂时，制备的金颗粒直径的大小还可通过还原剂的用量来控制，还原剂用量的多少与制备的金颗粒直径大小成反比。纳米金粒子的透射电镜形貌如图 4-123 所示。

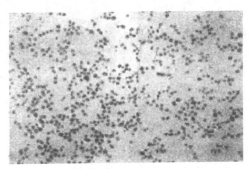

图 4-123　纳米金粒子的透射电镜照片

在纳米金的形状控制合成中，以棒形纳米金的研究居多。一般是在阳离子表面活性剂存在的体系中采用电化学或化学方法还原 $HAuCl_4$ 来选择性制备纳米金棒。

电化学方法制备纳米金棒的方法是采用金板为阳极，铂板为阴极，以阳离子表面活性剂十六烷基三甲基溴化铵（CTAB）为电解质和适量丙酮组成电解池。当电解池中通以电流时，阳极板上的金溶解并在电解质溶液中形成纳米金棒。其中 CTAB 作为电解质的同时，还对生成的纳米金具有稳定作用。Mohamed 等发现，在电化学还原过程中温度的升高会导致合成的纳米金棒的长径比降低（图 4-124），这可能与表面活性剂所生成的胶束模板在不同温度下的形状变化有关。

Link 等进一步研究了 800nm 的激光辐射对纳米金棒形状的影响，发现经过 $40\mu W$ 的激光辐射 100fs 后，纳米金棒出现了熔化现象（图 4-125），如果采用较大功率的 20mW 激光辐射 7ns，则纳米金棒发生碎裂现象。

化学还原制备纳米金棒采用的是分步合成法。首先以柠檬酸钠为保护剂，在搅拌的溶液中用 $NaBH_4$ 快速还原 $HAuCl_4$ 制备出 3～4nm 的金粒子。然后以这些金粒子为晶种，在 CTAB、环己烷、丙酮和水的混合溶液中用抗坏血酸缓慢地还原 $HAuCl_4$。由于抗坏血酸是一种温和的还原剂，与 $HAuCl_4$ 反应不会引发新的成核过程，因此只是导致溶液中已经存在的金晶种的生长。其中在溶液中环己烷的存在被认为可以强化棒状胶束的结构，而丙酮的添加则是对胶束的骨架起到了松弛作用。

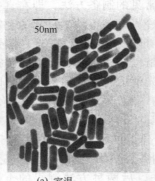 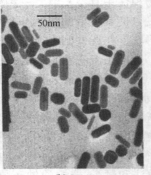

(a) 室温 （b) 100℃

图 4-124 不同温度下得到的金纳米棒透射电镜照片

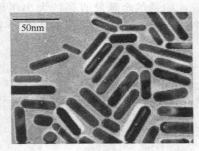 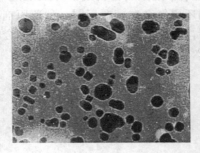

(a) 辐射前 （b) 800nm的激光辐射100fs后

图 4-125 Au 纳米棒 TEM 照片

通常认为纳米金棒的形成机理可能与阳离子表面活性剂生成的棒状胶束有关。但是 Le-ontidis 等在十二烷基三甲基氯化铵（DTAC）溶液中制备纳米金棒的研究发现，表面活性剂胶团在生成纳米金棒的过程中仍然保持着球形。因此，棒状纳米金的生成可能还与表面活性剂在金表面的吸附有关。有关立方体形状和四面体形状纳米金的合成研究较少。在使用吡咯还原 $HAuCl_4$ 的研究中，Selvan 等曾观察到一定比例立方体和四面体形状纳米金（图 4-126），但进一步合成研究很少报道。

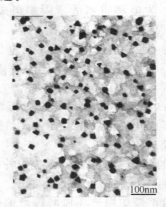

图 4-126 四面体形状纳米金 TEM 照片

纳米金制备技术的逐渐成熟，能较好地控制其粒径、粒形，单分散性较之以前大为提高，加之表面改性技术成功运用于纳米金颗粒，能按需进行适当修饰。这样为纳米金成功而广泛地运用于生物分析铺平了道路。

# 4.5 金属和半导体自组装有序纳米结构薄膜

自组装纳米结构薄膜是指不借助外部作用力，通过弱的共价键（如氢键、范德华力和弱的离子键）之间的协同作用使纳米粒子或大分子连接在一起，自发地在基底表面形成纳米结构薄膜。在自然界存在很多有序纳米结构，用自组装的方法可以得到类似生物材料的有序纳米结构阵列。Tirrel 等用合成的三重 $\beta$-片状缩氨酸在水-气界面上组装了有序的 2D 分子结构。一般来说，置于一定基底表面上的无机纳米粒子，都能够自发地组装成各种不同的结构。不论是有序还是无序，均属于自组装过程。下面主要介绍金属和金属半导体纳米粒子自组装纳米有序结构薄膜的实验方法。

## 4.5.1 自然蒸发组装法

1995 年，Bawendi 等首次报道了 TOPO（三苯基膦）保护的单分散 CdS 纳米粒子自组装形成有序的单层膜，此后，大量的相关工作随之展开。研究普遍认为，这种自组装结构源于粒子之间的范德华作用力。实验方法是将一滴单分散的胶体溶液滴在一个合适的基底表面，使溶剂缓慢蒸发，从而形成二维（2D）和三维（3D）有序纳米结构薄膜。

Li 等采用 AOT/异辛烷反胶束体系，以 Ba（AOT）$_2$ 和 Na$_2$CrO$_4$ 为前驱体，制备 BaCrO$_4$ 纳米粒子，直接取反应完全后的微乳液，可以得到长方形纳米粒子的有序排列；静置一段时间后，粒子在 Cu 网上自组装成为有一定间距（$d=2nm$），有序的 2D 纳米结构薄膜，如图 4-127 所示。

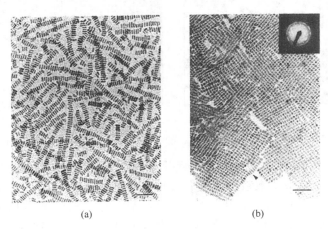

(a)　　　　　　　　　　(b)

图 4-127　棱柱体（a）和四方体（b）在 Cu 网上形成的有序纳米结构薄膜

纳米粒子不仅能够自组装形成 2D 纳米结构单层膜，而且随着基底表面覆盖物的增加，2D 纳米结构可自发转变为 3D 纳米结构。图 4-128 是 CoPt$_3$ 纳米粒子自组装形成的 3D 纳米结构薄膜。随着表面覆盖度的增加，第二层纳米粒子组装在由配体占据的第一层纳米粒子之间的空位上；表面覆盖度增加，形成第三层。从图 4-128 可以看到，CoPt$_3$ 纳米粒子形成了立方密堆积（ccp）的 3D 超晶格结构，纳米粒子之间有着约 2.5nm 的有机层，使得粒子能够独立存在。

Taleb 等将巯基保护的 Ag 纳米粒子分散到正己烷中，然后取一滴溶液滴到 Cu 网上，发现所得到的组装结构并不是十分有序，如图 4-129（a）所示。将已喷碳的 Cu 网置于上述溶液 3h 后，得到了致密、有序的结构，如图 4-129（b）所示。如果在溶液中浸入足够长时间，让溶剂完全蒸发，则可以得到有序的 3D 组装结构，如图 4-129（c），（d）所示。

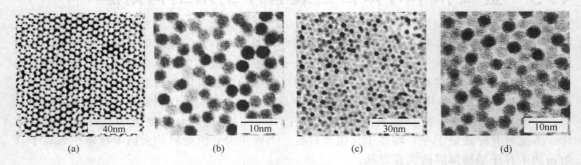

图 4-128　CoPt$_3$ 纳米粒子自组装两层（a，b）和三层（c，d）3D 纳米结构薄膜

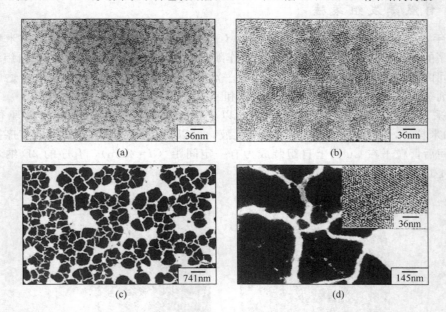

图 4-129　2D（a，b）和 3D（c，d）Ag 有序结构薄膜的 TEM 照片

如果配体保护的胶体溶液中包含两种尺度分布的粒子，则可以得到由两种粒子交互作用所形成的纳米结构。Rogach 等缓慢蒸发含有两种不同尺寸（4.5nm 和 2.6nm）的 CoPt$_3$ 胶体溶液，得到了类似 CaCu$_5$ 间金属化合物构型的 AB$_5$ 超晶格纳米结构薄膜（图 4-130）。Schiffrin 等发现，两种不同尺寸的 Au 纳米粒子能形成复合型超晶格结构（图 4-131）。

Talapin 等发展了"过饱和"组装技术，可将纳米微粒组装形成更大面积的有序阵列。例如，组装的 CdSe 纳米粒子薄膜的有序面积可以达到约 100$\mu$m，这种方法同样适用于 FePt 和 CoPt$_3$ 等纳米粒子的有序组装。

自组装形成纳米有序结构薄膜的关键因素是单位体积内粒子数增加并发生相互作用，在组装过程中纳米粒子仍然保持单分散状态。用于自组装的纳米粒子必须满足以下几个条件：①硬球排斥；②稳定、均匀的粒径和相同的形状；③粒子间的范德华力；④无机纳米粒子胶体溶液中必须存在某种合适的保护剂。此外，还要保证组装过程中粒子间的排斥力大于粒子间的不可逆聚合力。在上述几个条件中，保护剂的选择尤为重要。对于金属纳米粒子的自组

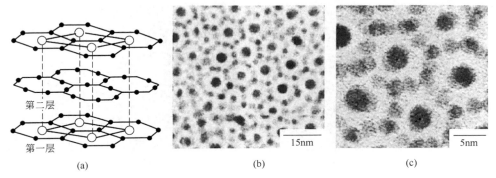

图 4-130　金属化合物 CaCu₅ 构型示意图（a）和两种不同尺寸的 CoPt₃ 组装成的超晶格结构薄膜（b、c）

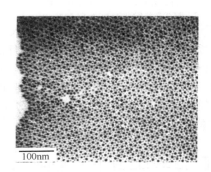

图 4-131　双尺寸 Au 纳米粒子自组装形成的超晶格结构

装，选择的保护剂一般为硫醇或四丁基铵，其中巯基和氨基作为偶联基团与胶体金属相互作用。对于金属氧化物纳米微粒，一般采用三辛基氧膦（TOPO）、三辛基膦（TOP）、多聚物以及混合保护剂等。有一种方法对无机纳米粒子的组装都很有效，即以无机纳米粒子为金属核，表面修饰一层透明的惰性壳，壳一般采用不易聚合的材料如 $SiO_2$、聚合物等，如 Au/$SiO_2$ 核/壳结构纳米粒子。这种核壳结构可作为基本结构单元，壳可充当物理能垒阻止粒子的团聚。

## 4.5.2　水-气界面自组装

在水-气界面上自组装有序纳米结构是一种新发展起来的技术。从理论上讲，利用该技术可以形成各类金属和半导体材料的纳米结构薄膜，还可以将形成的薄膜转移到不同的基底上，突破了最初形成超晶格结构所受基底影响的限制，可实现多方面的应用。这种有序结构比较容易获得。将一滴纳米粒子有机胶体溶液铺展在水表面上，待溶剂蒸发后就形成紧密的超晶格结构。以银纳米晶组装为例：首先将 0.5mg 聚苯乙烯溶于 0.3g 甲苯溶液中，然后加入 5nm 的银纳米晶 0.5mg，超声使之重新分散；再取出部分溶液置于水面上，盖住容器，但要留一个小缝隙以使甲苯缓慢蒸发，最终得到有序的纳米结构薄膜（4-132），然后将之转移到基底上进行研究。所形成的膜可以为单层或双层结构。这是制备纳米微粒超晶格的一种简单、易行的办法，但对于形成有序结构薄膜的层数此法缺乏可调控性。需要注意地是，这种方法对溶剂的蒸发速率要求苛刻，如溶剂（甲苯）蒸发太快，则得到的膜质量很差。适当地控制溶剂的蒸发速率是能否形成有序薄膜的决定因素。

2003 年，Santhanam 等发展了一种借助水的弯月面来制备单层有序 Au 纳米结构薄膜的方法：他们设计了一个高 2mm，直径为 5cm 的聚四氟乙烯盘，在盘的中心钻一个直径为

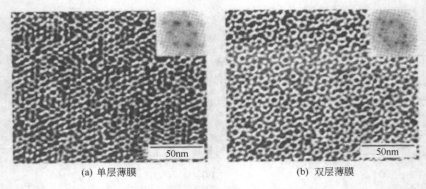

|              |              |
|:------------:|:------------:|
| (a) 单层薄膜 | (b) 双层薄膜 |

图 4-132　自然蒸发溶剂法在水-气界面自组装形成的有序 Ag 纳米结构薄膜
插图为相应样品的电子衍射图谱

2cm 的圆孔。将此盘水平放在一个较大的结晶皿中，然后加入水，此时可以观察到聚四氟乙烯盘中间的小孔有一个逐渐上升的半球形弯月面。在水的弯月面上滴加憎水性的胶体粒子，待有机溶剂挥发后，就可得到有序排列的纳米结构薄膜。使用这种特殊装置比直接在水面蒸发溶剂所得的薄膜更有序，而且都是单层膜。如果要得到多层膜，可以通过多次转移单层膜至一定的基底上，从而形成多层复合膜。图 4-133 为该组装方法过程示意图，图 4-134 为组装得到的 Au 纳米微粒有序结构薄膜。

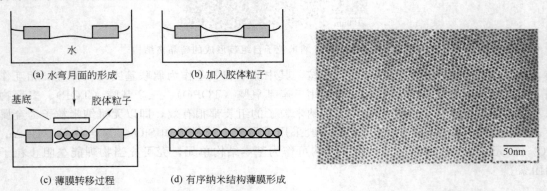

图 4-133　纳米粒子在水-气弯月面上组装
有序结构薄膜的过程示意图

图 4-134　水-气弯月面自组装 Au
有序结构薄膜 TEM 照片

　　为了更好地控制纳米结构薄膜的有序性，这种水-气界面自组装通常需要在一个 Langmuir 槽中进行，在压力的作用下，形成单层或亚单层两维纳米结构薄膜（称之为 LB 膜），然后垂直或水平转移到平整的固体基底表面，这种方法被称为 LB 拉膜技术。LB 拉膜技术是在 20 世纪 30 年代由 Langmuir 和 Blodgett 开创的，最初用于分子的组装；后来，随着纳米科学的发展，它逐渐成为一种有效的纳米微粒组装技术。LB 拉膜技术从 20 世纪 80 年代开始被应用在组装纳米微粒的研究工作中。由于 LB 膜的组分、压力、厚度（膜层数）等条件可以严格地加以控制，使 LB 拉膜技术成为一种精密地构造二维有序组合体以及纳米结构材料的方法。图 4-135 是在 Langmuir 槽中制备 LB 膜的示意图。

　　应用 LB 拉膜技术可以从不同的角度对纳米粒子进行组装。

　　（1）微粒在分子单层膜上原位生长并组装　微粒在分子单层膜上原位生长形成半导体微粒薄膜的一个基本的先决条件是：所形成的单层膜应带有适当电荷，并且能够吸附亚相中的金属离子。只有金属离子吸附在单层膜上，根据实验需要，再通入与金属离子反应的气体，

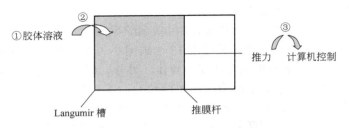

图 4-135　LB 制膜技术示意图

才能得到所需的纳米粒子。原位生长法研究最多的是硫化物半导体纳米粒子膜，下面以 CdS 纳米粒子有序膜的形成来描述纳米微晶微粒膜在 LB 膜上的生长组装过程，如图 4-136 所示。

① 通过 LB 单分子拉膜技术在水面上铺展一层有序的两亲单层膜，亲水基团一般为有机羧酸或磺酸，用于拉膜的水中含有一定浓度的金属离子（$Cd^{2+}$），这种含 $Cd^{2+}$ 的水相又称为亚相；

② 由于静电作用，金属离子（$Cd^{2+}$）吸附在单层膜的亲水基团上；

③ 通入 $H_2S$ 气体，由于 $S^{2-}$ 与金属离子 $Cd^{2+}$ 之间有较强的静电作用，在单层膜/水的界面处形成了金属硫化物（CdS）；

④ 金属硫化物团簇向下生长，由于原子簇聚集而形成相互连接的半导体纳米微粒阵列。

这样就形成了一层多孔性的硫化物半导体微粒薄膜，膜的厚度约 2～4nm，CdS 粒子的粒径约 30～80nm。待新的金属离子扩散至单层膜"端基"区域。重复第③步骤，又可形成第二层多孔性的硫化物半导体微粒薄膜。多次重复步骤③，就可以得到 3D 有序纳米结构薄膜。一般来讲，这种原位生长法所制得的膜的层数不是无限的，总存在一个临界薄膜厚度。粒子的种类不同，临界薄膜厚度也不相同，达到这个厚度后，薄膜就不能继续生长。研究发现，CdS 的临界厚度约为 30nm，而 ZnS 则约为 350nm。用单分子膜原位生长法，已经制备出 CdS、ZnS、PbS、CdSe、PbSe 和 Ag 等半导体、金属纳米微粒薄膜。

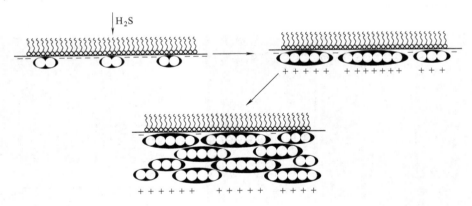

图 4-136　半导体纳米粒子在 LB 膜上的生长过程

（2）纳米微粒直接铺展压缩成膜　利用 LB 拉膜技术最早实现纳米粒子有序化是在 1986 年。具体的制备过程大致可以分为五步完成：①配体保护的憎水胶体粒子的制备；②在洁净的 Langmuir 槽中注入 Milli-Q 水．然后滴加胶体溶液，使其铺展在水面上；③计算机控制推膜（控制推膜时间和推力大小），推膜杆在计算机的控制下，从右向左缓慢移动（图 4-135）；④采用提拉法将薄膜转移到平整的基底表面。该方法的突出优点是具有很大的灵活性，可以选择不同尺寸和形状的纳米微粒作为成膜材料；并且微粒在 LB 槽上能被有效控制，易于制备二维有序纳米结构薄膜。

1997 年，Heath 等运用 LB 拉膜技术，组装了由不同链长表面活性剂修饰的有序 Ag 纳米微粒（图 4-137）。实验中随着碳链长度由 12 个碳缩小为 6 个碳，有序膜上的微粒间距也由 1.2nm 减小到 0.6nm，薄膜由绝缘体变为导体。另外，Chen 等人通过采用改进的 LB 拉膜技术获得了长链表面活性剂分子修饰的纳米微粒的二维长程有序结构，成功实现了用 LB 拉膜技术组装有序聚集体。近来，Gibson 等人在 LB 槽上实现了直径仅为 1.4nm 的 $Au_{55}$ 纳米簇的有序排列，尺寸如此小的微粒也在 LB 槽上实现了有序性，让人们看到了运用该技术制备纳米电子器件的希望。

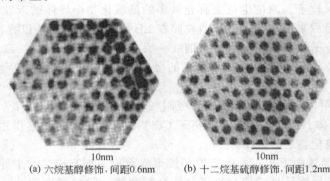

(a) 六烷基醇修饰，间距0.6nm　　(b) 十二烷基硫醇修饰，间距1.2nm

图 4-137　Ag 纳米薄膜

除了组装零维纳米微粒外，LB 拉膜技术同样适用于纳米线的组装。Lieber 研究组采用 LB 拉膜技术组装 $Si/SiO_2$ 核壳结构半导体纳米线，通过调整推膜压力，可以形成不同间距的纳米线有序阵列。图 4-138 是用该法得到的不同间距的 $Si/SiO_2$ 半导体纳米线阵列转移到基底后的 SEM 照片；通过多次转移，可以得到交叉的阵列排布。他们通过将 LB 技术和刻印技术相结合得到了纳米线有序阵列图形。图 4-139 为纳米线阵列转移到基底上通过刻印技术形成的有序阵列图形。

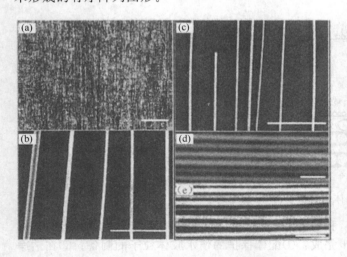

图 4-138　(a) 平行排列的 $Si/SiO_2$ 核壳半导体纳米线，标尺为 $100\mu m$；(b，c，d，e) 分别为不同间距纳米线阵列，(b) 和 (c) 标尺为 $1\mu m$，(d) 和 (e) 标尺为 $200\mu m$

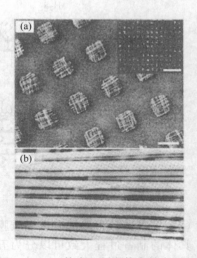

图 4-139　LB 技术与刻印技术结合制备的有序纳米线阵列 (a) 标尺为 $50\mu m$；插图为暗场照片，标尺为 $100\mu m$；(b) 标尺为 $200\mu m$

（3）表面上的两亲分子与亚相微粒的相互作用形成纳米微粒单层膜　以表面带有电荷的纳米微粒水溶胶为亚相，在气/液界面，两亲性分子与亚相中的离子相互作用形成纳米微粒单层膜。这种方法有一定的广泛性，原则上，只要是水溶性的带有电荷的纳米微粒，就可以运用该方法形成单层微粒膜。1990 年，Fendler 实验室在 LB 槽上利用花生酸带负电荷的羧酸根吸附正电性的 $Fe_3O_4$，实现了纳米粒子的有序化组装。国内吉林大学的李铁津研究组也在这方面做了大量工作。目前，作为亚相的无机纳米粒子有 $Fe_2O_3$、$Fe_3O_4$、$LaFeO_3$ 等，成膜材料则包括适用于碱性体系的硬脂酸、聚马来酸酯以及适用于酸性体系的十八胺等。

LB 拉膜技术与其他技术相结合，如其他自组装方法和微接触印刷技术等，增加了组装的多样性和灵活性，使其在构筑纳米微粒单层膜、多层膜以及更为复杂的纳米有序结构研究中具有更为深远的意义。

### 4.5.3　层层自组装（LBL）水溶性纳米粒子

对于巯基功能化的水溶性半导体纳米粒子，用层层组装的方法很容易得到不同厚度、高质量的纳米结构薄膜。LBL 组装主要是借助于静电相互作用，将带有相反电荷的物种和纳米粒子交替吸附，一层一层地自组装起来的。在组装过程中，具有正负电荷对的聚电解质是较为广泛使用的一类间隔层，这主要是由于聚电解质上有非常多的结合位点，可以在很大程度上修复微粒组装膜的缺陷，有效地提高了纳米微粒组装膜的质量。

LBL 组装过程比较简单，具体过程如图 4-140 所示：①在洁净的基底表面吸附一层表面活性剂或聚电解质，目的是提高与将要吸附的聚电解质间的润湿性；②随后，将其浸入含有聚电解质的稀释水溶液中，在一定吸附时间内，使基底表面形成聚电解质单（分子）层，然后进行清洗，干燥；③将覆盖有聚电解质单（分子）层的基底浸入带相反电荷纳米粒子的稀释性分散体系，经过一定的时间后，在基底表面上形成单粒子层，接着对样品进行清洗、干燥处理。这样，在清洁基底上形成了聚电解质单（分子）层/单粒子层薄膜，重复上述步骤，就可以获得具有交替构筑的多层纳米微粒薄膜。

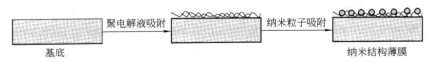

图 4-140　在平板基底上进行 LBL 组装示意图

LBL 组装通常采用的阳离子型聚电解质有：聚乙烯亚胺（PEI）、聚丙烯胺盐酸盐（PAH）、聚二甲基二烯丙基氯化铵（PDDA）以及可以通过加热转变成导电高分子的聚对亚苯基乙烯（PPV）的前体化合物（Pre-PPV）等。带负电荷的聚电解质有聚苯乙烯磺酸盐（PSS）、聚丙烯酸（PAA）、聚甲基丙烯酸（PMAA）及聚乙烯磺酸盐（PVS）等，图 4-141 为各常用聚电解质的分子结构。

聚电解质膜的构筑过程和不同结构膜的示意图如图 4-142 所示。

该方法能够制备大面积均匀的纳米结构薄膜，并且很容易在平整的基底表面以及高度弯曲的界面上（像球形胶体粒子）组装成膜。通过进行多次循环组装可以得到多层膜。膜厚度可以比较精确地控制在几个纳米到几个微米的范围内。对于聚合物层，可以选择绝缘的或导电的材料。一般而言，纳米粒子在聚电解质薄膜上紧密排列能够形成比较有序的结构。

纳米微粒的层状自组装还可以通过配位作用进行。1998 年，张希等以配位作用为基础，成功地制备了 $Cu_2S$ 纳米微粒/聚合物层状自组装膜。他们首先用离子交换方法制备 PSS

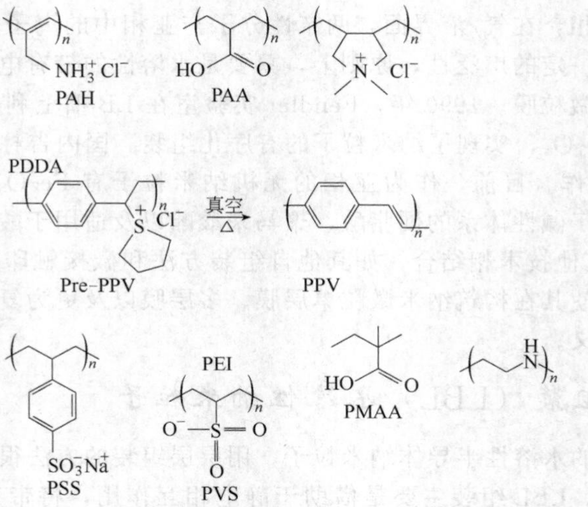

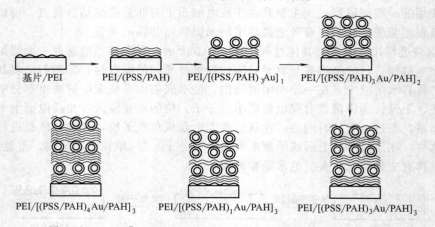

图 4-141　常用聚电解质的分子结构

图 4-142　PEI [(PSS/PAH)$_m$Au/PAH]$_n$ 多层膜组装过程示意图

(Cu)$_{1/2}$，接着利用 Cu$^{2+}$ 和吡啶基团间的共价配位作用来交替组装 PSS (Cu)$_{1/2}$ 和 PVP（聚 4-乙烯基吡啶），最后通过 H$_2$S 气体与多层膜中固载的 Cu$^{2+}$ 反应，在组装膜中原位形成 Cu$_2$S 纳米微粒。在这个体系中，聚合物不仅仅作为粒子的密封剂以阻止粒子继续长大，而且还可与表面金属原子形成配位键，从而使组装膜表现出更大的稳定性。

除了静电、氢键和共价配位作用之外，纳米微粒和有机物之间还可以通过分子端基的化学反应来形成纳米微粒薄膜。在组装过程中，人们可以预先设计，使这种方法具有较大的灵活性。这种方法的缺点是微粒组装的可控性较差。

### 4.5.4　热处理自组装无机纳米粒子膜

直接热处理制备有序纳米结构有序膜的示意图如图 4-143 所示。先通过自组装方法在基底（玻璃或 Si/SiO$_2$）上沉积一层纳米粒子薄膜（步骤 1），然后将该薄膜置于热源下，使其局部受热，促使组装纳米粒子的表面活性剂炭化（步骤 2）。随后将没有加热的部分区域用适当的溶剂去除，就可得到有序纳米图案。Hamann 等人采用脉冲聚焦激光束处理（532nm；NA 约 0.8；脉冲宽度约为 10s；功率约为 4mW）自组装膜，根据需要调整激光脉冲宽度或功率对所得纳米有序岛的大小加以控制。图 4-144 为他们所得到的金纳米岛有序结构薄膜，每个纳米岛又由多个小的金纳米微粒构成。他们对 FePt 纳米粒子在 550℃ 下激光热处理后，使具有 fcc（face-centered cubic）结构的无序的 FePt 纳米粒子薄膜转化为有序的 fct（face-centered tetragonal）结构晶相薄膜，从超顺磁性转变为铁磁性。

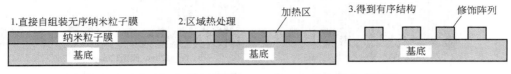

图 4-143　直接热处理制备有序纳米结构薄膜示意图

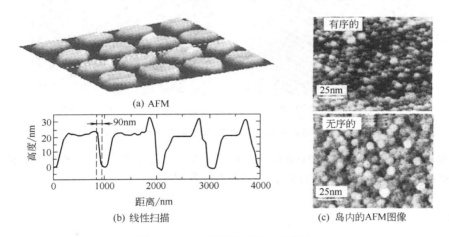

图 4-144　金纳米岛有序结构薄膜

## 4.5.5　气相沉积自组装（CVD）

该法主要是将一种或几种反应物，在高温区通过加热形成蒸气，然后被惰性气流运送到反应器的低温区，或者通过快速降温使蒸气在一定的基底上沉积下来，生长成为有序纳米线阵列。这种方法又可以细分为：固体粉末物理蒸发法和化学气相沉积法（或化学气相转移法）。这两种方法的不同之处在于：前者仅仅是物质蒸发、再沉积的物理过程；而后者则在形成蒸气后发生了化学变化，所形成的一维纳米材料与前驱体反应物化学组成不同，一般在通入惰性气体的同时，还通入另一种气体参与反应。Pan 等在 1350～1450℃ 下蒸发 ZnO 粉末，使 ZnO 蒸气在 Al 基底上自组装形成有序的纳米线阵列（图 4-145）。

该法除了用来生长半导体纳米线外，还可以制备碳纳米管有序阵列。在用该法得到的有序阵列中，碳纳米管垂直地分布在基底表面上。

中国科学院化学研究所有机固体重点实验室功能界面材料研究组利用一种全新的方法——"滴铺展"法，成功地在阵列碳纳米管膜上构筑了三维立体的微米尺度的规则图形。该法突破了常规，不需要对基底预先图案化，直接在阵列的碳纳米管膜上组装图案。在用化学气相沉积法得到的阵列碳纳米管膜上，通过激光刻蚀制造空穴来控制碳纳米管膜的密度，最终达到对图案的控制。研究表明，毛细管力和由此产生的静水膨胀力是该自组装过程的主要驱动力，不同密度的碳纳米管膜之间的压力差使碳纳米管倒伏。该方法还可推广应用到其他的一维有机或无机阵列体系，对于构筑微器件有重要的指导意义。

纳米线在薄膜基底上垂直生长，可形成高密度存储性能的纳米线阵列。半导体纳米线在

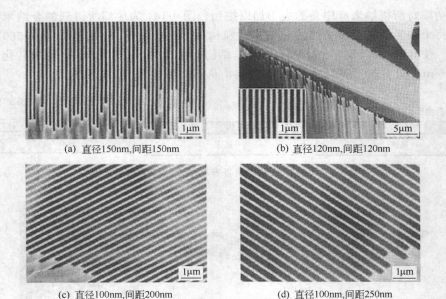

(a) 直径150nm,间距150nm      (b) 直径120nm,间距120nm

(c) 直径100nm,间距200nm      (d) 直径100nm,间距250nm

图 4-145   不同直径和间距的 ZnO 纳米线阵列的 SEM 照片

微电子学和光电器件领域中的一个重要应用就是组装成为 p-n 结，形成场效应晶体管，这是制备高度集成装置（如光发射二极管、激光器等）所必需的。

## 思考题

1. 结合你比较熟悉的金属氧化物，通过文献调研，试述该氧化物纳米材料合成的主要方法。

2. 介孔 $SiO_2$ 由于具有特殊的孔结构而有着广阔的应用前景，试简述不同类型和结构的介孔 $SiO_2$ 的主要合成方法（包括 MCM-41，MCM-48，MCM-50，HMS，MSU-1，MSU-2，MSU-3，SBA-1，SBA-2，SBA-3 等）。

3. 纳米的 Fe 粉由于具有高饱和磁化强度和高磁导率的特性，是一种重要的磁性材料。但是纳米铁的化学稳定性不高，为提高其抗氧化性又不影响其磁性，常需要在其表面包裹其他惰性物质，形成核壳粒子。试阐述文献报道的纳米铁核壳粒子的主要合成方法。

4. 纳米材料在医学领域有着广阔而重要的应用前景，如作为抗肿瘤药物载体，实现药物的定向释放。试了解此类"靶向药物"的"靶材"的主要成分及其此类药物的主要合成技术。

5. 牙齿、骨骼、软体动物的壳体等生物材料往往是由碳酸钙、羟基磷酸钙等简单的无机化合物在有机分子的"诱导"下，按照一定规则排列，形成特殊的组织结构，表现出优异的性能。能够像生物体一样随心所欲地组装高性能功能材料是每一个材料科学工作者的梦想。试阐述单分散 $SiO_2$ 粒子有序自组装结构的主要合成技术。

6. 举例说明常用的纳米 $\alpha\text{-}Fe_2O_3$ 微粒的合成方法。

7. 简要描述影响 $\alpha\text{-}Fe_2O_3$ 微粒形貌的主要因素。

## 参考文献

[1] Fujishima A，Honda K. Nature，1972，238；37-38.
[2] Matthews Ralph W. Water Res，1986，20（5）；569-578.
[3] 沈伟韧，赵文宽，贺飞等. $TiO_2$ 光谱化反应及其在废水处理中的应用. 化学进展，1998，10（4）；349-361.

[4] Jean-Marie Herrmann. Catalysis Today，1999，53：115-129.

[5] 姚光辉，李春忠. TiCl₄-O₂-H₂O 体系化学气相沉积 TiO₂ 超细粒子. 华东化工学院学报，1992，18（4）：449.

[6] 胡黎明，郑柏存，古宏晨等. 气溶胶反应器中合成 TiO₂ 超细颗粒. 华东化工学院学报，1992，18（4）：433-440.

[7] 孙海涛，邱勇. 溶胶水解初始条件对 TiO₂ 纳米颗粒性质的影响. 功能材料，2001，32（2）：206-208.

[8] 高荣杰，王之昌. TiO₂ 超微粒子的制备及相转位动力学. 无机材料学报，1997，12（4）：599-603.

[9] 张青红，高濂，郑珊. 金红石相二氧化钛纳米晶的光催化活性. 化学学报，2001，59（11）：1909-1913.

[10] 唐芳琼，侯利萍，郭广生. 单分散纳米二氧化钛的研制. 无机材料学报，2001，16（4）：615-619.

[11] 黄军华，高濂，陈锦元等. 纳米 TiO₂ 粉体制备过程中结晶度的控制. 无机材料学报，1996，11（1）：51-57.

[12] 张霞，赵岩，张彩碚. 混晶结构纳米 TiO₂ 粉的光催化活性. 材料研究学报，2006，20（5）：454-458.

[13] 胡娟，刘建宁，何水祥等. 纳米级二氧化钛制备方法的比较研究. 材料科学与工程，2001，19（4）：71-74.

[14] Cheng H M，Ma J M，Zhao Z G，et al. Chem Mater，1995，7：663-671.

[15] 张霞，赵岩，张彩碚. 表面疏水性纳米 TiO₂ 颗粒的制备及光催化性能. 材料研究学报，2005，19（2）：131-138.

[16] 张霞，赵岩，张彩碚. 低温制备锐钛矿结构的纳米 TiO₂. 材料科学与工程学报，2004，22（3）：328-332.

[17] 施利毅，胡莹玉，张剑平等. 微乳液反应法合成二氧化钛超细粒子. 功能材料，1999，30（5）：495-497.

[18] 易求实，吴新民，谭志诚. 纳米粉 ZnO 的制备及低温热容研究. 无机材料学报，2001，16（4）：620-624.

[19] Jing L Q，Xu Z L，Sun X J. Applied Surface Science，2001，180：308-314.

[20] Anders Verges M，Martinez Gallego M. Journal of Materials Science，1992，27（14）：3756-3762.

[21] Chu S Y，Yan T M. Journal of Materials Science Letters，2000，19：349-352.

[22] Hingorani S，Pillai V，Kumar P. Mat. Res. Bull.，1993，28：1303-1310.

[23] Lu Chunghsin，Yeh Chihsien. Mat. Lett.，1993，33：129-132.

[24] Pan Z W，Dai Z R，Wang Z L. Science，2001，291：1947-1949.

[25] 林慧博，印万忠，南黎等. 纳米氢氧化镁制备技术研究. 有色矿冶，2003，19（1）：33-36.

[26] 戴焰林，洪玲，施利毅. 沉淀-共沸蒸馏法制备纳米 Mg（OH）₂ 的研究. 上海大学学报（自然科学版），2003，9（5）：403-409.

[27] 杜以波. CN，1332116A，2001-08-20.

[28] Hao L Y，Zhu Ch L，Mo X，et al. Inorganic Chemistry Communications，2003，6：229-232.

[29] 李振中，刘晶冰，何伟等. 高温沉淀-水热法制备纳米氢氧化镁的性能. 化工进展，2006，25（11）：1332-1335.

[30] 孙明，余林，余坚等. 微波固相法合成纳米氧化镁. 功能材料，2006，37（12）：1978-1981.

[31] Chhor K，Bocquet J F，Pommier C. Materials Chemistry and Physics，1995，40：63-68.

[32] 朱传高，王凤武，周幸福等. 由乙醇镁配合物制备纳米 MgO. 应用化学，2005，（2）：200-203.

[33] Hyun Suk Jung，Jung-Kun Lee，Jin Young Kimr，et al. Journal of Solid State Chemistry，2003，（175）：278-283.

[34] 李强，王麟生，王海霞等. 纳米氧化镁的制备及其紫外屏蔽性能. 应用化学，2006，23（10）：1145-1149.

[35] 张士成，韩跃新，蒋军华等. 纳米碳酸钙的合成方法. 矿产保护与利用，1998，6（3）：11-15.

[36] 魏绍东. 纳米碳酸钙制备技术的研究进展. 材料导报，2004，18（4）：133-135.

[37] 高明，吴元欣，李定成. 超重力法制备纳米碳酸钙的工艺研究. 化学与生物工程，2003，6：19-21.

[38] 胡小芳，苏志学，吴成宝. 碳化法制备纳米碳酸钙工艺研究进展. 广州化工，2005，33（5）：10-12.

[39] 韩峰，王国庆，崔英德. 超声波在碳化法制备纳米碳酸钙中的应用. 精细化工，2002，19（1）：39-41.

[40] 叶颖，金江，吴颖菁等. W/O 型微乳法制备超细球形碳酸钙. 硅酸盐通报，2006，25（4）：176-179.

[41] 陈沅，李明伟，陈淑仙等. 硅凝胶体系中碳酸钙晶体生长实验. 重庆大学学报（自然科学版），2006，29（8）：40-43.

[42] 陈彩凤，陈志刚. 超声场中湿法制备纳米粉末的原理和方法. 机械工程材料，2003，27（4）：30-32.

[43] 杨绍光，朱浩，洪建明等. 纳米孔洞非晶氧化铝模板的制备. 南京大学学报，2000，36（4）：431-433.

[44] 汤宏伟，王蒋亮，常丽荣等. 高质量氧化铝模板的制备及其研究. 表面技术，2007，36（1）：56-57.

[45] 曾佩兰，黄可龙，刘素琴等. 汽车尾气净化催化剂载体——纳米氧化铝模板的自组织行为研究. 贵州化工，2002，27（6）：16-19.

[46] 卫芝贤，胡双启，金宠等. 室温固相法制备高纯超细氢氧化铝. 应用基础与工程科学学报，2003，11（2）：122-125.

[47] 刘有智，李裕，柳来栓. 改性纳米 Al（OH）₃ 粉体的制备. 过程工程学报，2003，3（1）：57-61.

[48] 曹亚鹏，郭奋，梁磊等. 高浓度碳分反应制备纳米氢氧化铝的实验研究. 北京化工大学学报，2006，33（6）：1-4.

[49] Yüksel Sarikaya，Kezban Ada，Tülay Alemdarolu，et al. Journal of the European Ceramic Society，2002，22（12）：1905-1910.

[50] Ferhat Kara，Gulcan Sahin. Journal of the European Ceramic Society，2000，20（6）：689-694.

[51] 董海峰，夏海平，丁马太等. 加热与脱盐对纳米氧化铝粒度及分布的影响. 功能材料，2005，36（4）：583-585.

[52] 公延明，张鹏远，陈建峰. 超重力碳分制备纳米氢氧化铝. 华北工学院学报，2002，23（4）：235-239.

[53] 郭奋，张纪尧，陈建峰等. 旋转床-水热耦合法制备改性氢氧化铝的研究. 高校化学工程学报，2003，17（2）：190-194.

[54] 陈龙武，甘礼华，岳天仪等. 微乳液反应法制备氧化铝（含水）超细微粒. 高等学校化学学报，1995，16（1）：13-16.

[55] 解晓斌，陆胜，方荣利. W/O 型微乳液碳化法制备超细 Al（OH）$_3$ 与 Al$_2$O$_3$ 粉体的研究. 化工新型材料，2003，1（5）：35-37.

[56] Kresge C T, Leonowicz M E, Roth W J, et al. Nature, 1992, 359：710-712.

[57] Beck J S, Vartulli J C, Roth W J, et al. J. Am Chem Soc, 1992, 114：10834-10843.

[58] 张兆荣，索继栓，张小明等. 介孔硅基分子筛研究新进展. 化学进展，1999，11（1）：11-19.

[59] Huo Q S, Margolese D I, Ciesla U, et al. Nature, 1994, 368：317-321.

[60] Huo Q S, Margo lese D I, Ciesla U et al. Chem. Mater., 1994, 6：1176-1191.

[61] Kresge C T, Leonowice M E, Roth W J, et al. Nature, 1992, 359：710-712.

[62] Fyfe C A, Fu G Y. J Am Chem. Soc, 1995, 117：9709-9714.

[63] Zhao X S, Lu G O, Whittaker A K, et al. J Phys Chem, 1997, 101（33）：6525-6531.

[64] Bourlinos A B, Karakassides M A, Petridis D. J. Phys Chem B, 2000, 104（18）：4375-4380.

[65] Tian B Z, Liu X Y, Yu C Z, et al. Chem Commun, 2002, 13：1186-1187.

[66] Kawi S, Lai W. Chem Commun, 1998, 13：1407-1408.

[67] 赵修松，王清遐，徐龙伢等. 一种新型中孔 3.8nm 沸石 MCM-41 的合成. 科学通报，1995，40（16）：1476-1479.

[68] 赵修松，王清遐，徐龙伢等. 中孔沸石新材料 MCM-41：Ⅰ. 合成，酸性及稳定性. 催化学报，1995，16（5）：415-419.

[69] 孙研，林文勇，庞文琴. 中孔分子筛 MCM-41 的合成与表征. 高等学校化学学报，1995，16（9）：1334-1338.

[70] 袁忠勇，刘述全，龙湘云. 含钛 MCM-41 分子筛的合成与表征. 离子交换与吸附，1995，11（4）：354-359.

[71] Nishiyama N, Koide A, Egashira Y, et al. Chem Commun, 1998：2147-2148.

[72] Nishiyama N, Park D H, Koide A, et al. J Membr Sci, 2001, 182：235-244.

[73] McCool B A, Hill N, DiCarlo J, et al. J Membr Sci, 2003, 218：55-67.

[74] 朱金华，沈伟，徐华龙等. 水热一步法合成 Ti-SBA-15 分子筛及其催化性能研究. 化学学报，2003，61（2）：202-207.

[75] 杨骏，李苑，唐渝等. pH 值对廉价硅源合成 MSU-1 的影响. 离子交换与吸附，2005，21（1）：55-61.

[76] 王永康，王立. 纳米材料科学与技术. 杭州：浙江大学出版社，2003.

[77] 张密林，丁立国，景晓燕等. 纳米二氧化硅的制备、改性与应用研究进展. 应用科技，2004，31（6）：64-66.

[78] 王玉琨，钟浩波，吴金桥等. 纳米材料的液相制备技术及其进展. 西安石油学院学报（自然科学版），2003，18（3）：61-64.

[79] 贾宏，郭锴，郭奋等. 材料研究学报，2001，15（1）：120-124.

[80] 朱宏伟，吴德海，徐才录著. 碳纳米管. 北京：机械工业出版社，2003.

[81] Iijima S. Nature, 1991, 354：56-58.

[82] Journet C, Maser W K, Bernier P, et al. Nature, 1997, 388：756-758.

[83] Liu C, Cong H T, Li F, et al. Carbon, 1999, 37（11）：1865-1868.

[84] Ebbesen T W, Ajayan P M. Nature, 1992（358）：220-222.

[85] Thess A, Lee R, Nikolaev P, Dai H J, et al. Science, 1996（273）：483-487.

[86] Guo T, Nikolaev P, Rinzler A G, et al. J. Phys. Chem., 1995, 99（27）：10694-10697.

[87] Yacaman M J, Yoshida M M, Rendon L. Appl. Phys. Lett., 1993, 62（6）：657-659.

[88] Dai H, Wong W, Lu Y, et al. Nature, 1995, 375：769-772.

[89] Endo M, Takeuchi K, Igarashi S, et al. Journal of Physics and Chemistry of Solids, 1993, 54（12）：1841-1848.

[90] Cho W S, Hamada E, Kondo Y, et al. Applied Physics Letters, 1996, 69（2）：278-279.

[91] Daschowdhury K, Howard J B, Vandersande J B. Journal of Materials Research, 1996, 11（2）：341-347.

[92] Chernozatonskii L A, Kosakovskaja I J, Fedorov E A, et al. Physics Letters A, 1995, 197（1）：40-46.

[93] Hsu W K, Terrones M, Hare J P, et al. Chemical Physics Letters, 1996, 262（1-2）：161-166.

[94] Chernozatonskii L A, Val'chuk K P, Kiselev N A, et al. Carbon, 1997, 35（6）：749-753.

[95] Kyotani T, Tsai L F, Tomita A. Chem. Mater. 1996（8）：2109-2113.

[96] Laplaze D, Bernier P, Flamant G, et al. Journal of physics B-Atomic Molecular and Optical Physics, 1996, 29（21）：4943-4954.

[97] Pan Z W, Xie S S, Chang B H, et al. Nature, 1998, 394：631-632.

[98] Wei B Q, Vajtai R, Jung Y, et al. Nature, 2002, 416：495-496.

[99] 汪信，刘孝恒编著. 纳米材料化学，北京：化学工业出版社，2005.

[100] Selliger A, Weiss P M, Nguyen A, et al. Nature, 1998, 394（16）：256-260.

[101] Bunker B C, Rieke P C, Tarasevich B J, et al. Science, 1994, 264：48-55.

[102] Groot K de, Gesink R G T, Klein C P A T, et al. J Biomed Mater, 1987, 21：1375-1378.

[103] Luo Z S, Cui F Z, Li W Z. J Biomed Mater., 1999, 46：80-86.

[104] Li F, Feng Q L, Cui F L, et al. Suface and coating tachnology, 2002, 154（1）：88-93.

[105] Song L, Liu T, Liang D. J Biomed O pt, 2002, 7：3498.

[106] 朱以华，王强斌，古宏晨等. 中国医学科学院学报，2002，24（2）：118-123.

[107] 赵强，庞晓峰. 原子与分子物理学报，2005，22（2）：222-225.

[108] Flory PJ. Principlesof Polymer Chemistry. Ithca, New York：Cormell University Press，1953.

[109] Tanaka T. Phys Rev Lett，1978，40：820.

[110] MartyJ，Oppenheim R C，Speiser P. Pharm Acta Helv，1978，53：1.

[111] Robert C. Macro Chem，1990，327：35-36.

[112] 李威，王文锋，李荣群等. 核技术，2002，25（8）：624-629.

[113] Wayne M. J Colloid and Interface Sci，1998，156：24-30.

[114] Maria M G，B lanco D，Cruze M E M，et al. J Controlled Release 1998，52（1/2）：53-62.

[115] 119 马利敏，张强，李玉珍等. 中国药学杂志，2001，36（1）：38-41.

[116] 何林，蒋学华，李屯. 中国药学杂志，1998，33（5）：289-291.

[117] 张强，廖工铁. 中国药学杂志，1996，3（1）：24-27.

[118] 段明星，乐志操，马红等. 中国药学杂志，1999，34（1）：23-26.

[119] Wagenear B W，Mueller B W. Biomaterials，American Chemical Society，WashingtonD. C. 1994，15：49.

[120] Wichert，Rohdewald. J Controlled Release，1990，14：269.

[121] KJ 克莱邦德主编. 纳米材料化学. 陈建峰，邵磊，刘晓林等译. 北京：化学工业出版社，2004.

[122] M. Faraday，Phil. Trans. Roy. Soc.，1857，147，145.

[123] John S. Bradley，John M. Millar，Emwstine W. Hill. J. Am. Chem. Soc，1991，113：4016-4017.

[124] Gleiter H. Nanocryst Mater.，1989，20（4）：223.

[125] 李发伸，杨文平，薛德胜，兰州大学学报（自然科学版），1994，30（1）144-146.

[126] 罗驹华，张少明. 铸造技术，2007，28（3）425-428.

[127] 潘成福，侯登录，张民. 磁记录材料，1999，2：8-9.

[128] 王翠英，陈祖耀，程彬等. 化学物理学报，1999，12（6）：670-674.

[129] 李铁龙，金朝晖，刘海水等. 高等学校化学学报，2006，27（4）：672-675.

[130] 申承民，苏轶坤，杨海涛等. 物理学报，2003，52（2）：483-486.

[131] 杨海涛，申承民，杜世萱等. 物理学报，2003，52（12）：3114-3119.

[132] 肖寒，王瑞，余磊等. 贵州师范大学学报，2003，21（1）：4-6.

[133] 张志梅，韩喜江，张淼鑫. 精细化工，2000，17（2）：69-71.

[134] 温传庚，王开明，李晓奇等. 鞍山科技大学学报，2003，26（3）：176-178.

[135] 林荣会，方亮，郗英欣等. 化学学报，2004，62（23）：2365-2368.

[136] 黄钧声，任山，匡同春等. 材料开发与应用，2004，19（4）：18-20.

[137] 陈振，伍沅. 武汉化工学院学报，2004，26（3）：1-3.

[138] 朱协彬，段学臣. 上海有色金属，2004，25（3）：97-99.

[139] 宋吉明，张胜义，刘明珠等. 安徽大学学报（自然科学版），2004，28（6）：60-63.

[140] 刘伟，崔作林，张志焜. 中国粉体技术，2004，3：31-32.

[141] Okur I，Townsend P D，Chandler P J. Nuclear Instruments and Methods in Physics Research，1999，（148）：1069-1073.

[142] Zhang Z T，Zhao B，Hu L M. Journal of Solid State Chemistry，1996，121：105-110.

[143] Nersisyan H H，Lee J H，Son H T，*et al*. Materials Research Bulletin，2003，38：949-956.

[144] 周全法，徐正，包建春. 精细化工，2001，18（1）：39-42.

[145] 印万忠，李先学，韩跃新等. 矿冶，2003，12（4）：48-51.

[146] 王武生，潘才元，曾俊. 高等学校化学学报，2001，22（4）：700-702.

[147] 刘江，宋永辉，兰新哲. 有色金属，2002，（增刊）：64-68.

[148] 顾大明，高农，程谨宁. 精细化工，2002，19（11）：634-636.

[149] 徐冬梅，张可达，王平等. 化学研究与应用，2002，14（5）：501-505.

[150] 梁海春，容敏智，章明秋等. 物理学报，2002，51（1）：49-54.

[151] 金宗莲，徐华蕊，赵斌等. 上海金属，2001，23（2）：37-40.

[152] 廖学红，朱俊杰，赵小宁等. 高等学校化学学报，2000，21（12）：1837-1839.

[153] 许瑞波，宋晓秋，姜岩等. 吉林工学院学报，2000，21（1）：14-15.

[154] 陈建峰，邹海魁，刘润静. 现代化工，2001，21（9）：9-12.

[155] Mafune F，Kohno J，Takeda Y，et al. Phys. Chem B，2001，105（22）：5114-5120.

[156] Mohamed M B，Ismail K Z，Link S，et al. J. Phys. Chem. B，1998，102：9370-9374.

[157] Link S，Burda C，Mohamed M B，et al. J. Phys. Chem.，1999，103：1165-1170.

[158] Leontidis E，Kleitou K，Kyprianidou-Leodidiou T，et al. Langmuir，2002，18：3659-3668.

[159] Selvan S T，Hayakawa T，Nogami M，et al. J. Phys. Chem. B.，1999，103：7441-7448.

[160] 李永军，刘春艳编著. 有序纳米结构薄膜材料，北京：化学工业出版社，2006.

[161] Hanna Rapaport，Gunter Möller，Charles M. Knoble，et al. J. Am. Chem. Soc.，2002，124（32）：9342-9343.

[162] Li M，Schnablegger H，Mann S. Nature，1999，402：393.

[163] Tessler N，Medvedev V，Kazes M，et al. Science，2002，295：1506.

[164] Taleb A，Petit C，Pileni M P. Chem. Mater.，1997，9（4）：950-959.

[165] Rogach A L，Talapin D V，Shevchenko E V，et al. Advanced Functional Materials，2002，12：653.

[166] Kiely C J, Fink J, Brust M, et al. Nature, 1998, 396: 444.

[167] Kiely C J, Fink J, Zheng J G, et al. Adv. Mater., 2000, 12: 640.

[168] Talapin D V, Shevchenko E V, Kornowski A, et al. Adv. Mater., 2001, 13: 1868.

[169] Lim M H, Ast D G. Advanced Materials, 2001, 13: 718.

[170] Santhanam V, Liu J, Agarwal R, et al. Langmuir, 2003, 19: 7881-7887.

[171] Zhao X K, Xu S, Fendler J H. Langmuir., 1991, 7: 520-524.

[172] Ruaudel-Tiextier A T, Leloup J, Barraud A. Mol. Cryst. Liq. Cryst., 1986, 134: 347.

[173] Collier C P, Saykall R J, Shiang J J, et al. Science, 1997, 277: 1978.

[174] Chen X Y, LiJ R, Jiang L. Nanotechnology, 2000, 11: 108.

[175] Brown J J, Porter J A, Daghlian C P, et al. Langmuir, 2001, 17: 7966-7969.

[176] Whang D, Jin S, Wu Y, et al. Nano Lett. 2003, 3: 1255-1259.

[177] Rogach A L, Kotov N A, Koktysh D S, et al. Coll. Surf. A, 2002, 198-200: 135-140.

[178] Susha A S, Caruso F, Rogach A L, et al. Coll. Surf. A, 2000, 163: 39-44.

[179] Xiong H, Cheng M, Zhen Z, et al. Adv. Mater., 1998, 10: 529.

[180] Hamann H F, Woods S I, Sun S, et al. Nano. Lett., 2003, 3: 1643-1645.

[181] Pan Z W, Mahurin S M, Dai S, et al. Nano Lett., 2005, 5: 723-727.

[182] Ren Z F, Huang Z P, Xu J W, et al. Science, 1998, 282: 1105.

# 第 5 章
## 纳米材料的改性

纳米材料由于粒径小，表面原子所占的比例高，所以具有极高的比表面积、表面活性和奇异的物理化学特性，这是其获得广泛应用的前提。但也正是这些特性使纳米材料不稳定，具有很高的表面能，易于相互作用，导致团聚，从而减小材料的比表面积和体系 Gibbs 自由能，也降低了纳米材料的活性，使纳米材料应有的特性难以充分发挥。另一方面纳米材料与表面能低的基体亲和性差、二者在相互混合时不能相溶，导致界面出现空隙，存在相分离现象。要从根本上解决这些问题，最有效的方法就是对纳米材料表面进行改性处理。表面改性后的纳米材料，分散性大大提高，同时增加无机纳米材料和有机基体间相容性，减少界面问题。因此，纳米材料的表面改性成为纳米材料研究的重要内容。

所谓表面改性（surface modification or surface treatment）是指采用物理、化学方法对纳米材料表面进行处理，有目的地改变材料表面的物理化学性质，如表面原子层的结构和官能团、表面疏水性、电性、化学吸附和反应特性等。经表面改性后，纳米材料的吸附、润湿、分散等一系列表面性质都将发生变化，有利于纳米材料保存、运输及使用。通过改性纳米材料表面，可以达到以下目的。

（1）保护纳米材料，改善其分散性。经过表面改性的纳米颗粒，其表面存在一层包覆膜，阻隔了周围环境，防止纳米颗粒的氧化，消除颗粒表面的带电效应，防止团聚。同时，在纳米颗粒之间形成一个势垒，使得纳米颗粒在合成烧结过程中不易长大。

（2）改善纳米材料表面的湿润性，增强纳米材料与其他物质的界面相容性，使纳米颗粒容易在有机化合物或水介质中分散，提高纳米粉体的应用性能。如用表面活性剂作改性剂在水溶液中分散无机纳米颗粒时，表面活性剂的非极性亲油基吸附在颗粒表面，极性亲水基与水相溶，达到在水中分散的目的。反之，纳米颗粒可分散在油中。经过改性后的纳米粉体分散性增强，且其自身原来所特有的优异性能不受影响，在实际应用中可以较好地发挥潜能。改性后的纳米颗粒表面状态发生了改变，可增加与聚合物的界面结合力，提高复合材料的性能。

（3）提高纳米颗粒的表面活性。改性后的纳米颗粒表面覆盖着表面活性剂的活性基团，大大提高了纳米颗粒与其他试剂的反应活性，为纳米颗粒的偶联、接枝创造条件。

（4）表面改性还可以在纳米材料表面引入具有独特功能的活性基团，通过这些基团可以实现与基体材料的复合，从而赋予材料以特殊的光、电、磁等功能特性。

（5）在纳米材料表面的特定位置选择性的连接某些具有特殊功能的分子在纳米制备、自组装、纳米传感器、生物探针、药物运输、涂料和光催化等方面有重要的应用。纳米颗粒改性后，颗粒表面形成一层有机包覆层，包覆层的极性端吸附在颗粒的表面，非极性长链则指向溶剂，在一定条件下，有机链的非极性端结合在一起，形成规则排布的二维结构。经过有机分子改性的 CdTe 颗粒，可自组装制备发光 CdTe 纳米线。采用这种方式，还成功获得银、硫化银等二维自组装结构的纳米材料。

# 5.1　纳米材料团聚及原因

纳米材料团聚是指纳米材料在制备、分离、处理及存放过程中相互连接形成由多个纳米颗粒团聚的现象。纳米材料的表面效应、小尺寸效应、表面电子效应以及近距离效应使其具有很高的表面活性。比表面积大，纳米颗粒处于热力学不稳定状态，极易发生团聚。这一点从热力学角度、能量最低原理可以得到定性的解释。设团聚前纳米材料总表面积为 $S_1$，团聚后纳米材料总表面积为 $S_2$，单位面积表面自由能为 $\gamma$，则分散状态纳米材料的总表面能为 $G_1 = \gamma S_1$，团聚状态总表面能为 $G_2 = \gamma S_2$。纳米颗粒由分散态到团聚态表面自由能变化为：

$$\Delta G = G_2 - G_1 = \gamma(S_2 - S_1)$$

由于团聚后的纳米材料比表面积远小于单个粒子组成的表面积之和。

所以　　　　　　　　　　　　　　　　$S_2 < S_1$

故　　　　　　　　　　　　　　　　$\Delta G < 0$

可以看出，纳米颗粒团聚是一个自由能减少的过程，颗粒团聚是自发进行的。根据机理的不同，纳米材料团聚可分为软团聚和硬团聚。软团聚主要是由于颗粒之间的范德华力和库仑力或因团聚体内液体的存在而引起的毛细管力所致，相互作用力较小，这种团聚可以通过化学方法或施加机械力加以消除。硬团聚的形成除了静电力和范德华力之外，还存在化学键作用以及粒子间液相桥或固相桥的强烈结合作用，这种团聚体相互作用力大，强度高，不施加外界能量无法将其分开。

湿化学法制备的纳米材料中不但含有大量的结构吸附水，而且含有大量的物理吸附水。由于氢键作用以及颗粒表面存在大量羟基容易在相邻颗粒间架桥而结合在一起。当发生脱水时，这些氢键就转化成强度更高的桥氧键，从而使颗粒形成硬团聚；另一方面，水分脱除过程中，沉淀物凝胶网络之间将产生巨大的毛细管力，使颗粒收紧重排，也是造成颗粒团聚的一个重要原因。

对于机械球磨法制备纳米材料，实际上是固体材料在外力的作用下，颗粒粒径不断减小和细化。颗粒在超细化过程中，受到冲击摩擦及粒径的减小，在新生的纳米颗粒表面积累了大量的正电荷或负电荷。由于新生颗粒形状各异，极不规则，新生粒子的表面电荷容易集中在颗粒的拐角及凸起处。这些凸起处有的带正电荷，有的带负电荷，这些带电粒子极不稳定。为了趋于稳定，它们相互吸引，尖角处互相接触连接，使颗粒产生团聚。此过程的主要作用力是静电库仑力。当材料超细化到一定粒径以下时，颗粒间的距离极短，颗粒间的范德华力远远大于颗粒自身的重力。因此，这种颗粒往往相互团聚。

目前对于纳米材料团聚的形成机理有：毛细管理论、晶桥理论、氢键作用理论、化学键作用理论和表面原子扩散理论。

（1）毛细管吸附理论。毛细管效应一般发生在湿化学法制备纳米颗粒过程中的脱除溶剂和干燥排水阶段。在干燥过程中，纳米材料受热，温度升高，吸附的水分开始蒸发，颗粒表面部分裸露出来，而水蒸气则从孔隙的两端排出。由于表面张力的存在，水在毛细管中形成静拉伸压力 $p$，导致毛细管孔壁的收缩。

（2）晶桥理论。湿凝胶在干燥过程中，纳米颗粒在界面张力的作用下，颗粒与颗粒之间互相接近。颗粒间由于存在表面羟基和因溶解-沉淀而形成晶桥而变得紧密。随着干燥时间的延长，这些晶桥互相结合，因而形成较大的块状团聚体。如果液相中含有其他金属盐类物质（如氢氧化物），还会在颗粒间形成结晶盐的固相桥，从而形成团聚体。

（3）分子间氢键作用。该理论认为纳米颗粒之间硬团聚的主要原因是颗粒之间存在着氢键。纳米颗粒表面羟基相互作用形成氢键，纳米颗粒间依靠氢键作用而相互聚集，从而形成硬团聚。

（4）化学键理论。除非进行高温脱水，大多数无机纳米颗粒表面往往有表面羟基基团。这些表面羟基可能是结构羟基（晶格），它们是在水合氧化物吸附或者晶格的水解时形成的，或来源于化学吸附水。这些非架桥羟基的存在是产生硬团聚体的根源。当相邻颗粒表面的非架桥羟基会发生缩合反应而桥连，从而形成化学键，引起纳米颗粒的硬团聚。

$$\text{Me—OH} + \text{HO—Me} \longrightarrow \text{Me—O—Me} + H_2O$$

（5）表面原子扩散理论。大多数液相合成的纳米材料在刚反应后的颗粒表面原子具有很大的活性，其表面断键引起的原子能量远高于内部原子的能量，容易使颗粒表面原子扩散到相邻颗粒表面并与其对应的原子键合，形成稳固的化学键，从而形成永久性的硬团聚。

（6）由于纳米材料的比表面积大，使之与空气或各种介质接触后，极易吸附气体、介质或与其作用，从而失去原来的表面性质，导致粘连与团聚。

纳米材料团聚是一个复杂的过程，在纳米材料制备的每一个环节都可能发生。对于液相法制备纳米材料来说，液相中形成纳米颗粒、固-液分离和煅烧过程中都会发生团聚现象。在液相中析出纳米颗粒时，颗粒与颗粒在相互接触处局部"溶合"，形成一个大颗粒。由于Brown 运动的驱使，颗粒互相接近。若颗粒具有足够的动能克服阻碍颗粒发生碰撞形成团聚体的势垒，则两个颗粒团聚。颗粒在溶液中受到 Van der waals 引力，颗粒间的静电斥力，以及颗粒表面吸附有机大分子后形成的空间位阻作用。阻碍两个颗粒互相碰撞形成团聚体的势垒可表达为：

$$V_T = V_W + V_R + V_S$$

式中　$V_W$——起源于范德华引力，为负值；

$\quad\quad V_R$——起源于静电斥力，为正值；

$\quad\quad V_S$——起源于颗粒表面吸附有机大分子的形阻贡献，其值可正可负。

$V_W$ 与颗粒的种类、大小和液相的介电性能有关；$V_R$ 的大小可通过调节液相的 pH 值、反应离子浓度、温度等参数来实现；$V_S$ 的符号和大小取决于颗粒表面吸附的有机大分子的特性（如链长、亲水、亲油基团特性等）和有机大分子在液相中的浓度。颗粒在液相中的团聚一般而言为可逆过程，即团聚和离散两个过程处在一种平衡状态。通过改变环境条件可以使其从一种状态转变为另一种状态，这就是形成团聚结构的第一个过程。

形成团聚的第二个过程是在固-液分离过程中发生的。从液相中生长出固相颗粒后需要干燥，将液体排出。随着液相物质的蒸发，在表面张力作用下固相颗粒不断地相互靠近，最后紧紧地聚集在一起。如果液相为水，最终残留在颗粒间的微量水通过氢键将颗粒和颗粒紧密地粘连在一起；如果液相中含有微量盐类等杂质（如氯化物、氢氧化物），则会形成"盐桥"，吸附大量的非架桥羟基，使吸附水和配位水数量增多，从而使得在干燥过程中粒子易长大。煅烧过程中又容易导致团聚的产生，这样的团聚过程是不可逆的，一旦生成团聚体就很难将它们彻底分离开。因此，沉淀必须充分洗涤，以尽可能彻底除尽液相中残留的各种盐类等杂质离子，如 $NH_4^+$、$OH^-$、$Cl^-$ 等。

纳米材料前驱体的煅烧过程可使已形成的团聚体因发生局部烧结而结合得更牢固，这是形成团聚的第三个过程。它的形成在热力学上是不可逆的，微小的外力不足以破坏这种结构，颗粒间局部烧结会大大恶化纳米粉体的烧结性能，这是制备粉料时要尽力避免的。

对于纳米粉体材料的团聚，可以采用简单的物理法分散。主要有 3 种方法：机械搅拌分散、超声波分散和高能处理法分散。机械搅拌分散是借助外界剪切力或撞击力等机械能，使纳米颗粒在介质中充分分散。超声波分散是降低纳米颗粒团聚的有效方法。超声波是指声音频率范围在 $20 \sim 5000 kHz$ 之间的声波。具有以下特征：①波长短，直线传播，并且传播特性与介质形式密切相关。②具有高辐射强度，容易集中能量。这种超声波可产生强烈的震动及对介质的空化，并由此诱导热、光、电、化学和生物现象，甚至使材料的特性和状态发生变化。空化是超声波的扩展圈通过液体介质时，声波使液相分子产生剧烈的震动，在液体中形成许多微小的气泡，形成"空化效应"，液体中空气泡的快速形成和突然崩溃，产生能量极大的冲击波，形成短暂的高能微环境。利用超声空化产生的局部高温、高压或强冲击波和微射流等，大幅度地弱化纳米颗粒间的作用，有效地防止纳米颗粒团聚而使之分散。高能处理法是通过高能粒子作用，在纳米颗粒表面产生活性点，增加表面活性，使其易与其他物质发生化学反应或附着，对纳米颗粒表面改性而达到分散目的。高能粒子包括电晕、紫外光、微波、等离子体射线等。尽管物理方法可较好实现纳米颗粒在液相介质中的分散，特别是在纳米颗粒制备过程中，结合这些方法，可以取得较好的效果。但是一旦外界作用力停止，粒子间由于分子间力的作用，又会相互聚集。要想从根本上解决分散问题，还需要对纳米颗粒进行改性处理。

# 5.2 纳米材料改性的原理

表面改性是对粉体的表面特性进行物理、化学、机械等深加工处理，控制其内应力，增加粉体颗粒间的斥力，降低粉体颗粒间的引力。同时，使粉体表面的物理、化学性质，诸如晶体结构、官能团表面能、表面润湿性、电性表面吸附和反应特性等发生变化，从而赋予纳米粉体新的功能，使得纳米颗粒表面的物理、化学性质得以改善。纳米材料表面改性的方法很多，其基本原理都是对纳米材料的表面进行相应的物理和化学处理。根据纳米颗粒与改性剂表面发生作用的方式，纳米材料表面改性方法可分为表面物理改性法和表面化学改性法。

## 5.2.1 表面物理改性

表面物理改性是通过吸附、涂敷、包覆等物理手段对颗粒表面进行改性，改性剂与纳米颗粒表面主要是物理作用方式，利用紫外线、等离子体射线等对纳米颗粒表面改性也属于物理修饰。

（1）表面吸附是通过范德华力或静电引力将异质材料吸附在纳米颗粒表面，防止纳米颗粒团聚，如用表面活性剂改性纳米颗粒。表面活性剂是一种具有亲水亲油结构，可降低表面张力、减小表面能，并能对溶液进行乳化、润湿、成膜等功能的有机化合物。根据纳米颗粒表面电荷的性质，可采用加入阳离子或阴离子表面活性剂的方法，它们在纳米颗粒表面形成一层有机分子膜，阻碍颗粒之间的相互接触，增大颗粒间的距离，避免架桥羟基和化学键的形成。表面活性剂还可降低表面张力，减少毛细管的吸附力。高分子表面活性剂还有一定的空间位阻作用。利用表面活性剂分子中的亲水基对纳米颗粒表面的吸附性、化学反应活性及其降低表面张力的特性，可以控制纳米粉体的亲水性、亲油性和表面活性。因此，表面活性剂的作用：①亲水基团与表面基团结合生成新结构，赋予纳米材料表面新的活性；②降低纳米颗粒的表面能使纳米材料处于稳定状态；③表面活性剂的亲油基团在粒子表面形成空间位阻，防止纳米颗粒的再团聚，由此改善纳米粉体在不同介质中的分散性、纳米颗粒的表面反应活性和表面结构等。陈东丹等用二乙醇胺、聚丙烯酸钠、十二烷基苯磺酸钠、聚乙二醇等四种表面活性剂对纳米 $TiO_2$ 进行表面改性，有效的阻止了 $TiO_2$ 的团聚。马运柱等用 $N,N$-二甲基甲酰胺、十六烷基三甲基溴化铵对（W、Ni、Fe）复合氧化物进行有机包覆，大大降低了在干燥过程中的毛细管作用，减少颗粒间团聚的机会，阻碍颗粒向硬团聚转化。

表面吸附状况和纳米颗粒表面电荷有密切关系，通常可以利用纳米材料在不同 pH 值溶液中表面电荷的性质不同和强弱不同，来进行改性。比如对纳米 $SiO_2$ 材料，由于 $SiO_2$ 颗粒的等电点值较低，在 pH＝2～3 之间。在利用常规方法进行表面改性时，改性体系的 pH 值往往较大，使其表面呈电负性，易于与阳离子结合而获得改性。但是阳离子表面活性剂价格昂贵，往往具有毒性，这是主要缺点。从理论上而言，如果能调整 $SiO_2$ 悬浊液的 pH 值，在大于零电点值的范围并采取无机阳离子（如钡或钙离子）活化，通过直接吸附阳离子（如 $Ca^{2+}$ 或 $Ba^{2+}$），可使 $SiO_2$ 颗粒表面由负电荷变为正电荷，该过程如下：

$$SiOH + Ca^{2+} \longrightarrow SiOCa^+ + H^+$$

然后再吸附阴离子表面活性剂即可获得亲油性 $SiO_2$ 纳米颗粒。如用十二烷基磺酸钠处理硅胶有机改性，整个过程的反应如图 5-1 所示。

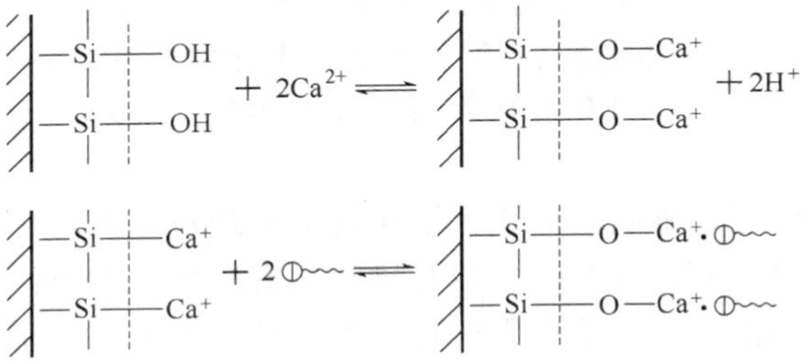

图 5-1　十二烷基磺酸钠对钙硅胶有机改性反应

也可以采用 $Al(OH)_3$ 对其进行表面包覆，改变 $SiO_2$ 粉体等电点 pH 值后，再通过静电吸附作用，实现阴离子表面活性剂十二烷基苯磺酸钠（SDBS）对纳米 $SiO_2$ 进行有机改性的目的。

（2）包覆改性是一种较早使用的传统改性方法，是利用无机化合物或有机化合物（水溶性或油溶性高分子化合物及脂肪酸皂等）包覆在纳米颗粒表面，形成与颗粒表面无化学结合的异质包覆层，对纳米颗粒的团聚起到减弱或屏蔽作用。而且由于包覆物的存在，产生了空间位阻斥力，使粒子再团聚十分困难，从而达到表面改性的目的。包覆机理可以是吸附、附着、简单化学反应或者沉积现象的包膜等。在制备纳米 $TiO_2$ 时，引入羟丙基纤维素改性剂，改性剂大分子吸附在 $TiO_2$ 颗粒上起到了空间位阻作用，有效的阻止颗粒进一步聚集长大，改善 $TiO_2$ 水合粒子的分散性和均匀性。与此同时，纳米 $TiO_2$ 颗粒表面吸附了这些大分子，将粒子之间的非架桥羟基和吸附水彻底"遮蔽"，以降低其表面张力，使之不易发生聚集。

用无机物作改性剂时，无机物与纳米颗粒表面不发生化学反应，改性剂与纳米颗粒间依靠物理方法或范德华力结合。一般利用无机化合物在纳米颗粒表面进行沉淀反应，形成表面包覆，再经过一系列处理，使包覆物固定在颗粒表面，可以改变纳米材料在不同介质中的分散性和稳定性，提高其耐候性，降低了纳米颗粒的活性并阻止其团聚。通常用 $SiO_2$，$Al_2O_3$ 等金属氧化物对无机纳米粉体进行表面改性。也可以利用溶胶实现对无机纳米颗粒的包覆，改善纳米颗粒的性能。如将 $ZnFeO_3$ 纳米颗粒添加到 $TiO_2$ 溶液中，$TiO_2$ 溶胶沉积到 $ZnFeO_3$ 纳米颗粒表面形成包覆层，其光催化效率大大提高。用 Cu、Ag 对纳米 $TiO_2$ 颗粒表面进行掺杂改性，明显提高了其杀菌效果。

## 5.2.2 表面化学改性

表面化学改性法是纳米颗粒表面原子与改性剂分子发生化学反应，改变其表面结构和化学状态的方法，是纳米颗粒分散、复合的重要手段。表面改性剂的选用原则是必须能降低粒子的表面能、消除粒子的表面电荷及表面引力。对以增加纳米颗粒与其他介质粘接力为目的的表面改性，还必须要求改性剂与粒子和介质有较强的亲和力。常用的化学改性法有偶联剂改性、酯化反应法和聚合物表面接枝等。

### 5.2.2.1 偶联剂改性

偶联剂改性是偶联剂与纳米颗粒表面发生化学偶联反应，两组分之间除了范德华力、氢键或配位键相互作用外，还有离子键和共价键的结合。偶联剂分子必须具备两种基团：一种基团与无机物纳米颗粒表面进行化学反应，另一种基团（有机官能团）与有机物基体具有反应性或相容性。

当无机纳米颗粒与有机基体复合时，界面粘接性问题变得相当重要。一般无机纳米颗粒的表面能比较高，与表面能低的有机基体的亲和性差，两者混合时，不能相容，结果在无机-有机界面上产生空隙。将这样的颗粒填充高聚物中在空气中长时间放置，空气中的氧和水分就会侵入界面的空隙内，引起有机基体与界面处树脂的降解、脆化，使其抵抗外界应力的能力下降。

通过化学或物理的作用，将偶联剂覆盖于无机纳米颗粒表面。用它处理过的无机纳米颗粒具有亲油的特性，在用于复合材料中，与有机基体有较好的相容性，有利于消除填料和基体之间的界面。偶联剂的作用相当于在无机物纳米颗粒和有机高分子之间提供了一种"分子桥"，形成有机基体-偶联剂-无机物的结合。在没有亲和力或难以相容的界面之间起联结作用，从而使不同性质无机物和有机物之间呈现良好的亲和性，改善复合材料的性能。以二氧化硅为例，$SiO_2$ 纳米颗粒的表面能较高，与表面能较低的有机物亲和性较差，两者复合时不能相容，在界面上容易出现空隙，导致界面处高聚物易降解、脆化。如果将 $SiO_2$ 纳米颗粒表面经偶联剂处理可使其与有机物具有很好的相容性。如采用甲基丙酰氧基丙基三甲氧基硅烷偶联剂，制备聚甲基丙烯酸甲酯/$SiO_2$ 纳米复合材料时，偶联剂中的碳碳双键与聚甲基丙烯酸甲酯共聚，丙基三甲氧基硅烷基团则与正硅酸乙酯水解生成二氧化硅键合，从而使复合体系分散均匀且稳定。

由于偶联剂改性操作比较简单，改性效果理想，所以在纳米材料表面改性中应用较多。常见的偶联剂有硅烷偶联剂、钛偶联剂和铬络合物等，特别是对于表面具有丰富羟基的无机纳米颗粒的改性非常有效。硅烷偶联剂是开发最早、用量最大且效果较好的一类偶联剂。

（1）硅烷偶联剂是一类具有特殊结构的低分子有机硅化合物，其通式为

$$R—Si \equiv X_3$$

式中，R 代表有机官能团，这些基团和不同的基体树脂均具有较强的反应能力；X 代表能够水解的基团，如卤素、烷氧基、酰氧基等。由于这两类官能团的存在，硅烷偶联剂既能

与无机物中的羟基作用，又能与有机聚合物中的长分子链相互作用，从而使两种不同性质纳米颗粒和有机聚合物偶联起来，改善无机纳米颗粒在有机基体中的相容性。

偶联剂在无机物表面上的反应机理如图 5-2 所示。

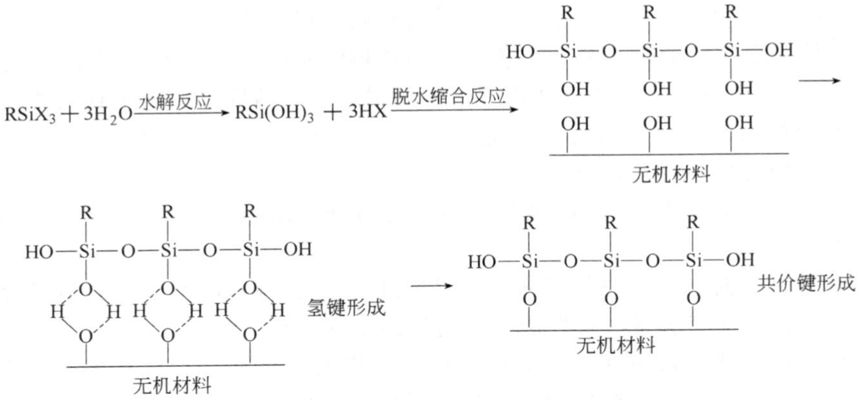

图 5-2　硅烷偶联剂反应机理示意图

根据这个反应机理，硅烷偶联剂首先通过空气中的水分水解，然后发生脱水缩合反应成为多聚体，再和无机物表面的羟基发生氢键结合，通过进一步的加热干燥，与无机物表面发生脱水反应，最后无机物表面被硅烷偶联剂所覆盖，被有机基体具有反应性的官能团所置换。硅烷偶联剂一般对于表面具有羟基的无机物，可以通过图 5-2 所示的反应机理与无机物表面的羟基发生结合产生效果；相反，对于表面没有羟基的无机物难以发挥作用。

用纳米白炭黑作为橡胶补强剂时，由于表面原子处于高度活化状态，表面能高，纳米颗粒之间容易凝聚成团，加之纳米颗粒的表面特性及其较低的分散能，与橡胶的相容性较差。为提高纳米颗粒对橡胶的相容性，用硅烷偶联剂对纳米白炭黑表面改性后，添加到橡胶中。结果表明：经偶联剂处理后，纳米白炭黑具有较低的表面能，易被橡胶大分子浸润，提高了白炭黑填料的分散程度。同时由于偶联剂在橡胶和填料之间起着桥梁作用，增强了纳米白炭黑粒子与橡胶基质的界面粘接，提高了其对橡胶基质的补强能力。

(2) 钛酸酯偶联剂　钛酸酯偶联剂是美国 Kenrich 石油化学公司在 20 世纪 70 年代开发的一类新型偶联剂，至今已有几十个品种，是应用广泛的表面修饰剂。钛酸酯偶联剂的通式可表示为：

$$(RO)_m—Ti—(OX—R'—Y)_n$$

$$\underset{\text{偶联无机相}}{\underline{\overset{1}{\phantom{xx}}}}\quad \underset{\text{亲有机相}}{\underline{\overset{2\quad 3\ 4\ 5\ 6}{\phantom{xxxxx}}}}$$

其中：$1 \leqslant m \leqslant 4$；$m+n \leqslant 6$，R 为短链烷烃基；R' 为长碳链烷烃基；X 为 C，N，P，S 等元素；Y 为羟基、氨基、环氧基、双键等基团。按这些基团的作用可以将钛酸酯偶联剂分子分为六个功能区。

功能区 1：$(RO)_m$ 与粉体颗粒偶联作用的基团，通过烷氧基与粉体颗粒表面吸附的羟基或质子发生化学反应，偶联到粉体颗粒表面形成单分子层，同时释放出小分子的醇。

功能区 2：Ti—O...—酯基和交联功能。某些钛酸酯偶联剂能够和有机高分子中的酯基、羧基等进行酯基转移和交联，使钛酸酯、纳米颗粒及有机高分子之间发生交联。

功能区 3：X—连接钛中心带有功能性的基团。钛酸酯分子中连接钛中心的基团如长链烷氧基、酚基、羧基、磺酸基、磷酸基以及焦磷酸基等，这些基团决定偶联剂的特性和功能。通过这些基团的选择，可以使偶联剂兼有多种功能。如焦磷酸基具有阻燃、防锈、增加粘接性。

功能区 4：R—长链的纠缠基团，适用于热塑性树脂。长的脂肪碳链比较柔软，能和有机体进行弯曲缠绕，增强和基料的结合力，提高它们的相容性，引起纳米颗粒界面上的表面能变化，导致体系黏度大幅度下降，改善粉体和基料体系的熔融流动性和加工工艺。

功能区 5：Y—固化反应基团，适用于热固性树脂。当活性基团连接到钛的有机骨架上，就能使偶联剂和有机聚合物进行化学反应而交联。例如，不饱和双键和不饱和树脂进行交联，使粉体填料和有机体结合。

功能区 6：非水解基团数。钛酸酯偶联剂分子中非水解基团的数目至少应具有两个以上，可以加强链缠绕。

了解钛酸酯偶联剂分子结构各部分的作用及机理就可以根据待处理的物料特性和应用场合，灵活选择和设计能够满足各种性能要求的钛酸酯偶联剂。

陶杰等采用钛酸酯偶联剂（NDZ-201，单烷氧基焦磷酸酯基型钛酸酯偶联剂）对纳米 ZnO 粒子进行有机改性，它与颗粒表面的反应可用图 5-3 表示。

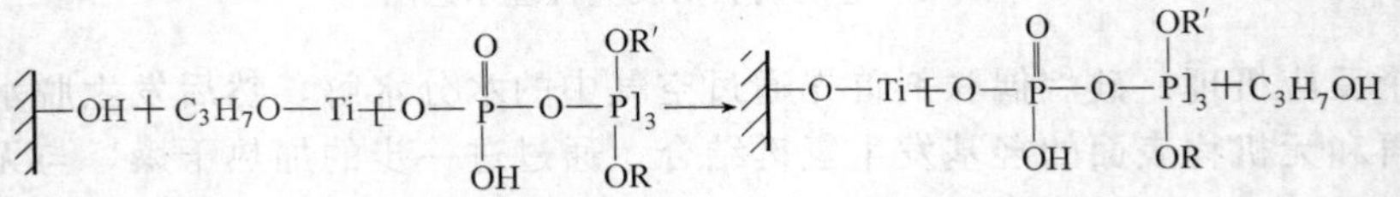

$$\text{OH}+\text{C}_3\text{H}_7\text{O—Ti}\{\text{O—P}(\text{O})(\text{OR}')(\text{OH})\text{O—P}(\text{OR}')\}_3 \rightarrow \text{O—Ti}\{\text{O—P}(\text{O})(\text{OR}')(\text{OH})\text{O—P}(\text{OR}')\}_3 + \text{C}_3\text{H}_7\text{OH}$$

图 5-3 钛酸酯偶联剂作用的单分子模型

钛酸酯偶联剂含有一个异丙氧基和 3 个较长的有机长链，异丙氧基可与颗粒表面的羟基（源于颗粒表面的结合水、结晶水、化学吸附水和物理吸附水）反应，形成化学键，生成异丙醇，从而在颗粒表面覆盖一层单分子膜，使颗粒表面特性发生根本性改变。钛酸酯偶联剂分子在 ZnO 颗粒表面的作用机理可表示如图 5-4。

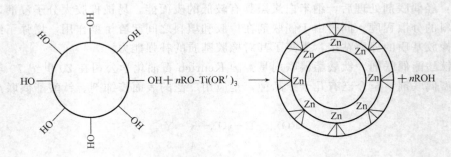

图 5-4 钛酸酯偶联剂与纳米 ZnO 颗粒作用机理

通过在 ZnO 颗粒表面形成新的 Ti—O 键，把钛酸酯偶联剂分子与 ZnO 颗粒结合成一体，形成单分子层包覆在纳米颗粒表面。由于包覆了高分子链，使纳米 ZnO 粒子表面由亲水性变为疏水性。钛酸酯偶联剂与纳米 ZnO 粒子表面包覆层形成牢固的化学键合，使其能够在熔融的聚丙烯中充分分散，从而制备性能优良的纳米 ZnO/聚丙烯复合材料。

### 5.2.2.2 酯化反应法

所谓酯化反应就是利用酸与醇的反应对纳米颗粒表面进行改性。酯化试剂与纳米颗粒表面原子反应后，疏水性基团（如长链烷基、链烃基和环烷基等的有机物）取代纳米颗粒表面羟基，使烷基等牢固地结合在纳米颗粒表面，呈现出较强的疏水性。该方法适用于表面有羟基的纳米材料，经过酯化反应处理后，纳米颗粒的分散性增强，不易团聚，同时疏水效果好。

以二氧化硅为例，表面带有羟基的氧化硅粒子与高沸点的醇反应方程式如下：

$$\equiv Si—OH + H—O—R \longrightarrow \equiv Si—O—R + H_2O$$

反应由硅氧键开裂而进行，Si 与烷氧基（RO—）结合，完成纳米表面酯化反应。

同样，表面带有羟基的 $TiO_2$ 颗粒与高沸点醇反应：

$$Ti—OH + H—O—R \longrightarrow Ti—O—R + H_2O$$

反应过程中，纳米 $TiO_2$ 表面的钛氧键断裂，Ti 与烷氧基（RO—）结合，在纳米颗粒表面形成有机物包覆层。这样就可以避免纳米颗粒因表面羟基的存在而形成的氢键等作用力，减弱粒子的团聚。这种方法得到的改性粉体显示出较好的亲油疏水性，但是耐水性并不佳。

表面改性，原来的目的是在不改变材料本体性质的情况下，对表面进行改性，赋予新的功能，提高特性。但是如果通过处理使物质自身的结构发生了变化，并在表面赋予了新功能，那么这种处理不应当成为某种障碍，而且是所希望的。也就是说，对于目的物的前阶段物质进行某种处理，通过处理使物质自身在结构上变为目的物质的同时，在表面上赋予新功能，这也是非常有价值的方法。

从这种方法出发，有人为了得到表面亲油疏水性的氧化铁，对氧化铁制备的前驱物铁黄〔$\alpha$-FeO(OH)〕用高沸点醇进行处理。其结果，铁黄用醇进行处理以后，在 200℃ 附近脱水成为 $\alpha$-$Fe_2O_3$，在 275℃ 脱水成为 $Fe_2O_3$，在结构变化的同时，氧化铁表面产生了亲水疏油性能，这样，铁黄随着处理温度的上升，结构发生了变化，而颗粒的形状和大小却没有变化。$\alpha$-Al(OH)$_3$ 用高沸点醇处理后，也有同样的倾向，生成表面亲水疏油性的〔$\alpha$-AlO(OH)〕及中间氧化铝。

以上讨论了用醇对金属氧化物进行处理，金属氧化物除二氧化硅、氧化铝、二氧化钛之外，还有氧化锌和氧化锰等，微粒表面以弱酸性和中性为宜。另外，这种酯化反应也可以在炭黑表面上的官能团上发生。

在制备纳米金属氧化物时，加入少量的聚乙烯醇（PVA）。由于 PVA 中含有大量的羟基，在水溶液中这些羟基与金属离子之间形成螯合键，紧密包覆在金属离子周围，形成有 PVA 链限制形状的有限结构，可以有效的控制合成的纳米颗粒的大小，同时达到表面改性的目的。

### 5.2.2.3　聚合物表面接枝

聚合物表面接枝也是常用的表面改性方法。有些无机纳米颗粒表面具有可以发生自由基反应的活性点，在适当条件下，高分子聚合物活性单体可在这些活性点上反应接枝于纳米颗粒表面上，再引发聚合反应。将聚合物长链接枝在纳米颗粒表面，聚合物中含亲水基团的长链通过水化伸展在水介质中起立体屏蔽作用。这样纳米颗粒在介质中的分散稳定性除了依靠静电斥力外又依靠空间位阻，效果十分明显。使得接枝前团聚程度大的纳米颗粒，接枝以后团聚程度显著降低，不易再团聚，分散稳定性增加。纳米颗粒表面接枝后，大大提高了其在有机溶剂和高分子中的分散性，可制备高纳米粉含量、均匀分布的复合材料。这种处理方法充分发挥了无机纳米颗粒与高分子材料各自的优点，还可实现功能材料的优化设计。

在炭黑和碳纤维表面存在着酚醛基、羟基及醌基等活性官能团，而二氧化硅、铁氧体和二氧化钛等无机纳米颗粒表面也存在着活性羟基，以此可以作为接枝聚合反应的场所。

纳米颗粒表面接枝反应一般有 3 种：

（1）颗粒表面的接枝反应（grafting on surface）　这种接枝的条件是由于超细颗粒有较

强的自由基捕捉能力。在引发剂作用下单体完全聚合的同时，立即被超细颗粒表面强自由基捕获，使高分子链与无机纳米颗粒表面化学连接，实现颗粒表面的接枝。

这种方法做起来最简单，但是仅适用于具有较强的自由基捕捉能力的炭黑等，对于其他无机颗粒的接枝聚合反应不太有效。李玮等在研究炭黑颗粒表面接枝丙烯酸酚中发现，在一定条件下，丙烯酸单体可以直接接枝在炭黑颗粒表面，从透射电镜（TEM）观察中发现，由于接枝上去的聚丙烯长链含有亲水基团，在水介质中能较好地伸展空间位阻屏障作用，阻止了炭黑粒子的再聚集，使得炭黑粒子分散均匀，分散稳定性增加。

（2）由颗粒开始的接枝聚合（grafting from surface）

$$颗粒 + R-N=N-R \longrightarrow 颗粒-N=N-R$$

这种方法是在引发剂作用下单体直接从超细颗粒表面开始聚合，诱发生长，完成颗粒表面包覆高分子化合物。这种方法的特点是接枝效率高。

（3）与颗粒表面的接枝反应

$$颗粒-OH + OCN-P \longrightarrow 颗粒-OCONH-P$$

$$颗粒-NCO + HO-P \longrightarrow 颗粒-NHCOO-P$$

此法是用颗粒表面的官能团与高分子直接反应实现接枝，具有接枝相对分子量及数量可控、接枝率较高的特点。钱翼清等用甲苯二异氰酸酯（TDI）对纳米二氧化硅进行表面处理，由于 TDI 中的—NCO 基团与纳米二氧化硅表面的—OH 反应，改善了二氧化硅与聚合物键的连接状况，而且聚合物将无机纳米颗粒隔开，防止了团聚。

# 5.3  改性方法

纳米材料表面改性是根据需要在其表面引入具有一定功能的官能团或一层包覆层，这样改性后的纳米粉体可以看成是由"核层"（core layer）和"壳层"（coating layer）组成的复合粉体。壳层可以是有机物也可以是无机物，通过在纳米粉体表面涂覆一层化学组成不同的覆盖层，能够使其具有良好的分散性、相容性，提高其耐热、机械及化学稳定性，改变其光、电、磁、催化、亲水、疏水以及烧结性能，提高其抗腐蚀、耐久性和使用寿命。纳米材料表面改性方法很多，主要有：溶胶-凝胶法、沉淀法、微乳液法、化学镀、异质絮凝法和表面包覆改性法等。

## 5.3.1  溶胶-凝胶法

溶胶-凝胶法就是用含高化学活性组分的化合物作前驱体，在液相下将这些原料均匀混合，并进行水解、缩合化学反应，在溶液中形成稳定的透明溶胶体系，溶胶经过一定时间陈化或干燥处理，胶粒间缓慢聚合，形成连续的三维空间网络结构，网络间充满了失去流动性的溶剂，形成凝胶。凝胶由固体骨架和连续相组成，除去液相后凝胶收缩为干凝胶，将干凝胶煅烧即成为均匀超细粉体。

溶胶-凝胶法是一种湿化学合成方法，不仅可用于制备纳米粉末、薄膜，而且成功应用于颗粒表面改性。将纳米颗粒均匀分散在相容性好的介质中，通过壳层物质的水解、缩合等各种反应而在纳米颗粒表面包覆。采用该法可获得均匀的表面包覆层，应用较为广泛。根据使用原料的不同，一般可分为两大类，即无机盐溶胶-凝胶法和醇盐水解法。

（1）无机盐溶胶-凝胶法  首先制备溶胶，通过对无机盐沉淀过程的控制，使生成的颗粒不团聚成大颗粒而沉淀，直接得到溶胶；或先将部分或全部组分用适当的沉淀剂沉淀出来，经解凝，使原来团聚的沉淀颗粒分散成胶体颗粒。制备好溶胶后，加入被包覆颗粒，经凝胶后得到包覆一定厚度涂层的纳米颗粒。

（2）醇盐水解法　该方法首先将金属醇盐溶入有机溶剂，加水则会发生水解反应，再进一步缩合凝胶化，再将凝胶干燥、焙烧除去有机成分，最后得到金属氧化物纳米颗粒，是最常见的溶胶-凝胶反应。经过如下的化学反应：

① 水解反应

$$M(OR)_4 + xH_2O \longrightarrow M(OH)(OR)_3 + ROH \longrightarrow M(OH)_x(OR)_{3-x} + xROH$$

② 缩合反应

$$(OR)_3—M—OH + HO—M—(OR)_3 \longrightarrow (OR)_3—M—O—M—(OR)_3 + H_2O$$
$$(OR)_3—M—OH + RO—M—(OR)_3 \longrightarrow (OR)_3—M—O—M—(OR)_3 + ROH$$

式中，M 代表金属离子，R 代表烷基。

在溶胶、凝胶形成过程中，这些反应可能同时进行，并进一步反应形成聚合物。随着水解的深入进行，溶胶聚合物的聚合程度加大，最终导致凝胶的生成，结构上表现为空间网络状聚合物的形成。控制醇盐与水的比例对于得到均匀的溶胶非常重要。此外，在酸催化剂作用下，缩聚反应速度远大于水解反应的速率，聚合主要受水解反应机理控制，溶液保持透明且得到结构致密的涂层。而用碱催化则结果相反，水解速度大大加快。醇盐在一定的温度下水解，通过缩聚反应，可在颗粒表面长大形成涂层，实现凝胶化，经烘干和煅烧后得到涂层颗粒。

溶胶-凝胶法中，二氧化硅是应用最为广泛的一种调节表面和界面性质的表面修饰剂。选择 $SiO_2$ 作为纳米颗粒表面包覆层的原因有两个：一是 $SiO_2$ 粉体即使在等电点 pH 值等于 2 左右也不容易聚集；二是它在中性 pH 值及较高的盐浓度条件下也有很高的稳定性。因此用 $SiO_2$ 包覆在纳米颗粒表面可以使纳米材料具有很高的稳定性，而且这种稳定性不受 pH 值和盐浓度的影响。另外，表面包覆 $SiO_2$ 的纳米颗粒通过硅烷化可以具有憎水性，易于分散在玻璃、聚合物、薄膜及非水介质中，具有很好的界面相容性。

### 5.3.1.1　$SiO_2$ 在金属纳米颗粒表面包覆

Mine 采用柠檬酸钠还原氯金酸（$HAuCl_4$），制备金纳米颗粒，再加入一定量的氨水和正硅酸乙酯（tetraethylorthosilicate，TEOS），经过水解制备出表面包覆 $SiO_2$ 的金纳米颗粒。研究发现，TEOS 先于氨水加入溶胶中有利于 $SiO_2$ 包覆在单个金纳米颗粒上。经过透射电镜观察表明，如图 5-5 所示，$SiO_2$ 包覆层厚度与所用的硅源浓度有很大的关系，包覆层厚度随溶液中的 TEOS 浓度增加而增大。

图 5-6 是所用 TEOS 浓度对 $SiO_2$ 包覆层厚度的影响。可以看出，随着 TEOS 浓度从 0.0005M 增加到 0.02M 时，$SiO_2$ 包覆层的厚度也从 29nm 增加到 88nm。这说明通过对 TEOS 浓度的调节，可以将 $SiO_2$ 包覆层的厚度控制在一定的范围内。

表面包覆 $SiO_2$ 后的金纳米颗粒的紫外-可见光吸光度有所增加，如图 5-7 所示。在乙醇水溶液中，吸收峰强度随着 $SiO_2$ 包覆层厚度的增加而增加，同时最大吸收峰值红移。当 $SiO_2$ 包覆层厚度在 40nm 以上，吸收峰值又发生蓝移，这与 Mie 理论相符。

采用溶胶-凝胶法，还可以在其他金属纳米颗粒表面包覆 $SiO_2$。Hardikar 等用正硅酸乙酯作硅源，通过优化水解条件，在纳米银颗粒表面包覆 $SiO_2$。以 3-（巯基丙基）三甲基硅酸酯为原料，也能够在纳米 CdS 颗粒表面均匀地包覆上一层 $SiO_2$，这样的包覆层有效地防止核颗粒的光解。在一定的温度和酸度下将溶液加入到纳米颗粒的悬浮液中，使包膜物质完全水解，能够实现对纳米颗粒的包覆，此时搅拌速度、温度在很大程度上影响包覆的质量。在该方法中，被包覆颗粒的浓度、大小及反应条件等都会影响到纳米颗粒的包覆。而且，还需

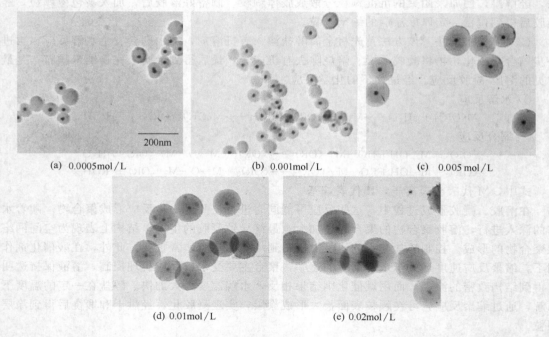

(a) 0.0005mol/L          (b) 0.001mol/L          (c) 0.005 mol/L

(d) 0.01mol/L          (e) 0.02mol/L

图 5-5　不同 TEOS 浓度下 SiO₂ 包覆 Au 纳米颗粒的 TEM 照片

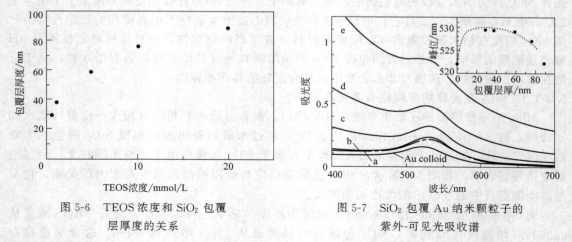

图 5-6　TEOS 浓度和 SiO₂ 包覆
层厚度的关系

图 5-7　SiO₂ 包覆 Au 纳米颗粒子的
紫外-可见光吸收谱

要控制好实验条件，否则发生的是异质絮凝而非溶胶-凝胶包覆，其包覆层的质量将会下降。

### 5.3.1.2　SiO₂ 在金属氧化物表面包覆

李志杰采用溶胶-凝胶-水热法制备出 SiO₂/TiO₂ 纳米颗粒。制备过程是在一定浓度的硝酸溶液中加入正硅酸乙酯（TEOS），搅拌至完全水解，形成透明溶液（TB）。把钛酸四丁酯逐滴加入上述溶液中，搅拌形成溶胶。然后把凝胶转移到聚四氟乙烯内衬的水热釜中，水热反应制备出 SiO₂/TiO₂ 纳米颗粒，制备工艺如图 5-8 所示。

结果表明氧化硅和二氧化钛之间发生强烈的相互作用，形成 Ti—O—Si 键合。氧化硅的添加有效抑制了纳米二氧化钛颗粒的长大、团聚。随着氧化硅添加量增加，所制备的纳米颗粒的光催化活性提高。而且氧化硅的添加，可以直接制备锐钛相二氧化钛，使其具有更好的热稳定性和光催化活性。这种稳定性增强，可能是因为氧化硅和二氧化钛之间发生了强烈的相互作用。在水热过程中，$Ti^{4+}$ 进入二氧化硅的四面体晶格中形成 Ti—O—Si 键合，正是这种化学键合作用和无定形氧化硅的存在阻碍了锐钛相二氧化钛向金红石相的转变和颗粒长大。

对于氧化硅含量为 40%（质量分数）的 $SiO_2/TiO_2$ 纳米颗粒，样品在不同温度焙烧下的 TEM 照片如图 5-9 所示。可以看出添加氧化硅后的样品，经 400℃ 焙烧 2h 后，平均直径约为 8nm，其高分辨分辨照片见图 5-10。在 1000℃ 下煅烧 2h，颗粒没有烧结，仍然具有很好的分散性，保持纳米颗粒状态，平均粒径增加到 20nm，而且大小分布均匀。特别在 800℃ 之下，样品的形貌和分散度几乎没有变化，颗粒平均粒径稍有增大，从 8nm 增加到 10nm。因此氧化硅的加入，有效地抑制了焙烧过程中样品颗粒长大。而颗粒

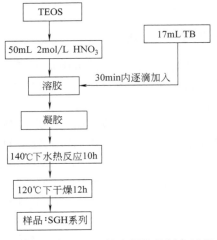

图 5-8　$SiO_2/TiO_2$ 纳米颗粒的制备过程

的大小决定了二氧化钛的表面积和表面特性，因而具有较高的比表面积和优良的光催化活性。

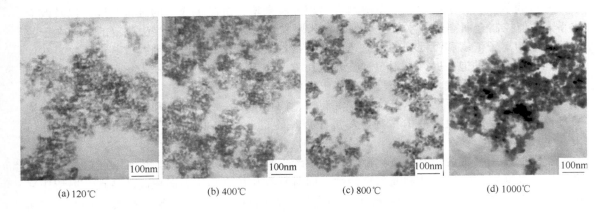

(a) 120℃　　(b) 400℃　　(c) 800℃　　(d) 1000℃

图 5-9　不同温度焙烧样品的透射电镜照片

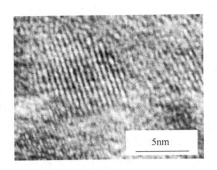

图 5-10　400℃ 焙烧样品的高分辨透射电镜照片

李艳群等采用醇盐水解法为基础生长硅溶胶的方法，制备出粒径 200nm 的单分散二氧化硅球形颗粒，并将其作为核心物质，利用常温连续进料的钛酸丁酯水解多步法，在二氧化硅颗粒外经过多层包覆形成二氧化钛；在正硅酸乙酯的水解和陈化环境下，将上述 $SiO_2/TiO_2$ 复合颗粒外再包覆一层二氧化硅，形成一种高折射率、可用于组装光电子晶体的

$SiO_2/TiO_2/SiO_2$ 多层复合微球。

## 5.3.2 沉淀法

沉淀法是通过向溶液中加入沉淀剂（如氢氧化钠溶液、氨水）或引发体系中沉淀剂的生成（如尿素的热解反应），使改性离子发生沉淀反应，并在颗粒表面析出，从而对颗粒进行包覆。

沉淀反应表面改性的基本反应是金属离子的水解，水解反应可发生在溶液中或直接在纳米颗粒表面，在颗粒表面可能发生的反应如下：

$$SOH + 2Me^{2+} + 2H_2O \Longrightarrow SOMe_2(OH)_2^+ + 3H^+$$

$$SOH + 4Me^{2+} + 5H_2O \Longrightarrow SOMe_4(OH)_5^{2+} + 6H^+$$

$$SOH + 2Me^{2+} \Longrightarrow SOMe^+ + H^+$$

$$SOH + Me^{2+} + 2H_2O \Longrightarrow SOH \cdots Me(OH)_2(S) + 2H^+$$

$$SOH + Me^{2+} + H_2O \Longrightarrow SOMe(OH) + 2H^+$$

$$2SOH + Me^{2+} \Longrightarrow (SO)_2Me + 2H^+$$

$$SOH + 4Me^{2+} + 3H_2O \Longrightarrow SOMe_4(OH)_3^{4+} + 4H^+$$

SOH 代表颗粒表面的羟基基团，Me 代表金属原子。

通过调节反应体系温度、蒸发溶剂等物理方法来增大沉淀生成物的过饱和度，以及改变体系 pH 值控制金属离子的水解反应，对纳米颗粒进行无机包覆。沉淀法包覆的关键在于控制溶液中的离子浓度和沉淀剂的释放速度和剂量，使反应生成的改性剂（或其前驱物）在体系中既有一定的过饱和度，又不超过临界饱和浓度，从而以被包覆颗粒为核沉淀析出。否则将导致大量沉淀物生成，而不是均匀包覆于颗粒表面。

依据沉淀方式的不同可以分为：共沉淀法、均相沉淀法、水解法和水热法等。共沉淀法通过控制沉淀反应，使溶液中多种金属离子以一定的组成和顺序在被包覆颗粒表面沉淀析出，生成包覆物。

李志杰采用共沉淀法合成氧化硅改性的纳米二氧化钛。研究发现，添加氧化硅提高了纳米二氧化钛颗粒的热稳定性和光催化活性，同时具有粒径小和比表面积高的特点。冯诗庆采用沉淀法对石英粉包覆 $TiO_2$，合成了热稳定性较好的石英复合钛白粉。石英（$SiO_2$）在超细粉磨加工过程中，原有的晶格被破坏，颗粒表面发生 Si—O 断键现象，产生电位不平衡。与水作用时，$Si^{4+}$ 裸露于石英颗粒表面，可吸附水中的 $OH^-$；$O^{2-}$ 裸露于石英颗粒表面，可吸附水中的 $H^+$，均可在石英颗粒表面形成羟基（—OH）。再将 $SiO_2$ 颗粒加入到 $Ti(SO_4)_2$ 溶液中时，表面羟基与 $Ti^{4+}$ 水合络离子发生缩合脱水反应，形成化学键合。由于异相成核所需能量低于同相成核，$Ti^{4+}$ 水解胶粒便在石英表面结晶，形成 $TiO_2$ 覆层。

Abicht 等将硅酸乙酯滴入 $BaTiO_3$ 料液中水解生成 $SiO_2$。在一定浓度条件下，$SiO_2$ 颗粒迅速吸附于大颗粒表面，由于硅酸乙酯水解速度很慢，从而在 $BaTiO_3$ 颗粒表面包覆了一层均匀致密的包覆层。刘雨青等通过一种含有羧基基团的聚合物乳胶粒子与 $Fe_3O_4$ 纳米颗粒碰撞，变形，并通过物理吸附及羧基活性基团的化学吸附作用来包覆 $Fe_3O_4$ 纳米颗粒。沉淀法包覆过程中，颗粒表面的—OH 悬键对金属离子具有强的吸附作用，从而保证改性组分在颗粒表面的附着。此外在包覆过程中，还应保证被包覆颗粒在体系中的均匀分散，有效地抑制颗粒的团聚沉降。

在共沉淀过程中，因为溶液中存在局部沉淀剂浓度过高，而且各金属离子与沉淀剂反应的溶度积 $K_{sp}$ 不同，沉淀速度的差别，使产物粒度不均匀，因此，包覆层中各组分分散不均匀。如果采用均匀沉淀法，就可以有效地改善局部浓度过高而导致的包覆不均匀现象。通过化学反应条件的调节，控制沉淀剂的释放速度，引发体系中的化学反应生成沉淀剂，从而有利于颗粒均匀致密的包覆。如将尿素溶入水中，加热到 70℃ 左右，尿素就发生如下水解反应：

$$CO(NH_2)_2 + 3H_2O \longrightarrow 2NH_3 \cdot H_2O + CO_2$$

在溶液中生成沉淀剂 $NH_3 \cdot H_2O$，与金属粒子结合生成沉淀 ［如 $Al^{3+} + 3OH^- \longrightarrow Al(OH)_3\downarrow$］，使得沉淀剂的浓度维持在较低的状态，因而可得到均匀的沉淀。如制备 SiC（SiC 晶须）表面包覆 $Al(OH)_3$ 的颗粒。其工艺如下：在一定 $Al_2(SO_4)_3$ 和尿素［$CO(NH_2)_2$］的混合溶液中，加入 SiC 颗粒并强烈搅拌。经过 2h 缓慢加热升温到 90～100℃，保温 22h 后得到了包覆 $Al_2O_3$ 前驱体涂层的 SiC 颗粒。

Oku 将硼酸，尿素和硝酸银溶解在去离子水中，然后在真空干燥，再在氢气气氛下，300℃ 和 700℃ 热处理 7h，制备出表面包覆 BN 的 Ag 纳米胶囊。如图 5-11 所示。

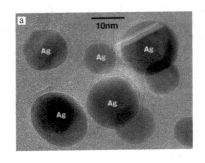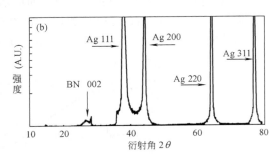

图 5-11 BN 包覆 Ag 纳米颗粒的透射电镜照片（a）和 X 光衍射图（b）

从透射电镜照片［图 5-11（a）］可以看出，粒径为 10～20nm 的 Ag 纳米颗粒包覆在 BN 片层结构中。X 衍射结果证实［图 5-11（b）］，纳米颗粒是由 Ag 和 BN 组成的。图 5-12（a）中是一个粒径为 10nm 的 Ag 颗粒，晶格条纹对应于 Ag 的［111］晶面。包覆在颗粒表面的 BN 的［002］也清晰可见。同时在样品中含有少量的 AgO 纳米颗粒，表面同样包覆 BN 片层结构，如图 5-12（b）。

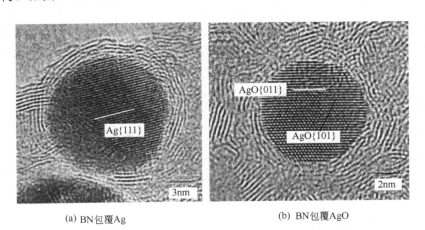

(a) BN包覆Ag　　　　　　(b) BN包覆AgO

图 5-12 纳米胶囊的 HRTEM 照片（b）BN 包覆 AgO

对于 BN 包覆银的形成机理，认为将硼酸，尿素和 $AgNO_3$ 硝酸银溶解在去离子水中，均匀混合。在此后的高温处理过程中，发生如下化学反应，生成 BN 包覆在银纳米颗粒表面。

$$2H_3BO_3 + CO(NH_2)_2 + AgNO_3 + H_2 \longrightarrow Ag + 2BN + 6H_2O + CO\uparrow + NO_x\uparrow$$

### 5.3.3 异质絮凝法

异质絮凝法是指在溶液中，异质纳米颗粒表面带有相反电荷时，由于静电作用，相互吸引而凝聚制备包覆型复合纳米材料。如果一种颗粒的粒径远小于另一种带异种电荷颗粒的粒径，那么这两种颗粒在凝聚过程中，小颗粒就会吸附在大颗粒的外表面，形成包覆层。该方法基于扩散双电层理论。通过调节 pH 值或加入表面活性剂，使涂层颗粒和被覆颗粒表面所带的电荷相反，通过静电力作用，使涂层颗粒吸附在被覆颗粒周围，形成包覆层。这种方法的关键在于找到一个合适的 pH 值，使两种粉体带相异电荷。一般选用较细的纳米颗粒作为涂层物质，包覆层厚度即是涂层颗粒的粒径。通常情况下这种依靠电荷吸引而产生小颗粒在大颗粒外表面的包覆不是很紧密牢固。

Wilhelm 等采用异质絮凝法在 $SiO_2$ 颗粒表面成功的包覆上 $TiO_2$。通过对所配制的 $SiO_2$ 溶液和 $TiO_2$ 溶胶在不同 pH 值的 $\xi$ 电位测试（如图 5-13）可知，$TiO_2$ 的等电点 pH=6.7。由于 $SiO_2$ 颗粒等电点 pH=2 左右，所以在溶液 pH>3 时，$SiO_2$ 颗粒表面带负电荷。

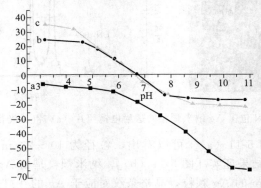

图 5-13　溶液的 $\xi$ 电位和 pH 值变化关系
a—220nmSiO₂；b—10nmTiO₂；c—包覆 TiO₂ 的 SiO₂ 颗粒

在制备过程中，先将 $SiO_2$ 溶液的 pH 值调节到 7.5，这时 $SiO_2$ 颗粒表面带负电荷。将 $TiO_2$ 配制成 pH 值为 2 的溶胶，这时 $TiO_2$ 颗粒表面带正电荷。将 $TiO_2$ 溶胶缓慢的滴加到 $SiO_2$ 溶液中，由于静电引力作用，$TiO_2$ 小颗粒吸附在 $SiO_2$ 颗粒表面，形成包覆层。包覆过程如图 5-14 所示。

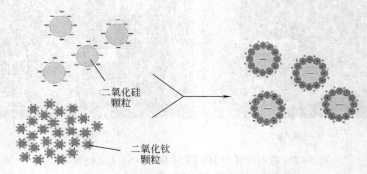

图 5-14　$SiO_2$ 颗粒表面包覆 $TiO_2$ 示意图

通过电镜观察发现，处理后的 $SiO_2$ 颗粒表面包覆上一层 $TiO_2$（包覆前后的 SEM 照片如图 5-15）。

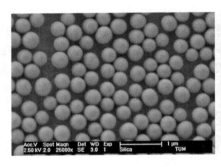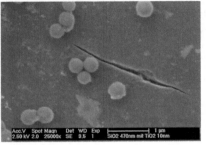

图 5-15　包覆前后的 SEM 照片

表面包覆 $TiO_2$ 后的 $SiO_2$ 颗粒在太阳光的照射下对红色荧光染料-若丹明 B 表现出良好的光催化降解效果。

为了改善包覆层的形貌和致密度，可采用表面活性剂调节颗粒表面的带电情况，从而提高颗粒表面的静电吸引作用。Wang 等在制备 $SiO_2$ 包覆 ZnO 的过程中考察了聚乙烯亚胺（PEI）和聚丙烯酸（PAA）改善两者颗粒表面带电的情况。结果表明，PEI 可将 ZnO 的等电点从 pH 值 9 调到 10，因而 PEI 能提高 ZnO 和 $SiO_2$ 的表面电荷，有利于得到比较厚而致密的包覆层。

## 5.3.4　非均相成核法

非均匀形核法是利用壳层物质的颗粒在被包覆颗粒基体上非均匀形核，并长大形成包覆层的方法。由于非均匀形核所需的动力要低于均匀形核，因此，壳层颗粒优先在被覆基体上成核。通过控制溶液的 pH 值、被覆离子浓度、壳层前驱体浓度、温度与时间等影响因素，可在颗粒表面均匀的包覆一层前驱体。再经过煅烧，得到表面包覆有氧化物的纳米颗粒。这种包覆技术的关键在于控制溶液中改性剂物质的浓度，使其介于非均匀形核所需的临界浓度与均相成核所需的临界浓度之间。在此浓度范围下改性剂颗粒满足非均匀形核条件，从而以被包覆物颗粒为形核基体，优先在该基体外表面形核、生长，对颗粒进行包覆。非均匀形核临界浓度与均相成核临界浓度之间形成的是一种无定形包覆层，而在均相成核临界浓度与临界饱和浓度之间形成的是一种多晶相包覆层，高于临界饱和浓度则形成大量的沉淀物，不会对颗粒进行包覆。无定形包覆与多晶相包覆相比，更容易实现包覆层的均匀、致密，因此基于非均匀形核机理的沉淀法的包覆改性更具有意义。

## 5.3.5　微乳液法

微乳液是由油、水、乳化剂和助表面活性剂在适当配比下自发形成黏度低、各相同性的热力学性能稳定的透明或半透明胶体分散体系，其分散相尺寸为纳米级。微乳液液滴大小一般为 $10 \sim 100nm$，从微观的角度分析，用表面活性剂界面膜形成的稳定（W/O 型微乳液中）水核可以看作"微型反应器"（microreactor）或称为纳米反应器，因此，被广泛应用于纳米材料的制备。由于纳米颗粒表面包裹一层表面活性剂分子，使粒子间不易聚结；通过选择不同的表面活性剂分子可以对粒子表面进行改性，并控制颗粒的大小。采用微乳液法制备纳米颗粒过程中，控制一定的反应条件，促使一种纳米颗粒在另一种纳米颗粒的表面形成，可以得到具有包覆结构的复合颗粒。

Li 采用非离子表面活性剂聚壬基酚聚氧乙烯醚，也可以采用阴离子表面活性剂丁二酸-2-乙基己基酯磺酸钠（AOT），通过反相微乳液法制备出 $Ag/SiO_2$ 纳米复合粒子。制备工艺如图 5-16 所示，将 4mL 聚壬基酚聚氧乙烯醚、10mL 环己胺、1.64mL（0.01mol/L）的 Ag(NO)$_3$ 溶液和去离子水共 20mL 形成反相胶束，再加入一滴（0.05mL）水合肼（9mol/L N$_2$H$_4$·$x$H$_2$O）。待溶液达到平衡后，加入一定比例的 $X=$[NH$_4$(OH)]/[TEOS] 溶液和 [TEOS]/[环己胺] 溶液。通过控制正硅酸乙酯（TEOS）的水解反应速率，制备出包覆一定厚度的 Ag/SiO$_2$ 纳米复合粒子。

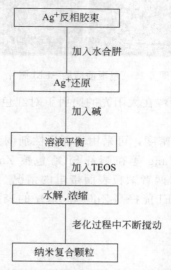

图 5-16　Ag/SiO$_2$ 纳米复合颗粒合成示意图

所制备的 Ag/SiO$_2$ 复合颗粒中心为 Ag 纳米颗粒，且分散性较好（如图 5-17）。研究发现复合纳米颗粒的粒径随水/表面活性剂的比例增加呈线性增加。

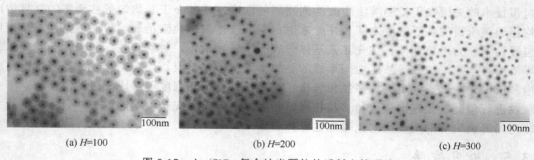

(a) $H$=100　　　　　(b) $H$=200　　　　　(c) $H$=300

图 5-17　Ag/SiO$_2$ 复合纳米颗粒的透射电镜照片

$H$ 是水/TEOS 的比例

但是 $H$（水/TEOS 的比例）增加，纳米颗粒的粒径反而减小（如图 5-18 所示）。当 $H=300$ 时，所制备的 Ag/SiO$_2$ 复合纳米颗粒粒径为 12.5nm。当 $H$ 减小到 100 时，粒径增加到 35nm。

Manna 等人在水/油型微乳液中用十二烷硫醇聚合包覆纳米金粒子。主要工艺是，将 40mL（浓度为 0.05mol/L）的琥珀酸硫酯二乙基醚溶液和 10mL（0.02mol/L）的三氯化金水溶液混合并搅拌。然后静置分层，得到二乙基醚相和水相。由于溶有二乙基醚表面活性剂琥珀酸硫酯带负电荷，它将带正电的三价金离子吸引到有机相中，得到含金离子的微乳液。向微乳液中加入 45mg 十二烷硫醇，并充分搅拌，然后向其中加 10mL（0.2mol/L）硼氢化钠溶液还原金离子，继续搅拌 2h 后停止反应，静置分层得到酒红色的反胶束相。金还原反

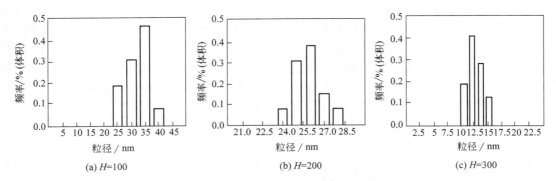

图 5-18 Ag/SiO$_2$ 复合纳米颗粒的粒径分布

应方程式为：

$$2AuCl_3 + 6NaBH_4 + 18H_2O \Longrightarrow 2Au + 6NaCl + 6H_3BO_3 + 21H_2$$

然后，将反胶束相在 50℃ 下干燥。将干燥后的产品溶于 25ml 乙醇中，过滤并洗净粒子表面附着的未反应的硫醇和琥珀酸硫酯。然后在 50℃ 下干燥。经测试颗粒的平均粒径为 4.0nm±0.6nm（如图 5-19）。经过分散，单个粒子之间的平均距离为 1.8nm。这种包覆后的金纳米颗粒将在光栅、光滤波器、选择性太阳能吸收器、存储器、微电子装置的生产中有广泛应用前景。

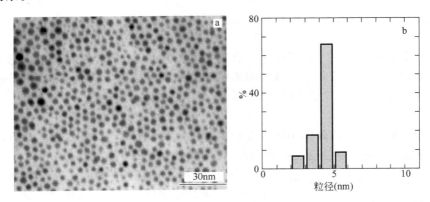

图 5-19 表面改性后纳米金的 TEM 照片（a）和粒径分布（b）

吕飞以氯钯酸（H$_2$PdCl$_4$）为钯源，加入还原剂 NaBH$_4$，正硅酸乙酯（TEOS）为硅源，利用十六烷基三甲基溴化铵（CTAB）/正己醇/水构成的微乳体系制备了二氧化硅包裹纳米金属 Pd 粒子。其中 Pd 颗粒的粒径在 5～30nm 之间，外部 SiO$_2$ 包覆层的厚度在 5～35nm 范围。

## 5.3.6 化学镀

化学镀是指不外加电流，用化学法进行金属沉淀并包覆在纳米颗粒表面的过程，具体有置换法、接触镀和还原法等三种。在颗粒表面包覆时一般选用还原法，即在溶液中添加的还原剂被氧化后提供电子，还原并沉淀出金属包覆在纳米颗粒表面。

采用化学镀在 SiC 表面包覆 Cu 的基本原理如下：

$$Cu^{2+} + 2e \longrightarrow Cu$$
$$2HCHO + 4OH^- - 2e \longrightarrow 2HCOO^- + H_2 + 2H_2O$$

该方法可使纳米颗粒表面获得结构均匀、厚度可控的包覆层。

化学镀的一般过程为：粗化—敏化—活化—还原。纳米材料表面进行化学镀之前要进行预处理即粗化。其目的是除去材料表面的油污和氧化层等黏附物，增加镀层与颗粒的附着力。敏化是将粗化后的颗粒放入氯化亚锡水溶液中浸渍，使材料表面吸附一层 $Sn^{2+}$；活化是将敏化后的纳米材料迅速放入 $PbCl_2$ 溶液中，$Sn^{2+}$ 和 $PbCl_2$ 反应，生成化学包覆反应的催化核，这是能否在纳米材料上实现良好包覆的关键；还原是为了保证镀液的稳定，化学镀之前用亚磷酸钠溶液处理纳米材料。进行化学镀时，将镀液在恒温加热器中加热，快速搅拌，放入待镀的粉体进行化学包覆，施镀的时间由所需镀层的厚度而定。超作过程要防止因局部受热，而引起镀液的分解。

（1）纳米碳管的化学镀　纳米碳管是一种中空结构的一维纳米材料，由于高度的石墨化结构使其表面反应活性很低，不具有催化特性，且直径为纳米级，表面曲率大，采用一般的包覆方法如电镀、气相沉积等，难以获得连续致密的包覆层。如果采用化学镀方法，通过加强纳米碳管的纯化、敏化、活化等前处理，并合理调整包覆处理工艺以及对包覆层进行适当的镀后处理等，可获得较好的涂层。目前已经在纳米碳管表面成功地进行了镀 Ni、Cu、Ag、Au 等。

没有缺陷的纳米碳管的表面活化能很高，难以被镍、铁、铜等金属或化合物所浸润，因此，必须对纳米碳管表面进行改性处理以降低其表面活化能。一般可以将纳米碳管在强酸中（如 $HNO_3$ 和 $H_2SO_4$）加热处理一段时间，这样纳米碳管表面带上含氧官能团。纳米碳管表面接上含氧官能团后，接着在 $SnCl_2$ 溶液中进行敏化。$SnCl_2$ 在水中生成微溶于水的凝胶状的碱式氯化亚锡纳米级颗粒，化学反应式如下：

$$SnCl_2 + H_2O \Longrightarrow Sn(OH)Cl(s) + HCl$$

这些带正电荷的胶体粒子相互排斥，有利于溶液的稳定。带电胶粒以成键形式吸附在纯化纳米碳管表面官能团的密集处。这种纳米级胶粒结构较松散，在活化溶液中 Pd 离子很容易进入胶粒中，立即被 $Sn^{2+}$ 还原成 Pd 原子，反应式如下：

$$2Pd^{2+} + Sn^{2+} \Longrightarrow Sn^{4+} + 2Pd$$

并吸附在胶粒上聚集成极细小的活性颗粒。化学镀镍从这些活性点开始成核，长大并铺展开。化学镀过程如图 5-20 所示。

由于 Pd 原子的还原性强，在反应温度下，Pd 原子颗粒很快被还原的 Ni 原子所覆盖。而 Ni 本身是一种自催化性能很强的金属，因而在纳米碳管的活化区域发生较强的自催化作用，颗粒在法向和切向方向生长，切向的生长有助于纳米碳管表面的非活化区域覆盖 Ni 层，法向方向的生长反映镀层厚度增长的速度，随着反应的进行可在纳米碳管表面得到连续、均匀的镀层。

关于这方面的研究较多。陈慧敏等人运用诱发反应活化法，在纳米碳管表面成功获得致密均匀的 Ni 镀层。袁海龙采用氧化、敏化、活化工艺，改善纳米碳管的分散性和活化能力，然后在传统化学镀铜的基础上，从镀液、温度、pH 值等方面进行调整，得到镀覆完整的铜层。陈小华利用化学镀方法在纳米碳管表面得到完整均匀的银镀层。研究表明，镀层质量与表面处理、反应速率和反应时间密切相关；由于纳米碳管对化学镀活性极差，其表面足够的氧化

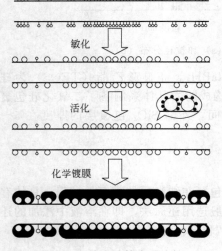

图 5-20　纳米碳管表面改性
与化学镀镍示意图

敏化

活化

化学镀膜

和活化处理是必不可少的步骤，而且尽可能低的反应速率是获得完整均匀的银镀层的关键。

若在纳米碳管表面包覆一层导电性好的金属，形成金属纳米线，将有可能实现纳米碳管与金属的低电阻接触，这是纳米碳管用于微纳电子器件时所期望的。而在纳米碳管外表面包覆导电性好的金属 Au，可以实现零电阻接触。李霞采用一步活化工艺，通过化学镀法在纳米碳管表面包覆金属 Au。所得包覆层完整、均匀、金属颗粒密度高，可望作为高性能一维纳米导线得到应用。

此外，纳米碳管具有一维中空管状结构和独特的物理化学性能，适合作为催化剂的载体。与传统催化剂载体相比，纳米碳管具有以下优点：①纳米碳管具有很高的长径比，可为催化剂提供更多的催化活性表面；②纳米碳管具有规则的一维柱状孔，有利于反应产物快速离开催化剂表面，可以减少第二反应的发生，使催化剂具有更高的选择性；③纳米碳管具有优良的力学性能和化学稳定性，可以在恶劣的反应环境下及强酸或强碱体系下得到应用。马希骋等采用化学镀工艺制备了负载于纳米碳管上的金纳米催化剂，并用高分辨透射电镜对所获的材料进行了表征。其结果显示出金纳米颗粒均匀完整地负载在碳管的表面，颗粒的大小非常均匀，其粒径介于 $3 \sim 4nm$ 之间。

（2）纳米碳纤维表面镀镍　纳米碳纤维除了具有普通碳纤维的特性，如低密度、高比强度、高导电性能等外，还具有缺陷少、直径小、比表面积大等优点，可用作催化剂载体、锂离子二次电池、电极材料、储气材料和高级复合材料的增强体等。在用于吸波材料中，因其具有高导电性、比表面积大，从而增加了对电磁波的散射和吸收能力，用于复合材料可兼具吸波与承载负荷功能，因此是一种有潜力的结构吸波材料，在微波吸收领域具有较好的应用前景。为了提高材料的吸波能力，一般来说用于微波吸收的复合材料中的普通碳纤维需要经过特殊处理或特殊工艺加工，如碳纤维表面镀镍。

成会明等将纳米碳纤维经活化、敏化和催化预处理后，用化学镀（自催化沉积）的方法，在碱性镀液中实施化学镀镍。镀液由 $NiSO_4$、柠檬酸钠、氯化氨和 $NaH_2PO_4$（次亚磷酸钠）组成，并用 $NH_3H_2O$ 将溶液的 pH 值调节到 $8 \sim 9$。发现在气相生长纳米碳纤维表面沉积了许多细小 Ni 颗粒，随着化学镀的时间延长，在外层表面上沉积连续、均匀的镍镀层，它们是由许多 Ni 颗粒相互堆积连结而形成。采用该方法镀镍，其自催化沉积物不是纯镍，而是含有少量磷的 Ni-P 合金。

次亚磷酸钠还原反应化学镀镍的总反应式如下：

$$[\text{Ni-络合剂}]^{2+} + 2H_2PO_4^- + 2H_2O \longrightarrow Ni + 2H_2PO_3^- + H_2 + 2H^+ + \text{络合剂}$$

首先对纳米碳纤维进行前期预处理，其具体步骤如下：超声清洗—活化—敏化—催化。超声清洗是以丙酮为清洗剂，将纳米碳纤维表面的炭黑等杂质清洗掉；活化是以 $HNO_3$ 为活化液，对纳米碳纤维进行化学浸蚀，使纳米碳纤维表面由憎水性变为亲水性；敏化和催化是为了在纳米碳纤维表面形成催化金属核，镍离子以此为中心开始还原。分别以 $SnCl_2$ 和钯盐作为敏化剂和催化剂。

纳米碳纤维是非金属材料，不具有自催化活性，必须经过前期处理才能诱发反应发生。通过活化处理将纳米碳纤维由憎水性变为亲水性后，经敏化使纳米碳纤维表面吸收一层容易氧化的 $SnCl_2$，随后 $SnCl_2$ 与催化液中的 $Pd^{4+}$ 发生氧化还原反应，$Pd^{4+}$ 被还原并在纳米碳纤维表面形成催化金属核，Ni-P 在金属核上形成并长大，继而形成连续薄膜。而镍具有自催化活性，基体完全被覆盖后沉积过程仍能持续进行，所以在纳米碳纤维表面能够沉积较厚的镀层。可用图 5-21 来描述镍在纳米碳纤维表面沉积的过程，在施镀初期镍颗粒以催化金属核为中心在纳米碳纤维表面沉积，镍颗粒在碳纤维表面不断沉积长大，并形成连续膜，成膜后镍颗粒以自身为催化核心不断沉积并加厚。

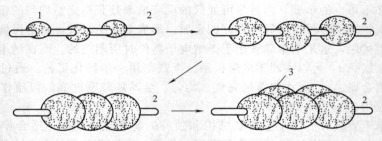

图 5-21  镍在纳米碳纤维表面沉积过程示意图
1—镍颗粒；2—纳米碳纤维；3—再次沉积的镍颗粒

（3）纳米铜粉的化学镀  导电胶或者电磁波屏蔽涂料用的导电性填料主要有三类：一是铜粉，二是银粉，三是铜/银双金属粉。铜粉具有来源广、价格低廉、导电性好等优点，但其抗氧化性能弱。银粉导电性与抗氧化性好，但其资源日益匮乏。大量的研究试图通过对铜粉进行表面改性来提高其性能，有两种方法：一是包膜处理，用 $SiO_2$ 溶胶处理铜粉。这样处理后的铜粉抗氧化性能得到提高，但其表面导电性能大大降低；另一类方法是在铜粉表面覆盖一层导电性能与抗氧化性能均佳的银或金而制成双金属粉末。廖伟辉等以印刷线路板生产企业产生的铜烂版废液为铜源；在液相中，以水合肼为还原剂，以聚乙烯吡咯烷酮（PVP）与 OP-10 为分散剂，制得了纯度高、性能优良的纳米铜粉。纳米铜粉经敏化和活化处理后，在镀液中加入 5％PVP 和 OP-10 的混合溶液作分散剂，进行化学镀，可制得纳米 Cu/Ag 双金属粉末。牟国俊在铜的特种配位剂-硫脲和保护剂 PVP 存在的条件下，在纳米铜粉的表面包覆锡，制备出了纳米核壳结构的铜/锡双金属粉。在制备过程中，通过调节原料铜粉的粒径、反应物浓度、反应温度以及保护剂 PVP 的用量等因素来控制产物粒径。纳米核壳铜/锡双金属粉的抗氧化性能优于相应大小的纳米铜粉；当应用于润滑油中做添加剂时，能在润滑油中稳定分散，保持润滑油的透明性，还具有抗磨、减摩的作用。

（4）纳米 $Al_2O_3$ 粉体的化学镀  $Al_2O_3$ 颗粒增强铜基复合材料具有良好的力学和物理性能，而且这些性能容易改变，比如通过改变增强体的体积分数、基体的成分和热处理工艺等来实现，这使 $Al_2O_3$ 颗粒增强铜基复合材料有广泛的应用前景。如 $Al_2O_3$/Cu 可提高 $Al_2O_3$ 陶瓷的热导率，满足电子封装材料的要求；铜基体中加入 $Al_2O_3$ 颗粒，可以提高铜再结晶温度和高温强度，而不会明显降低铜基体的导电性。用纳米 $Al_2O_3$ 增强的铜基复合材料在相同 $Al_2O_3$ 体积分数的情况下，由于 $Al_2O_3$ 质点更为弥散，可以更加有效地强化基体金属。而对复合材料的其他性能影响较小，从而得到高强度、高电导率的材料。

用化学镀方法制备陶瓷颗粒/铜的复合粉末，并与铜粉混合制备颗粒增强铜基复合材料，可以改变陶瓷颗粒与基体的结合性。同时用化学镀铜直接制备纳米 $Al_2O_3$ 增强铜基复合材料，可避免纳米复合粉与铜粉之间混合不均匀的现象，有利于提高陶瓷颗粒在金属基体中分布的均匀性。刘远廷等人对粒径 10～20nm 的 $Al_2O_3$ 化学镀铜粉末的烧结致密化特点进行了研究，分析了化学镀粉末的清洗、氢气还原等预处理、成型压力、烧结温度、保温时间、复压复烧工艺等对致密化的影响。在优化各影响因素的情况下，对 $Al_2O_3$ 质量分数 10％的化学镀铜粉末采用常规粉末冶金工艺得到相对致密度达 0.94 的试样。

## 5.3.7  气相沉积法

气相化学沉积法是通过气相中的化学反应对纳米颗粒表面包覆改性。可以直接利用气体或通过各种手段将壳层物质转变成气体，使之在气态下发生物理变化或化学变化，并在颗粒表面沉积或与颗粒表面分子化学键合，从而形成均匀致密的薄膜包覆层，以实现纳米颗粒表面包覆。气相包覆法包括物理气相沉积包覆法和化学气相沉积包覆法。前者借助范德华力的作用实现颗粒包覆，缺点是核-壳结合力不强；而化学气相沉积法则是利用气态物质在纳米颗粒表面反应生成固态沉积物而达到纳米颗粒的包覆。如将载有三甲基铝的氮气通人悬浮核层颗粒的流化床反应器中，使颗粒表面被三甲基铝饱和，经进一步反应就可得到氧化铝包覆的颗粒。

朱以华等研究了流化床反应器中氧化铁水合物 $\alpha$-FeOOH 粒子表面脱水与正硅酸乙酯（TEOS）水解反应形成 $SiO_2$ 包覆层的过程，制备了表面均匀包覆二氧化硅的 $Fe_3O_4$ 磁性粉体。结果表明，$\alpha$-FeOOH 脱水促进了粒子表面水解反应，有利于形成均匀的 $SiO_2$ 包膜。反应过程为：将 $\alpha$-FeOOH 置于流化床反应器中，用氮气作流化气体及 TEOS 乙醇溶液和催化剂氨水的载气，在流化床反应器中，$\alpha$-FeOOH 在载气的带动下，形成松散的团聚体，达到稳定的流态化状态。升高反应器温度后，$\alpha$-FeOOH 受热脱水形成 $\alpha$-Fe$_2$O$_3$，此时若通入 TEOS 乙醇蒸气和 $NH_3$ 后，则 TEOS 在 $NH_3$ 催化下与 $\alpha$-FeOOH 表面脱出的水发生水解反应，形成 $SiO_2$ 和乙醇。由于乙醇的还原作用，$\alpha$-Fe$_2$O$_3$ 可转变为 $Fe_3O_4$，其反应历程可表示为：

$$2\alpha\text{-FeOOH} \xrightarrow{\triangle} \alpha\text{-Fe}_2\text{O}_3 + \text{H}_2\text{O}$$

$$\text{Si(OCH}_2\text{CH}_3)_4 + 2\text{H}_2\text{O} \xrightarrow{\text{NH}_3} \text{NH}_3\text{SiO}_2 + 4\text{CH}_2\text{CH}_3\text{OH}$$

$$18\alpha\text{-Fe}_2\text{O}_3 + \text{CH}_3\text{CH}_2\text{OH} \xrightarrow{\triangle} 12\text{Fe}_3\text{O}_4 + 2\text{CO}_2 + 3\text{H}_2\text{O}$$

从而可得到 $SiO_2$ 包覆的 $Fe_3O_4$ 粉末。

### 5.3.8 聚合物表面包覆改性

表面包覆主要是针对纳米合成中防止颗粒长大、解决团聚问题并且增加无机纳米颗粒在有机基体中的相容性而进行的，有明确的应用背景。包覆后的纳米颗粒不但消除了颗粒表面的带电效应，防止团聚，而且，形成了一个势垒，使它们在合成烧结过程中（指无机包覆）颗粒不易长大。有机包覆使无机纳米颗粒能与有机物和有机试剂达到浸润状态，为无机颗粒掺入高分子塑料中奠定良好的基础。如把纳米氧化物表面包覆有机物的颗粒添加到塑料中，可提高材料的强度和熔点。同时防水能力增强，光透射率有所改善。若添加高介电纳米颗粒，还可增强系统的绝缘性，在封装材料上有很好的应用前景。

聚合物包覆在纳米材料表面引入有机分子，如图 5-22 所示，当纳米颗粒存在于介质中，高分子以高分子链的形式在纳米颗粒的表面组成空间立体保护网，这种高分子的立体网状结构将能有效防止粒子之间的再团聚。有机分子包覆起到改善、改性纳米粉体性质的作用，在纳米颗粒表面包覆一层有机物质可以起到如下作用：抗腐蚀的屏障作用，改善在有机介质中的

图 5-22 有机分子包覆到颗粒表面的示意图

润湿性和稳定性，复合材料中的界面调控作用，通过锚定活性分子或生物分子而具有生物功能。有机分子包覆后的纳米颗粒在催化剂、合成橡胶、化妆品、粘接剂、墨水、颜料和靶向药物等方面有重要的应用。

目前，常用的聚合物表面包覆方法有三种：①表面活性剂法，利用表面活性的有机官能团等与粒子表面进行化学吸附或化学反应，从而使表面活性剂覆盖于粒子表面；②有机单体聚合法，通过高能辐射、微波诱导等离子体处理等方法，使无机颗粒表面含有的大量结合羟

基产生具有引发活性的活性基，从而引发单体在其表面聚合；③粒子表面接枝聚合改性，通过在无机颗粒表面偶联反应接上可直接聚合的有机基团（或者经处理可产生自由基的有机基团），就可以在无机物表面很容易地接枝上各种乙烯基聚合物。

（1）表面活性剂法　表面活性剂法是利用表面活性的有机官能团等与粒子表面进行化学吸附或化学反应，从而使表面活性剂覆盖于粒子表面。如在液相法制备纳米颗粒时，常常通过加入如 PVP、4-十二烷基苯磺酸（DBSA）等成膜性和介质相容性好的聚合物对颗粒的包覆来实现稳定纳米颗粒的目的。在 $TiCl_4$ 水解的过程中加入 DBSA，可以得到表面包覆 DBSA 的 $TiO_2$ 纳米颗粒。在对纳米颗粒进行包覆的过程中，包覆层厚度可以通过控制包膜物质的量、包覆时间等得到较好的控制。在这种方法中，核层颗粒与包覆层是否具有相容性是非常重要的。若二者无相容性或相容性差时，常加入偶联剂来提高包覆质量。

Chen 首先将纳米 $TiO_2$ 和硅烷偶联剂 ［WD-70，$\gamma$-(methacryloxy) propyltrimethoxy silane］，$\gamma$-甲基丙烯酰氧基丙基三甲氧基硅烷，分子式为：$CH_2 = CHCH_3 - COO - (CH_2)_3 - Si - (OCH_3)_3$ 反应。由于纳米 $TiO_2$ 颗粒表面含有丰富的羟基，容易与醇和羧酸进行酯化反应。反应过程如下：

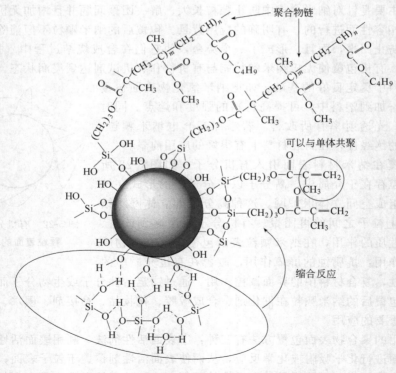

图 5-23　纳米 $TiO_2$ 颗粒表面改性结构示意图

通过纳米 $TiO_2$ 表面的羟基和硅烷反应，将硅烷连接到纳米颗粒表面（如图 5-23）。硅烷分子中的双键能和与甲基丙烯酸甲酯和丁基丙烯酸酯共聚反应，在 $TiO_2$ 纳米颗粒表面包覆一层有机薄壳。

从图 5-24 所示的红外光谱可以看出，纳米颗粒被成功包覆。图 5-24（a）中，500～780cm$^{-1}$ 的吸收峰是由 Ti—O 振动引起的，3428cm$^{-1}$ 和 1060cm$^{-1}$ 吸收峰对应于 O—H 伸缩振动和 Si—O—Si 的伸缩振动吸收峰，2900cm$^{-1}$，1455cm$^{-1}$ 和 1400cm$^{-1}$ 是由—CH$_3$ 和—(CH$_2$)$_n$—振动引起的。由于共聚反应后引入了更多的—CH$_3$ 和—(CH$_2$)$_n$—基团，共聚后这些吸收峰的强度增加。1635cm$^{-1}$ 是 C =C 的振动峰，在共聚反应后，这个峰几乎消失。这说明反应过程中，C =C 双键被打开并且和单体发生共聚反应。

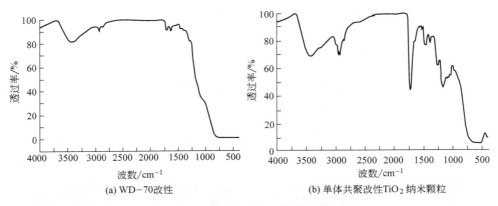

(a) WD-70 改性　　　　　　　　　　　(b) 单体共聚改性 TiO$_2$ 纳米颗粒

图 5-24　改性 TiO$_2$ 纳米颗粒的红外光谱

从扫描电镜观察发现（图 5-25），改性后的纳米 TiO$_2$ 颗粒的分散性有一定改善，粒度减小。

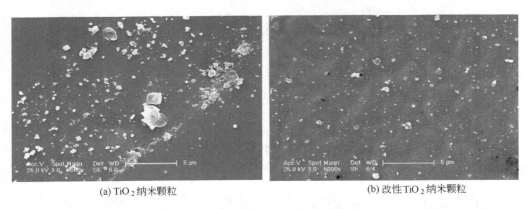

(a) TiO$_2$ 纳米颗粒　　　　　　　　　　(b) 改性 TiO$_2$ 纳米颗粒

图 5-25　纳米 TiO$_2$ 颗粒扫描电镜照片

　　Li 等在硅酸钠水解的过程中加入硅偶联剂（KH-550，KH-560，KH-570）制备出表面改性的纳米 SiO$_2$ 颗粒，合成机理如图 5-26 所示。首先，在盐酸存在下，硅酸钠水解形成硅酸，并聚合反应形成 SiO$_2$ 纳米颗粒，其表面存在大量的羟基。同时硅烷偶联剂水解产生大量的羟基。这些羟基和甲氧基与纳米 SiO$_2$ 颗粒表面羟基进行缩合反应，将高分子连接到纳米颗粒表面。高分子链的存在阻碍了纳米颗粒的进一步长大和团聚。

　　透射电镜观察表明，没有添加硅烷改性剂的纳米 SiO$_2$ 粒子［如图 5-27（a）］，团聚得比较严重。而加入硅烷改性剂的纳米 SiO$_2$ 颗粒［如图 5-27（b）］，粒径较小，在 15～20nm 之间，且颗粒大小均匀，具有较好的分散性和稳定性。

　　（2）有机单体在纳米粉体表面聚合　有机单体聚合法，是通过高能辐射、微波诱导等离子体处理等方法，使无机颗粒表面含有的结合羟基产生具有引发活性的活性基，从而引发单体在其表面聚合。Li 等采用苯胺单体聚合在纳米二氧化钛颗粒表面包覆聚苯胺（PAn）。包

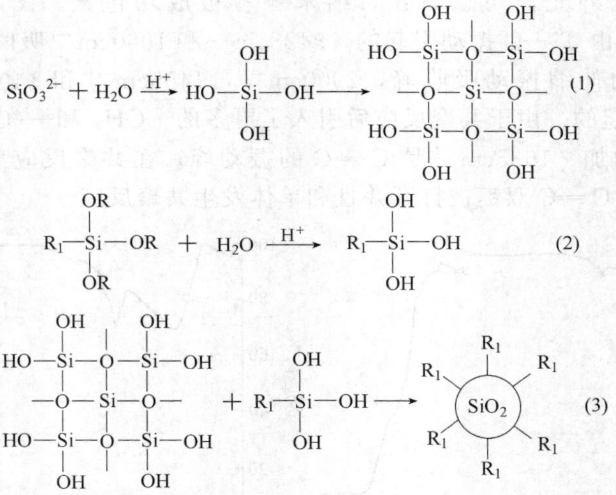

$$SiO_3^{2-} + H_2O \xrightarrow{H^+} HO-\underset{OH}{\overset{OH}{Si}}-OH \longrightarrow \text{（硅氧聚合结构）} \qquad (1)$$

$$R_1-\underset{OR}{\overset{OR}{Si}}-OR + H_2O \xrightarrow{H^+} R_1-\underset{OH}{\overset{OH}{Si}}-OH \qquad (2)$$

$$\text{（硅氧聚合结构）} + R_1-\underset{OH}{\overset{OH}{Si}}-OH \longrightarrow \boxed{SiO_2}\underset{R_1\ R_1}{\overset{R_1\ R_1}{\phantom{X}}} \qquad (3)$$

图 5-26　纳米 $SiO_2$ 粒子合成示意图

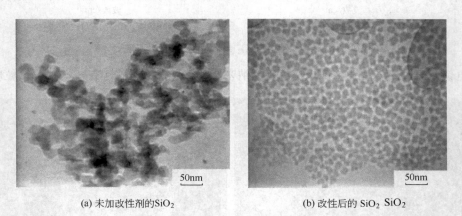

(a) 未加改性剂的$SiO_2$　　　　　　(b) 改性后的 $SiO_2$ $SiO_2$

图 5-27　纳米 $SiO_2$ 的透射电镜照片

覆前后的 SEM 照片如图 5-28 所示。

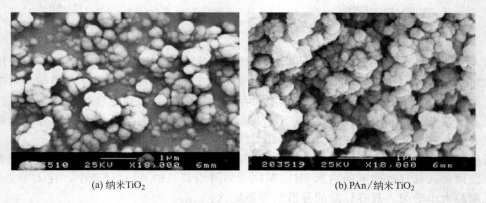

(a) 纳米$TiO_2$　　　　　　(b) PAn/纳米$TiO_2$

图 5-28　包覆前后的 $TiO_2$ 颗粒 SEM 照片

　　从图 5-29（b）所示的红外光谱可以看出，聚苯胺成功的包覆在纳米 $TiO_2$ 颗粒表面。图中 $3445cm^{-1}$ 的吸收峰对应于聚苯胺中的 N—H 伸缩振动峰，$1562cm^{-1}$ 和 $1480cm^{-1}$ 分别

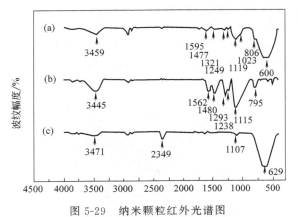

图 5-29　纳米颗粒红外光谱图
(a) PAn/$TiO_2$ 复合颗粒；(b) HCl 掺杂的 PAn；(c) 纳米 $TiO_2$ 颗粒

由 C≕N 和 C≕C 键的伸缩振动引起的，1293cm$^{-1}$ 和 1238cm$^{-1}$ 处的峰为 C—N 的振动峰，1115cm$^{-1}$ 掺杂在聚苯胺中的 C≕N 振动峰，795cm$^{-1}$ 为 C—C 和 C—H 的振动峰。在图 5-29 (a) 中，PAn/$TiO_2$ 复合颗粒，这些峰位分别在 3459cm$^{-1}$，1595cm$^{-1}$，1477cm$^{-1}$，1321cm$^{-1}$，1249cm$^{-1}$，1119cm$^{-1}$ 和 806cm$^{-1}$ 有一点移动。

## 5.3.9　纳米材料表面包碳

自从 Ruoff 等报道碳包覆材料以来，因为这种独特的包覆于多层石墨中的"纳米胶囊"结构，使碳包覆材料具有奇异的电、光、磁性能，促进了纳米材料的应用。碳包覆纳米金属颗粒，是一种纳米碳/金属复合材料，其中数层石墨片层紧密环绕纳米金属颗粒有序排列，形成"纳米胶囊"结构，纳米金属粒子则处于中心。由于碳壳可以在很小的空间禁锢金属物质，可避免环境对纳米金属材料的影响，解决了纳米金属粒子在空气中不能稳定存在的问题；另外由于碳包覆层的存在，有望提高某些金属与生物体之间的相容性，因而在医学方面具有广阔的应用前景。此外，依据金属粒子和碳基体的不同，该材料可望用作磁记录材料、锂离子二次电池负极材料、电波屏蔽材料、氧化还原催化剂、核废料处理材料、精细陶瓷材料和抗菌材料等。

碳包覆纳米金属颗粒的主要制备方法有电弧放电法、化学气相沉积法、热解法、液相浸渍法等。

电弧放电法是在惰性气氛下，用直流电弧放电蒸发石墨电极便可在沉积于阴极或反应室壁上的产物中获得碳包覆纳米金属颗粒，阳极是由石墨粉末和需要包覆的金属单质或其氧化物的混合物组成电极。

对于电弧放电法合成碳包覆纳米金属颗粒的形成机理，一般认为遵循汽-液-固（vapour-liquid-solid，V-L-S）生长机理。汽-液-固生长的前提是存在汽、液、固三相共存状态，因为存在着 L-S 界面和 V-S 界面，相应的存在两种生长机制。电弧中心温度高达 4000K，在这样高的温度下，阳极石墨连同催化剂熔化甚至汽化。气态碳原子簇首先在具有很大吸附系数的液态催化剂表面沉积，并沿催化剂液滴表面和内部扩散；在一定时间后，催化剂中的碳原子达到饱和。然后，过饱和的碳原子簇从液态催化剂表面析出，成为碳晶体。在 V-S 体系中，由于催化剂颗粒与气态碳原子接触且其表面一直处于活化状态，因此气态碳原子不断地沉积在催化剂颗粒表面并直接凝固。这样，一个壳层形成后向另一个壳层逐渐过渡生长，最终形成碳包覆纳米金属颗粒，即外延生成机制。而在 L-S 体系中，溶于催化剂中的液态碳原子冷却时，表面的碳原子首先晶化；随着晶化过程的进行，碳原子连续有序地由外壳层向内壳层推进，形成规则的碳包覆纳米金属颗粒，即内延生成机制。

Bonard 等用电弧放电法合成的碳包覆 Co 纳米颗粒，颗粒大小在 5～45nm 之间（如图 5-30 所示）。碳包覆 Co 纳米颗粒具有铁磁性，显示典型的铁磁滞回线，磁性能的变化明显依赖颗粒尺寸的大小。

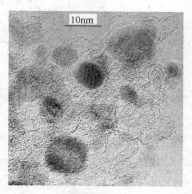

图 5-30　表面包覆碳的 Co 颗粒

Oku 采用电弧法，在阳极中放入碳和半导体粉末 Si 和 Ge，制备出表面包覆碳层的 SiC 和 Ge 的纳米胶囊，如图 5-31 所示。

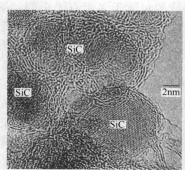 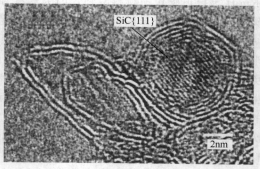

(a) 表面包碳的 SiC 纳米颗粒　　　　(b) 表面包碳的 SiC 纳米胶囊

图 5-31　表面包碳 SiC 颗粒的高分辨透射电镜照片

从图中可以看出，SiC 纳米颗粒粒径为 6～10nm，表面包覆了 3～10 层碳层。在图 5-31（b）中，清晰可见 5～6 层碳层包覆在一个 4nm 的 SiC 颗粒表面。其中的 SiC 层间距为 0.25nm，对应于 β-SiC 的面。

图 5-32 是表面包碳的 Ge 纳米胶囊。从放大的照片［图（b）］，看 Ge 纳米颗粒被包覆在 1～3 层碳层中。

化学气相沉积法是把要包覆的纳米金属或其化合物颗粒均匀分散于基板上，在一定的温度下通入碳源前驱体，在金属颗粒的催化作用下发生热解反应并于金属颗粒表面沉积，形成碳包覆层。或者将易分解的金属有机化合物等作为金属源与合适的碳源气体在惰性气氛中进行热解，获得表面包碳金属纳米颗粒。对于碳包覆纳米金属颗粒生长的有效性，需要催化剂具有对碳较高的溶解度，并且可以在给定温度下通过对催化剂表面上碳的过饱和状态的控制来调节反应速度。另外，催化剂的粒径要足够小以使碳原子簇能够在催化剂金属的晶格间充

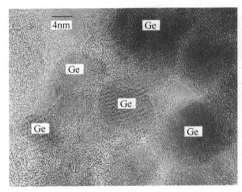 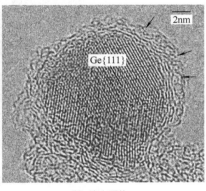

(a) 表面包碳的Ge纳米胶囊      (b) 放大照片

图 5-32 表面包碳后 Ge 纳米胶囊的高分辨透射电镜照片

分扩散和达到过饱和。基本过程是：碳氢化合物分子在催化剂颗粒上吸附、受热分解并初步缩聚出碳原子簇。当碳原子簇达到过饱和状态时，碳原子簇开始沉积出来。最初，碳核在催化剂周围形成，一旦成核开始，过饱和的碳原子便连续沉积出来，形成外部壳层。

Wang 等 $Co_2(CO)_8$ 为前驱体，CO 为载气，经过高温分解，制备表面包覆碳的 Co 纳米颗粒。首先将 $Co_2(CO)_8$ 在 60℃ 下蒸发，经过 CO 为载入反应炉中，在 400～1000℃ 高温分解并冷凝，得到样品。如图 5-33 所示，纳米颗粒粒径在 20～60nm，表面包覆 4～6nm 的无定形碳层。

采用同样的方法，以 $Fe(CO)_5$ 为前驱体也可以制备表面包覆碳的铁纳米颗粒，如图 5-34 所示。

 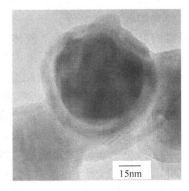

图 5-33 表面包覆碳 Co 纳米颗粒的透射电镜照片    图 5-34 表面包覆碳的 Fe 纳米颗粒的透射电镜照片

液相浸渍法是采用拟包覆的金属盐溶液浸渍有机物，然后进行过滤干燥，进一步在惰性气氛中高温热处理，得到表面包覆碳的纳米金属颗粒。

邱介山等采用可溶性淀粉和硝酸铁为前驱体，制备出碳包覆铁纳米胶囊。制备方法是：首先通过乙二醇还原硝酸铁得到铁纳米颗粒，再与淀粉混合制得铁淀粉混合物，然后在氢气气氛下进行高温炭化合成粒度均匀的纳米胶囊。淀粉在其中既作为碳源，同时又作为铁纳米颗粒的稳定剂。

图 5-35 是纳米胶囊的透射电镜照片。可以看出，纳米胶囊呈准球形，且纳米胶囊的粒度比较均匀，大小在 30～40nm 之间。

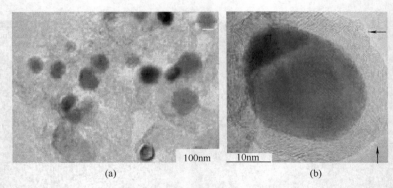

(a)                  (b)

图 5-35　纳米胶囊的透射电镜照片

从纳米胶囊的高分辨透射电镜照片［图 5-35（b）］可以看出，纳米胶囊具有明显的外壳/内核包覆结构（内部为金属核，外围碳包覆壳层），且壳层与内核紧密接触。铁核直径为 25～30nm，碳包覆层厚度为 5～10nm，呈无定形微晶状态。

## 5.3.10　等离子体处理法

等离子体处理法对纳米颗粒进行表面处理是新发展的一种改性技术。等离子体是借助于辉光放电等离子系统，并用一种或多种气体为等离子体气体。即在一个真空反应室中，装有正负两个金属电极，再施加数百伏的直流电压，此时即会呈现辉光放电现象，产生一些明暗程度不同，温度不同的区域，并产生等离子体。如果通入适量的反应气体，气体可以进行一系列化学反应和等离子体反应。在分子离解时常生成自由基，生成电子与中性原子，分子形成负离子。因此，整个等离子体是电子、正负离子激发态原子、自由基的混合状态。由于整个体系阴、阳离子总电荷相等，宏观上表现出集体行为呈电中性气体，故称为等离子体。其中包括六种典型粒子：电子、正离子、负离子、激发态原子或分子、基态原子或分子、光子。从通常的能量排布：气体＞液体＞固体的角度来说，等离子的能量比气体更高，能表现出一般气体所不具有的特性，所以也被称为物质的第四态。因为各种化学反应都是在高激发态下进行的，与经典的化学反应完全不同。这样等离子体原子或分子的本性通常都发生改变，即使是较稳定的惰性气体也会变得具有很强的化学活泼性。等离子体气体具有很高的能量，与有机物原子间的键能相当，故将等离子体引入化学反应，不仅可以使反应温度大大降低，还可以使本来难以发生的反应成为可能或使反应速率很慢的反应加快。等离子体化学反应主要是通过高速电子碰撞分子使之激发、离解、电离，并在非平衡状态下进行反应。这种方法具有可以进行完全干法处理的优点。

等离子体用于粉体表面处理有四种方法：①用聚合性气体的等离子体对粉体进行表面处理，通过反应在颗粒表面形成一层有机包覆膜，从而改变纳米颗粒表面的性质，达到表面改性的目的；②用非聚合性气体（如 Ar、He、$H_2O$ 等）的等离子体处理粉体表面，除去粉体表面吸附的杂质，并在表面引入各种基团；③用前两种等离子体结合对粉体进行处理，综合前两种作用；④等离子体活化粉体表面，并结合其他方法，如通入烯类单体，以粉体表面的活性自由基引发接枝聚合进行处理。

利用等离子体进行粉体的表面改性已经应用于炭黑的氧化处理。由于炭黑的极性小，不容易被水润湿，在水中的润湿性差。用等离子体处理后，表面的酸性官能团数量增加，使 pH 值下降；与此同时，对水的润湿热增加，容易被水润湿，在水中显示出明显的分散性。为了提高表面处理效果，增大氧气流量和压力来进行处理。炭黑等离子体氧化主要是由于炭黑表面生成的自由基活性点与氧分子之间的反应，通过自由基的自由氧化反应进行的。

若在体系中加入反应性气体，放电产生的等离子体气体中含有各种活性离子，它们具有不同的能量，在固体表面发生各种物理和化学效应。聚合性气体经过等离子体处理，可在纳米颗粒表面包覆甚至接枝一层聚合物，其原理是利用等离子体的聚合技术，通过激发活化有机化合物单体，形成气相自由基，当气相自由基吸附在固体表面时，形成表面自由基，表面自由基与气相原始单体或等离子体中产生的衍生单体，在表面发生聚合反应，生成大分子量的聚合物薄膜。不饱和有机物在等离子体中的聚合反应过程大致分为下面几步：①激发过程，在等离子体作用下产生足够聚合反应所必须的单体自由基及其衍生物。②表面吸附过程，单体自由基及其衍生物吸附在固体表面。③非均匀生长过程，在固体表面的自由基与气相原始单体、单体衍生物以及固相原子单体、单体衍生物发生聚合反应过程。④聚合的最后反应，已经聚合的低分子量聚合物反应生成高分子量的聚合物，包括固体表面的各种聚合反应。⑤再激发过程，包括等离子体中的电子、正离子和光子引起的表面稳定生成物的分解。

经过等离子体处理后的碳酸钙粉体表面接触角明显增大，表面性质由亲水性向亲油性转变。Akovali 等将等离子体处理过的碳酸钙粉体填充到聚丙烯中制备成复合材料，发现其力学性能有很大的改善。他们利用乙炔等离子体对碳酸钙粉体进行表面改性，将改性后的碳酸钙粉体按比例加入聚丙烯中，同时和未改性的碳酸钙粉体添加的材料进行比较。发现经过等离子体改性后的碳酸钙粉体填充的复合材料的断裂伸长率明显高于未改性的碳酸钙粉体填充材料，增长 55% 以上。

表面改性在纳米材料研究中得到广泛重视，所用表面改性剂的种类也越来越多，改性剂的合成技术也得到了很大的发展。但每一种方法都有其自身的局限性和缺点，用特定表面改性剂改性的纳米颗粒往往具有特定功能。改性是以应用为目的，一种方法大多只是在某一方面的应用上有很好的效果。随着纳米粉体应用范围的不断扩大，对表面改性机理、改性方法及设备、改性效果等还需要进一步地完善。纳米改性已成为纳米材料研究和开发中一个极其重要的内容，被视为未来制备新材料的重要手段，因而对其进行深入细致的研究必将有广泛的应用前景。

## 思考题

1. 试述纳米材料需要改性的原因。
2. 纳米材料表面化学改性的方法有哪些？
3. 试说明微乳液的定义和微乳液法。
4. 试举例说明化学镀的原理与方法。

## 参考文献

[1] M. Suzuki, M. Kagawa. Sythesis of ultrafine single-component oxide particles by the spray-ICP technique. J. Mater. Sci, 1999, (27): 679.
[2] 张海平. 微乳液法制取 ZnO 超细粉末. 上海大学学报, 2001, (2).
[3] 王宝利, 朱振峰. 无机纳米粉体的团聚与表面改性. 陶瓷学报, 2006, (27): 135-138.
[4] 高濂, 孙静, 刘阳桥. 纳米粉体的分散及表面改性. 北京: 化学工业出版社, 2003.
[5] 张万忠, 乔学亮, 陈建国等. 纳米材料的表面修饰与作用. 化工进展, 2004, (23): 1067-1071.
[6] 陈东丹, 尹红. 表面活性剂对 TiO₂ 粉体粒度和形貌的影响. 中国陶瓷工业, 2003, (10): 24-28.
[7] 马运柱, 黄柏云, 范景莲. 表面活性剂对制备（W、Ni、Fe）纳米复合氧化物粉体的影响. 中南大学学报, 2004, (35): 736-741.
[8] 陈云辉, 李文芳, 杜军等. 纳米 SiO₂ 粉体新型表面活性剂复合改性工艺研究. 表面技术, 2006, (35): 34-36.
[9] 张颖, 侯文生, 魏丽乔等. 纳米 SiO₂ 的表面改性及其在聚氨酯弹性体中的应用. 功能材料, 2006, (8): 1286-1289.
[10] 贾红兵等. 偶联剂对炭黑补强硫化胶性能的影响. 橡胶工业, 1998, (45): 532.

[11] 季光明，陶杰. 偶联剂对纳米 ZnO 粒子在聚丙烯中的分散性影响. 南京航空航天大学学报，2004，(36)：262-266.

[12] 李玮，谢志။. 丙烯酸酯在炭黑表面接枝聚合的研究. 中山大学学报，1999，(38)：4.

[13] 钱翼清. TDI 改性纳米 SiO$_2$ 表面. 功能材料，2001，(27)：6-7.

[14] E. Mine, A. Yamada, Y. Kobayashi, et al. Direct coating of gold nanoparticles with silica by a seeded polymerization technique. Journal of Colloid and Interface Science，2003，(264)：385-390.

[15] Hardikar, V. Vishwas, Matijevic. Coating of nanosize silver particles with silica. J Colloid Interface Sci, 2000, (221)：133-136.

[16] A. Miguel, D. Correa, G. Michael. Stabilization of CdS semiconductor nanoparticles against photodegradation by a silica coating procedure. Chem Phys Lett, 1998, (286)：497-501.

[17] 李志杰. 二氧化钛粉体的无机改性及其性质的研究：[博士论文]. 2005.

[18] 李群艳，董鹏，刘忍肖. 单分散 SiO$_2$/TiO$_2$/SiO$_2$ 多层复合微球的制备. 中国粉体技术，2000，(6)：276-280.

[19] 郑水林. 粉体表面改性. 北京：中国建材工业出版社，1995.

[20] 李志杰，侯博，徐耀等. 共沉淀法制备氧化硅改性的纳米二氧化钛及其性质. 物理化学学报，2005，(21)：229-233.

[21] 冯诗庆. 石英复合钛白粉的微波合成. 化工矿物与加工，2004，(12)：18-20.

[22] H. P. Abicht, H. T. Langhammer, K. H. Feigner. The influence of silicon on microstructure and electrical properties of La-doped BaTiO$_3$ ceramics. J Mater Sci 1991, (26)：2337-2342.

[23] 刘雨青，郭金彦，刘篯等. 聚合物乳液法表面修饰改性 Fe$_3$O$_4$ 磁性纳米粒子特性研究. 精细化工，2005，(22)：645-648.

[24] T. Oku, T. Kusunose, T. Hirata, et al. Formation and structure of Ag, Ge and SiC nanoparticles encapsulated in boron nitride and carbon nanocapsules. Diamond and Related Materials，2000，(9)：911-915.

[25] P. Wilhelm, D. Stephan. On-line tracking of the coating of nanoscaled silica with titania nanoparticles via zeta-potential measurements. Journal of Colloid and Interface Science，2006，(293)：88-92.

[26] H. Wang, H. Nakamura, K. Yao. Effect of polyelectrolyte dispersants on the preparation of silica-coated zinc oxide particles in aqueous media. J Am Ceram Soc, 2002, (85)：1937..

[27] T. Li, J. Moon, A. A. Morrone, et al. Preparation of Ag/SiO$_2$ nanosize composites by a reverse micelle and sol-gel technique. Langmuir, 1999, (15)：4328-4334.

[28] A. Manna, T. Imae. Synthesis of Gold Nanoparticles in a Winsor II Type Microemulsion and Their Characterization. Journal of Colloid and Interface Science, 2002, (256)：297-303.

[29] 吕飞，张庆红，王野等. 应用微乳法制备二氧化硅包裹钯纳米粒子. 化学学报，2004，(62)：1713-1716.

[30] 陈慧敏，闵娜，李四年等. 碳纳米管表面化学镀 Ni 的研究. 湖北工学院学报，2004，(19)：30-32.

[31] 袁海龙，凤仪. 碳纳米管的化学镀铜. 中国有色金属学报，2004，(14)：665-669.

[32] 陈小华，张高明，李宏键等. 碳纳米管的化学镀铜及 SEM 研究. 湖南大学学报，1999，(26)：14-17.

[33] 李霞，马希聘，李士同等. 碳纳米管的化学镀 Au 研究. 材料科学与工程学报，2004，(22)：48-51.

[34] 马希聘，伦宁，李霞等. 负载于碳纳米管上的新型金纳米催化剂. 电子显微学报，2004，(23)：379-381.

[35] 杜金红，苏革，白朔等. 气相生长纳米碳纤维表面化学镀镍. 新型炭材料，2000，(15)：49-53.

[36] 廖辉伟，李翔，彭汝芳等. 包覆型纳米铜-银双金属粉研究. 无机化学学报，2003，(19)：1327-1330.

[37] 牟国俊，赵斌. 纳米核壳式铜—锡双金属粉的制备及性能研究. 无机化学学报，2004，(20)：1055-1060.

[38] 刘远廷，凌国平，郦剑. 纳米 Al$_2$O$_3$ 化学镀铜复合粉末的烧结致密化. 中国有色金属学报，2004，(14)：471-478.

[39] 朱以华，李春忠，吴秋芳等. 流化床反应器中 $\alpha$-FeOOH 粒子表面水解包覆 SiO$_2$ 过程研究. 高等学校化学学报，1999，(20)：119-122.

[40] Y. Chen, A. Lin, F. Gan. Improvement of polyacrylate coating by filling modified nano-TiO$_2$. Applied Surface Science, 2006, (252)：8635-8640.

[41] X. Li, Z. Cao, Z. Zhang, et al. Surface-modification in situ of nano-SiO$_2$ and its structure and tribological properties. Applied Surface Science, 2006, (252)：7856-7861.

[42] X. Li, W. Chen, C. Bian, et al. Surface modification of TiO$_2$ nanoparticles by polyaniline. Applied Surface Science, 2003, (217)：16-22.

[43] R. S. Ruoff, D. C. Lorents, B. Chan, et al. Single-crystal metals encapsulated in carbon nanoparticles. Science, 1993, (259)：346-348.

[44] J. M. Bonard, S. Seraphin, J. E. Wegrowe, et al. Varying the size and magnetic properties of carbon-encapsulated cobalt particles. Chemical Physics Letters, 2001, (343)：251-257.

[45] Z. H. Wang, C. J. Choi, B. K. Kim, et al. Characterization and magnetic properties of carbon-coated cobalt nanocapsules synthesized by the chemical vaporcondensation process. Carbon, 2003, (41)：1751-1758.

[46] Z. H. Wang, Z. D. Zhang, C. J. Choi, et al. Structure and magnetic properties of Fe (C) and Co (C) nanocapsules prepared by chemical vapor condensation. Journal of Alloys and Compounds, 2003, (361)：289-293.

[47] 邱介山，孙玉峰，周颖等. 淀粉基碳包覆铁纳米胶囊的合成及其磁学性能. 新型炭材料，2006，(21)：202-205.

[48] G. Akovali, N. Dilsiz. Studies on the modification of interphase/interfaces by use of plasma in certain polymer. Polymer Engineering and Science, 1996, (36)：1081-1086.

# 第 **6** 章
## 纳米材料在纺织印染工业中的应用

## 6.1 纳米材料在防辐射(防紫外)功能纺织品中的应用

电磁波辐射污染已经成为继污水、废气污染及噪声污染之后的第四大污染,是世界公认的"隐形杀手"。严格地讲,有电和有日光的地方都有电磁波辐射。而电磁辐射对人体的健康影响是比较广泛的,当超过一定量后,它可能会引起皮肤、神经、生殖、心血管、免疫功能及眼睛等方面的病变。

从辐射源来看,主要有电器源(如手机、电视、计算机、录像机、微波炉、电磁炉、电讯发射塔、高压电器、高压线等)、日光源(如日光紫外线等)和武器源(如核武器、红外线观测仪器)等。在电磁波辐射中,对人类具有普遍性影响的是紫外线辐射。

紫外线在电磁波中属于非电离辐射,波长范围在 $100\sim400nm$,根据波长,紫外线又可划分为 C 段(UVC,$100\sim280nm$)、B(UVB,$280\sim320nm$)和 A 段(UVA,$320\sim400nm$)。

太阳是紫外线的主要来源,紫外线在经过大气层时,臭氧层中的臭氧分子把波长小于 $290nm$(C 段)的紫外线全部吸收,还大量吸收 $290\sim320nm$(B 段)范围内的紫外线,这样,辐射到地表面的 $290\sim400nm$(主要为 A 段)的太阳紫外线就是引起皮肤老化和皮肤癌的主要原因。随着人类生产活动的增加,臭氧层不断遭到破坏,使紫外辐射强度剧增,对人类健康的威胁也愈来愈大。

研究表明:皮肤对紫外线的吸收情况是,角质层占 $60\%\sim80\%$,表皮棘层占 $6\%\sim18\%$,真皮层内占 $10\%\sim20\%$。其中 UVA 进入皮肤的深度比 UVB 深些,可见光及近红外线可进入到皮下组织。紫外线照射皮肤后,由于 UVB 能使血管扩张而形成透过性亢进,使皮肤发红,继之生成红斑,强烈的还会生成水痘。这种症状叫日光性皮炎(sunburn)。而UVA 能深入真皮,使皮肤中产生色素的 Melanoside 细胞生成 Melanine 色素沉淀,使皮肤发黑(Suntan),从而起保护细胞核作用。紫外线深入皮肤会损伤细胞核中 DNA 遗传因子,虽然损伤的 DNA 可以通过修复以避免癌变和老化,但由于细胞的修复能力有一定限度,一旦大量的 UVB 紫外线损伤了多数细胞后,就会出现部分无法修复而死去,部分修复不当和部分未修复的伤残细胞就很可能会产生突变。一般认为，臭氧层每减少1%，紫外辐射强度就增大2%，患皮肤癌的可能性将提高3%。表6-1列出了不同波长紫外线对皮肤的影响程度。

表 6-1　不同波长紫外线对皮肤的影响

| 紫外线名称 | 分类符号 | 波长区/nm | 对皮肤的影响 |
| --- | --- | --- | --- |
| 近紫外 | UVA | 400～320 | 生成黑色素褐色斑,使皮肤老化、干燥和增加皱纹 |
| 远紫外 | UVB | 320～280 | 产生红斑和色素沉着。经常照射,有致癌危险 |
| 极短紫外 | UVC | 280～100 | 穿透力极强,接近核射线,对人类影响大,可影响白细胞和致癌。但其大部分被大气层中臭氧层、二氧化碳或云雾等吸收,到达地面的仅少量 |

随着人们对紫外线辐射危害认识的加深，防护紫外线的伤害已成为迫切的消费要求。

具有防太阳辐射或抗紫外线作用的纺织品叫做防辐射功能纺织品或防紫外线功能纺织品。有的品牌把具有这种防紫外线功能的纺织品幽默地叫做"晒不黑"。这种防护能力可以用阳光防护因子（SPF）来表示。

SPF（sun protection factor）表示织物对阳光的屏蔽能力，称防晒指数。其值越大，防护能力越强。

织物的材质、织造方法、厚度对紫外线的防护作用等都有影响。天然纤维中羊毛的SPF值最高，棉纤维值最低，蚕丝纤维介于其中。这主要和纤维的化学结构有关，羊毛、蚕丝等蛋白质纤维分子中含芳香氨基酸，对小于300nm的光有一定吸收性。对合成纤维来说，涤纶织物的分子中含有苯环，SPF值较高，锦纶和弹性纤维织物相对较低。天然纤维和常规化学纤维制成的织物大多不能满足防护紫外线的需要。只有人工赋予织物防紫外线的功能，才能为皮肤撑起"保护伞"。

将纳米材料成功地应用于防紫外线功能性纺织品的开发，既要持久地发挥纳米材料的防紫外线功能，又要力求不影响纺织面料的原有风格（如手感、透气性），同时还要考虑工艺的可行性和产品性价比等诸多因素，从而使这一领域的研究充满机遇和挑战。

### 6.1.1　应用原理

紫外线屏蔽剂分为无机类紫外线屏蔽剂和有机类紫外线屏蔽剂。纺织品中所使用的有机防紫外线吸收剂吸收紫外线能量后转变成活性异构体，随之以光和热的形式释放这些能量后再恢复到原来结构，如二苯甲酮类（见图6-1）、水杨酸酯类、对氨基苯甲酯类。但这些有机物会使织物发黄，影响色泽且对人体副作用较大，易产生化学过敏反应，不同程度存在毒性及刺激性等问题。有机类紫外线屏蔽剂一般仅能吸收UV-B波段，不具有广谱性。

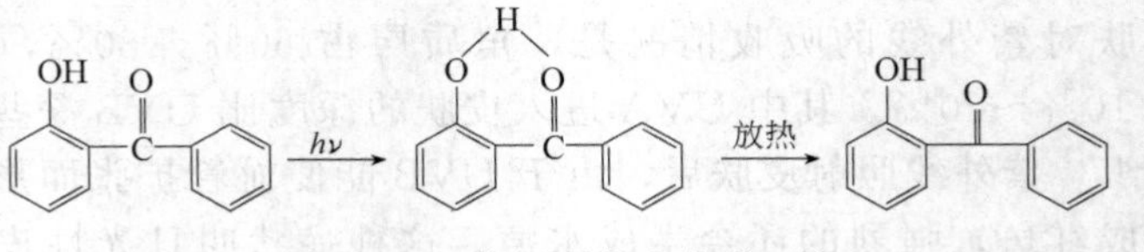

图 6-1　二苯甲酮的光化学反应

无机类紫外线屏蔽剂，又被称作紫外线反射剂，主要通过对入射紫外线反射或折射，而达到防紫外线的目的。它们没有光能的转化作用，而是利用陶瓷粉或金属氧化物等细粉或超细粉与纤维或织物结合，增加织物表面对紫外线的反射和散射作用，进而防止紫外线透过织物。表 6-2 列出了常用无机类材料的紫外线辐射透过率情况。

表 6-2　常用无机类材料的紫外线辐射透过率情况　　　　　单位：%

| 材　　料 | 波　　长/nm | | |
| --- | --- | --- | --- |
| | 313 | 366 | 436 |
| 氧化锌 | 0 | 0 | 46 |
| 二氧化钛 | 0.5 | 18 | 35 |
| 瓷土 | 55 | 59 | 63 |
| 碳酸钙 | 80 | 84 | 87 |
| 滑石粉 | 88 | 90 | 90 |

纳米材料为紫外线屏蔽剂提供了新的途径。与有机紫外线屏蔽剂相比，它有很高的化学稳定性、热稳定性、无毒、无刺激性，使用很安全，且兼具有杀菌除臭作用，更适合绿色纺织品加工。与一般无机紫外线屏蔽剂相比，因纳米紫外线屏蔽剂的尺寸与紫外线波长相当或更小，小尺寸效应导致其对紫外线的吸收显著增强，比表面积大，表面能高，更易与高分子材料结合；粒度小，对可见光的漫反射率较低，透明度较高，对所整理织物的手感等风格影响较小，更适合功能纤维或功能纺织品的加工。

更重要的是，纳米防紫外线粉体为紫外线广谱屏蔽剂，对紫外线的中波（B 段）、长波（A 段）都有屏蔽作用。其防紫外线机理为：纳米微粒的量子尺寸效应使纳米材料对某种波长的光吸收带有"蓝移"现象，即吸收带移向短波长方向。由于颗粒尺寸下降，能隙变宽，这就导致光吸收带移向短波方向。这种蓝移现象的原因是：已被电子占据分子轨道能级（基态）与未被占据分子轨道能级（激发态）之间的宽度（能隙）随颗粒直径减小而增大，这是产生蓝移的根本原因。简言之，纳米材料对紫外线的屏蔽主要是通过吸收波长的"蓝移"来实现的。

纳米 $TiO_2$ 和纳米 ZnO 既能吸收紫外线，又能反射、散射紫外线，还能透过可见光，是目前发现的性能优越的无机纳米紫外线屏蔽剂。纳米 $TiO_2$ 和纳米 ZnO 防紫外线能力强，与同样剂量的一些有机紫外线吸收剂相比，在紫外区的吸收峰更高。更为可贵的是，它们对紫外线中的 UVA（320～400nm）、UVB（280～320nm）都有屏蔽作用，是良好的紫外线广谱屏蔽剂。纳米 $TiO_2$ 和纳米 ZnO 的折射率很高，分别为 2.71（金红石型 $TiO_2$）和 2.03。根据光散射理论，微粒的折射率和粒径对光的散射有很大影响，折射率越大，对光的反射、散射能力越大；粒径越小，对光的屏蔽面积越大，一般在 30～100nm 之间时，它们对紫外线的屏蔽效果最好，同时其制成品透明度好，对可见光的透过影响很小。

无机类紫外线屏蔽剂用于抗紫外纤维或织物后整理时，要求先制成纳米级超微粒子（粉末或分散液），粒径最好在 1～20nm。粒径越小，对紫外线屏蔽剂效果越好。图 6-2 显示，对不同波长的紫外线，尤其是对 UVB，随着纳米粒子粒径的减小，紫外线透过率下降十分显著。

纳米防紫外线纺织品的原理是由于在纤维、纱线或织物上施加了纳米紫外线屏蔽剂。它能反射或有强烈选择性吸收紫外线，并能进行能量交换，以热量或其他无害低能辐射将能量释放或消耗。

紫外线辐射到织物上，部分在表面被反射，部分被织物吸收，其余的则透过织物。

$$透过率＝100\%－（吸收率＋反射率）$$

因此，提高织物对紫外线的吸收率和反射率就可以降低紫外线的透过率，达到屏蔽紫外

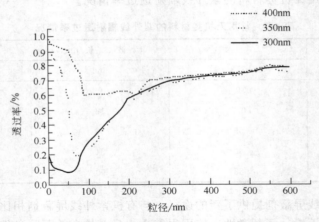

图 6-2 纳米粒子粒径与紫外线透过率的关系

线的目的。

纺织品的屏蔽紫外线性能的测试结果除用紫外线透过率表示方法外，UPF 值亦是最常用的表示方法。UPF 值即紫外线防护系数（ultraviole tprotection factor），又称紫外线遮挡系数。它是紫外光照射下有纺织品保护的皮肤晒红所需要的时间与未加保护的皮肤晒红所需要的时间的比值。UPF 值越大，表明屏蔽紫外线性能越好。表 6-3 列出了透过率、UPF 值与产品屏蔽紫外线性能的对应关系。

表 6-3　纺织品的屏蔽紫外线等级

| 透过率 | UPF 值 | 防护性能分类 |
| --- | --- | --- |
| 6.7～4.2 | 15,20 | 较好防护 |
| 4.1～2.6 | 25,30,35 | 非常好的防护 |
| ≤2.5 | 40,45,50,50+ | 非常优异的防护 |

各个国家和地区由于所处的地理位置不同、肤色不同，对纺织品抗紫外线的等级要求也不相同。如：按照标准规定的 UPF 值为 15 即可称为防紫外线纺织品，而澳大利亚是紫外线辐射强度较大的国家之一，它要求 UPF 值为 30。如一件 UPF 值为 30 的服装，在当地曝晒 10min，皮肤未产生红斑，则穿它后可防护时间达 300min，即 5h。据称，在澳大利亚夏季最热的日子，从黎明到黄昏的曝晒总剂量在 30～40MED（最小红斑量）之间，因此，整日在户外工作的工作服则要求 UPF 等级为 40 以上。

UPF 值可按下式求得：

$$UPF = \frac{\sum\limits_{250}^{400} E_\lambda S_\lambda D_\lambda}{\sum\limits_{250}^{400} E_\lambda S_\lambda D_\lambda T_\lambda}$$

式中　$E_\lambda$——形成红斑的紫外线能量；

$S_\lambda$——太阳光谱辐射能量，$W \cdot m^2/nm$；

$T_\lambda$——波长为 λ 时紫外线透过率；

$D_\lambda$——紫外线光波长度间距，nm。

　　由于臭氧层空洞等问题，澳大利亚和新西兰对紫外线辐射造成的危害尤为关注，并在 1996 年首先制订出抗紫外线防护服测试方法标准（AS/NZS 4399—1996《紫外防护面料评估与分类》），此后 BS、AATCC、EN 和 ISO 也纷纷推出相应的标准或标准草案。我国参照欧盟标准草案 prEN 13758《纺织品日光紫外线防护性能》，制订了国家标准 GB/T 18830—2002《纺织品防紫外线性能的评定》。上述标准均采用分光光度计法。

　　GB/T 18830—2002 的基本原理是：用单色或多色 UV 射线辐射试样，收集总的光谱透射射线，测定总的光谱透射比，并计算试样的 UPF 值。该标准方法采用平行光束照射试样，用一个积分球收集所有透射光线；也可采用光线半球照射试样，收集平行的透射光线。

　　日本东邦公司的防紫外线整理产品 Samacut UV，其性能是以屏蔽率 90% 以上，整理效果 50% 以上为基准的。即用分光光度计连续测定织物，以 290～400nm 的紫外线照射时的透过率。以透过率曲线的面积按下式计算屏蔽率和整理效果：

$$紫外线屏蔽率 = \left(1 - \frac{T_a}{T_0}\right) \times 100\%$$

$$整理效果 = \left(\frac{T_b - T_a}{T_b}\right) \times 100\%$$

式中　　$T_0$——无试料时的透过面积；

　　　　$T_a$——整理试料的透过面积；

　　　　$T_b$——未整理空白试料的透过面积。

　　防紫外纤维及其织物的应用范围很广，从国内外研制的品种看，纤维方面主要涉及涤纶、维纶、腈纶、尼龙和丙纶等；在织物方面，各种化纤织物、纯棉、羊毛等纯天然纤维织物以及各种混纺织物的防紫外线整理都很普遍，技术也已比较成熟。防紫外线纤维及其织物主要用来制作运动衫、罩衫、制服、套裤、职业服、游泳衣、童装等，也用于帽子和面罩的原料，工业和装饰方面则有广告用布、户外装饰布、各种遮阳伞、窗帘、运输篷布、各种帐篷用布等。

## 6.1.2　应用方法与实例

　　纳米材料在纺织品上防紫外线的应用方式可以有两个途径：一是通过纤维改性使其功能化来实现，二是通过后整理技术对织物进行功能化整理。

### 6.1.2.1　在防紫外功能纤维制备中应用方法与实例

　　在聚合物中添加能吸收或反射紫外线的纳米微粒，是制造抗紫外线纤维的重要方法之一。即将纳米紫外线屏蔽剂粉体在聚合物聚合时加入，或直接混入造纺丝液；也可先制成防紫外线母粒，再进行共混纺丝。这样制得的防紫外线纤维与用后整理法制成的纺织品相比，功能持久，水洗性好，手感柔软，易于染色。$TiO_2$、$Fe_2O_3$、$Al_2O_3$、$SiO_2$ 等纳米微粒具有很好的吸收紫外线能力，而滑石、高岭土、碳酸钙等纳米微粒则具有良好的反射紫外线能力。通常可用一种或多种纳米粉体来生产抗紫外线纤维。

　　如日本可乐丽公司的 ESMO 纤维，它是将纳米 ZnO 粒子掺入聚酯后纺成纤维，其紫外线遮蔽率和热辐射遮蔽率都很高，在 20J/(cm² · h) 剂量紫外线的照射下，紫外线透过率只有 0.4%。三菱人造丝公司的奥波埃纤维是含纳米紫外线屏蔽剂微粒的聚丙烯纤维。制成的纤维具有良好的紫外线遮挡率和热辐射遮挡率。其织物的紫外线透过率最低只有 0.4%，在热辐射对比实验中，比普通织物的温度低 3～5℃，且不会因洗涤而影响其实用功能。德国 Sachtlen 化学公司开发的纤维中纳米 $TiO_2$ 添加量为 0.3%～0.5%，纤维的屏蔽紫外线性能良好。同时，它还可以在生产聚合物时，通过"悬浮液路线混入法"加入到各种化学纤维中。可乐丽公司开发的抗紫外线聚酯纤维中就含有 Ti、Zn、Al、Si 及 P 的氧化物复合纳米微粒。国内的西安新技术产业开发公司研制的"纳米服装"不仅能屏蔽 95％ 以上的紫外线，还能阻隔同量的电磁波，且无毒、无刺激、不受洗涤、着色和磨损等影响。采用纺丝法加工紫外线屏蔽纤维时，其关键技术是添加的纳米紫外线屏蔽剂必须与纤维有很好的相容性。

防紫外线服装面料在屏蔽紫外线的同时也能对可见光和远红外线起到一定的屏蔽作用。例如：用 Fe-Ni 合金纳米微粒与粘胶纺制的纤维，可以制成具有抗紫外波段（10～400nm）和抗红外波段（＞750nm）的防紫外线服装面料。因此这种面料具有较好的降温效果，阳光下由这种面料制成的服装内温度可较普通棉布服饰低 2～3℃，使穿着者明显感到凉爽。

应用共混技术制备抗紫外纤维有两种途径：一种是预先制备高含量的紫外线屏蔽剂的母粒，而后进行共混纺丝；另一种则是在聚合时添加紫外线屏蔽剂，通过优化聚合工艺条件，合成抗紫外改性树脂直接进行纺丝。

（1）共混纺丝法生产抗紫外纤维　将紫外线屏蔽剂、分散剂、热稳定剂等助剂与载体混合，经熔融挤出、切粒、干燥等工序制成抗紫外母粒，把母粒同一定配比的添加剂通过混合、纺丝、拉伸等工序便得抗紫外纤维，这种方法称为母粒法或共混纺丝法。该法生产抗紫外纤维的优点是灵活性大，添加量高（可达 10％ 以上），但添加的抗紫外屏蔽剂仅仅是一次分散，故分散均匀性较差，可能会影响可纺性和产品的抗紫外性能。

（2）改性树脂法生产抗紫外纤维　改性树脂法就是在聚合过程中添加紫外线屏蔽剂合成抗紫外改性树脂后再经过干燥、纺丝、拉伸等工序制得抗紫外纤维的方法。

① 抗紫外改性树脂合成　改性树脂的合成可采用直接酯化法或酯交换法。

直接酯化法：按配料比 PTA（对苯二甲酸）：EG（乙二醇）＝1：2（摩尔比），将 PTA 与预先细化分散的紫外线屏蔽剂的 EG 浆液投入到反应釜中，酯化结束后，加入缩聚催化剂和热稳定剂进行缩聚，等到缩聚物的特性黏度达到一定要求时，进行铸带、切粒、制成一定规格的抗紫外 PET（聚酯）切片。

酯交换法：按配料比 DMT（对苯二甲酸二甲酯）：EG＝1：2（摩尔比），将 DMT 和酯交换催化剂以及预先细化分散的含紫外线屏蔽剂的 EG 浆液投入反应釜中，酯交换完成后，加入缩聚催化剂和热稳定剂进行缩聚、铸带、切粒，制成一定规格的抗紫外 PET 切片。

② 纺丝及后加工　纺丝及后加工工艺流程为：抗紫外改性树脂（PET 切片）→预结晶干燥→熔融挤出→预过滤→纺丝→侧吹风冷却→上油集束→热辊拉伸→卷绕→抗紫外纤维。由于抗紫外屏蔽剂在生产过程中经历了聚合、纺丝的两次分散，故其分散均匀性好，可纺性好，成品纤维抗紫外性能优异。但生产工艺控制要求高，尤其是改性树脂中二甘醇（DEG）含量偏高，与普通树脂在热性能上存在着差异，要求纺丝及后加工工艺也要作相应的调整和优化。

抗紫外线纤维包括的品种很多，涉及涤纶、维纶、锦纶和丙纶以及与氨纶或醋酸纤维交织、混纺等。主要用来制作的品种有：运动衫、制服、工作服、游泳衣、休闲服和童装等，也用于制作帽子。利用超微粉体抗紫外线功能来开发多种纤维，较之某些抗紫外线化学药剂所整理的织物安全性高，有利于人体健康。

（3）防紫外线细旦丙纶的生产实例

防紫外线细旦丙纶生产工艺流程如下：

聚丙烯切片＋防紫外线母粒→防紫外线专用料→干燥→螺杆挤压熔融→熔体预过滤→纺丝→冷却→上油→卷绕→加弹→防紫外丙纶纤维

其中，纳米防紫外线剂为纳米氧化锌和纳米氧化钛的混合物，添加量为纤维重的 4％；

加弹工序由加弹机完成，目的是通过拉伸、假捻、热定型等来稳定丙纶纤维的结晶和取向结构，从而得到性能稳定的低弹丝。

防紫外线细旦丙纶生产工艺参数参见表 6-4。

**表 6-4　防紫外丙纶纤维的制造工艺参数**

| 改性造粒温度/℃ | 165～220 | 侧吹风 | 风温/℃ | 11～15 |
| 干燥温度/℃ | 115～120 | | 风速/(m/s) | 0.5～0.7 |
| 熔体温度/℃ | 270 | | 湿度/% | 60～80 |
| 螺杆压力/MPa | 6～8 | 油剂浓度/% | | 10～12 |
| 纺丝箱体温度/℃ | 272 | 卷绕速度/(m/min) | | 2600～2800 |

由此工艺生产的防紫外线细旦丙纶长丝纤度为 147.2dtex，断裂强度为 2.35cN·dtex，断裂伸长率为 147.20%，结晶度达 64%，一级品率大于 95%。由此防紫外线细旦丙纶织成的面料，对 UVA 波段的紫外线遮蔽率为 99.4%；对 UVB 波段的紫外线遮蔽率为 99.6%，且 UPF 达 50，防护效果达到"非常优异"级。

#### 6.1.2.2　在防辐射（防紫外）功能织物制备中应用方法与实例

纺织品织成以后，再将纳米防紫外线剂处理到织物上去，赋予织物以防辐射功能的方法称为功能后整理工艺。所整理织物通称为功能纺织品。由于天然纤维是在生长过程中形成的，不可能在纤维形成过程中将具有防紫外线功能的无机纳米粒子添加到纤维中，而只能在织物织造或后整理阶段对其进行防紫外线处理。所以，后整理尤适合天然纤维织物的处理。

（1）防辐射（防紫外）功能织物的后整工艺　后整理工艺主要有涂层法和浸渍法。涂层技术是将纳米防紫外线剂加入到涂层剂制成功能涂层剂，再通过涂层设备将其涂覆到织物上使其形成薄膜，从而实现织物功能化。这种方法具有工艺操作方便等优点。浸渍法是将纳米微粒的乳胶和其他整理剂混合后，将织物浸入其中而获得特殊功能的后整理方法，也有作者称为植入法。该加工方法不需特殊设备，适合进行小批量多品种生产。

后整理方法对颗粒大小除有严格要求外，最大的问题是织物功能的持久性不够，涂层对织物手感、透气性和穿着舒适性等都有不同程度的影响。

（2）防辐射（防紫外）功能织物的生产实例

① 浸渍法实例

二氧化钛溶胶的制备：将钛酸四丁酯、醋酸和乙醇均匀混合，加入三颈瓶中，将盐酸配成一定浓度的水溶液，用直形分液漏斗缓慢滴加到钛酸四丁酯、醋酸和乙醇的混合液中，滴加过程中，恒温水浴锅控制在 40℃ 左右，滴加完毕后继续搅拌 2h，得到均一稳定的溶胶，该二氧化钛溶胶抗紫外功能整理剂中粒径小于 7nm 的溶胶颗粒大于 99.9%。

浸渍工艺：将棉织物在浓度为 4% 的溶胶中二浸二轧，带液率控制在 60% 左右，70℃ 预烘 5min，然后 140℃ 焙烘 5min。

整理效果评价：棉织物整理前后抗紫外效果情况见表 6-5。

**表 6-5　钛溶胶对棉织物抗紫外性能的影响**

| 样品 | UPF 平均值 | UVAAV/% | UVBAV/% | UPF Ratings |
| --- | --- | --- | --- | --- |
| 处理前 | 7.8 | 18.76 | 10.14 | 5 |
| 处理后 | 87.16 | 9.03 | 0.41 | 50 |
| 25 次水洗 | 115.93 | 6.38 | 0.29 | 50+ |
| 50 次水洗 | 126.67 | 5.88 | 0.27 | 50+ |

注：UVAAV（%）表示 UVA 波段的紫外线透射率；UVBAV（%）表示 UVB 波段的紫外线透射率。

由表 6-5 可知，经过钛溶胶处理后棉织物的紫外透射率显著下降，紫外防护系数明显增加。UVA（320～400nm）区的紫外透射率从 18.76％降到 9.03％，UVB（280～320nm）区的紫外透射率从 10.14％降到 0.41％，紫外防护系数（UPF）从 7.8 升至 87.16，紫外防护等级从 5 级升至 UPF 最高防护等级 50＋，和处理前相比 UVB 区的紫外透射率下降低尤为明显。这主要是钛溶胶经过热处理，在棉织物表面以"—Ti—O—Ti—"键形成二氧化钛薄膜，其对紫外光有强烈的吸收和反射作用，因此穿过织物的紫外线大量减少。从耐洗性来看，经过 25 次和 50 次水洗后，溶胶处理过的棉织物的紫外透射率不但没有上升，反而有所下降，紫外防护系数从水洗前的 87.16 升至 115.93 和 126.67。由此推测可能二氧化钛溶胶的羟基和纤维素纤维的羟基以共价键牢固结合，故多次洗涤后凝胶并未从纤维表面脱落，随着水洗次数的增加，织物的紫外透射反而下降。

经此整理后，织物的平均断裂强力（径向＋纬向强力的平均值）为 516.8N，下降 3.3％，平均撕破强力为 4.39N，下降 9.5％；但透气性增强 3.6％，手感基本无变化。

经过钛溶胶处理后，织物的撕裂强力下降幅度较大，其主要原因是织物经过溶胶处理后，成膜作用使得纱线之间的摩擦阻力增大，纱线在织物中的自由活动受到阻碍，当织物处于撕裂状态时，只有部分纱线受到撕裂应力作用，聚集在撕裂作用点的纱线量较少，故而只用较小的力就可以把织物撕裂。拉伸断裂测试不存在上述原因，故断裂强力下降不大。

由于溶胶颗粒小且分布均匀，这非常有利于溶胶在经热处理后，在织物表面形成均匀、致密的薄膜，膜越薄越均匀对织物的手感影响就越小。该溶胶粒径小于 7nm，故对手感基本无影响。又由于经过溶胶处理后，织物表面的纤维毛羽变得紧凑，纤维与纤维之间的空隙增大，从而导致透气性略有增加。

② 涂层法实例　此工艺的目的是生产纳米抗紫外防水涂层织物，以满足市场对帐篷布、遮阳布和伞面绸等涂层织物在抗紫外性能上越来越高的要求，可大幅度提高该类产品的附加值。

工艺流程：基布准备→浸轧拒水剂→烘干→轧光→底涂→烘干→功能涂层整理→烘干→浸轧拒水剂→烘干→焙烘→成品。

其中，基布为 17.4、18.7tex 规格的涤纶织物；涂层剂为 PA（尼龙）涂层胶和 PU（聚氨酯）涂层胶；拒水剂为抗紫外线为纳米氧化锌和纳米二氧化钛。

拒水整理：拒水整理除能赋予织物一定的防水功能外，还能降低涂层剂在涂层时的渗透。

拒水剂 30g/L，pH 值（用冰醋酸调节）3～7。

工艺流程：浸轧织物（轧液率 50％～60％）→烘干（110～130℃，2min）→焙烘（150～170℃，2～3min）。

底涂：PA 胶或 PU 胶用有机溶剂溶解后进行干法涂层，目的是调节最终成品手感的软硬度、丰满度；避免两道涂层产生病疵，这对于 18.7tex 以下稀薄织物尤为重要。要获得手感柔软的最终产品，涂层速度可稍快些，刮刀角度应调整至避免将涂层胶挤入织物内部为宜。

功能涂层整理：在 PA 或 PU 涂层胶中均匀混入银粉、珠光粉、抗紫外粉等，再进行涂层整理，功能涂层整理在涂层机上进行。产品除具有较高的耐水压外，同时具有良好的抗紫外功能和奇异外观。

功能涂层均可进行一次涂层，有些特殊品种，如耐水压指标要求特别高时可采用多次涂层以增强性能。

抗紫外线性能评价：17.4tex 和 18.7tex 两种规格的白色涤纶织物空白试样的紫外线透过率结果见图 6-3。

由图 6-3 可见，17.4tex 比 18.7tex 的纺织品紫外线透过率低得多。说明防紫外线性能与织物本身组织结构有关，织物越紧密厚实，紫外线越不易透过。另外，防紫外线性能与纤维本身基质也有关系，2 条曲线在 220～300nm 波段透过率呈下降趋势，说明涤纶分子结构中的苯环对该波段紫外线的吸收特性，但对 300～400nm 波段紫外线没有有效屏蔽。

图 6-4 为不同紫外线屏蔽剂抗紫外性能与空白样的对比。

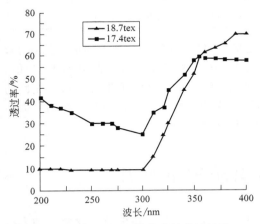

图 6-3　不同规格原样的紫外线透过率

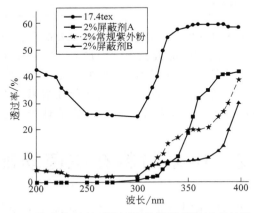

图 6-4　抗紫外材料对涂层织物紫外线透过率的影响

纳米紫外屏蔽剂 A 的紫外屏蔽能力在在 200～340nm 区域表现出较强的屏蔽能力。纳米紫外屏蔽剂 A 的防紫外线效果比纳米紫外屏蔽剂 B 更优异。常规微米级抗紫外粉体虽然也有良好的紫外屏蔽能力，但从涂层织物的外观和手感来比较，常规微米级抗紫外粉涂层织物色泽发黄，手感比较粗糙。

图 6-5 显示了纳米紫外屏蔽剂 A 用量变化紫外屏蔽能力的影响情况。

由图 6-5 可见，随紫外屏蔽剂 M 用量的增加，涂层织物的紫外屏蔽能力增强。要使白色涂层织物获得在 UVA 波段低于 5% 的平均透过率，纳米紫外屏蔽剂 M 的用量需在 2%～4%。

图 6-6 则显示了单纯珠光涂层和纳米抗紫外珠光涂层织物对紫外线透过率的影响情况。

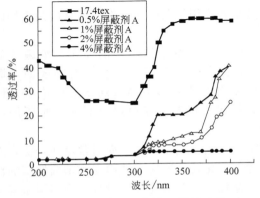

图 6-5　纳米紫外屏蔽剂 A 用量对紫
外线透过率的影响

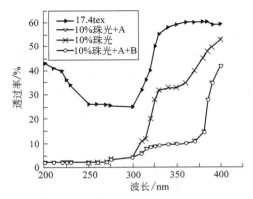

图 6-6　纳米抗紫外屏蔽剂对珠光涂
层织物紫外线透过率的影响

由图 6-6 可知，白色基布珠光涂层织物在 UVC 区的紫外线透过率很低，表明屏蔽能力很高，但其在 UVA、UVB 区的紫外屏蔽能力很低。而在 10％珠光粉涂层的基础上再加入 2％纳米紫外屏蔽剂 A，或同时加入 1％纳米紫外屏蔽剂 A 和 1％纳米紫外屏蔽剂 B，均能明显改善其紫外屏蔽能力。

用黄色涤纶织物作为基布制备的纳米抗紫外珠光涂层织物的 UPF 平均值参见表 6-6。

**表 6-6　纳米抗紫外珠光涂层织物的 UPF 平均值**

| 织物 | UPF 平均值 | 织物 | UPF 平均值 |
| --- | --- | --- | --- |
| 17.4tex 黄色基布 | 6 | 10％珠光＋2％B 整理布 | 55 |
| 10％珠光整理布 | 28 | 10％珠光＋1％A＋1％B 整理布 | 58 |

由表 6-6 可知，尽管黄色基布珠光涂层产品在 UVA、UVB 区的 UPF 平均值已达到 28，具有较好的紫外屏蔽能力，而加入 2％A 和 1％A 与 1％B 的纳米珠光涂层产品的 UPF 值，则分别达到了 58 和 60，其紫外屏蔽能力按照澳大利亚 AS/NZS4399B 标准已达到了优良的级别。另外，由于纳米材料的粒径在纳米尺度，对可见光的折射率很小，因此，在明显提高紫外屏蔽能力的基础上，并没有影响珠光涂层织物的珍珠般光泽。

# 6.2　纳米材料在抗菌功能纺织品中的应用

纳米抗菌材料是将纳米材料和抗菌技术结合起来开发的一类新型保健抗菌材料。纳米抗菌材料在纺织品中的应用主要是抗菌、除臭纤维及纺织品。抗菌布料的制造来自医院和日常生活两个方面的需要。人们在日常生活中最不可缺少的是服装，而在穿着各式服装的过程中，尤其是内衣织物会沾污很多汗液、皮脂及其他各种人体分泌物，外衣也会被环境中的污物所沾污。这些污物尤在高温潮湿的条件下，成为各种微生物繁殖的良好环境，可以说是各种微生物的营养源，致使病菌在内外衣上不断繁殖，分解人体分泌物，产生氨等带有异味的物质，或者在织物上生成菌斑，以致在穿着或应用过程中，对人体产生不适或不良影响，使纺织品产生霉变、脆化甚至变质，逐渐失去服用性能和使用价值，甚至对人体健康带来危险。纺织品抗菌整理的目的就是使纺织品具有抗菌、抑菌和杀灭病菌的功能，保护其本身的使用价值，不被霉菌等降解，并防止微生物通过纺织品传播，使使用者免受侵害。同时，可以阻止细菌在织物上不断繁殖而产生的臭气，改善服用环境。因此，抑制以人体分泌物、环境污物为营养源的细菌繁殖，从而生产具有抗菌效果且作用持久的功能性纺织品成为市场的迫切需求。

抗菌纤维及纺织品研制的动因更应归结于医疗部门。由于抗生素的使用，细菌的耐药性不断增强，已给医院带来很大的感染威胁，通过在医院采用由抗菌布料制成的衣服等用品，如手术服护士服和手术毛巾外，还可以制作抑菌防菌的高级纺织品、成衣、地毯和长期卧床不起的病人和医院用的消臭敷料、绷带、尿布、床单以及厨房、厕所用纺织品。

目前，纳米技术与纳米材料正引起人们极大关注，由于纳米颗粒表面通常存在悬键，因此具有极高的表面活性，在吸收能量的情况下可加速氧化还原反应，从而起到杀菌抗菌的作用。对纳米材料的深入研究，为研制抗菌除臭纺织品提供了新的途径。世界上许多国家都在积极研究纳米材料在纺织品上的应用，制成具有各种功能的纺织品，其中纳米抗菌纺织品是最大的亮点。

## 6.2.1　应用原理

### 6.2.1.1　纳米抗菌剂及抗菌机理

抗菌剂大体可可分为无机抗菌剂和有机抗菌剂两大类。

有机抗菌剂加工工艺较简单，且具有高效快速的杀菌特性。但是部分有一定毒性，生物降解性差，对人体和环境有一定危害，且耐洗性差，不宜久置，已经开始限制使用。这类抗菌剂中，天然抗菌剂因其安全无毒、绿色环保而备受关注，但不能持久作用等不稳定因素使其应用受到限制。

无机抗菌剂具有耐热性高，稳定性好，抗菌效果显著、持久等优点。这类抗菌剂中，纳米抗菌剂由于具有巨大的表面能、表面张力和奇特的体积效应，随着物质颗粒的超细化，产生了大颗粒材料所不具有的多种纳米效应，从而使纳米抗菌材料克服了传统有机抗菌产品在安全性、广谱性、抗药性和耐热加工性等方面的缺陷，能满足人们生活舒适水平和卫生水平不断提高的要求，已在纺织品领域得到广泛应用。

目前，对纳米抗菌材料的抗菌机理还存在一些争议，普遍的观点认为有金属离子溶出抗菌机理、活性氧抗菌机理以及接触型灭菌机理三种。

（1）金属离子溶出抗菌机理　金属离子溶出论认为，在纳米抗菌材料使用过程中，抗菌金属离子逐渐从纳米抗菌材料中所含的抗菌剂中溶出，缓释的 Ag、Cu、Co、Ni、Al 等金属离子破坏了细菌细胞的能量代谢作用，阻止了微生物的繁殖。此外，抗菌金属离子还能与生物体中的蛋白质、核酸中存在的巯基、氨基等官能团发生反应，或进入菌体细胞内同细胞的酶和 DNA 等反应，阻碍了微生物体的生物化学合成过程及生理功能。

（2）活性氧抗菌机理（光催化机理）　活性氧理论则认为，纳米抗菌材料在使用过程中，在阳光或紫外光照射下，在水和空气中能自行释放带负电的自由电子（$e^-$），同时留下了带正电的空穴（$h^+$），激发的电子同吸附在其表面上的氧产生活性氧即 $O_2^-$，同时失去带负电的 $OH^-$，生成羟基自由基·OH，活性氧和羟基自由基有很强的氧化性，能在短时间内将酶蛋白中的—SH 氧化成—S—S—基，使酶失去活性，破坏了细菌的增值能力，从而导致细菌死亡。纳米 ZnO 的活性氧抗菌机理如下：

$$ZnO + H\nu(光) \longrightarrow ZnO + e^- + h^+$$
$$h^+ + H_2O \longrightarrow HO + h^+$$
$$OH^- + h^+ \longrightarrow HO \cdot e^- + \cdot O_2 \longrightarrow O^{2-}$$
$$\cdot O^2 + H_2O \longrightarrow OOH \cdot + OH^-$$
$$2OOH \longrightarrow O_2 + H_2O_2$$
$$H_2O_2 + e^- \longrightarrow HO \cdot + H_2O$$

（3）接触型灭菌机理　接触型灭菌理论主要是用于一些接触型无机纳米抗菌材料，其抗菌原理是当带正电荷的抗菌成分接触到带负电荷的微生物细胞后，便相互吸附，即有效地利用电荷转移来击穿细菌的细胞膜，使其蛋白质变性，无法呼吸，代谢和繁殖，乃至死亡。同时，抗菌成分却并不消耗，保持原有抗菌活性，具有长期有效性。

很多元素的离子或官能团都属于接触性抗菌剂，Ag、Cu、As、$Ag^+$、$Cu^{2+}$、$AsO_2^{2-}$ 等。出于色泽和金属毒性的考虑，目前真正有实用价值的抗菌剂是银、铜、锌系列无机抗菌剂。因其具有广谱抗菌效果强，对人体安全无毒的优点。而银离子较铜、锌离子有更强的杀菌能力，其主要原因是它极易被还原（氧化还原电位低，离子化倾向高），而且它和有机物官能团（如—SH，—NH$_2$，—COOH）的反应力很强。银的抗菌性与其化合价也有关，其效果顺序为：$Ag^{3+} > Ag^{2+} > Ag^+$。银离子和细胞接触后，膜蛋白质结合，损伤细胞膜，导致膜内物质外漏，干扰肽聚糖的合成，阻碍细胞壁的形成，抑止细胞的繁殖与生长。穿透细胞膜到达细胞内的 $Ag^+$ 和 DNA 反应，破坏细胞中一些功能系统使菌体失去活性。如取代细胞中酶蛋白的巯基，机理如下：

$$\text{酶} \begin{matrix} SH \\ \\ SH \end{matrix} + 2Ag^+ = \text{酶} \begin{matrix} SAg \\ \\ SAg \end{matrix} + 2H^+$$

当菌体被杀灭后，$Ag^+$ 又游离出来与其他菌落接触进行新一轮杀灭，因此它的抗菌效果可以延续下来。

目前对于将纳米抗菌粉体加入到化纤或用后整理法加入到纺织品中，使纺织品对各种细菌、真菌、霉菌起到抑制作用的抗菌机理：一是接触反应，即抗菌制品中的纳米抗菌粉体与细胞接触反应后，造成微生物固有成分破坏或产生功能障碍；二是光催化反应，即在光的作用下，纳米抗菌粉体能起到催化活性的作用，激活水和空气中的氧，产生羟基自由基（—OH）和活性氧离子（$O^{2-}$），活性氧离子具有很强的氧化能力，能在短时间内破坏细菌的增殖能力而使细胞死亡，从而达到抗菌的目的。相比之下接触反应抗菌效果较持久。目前多用接触性抗菌剂如银、铜、锌的离子及其氧化物等生产抗菌化纤和纺织品，一般在化纤中加入 1‰ 这种微粉即可起到抗菌作用。

抗菌化纤的除臭功能表现在防止皮肤感染，消除病菌分泌的毒素和汗液转化为臭味物质的细菌，除掉不愉快的臭味。能有效除去造成异味的持久性的抗菌除臭剂包括超微氧化锌、银沸石、氧化镁、二氧化硅、载银硅硼酸等。它们产生的羟基自由基·OH 能攻击细菌体细胞内不饱和的键，而产生的新自由基将会激发连锁反应，致使细菌蛋白质的多肽键断裂和糖类解聚。

### 6.2.1.2 纳米抗菌纺织品的制备方法

纺织品的抗菌性能可以通过天然抗菌纤维、人工抗菌纤维和纺织品抗菌整理三种途径来获得。

（1）天然抗菌纤维　天然纤维，例如大麻纤维，其自身含有大麻酚类抗菌物质可杀灭霉菌类微生物。竹纤维，含有天然抗菌成分"竹醌"。由天然抗菌纤维纺织而成的纺织品具有优良的抗菌性。

（2）人工抗菌纤维法　对于自身不具备抗菌功能的纤维，通过添加抗菌剂的方法使其备抗菌性，然后织成抗菌纺织品。人工抗菌纤维的制备方法主要有化学接技法、物理改性法、抗菌剂掺到纺丝液中纺丝法等。

化学接技法即将抗菌基团接枝到纤维表面的反应基上。对于不具备反应基的物质，则要引人反应基，使纤维具有化学改性的条件。

物理改性法是将纤维表面粗糙化和微孔化，使抗菌剂渗入纤维表面较深部位。在纺丝过程中把抗菌剂掺入纺丝油剂中，抗菌剂在纤维冷凝收缩时能包容在表层以下部位。湿法纺丝浴中加入抗菌剂，也会产生抗菌效果。

抗菌剂掺到纺丝液中纺丝是开发抗菌纤维的主要手段。纳米抗菌剂以一定的比例加到化学纤维纺丝液中而纺丝制成的。由于抗菌剂加入到纤维内部，所以制得的抗菌纤维耐水洗，抗菌效果持久。

（3）纺织品抗菌整理　通过后处理加工把抗菌剂固接在纤维上。即将纤维、纱线、成品布或成衣用含有抗菌物质的溶液或树脂进行浸渍或涂覆处理，从而赋予纤维和织物抗菌性能。常用的方法有树脂整理法、表面涂层法。树脂整理法是先将纳米抗菌剂分散在树脂中，然后配成乳化液，将纤维或织物放在乳化液中充分浸渍，再通过轧、烘，使含有抗菌剂的树脂固着于纤维或织物表面，从而使其具有抗菌性。表面涂层法是将抗菌剂与涂层剂配制成溶液对织物进行涂层处理，使抗菌剂牢固附着在纤维表面而达到抗菌的效果。目前在纺织品的抗菌加工中，后整理方法约占 70%，经过特殊抗菌工艺处理的抗菌纺织品有抗菌针对性强、抗菌种类多等特点。此方法制得的纳米纤维，纳米颗粒裸露在纤维表面，性能发挥的更充分，但纳米颗粒与纤维表面的结合力主要为物理吸附和机械锚定。由于服装经常需要洗涤，将会把抗菌物质从其纤维表面洗掉，所以用这种方法生产的抗菌纤维的抗菌效果持久性比较差。

另外，在织物抗菌加工中，还可将合成抗菌纤维法和后整理结合起来使用，即先经合成抗菌纤维法制得抗菌纤维，做成织物或成品后，再使用抗菌剂进行抗菌后整理加工，以进一步改善所制得的抗菌制品的抗菌性和耐洗性。

### 6.2.1.3　抗菌剂和抗菌纺织品的抗菌性能评价方法

抗菌剂或抗菌纺织品的抗菌性能包括抗菌活性、抗菌强度和抗菌持效性三个方面。由于样品的多样性、抗菌性能对测试条件敏感性较强，所以同一试样采用不同的测试方法所得结论往往差异性较大。因此，一些发达国家，尤其是美国和日本都重视对测试与评价抗菌性能的研究，并相继出台了一些标准。如美国的 AATCC100、AATCC90（由美国纺织印染协会标准委员会提出），日本的 JISL1902—1998（由日本工业标准委员会制定）等。我国也参照国际标准于 1992 年制定了纺织行业标准 FZ/T 021—1992《织物抗菌性能试验方法》，1996 年卫生部颁布了 GB 15979—1995《一次性使用卫生用品卫生标准》，GB/ 15981—1995《消毒与灭菌效果的评价方法与标准》等。表 6-7 列出了国外对抗菌织物的测试与评价方法。

**表 6-7　国外抗菌防臭纺织品测试方法**

| | 抗菌试验方法名称 | 用　途 | 评价依据 |
|---|---|---|---|
| Halo 法 | AATCC90 试验法 | 定性 | 阻止带宽度 |
| | 改良 AATCC 90 试验法（喷雾法） | 定性 | 织物的显色程度 |
| | 改良 AATCC 90 试验法（比色法） | 定量 | 显色程度 |
| | Petrocci 法 | 定性 | 点数计测抑菌区 |
| 菌数减少法 | AATCC100 试验法 | 定量 | 菌减少率 |
| | 改良 AATCC100 试验法 | 定量 | 菌减少率 |
| | 细菌增殖抑制试验法 | 定量 | 增殖抑制效果有无 |
| | 改良细菌增殖抑制试验法 | 定量 | 菌减少率 |
| | 菌数测定法 | 定量 | 对数增减值差 |
| 浸渍法 | Latlief 法 | 定量 | 菌减少率 |
| | Isquith 法 | 定量 | 菌减少率 |
| | Majors 法 | 半定量 | 滴定值 |
| | 新琼脂平板法 | 定量 | 杀菌、静菌活性 |
| | JIS L1902—1998 定量试验法 | 定量 | 杀菌、静菌活性 |
| 振荡法 | 振荡瓶法 | 定量 | 菌减少率 |
| | 改良振荡瓶法 | 定量 | 菌减少率 |
| 其他 | Quinn 试验法 | 定量 | 菌数计测 |
| | 平行划线试验法 | 定性 | 阻止带宽度 |

(1) 最小抑菌浓度　最小抑菌浓度表示抑制细菌生长的最低浓度（minimum inhibition concentration，简写 MIC）。所谓抑菌是指在自然生长条件下（一般营养丰富）呈现对数增长的细菌遇抗菌剂新陈代谢受到影响，在宏观上细菌数量减少的现象。MIC 的大小表明了

抗菌剂对细菌的敏感程度，可直接反映出抗菌剂的抗菌活性和抗菌强度。

1998 年美国提出了 MIC 的 NCCLS 测定法规，亦即琼脂平板稀释法，被广泛采用。我国在 GB/ 15979—1995 和 GB/ 4789.2—84（食品卫生微生物学检验，染色法、培养基和试剂）中也参照 NCCLS 规定了 MIC 的测定方法。也有的部门根据行业特点提出了改良的稀释法。如中国石化总公司提出的《冷却水分析和试验方法》中将 NCCLS 测定法中采用的平皿改为玻璃试管等。

与 MIC 相关的还有 MBC，称为最低杀菌浓度。意指没有或少于 5 个菌落时所需抗菌剂的最低浓度，一般较少采用。

（2）抑菌晕圈法　抑菌晕圈法即 HALO 法，又称抑菌环试验法，美国提出的 AATCC 90 试验法就是其典型的方法。其原理是：在琼脂培养基上接种试验菌，再紧贴试样，培养一定时间后，观察菌类繁殖情况和试样周围无菌区的晕圈大小，与对照样的试验情况比较。晕（圈）大小不仅代表抗菌活性的大小，也从一个方面反映了抗菌剂的扩散性。此法一次能处理大量试样，操作较简单，时间短，是筛选性试验和定性评价最常采用的方法。但一般认为仅适于溶出性样品的测试。

（3）定量试验法

① AATCC100 定量试验法　该法于 1961 年由美国 AATCC 委员会提出，1965 年、1981 年修订后基本定型，以后每年还在作小的修订。该法能定量地测试抗菌样品的杀菌能力和抑菌能力，因提出时间较早，成为以后世界各国制定相近标准的范本。

该法的原理是：在待测试样和对照试样上接种测试菌，暴露一定时间后分别加入一定量中和液，强烈振荡将试样残存活菌洗出，以稀释平板法测定洗脱液菌浓度，与对照样比较，计算抗菌织物上细菌减少的百分率。

该法的缺陷较多，各国在采用时大多对其进行了改良。

② JISL 1902-8（1998）定量试验法　该法是日本学者对美国 AATCC100 法提出的改良方法，如菌数测定法、琼脂平板法、细菌增殖抑制试验法、改良细菌增殖抑制试验法、改良的 AATCC100 试验法等。依此，日本工业标准委员会在综合众多学者 8 年研究成果的基础上，对 JISL 1902—1990 进行修订，制定出了 JISL 1902—8（1998）标准。日本人称之为"统一法"。

JIS L1902-8 定量试验法的要点：一是将试样定为 0.4g、18mm 的正方形，以实现小容器操作（30mL）；二是采用相当于 1/40 的 AATCC 肉汤稀释接种菌液，降低接种菌的营养，以适应非溶出型抗菌剂评价的需要；三是用冰冷的生理盐水（0℃左右）洗涤试样，在此温度下细菌不活动，既省却了麻烦的中和程序，又能评价试样的杀菌性；四是用对数差值代替百分数来表示抑菌效果和杀菌效果。该方法对溶出型、非溶出型抗菌剂处理的织物都能评价。这种测试方法是目前世界上对 AATCC100 法改良的最新发展成果，精确度较高，但要求的实验仪器较多，特别是接种菌的预培养程序比较复杂，一般实验室不易进行。我国目前还很少采用。

③ 改良的奎因法　奎因法即 Quinn 试验法，亦称改良的 AATCC100 法。该法产生于 20 世纪 60 年代初，其基本原理与 AATCC100 法类似，只是不作试样活菌洗脱培养而已，但测试手段作了一些简化，在国外一般被认为是定性测试方法。我国众多的学者通过研究，发现作一些改良后。也可以得出与 AATCC100 法类似的定量结果，通常称为改良奎因定量测试方法。

④ 振荡烧瓶法　振荡烧瓶法即 Shake Flask 法（CTM 0923 法），是由美国道康宁公司开发出的可评价非溶出型纤维制品抗菌性能的一种方法。此法的要点是将试样投入盛有磷酸

盐缓冲液的有塞三角瓶中，加入菌液后在一定条件下强烈振荡 1h，以增强试样与菌的接触，然后取 1mL 试验液稀释，置于培养基上使细菌繁殖一定时间，检查菌落数与空白样品比较，计算细菌减少率。

此法的优点是能用机器模仿衣物的实际穿着条件，试验的重现性好，操作简便，对于粉末状、有毛或羽的衣物、凹凸不平的织物等任意形状的试料都能使用。

该法存在的问题是：将试样投入多量液体中振荡，与实际穿着条件相差甚远；稀释液似乎缺少微生物所需养分，不大符合穿着条件；培养时间短，试验菌几乎不能增殖，与日常穿衣时间相差太大；25℃的振荡温度并非最佳培养温度。

## 6.2.2 应用方法与实例

### 6.2.2.1 键合型纳米银-腈纶纤维的制备及其抗菌性质

腈纶纤维经偕胺肟化后，纤维表面的部分—C≡N 与 $NH_2OH$ 加成转化为偕胺肟基团 [—C(NH)$_2$≡N—OH]，偕胺肟基团中 $NH_2$ 和 OH 有孤对电子，在 $AgNO_3$ 溶液中能与带空轨道的 Ag 发生配位键合，形成螯合物。再将金属离子还原成为纳米金属颗粒，得到键合型纳米银-腈纶纤维。

(1) 纳米银-腈纶纤维 [Ag-PAN] 的制备 首先，腈纶纤维放入 $60\sim70g/L$ 的羟胺溶液中，60℃分别反应一定时间，得不同氰基转化率的偕胺肟化腈纶纤维。用蒸馏水洗净，放入 $AgNO_3$ 溶液中，调节 pH=3.0，振荡反应一定时间，取出，用蒸馏水抽洗，晾干，得到，螯合物略带黄色。通过测定反应前后溶液中的 Ag(I) 浓度，可得出 Ag(I)-PAN 中 Ag(I) 的百分含量。

取腈纶纤维银离子螯合物 [Ag(I)-PAN] 放入 1:1 甲醛溶液中还原，取出，用蒸馏水抽洗，晾干，得到银-腈纶纤维 [Ag-PAN]。其中 Ag 的百分含量应与相应的 Ag(I)-PAN 中 Ag(I) 的相同。

(2) 银-腈纶纤维 [Ag-PAN] 抗菌性能 将 Ag(I)-PAN 用甲醛溶液还原，络合以及吸附在纤维表面的 Ag(I) 转化为金属 Ag，在腈纶纤维表面形成银颗粒。由于固体纤维的高分子链不能自由移动，所以各个银颗粒间不易团聚，得到粒径小的纳米银颗粒。与偕胺肟化腈纶纤维反应的 $AgNO_3$ 溶液的浓度大时，Ag-PAN 上银粒的尺寸在微米级，$AgNO_3$ 溶液的浓度大，则纤维中偕胺肟基团与 $Ag^+$ 反应完全后，纤维本身易与 Ag(I) 发生物理吸附，后续的洗涤过程中因吸附量大而难以将其去除．所以还原时易团聚，使颗粒变大。而与偕胺肟化腈纶纤维反应的 $AgNO_3$，溶液的浓度小时，Ag-PAN 上银粒的尺寸绝大多数都在纳米级，纳米颗牲呈圆形，分布均匀。

不同银含量的纳米银-腈纶纤维对三种菌的杀灭效果见表 6-8。

由表 6-8 可以看出，Ag-PAN 中银的含量达到 1.3% 时，对大肠杆菌、金黄色葡萄糖球

表 6-8 纳米银-腈纶纤维 [Ag-PAN] 中银含量与三种菌的杀灭性能

| 银含量 | 杀灭率/% | | |
|---|---|---|---|
| | 大肠杆菌 | 金黄色葡萄糖球菌 | 枯草芽孢杆菌 |
| 0%(偕胺肟化腈纶纤维) | 无杀菌作用 | 无杀菌作用 | 无杀菌作用 |
| 0.4%(Ag-PAN) | 98 | 98 | 80 |
| 0.8%(Ag-PAN) | 99.999 | 99.99 | 99.99 |
| 1.3%(Ag-PAN) | 约 100 | 约 100 | 约 100 |
| 2.6%(Ag-PAN) | 约 100 | 约 100 | 约 100 |

菌和枯草杆菌得到完全杀灭作用。

### 6.2.2.2　纳米氧化锌在棉织物抗菌整理中的应用

（1）抗菌整理工艺

工作液制备：称取 18g 低聚丙烯酸钠，加入 240mL 水，剧烈搅拌下慢慢加入 9g 纳米氧化锌，放入超声波振荡器中充分震荡 2h，再加入 6g 20％氨基改性有机硅柔软剂，加入蒸馏水将总量调节至 300mL，充分搅拌 10min 而得纳米氧化锌织物整理剂。

工艺流程：控制浴比 1:50，纳米氧化锌整理剂用量为 30g/L；将纯棉漂白布浸渍工作液，且在小轧车上二浸二轧，轧余率 70％，最后将试样放置于 90℃烘箱中烘干。

（2）抗菌性能

由表 6-9 知，非纳米氧化锌也有一定的抗菌性；所有纳米氧化锌粉体和经其整理的棉织物的抗菌性与非纳米氧化锌相比，都有较明显的提高；经光照后再用于抗菌试验的样品抗菌性要比未经光照的强；经纳米氧化锌整理的棉织物的抗菌性要比纯粉体的弱。

**表 6-9　几种不同纳米氧化锌及整理织物的抗菌性**

| 编　号 | 大肠杆菌抑菌圈半径/cm | | 金黄色葡萄球菌抑菌圈半径/cm | |
|---|---|---|---|---|
| | 光照 | 无光照 | 光照 | 无光照 |
| 1 | 0.4 | 0.3 | 0.6 | 0.5 |
| 2 | 1.2 | 1.0 | 1.4 | 1.3 |
| 3 | 1.0 | 0.8 | 1.3 | 1.1 |
| 4 | 0.2 | 0.2 | 0.3 | 0.3 |
| 5 | 0.5 | 0.4 | 0.55 | 0.5 |
| 6 | 0.35 | 0.3 | 0.4 | 0.35 |

注：1—非纳米氧化锌粉体；2—纳米氧化锌（20～30nm）粉体；3—纳米氧化锌（50～60nm）粉体；4—经非纳米氧化锌整理后的棉织物；5—经纳米氧化锌（20～30nm）整理的棉织物；6—经纳米氧化锌（50～60nm）整理的棉织物。

目前人们认为，纳米氧化锌的抗菌机理可能有两种情况。第一种是光催化机理。即纳米氧化锌在阳光，尤其是紫外光的照射下，在水和空气中，能自行释出带负电的电子（$e^-$），同时留下了带正电的空穴（$h^+$），$h^+$ 可以激发空气产生活性氧 $[O]$，而 $[O]$ 能与多种微生物发生氧化反应，从而把细菌杀死。第二种是金属离子溶出机理，即游离出来的锌离子接触细菌体时，与蛋白酶结合使其失去活性而将细菌杀死。从非纳米氧化锌也有抗菌性和经光照后抗菌性比无光照强的结果看，纳米氧化锌的抗菌机理应该是两种机理共同作用的结果。有光照时，两种机理共同发挥作用；而无光照条件下"溶出机理"在起作用。布样的抗菌性比粉体的弱，说明抗菌性与纳米氧化锌的浓度成正比。

结果还表明，纳米氧化锌及整理织物对不同菌种的抗菌性有一定差异性，所有样品对金黄色葡萄球菌的抗菌性普遍强于对大肠杆菌。而且应用于金黄色葡萄球菌的样品周围，出现了"双环结构"，即试样周围出现了两个环，内环比较清晰，被认为是杀菌环，外环有点模糊。外环在计算抗菌环的大小时没有被考虑在内，被认为抑菌环；但是应用于大肠杆菌的样品周围只出现一个环。该现象可以解释为菌种本身所带电荷的差异性所致。在近中性或弱碱性环境中，细菌均带负电荷，且负荷性越强，与显正荷性的纳米氧化锌的作用越强，所表现出的抗菌性也就越大。由于金黄色葡萄球菌属于革兰阳性菌，其 pI 为 2～3，负荷性强；而大肠杆菌属革兰阴性菌，其 pI 为 4～5，负荷性弱，所以会有如上结果。至于为什么前者为双环，而后者为单环，尚需进一步研究。

织物的洗涤次数与抗菌效果的关系见表 6-10。

### 6.2.2.3　耐久型抗菌纤维织物的加工方法

将纳米级无机抗菌剂以 3％～30％质量比加入到高聚物粉中，混合均匀，通过螺杆造粒

表 6-10　织物的洗涤次数与抗菌效果的关系

| 水洗次数 | 抑菌圈半径/cm | 水洗次数 | 抑菌圈半径/cm |
| --- | --- | --- | --- |
| 2 | 0.7 | 8 | 0.6 |
| 4 | 0.6 | 10 | 0.5 |
| 6 | 0.6 | 12 | 0.4 |

技术形成抗菌母粒。将抗菌母粒以 0.3%～10% 的比例与高聚物混合、纺丝，经过纺纱织造后形成织物，再经过抗菌剂后整理。加工的纤维织物具有抗菌效果好、持久性强的优点。

（1）加工步骤

① 通过以液氮为冷媒的冷冻设备对纺丝级高聚物材料进行深冷处理，处理温度为 -30～-100℃，然后使用粉碎设备进行粉碎处理，得到 80～500 目的纺丝级高聚物粉体。

② 按 3%～30% 的质量比将纳米级无机抗菌剂加入到所述的纺丝级高聚物粉体中，使用常规方式混合均匀形成复合粉，将该复合粉通过造粒设备制成抗菌母粒。

③ 按 0.3%～10% 的质量比将所述抗菌母粒与高聚物材料混合，然后通过成丝设备制成抗菌纤维。

④ 将所述的抗菌纤维经过纺纱织造成抗菌织物，最后使用抗菌剂对所述抗菌织物进行后处理。

（2）抗菌性能　利用此法得到的耐久型抗菌织物的抗菌性能见表 6-11。

表 6-11　耐久型抗菌织物的抗菌性能

| 编号 | 试验菌种 | 抑菌率% |
| --- | --- | --- |
| 耐久型抗菌织物 | 金黄色葡萄糖球菌 | ≥98% |
| | 大肠杆菌 | ≥97% |
| | 绿脓杆菌 | ≥98% |
| | 白色念珠菌 | ≥98% |
| 耐久型抗菌织物洗涤 50 次 | 金黄色葡萄糖球菌 | ≥95% |
| | 大肠杆菌 | ≥95% |
| | 绿脓杆菌 | ≥96% |
| | 白色念珠菌 | ≥95% |

本实例中，对所述抗菌织物进行后整理加工的方式为浸渍方式、喷雾方式、涂层方式、浸扎方式这一种。

# 6.3　纳米材料在远红外保健功能纺织品中的应用

## 6.3.1　应用原理

纳米材料具有特殊的吸收红外线能力。纳米级的远红外添加剂可以改变普通纤维或纺织品的特性，远红外纺织品是通过在纤维或织物中添加具有远红外放射性的物质，使其能吸收太阳能及人体散发的热量，并发射回人体所需要的远红外线而起到保健作用。

### 6.3.1.1　远红外线及其保健作用

在电磁波谱中，红外线位于可见光与微波之间，其波长为 $0.76～1000\mu m$，一般 $4～1000\mu m$ 的波称为远红外线。

远红外线有以下特征。

① 远红外线具有光线的直进性、屈折性、反射性、穿透性。它的辐射能力很强，可对目标直接加热而不使空间的气体或其他物体升温。

② 远红外线能被与其波长范围相一致的各种物体所吸收，产生共振效应与温热效应。

③ 远红外线具有较强的渗透性，它能渗透到人体皮下毫米处，然后通过介质传导和血液循环使热量深入到细胞组织深处。

人体本身就是红外辐射源，又是红外辐射的良好吸收体。人体在 $2.5 \sim 4\mu m$ 和 $5.6 \sim 15\mu m$ 都有较强和较宽的吸收带。人体表皮、肌肉、血液、骨骼、组织和器官以及神经系统按照各自的需要吸收红外辐射。三磷酸腺苷（APT）是生物体内能量转换的主要形式，为人体细胞活动提供有效的能量。ATP 释放和合成涉及的光量子能量为 $0.44eV$ 相当于 $3\mu m$ 的远红外光子的辐射和吸收。脱氧核糖核酸（DNA）的合成复制和转录是人体细胞生长繁殖的基础。生物大分子的 DNA 是含有大量氢键的双螺旋结构。DNA 合成和分离由氢键的结合或断裂引起，这两种氢键能约为 $0.28eV$ 和 $0.48eV$，对应红外波长 $2.6\mu m$ 和 $4.4\mu m$。DNA 的主要吸收带在 $2.5 \sim 3\mu m$ 以及 $6 \sim 12\mu m$ 波段。人体红外吸收的主要受体很可能是细胞内 DNA 分子。

红外辐射能量使血管主动充血，促进血液循环，给病灶提供有利于康复的重要生化反应的动力和营养，加速代谢，增强网状内皮细胞的吞噬能力，有利于抗体的形成和酶活性的提高，改善人体的免疫机能，缩短疾病的恢复过程。

组成人体的基本物质是水（$60\% \sim 70\%$）的红外特征吸收峰是 $3\mu m$ 和 $6\mu m$。人体血液及细胞内外的分子在这些波长产生共振吸收，热运动加剧，能量加大。激活的水分子促进了人体生物化学反应的速度以及组织对水分的吸收。红外辐照使关节囊积水减少正是这种作用的疗效。

当两个波长相等的电磁波相互作用时，就会产生共振现象。由于人体也是红外线放射体，它所发射 $5.6 \sim 15\mu m$ 远红外线占整个人体总能量的 $50\%$ 以上。远红外织物发射的远红外线正好与人体的远红外线辐射波长相匹配，容易被皮肤吸收。当远红外线照射人体时，就会发生吸收、透射、反射，这一过程称之为"生物共振"。也就是说，远红外线的频率与身体中的细胞体分子、原子间的水分子运动频率相一致时，则能量被生物体所吸收，使皮下组织深层部位温度升高，产生的热效应使水分子被活化，处于高能状态，由此加速人体所需要的生物酶的合成，同时活化蛋白质等生物大分子，从而增强机体免疫功能，增强人体的生物细胞组织再生能力。并且可以加速微循环，增强新陈代谢，从而具有辅助治疗作用，达到保暖、保健之功效。

世界卫生组织提供的资料表明，远红外线对人体 120 余种疾病具有治疗作用（见表 6-12）。

一切物体都有其自身的红外辐射特性，远红外发射率是远红外性能评价的直接指标。远红外功能纺织品远红外发射率达到 $85\%$ 以上便认为性能优良。远红外辐射性能一般以发射率来表示。发射率又分为半球发射率和法向发射率，法向发射率又包括法向光谱发射率和法向全发射率两个指标，半球发射率又包括半球全发射率（半球积分发射率）和半球光谱发射率。一般采用法向发射率来衡量产品的远红外辐射性能，远红外发射率均采用傅立叶红外光谱仪测定。

表 6-12　远红外保健纺织品及其适应证

| 产品种类 | 保健适应证 | 产品种类 | 保健适应证 |
|---|---|---|---|
| 护肩 | 肩周炎、偏头痛 | 颈托 | 偏头痛、颈椎病、神经性皮炎 |
| 护肘护腕 | 关节风湿痛 | 枕巾 | 失眠、颈椎病、植物失调、偏头疼、高血压 |
| 护腰 | 慢性腰痛、慢性腰肌劳损 | 胸罩 | 乳房发育不良、乳腺小叶增生 |
| 护膝 | 膝关节痛疼症 | 胃带 | 胃溃疡、胃疼 |
| 保健袜 | 足汗、足臭、足癣、冻疮、皱裂、足跟痛、高血压 | 内衣内裤 | 畏寒证、气管炎、高血压、神经炎、脉管炎、瘙痒症、帕金森综合征、疲劳症 |
| 手套 | 手癣、冻疮、皱裂、周围神经炎 | 床上用品 | 失眠、疲劳、神经衰弱、更年期综合征 |
| 束腰 | 慢性肠炎、痛经、小儿腹泻 | 三角裤 | 前列腺炎、股癣、瘙痒、阴道炎 |

### 6.3.1.2　远红外线发生材料的制备

远红外纳米粉体是一种白色或浅白色粉体。这类抗红外线功能助剂是在远红外加热所使用的陶瓷粉体的基础上开发出来的，所以称之为"远红外陶瓷粉"。表 6-13 中为常见远红外发生材料。

表 6-13　常见远红外发生材料

| 种类 | 远红外辐射性物质 |
|---|---|
| 氧化物 | $MgO$、$CaO$、$TiO_2$、$SiO_2$、$Cr_2O_3$、$Fe_2O_3$、$MnO_2$、$ZrO_2$、$BaO$、堇青石、莫来石等 |
| 碳化物 | $B_4C$、$SiC$、$TiC$、$MoC$、$WC$、$ZrC$、$TaC$ 等 |
| 氮化物 | $BN$、$AlN$、$Si_3N_4$、$ZrN$、$TiN$ 等 |
| 硅化物 | $TiSi_2$、$MoSi_2$、$WSi_2$ 等 |
| 硼化物 | $TiB_2$、$ZnB_2$、$CrB_2$ 等 |

选择纳米远红外陶瓷材料的原则为：

① 保温效率高，即在常温下 $4\sim14\mu m$ 远红外波段远红外辐射率要高；

② 化学性能稳定，无毒，在整理液中分散性好；

③ 具有抗菌性能。

无机纳米材料的直接沉淀法、均匀沉淀法、溶胶-凝胶法、水热法等制备方法仍然适合于纳米级远红外添加剂的制备。通常多采用固相合成法和液相共沉淀法来制备纳米远红外陶瓷粉体。下面以远红外陶瓷粉体 $MgO\text{-}Al_2O_3\text{-}SiO_2\text{-}TiO_2\text{-}ZrO_2$ 白色氧化物系统为例简介之。

液相共沉淀法是利用以金属为主的盐类为主要原料，加入沉淀剂后形成共沉淀，在经煅烧而得：

配料（参见表 6-14）→溶解→加入"PEG＋CMC"表面活性剂→加入氨水→共沉淀→过滤、水洗→加入"PVA＋EDTA"进行两次脱水处理→干燥→煅烧→气流粉碎→性能检测→成品。

表 6-14　液相共沉淀法制备远红外陶瓷粉体的配方

| 组分名称 | 质量/kg | 组分名称 | 质量/kg |
|---|---|---|---|
| $MgCl_2$ | 12 | $YCl_3$ | 1.73 |
| $AlCl_3 \cdot 6H_2O$ | 71 | $PdCl_3$ | 0.08 |
| $SiCl_4$ | 57 | PEG＋CMC | 1.5 |
| $TiCl_4$ | 71 | PVA＋EDTA | 1.5 |
| $ZrOCl_2 \cdot 8H_2O$ | 39 | | |

按上述配方，所得远红外陶瓷粉体平均粒径为 90nm，比表面积为 $19m^2/g$，法向全辐射发射率 93%。

固相合成法是直接利用无机氧化物经共混后高温处理而得：

配料（参见表 6-15）→球磨混合→高温合成→磨细→过筛→性能检测→成品。

表 6-15　固相合成法制备远红外陶瓷粉体的配方

| 组分名称 | 质量/kg | 组分名称 | 质量/kg |
|---|---|---|---|
| MgO | 5 | ZrO₂ | 15 |
| Al₂O₃ | 30 | Y₂O₃ | 2 |
| SiO₂ | 20 | Pb₂O₃ | 0.1 |
| TiO₂ | 30 | | |

按上述配方，所得远红外陶瓷粉体平均粒径为 1100nm，比表面积为 $0.15m^2/g$，法向全辐射发射率 80%。

因此，由液相共沉淀法制备的远红外陶瓷粉体的表面活性远远大于由固相合成法制备的远红外陶瓷粉体表面活性，从而提高了远红外辐射发射率。

## 6.3.2　应用方法与实例

### 6.3.2.1　在远红外功能纤维制备中应用方法与实例

远红外纤维是指在纤维原料中添加一种纳米级的远红外母粒使其成为具有远红外线发射性能的纤维。它是通过高效吸收和发射远红外线而具有保温、改善微循环系统、促进血液循环等保健功能的新型纺织纤维。

远红外纤维的加工方法可分为纺丝法和涂层法两大类。

（1）纺丝法　在纤维加工过程中，添加远红外陶瓷粉可制得永久性远红外纤维。远红外陶瓷粉可在聚合、纺丝工序中加入。在聚合过程中加入远红外陶瓷粉可制得远红外切片，此法又称全造粒法。用这种切片，再经纺丝亦可制得远红外纤维。

在纺丝过程中加入远红外陶瓷粉又有两种方法：一种是母粒法，就是将远红外陶瓷粉制成高浓度远红外母粒，与常规切片均匀混合后，再经纺丝制成远红外纤维；另一种是注射法，就是在纺丝过程中利用注射器，将远红外陶瓷粉添加在高聚物熔体中而制得远红外纤维。母粒法和注射法都具有加工路线简单、易于操作的优点，但注射法需增添注射器，因此母粒法成本更低。目前，国内外厂家多数采用母粒法来生产远红外纤维。

（2）涂层法　将远红外陶瓷粉、分散剂和黏合剂配成涂层液，通过喷涂、浸渍和辊涂等方法，将涂层液均匀地涂在纤维或纤维制品上，经烘干而制得远红外纤维（或制品）。该加工路线操作简便，成本较低，但制得纤维的手感及耐洗涤性能较差，不适于后加工织造，因此本法仅适用于加工非织造织物和制品上。

（1）纳米远红外保健锦纶的应用实例

① 原料　聚酰胺（PA6）切片；纳米级远红外辐射材料（NTM）；表面改性剂（MA）：钛酸酯。

② 分散　将质量比为 95/5 的 NTM/MA 置于回流设备中，以无水乙醇为介质，78℃下搅拌、回流 5h，然后经干燥、粉碎制得纳米级表面改性远红外辐射材料 Nano-FIRM。将质量比为 97/3 的 PA6/Nano-FIRM 在双螺杆共混仪上共混 10min，经干燥得到纳米复合物。

③ 纺丝和拉伸　纳米复合物在纺丝机上进行纺丝得初生纤维，而后在拉伸机上进行拉伸，拉伸温度 70℃，热定型温度为 120℃，拉伸 3.2 倍。最后得到纳米远红外保健锦纶。

④ 纤维性能　纳米远红外保健锦纶纤维的远红外辐射率达 86%，纳米复合物中纳米陶

瓷颗粒尺寸为 64.2nm，功能性纤维中纳米陶瓷颗粒尺寸为 68.4nm。

（2）纳米远红外喷胶棉的生产实例

① 纳米远红外喷胶棉的性能要求　按照纳米远红外陶瓷粉的选择原则，选用纳米 ZnO 和 MgO 为远红外整理剂材料，可满足所制喷胶棉织物的综合性能要求：整理后织物的保温性、辐射性能好；整理后织物的手感要好，不能有明显的粗硬感；整理后织物的重量要轻，达到"轻而薄"的目的。

② 整理剂的配制　纳米 ZnO 和 MgO 材料的混合比例为 40/60，使用量为黏合剂重量的 10％。

为增加纳米远红外整理剂的稳定性，在纳米材料加工时，立即与黏合剂混合，并经研磨加工而得稳定的胶液。

③ 工艺流程

生产工艺流程如下：

混棉→开清棉→混棉→梳理→机械成网→铺网→气流成网→正面喷胶→烘干→反面喷胶→烘燥→焙烘→成卷→喷胶棉产品。

④ 织物远红外发射率　所制喷胶棉为 180g/m²，具有"轻而薄"特点；其手感、外观与普通喷胶棉基本无差异。

远红外喷胶棉在 8～14μm 波段的远红外发射率达到 86％，超过了发射率≥85％的质量要求，因而具有良好的保温保健功能。这种纳米远红外喷胶棉产品能够满足人们对冬季服装及被褥等家用纺织品轻暖舒适、保健美观的要求，产品的附加值也得到提高。

#### 6.3.2.2　在远红外功能织物制备中应用方法与实例

织物织成以后，可采用印染和后整理技术，如涂层、印花、浸轧等方法使使天然纤维或普通化纤的织物也具有远红外保健功能。

下面以远红外保健印花织物的生产为实例介绍后整理工艺。

印花是借助于印花设备（如滚筒印花机、圆网印花机、筛网印花机等）将染料或功能整理剂印制到织物表面的印染后整理技术。

（1）印花工艺

织物品种：纯棉平布。

工艺配方（％）：纳米远红外保健浆 10～20，色浆适量，自交联型黏合剂 10～30，增稠剂 1～2，水添加至 100。

工艺流程：

织物→远红外保健浆印花→烘干(80～110℃)→高温拉幅定型(180～190℃,30min)→成品。

（2）远红外发射率。所制远红外保健印花棉布的远红外发射率大于 86％，达到优良标准。

# 6.4　纳米材料在负离子保健功能纺织品中的应用

## 6.4.1　负离子及其保健作用

所谓负离子是指带负电的微粒子。例如空气中带有正电的微粒子称为正离子；而带有负电的微粒子称为负离子。而离子是指浮游在空气中带电子的原子或分子。空气负离子主要是负羟离子（$H_3O_2^-$）、负氢氧离子（$OH^-$）和负氧离子（$O_2^-$），但它们都离不开水分子。另外，空气中还存在着许多直径为 $0.01\sim10\mu m$ 的浮游尘埃（微粒），与小离子碰撞、吸附而形成带电荷的大离子。故大离子的生成过程和组成与由气体分子直接形成小离子是完全不同的。虽然负电荷的生成机理和实践尚不够完备，但以 $O_2^- \cdot (H_2O)$ 负离子形式最重要是公认的。实验表明，带负电荷的空气中的氧分子和水分子结合而成 $O_2^- \cdot (H_2O)$ 负离子，通过肺进入血液以后可以增进人体的新陈代谢，瀑布、森林之所以给人神清气爽的感觉就是这个道理。

自然界空气负离子产生有三大机制：

① 大气受紫外线，宇宙射线，放射物质，雷雨，风暴等因素的影响发生电离而产生负离子。

② 瀑布冲击、细浪推卷、暴雨跌失等自然过程中水在重力作用下高速流动，水分子裂解而产生负离子。

③ 森林的树木，叶枝尖端放电及绿色植物光合作用形成的光电效应，使空气电离而产生的负离子。

负离子被誉为空气的维他命，它有很多方面的作用：

① 一般而言，正离子多产生于污浊的市区及密闭的室内。令人烦闷倦怠。正离子含量较多的空气，对生物容易造成不舒服或焦躁不安，导致头痛、失眠、便秘、食欲不振等，相对的负离子较多的空气对生物具有镇静安神作用，并能消除疲劳，促进睡眠及增加食欲。

② 负离子具有极强的集尘作用，减少呼吸道受浮尘等物的刺激，同时能促进呼吸道上的绒毛组织运动，排除异物、灰尘，防止人体受到异物的污染、刺激及伤害。

③ 负离子可增加肺活量，降低呼吸的频率、平滑肌肉的紧张度，增进呼吸道黏液分泌的正常化，以及降低黏液的分泌和刺激反应。

④ 负离子能维持细胞膜电位的正常化，强化细胞的功能，排除二氧化碳等废物于体外，吸收养分。

⑤ 负离子有明显扩张血管的作用，可解除动脉血管痉挛，达到降低血压的目的，负离子对于改善心脏功能和改善心肌营养也大有好处，有利于高血压和心脑血管疾患病人的病情恢复。

表 6-16 所示为负离子与健康的关系。

表 6-16　区域负离子与健康的关系

| 环境 | 负离子量/（个/$cm^3$） | 对健康的影响 |
| --- | --- | --- |
| 森林、瀑布区 | $100000\sim500000$ | 具有自然痊愈力 |
| 高山、海边 | $50000\sim100000$ | 杀菌作用、减少疾病传染 |
| 郊外、田野 | $5000\sim6000$ | 增强人体免疫力及抗菌力 |
| 都市公园里 | $1000\sim2000$ | 维持健康基本需要 |
| 街道绿化区 | $100\sim200$ | 诱发生理障碍边缘 |
| 都市住宅封闭区 | $40\sim50$ | 诱发生理障碍如：头痛、失眠、神经衰弱、呼吸疾病等 |
| 室内冷暖气空调房间（长时间后） | $0\sim25$ | 引发"空调病"症状 |

目前多采用日本产离子测定仪（AIR ION COUNTER）进行测试负离子发生量。中国疾病预防控制中心环境与健康相关产品安全所目前依据空气离子测试方法行业标准（HY

01—1998）在距织物 10cm 处测定负离子浓度。

负离子纺织品的应用主要体现在以下几个方面。

（1）服装　内衣内裤、外衣外裤、西装套服、羊绒羊毛衫裤等，无论是春夏时装，还是秋冬防寒保暖装，让人们随时享受到负离子功能纺织品的益处。鞋垫、袜子、手套、帽子等，可以从头到脚呵护人们的健康。

（2）室内用品　室内用品包括有地毯、窗帘、沙发套、桌台布及被褥等，既可以营造室内负离子空气氛围，又可以除臭去异味。

（3）产业用织物　汽车内装饰材料和保温材料、洗衣机内用布袋、空调过滤网等，既能杀死空间内细菌又能净化空气。

（4）体育用品　护膝、护腰、护腕等，既可以保护人体免受伤害，又能起到舒筋活血、减轻伤痛的作用。

负离子保健功能纺织品是通过将人工制造的负离子发生材料施加于纤维中或织物表面而成。这种纺织品能不断地放出负离子，以达到保健和消除异味、净化空气的双重作用。

## 6.4.2　负离子发生材料的制备

法国皮埃罗·查理早在 1880 年就首次发现电气石对人体健康和生态环境有着极为良好的作用，但直到 1986 年，日本东京大学的中村辉太郎和久保哲治郎经一年多的研究，将其加工成超微晶粒（0.1μm），掺入化纤纺丝液中，制成具有释放负离子功能的纤维，这才揭开负离子技术在纺织品上应用的序幕。

将能释放负离子的天然矿石或低辐照剂量的放射性矿石，粉碎成超细微粉或纳米粉，一般要求至少 50% 微粒粒径在 1μm 以下，最大颗粒粒径不超过 5μm，便可用于制备负离子功能整理剂的基础原料，然后配成一定浓度的整理剂。

常用的能释放负离子的天然矿石有以下几种。

（1）硅藻土　硅藻土是一种古代海底矿物，其形成可追溯至 1800 万年以前。白色水成岩，轻质、多孔，是硅藻属的壳埋没堆积在地层，经地壳变动隆起于地表的矿物。其主要化学组分是硅、铝和铁等的氧化物，孔径约为 50nm，比表面积约 37.8m/g。利用硅藻土释放负离子的特性，应用于养生保健纺织品方面，正在探索开发中。如，日本东丽公司的舒适整理技术就是采用硅藻土为原料，将其施加在纺织品上，面料在服用过程中由于摩擦和振动等物理激发能产生负离子，经检测，经 40 多次洗涤后，负离子释放量仍可达 1500 个/cm³。

（2）电气石　电气石又名托吗啉（tourmaline）。电气石可视作是极性结晶体，即使不放入电场中，矿石本身也有电分极现象，即自然地在一端产生"正极"，另一端产生"负极"。而且，这种正极和负极常常处于不稳定状态，由此产生电位差，电子不断从负极流向正极，从而使电气石带静电。产生这一现象的原因，是由于宇宙空间中不断地有带正电荷的和带负电荷的（即电子）"基本粒子"撒向地球，而带正电荷的粒子不能通过大气层，只有被称为"太阳风"的带负电荷的"基本粒子"才能通过大气层而散落到地球表面。这些带负电荷的粒子（电子 e⁻）被电气石的"正极"吸收，并接连不断地将电子传送到"负极"，

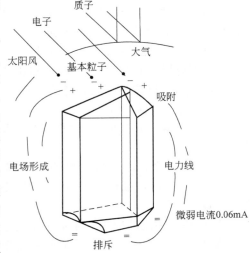

图 6-7　托吗啉电场的形成机理

于是就有一个电子从负极上逸出，沿电力线飞向正极，形成电场。因此，只要有太阳，宇宙空间便有负电粒子（e）不断地被电气石的正极吸收，形成的电场运行不息，静电现象就常驻不断。其原理如图 6-7 所示。

电气石的保健作用表现在以下几个方面：

① 电气石产生的直流电流虽然极为微弱，只有 0.06mA，但却和人体的生物电流（0.06mA）极为相近。

② 电气石能自动、永久地释放负离子。

③ 电气石在常温下，能发射波长 4～14μm，发射率在 0.92 以上的远红外线。

④ 永久连续地产生负静电，使水瞬间负离子化。

⑤ 电气石含有人体必需的微量元素（铁、锰、硅、氟）及矿物质（钠、镁、锂、铝、硼）。

（3）奇冰石　奇冰石属硅酸盐矿物类中的一种，为晶体矿物，颜色为黑色或灰色，它具有产生负离子和远红外的功效，此产品主要应用与纺织、保健品行业，有效地杀菌，抑菌，消除异味，实现了纳米技术向针纺织品领域应用开发。同时可以净化空气改善环境条件。

奇冰石其负离子的平均发射量为 2100 个/cm³，远红外在 80%～95% 之间。奇冰石有五大特点：负离子、远红外、防辐射、抗菌、抗紫外线等功能，它的最大特点就是能够持久地释放负离子。

奇冰石的使用方法为将其研磨成超细粉体或纳米粉体，使加于纤维或织物中。

### 6.4.3　应用方法与实例

（1）负离子功能纤维的生产实例　负离子功能纤维的制备一般采用共混纺丝法。下面以负离子丙纶的生产为例介绍其一般方法。

① 原料及设备

原料：纤维级聚丙烯树脂（PP），纳米级电气石负离子发生粉，表面改性剂，抗氧剂，热稳定剂。

设备：双螺杆挤出机，熔融纺丝机。

② 负离子母粒的制备

工艺流程如下：

负离子发生粉＋PP 树脂＋改性剂→干燥→双螺杆挤出机熔融共混、挤出→水槽冷却→气流风干→切粒→含负离子发生粉 50% 的 PP 母粒。

③ 负离子丙纶的生产

设定双螺杆挤出机 Ⅰ～Ⅵ 区及机头温度分别为 215℃，255℃，275℃，275℃，275℃，275℃，285℃，负离子母粒经干燥后与 PP 切片共混纺丝而得含负离子发生粉 5% 的负离子丙纶。

纺丝工艺流程如下：

母粒→干燥＋PP 切片→双螺杆挤出机共混、挤出→过滤→纺丝→卷绕、拉伸→负离子功能丙纶。

④ 负离子发生量　当负离子添加剂质量分数 5% 时，负离子丙纶的负离子发生量达 3500 个/cm³ 以上，接近于绿地、公园地区空气中的含量，能明显的改善人体周围小环境的空气质量。

⑤ 负离子丙纶的应用　添加了负离子的丙纶，不仅具有释放负离子的功能，同时还具有天然麻纤维的外观，可广泛地应用于服装及家用纺织品。如：内衣、外衣、运动服、袜类、洁净布、床单以及床上仿亚麻制品、枕套及褥罩织物、浴室外垫、地毯以及窗帘布等。

此外，负离子丙纶还极适合于加工医疗保护产品，如外科手术服和工作服、汽车内各种装饰材料等。

　　（2）在负离子功能织物制备中应用方法与实例　日本化药株式会社（Nippon Kayaku Colors）的负离子整理剂 Kayacera 为 10% 的糊状物，是采自火山及温泉周围的天然稀有矿石经粉碎成微细的粉末（80% 的颗粒小于 $1\mu m$），添加黏合剂和其他助剂而成。其特点是：能放射出低水平的辐射能，它们与空气中的氧气、二氧化碳及水分子接触，能促使电离或阴离子化，持续不断地释放负离子。

　　用这种负离子整理剂 Kayacera 处理的织物具有下列特征：

　　① 具有远红外加热性能（波长 7～20nm）；

　　② 用天然稀有矿石（类似于采自温泉的）安全性很高；

　　③ 辐射能量低于 1mSv/a，小于安全标准；

　　④ 原材料的辐射强度调整到 330Bq/g，低于（毋需告示有任何危险性的）安全标准 370Bq/g。

　　该负离子整理剂的工艺流程与条件如下：

　　织物(纯棉)→浸轧整理液(轧余率80%)→烘干(110℃×5 min)→焙烘(170℃×1min)→负离子保健功能织物。

　　该负离子保健功能棉织物负离子发生量可达 5000 个/$cm^3$，洗涤 50 次后仍可达 3500 个/$cm^3$。

# 6.5　纳米材料在芳香保健功能纺织品中的应用

## 6.5.1　芳香的来源和医疗保健作用

　　芳香主要来自各种天然植物和动物，如各种花香、麝香等。人们日常生活中的香气主要来自天然的香料之外，还来自各种合成香料。在我国，自古以来，人们就发现香味可以起到一定的清神静脑、医病去邪的作用，因此有"闻香治病"的说法，现代医学研究也证实香味具有医疗效应。

　　近年来，有人提出了所谓的"环境芳香学"的概念，用以研究生活空间和舒适性的关系以及赋香技术。这一概念包括三点内容：

　　芳香消臭——通过芳香的中和作用和掩盖作用消除空间内的臭气等使人不快的气味。

　　杀菌效果——芳香能净化受细菌污染的空间。比如森林浴气味就是一种复合杀菌素，能杀灭百日咳、白喉等病菌。

　　营造环境——芳香可以产生特定的环境效果，如会议室的芳香使人思维活跃，候诊室的芳香使患者减少烦恼和忧虑，洽谈室的芳香有助于洽谈的成功。

　　花香是香气物质的主要来源之一。花香对预防和治疗疾病大有裨益。例如，桂花的香气有解郁、清肺、辟秽之功能；菊花的香气能治头痛、头晕、感冒、眼翳；丁香花的香气，对牙痛有镇痛作用；茉莉的芳香对头晕、目眩、鼻塞等症状有明显的缓解作用；香叶天竺葵的香气具有平喘、顺气、镇静的功效；郁金香的香气能疏肝利胆；槐花香可以泻热凉血；薰衣草香味具有抗菌消炎的作用；薄荷具有祛痰止咳的功效；台湾扁柏的芳香气味，有降低血压的功效；紫茉莉分泌的气体 5 秒钟即可杀死白喉、结核菌、痢疾杆菌等病毒；菊花香中的菊油环酮、龙脑等挥发性芳香物可使儿童思维清晰、反应灵敏、有利于智力发育；柠檬香气具有提神作用；水仙花香味中的酯类成分，可提高神经细胞的兴奋性，使情绪得到改善、消除疲劳等。

树木也是芳香物质的重要来源之一。表 6-17 为常见芳香物质——萜烯的来源与保健功能。

表 6-17　不同树木挥发性萜烯物质的功能

| 萜烯来源 | 萜烯物质 | 保健功能 |
|---|---|---|
| 花柏、白冷杉 | 冰片 | 兴奋神经、降压 |
| 花柏、樟树 | 樟脑 | 兴奋神经、杀菌杀虫 |
| 柳杉、白冷杉 | 沉香醇 | 兴奋神经、降压 |
| 柳杉、罗汉柏 | 岩柏酮 | 兴奋神经、升压 |
| 桉树 | 桉叶素 | 祛痰 |
| 薄荷 | 薄荷脑 | 抑制炎症及黏膜刺激 |
| 松树 | 松节油 | 活血、祛痰、利尿 |

檀香木、侧柏、莳萝等植物的挥发性物质有镇静作用；松、柏、樟树等的一些挥发物具有提神、醒脑、舒筋、活血的功能。

有些芳香植物还能减少有毒有害气体、吸附灰尘，使空气得到净化。如米兰能吸收空气中的 $SO_2$；桂花、腊梅能吸收汞蒸气；松柏类树种可提高空气中的负离子含量；丁香、紫茉莉、含笑、米兰等不仅对 $SO_2$、HF 和 $Cl_2$ 中的一种或几种有毒气体具有吸收能力，还能吸收光化学烟雾、防尘、降噪。

在具体选择香料时，应考虑以下三个因素。

(1) 耐热性　不同合成香料的熔点、沸点有很大差别。熔喷纺丝的温度接近 300℃，所以应当选取高沸点高熔点的香料，相当一部分香料由于沸点过低而被舍弃。

(2) 挥发性　香料根据其在香精中的作用和挥发性可分为头香、体香和尾香三类。头香是对香精嗅辨时最初片刻所感到的香气特征，一般由挥发性高、香气扩散力较好的香料构成；体香是香精头香过后能立即嗅感到的中段主体香气，它的香气特征能在相当长的时间内保持一致，具有中等程度的挥发性；尾香是待头香与体香挥发后残留下的最后香气，其挥发性一般很低，香气保留持久。很显然，头香由于挥发性高，经历高温纺丝后将基本挥发完毕，所以不予考虑，一般只采用在香精中用于体香与尾香的香料。

(3) 安全性　客观地说，即使使用纯天然香料，实际上也没有绝对无害的香料物质，关键在于严格选用和安全使用。一般来说，列于《日用化工产品》手册中的化妆品用香料都经过从大白鼠、家兔到人体过敏性试验等六个方面的安全性试验，从中选取香料应该是比较安全的。但必须说明的是，选用安全的香料并不等于可以得到安全的香型织物，因为香料在经历了高温纺丝后有可能发生结构变化，是否安全就要带上问号。尤其最终产品与人体有接触的话，在使用前应到有关部门作安全性测试。

芳香疗法在中国具有悠久的历史。殷商甲骨文中就有熏燎、艾蒸的记载。周代已有佩带香囊、淋浴兰汤的习俗。隋唐时期李询编著了《海药本草》，收集了芳香药物 50 余种，成为第一本芳香药物的专集。宋代还出了许多香气疗法专集，有专事海外运输贸易芳香药的"香肪"。明代《本草纲目》中收集了芳香药物近百种，在清官医药档案中相关的香疗记载更是丰富多彩。

古代人使用芳香疗法医治疾病，大多采用熏蒸法，通过燃烧艾叶、素心兰、沉香、玫瑰等芳香植物驱逐秽气，杀虫灭菌，用以刺激中枢神经，继而作用于呼吸系统和循环系统。森林浴、芳香疗法、植物杀菌等所用芳香植物精油的医疗效果正引起关注。如果将具有医疗价值的薰衣草、甘草、薄荷、杜松、春黄菊、茉莉等植物提取香精制成微胶囊附着于织物，以此制作服装或日用纺织品，也可起到保健作用。

## 6.5.2　芳香微胶囊的制备

芳香物质一般需先制作成香料微胶囊，再通过共混纺丝或织物后整理技术而富于纤维或纺织品以香味功能。纳米级芳香剂及纳米级芳香微胶囊用于芳香纤维和芳香纺织品的制造，会使织物的芳香更持久。

微胶囊技术是目前芳香后整理技术的主流。它利用高分子凝聚作用将芳香剂包容在高分子膜内，形成纳米或微米级的芳香微胶囊。香料被包覆在微胶囊中，通过选择微胶囊壁材及厚度形成不同的芳香缓释作用，从而延长了香味保留时间。目前微胶囊壁材已有聚氨酯、聚乙烯醇、明胶等许多种类；涂层黏合剂有聚氨酯、改性聚氨酯、有机硅等；所用芳香剂已形成数 10 种不同的香型。

制作保健纺织品用香精微胶囊的粒径最大不得超过 $300\mu m$，一般香料在微胶囊中占 $50\%\sim85\%$，微胶囊壁厚 $1\sim10\mu m$，以保证在穿着和触摸时微胶囊易碎。

香精微胶囊化大体有界面聚合法、原位聚合法、复凝聚法和 β-环糊精包络法。

(1) 界面聚合法　将两种发生聚合反应的单体分别溶于水和有机溶剂中，芯材溶于分散相溶剂中。然后，将两种不相混溶的液体加入乳化剂以形成水包油或油包水乳液。两种聚合反应单体分别从两相内部向乳化液滴的界面移动，并迅速在相界面上反应生成聚合物将芯材包覆形成微胶囊。

界面聚合反应的技术特点是：两种反应单体分别存在于乳液中不相混溶的分离相和连续相中，而聚合反应是在相界面上发生的。这种制备微胶囊的工艺方便简单，反应速度快，效果好，不需要昂贵复杂的设备，可在常温进行，避免高温时香精挥发。

(2) 原位聚合法　原位聚合法是将预聚物在含有聚合物分散稳定剂水中溶解，然后将疏水性的内芯材料加到水溶性的混合物中，再激烈地搅拌成分散状态，预聚物分子在液滴的表面定向排列。在热的作用下，预聚体交联成了持久而水溶的胶囊。原位聚合中乳化剂与 pH 值的影响较大，加入适宜的乳化剂乳液稳定，粒径变小，粒径分布较窄，微胶囊的粒径变得均匀。少量的酸可催化反应，但酸的量加得过多或过快，会使产物凝聚。

(3) 复凝聚法　复凝聚法是将被包香精分散在两种高分子材料组成的水溶液中，通过调节该溶液的 pH 值，使两种高分子材料的相反电荷在被包香精周围互相吸引，导致凝聚，形成微胶囊，为使形成的微胶囊能抵抗后道加工过程中的机械应力还需加入甲醛等交联剂，使囊壁固化成坚硬的醛化蛋白后再与溶液分离、干燥、碾碎。用复凝聚法制作微胶囊具有原材料价格便宜、囊内芯材含量高的优点。如，可选用阿拉伯树胶和明胶为壁材，用复凝聚法制备微胶囊。当 pH 值在明胶等电点以上时将明胶与阿拉伯树胶水溶液混合，由于明胶此时与阿拉伯树胶粒子都带有负电荷，并不发生相互吸引的凝聚作用；而把溶液的 pH 值调到明胶等电点以下时，明胶离子变成带正电荷，与带负电荷的阿拉伯树胶粒子相互吸引发生电性中和而凝聚，并对溶液中分散的囊芯进行包覆形成微胶囊。

(4) β-环糊精包结法　环糊精（cyclodextrin，简称 CD）是直链淀粉在由芽孢杆菌产生的环糊精葡萄糖基转移酶作用下生成的一系列环状低聚糖的总称，通常含有 $6\sim12$ 个 D-吡喃葡萄糖单元。其中研究得较多并且具有重要实际意义的是含有 6、7、8 个葡萄糖单元的分子，分别称为 α、β 和 γ 环糊精（见图 6-8）。

根据 X 线晶体衍射、红外光谱和核磁共振波谱分析的结果，确定构成环糊精分子的每个 D（+)-吡喃葡萄糖都是椅式构象。各葡萄糖单元均以 1,4-糖苷键结合成环。由于连接葡

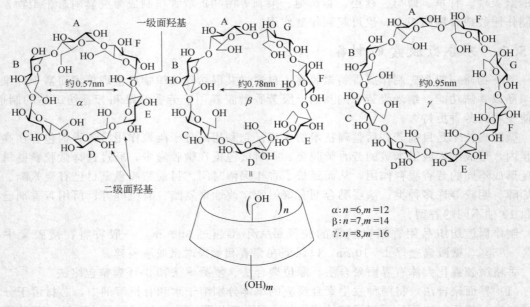

图 6-8　α、β 和 γ 环糊精的结构

萄糖单元的糖苷键不能自由旋转，环糊精不是圆筒状分子而是略呈锥形的圆环。其中，环糊精的伯羟基围成了锥形的小口，而其仲羟基围成了锥形的大口（图 6-9）。

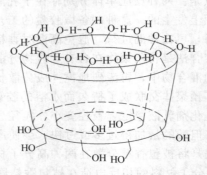

图 6-9　环糊精的立体结构

　　由于环糊精的外缘（rim）亲水而内腔（cavity）疏水，因而它能够像酶一样提供一个疏水的结合部位，作为主体（host）包络各种适当的客体（guest），如有机分子、无机离子以及气体分子等。这种选择性的包络作用即通常所说的分子识别，其结果是形成主客体包络物（host-guest complex），如图 6-10。环糊精是迄今所发现的类似于酶的理想宿主分子，并且其本身就有酶模型的特性。因此，在催化、分离、食品以及药物等领域中，环糊精受到了极大的重视和广泛应用。

　　用 β-环糊精制作微胶囊属分子包埋，又称包结络合物法，这种分子水平的包囊方式是比较先进的微胶囊技术。β-环糊精分子中间的孔腔作为空心分子可容纳大量的其他物质。由于 β-环糊精分子的羟基均朝向洞穴的外面，因此其外表面亲水。洞穴内腔就为憎水性，这种憎水性内腔可与疏水性的物质形成稳定的包结物。形成包结物的反应一般只能在水存在时进行。当 β-环糊精溶于水时，β-环糊精的环形中心空洞部分也被水分子占据，当加入非极性外来分子时，由于疏水性的空洞更易于非极性的外来分子结合，这些水分子很快被外来分子

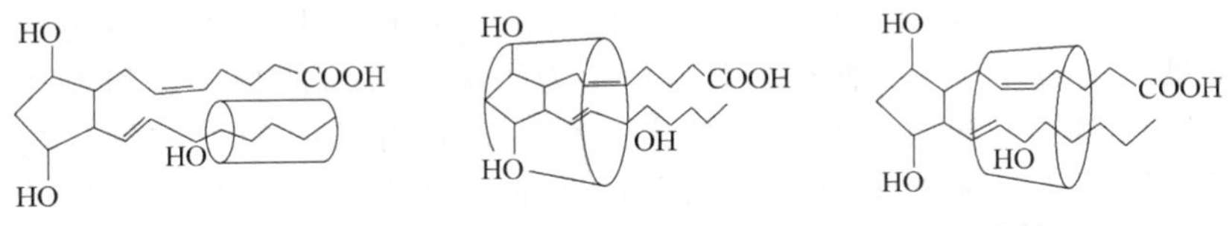

图 6-10　环糊精的包络作用

置换。形成比较稳定的包结物，并从水溶液中沉淀出来。利用 β-环糊精的反应特性来包结形成微胶囊的吸湿性低。在相对湿度为 85％ 的环境中，它的吸水率不到 14％，因此这种微胶囊粉末不易吸潮结块。

　　β-环糊精本身是一种较好的抗痤疮剂，孔腔的 β-环糊精能络合皮肤分泌的脂肪酸。β-环糊精包络法具有可逆性，当经过一定时间，香味失效时可进行再处理，使其具有再生功能。因此由 β-环糊精包结法形成的香精微胶囊是用于芳香保健纺织品的较为理想的选择。

## 6.5.3　应用方法与实例

　　纳米级的微胶囊有着非常优良的特性。微胶囊香精在纺织品上的应用主要有 4 种方式。

　　① 让微胶囊香精通过纺丝喷嘴直接进入聚酯纤维，制成各种芳香保健化纤纺织品。首先要把整理剂制成粒径小于 $10\mu m$ 的微胶囊，它能自由地通过纺丝设备的过滤装置和喷丝板细孔。为了得到性能满意的功能纤维，微胶囊在纺丝液中占的比例最多不超过 40％，而且壁材不能被纺丝溶剂溶解。β-环糊精包结法制作的微胶囊香精完全满足这些要求。

　　② 在涂料印花时将微胶囊香精加入涂料印花浆中或在涂料染色时将微胶囊香精加入涂料染色液中，然后按常规工艺印花或染色。

　　③ 喷雾上香，将微胶囊香精调配成液状，用喷壶对纺织品进行喷雾加香。

　　④ 在纺织后整理过程中加入，即与柔软、防水、抗静电等同浴整理。

### 6.5.3.1　纳米香料在芳香功能纤维制备中应用方法与实例

　　目前用熔融纺丝方法制造芳香纤维主要采用共混纺丝和改性浸香技术。

　　(1) 共混纺丝法　先用香料与特殊载体制成芳香母粒，后面的共混纺丝就如同用色母粒纺制有色丝那样，以一定比例的香母粒与切片混匀，然后纺丝成形。香料粒子越小，纤维物理性能越好。它的优点是：采用常规设备、工艺简单、持香长久。

　　(2) 微胶囊法　用物理方法在乳液中将香精细化成微小液滴，再以化学方法将一层隔离膜包裹在香精液滴外层形成微胶囊。使用时将微胶囊乳液喷射到织物表面，香精通过微胶囊表层缓慢释放到空气中。其优点是调配使用方便，投资少；缺点是持香不如上述两方法长久，且不耐洗涤。但纳米级的微胶囊却可以克服上述缺点，为开发芳香型功能纺织品提供了更广阔的空间。

　　下面是采用共混纺丝法生产芳香聚酯纤维的实例。

　　采用共混纺丝法生产芳香纤维时，如果将香料直接与聚酯切片共混，处理物料量比较大，香料损失比较严重，生产成本很高。因此一般采用母粒法，即先生产含香料量较高的母粒，再将母粒与聚酯切片混合熔融纺丝。

　　香母粒制作主要由双螺杆挤出机进行。先由捏合机将一定比例的聚丙烯切片、香料和添加剂进行高速捏和处理，然后投入双螺杆挤出机内进行造粒，冷却，切粒，风干，包装，即得成品香母料。

芳香纤维采用熔融纺丝，纺丝温度一般超过 200℃，对香料的熔点及沸点要求比较高。调配香型需根据调香原则，每调配一种香型要由几种或几十种香料组成。对香料颗粒尺寸的要求是不超过 10μm，纳米级别更好。为了减少香料的损失，研制芳香母粒一般选择具有较低熔点和较好相容性的高聚物为基材，并且有较好的可纺性，同时还要考虑对香料有保护及贮存等功能的组分。因此选择纤维用聚烯烃为基材，香料的质量分数占母粒材料的 10%～18%。

主要工艺流程如下：

聚酯切片→干燥→与芳香母粒共混（由双螺杆挤出造粒机完成）→熔融→纺织机纺丝→卷绕→集束→一次拉伸→二次拉伸→卷曲→松弛热定型→切断→打包。

工艺参数见表 6-18。

表 6-18 芳香聚酯纤维纺丝工艺参数

| 项　目 | 参　数 | 项　目 | 参　数 |
| --- | --- | --- | --- |
| 切片粒径/min | 3～5 | 熔体温度/℃ | 260～280 |
| 干燥温度/℃ | 90～110 | 环吹风温度/℃ | 20～23 |
| 干燥时间/h | 4～12 | 拉伸倍数 | 3.0～4.0 |
| 原料含水率/% | 0.15～0.18 | 油浴温度/℃ | 65～75 |
| 纺丝速度/(m/min) | 460～650 | 松弛温度/℃ | 85 |

实际生产中，芳香母粒质量分数约控制 5%。

### 6.5.3.2 纳米微胶囊在芳香功能织物制备中应用方法与实例

（1）微胶囊的制备

壁材聚氨酯通过界面聚合方法制备。取 4kg TDI（甲苯二异氰酸酯）和 8kg 薰衣草精油（皮芯比 1∶2）混合成油相，将此加入到 200L 含 1%乳化剂（PVA、TX-10、平平加 O、吐温 80 等）的水溶液中，由高速乳化机进行乳化，以得到水包油乳液，为使乳液稳定，加入含有分散剂海藻酸钠的水溶液 200L。同时加入 9.3kg PEG 和 1%催化剂二丁基二月桂酸锡（DBTDL），室温下搅拌一定时间，然后温度升至 70℃，加入扩链剂乙二胺（EDA），并继续搅拌 1h 对壁材进行固化。形成的浆液用 30%的乙醇冲洗以去除未反应的 TDI 和壁材表面的精油，在室温下干燥 24h 即可得到粒径分布为 0.1～20μm 的微胶囊。

（2）芳香保健织物的制备

处方：香味微胶囊 1%（o.w.f.），低温黏着剂适量。浴比 1∶20。

工艺流程：棉织物→浸渍（室温，30min，浴比 1∶20）→脱水→焙烘（100℃，1min）→水洗→烘干（90℃，5min）。

该香味保健棉织物的 6 个月后仍有淡雅的香气。

芳香纺织品可应用于各类服用以及装饰用纺织品中，给人们的工作、生活、社交环境提供芳香怡人的气氛。服用方面可用于内衣、外衣、睡衣、毛衫、领带、围巾、西装内衬、帽子等。装饰材料方面可用于床上用品、窗帘、台布、墙布、地毯底布、坐垫等。

# 6.6 纳米材料在阻燃功能纺织品中的应用

近十年来，我国平均每年发生各类火灾超过 10 万起，死伤人数数以千计，直接经济损失超过 10 亿元人民币。据火因结果分析，因纺织品着火或因纺织品不阻燃而蔓延引起的火灾，占火灾事故 20% 以上，特别是建筑住宅火灾，纺织品着火蔓延所占的比例更大。比如发生于 1994 年 12 月 28 日新疆克拉玛依友谊馆的特大火灾，造成 323 人死亡，其中 284 人为少年儿童，酿成震惊中外的可悲惨剧。其火灾的直接原因，是由于友谊馆舞台上的照明灯引燃幕布而烧起来的。而据英国消防部门统计，因纺织品引起的火灾竟占到火灾起数的 40%。因此，赋予一些纺织品以阻燃性能，对减少火灾起数或避免火灾的发生具有重要的现实意义。

中国有着广阔的阻燃纺织品消费市场，如，军用纺织品、装饰纺织材料，特殊人群（老人、儿童、病人）服装、消防服等。据资料显示，仅消防服一项我国就有 600 万人需要配备。

## 6.6.1　纳米阻燃材料在阻燃功能纺织品中应用原理

阻燃功能纺织品在接触火源时不会迅速燃烧和传播火焰，其可燃性和蔓延速度大幅下降，离开火焰后能很快自熄，不再燃烧或阴燃，不会形成大面积燃烧，故能为消防等救灾人员赢得扑灭的时间，也为遇灾人员赢得扑灭或逃生的机会。

能赋予纺织品上述阻燃功能的物质统称为纺织品用阻燃剂。纳米尺寸的阻燃剂可以称为纳米阻燃剂。采用纳米阻燃剂生产的纺织品可以简称为纳米阻燃纺织品（称纳米阻燃剂改性纺织品比较严谨）。阻燃剂的开发是从研究燃烧机理和阻燃机理开始的。

燃烧有四大要素——可燃物、热源、氧气、自由基反应。而织物燃烧通常又可分为三个阶段：热分解、热引燃、热点燃。

阻燃的基本途径是减少热分解过程中可燃性气体的生成和阻碍气体燃烧过程中的自由基反应，吸收燃烧区域中的热量或稀释和隔离空气等。对不同燃烧阶段的四要素采用相应的阻燃剂加以抵制，就形成了各种各样的阻燃机理。

（1）不燃性气体机理　阻燃剂吸热分解放出氮气、二氧化碳、二氧化硫、水和氨等不燃性气体，使纤维材料裂解处的可燃性气体浓度被稀释到燃烧极限以下，或使火焰中心处部分区域的氧气不足，阻止燃烧继续进行。此外，这种不燃性气体还有散热降温作用。

（2）吸热机理　通过阻燃剂发生吸热脱水、相变、分解等吸热反应来降低纤维表面和燃烧区域的温度，从而减慢高聚物的热分解速度。

（3）凝聚相机理　通过阻燃剂的作用，在凝聚相反应区，改变纤维大分子链的热裂解反应过程，促使发生脱水、缩合、环化、交联等反应，直至炭化，以增加炭化残渣，减少可燃性气体的产生，使阻燃剂在凝聚相发挥阻燃作用。此法对纤维素纤维材料特别有效。

（4）气相机理　在聚合物燃烧过程中，生成的大量自由基 $CH_3$、OH 和 H 等不仅会加快链反应气相燃烧反应，还会传播火焰使火势迅速蔓延。如能设法捕捉并消灭这些自由基，就可控制燃烧，起到阻燃效果。气相阻燃剂的作用主要在将这类高能量的自由基转化成稳定的自由基，抑制燃烧过程的进行，达到阻燃目的的。

（5）尘粒或壁面效应机理　自由基与器壁或尘粒表面接触时，一种可能是自由基；发生猝灭，失去活性，另一种可能是自由基在尘粒或容器壁面发生反应，生成大量低活性的自由基，从而达到抑制燃烧的作用。

$$SbO（尘粒）+H·\longrightarrow SbOH·$$
$$SbOH·（尘粒）+H·\longrightarrow SbO+H_2$$

（6）熔滴效应机理　某些热塑性纤维，加热时发生收缩熔融与空气的接触面积减少，甚至发生熔滴下落而离开火源，使燃烧受到一定阻碍。

实际上，一种阻燃剂往往通过多种机理而起到阻燃作用。

纳米阻燃剂可分为无机纳米微粒阻燃剂和纳米复合物阻燃剂两种。无机阻燃剂是应用最早的阻燃剂，它具有无毒、低烟、不产生腐蚀性气体、无二次污染的优点。传统的无机阻燃剂的粒径较大，而且不均匀，直接影响其阻燃性和物理性能，因此，为更好地发挥阻燃效果，无机阻燃剂的超细化和纳米化将是今后的发展方向。采用纳米技术将无机阻燃剂微粒超细化，使其粒径在纳米级范围，使微粒的大小和形态都更均匀，就能大大地减少阻燃剂的添加量，从而减轻对纤维或织物物理性能的影响，克服无机阻燃剂的最大缺点。

对含纳米复合物阻燃剂的阻燃机理，目前还没有一个系统的理论，只有一些看法。一种认为，燃烧中纳米复合物促进了焦炭层的增长，在纳米复合物样本的燃烧测试中，炭层从开始燃烧时就在基本表面逐渐形成，并随着燃烧过程的继续不断增长，这种现象在所有纳米复合物燃烧过程中都普遍存在。所生成的炭层将燃烧基体和火焰前沿隔开，阻断了热、氧和可燃烧气体的传输；另一种则认为，由于纳米硅酸盐阻燃剂的比表面积较大，氧化反应要传输到火焰前沿所需经过的路径被大大增加，因此氧化渗透到火焰前沿的可能性也就大大减少了，使火焰失去了继续燃烧的条件。此外，在较高温度下，无机阻燃剂还可捕捉气相中的自由基离子，终止链反应，阻断了燃烧反应的继续进行。

经典的纳米材料制备的方法仍可适用于阻燃剂的制备，如无机氧化物纳米阻燃粉体的制备可采用沉淀法、凝胶法等化学法，亦可采用物理法等。

目前国际上广泛采用限氧指数 LOI（limit oxygen index）来表征纤维及其制品的可燃性。限氧指数 LOI 是指材料点燃后在氧-氮气氛里维持燃烧所需要的最低限含氧体积百分数。限氧指数 LOI 值越大，材料燃烧时所需氧的浓度越高，即越难以燃烧，阻燃性能也好。通常空气中氧气的体积比例接近 20％，所以纤维也可按 LOI 值分类，将 LOI 值低于 20％称为易燃纤维，20％～27％的称为可燃纤维，27％以上的称为阻燃纤维。

$$LOI \text{ 值} = (O_2/O_2 + N_2) \times 100\%$$

在实际研究中，还需用织物的垂直燃烧性能指标（烧毁长度、续燃时间、阴燃时间等）、发烟量（烟雾密度）、热性能指标（着火点、热裂解温度、火焰蔓延速率、热释放速率、热裂解气体种类与生成量等）等来综合表征纤维及其制品的阻燃性能与材料品质。

## 6.6.2　纳米材料在阻燃功能纺织品中应用实例

同前一样，纳米阻燃功能纺织品的生产也有纤维改性和织物后整理改性两个途径。纤维改性主要采用母粒共混法和纺丝原液共混法；而后整理法常采用涂层法和水解反应法等，主要适用于天然纤维及其织物。

可适合纳米阻燃功能纺织品制造的阻燃剂有三氧化二锑、三氧化二铝、氢氧化镁、硼酸锌、二氧化硅、聚磷酸铵、红磷等。它们的纳米化技术和与纤维的相容性是研究热点问题。

### 6.6.2.1　纳米材料在阻燃功能纤维中应用实例

下面以纳米 $SiO_2$ 阻燃粘胶纤维为例介绍纺丝原液共混法生产纳米 $SiO_2$ 阻燃黏胶纤维的原理与方法。

（1）纤维素黄原酸钠溶液（黏胶溶液）制备

按照已知的黏胶纤维用黏胶的制备方法：将含量为 6％～9％（质量分数）的浆粕（$\alpha$-纤维素）溶于 5％～6％（质量分数）的 NaOH 水溶液中，再用 $CS_2$ 进行磺化得到纤维素黄原酸（酯）钠，最后加入碱液溶解得到黏胶（黏稠状胶体）。

$$[C_6H_9O_4Na]_n + nCS_2 \longrightarrow [C_6H_9O_4-O-CS-SNa]_n$$
$$\text{碱纤维素} \qquad \text{纤维素黄原酸（酯）钠}$$

（2）黏胶-$SiO_2$ 纤维前驱体溶液的制备　硅酸盐作为纳米 $SiO_2$ 的前驱体，加入到黏胶中，充分混合得到黏胶-硅酸盐溶液。黏胶-硅酸盐溶液可以称为黏胶原液-硅酸盐共混体。

$SiO_2$ 前驱体（硅酸钠或硅酸钾）的加入量（以 $SiO_2$ 计）为 α-纤维素的 20%～50%。

（3）纳米 $SiO_2$ 阻燃黏胶纤维的生产　黏胶原液-硅酸盐共混体通过喷丝设备进入再生-凝胶化酸浴中，纤维素黄原酸钠与再生-凝胶化酸浴中的硫酸发生反应生成再生纤维素，$SiO_2$ 前驱物硅酸盐发生凝胶化生成 $SiO_2$，最后经过牵伸、烘干得到纳米 $SiO_2$ 阻燃黏胶纤维。

$$[C_6H_9O_4-O-CS-SNa]_n \cdot mNa_2SiO_3Na + pH^+ + qZn^{2+} \longrightarrow [C_6H_{10}O_5]_n \cdot mSiO_2$$
纳米 $SiO_2$ 阻燃黏胶纤维

再生-凝胶化酸浴组成为：硫酸 120g/L，硫酸钠 285g/L，硫酸锌 7g/L，其他成分是水；酸浴的温度为 48℃。

（4）纳米 $SiO_2$ 阻燃黏胶纤维的阻燃指标　该法纳米 $SiO_2$ 阻燃黏胶纤维的 LOI 值≥30%，达到难燃级阻燃纤维标准。由于 $SiO_2$ 的凝胶纳米化，使得黏胶纤维的物理性能未受影响。

#### 6.6.2.2　纳米材料在阻燃功能纺织品中应用实例

以羊毛阻燃为例介绍水解反应后整理法生产纳米 $TiOF_2$ 阻燃羊毛的原理与方法。

（1）六氟合钛配离子改性羊毛织物的制备　羊毛纤维是蛋白质纤维，具有氨基酸的两性性质，它在酸性溶液中带有正电荷，所以可同水溶性六氟合钛酸盐离解出的六氟合钛配离子形成离子键（盐键）：

$$[Wool-NH_2]_n + nH^+ \longrightarrow [Wool-NH_3^+]_n$$
$$[Wool-NH_3^+]_n + n/2[TiF_6]^{2-} \longrightarrow n/2[TiF_6]^{2-}[Wool-NH_3^+]_n$$

用醋酸调水溶液 pH 值为 2～3，将 6%（o·w·f·）六氟合钛酸盐溶于其中。加入少许渗透剂，而后将羊毛织物浸渍其中，升温至 75℃，维持 30min 反应即可完成，从而得到六氟合钛配离子改性羊毛织物。

（2）纳米 $TiOF_2$ 改性阻燃羊毛织物的制备　将六氟合钛配离子改性羊毛织物轧干（带液率 100%）后 90℃烘干。再将其浸入水中，六氟合钛配离子便会在羊毛纤维中发生水解反应，生成的纳米 $TiOF_2$ 微粒便嵌在羊毛纤维之中，赋予羊毛以永久性阻燃性能。

$$n/2[TiF_6]^{2-}[Wool-NH_3^+]_n \longrightarrow [Wool-NH_2]_n \cdot mTiOF_2$$
纳米 $TiOF_2$ 改性阻燃羊毛

（3）纳米 $TiOF_2$ 改性阻燃羊毛织物的阻燃性能　纳米 $TiOF_2$ 改性阻燃纯羊毛织物的 LOI 值≥30%，纳米 $TiOF_2$ 改性 70/30 毛涤混纺平纹织物的 LOI 值≥28%，并且纳米 $TiOF_2$ 改性 20/80 毛涤混纺平纹织物具有防涤纶纤维的熔滴效果。

纳米 $TiOF_2$ 的阻燃机理被认为是 F 游离基捕获传播火焰的 OH 和 H 自由基，遏止燃烧反应，也即通过所谓的气相机理来实现对羊毛的阻燃。

# 6.7　纳米材料在印染中的应用

## 6.7.1　纳米颜料在喷墨印花中的应用

#### 6.7.1.1　纳米颜料在喷墨印花中的应用原理

印花是采用黏合剂将着色剂按设计图案通过印花设备印制到纺织品上的印染技术。纺织品印花技术根据印花设备的种类分为滚筒印花、筛网印花、凸版印花、转移印花等。

印花是织物花纹装饰的重要方式之一，在我国有悠久的历史。我国早在新石器时代就采用凸版印制陶纹，至周代始用于印章、封泥，以至春秋战国，凸版印花已用于织物，到西汉时期已有相当高的水平，湖南马王堆出土的印花敷彩纱就是用三块凸版套印再彩绘结合的产物。隋唐时期已有大量的印花织物通过"丝绸之路"传输到西域，五六世纪又传至日本。在凸版印花开始发展的先后或同时，另一种印花方法——雕纹镂空版相继出现，与凸版印花并驾齐驱。这种印花技术在秦汉时称作"夹缬"。到南北朝的北魏时，这种工艺已有相当大的规模。隋唐时期，技术更趋完善，已能生产"五色夹缬罗裙"等高级产品，并发明了在镂空版上加筛网，解决了印封闭圆圈花纹的困难。宋代，夹缬印花生产已专门化，印花织物非常流行。夹缬在隋唐时已传入日本；宋代以后，随着海上交通的发展，逐步被带到西欧各国。近代采用滚筒印花实现了工业规模化生产，圆网印花则使印花的精度和速度大幅度提高，平版筛网印花则使小品种印花产品制作简便，成本低廉，转移印花则使纸上图案向纺织品上转移变为了现实。

20 世纪 90 年代以来，喷墨印花技术开始广泛运用在纺织品上。2000 年全球喷墨印花织物产量为 29 亿平方尺，约占世界印花织物产量 1%，但其产量相当于 1997 年产量之 489 倍。预计 2010 年喷墨印花织物产量将会占世界印花织物产量 10%，可称得上是朝阳技术。

数码喷墨印花技术是一种全新的印花方式，它摒弃了传统印花需要制版的复杂环节，它通过计算机的控制系统直接在织物上喷印，具有照片一样的印花精细度，实现了小批量、多品种、多花色印花，而且解决了传统印花占地面积大、污染严重等问题。由于数字喷墨印花技术的这些独特优点，在国际上该技术被誉为 21 世纪纺织工业实现技术革命的关键技术之一，具有广阔的发展前景。

因为喷墨印花机喷嘴的直径只有 $50\mu m$，所以用于连续喷墨印花机的油墨粒径平均值应小于 $0.5\mu m$，最大值不超过 $1\mu m$。否则，一方面会将喷嘴堵死，使喷墨印花机不能工作；另一方面印花图案的细微结构不能充分表达出来，影响印花产品的质量。所以，数字喷墨印花技术的关键是印花油墨的超细化或纳米化。印花油墨或印花墨水的超细化或纳米化有利于提高喷墨印花的精度、质量以及印花的速度。

纳米效应对油墨颜料颗粒的影响体现在以下五个方面。

（1）着色力提高　油墨着色力是指某种颗粒与其他颜料混合后对混合颜料颜色的影响能力。它主要受颜料本身的性质和颜料颗粒大小的影响。随着颜料颗粒减小到了到纳米级时，颜料对光线的吸收有特殊的性质，从而促使纳米颜料油墨比普通油墨在着色力方面高很多。

（2）遮盖力提高　油墨遮盖力指的是颜料遮盖底色的能力。油墨是否具有遮盖能力取决于颜料的折射率与粘接料的折射率之比。它受颜料分散度和颜料与粘接料差值的影响。而颜料到了纳米级后，由于小尺寸效应，颜料对于光的折射有特殊影响，从而导致纳米颜料油墨比普通油墨有更高的遮盖能力。

（3）耐光性和抗老化性能提高　有机颜料虽具有鲜艳的色彩和很强的着色力，但抗老化性能差。纳米微粒由于其尺寸小到几个纳米到十几个纳米而表现出小尺寸效应和表面界面效应，因而其光学性能也与常规的块体及粗颗粒材料不同，耐光性和抗老化性能提高。

（4）油墨再现色域增大　一方面由于吸收光谱出现蓝移和红移现象，比如半导体纳米粒子由于存在显著的量子尺寸效应和表面效应，从而使它的光吸收特性表现出一定的特点，吸收光谱发生红移或蓝移。另一方面有些纳米微粒自身具有发光基团，可以自己发光。受以上两个因素的影响，纳米颜料油墨的色彩再现色域增大，这使印品层次更加丰富，阶调更加鲜明，表现图像细节的能力大大增强。

（5）提高颜料分散性和油墨印刷适性　由于纳米微粒具有很好的表面湿润性，它们吸附于油墨中的颜料颗粒表面，能大大改善颜料的亲油和可润湿性，并能保证整个油墨分散系的稳定。所以添加有纳米微粒的纳米油墨，其印花性能得以提高。新技术可以将油墨中颜料制成纳米级，这样，由于它们的高度微细而具有很好的流动与润滑性，可以达到更好的分散悬浮和稳定，颜料用量少反而遮盖力高，光泽好，树脂粒度细腻，成膜连续，均匀光滑，膜层薄，印花图像清晰。

喷墨墨水使用的着色剂有两大类型，即染料和颜料。

染料——可溶于水；或溶于水-有机溶剂混合物；或仅溶解于有机溶剂和油。一般具有较好的鲜艳度、渗透性、耐磨性和透明性，墨水（色墨）易于调制，而且稳定，染料品种多，具有较大的选择余地。缺点是耐久性差，易于扩散，影响图案精确度。

颜料——主要是有机颜料，个别场合使用炭黑。一般具有良好的光稳定性，不扩散，良好的耐水牢度。缺点是稳定性不佳，鲜艳度较差，易磨损、堵塞喷嘴，成本较高。喷墨墨水所使用的染料有水溶性或水不溶性两种类型。

喷墨印花墨水分为染料型（又分为活性染料、酸性染料和分散染料型）和颜料（亦称涂料型）。染料墨水因多溶于水，粒度易满足要求，所以墨水一般不会出现堵喷嘴现象，但不同的织物需要不同的染料，使用不便，染色牢度也存在不尽人意的地方。而颜料墨水在两个方面优于染料墨水：①对纤维没有选择性，一种墨水可适用于棉、毛、丝、麻和化纤织物，一台喷印机，一种墨水就可满足客户需求；②水洗牢度好，印花后干燥即成，可免去对织物的前、后处理工序。

但颜料墨水在喷墨印花时，颜料颗粒大小对堵塞喷嘴、墨水的流变性和稳定性影响特别敏感。颜料必须被粉碎成极小的颗粒并分散在水溶液里，形成墨水，这样的墨水亦可看成是水溶性墨水。所以，颜料墨水的微细化处理以及墨水体系的稳定性是技术关键。

### 6.7.1.2　纳米颜料在喷墨印花中的应用实例

（1）高分子分散剂 MM 的指标确定　喷墨印花墨水中纳米级颜料含量大，比表面积也大，故更易聚集而堵塞喷嘴。所以如何防聚集是关键技术。高分子型分散剂 MM 是有效的防聚集颜料表面改性剂。

高分子型分散剂 MM 是甲基丙烯酸甲酯-马来酸酐无规共聚物。随着共聚物 MM 中马来酸酐含量的增加，分散稳定性有先增加后降低的趋势。马来酸酐是 MM 共聚物的亲水部分，其链节增加则分散剂的水溶性增强，所得颜料分散体系的 ξ 电位变大，颜料粒子间的静电斥力增大，体系的分散稳定性增加；当马来酸酐的含量继续增加，甲基丙烯酸甲酯的含量减少，甲基丙烯酸甲酯是疏水部分，其链节减少后对颜料的亲和力减小，也不利于颜料粒子在分散体系中的稳定性，MM 中马来酸酐含量为 26％时，所生产高分子分散剂 MM 阻止颜料微小粒子重新絮凝的作用最强。

分散剂 MM 的分子量太低，则在颜料表面形成的空间阻碍较小，不能有效地阻止颜料微小粒子的再次聚集絮凝；当分散剂的分子量增大，分散剂在颜料表面形成的空间阻碍增大，这对防止颜料粒子聚集有利，但是分子量太大，容易发生同一个分散剂分子吸附在不同颜料粒子表面的"架桥"效应，促使颜料颗粒絮凝，反而不利于颜料的分散与稳定。所以，只有分子量大小较适中，分散剂才能在颜料的表面形成稳定的吸附层，并且保持有效的空间位阻效应，分散剂才有较强的抗絮凝作用。实验表明，当特性黏度为 26mL/g 时，分散体系分散稳定性最好。

MM 用量为 0.5％时，分散体系便具有良好的分散稳定性；随着分散剂用量的增多，分散体系稳定性逐渐增加，在用量为 1.3％时，离心 20min，体系的吸光度保持不变，即体系的分散稳定性很好；分散剂用量继续增加，体系的分散稳定性又降低。同时，体系的分散稳定性最好时，颜料颗粒的粒径也最小。随着分散剂用量的增加，分散体系的黏度逐渐增大，当分散剂用量太小时，不足量的分散剂不能将颜料表面完全覆盖，不足以在颜料表面形成完整的吸附层，颜料表面未被覆盖的部分为减小表面能而聚集，从而使颜料颗粒聚集，分散体系不稳定；分散剂的用量进一步增加时，有足够多的分散剂吸附在颜料颗粒表面，可以起到阻止粒子团聚的作用；当分散剂用量增大到一定程度后，不但造成分散剂的浪费，而且溶解在水介质中的分散剂互相缠结，此时的分散剂多呈卷曲状散布在粒子周围，与粒子间的结合力不够牢固，反而导致颜料粒子重新聚集，MM产生沉降作用，使得颜料的分散稳定性下降低。

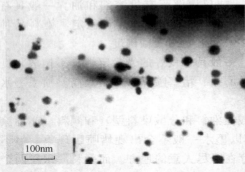

图 6-11　纳米喷墨印花墨水的电镜照片

（2）纳米喷墨印花墨水的制备　将 1.5％的甲基丙烯酸甲酯-马来酸酐无规共聚物（MM）溶于水中，搅拌下依次加入 13％的颜料黄（平均粒径 50nm），12％的保湿剂吡咯烷酮，15％的一缩二乙二醇、24％乙二醇（黏度调节剂，防堵塞剂），在高剪切乳化机上高速搅拌 60min 后，转入胶体磨运转 45min 即得到水溶性颜料型纳米喷墨印花墨水（参见图 6-11）。

其他颜色的墨水亦可按上述方法制备。

（3）喷墨印花　采用 SH-180 喷墨印花机，按照电脑设计图案在已经退浆、精练、漂白后的纯棉织物上喷印，130℃焙烘 3min 即为印花纯棉布。

## 6.7.2　纳米材料在染色工艺中的应用（染色/固色等）

染料同纤维及其织物发生化学或物理化学结合，赋予其色彩的工艺过程叫做染色。染料在纤维上应有一定的耐皂洗、晒、摩擦、汗渍等性能，这些性能称为染色牢度。我国有关染色的历史悠久，《诗经》中有蓝草、茜草染色的记载，可见中国在东周时期使用植物染料已较普遍；长沙马王堆汉墓出土的绚丽多彩的丝织物，表明 2000 多年前中国的染色和印花技术已达到相当水平。

按照现代的染色理论的观点，染料之所以能够上染纤维，并在纤维织物上具有一定牢度，是因为染料分子与纤维分子之间存在着各种引力的缘故，各类染料的染色原理和染色工艺，因染料和纤维各自的特性而有很大差别，不能一概而论，但就其染色过程而言，大致都可以分为三个基本阶段。

（1）吸附　当纤维投入染浴以后，染料先扩散地到纤维表面，然后渐渐地由溶液转移到纤维表面，这个过程称为吸附。随着时间的推移，纤维上的染料浓度逐渐增加，而溶液中的染料浓度却逐渐减少，经过一段时间后，达到平衡状态。吸附的逆过程为解吸，在上染过程中吸附和解吸是同时存在的。

（2）扩散　吸附在纤维表面的染料向纤维内部扩散，直到纤维各部分的染料浓度趋向一致。由于吸附在纤维表面的染料浓度大于纤维内部的染料浓度，促使染料由纤维表面向纤维内部扩散。此时，染料的扩散破坏了最初建立的吸附平衡，溶液中的染料又会不断地吸附到纤维表面，吸附和解吸再次达到平衡。

（3）固着　是染料与纤维结合的过程，随染料和纤维不同，其结合方式也各不相同。

上述三个阶段在染色过程中往往是同时存在，不能截然分开。只是在染色的某一段时间某个过程占优势而已。

染料在纤维内固着，可认为是染料保持在纤维上的过程。不同的染料与不同的纤维之间固着的原理也不同，一般来说，染料被固着在纤维上存在着两种类型。

(1) 纯粹化学性固色　指染料与纤维发生化学反应，而使染料固着在纤维上。例如，活性染料染纤维素纤维，彼此形成醚键结合。通式如下：

$$DRX + Cell\text{—}OH \longrightarrow DR\text{—}O\text{—}Cell + HX$$

（DRX：活性染料分子，X：活性基团，Cell-OH：纤维素）

酸性媒介染料同蛋白质纤维形成配位键而固着也是化学性固着。

(2) 物理化学性固着　由于染料与纤维之间靠范德华力及氢键而固着，成为物理化学性固着。许多染棉的染料，如直接染料、硫化染料、还原染料等染色纤维素纤维，分散染料染色聚酯等化学纤维，阳离子染料染色腈纶纤维等都是依赖这种引力而固着在纤维上的。

直接染料、酸性染料和活性染料等染色牢度不够理想（尤其是湿摩擦牢度），故需在染色结束后加一道固色工艺过程。凡能起到促进固色作用的物质都可称为固色剂。传统的固色剂多高分子初缩体，如胺醛树脂型双氰胺甲醛初缩体（固色剂 Y，M）、多胺缩合体（丝绸固色剂 LA）、酚醛缩合体（交联固色剂 DE）、交联固色剂（Indosol CR）、活性染料固色剂 KS 等。这些固色剂因存在甲醛残留超标问题而受到限制。近几年出现的纳米固色剂技术开辟了一块绿色固色剂新天地。

### 6.7.2.1　纳米硅胶膜固色技术

(1) 整理剂制备　按照正硅酸乙酯（TEOS）：乙醇（EtOH）：$H_2O$：$H^+$ = 1：6.4：3.8：0.085（摩尔比）比例，将一定量的正硅酸乙酯与无水乙醇充分混合，在强烈搅拌下逐滴加入去离子水和酸性催化剂（盐酸、醋酸等）的混合物，滴加完毕后将反应混合物在一定温度下搅拌回流一定时间，待溶胶冷却后加入一定量的 $N$，$N$-二甲基甲酰胺（DMF）作为干燥控制化学添加剂，继续搅拌 15min 即得 $SiO_2$ 溶胶，即为纳米硅溶胶固色整理剂。反应式如下：

$$Si(OC_2H_5)_4 + 4H_2O \longrightarrow Si(OH)_4 + 4C_2H_5OH$$

$$nSi(OH)_4 \xrightarrow[-H_2O]{H^+} HO\underset{n}{\underbrace{(\text{Si}\text{—}O)}}H$$

Si—O—Si 键的形成表明硅溶胶的生成，硅溶胶粒径的大小可通过催化剂、水醇比以及反应温度和时间来控制。

(2) 固色整理与固色效果　纯棉平纹府绸用直接染料染色后用清水洗去浮色，再用纳米硅溶胶固色整理剂作固色处理：二浸二轧，轧余率 70%，95℃烘干，150℃焙烘 3min。空白样干擦牢度为 3 级（最高 5 级），固色处理样 4～5 级。

经用摩擦牢度仪测试，空白样干擦牢度为 3 级（最高 5 级），固色处理样 4～5 级，空白样湿擦牢度为 1～2 级（最高 5 级），固色处理样 3 级，纳米硅溶胶固色处理样达到国家标准。

经用电子显微镜对纤维切片测试，硅溶胶粒子（粒径 10～20nm）分布在纤维表面，固色机理被认为是硅溶胶在粗糙的纤维表面形成以硅氧键连接的网络而成膜，膜的厚度在 10～30nm 之间，Si—OH 和纤维素—OH 基应有交联反应。

### 6.7.2.2　纳米有机硅固色技术

(1) 纳米有机硅固色剂组成与固色机理　纳米有机硅固色剂是含有多种环氧基、氨基及聚醚改性的有机硅共聚高分子化合物。其粒径在 20～30nm 之间，外观为淡黄色透明液体，易溶于水，阳离子性，pH 值 4.0～5.0。

纳米固色剂不仅具有一般固色剂所具有的阳荷性，与水溶性染料能形成色淀而且高分子纳米有机硅可在纤维表面富集、成膜，在纤维表面形成连续的网状薄膜并有增滑作用，降低纤维表面的摩擦系数，因而能湿著地提高干、湿摩擦色牢度。

(2) 固色工艺与固色效果　纳米有机硅固色剂在生产实践中的最佳用量为 20～40g/

L，染色布采用二浸二轧（轧液率 70%～80%）→烘干（105～120℃）即可，如经焙烘 150℃ 则效果更佳。如采用 40g/L 固色，则硫化黑 120g/L 的深色染色织物或活性染料拼色染成的深酱红色染品的干摩擦牢度分别从 1～2 级或 2～3 级提高到 4 级，硫化黑在烘干时为 3～4 级；湿摩擦牢度分别从 1 级或 1～2 级提高到 2～3 级（烘干后）和 3 级（焙烘后），固色后的干、湿摩擦牢度完全可以满足 OekTex Sdandard 100，200 标准所要求的牢度指标。

纳米有机硅固色剂不仅有显著的固色效果，还有以下优点：

① 固色后的染品一般没有色变，问题仍可保持织物的透气性和手感柔软的服用性能；

② 在生产中不会发生凝聚或沉淀以及粘滚筒等问题；

③ 不存在甲醛残留问题，为绿色固色剂。

# 6.8 纳米材料在疏水亲水纺织品制备中的应用

## 6.8.1 超疏水表面与荷叶效应

所谓超疏水表面一般是指与水的接触角大于 150° 的表面。人们早就从自然界植物叶表面的拒水自洁现象观察到了超疏水表面现象。例如，水不能浸润荷叶，而是在叶面上形成水珠，在外力作用下可任意滚动。20 世纪 70 年代，德国科学家 Bathlott 和 Neihuis 通过扫描电镜和原子力显微镜对荷叶等 2 万种植物叶面的微观结构进行了观察，发现荷叶表面覆盖着稠密的细短茸毛及连续的蜡质层使其具有特殊的拒水性能。人们把荷叶表面的水不能渗透荷叶，而只能形成水珠顺荷叶表面滑落的现象称为荷叶效应（lotus leaf effect）。

从荷叶的高倍放大的 SEM 照片观察到了荷叶表面微米结构乳突上还存在着纳米结构。荷叶表面上众多乳突的平均直径为 5～9μm，每个乳突又由平均直径为 124.3nm±3.4nm 的纳米结构分支组成。水在该表面上的接触角为 161.0°±2.7°。这种微米结构与纳米结构相结合的阶层结构是引起表面超疏水的根本原因。

荷叶效应在动物身上也存在。生活在池塘等水面的水黾在水面上行动自如，不会沉没，其原因不是依靠分泌油脂产生表面张力效应，而是通其腿部也存在荷叶效应的特殊微-纳米结构。它的腿部由很多取向的针状刚毛组成，直径在 3μm 到几百纳米不等，大多数刚毛的长度为 50μm，与腿的表面以倾斜 20° 的方向排列，在每个微米级的刚毛上存在着很多复杂的纳米级沟槽，从而形成独特的分级结构，这种微结构可以被看作是固-气组成的异相表面。空气可被有效地吸附在这些取向的微米刚毛和螺旋状纳米沟槽的缝隙内形成一层稳定的气膜，从而阻碍了水滴的浸润，宏观上表现出水黾腿的超疏水特性。

由此可知，纳米结构疏水纳米结构对增大表面接触角起着重要作用。人们通过荷叶效应的拒水自洁原理的研究，为制备仿生超疏水表面提供了新的方法。

## 6.8.2 超疏水性织物表面的制备原理

一般，超疏水性表面可以通过两种方法来制备：一种是在疏水材料（接触角大于 90°）表面构建粗糙结构，另一种是在粗糙表面上修饰低表面能的物质（如四氟乙烯、蜡等）。

通过研究荷叶效应的拒水自洁原理可知，具有高度拒水自洁的织物必须具备以下条件：首先应使纤维表面具有基本的拒水性能，同时还要使织物具有粗糙的表面。虽然织物组织表面本身是非常粗糙的，但这种粗糙结构不能形成微-纳米结构。所以，粗糙表面应是以纤维为最小单位，即拒水自洁织物表面的粗糙应是纤维表面的粗糙，并且该粗糙程度应达到纳米级水平。

"二元协同纳米界面材料"这一概念就是荷叶效应理论的应用。该界面材料设计思想是：当采取某种特殊的表面加工后，在介观尺度上能形成混杂的两种性质不同的二维表面相区，而每个相区的面积以及两相构建的"界面"是纳米尺寸的。研究表明，这样具有不同、甚至完全相反理化性质的纳米相区，在某种条件下具有协同的相互作用，以致在宏观表面上呈现出超疏水性或者是超亲水性质。这种理念也被叫做二元协同纳米界面理论，应用于纤维，可开发出超双疏性界面物性的纺织品。

## 6.8.3　超双疏三防纺织品的生产实例

（1）制备原理与方法　所开发的"纳米布"之所以能够防水、防油、防污是基于二元协同纳米界面理论，对纺织面料进行了超双疏技术处理的结果。

所谓超双疏技术最典型的是利用低温辉光气体等离子体处理机组，有选择的获得某种气体（如 $N_2$、$O_2$ 等）等离子体，其能量通过光辐射、中性粒子流和离子流作用于被处理的纺织面料，通过对纤维高分子表面层进行作用，实现对纤维表面的刻蚀、基团引入、交联变性和接枝聚合等处理，以实现纤维表面的粗糙化。在此基础上，再通过化学手段将 100nm 纳米尺寸的物质颗粒（常用氟系、硅系助剂材料）植入（固定之意）到服装面料表层上，便会形成超双疏界面。

这种纳米尺度 100nm 的物质颗粒可以在服装面料的表面形成一个均匀、间隙及其微小的类似于自然界荷叶表面的微-纳米特有结构。这种纳米材料颗粒面料纤维表面微-纳米特有结构使得面料纤维表面存在纳米尺寸的低凹沟槽，它可以吸附气体原子（空气）并处于稳定状态。所以，在宏观表面上就相当于存在一层稳定的气体薄膜，使油、污物或水无法与纺织面料直接接触，从而使材料的表面呈现超双疏性。

（3）超双疏功能效果　经超双疏功能处理的面料，水滴滴在面料表面，犹如水银成珠在面料表面滚动，水或油等液体滴在面料表面不会被湿润，甚至水或油类液体泼于面料表面，也不会浸入面料纤维中。水性液体只需倾斜或抖动面料，水珠即可脱离面料；油类液体只需用纸巾吸附，面料表面也不会留有油渍污痕。一般加工防水防油均可达到国家标准 4 级以上，若客户有特殊要求，拒水可达 5 级（按 GB/T 4745—1997 最高 6 级）；防油可达 6 级（按 FZ/T 01067—1999 最高为 8 级）。因该技术仅对面料的纤维表面进行了纳米界面结构的处理和功能改性，纤维的内在结构和成分没有变化，因此其原有的透气性、透湿量、强力牢度、色泽风格、弹力手感等均保持原样。整理效果可耐洗涤 30 次以上。

具有超双疏功能的面料因面料纤维表面张力远远小于水和油等液体的表面临界张力，除了具备超常的防水防油功效外，同时也大大提升了面料的防污功能和易洗涤性。纳米超双疏处理技术处理的各类纺织面料可以开发多种产品。如：服饰类：制服、休闲服、工作服、运动服、职业套装、童装、针织服装、衬衣、帽子、领带和丝巾等。纺织品：床上用品、家居用品、公用纺织品等。其他：鞋类、医疗用品（口罩、医用防护服）、特种用品等。

纳米材料及其纳米技术在纺织品中的应用环刚刚开始，其应用领域会不断扩大，并会出现好多人们原来意想不到的特殊效果。

## 思考题

1. 辐射源有哪些，紫外线辐射对人体有什么危害？对纺织品进行防辐射处理有什么意义？

2. 纳米材料防辐射材料有什么优点？用于纺织品的防紫外线辐射原理是什么？

3. 纳米防辐射材料用于纺织品主要途径有哪两种？举例说明两种途径的工艺及其原理。

4. 纺织品进行抗菌防臭加工有什么意义？无机纳米抗菌剂与其他抗菌剂相比有什么优缺点？

5. 常用的纳米抗菌剂有哪些？无机纳米抗菌剂的抗菌机理是什么？影响它们抗菌性的因素主要有哪几个方面？

6. 纳米壳聚糖、纳米竹炭等天然抗菌材料如何制备？如何应用于纺织品抗菌防臭加工？

7. 纳米抗菌剂用于功能纺织品加工主要途径有哪些？举例说明纳米抗菌纤维的加工原理及其工艺。

8. 无机纳米抗菌剂用于纺织品的后整理主要有哪些工艺方法？试举例说明。

9. 常用的纳米远红外发生材料有哪些？远红外纺织品对人体的保健作用体现在哪些方面？

10. 举例说明远红外保健功能纺织品的制备方法。

11. 为什么说负离子是"空气维生素"？自然界负离子是如何产生的？

12. 目前可用于纺织品负离子保健加工的负离子发生材料有哪些？如何制备？目前还存在哪些问题？

13. 请举例说明纺织品负离子保健加工的方法。

14. 芳香物质主要有哪些来源？释香纺织品对人体有什么好处？

15. 用于纺织品的芳香物质为什么需要微囊化加工？纳米芳香微胶囊如何制备？原理是什么？

16. 有些纺织品为什么需要阻燃处理？阻燃机理主要有哪些？

17. 用于纺织品的纳米阻燃剂目前主要有哪些？它们为什么有阻燃作用？纳米级阻燃剂比非纳米级阻燃剂有哪些优缺点？

18. 纳米二氧化硅是如何应用于阻燃黏胶纤维的？金属络合物是否都可以用于羊毛等蛋白质纤维或织物的阻燃整理？

19. 喷墨印花墨水纳米化对提高纺织品印花质量有什么意义？

20. 染色纺织品为什么需要固色处理？纳米固色剂固色原理和工艺是什么？

21. 什么是荷叶效应？根据纳米技术研究结果，荷叶效应产生的主要机理是什么？

22. "二元协同纳米界面材料"设计理念的来源是荷叶效应的研究成果吗？为什么说"二元协同纳米界面材料"设计理念对设计仿生超疏水表面性能纺织品具有创新性指导作用？

23. 纳米材料和纳米技术用于纺织材料的改性加工技术你还能查到哪一些？纳米材料与技术用于纺织品加工有哪些潜在安全性？

# 参考文献

[1] 杨栋梁. 纺织品的紫外线屏蔽整理. 印染, 1995, 21 (5): 36-46.

[2] 郑今欢, 钟幼芝, 邵建中, 等. 纳米抗紫外防水涂层织物的研究. 印染, 2005, (17): 7-10.

[3] 李全明, 王崇耀, 王浩. 防紫外线织物的研究. 高科技纤维与应用, 2002, 27 (3): 19-21.

[4] 陈荣圻. 纳米材料与保健功能纺织品. 染整工业, 2002, 39 (2), 24-30.

[5] 林冠发. 纳米陶瓷材料及其制备与应用. 陶瓷, 2002, (5): 18-21.

[6] 曹徐苇, 范雪荣, 王强. 远红外纺织品发展综述. 印染助剂, 2007, 24 (7): 2-4.

[7] 王玉辉, 孟家光. 纳米抗菌织物的杀菌机理及制备方法. 针织工业, 2005, (06): 56-58.

[8] Hyeyoung Kong, Jyongsik Jang. Antibacterial Properties of Novel Poly (methyl methacrylate) Nanofiber Containing Silver Nanoparticles. Langmuir, 2008, 24 (5): 2051-2056.

[9] Qun Li, Shui-Lin Chen, Wan-Chao Jian. Durability of Nano ZnO Antibacterial Cotton Fabric to Sweat. Journal of Applied Polymer Science, 2008, (1): 412-416.

[10] 李群, 陈水林. 纳米氧化锌整理剂的研制. 印染, 2003, 29 (8): 1-4.

[11] 吴之传, 陶庭先, 叶生梅. 键合型纳米银-腈纶纤维的制备及其抗菌性质. 功能材料, 2004, 35 (3): 371-372.

[12] 邓桦，K. Cheuk，郑卫宁等 . Low temperature preparation of nano TiO₂ and its application as antibacterial agents. 中国有色金属学会会刊：英文版，2007，17（2）：700-703.

[13] 李群，姜万超，陈水林 . 低聚丙烯酸钠用于纳米氧化锌表面改性的研究 . 青岛大学学报，2003，16（1）：11-15.

[14] 李群，李艳春，陈水林 . 纳米氧化锌织物整理剂的制备与整理效应的研究 . 印染助剂，2004，21（1）：23-25.

[15] 张建春，郝新敏，郭玉海等 . 一种耐久型抗菌除臭纤维织物的加工方法 . CN 1546755.2004.

[16] 李群，陈水林，李艳春等 . 纳米氧化锌整理剂的研制 . 印染，2003，29（8）：1-4.

[17] 李群，陈水林 . 纳米氧化锌织物整理剂的制备与整理效应的研究 . 印染助剂，2004，21（1）：23-25.

[18] 莫百春 . 纳米材料在功能纺织品上的应用 . 国外丝绸，2003，2，33-35.

[19] 王卫 . 纳米远红外喷胶棉产品开发 . 纺织高校基础科学学报，2006，6（19）.

[20] 王运红，鹿学凤，卢春华等 . 远红外聚酯及纤维的开发 . 弹性体，2006，16（5）：43-47.

[21] 杨栋梁，王焕祥 . 负离子技术在纺织品中的应用近况 . 印染，2004，（20）：46-49.

[22] 毕鹏宇，陈跃华，李汝勤 . 负离子纺织品及其应用的研究 . 纺织学报，2003，24（6）：99-101.

[23] 霍英，杨胜利 . 负离子远红外丙纶短纤维生产工艺探讨 . 合成纤维工业，2003，26（5）：45-46.

[24] 王俊华，王峰，蔡再生 . 芳香保健微胶囊的研制及其在纺织品中的应用 . 2008，30（1）：32-35.

[25] 黄希，黄象安 . 芳香纤维及纺织品的开发与展望 . 合成纤维，1998（3）：24-27.

[26] 李群，赵昔慧 . 天然产物在绿色纺织品中的应用 . 北京：化学工业出版社，2008.

[27] 李红燕，张渭源 . 纤维及织物阻燃技术综论材料 . 科学与工程学报，2007，25（5）：798-801.

[28] 夏延致 . 一种再生纤维素/SiO₂ 纳米符合材料的制备方法 . CN 200310117767.4.

[29] 李群，刘岩，朱平等 . 毛涤织物的阻燃抗静电多功能整理的效应 . 纺织学报，18（3）：39-41.

[30] 刘晓艳，徐鹏 . 纺织品阻燃性能的测试 . 中国化检，2004，（5）：19-20.

[31] 李江 . 纳米油墨及其应用技术 . 丝网印刷，2005，（3）：26-28.

[32] 许益，付少海，房宽峻 . 纳米涂料在棉织物上的印花效果 . 印染，2006，（3）：4-6.

[33] 关晓凤，孟朝晖 . 浅谈超细有机颜料的制法 . 涂料工业，2002，（6）：26-28.

[34] 郭润兰，崔萍，艾宏玲 . 军需织物喷墨印花影响因素的研究 . 印染助剂，2007，（1）：30-32.

[35] 江雷 . 从自然到仿生的超疏水纳米界面材料 . 科技导报，2005，（2）：4-6.

[36] 闻力生 . 防水、防油、防污纳米西服还要洗涤吗 . 纺织信息周刊，2003，24（18）：23.

[37] 陈荣圻 . 纳米材料与保健功能纺织品 . 染料工业，2002，39（2）：24-25.

[38] 刘丽雅，陈水林 . 缓释微胶囊及其在芳香保健纺织品上的应用 . 新纺织，2002，（9）：15-16.

[39] 尹继先，黎永强，温云鸽 . 纳米技术与现代纺织品 . 上海纺织科技，2007，35（1）：8-9.

# 第 **7** 章
# 纳米材料在环保中的应用

　　当前全球面临着严重的环境污染，包括最先进的工业化国家在内的各国，在民用、技术、商业和军事防御等领域正面临着可怕的环境污染问题。它涉及固体有害废弃物、废水及有毒气体污染的治理和控制，这些已经成为国际社会关注的热点。

　　纳米材料对各个领域都有不同程度的影响和渗透，特别是纳米材料在环境保护方面的应用，给我国乃至全世界在治理环境污染方面带来了新的契机。近年来，随着人们环保意识的增强，对生活环境的要求越来越高，这就对现存的环保技术提出了更高的要求。随着纳米技术的悄然崛起及发展，人类利用资源和保护环境的能力也得到拓展，纳米技术的出现为环保技术的进步和发展提供了新的机遇。纳米技术正在引发一场新的革命，纳米技术的目的之一就是实现环境友好。纳米技术为彻底改善环境和从源头上控制新的污染源，创造了有利条件。

　　由于纳米材料具有常规材料所不具备的奇异特性，使其在各领域的应用研究发展迅速。但是纳米技术在水污染治理方面所具有的巨大潜力已得到广泛的认同。随着人们对环境的日益重视，纳米材料在环保领域的应用研究，尤其是在水处理工程中的研究已成为研究热点之一。利用纳米技术解决污染问题将成为未来水污染治理发展的重要方向。纳米技术的发展和应用将会给废水处理技术的发展开创新的领域。

　　纳米技术与环境保护和环境治理的进一步有机结合，将会有助于许多环保难题的解决，诸如大气污染、污水处理、城市垃圾等问题的解决。有鉴于此，随着人们对纳米技术的研究的深入，其在环保领域的应用也将会越来越广泛。人们的生活环境也会因此而得到很大的改善。不久的将来，随着纳米技术的进一步发展将有可能推行纳米环保。

## 7.1　纳米材料在废水治理方面的应用

　　在地球上，哪里有水，哪里就有生命。一切生命活动都是起源于水的。水是人体的重要组成部分，是维持人体生理和生活活动所必须的物质，是人类最重要的自然环境条件之一。然而随着科技的进步和社会的发展，目前在经济高度发展，生活水平显著提高的同时，环境污染问题日益突出，工业的"三废"，农业的各类农药以及城市的废弃物排放等，导致水环境受到各种重金属、有机物、放射性物质以及病毒、细菌等的污染，我国许多河流受到严重污染，水环境的污染日趋严重，全国大部分地区，尤其是经济发达、人口密集的地区水源水质不断恶化。造成水质恶化的污染源除了工业废水外，日常生活所产生的生活污水也是主要和大量的污染源之一。水源的污染导致饮用水中有毒有害物质明显增加，影响甚至严重妨害了人们的日常生活与工作。据世界卫生组织调查资料表明，全球 80% 的疾病和 50% 的儿童死亡率都与水质不良有关。美国 78 个城市统计资料则表明，传染病致病原因中水质问题约占 95%，还有一个统计，因饮用不洁水生病死亡的每年有 1240 万人左右。对人体健康造成了严重的影响和危害。

## 7.1.1　水污染状况

随着现代工业的飞速发展，机械、冶金、化工、医药、矿山等行业废水的大量排放，使得各类水体中重金属的含量日益增加。重金属排入环境后不易去除，而是在环境中长期累积，通过食物链而生物富集，对生物和人体健康造成严重的威胁。大量资料表明，重金属在人体及生物体内蓄积，能够引发某些疾病。汞及其化合物属于剧毒物质，可在体内蓄积，引起全身中毒，往往导致死亡，并能危及后代健康。镉的化合物毒性很大，被人体吸收后会对肾脏造成严重损害，引起泌尿系统的功能变化，并可以代替骨骼中的钙而使骨骼变得松软，著名的"骨痛病"就是由镉中毒引起的。铬的毒性与其存在价态有关，六价铬和三价铬均有致癌作用，而六价铬的毒性最强，更易为人体吸收而且在体内蓄积，三价铬次之，二价铬和金属铬本身毒性很小或无毒。铅的主要毒性效应是贫血症、神经机能失调和肾损伤，铅是蓄积性毒物，一些铅盐对动物有致肿瘤、致畸作用。镍盐易引起过敏性皮炎，而且某些报告认为镍具有致癌性，对水生生物有明显毒害作用。砷的化合物均有剧毒，砷通过呼吸道、消化道和皮肤接触进入人体，如果摄入量超过排泄量，砷就会在人体的肝、肾、肺、脾、骨骼、肌肉等部位，特别是在毛发、指甲中蓄积，从而引起慢性砷中毒，潜伏期可长达几年甚至几十年，慢性砷中毒有消化系统症状、神经系统症状和皮肤病变，砷还有致癌作用，能引起皮肤癌。铜盐可引起胃肠道刺激症状，慢性接触可致贫血，可引起呼吸道刺激症状以及眼睛、皮肤刺激症状，接触铜还可损伤肝、肾及神经系统。锌对水的感观性状有不良影响。锰是人体必需的微量元素，水中如果含有微量的锰，一般认为对人体无害。但据报道，在锰矿地区，人体长期摄入过量的锰，可致慢性中毒，有的地区，水中含过量的锰，可能是诱发某些地方病的病因之一。

就我国而言，近年来各饮用水体中重金属污染日趋加剧。据有关部门对河流、湖泊及水库这几类水体的监测情况分析认为，主要的重金属污染为汞。城市河流有 35.11% 的河段出现总汞超过地面水Ⅲ类水体标准，21.43% 的河段年均值超标。北方地区超标最高的为济南小清河，超标 8 倍；南方城市河流中污染最重的上海苏州河超标 22 倍。为掌握七大水系污染状况，国家有关部门环境监测系统在长江干流、黄河干流、淮河干流、珠江、松花江、海滦河及大辽河水系上共设 131 个国家控水环境监测断面，对水质变化进行监测。另外，国家有关部门还对 26 个国控湖泊、水库进行监测，发现汞的污染都十分突出。地表水饮用水源中的镉污染是仅次于汞的重金属污染。在对作为饮用水源的城市河流污染物监测中发现，城市河流 18.46% 的河段面总镉超过Ⅲ类水体标准，9.23% 的河段年均值超过Ⅲ类水体标准。在对七大水系的调研中发现，长江水系在 1995 年度镉污染排名第五，仅次于总汞、COD、BOD 和挥发酚；黄河水系 1995 年度有 16.7% 的断面总镉超标；淮河干流总镉超标率16.7%（1991～1995 年）；海滦河总镉平均超标率范围 16.7%～83.9%，大辽河水系污染较轻，在对所统计的 26 个国控湖泊、水库的监测中发现了不同程度的镉污染问题。但就污染程度而言，仍以汞污染最重。铬和铅也是比较普遍的重金属污染物，这在 1991～1995 年度有关部门对国内城市河流、七大水系及湖泊水库的监测中也可以发现。1995 年度城市河流总铅共有 25% 的河段有超标样品出现，1995 年度长江干流总铬超标率 16.7%～33.3%；1995 年度黄河干流六价铬、总铅样品超标断面的比例分别为 9.1% 和 25%。珠江水系总铅超标率为 5.6%～16.7%；海滦河水系出现总铅超标的断面比例在 30%～60% 之间，年均值超标断面的比例在 25%～40%，六价铬亦有轻度超标；1995 年度对大辽河 18 个断面进行监测，结果 8 个断面出现样品超标，5 个断面年均值超标。在对我国各大湖泊的调查中，这两种重金属近年来一直呈上升趋势，已经开始影响到水体的质量。另外，其他重金属如镍、铊、铍、铜在中国各类地表水饮用水体中的超标现象也很严重。重金属污染不仅存在于地表水体，在地下水体中也是一个不容忽视的问题。据调查，我国绝大多数城市的地下水都不同程度地存在着较突出的水质问题，而城市生活污染、工业污染、引用未经处理的污水灌溉农田以及地质条件恶化等是造成污染的主要原因。据统计，全国地下水水质超标（Ⅱ类地下水体标准）面积大于 200km² 的城市有 11.1%，超标面积在 100～200km² 的有 18.5%，20～100km² 的有 48.2%，其主要污染物为重金属（如六价铬、汞等）、有机物、氨氮、硝酸盐等。例如西安市地下水中六价铬超过地下水Ⅱ类标准的面积达 58.2km²；贵州市地下水中铅、锌等检出率高达 60%～70%。我国各类饮用水水体的重金属污染情况事实上都有一个共同的特点，即污染物在水中浓度低，但作为水中背景物质的碱金属和碱土金属浓度高，其浓度要比重金属高几个数量级。因此，必须寻找一种有效的方法，使之对重金属微污染物有较好的去除效果和较高的选择性。

近年来，水源水在受到重金属污染的同时，也受到有机物的严重污染。有机污染物不仅在水中存在时间长，范围广，而且危害大。水体中种类繁多的有机物绝大部分对人体有急性或慢性，直接或间接的致毒作用，有的还能在组织内部改变细胞的 DNA 结构，对人体产生"三致"（致癌、致畸、致突变）。水源中的有机污染物可以分为两类，包括天然有机物和人工合成的有机物。天然有机物广泛存在于各种天然水体中，是由各种不同有机物种组成的复杂的混合物，主要来自生存或死去的植物、动物和微生物以及它们的排泄物和降解物，很难确定它们是由哪些普通种类的有机成分组成，它们的特性依赖于来源和生化降解程度。亲水、酸性、多分散的腐殖质是天然有机物的主要成分，它是饮用水中多种致突变消毒副产物的前体物质，是饮用水致突变性升高的主要因素。水体中其他的天然有机物包括一些具有较强亲水性和较低芳香度的蛋白质、脂肪、氨基酸、碳水化合物及亲水酸等，它们是水体中可生物降解有机物（biodegradable organic matters，BOM）的主要部分；另外，富营养化水体中的藻类及其分泌物也是天然有机物中不容忽视的一部分，它们有的可以引起饮水的异味，有的是致突变前体物，而一些藻毒素更是具有极强的促进肿瘤形成作用。天然有机物的危害主要有以下几个方面：天然有机物能够吸附在胶体和悬浮物的表面，促进系统的稳定性，还会妨碍去除水中其他不纯物，需要投加过量的混凝剂，从而增加了水处理成本，而且传统工艺无法去除某些有机污染物。天然有机物是形成水的色度成因物质，色度能引起人的厌恶感，是饮用水重要的控制指标。天然有机物是氯化消毒副产物的前体物，使水中的致突变物质含量增加，对人体健康造成危害，我国大约有 4 亿人正在饮用受到有机物污染的水。目前，在氯消毒处理之前去除消毒副产物的前体物质，正在引起人们的重视。没有被去除的天然有机污染物进入管网后，会被管壁上附着的微生物所利用，为细菌的滋生提供营养。它们能够腐蚀管壁，从而使铁屑和重金属离子溶入水中，造成二次污染，这种反应能够形成非生物稳定性的水，具有三致特性，同时减少了管网的使用寿命，致使爆管事件经常发生。水体中人工合成有机物种类繁多，它们通过废水排放、降水、渗漏、水上运输及运输事故等途径进入天然水体，对饮用水质和人体健康构成了极大的威胁。国内外在原水中检出的人工合成有机物已经有 2000 余种，在饮用水中检出的也超过了 1000 种，其中属于致癌、致畸、致突变的"三致"物质就有 100 多种。1977 年，美国国家环保局（USEPA）根据毒性、可生物降解性和在水体中出现的几率，从 7 万种化合物中筛选出 65 类 129 种水体中优先控制污染物（俗称"黑名单"），其中 114 种为有机物（见表 7-1）。1989 年，中国国家环保局根据我国国情制定了 14 类 68 种有毒化学污染物的"中国水体中优先控制污染物黑名单"，其中有机物为 58 种（见表 7-2）。1997 年，美国国家环保局又提出了"饮用水中允许的有机物浓度及其危害"的 200 种有机毒物名单。2001 年，卫生部将 54 种（类）有机物列入新颁布的"生活饮用水卫生规范"中的毒理学指标中，另外还新增加了 CODMn，作为有机物综合控制指标，规定其不得超过 3mg/L（特殊情况不超过 5mg/L）。

**表 7-1　美国水体中优先控制污染物中的有机物**

| 化合物类别 | 杀虫剂 | 多氯联苯 | 卤代脂肪烃 | 多环芳烃 | 单环芳烃 |
|---|---|---|---|---|---|
| 数量/种 | 21 | 8 | 26 | 16 | 12 |
| 化合物类别 | 酚 | 邻苯二甲酸酯 | 卤代醚 | 亚硝胺 | |
| 数量/种 | 11 | 6 | 7 | 7 | |

**表 7-2　中国水体中优先控制污染物中的有机物**

| 化合物类别 | 挥发性卤代烃 | 苯系物 | 氯代苯 | 多氯联苯 | 酚 | 硝基苯 |
|---|---|---|---|---|---|---|
| 数量/种 | 10 | 6 | 4 | 1 | 6 | 6 |
| 化合物类别 | 苯胺 | 多环芳烃 | 酞酸酯 | 农药 | 丙烯腈 | 亚硝胺 |
| 数量/种 | 4 | 8 | 3 | | | 2 |

上述这些有机物都具有毒性，其中许多为持久性有机污染物（persistent organic pollutants，POPs）；对环境和人体健康的危害大多具有不可逆性，其中有一些是"三致"物质；生物可降解性比较差，可以在生物体内积累；而且它们在水体中的浓度很低，经常是 $\mu g/L$ 甚至是 ng/L 的水平，常规水处理工艺很难将其有效去除，其中有一部分是内分泌干扰物（endocrine disruptors）和消毒副产物。我国作为饮用水水源的地表水主要为河流、湖泊和水库。许多地方的地表饮用水水源长期为 Ⅲ～Ⅳ 类水体，有时甚至达不到 Ⅳ 类水质标准。据报道，我国主要城市饮用水源中，上海检测出有机物 700 多种，天津 200 多种，就连水质较好的北京市也检测出 50 多种有机物。

据统计，我国饮用水受有机物污染的人口约 1.6 亿，研究发现水中有机化学污染物共有 2221 种。据有关研究表明（水源水有机物污染与监测）我国长江、黄河、珠江、松花江、黄浦江水源水及自来水中除个别采样点阴性外，大多数为突变可疑阳性和阳性，甚至出现了强阳性。饮用以上游、中游、下游黄浦江水为水源制取自来水的居民中男性胃癌、肝癌标化死亡率呈梯度变化并与水质致突变性基本相符。

我国主要流域长江、黄河、松花江、珠江、淮河 63.1% 的河段超过地面水三类标准，失去了饮用水功能，其中四类水质为 18.3%，五类水质为 7.1%，劣五类水质为 37.7%。细菌、病毒也是水环境的主要污染物之一。细菌和病毒都属于微生物，细菌是自然界中分布最广、数量最多、与人类关系最为密切的一类单细胞原核生物，是整个生物界的组成部分之一。细菌具有细胞结构简单、生长繁殖迅速、适应力强等特点。据有关研究发现，细菌能存活 200 万年，水体中细菌因水体污染程度不同，相差也非常悬殊，如贫营养湖中细菌数在 $10^3 \sim 10^4$ 个/mL，而富营养湖在 $10^7 \sim 10^8$ 个/mL。病毒只有细菌的千分之一大，必须用电子显微镜才能看清。它是微生物中个子最小的一族。病毒结构更简单，整个身体连一个完整的细胞都构不成，多数病毒只有一个核酸，外面包着一层蛋白质外壳，没有独立生活能力，要在一定种类的活细胞中过寄生生活。病毒种类很多，形状有棍棒形、多面形和蝌蚪形等。病毒在活细胞内几个小时就能繁殖几百个子孙。水中微生物种类及数量因水源不同而异，主要来源于土壤、尘埃、污水、人畜排泄物及垃圾等。一般地面水比地下水含菌数量多，并易被病原菌污染。水中日益增多的致病微生物、细菌、病毒，影响甚至严重影响了人们的日常生活与工作。WHO 的报告指出，在发展中国家 80% 病例和 1/3 的死亡由于饮用不洁水造成。还有一个统计，因饮用不洁水生病死亡的每年有 1240 万人左右，而至少 50 种病来源于不洁饮用水，50% 的矿泉水细菌检验不合格，我国 55% 人口饮用不安全水。据世界卫生组织调查资料表明，全球 80% 的疾病和 50% 的儿童死亡率都与水质不良有关，此外还发现，饮用氯消毒水的人与癌症死亡率密切相关，即使是某些丰水地区，也发现自来水加氯消毒后致突变活性增加，Ames（沙门菌诱变性试验）为阳性。而据研究结果表明，Ames 试验阳性突变结果与致癌之间有高达 83% 的符合率，其阳性率每增加 1%，则每 10 万人中胃癌、肝癌和肠癌的死亡率分别增加 0.216 人，0.111 人和 0.0854 人。

尽管传统饮用水处理工艺在保证饮用水质方面起到重要作用，但它不能有效地去除水源水中微量可溶性有机污染物，并且其氯化消毒工艺过程中，消毒剂氯与水中有机物作用产生毒性更大的消毒副产物，如三氯甲烷、卤乙酸等，其数目超过 500 种，这其中有许多为致癌、致畸、致基因突变的三致物质。

随着现代科技的飞速发展和水处理工作者的不懈努力，使得污水经过处理后的出水水质达到了较高的指标。但人类生活质量的提高与高新技术产业的发展使得人们对水质的认识观念不断更新，对水质的要求日渐提高。同时，现行水处理技术普遍存在效率低、成本高、操作复杂、再生困难、易引起二次污染、对于含有毒有害污染物的低浓度污水难处理等问题。综上所述，目前的水处理技术在具有各自优点的同时也存在着许多缺点。

针对现行水处理技术中的效率低、成本高、操作复杂、对低浓度废水难于处理的缺点，利用纳米技术、纳米材料来处理废水，纳米净水材料成本低，处理流程简单可广泛应用于军事、民用的净水器领域，具有良好的应用前景。

## 7.1.2 纳米过滤材料在废水处理中的应用

纳米过滤，简称纳滤（nanofiltration，简称 NF）是 20 世纪 80 年代中期发展起来的一种介于反渗透与超滤之间的新型膜分离过程，是一种由压力驱动的新型膜分离过程。纳滤膜的主要特点体现在两个方面：膜的截留相对分子质量范围为数百（道尔顿），即 $100 \sim 1000$。纳滤膜存在真正的微孔，孔径处于纳米级范围，纳滤膜对不同价态离子的截留效果有所不同，对单价离子的截留率低，对二价及多价离子的截留率则明显高于单价离子，由于让大部分单价离子自由通过，使得纳滤膜只需使用较低操作压力，一般在 $0.5 \sim 1.5$MPa；同时纳滤膜的通量高，相比于反渗透（RO），NF 具有设备投资低，能耗低的优点。纳滤在水软化、废水处理及食品、饮料、医药生产中有价值成分的浓缩、回收等方面的应用越来越受到人们的关注，成为膜分离领域中的一个新研究热点。

## 7.1.3 纳米光催化材料在废水处理中的应用

光催化降解是一项新兴的颇有发展前途的废水处理技术，它是指污染物在光照下，通过催化剂实现分解。纳米颗粒由于具有常规颗粒所不具备的纳米效应，而具有更高的催化活性。常用的光催化剂有纳米 $TiO_2$、$ZnO_2$、$CdS$、$SnO_2$、$Fe_2O_3$ 等。

对空气及水污染治理的关键在于污染物的降解过程本身也应该是环保的，即不能产生对人体和环境有害的副产品。下面所要介绍的光催化作用过程就具有"绿色"特征，如光催化剂的安全性，在室温或接近室温的温度下起作用，氧气的最终来源是分子态氧（比 $H_2O_2$ 和 $O_3$ 等还弱的氧化剂）。正是由于光催化作用的这些特点，纳米微粒的光催化（photocatalysis）成为一项正在蓬勃发展的应用于水与空气净化、修复的高新技术。近年来全世界范围内此课题的基础及应用研究越来越深入，报道的文章也从 20 世纪 80 年代初的每月 0.7 篇激增到现在的每月 23 篇。最初在 20 世纪 70～80 年代的研究主要集中在光电的转化和能源的存储，后来研究的方向逐渐转向与工业化过程相关联（比如电子）的新半导体材料的合成、制备与优化上。如今，光催化研究领域的重点发展方向就是空气净化和废水处理技术。

半导体光催化自发现以来一直受到人们的重视，原因在于这种效应在环保、水质处理、有机物降解、失效农药降解等方面有重要的应用。这种方法的优点在于能够彻底分解污染物，与传统技术如激活碳和气体剥离等方法只是将污染物从一种形态转变为另外一种不同形态相比，通过纳米微粒的光催化可以将有机和无机化合物甚至微生物降解或转化成有害性非常小的物质。人们一直也在寻找光活性好、光催化效率高、经济廉价的材料特别是对太阳敏感的材料、以便利用光催化开发新产品，扩大应用范围。纳米微粒作为光催化剂，有着许多优点，首先是粒径小，比表面积大，光催化效率高。另外，纳米微粒生成的电子、空穴在到达表面之前，大部分不会重新结合。因此电子、空穴能够到达表面的数量多，化学反应活性高。

非均匀光催化是一门包括大量不同类型反应的学科，包括轻度或重度氧化、去水化作用、氢转移、$^{18}O_2$、$^{16}O_2$ 及重氢－烷烃同位素交换、金属沉积、水的去毒化和气体污染物的去除等。符合后面两个特征的反应类型形成了新的用于空气和水净化处理的"先进氧化技术（AOTs）"的一部分。

在流体相（气相或液相）存在的条件下，自发的吸附会发生，并从根据吸附物的氧化还原势（能级），电子向受体分子进行迁移，而正的空穴迁移到供体分子上（实际上，空穴迁移对应于供体供给的电子停止在固体上）。所形成的每个离子随后反应形成中间产物和最终产物。反应的结果，催化剂光子激发似乎是整个催化系统激活的第一步，随后把有效的光子看作是一种反应物，把光子通量看作是一种特殊的流体相或电磁相。光子能量适应于催化剂的吸收，而不是反应物的吸收。整个过程的激活是通过催化剂的激发完成的，而不是通过反应物的激发完成的，在吸附相中不存在光化学过程，只存在非均匀的光催化机制。

非均匀光催化可以在不同介质中进行，如在气相、纯有机液相或水溶液，对于一般非均匀催化，整个过程可以分为 5 个独立的步骤：①在流体相中反应物迁移到表面；②最少一种反应物吸附；③在吸附相中的反应；④产物的解吸附；⑤产物离开界面区。光催化反应发生在吸附相内（即第 3 步）。与传统催化的惟一区别在于催化剂的活化模式，光催化中光子活化取代了热激活。尽管反应物（主要是氧）确实存在光吸附和光解吸附，但是第一、第二、第四和第五步并没有涉及激活模式。

氧化物如 $TiO_2$、$ZnO$ 和 $CeO_2$ 等，硫化物如 $CdS$ 和 $ZnS$ 等半导体催化剂的电子结构一般是由能带隙隔离开的价带（valence band）和导带（conduction band）组成，在光的照射下，当一个具有 $h\nu$ 大小能量的光子或者具有超过这个半导体带隙能量 $E_g$ 的光子射入半导体时，一个电子从价带激发到导带，在其后留下了一个空穴。激发态的导带电子和价带空穴能够重新结合消除输入的能量和热，电子在材料的表面态被捕捉，价态电子跃迁到导带，价带的空穴把周围环境中的羟基电子夺过来使羟基变成自由基，作为强氧化剂将酯类按照以下次序完成对有机物的降解：酯→醇→醛→酸→$CO_2$。

自从 1977 年 Frank 和 Bard 首次对 $TiO_2$ 在水中分解氰化物的可能性进行研究后，这种光催化材料在环境领域的研究越来越受到重视。人们从此开始致力于寻找价格便宜、化学稳定性高、光催化得到的空位具有很高的氧化性等的环境光催化材料。

一些氧化物和硫化物具有足够高的带隙能，可以被紫外光和可见光激发。价带和导带的氧化还原能促进一系列氧化还原反应。其中 ZnO 在被照亮的水溶液中不稳定，尤其 pH 值较低的情况下更不稳定。$WO_3$ 虽然在可见光条件下可以使用，但其催化活性比 $TiO_2$ 小。迄今为止 $TiO_2$ 凭借其特殊的光电特性、化学稳定性、无毒和低成本的优势成为用途最广的光催化材料。另外，在现有的 $TiO_2$ 不同晶型中，无论是天然的（金红石和锐钛矿），还是人工的，锐钛矿是最具活性的晶型。锐钛矿在热力学上较金红石不稳定，但在较低温度（60℃）下它的形成动力学更有利。这种较低的温度也许能够解释较高的表面积和较高的用于吸附和催化的活化位置密度。图 7-1 是受激发的 $TiO_2$ 微粒光催化过程的示意图。

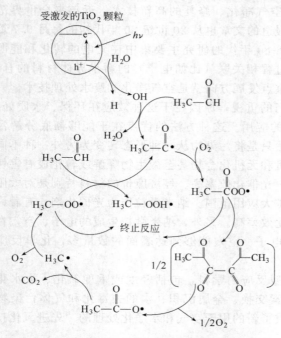

图 7-1　受激发的 $TiO_2$ 微粒光催化乙醛分解过程的示意图

纳米技术在水污染物去除方面的应用似乎是最有希望的潜在领域。因为许多有毒水污染物，无论是有机的还是无机的，通过纳米微粒的光催化作用分别可以完全矿物化或氧化成无害的最终化合物。室温非均匀催化具有显而易见的优势。

① 在水介质和较大的 pH 值（$0 \leqslant pH \leqslant 14$）范围内适用，而且适用于低浓度体系；
② 化学药品廉价；
③ 不需要添加剂（只需要来自空气的氧气）；
④ 沉积能力大，可以回收获得贵金属；
⑤ 可以与别的去污方法联用（特别是生物方法）；
⑥ 制备的薄膜透明；
⑦ 直接利用太阳光、太阳能和普通光源来净化环境。

（1）有机污染物的矿化与降解　大多数污染物在经历一个表观一级反应后会消失。对于芳香族化合物，即使在芳香环上没有去活化物质存在，去芳香化也是很快的。在下列物质存在于芳香环上时能够观察到这种情况：—Cl、—$NO_2$、—$CONH_2$、—$CO_2H$ 和—$OCH_3$。如果一个脂肪族链连接到芳香族环，打开脂肪族这个键是容易的。

碳原子氧化成 $CO_2$ 是相当容易的。但是，一般来说与分子的去芳香化相比，明显比较慢。对于含氯的分子，氯离子在溶液中容易释放，这对于与光催化有关的净化氯化物效率不高的生物系统的过程很有意义。含氮的分子主要矿化成 $NO_3^-$ 和 $NH_4^+$。氨离子相当稳定，它的比例主要取决于氯最初的氧化程度和照射时间。而含硫原子的污染物矿化成硫酸根离子。在所使用的 pH 值范围内，磷酸根离子容易吸附在 $TiO_2$ 上。这种强烈的吸附部分阻止反应速率，但仍能被接受。至今，对由芳香环降解而来的脂肪生成物的分析中只发现了甲酸根离子和乙酸根离子，而其他的脂肪族非常难与水分离进行分析。甲酸根离子和乙酸根离子相当稳定，正如在其他先进的氧化工艺中观察到的，这部分解释了完全矿物化过程比去芳香化反应长得多。

采用 HPLC 和 GC/MS 检测到的不同芳香污染物降解的主要中间产物。这些中间产物与最初的污染物浓度相比较，有很低的瞬间最大浓度，这与降解最初阶段有 $CO_2$、甲酸盐和乙酸盐形成相关。芳香环的羟基化取向取决于取代基的性质。例如，对于氯酚和二甲基苯酚，副和正的位只是有利的。与此形成对比的是，苯甲酰胺和硝基苯的去羟基化作用发生在所有空的位置，而预计的失电子的取代基却是亚取向。

杀螟硫磷（fenitrothion）是一种强的杀虫剂，根据质量平衡原理分析，已经证明了它是以下列总反应式进行光催化降级的：

$$(CH_3O)_2-P(S)-O-C_6H_3-(NO_2)(CH_3) + \frac{27}{2}O_2 \longrightarrow 9CO_2 + 3H_2O + 4H^+ + H_2PO_4^- + SO_4^{2-} + NO_3^-$$

在生物质中存在着羟基丁二酸，已被选为碳氧酸的典型分子，它是氧化降级过程中间产物的主要组分。图 7-2 是杀螟硫磷的降解路径的示意图。

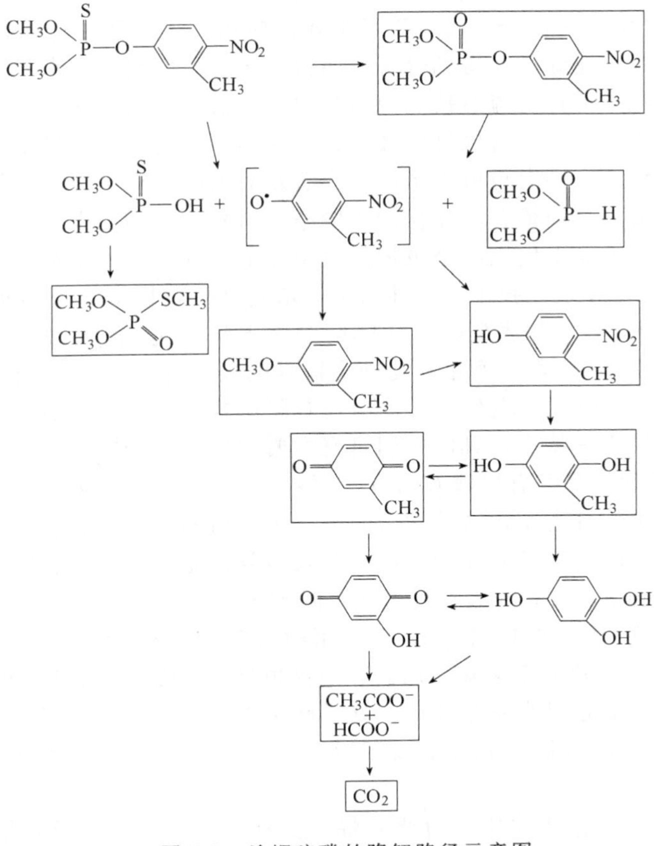

图 7-2 杀螟硫磷的降解路径示意图

（2）无机污染物的去毒化或去除 许多有毒无机阴离子的去除可以用光催化氧化成无害或少毒的化合物。例如，把亚硝酸盐氧化成硝酸盐，亚硫酸盐和硫代硫酸盐转化为硫酸盐，把氰化物转化为异氰化物或氮气或硝酸盐。

废水及工业废料中金属的富集意味着原料中金属的损失，与此同时对环境造成很大的污染。废水中的金属离子可以通过光催化作用发生转变，或直接沉淀下来，再通过机械或化学的过程从沉淀淤泥中将金属提取出来。利用光催化去除金属离子的机制大概分为以下 3 类：①通过光电子直接还原金属离子；②通过添加有机物的空位氧化产生的中间化合物间接还原金属离子；③有些金属离子如 $Pb^{2+}$、$Mn^{2+}$ 和 $Tl^+$ 等可以用氧化的方式除去。金属对的氧化还原程度与导带和价带直接相关，因为导带和价带是光催化氧化或还原金属热力学上最重要的影响因素。

如果阳离子金属对的氧化还原势高于半导体的平带能，那么，根据下列氧化还原反应，可以把它从工业废弃排放物中沉积到光催化剂上结晶成小晶粒而去除。

$$H_2O+M^{n+}\xrightarrow[\text{半导体}]{h\nu}M+\frac{n}{4}O_2$$

相同的条件下，发现不同的金属具有下面的反应性次序：

$$Ag>Pb>Au>Pt\geqslant Rh\geqslant Ir\geqslant Cu=Ni=Fe$$

银的沉积最初是通过形成 $3\sim8nm$ 的小晶粒产生的。随着光沉积转化增加，金属颗粒形成几百纳米，大于 $TiO_2$ 颗粒的团聚颗粒。由于这些团聚物包含大部分沉积金属，光敏感表面没有被显著掩盖，相当多的金属得到了回收。最终的浓度小于原子吸收光谱检测的极限（$\leqslant1\times10^{-8}$）。银的光沉积在两个方面获得了重要的应用：①在使用过的显影和定影液中回收银，在这个过程中银的亚硫酸盐得到分解，而银离子还原成银；②水质排放物的去毒化过程中，硫代硫酸盐氧化成无毒的硫酸盐，而酚醛化合物被降级为 $CO_2$。

从应用的观点来说，如果对含银排放液的立法更为严格的话，从显影液和定影液中回收银似乎是很有希望的事情。同时也可以指出，光沉积对回收汞离子也能起作用。

纳米光催化剂已成为目前最引人注目的环境净化材料。非均匀光催化目前已达到工业化水平。对在农业和食品工业上使用的杀虫剂的太阳光催化处理是一个很好的例子。

（3）纳米 $TiO_2$ 光催化氧化技术　纳米 $TiO_2$ 光催化氧化技术迄今为止已发现有数百种有机污染物可通过纳米 $TiO_2$ 的光催化氧化降解为无害的 $CO_2$ 和 $H_2O$。其作用原理是，在紫外光照射下，纳米 $TiO_2$ 表面会产生氧化能力极强的羟基自由基（·OH），使水中的有机污染物彻底氧化降解为 $CO_2$ 和 $H_2O$。该技术具有降解速度快、氧化条件温和、无选择性、无二次污染、应用范围广等特点，具体应用研究主要有如下几个方面。

① 含磷废水的处理　目前有机磷农药占我国农药产量的 80% 以上，其生产过程中有大量的有毒废水产生，用传统的生化法处理后的废水中有机磷的含量仍高达 $30mg/L$，目前尚无理想的解决办法。国内采用纳米 $TiO_2$-$SiO_2$ 负载型复合光催化剂，能使有机磷农药在其表面迅速富集，光照 $80min$，试验的敌百虫可完全降解。

② 氯代有机废水处理　在日本研究表明，用纳米 $TiO_2$ 光催化剂与臭氧联合处理废水中的 3-氯酚，可将所含 3-氯酚完全去除；用内表面涂覆纳米 $TiO_2$ 光催化剂的陶瓷圆管处理三氯乙烯水溶液，三氯乙烯亦很快完全分解。英国利用人工采光和纳米 $TiO_2$ 开发了一种新的常温光催化技术，将工业废液和污染的地下水中的多氯联苯类化合物完全分解为 $CO_2$、$H_2O$ 和 HCl。

③ 含油废水处理　含油废水中含有脂肪烃、多环芳烃、有机酸类和酚类等，自身很难降解。采用纳米 $TiO_2$ 的光催化氧化技术，可以迅速地降解这些有机物。中国科学院利用太阳光和纳米 $TiO_2$ 粉末对苯酚水溶液和对十二烷基苯磺酸钠水溶液进行试验，结果表明，在多云和阴天条件下，日光照射 $12h$ 后，浓度为 $0.5mmol/L$ 的苯酚已完全降解，浓度为

1mmol/L 的对十二烷基苯磺酸钠也基本完成降解，净度高且无二次污染。

④ 毛纺染整废水处理　把表面涂覆有纳米 $TiO_2$ 膜的玻璃填料填充于玻璃反应器中，废水在反应器内循环进行光催化氧化处理，废水中的有机物能迅速分解成 $H_2O$ 和 $CO_2$，且催化剂能连续使用，无需分离回收，具有高效、节能、无二次污染等特点，便于工业应用。

⑤ 纳米 $TiO_2$ 的光催化抗菌作用　$TiO_2$ 作为一种光催化剂，越来越受到人们的重视。利用 $TiO_2$、$ZnO$ 等半导体对有机污染物进行光催化降解，最终生成无毒无味的 $CO_2$、$H_2O$ 及一些简单的无机物，正逐渐成为工业化技术，这为环境污染的消除开辟了广阔的前景。

一般常用的杀菌剂 Ag、Cu 等能使细胞失去活性，但细菌被杀死后产生的内毒素不能消除。内毒素是致命物质，可引起伤寒、霍乱等疾病。纳米 $TiO_2$ 经光催化后能与细菌细胞或细胞内的组成成分进行生化反应，导致细胞死亡并将细菌死后产生的内毒素分解。实验证明，纳米 $TiO_2$ 对绿脓杆菌大肠杆菌、金黄色葡萄球菌、沙门菌、芽杆和曲霉等具有很强的杀灭能力。利用纳米 $TiO_2$ 和太阳光进行水处理灭菌这种技术取代传统的氯化法水处理灭菌已经成为可能。

纳米 $TiO_2$ 在 UV 区域（40nm）具有光活性，价带电子被激发到导带形成空穴—电子对，在电场作用下，电子与空穴发生分离迁移到粒子表面的不同位置。表面的空穴可以将吸附在 $TiO_2$ 表面的 OH 和 $H_2O$ 分子氧化成 •OH 自由基。•OH 自由基氧能力强，所以 $TiO_2$ 具有强氧化性。$TiO_2$ 表面的高活性电子具有很强的还原能力，可以还原去除水体中的金属离子，纳米 $TiO_2$ 的粒径小，吸收光能后，电子、空穴到达表面的数量多，速度快，光催化效率远远高于普通 $TiO_2$ 粉末。张池明利用掺杂 $Fe_2O_3$ 的纳米 $TiO_2$ 作光催化剂，处理含 $SO_3^{2-}$ 和 $Cr_2O_7^{2-}$ 的废水，结果发现纳米 $TiO_2$ 的光催化活性比普通 $TiO_2$ 粉末高得多。随着纳米材料和纳米技术基础研究的深入和实用化进程的发展，纳米材料在环境保护方面的应用显现出欣欣向荣的景象。纳米材料与传统材料相比具有很多独特的性能，以后还会有更多的纳米材料应用于环境保护，许多环保难题诸如大气污染、污水处理、城市垃圾等将会得到解决。我们将充分享受纳米技术给人类带来的洁净环境。

纳米微粒比表面积大，作为高效率的催化剂十分合适，其表面效应和体积效应决定了它具有很好的催化性和选择性。作为纳米材料在光催化应用中的典型代表，纳米 $TiO_2$ 成为光催化污水处理的重点研究对象。水中溶解性有机污染物的去除一直是水处理过程的一大难题，利用纳米材料通过光催化氧化可以将有机物完全转化为二氧化碳和水等简单的无机物，避免二次污染。运用紫外光激发催化（$UV/TiO_2/H_2O_2$）工艺，可以将消毒副产物三氯甲烷等有机氯化物直接氧化分解为无毒的氯离子和二氧化碳，光激发催化工艺产生的羟基自由基（•OH）对有机物的去除具有广谱性，因此以纳米级的氧化物作为催化剂可以同时去除水中多种有机物，使水质得到全面改善。至今为止，已知纳米 $TiO_2$ 能处理 80 余种有毒污染物，它可以将烃类、卤代烃/酸、表面活性剂、有机染料、含氮有机物、有机磷（溴）杀虫剂、木材防腐剂和燃料油、杂环芳烃、取代苯胺等很快完全氧化成水与二氧化碳等无害物质。对于难降解的有机物如洗涤剂、多氯联苯、多氯代二　英、聚乙烯醇、酚类化合物等也表现出良好的降解性能。

目前利用人工采光和纳米 $TiO_2$ 的常温催化技术，可将工业废液和被污染的地下水中的多氯联苯类分解为水与二氧化碳，从而消除了对环境的污染。在多云条件下利用纳米 $TiO_2$ 粉末和阳光对十二烷基苯磺酸钠水溶液日光照射 12h 后，浓度 1mol/L 的十二烷基苯磺酸钠水溶液基本降解完成，净度高且无污染物。Heller 制成附着在中空玻璃球上的固定 $TiO_2$ 光催化剂，能漂浮于水面降解水面石油污染；以煤灰中漂球为载体，钛酸丁酯为原料可制备载有纳米 $TiO_2$ 粉体的漂浮型催化剂，在紫外光和太阳光的直接照射下，不仅能有效地降解水面石油污染，还能抑制原油在自然氧化过程中形成有害的共聚物。利用中压汞灯作光源，纳米 $TiO_2$ 能有效地光催化降解污水中的氯代二苯并-对-二噁英（CDDS，包括 CDD、DCDD、PeCDD、OCDD），在室温下 4h 内 DCDD、PeCDD、OCDD 分别降解了 87.2%、84.6%、91.2%，反应温度和 $TiO_2$ 的浓度为该反应的主要控制因素。

## 7.1.4 纳米吸附材料在废水处理中的应用

（1）层柱黏土纳米复合吸附材料层柱黏土矿物 层柱黏土矿物（pillaredinterlayerclay）是近年来得到广泛研究的一种纳米复合材料。它是利用层状黏土能够碎裂成纳米尺寸的结构微区，其晶层间距一般在几到十几纳米，可以让某些聚合物嵌入到其纳米尺寸的夹层空间中，形成"嵌入纳米复合材料"，或者被聚合物撑开，形成长径比很高的单片状无机物，均匀地分散在聚合物基体中，形成"层离纳米复合材料"。层柱黏土的大比表面、有机基团及孔径尺寸的可调变，使之具有良好的吸附、交换性能。利用羟基铝交联膨润土吸附剂处理含磷废水，一定条件下，吸附效率达 99.7%，吸附容量为 3.26mg/g（以 P 计），而羟基铝交联蒙脱石对溶液中的磷酸根的吸附容量为 5.56mg/g，适合条件下磷的去除率接近 100%。天然硅藻土和 $MnO_2$ 改性硅藻土对 $Pb^{2+}$ 的吸附容量分别为 24mg/g 和 99mg/g。研究表明，用羟基铁对膨润土进行改性后，适宜条件下，对弱酸性深蓝 GR 的去除率高达 99% 以上，吸附机理主要为表面吸附、离子交换和分配作用。

（2）纳米 $SiO_2$ 吸附材料 纳米吸附材料据研究报道，纳米 $SiO_2$ 粉体对醇、酰胺、醚类等有较好的吸附作用。电中性的分子可通过氢键、范德华力、偶极子的弱静电引力吸附在粒子表面。其中主要是以氢键形式结合为主。例如，纳米 $SiO_2$ 粒子对醇、酰胺、醚类等的吸附过程中氧化硅微粒与有机试剂中间的接触为硅烷醇层，硅烷醇在吸附中起着重要作用。上述有机试剂中的 O 或 N 与硅烷醇的羟基（OH 基）中的 H 形成 O—H 或 N—H 氢键，从而完成 $SiO_2$ 微粒对有机试剂的吸附。对于一个醇分子与氧化硅表面的硅烷醇羟基之间只能形成一个氢键，所以结合力很弱，属于物理吸附；对于高分子氧化物，例如聚乙烯氧化物在氧化硅粒子上的吸附也同样通过氢键，由于大量的 O—H 氢键的形成使得吸附力变得很强，这种吸附为化学吸附，物理吸附容易脱附，化学吸附脱附困难。吸附不仅受粒子表面性质的影响，也受吸附相的性质影响，即使吸附相是相同的，但由于溶剂种类不同吸附量也不一样。例如，以直链脂肪酸为吸附相，以苯及正己烷溶液为溶剂，结果以正己烷溶液为溶剂时直链脂肪酸在氧化硅微粒表面上的吸附量比以苯为溶剂时多，这是因为在苯的情况下形成的氢键很少。

（3）纳米净水剂吸附材料 纳米材料所具有的表面效应使其具有高的表面活性、高表面能和高的比表面积，所以纳米材料在制备高性能吸附剂方面表现出巨大的潜力，这方面的研究刚开始。目前，新型的纳米级净水剂具有很强的吸附能力，它的吸附能力和絮凝能力是普通净水剂三氯化铝的 10～20 倍。因此，它能将污水中悬浮物完全吸附并沉淀下来，先使水中不含悬浮物，然后采用纳米磁性物质、纤维和活性炭净化装置，能有效地除去水中的铁锈、泥沙以及异味等。经前两道净化工序后，水体清澈，没有异味，口感也较好。再经过带有纳米孔径的特殊水处理膜和带有不同纳米孔径的陶瓷小球组装的处理装置后，可以 100% 除去水中的细菌、病毒，得到高质量的纯净水，完全可以饮用。这是因为细菌、病毒的直径比纳米大，在通过纳米孔径的膜和陶瓷小球时，会被过滤掉，水分子及水分子直径以下的矿物质、元素则保留下来。

据报道，某公司采用纳米材料用于污水处理净化剂、絮凝剂和杀菌消毒剂中，这些纳米材料形成的多元复合新型超高效水处理剂，不仅治污效果好，而且缩短了工艺流程、降低了药剂费用。

　　纳米材料属于当代材料科学的前沿学科，纳米材料和纳米技术领域新产品的创新必须以市场为导向，需求为牵引。目前，我国已建立起纳米材料生产线 10 多条，以纳米材料和纳米技术注册的公司近百个，纳米材料在能源和环保等方面的应用开发已在我国兴起。作为21 世纪前沿科学的纳米技术将对环境保护产生深远影响，并有广泛的应用前景，甚至会改变人们的传统环保观念，利用纳米技术解决污染问题将成为未来环境保护发展的必然趋势。

　　纳米技术作为一门新兴学科，对其研究才刚刚开始。以上介绍的只是纳米技术在废水处理方面应用的几个方面，随着纳米技术的发展，其应用的范围将不断扩大。同时，许多问题有待进一步研究深化，如纳米材料的微观结构和性能的进一步深入研究，纳米材料制备中结构的控制及性能的稳定，运用纳米技术的新产品、新技术的开发和利用等方面的研究。

# 7.2　纳米材料在气体净化方面的应用

　　现代工业的发展在为人类创造巨大财富的同时给生态环境带来严重的污染。工业生产中使用的气体燃料和在生产过程中产生的气体的数量和种类越来越多，这些有毒性气体和可燃气体污染环境，一旦发生爆炸和火灾，将危及人身和财产安全，据统计在发达国家汽车尾气的排放量是其他各种气体污染源的 3 倍，在我国的大城市 40％以上的 $NO_x$、80％以上的 CO和 70％以上的碳氢化合物来源于汽车尾气的排放污染物。而且工业生产中使用的汽油、柴油以及作为汽车燃料的汽油和柴油等含有硫的化合物在燃烧时会产生 $SO_2$ 气体，空气中超标的二氧化硫（$SO_2$）、一氧化碳（CO）和氮氧化物（$NO_x$）对人类的身体健康有害。

　　因此处理大气污染也是各国政府亟待解决的问题，开发替代燃料或研究用于控制和减少汽车尾气对大气污染的材料，对保护环境具有重要的意义。

　　纳米材料之所以在处理空气污染方面有广阔的应用前景，是因为其具有较小的颗粒尺寸，而且纳米微粒表面形态随着粒径的减小，表面光滑程度变差，形成了凸凹不平的原子台阶，从而起到以下 3 个方面的作用。①提高反应速度，增加反应率；②决定反应路径；③降低反应温度。

　　随着现代工业的迅猛发展，环境污染问题日趋严重，特别是氮氧化物 $NO_x$ 及硫化物 $SO_x$，对大气的污染，已成为世界各国亟待解决的环保问题，为了解决这一难题，人们已作了各种努力，例如研制出处理尾气中氮氧化物的催化转化器等。目前，大气污染是我国许多大城市所面临的最严重的环境问题之一。以北京市为例，据环保部门公布 1997 年北京市区大气中总悬浮颗粒物（TSP）、二氧化硫、氮氧化物年日均值分别为每立方米 $371\mu g$、$125\mu g$和 $133\mu g$，分别超过国家空气质量二级标准的 85.5％、10.8％和 166％，被列为大气污染最严重的十大城市之一。

　　近年来，利用纳米光催化技术从空气中清除气态污染物是日益受到重视的新型污染治理新技术，它具有多种优点而受到人们的广泛关注。

　　室内空气净化的方法有很多，纳米材料光催化环境治理技术是国际上新出现并普遍认为是治理低浓度有机废气方面很有应用化前景的高新技术之一，其优点在常温下对各种有机和无机污染物进行分解、能耗低、无二次污染，适合于室内污染空气中有害污染物的分解。净化选择甲醛为目标污染物，因为各种装修材料的应用使甲醛成为最广泛的室内污染物。

　　目前，光催化法消除空气中微量有害气体的研究，主要针对人类生活环境的空气净化处理。室内空气污染主要来自工业污染扩散；肉、蛋 蔬菜等有机质腐败分解；含硫化物吸烟、烹饪、取暖过程产生 CO、$SO_2$、$NO_x$ 等。人和宠物所排出的异味气体，如 $NH_3$、油漆、塑料、建筑材料等释放的有害气体，如醛类。装饰材料中的各种人造板和家俱中的游离甲醛不仅是可致癌物，而且还包括能致使胎儿畸形的苯系物。医学专家的研究证明，室内空气里的苯和苯系物污染，对人体的造血机能危害极大，是诱发再生障碍性贫血和白血病的主要原因等，甚至还包括某些致癌物质，包括霉菌、细菌、病毒等微生物。在我国目前居住的条件下，每年因室内空气污染疾病引起的死亡率高达 20%～30%。

目前在大气环境治理还有一定技术难度的情况下，着眼于人类的工作生活环境，如家庭、医院、办公室、公共娱乐场所等的治理，对于预防疾病，提高人民健康水平具有重要的意义。

大气污染一直是各国政府需要解决的难题，空气中超标的二氧化硫（$SO_2$）、一氧化碳（CO）和氮氧化物（$NO_x$）是影响人类健康的有害气体，纳米材料和纳米技术的应用为解决这些气体的污染源问题提供了新的解决方法。

世界许多国家，尤其是日本、美国、加拿大、法国等发达国家均投入了大量的资金和研究力量从事光催化功能材料和相应技术的研究开发。涉及光催化消除环境污染物的研究报道日益增多。

光催化反应的研究与开发在日本一直处于世界领先地位。在 20 世纪 60 至 70 年代，科研人员在研究与开发复印、传真等光电新技术时，对具有光的刺激-应答功能的半导体氧化物材料进行了一系列的探索研究。1972 年日本东京大学藤岛昭等人在实验中偶然发现用 $TiO_2$ 单晶半导体为电极，在光照射下将水电解为氧和氢。同时，他们还发现水中的一些微量有机物也被降解掉了。之后，他们将 $TiO_2$ 负载于金属载体上制成微电池。在水中也同样证实了 $TiO_2$ 具有光催化反应功能。

此后 20 多年东京大学的藤岛昭、桥本和任、渡部俊也等教授领衔从事纳米 $TiO_2$ 的基础研究、应用研究、技术开发的工作。对 $TiO_2$ 光催化氧化技术的研究与开发、推广与应用被称为光洁净的革命。1994 年以来东京大学每年要召开以光催化反应的最新进展为主题的讨论会，目前日本已有 1000 多家企业参加到 $TiO_2$ 光催化技术的应用与开发的行列中来。1998 年 12 月 2 日召开的第五届讨论会参加人数比第一届的人数高出 4 倍，会上他们散发已开发成功的新产品的海报或广告有 80 多种，同时展出了数十件光催化技术的新产品。在街上一些电器商店也展出如家用电器、吸尘器、厨房以及汽车用空调上的各种催化净化的过滤器，以改善人们的生活环境。日本出版的《工业材料》月刊从 1997 年每年出一期关于 $TiO_2$ 光催化研究与开发最新进展的专辑，有不少企业已开发出纳米 $TiO_2$ 光催化涂料，并实现了商品化生产。东陶机器株在把纳米 $TiO_2$ 具有超亲水性的特性应用于玻璃、瓷砖等建材表面以及日常生活用卫生洁具表面等方面的应用研究与技术开发方面最具代表性。1997 年他与东京大学合作，开发出光催化 ToTo 瓷砖用于房屋内装饰，可以灭菌、除污。1998 年 10 月曾在医院手术室内、外墙上使用 ToTo 瓷砖，可以防污、自洁，每年可节省清洗外墙的大量劳力和财力。此外，东陶机器（株）还研制出由四层 PET 薄膜组成的 $TiO_2$ 涂层。1999 年 3 月将其涂载在助动车、机动车的后视镜上仍能保持透明。东陶机器（株）在研究与开发中已申请 450 件专利，包括 $TiO_2$ 涂层超亲水性能的发现、机理、作用、特性、超亲水性材质组成及用途等。另外 YKK（株）开发出用于铝合金建材表面的新型建材，这种材料经过 $TiO_2$ 处理后具有防污、灭菌、防臭等功能。1999 年 4 月在日本仙台建成一座面积为 $800m^2$ 的涂有纳米 $TiO_2$ 的帐篷（参见图 7-3）。$TiO_2$ 负载固定在聚酯-聚氨酯纤维上，除了防污、灭菌外还可以除臭，如烟臭味。

随着经济的发展，人民生活水平的不断提高，尤其是纳米技术的兴起，我国的光催化技术在大气污染治理方面应用的研究也得到了蓬勃的发展。目前国内有 70～80 所大学和研究所的近 300 个研究小组在进行纳米光催化技术的研究和开发。国家和政府也十分重视对纳米光催化技术的研究，在我国的"十五"规划、国家的纳米计划以及"863"计划中，都把纳米光催化列为重要研究项目。在"九五"期间，国家已投重资在福州大学进行光催化产业化的研究。各级地方政府和企业对光催化技术及其应用前景也十分看好。北京市

图 7-3　涂有纳米 $TiO_2$ 的帐篷

和北京首创集团也在清华大学投巨资建立专门研究纳米光催化剂的研发中心。国内市场从 2000 年底开始出现光催化空气净化器，但目前还没有形成规模效应清华大学在多孔薄膜光催化剂，大颗粒表面负载薄膜光催化剂以及丝网膜光催化剂的研究方面取得了突破性进展，获得的薄膜光催化剂性能十分优异，可以把甲醛浓度为 $1000\mu L/L$ 的污染空气 100% 净化。目前，该项目已进入产业化前期研究，北京工业大学研制开发的纳米 $TiO_2$ 涂料在空气净化方面也得到了很好的效果。目前已进入工业化生产阶段，此外还研制开发了光催化空气净化器，也具有很好的净化空气的效果。

　　气固相光催化技术对空气净化的研究起步较晚，但由于它在消除人类生活和工作环境中的空气污染方面尤其具有突出的优点，已显示出广阔的应用前景，现已对气体污染物进行了很多的研究。最早把气固相光催化空气净化技术推向实用的是日本的丰田三共公司。1985 年京都大学首次进行了消除 $H_2S$、$NH_3$ 等污染物的气固相光催化的研究，他们与日本丰田三共公司合作，于 1988 年向市场推出了实用化产品脱臭杀菌装置 Room Doctor，这是国际上将光催化技术成功的应用于消除空气中微量有害气体的首例。1988 年初，中国科学院兰州化学物理研究所在我国首次开展了气固相光催化研究新领域，并于 1991 年成功地开发出可同时消除 $H_2S$、$SO_2$、$NH_3$、$CH_3SH$ 等生活环境中常见的具有恶臭气味的微量有害气体的高效、稳定的光催化剂，同时还研制出适用于消除封闭或半封闭空间中微量有害气体的实用性器件光催化空气净化器，两项成果于 1992 年 5 月通过技术鉴定并获两项国家专利。这项技术成果已在全国范围内进行推广，其中三家公司已经投产，两家即将投产，该所的研究人员与有关单位合作，目前正在开展光催化空气净化与空调一体化的研究，并将进行电冰箱中光催化除臭的研究除。此之外，气固相光催化技术还在以下几个方面获得了广泛应用：在传统的器件上，如空调器、加湿器、暖风机、空气净化器等附加光催化净化功能开发而成的新一代高效绿色健康产品，日常用品方面有自洁杀菌陶瓷材料自洁玻璃、自洁厨房用具、医院的设施等，以及涂载有光催化纳米涂料的高速公路两侧，参见图 7-4 及隧道内设置的光催化反应器等。

　　因为纳米 $TiO_2$ 光催化材料本身具有良好的化学稳定性，极强的光催化氧化和还原能力、抗磨损、成本低、制备方法简单、

图 7-4　涂有纳米涂料的高速公路

设备占地面积少、耐用性强，可制成透明薄膜并且可掺杂材料多、改性强等优点，所以这种材料越来越受人青睐，尤其是在环境净化和太阳能利用方面的应用潜力是不可估量的。但目前这项技术还处于由实验室向工业化发展的阶段，并且光催化技术的研究涉及到多个学科，因此具有相当的难度。尽管如此，我们还应当看到 $TiO_2$ 光催化作为一项很有前途的环境治理技术，有着相当广泛而又诱人的前景，但在理论和应用推广方面还有许多工作需要我们去进一步发展和完善。

纳米技术及纳米材料在大气污染中的具体应用如下。

（1）用作石油脱硫催化剂　从根源上解决污染源问题，依靠采用对汽车废气排放的报警与监控的措施是远远不够的。工业用及车用燃料油是最大的 $SO_2$ 污染源，燃料油中的含硫化合物在燃烧后会产生 $SO_2$，所以石油炼制工业有一道脱硫工艺以降低汽柴油的硫含量。如果在石油提炼工业中重视脱硫过程，降低燃料中硫含量，那么有害气体 $SO_2$ 产生的源头就被截断，因而对环境的治理可以起到事半功倍的效果。纳米材料将在脱硫工艺中提高脱硫效率方面发挥重要作用。纳米钛酸钴（$CoTiO_3$）是一种非常好的石油脱硫催化剂。据报道以半径为 $55\sim70nm$ 的钛酸钴合成的催化活体，以多孔硅胶或以 $Al_2O_3$ 陶瓷作为载体的催化剂，其催化效率极高。可以解决汽油、柴油等燃烧产生的大气污染问题。采用沉淀溶出法制备的粒径约 $30\sim60nm$ 的白色球状钛酸锌粉体，该粉体比表面积大，化学活性高，用它作吸附脱硫剂，较固相烧结法制备的钛酸锌粉体效果明显提高。经催化的油品中硫的含量小于 $0.01\%$，达到国际标准。

同样，煤燃烧也会产生 $SO_2$ 气体，在燃料燃烧时，再加入一种纳米级助烧催化剂，不仅可以使煤充分燃烧，不产生二氧化硫气体，提高能源利用率，而且会使硫转化成固体的硫化物，而不产生二氧化硫气体，从而杜绝有害气体的产生。

（2）用作汽车尾气净化催化剂　复合稀土化合物的纳米级粉体是一种新型汽车尾气净化催化剂。它的应用可以彻底解决汽车尾气中 $CO$ 和 $NO_x$ 的污染问题。以活性炭作为载体，纳米 $Zr_{0.5}Ce_{0.5}O_2$ 粉体为催化活性体的汽车尾气净化催化剂，由于其表面存在 $Zr^{4+}/Zr^{3+}$ 及 $Ce^{4+}/Ce^{3+}$，电子可以在其三价和四价离子之间传递，因此具有极强的电子得失能力和氧化还原性，在氧化 $CO$ 的同时还原 $NO_x$，使它们转化为对人体和环境无害的 $CO_2$ 和 $N_2$。而更新一代的纳米催化剂，将在汽车发动机汽缸里发挥催化作用，使汽油在燃烧时就不产生 $CO$ 和 $NO_x$，无需进行尾气净化处理。

纳米材料应用于汽车尾气的超标报警器及净化器上，减少有害气体的排放。纳米材料制备与组装的汽车尾气传感器，通过对汽车尾气排放的监控，及时对超标排放进行报警，并调整合适的空燃比，减少富油燃烧，达到降低有害气体排放和燃油消耗的目的。这部分半导体气敏传感器主要是利用材料的电阻随环境气氛浓度的变化而改变的特性，通过变化值可以获得环境气氛的状况。按基体来分可以分为金属氧化物型和有机高分子型，金属氧化物半导体气敏材料又可以分为以 $SnO_2$、$ZnO$ 和 $Fe_2O_3$ 为代表的简单氧化物和复合氧化物〔如 $M_{0.9} \cdot La_{0.1} \cdot SnO_3$（M 为 Sr，Ga），$Sr_{0.9} \cdot Ga_{0.1} \cdot TiO_3$〕等。纳米材料的使用可以显著提高气体敏感度。$\alpha\text{-}Fe_2O_3$ 属于刚玉结构，稳定性好。对可燃性气体的敏感度低，如果采用溶胶-凝胶法、化学气相沉积法等先进的材料制备工艺合成纳米级的 $\alpha\text{-}Fe_2O_3$，在无任何掺杂的情况下，对乙炔、丙酮和乙醇等可燃气体表现出较高的灵敏度和响应度。同时可以通过以下几种方法提高灵敏度、稳定性和选择性。①加入添加剂，即在基体材料中加入不同数量的贵金属、金属氧化物或稀土氧化物等不同种类的添加剂。$TiO_2$ 半导体型氧传感器具有尺寸小、结构简单、成本低、不需要参比电极、便于集成化的特点，具有较好的氧敏特性。研究发现掺杂催化剂（如 H）的 $TiO_2$ 电传感器比无掺杂催化剂的灵敏度好，而且响应时间从 $400\sim$

900ms 下降至 20～600ms，恢复时间也降低到约几秒到几十秒。②利用过滤设备或透气膜来获得选择性。③控制材料的微细结构，最近文献报道了纳米 $CeO_2$ 包覆 $TiO_2$ 复合氧传感器，其氧敏因子可以达到 3.7 左右。

另外利用纳米材料还可制备汽车尾气净化器，如超细的 Fe、Ni 与 $\gamma\text{-}Fe_2O_3$ 混合经烧结代替贵金属作为汽车尾气净化器，可以显著降低成本，提高效率。

（3）用作纳米燃油添加剂　纳米技术为燃油添加剂市场开辟了新的机遇。纳米燃油添加剂可以大幅增加动力，降低燃油消耗，提高发动机性能并延长其寿命，减少尾气中有害物质的排放，保护环境。采用创新的纳米微乳化技术生产的新一代多用途燃油添加剂，可以全面解决辛烷值强化剂、清净剂和节油添加剂所要解决的问题，还可以整体改善发动机的性能，是一种全新概念的具有综合性能的第四代环保型燃油添加剂。

# 7.3　处理固体垃圾

纳米 $TiO_2$ 可以加速城市生活垃圾的降解，其降解速度是大颗粒 $TiO_2$ 的 10 倍以上，从而可解决大量生活垃圾给城市环境带来的压力，避免了因焚烧处理而带来的二次环境污染问题。

白色污染也遭遇到"纳米"的有力挑战，将可降解的淀粉和不可降解的塑料通过超微粉碎设备粉碎至"纳米级"后，进行物理共混改性。用这种新型原料，可生产出 100% 降解的农用地膜、一次性餐具、各种包装袋等类似产品。农用地膜经 4～5 年的大田实验表明：70～90 天内，淀粉完全降解为水和二氧化碳，塑料则变成对土壤和空气无害的细小颗粒，并在 17 个月内同样完全降解为水和二氧化碳，这是彻底解决白色污染的实质性的突破。

## 思考题

1. 试述"纳米材料"在环保中的应用。并谈谈应用"纳米材料"可能造成的环境污染。
2. 就你的了解，谈谈纳米科技和纳米材料的发展和应用前景。
3. 纳米材料在环境科学上有着广阔的应用前景，试叙述当前应用纳米材料处理水污染的催化、过滤、吸附的原理？
4. 纳米材料处理污水的方法较常规方法有哪些优点？
5. 纳米二氧化钛处理低浓度有机废气的技术有哪些优点？如何提高其处理效率？
6. 试述纳米过滤技术及纳滤膜在废水处理中的应用。
7. 试述纳米光催化技术的机理及其在废水处理中的应用。
8. 说明受激发的 $TiO_2$ 微粒光催化过程。
9. 纳米 $TiO_2$ 光催化氧化技术的优点？
10. 纳米技术及纳米材料在大气污染中的具体应用。
11. 简述纳米技术在处理固体垃圾方面的应用。

## 参考文献

[1] 黄德欢. 纳米技术与应用. 上海：中国纺织大学出版社，2001，7.
[2] 朱屯，王福明，王习东. 国外纳米材料技术进展与应用. 北京：化学工业出版社，2002，6.
[3] 许并社. 纳米材料及应用技术，北京：化学工业出版社，2003，12.
[4] 张志焜，崔作林. 纳米技术与纳米材料，北京：国防工业出版社，2000，10.

[5] 舒娟娟，李素媛，黄雯等. 低浓度有机废气纳米 $TiO_2$ 光催化处理技术，工业安全与环保，2006，32（11）：4～6.

[6] 张志杰，苏达根. 废气净化功能材料的纳米组装设计，环境科学与技术，2004，27（4）：74～76.

[7] 张英仙，崔建升，霍跃晖. 纳米 $TiO_2$ 的光催化活性及其在废水处理中的应用进展. 河北化工，2007，30（4）：9～13.

[8] 胡伟武，冯传平. 纳米材料和纳米技术在环境保护方面的应用. 化工新型材料，2006，34（11）：14～16.

[9] 邹哲，王敏. 纳米材料在废水处理中的应用进展. 江西化工，2003，3：33～35.

[10] 海景，程江. 纳米材料在水污染治理方面的应用，广东化工，2004，9：51～52.

[11] 赵扬，席莹本，许莉. 纳米过滤技术及其在我国的发展与展望，流体机械，2003，31（5）：25～29.

[12] 刘转年，金奇庭，周安宁. 纳米技术处理废水. 环境污染治理技术与设备，2002，3（10）：75～78.

[13] 王银川，王保学. 纳米技术及材料在废水处理中的应用研究. 国外建材科技，2007，28（1）：49～52.

[14] 李素文. 纳米净水材料的研究：[硕士论文]. 2004.

[15] Blake D. M. Bibliography of work on the photocatalytic removal of hazardous compounds from water and air. National Renewal Energy Laboratory. 1994.

[16] Curri M. L, Comparelli R., Cozzoli P. D. et al. Colloidal oxide nanoparticles for the photocatalytic degradation of organic dye. Materials Science and Engineering for the photocatalytic degradation of organic dye. Mater. Sci. Engineer. C, 2003, 23: 285～289.

[17] Linsebigler A. L, Guangquan L, Yate J. T. Photocatalysis on $TiO_2$ surfaces: principles, mechanisms, and delected results. Chem. Rev., 1995, 95: 735～750.

[18] Izumi I, Fan F. F. Bard A. J. Heterogeneous photocatalytic decomposition of benzoic acid and adipic acid on platinized titanium dioxid powder. J. Phys. Chem., 1981, 85: 218～223.

# 第 **8** 章
# 纳米材料在光学方面的应用

## 8.1 红外反射材料

纳米微粒用在红外反射材料上主要制成薄膜或多层膜米使用。由纳米微粒制成的红外线反射膜的种类列于表 8-1。表中各种膜的构造如图 8-1 所示。各种膜的特点见表 8-2。

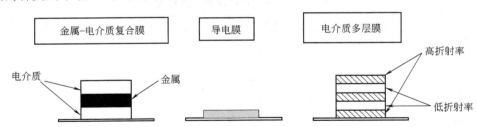

图 8-1 红外线反射膜的构造

**表 8-1 主要红外线反射膜的组成、材料、制造方法**

| 形　式 | 组　成 | 材　料 | 制造方法 |
|---|---|---|---|
| 金属薄膜 | Au,Ag,Cu | 金属 | 真空蒸镀法 |
| 透明导电膜 | $SnO_2$,$In_2O_3$ | 金属<br>氧化物<br>其他化合物 | 真空蒸镀法<br>溅射法<br>喷物法 |
| 多层干涉膜(1)<br>(电介质-电介质) | $ZnS-MgF_3$<br>$TiO_2-SiO_2$<br>$Ta_2O_5-SiO_2$ | 有机金属化合物<br>氧化物<br>其他化合物 | 真空蒸镀法<br>CVD 法<br>浸渍法 |
| 多层干涉膜(2)<br>(电介质-金属-电介质) | $TiO_2-Ag-TiO_2$<br>$TiO_2-MgF_2-Ge-MgF_2$ | 氧化物<br>金属 | 真空蒸镀法<br>溅射法 |

表 8-2  红外线反射膜的特点

| 特　点 | 金属-电介质复合膜 | 导电膜 | 电介质多层膜 |
|---|---|---|---|
| 光学特性 | 优 | 中 | 良 |
| 耐热性 | 差 | 良 | 优 |
| 成本 | 中 | 低 | 高 |

由上述图表看出，在结构上导电膜最简单，为单层膜。成本低。金属-电介质复合膜和电介质多层膜均属于多层膜，成本稍高。在性能上，金属-电介质复合膜红外反射性能最好，耐热度在 200℃ 以下。电介质多层膜红外反射性能良好并且可在很高的温度下使用（＜900℃）。虽然导电膜有较好的耐热性能，但其红外反射性能稍差。

纳米微粒的膜材料在灯泡工业上有很好的应用前景。高压钠灯以及各种用于拍照、摄影的碘弧灯都要求强照明，但是电能的 69% 转化为红外线、这就表明有相当多的电能转化为热能被消耗掉，仅有一少部分转化为光能来照明。同时，灯管发热也会影响灯具的寿命。如何提高发光效率，增加照明度一直是亟待解决的关键问题，纳米微粒的诞生为解决这个问题提供了一个新的途径。20 世纪 80 年代以来，人们用纳米 $SiO_2$ 和纳米 $TiO_2$ 微粒制成了多层干涉膜，总厚度为微米级，衬在有灯丝的灯泡罩的内壁，结果不但透光率好，而且有很强的红外线反射能力。有人估计这种灯泡亮度与传统的卤素灯相同时，可节省约 15% 的电。表 8-3 为红外反射膜灯泡的特性。图 8-2 为 $TiO_2$-$SiO_2$ 红外反射膜透光率与光波长的关系。可以看出，从 500～800nm 波长之间有较好的透光性，这个波长范围恰恰属于可见光的范围。随着波长的增加，透光率越来越好，波长在 750～800nm 之间透光率达到 80% 左右。但对波长为 1250nm 到 1800nm 的红外有极强的反射能力。

表 8-3  红外线反射膜的灯泡特性

| 灯泡名称 | 消费电力/W | 省电率/% | 照度/lm | 效率/(lm/W) |
|---|---|---|---|---|
| 75W<br>JD100V<br>65WN-E | 65 | 13.3 | 1120 | 17.2 |
| 100W<br>JD100V<br>85WN-E | 85 | 15.0 | 1600 | 18.8 |
| 150W<br>JD100V<br>130WN-E | 130 | 13.3 | 2400 | 18.5 |

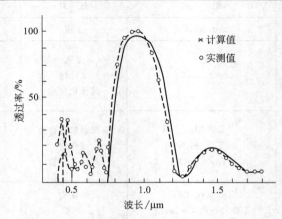

图 8-2  $TiO_2$-$SiO_2$ 红外反射膜透光率与光波长的关系

# 8.2　光吸收材料

　　纳米微粒的量子尺寸效应等使它对某种波长的光吸收带有蓝移现象。纳光微粒粉体对各种波长光的吸收带有宽化现象。纳米微粒的紫外吸收材料就是利用这两个特性。通常的纳米微粒紫外吸收材料是将纳米微粒分散到树脂中制成膜，这种膜对紫外的吸收能力依赖于纳米粒子的尺寸和树脂中纳米粒子的掺加量和组分。目前，对紫外吸收好的几种材料有：①30～40nm 的 $TiO_2$ 纳米粒子的树脂膜；②$Fe_2O_3$ 纳米微粒的聚固醇树脂膜。前者对 400nm 波长以下的紫外光有极强的吸收能力，后者对 600nm 以下的光有良好的吸收能力，可用作半导体器件的紫外线过滤器。

　　最近，发现纳米 $Al_2O_3$ 粉体对 250nm 以下的紫外光有很强的吸收能力。这一特性可用于提高日光灯管使用寿命上。我们知道，日光灯管是利用水银的紫外谱线来激发灯管壁的荧光粉导致高亮度照明，一般来说，185nm 的短波紫外光对灯管的寿命有影响，而且灯管的紫外线泄漏对人体有损害，这一直是困扰日光灯管工业的主要问题。如果把几个纳米的 $Al_2O_3$ 粉掺和到稀土荧光粉中，利用纳米紫外吸收的蓝移现象有可能吸收掉有害紫外光且不降低荧光粉的发光效率的特性，就可能解决这一关键问题。目前，这方面的试验工作正在进行。

　　目前，用纳米微粒与树脂结合用于紫外吸收的例子是很多的，例如防晒油、化妆品中普遍加入纳米微粒。我们加道，大气中的紫外线主要是在 300～400nm 波段。太阳光对人身有伤害的紫外线也是在此波段。防晒油和化妆品中就是要选择填入对这个波段有强吸收的纳米微粒。最近研究表明，纳米 $TiO_2$、纳米 ZnO、纳米 $SiO_2$、纳米 $Al_2O_3$、纳米云母氧化铁都有在这个波段吸收紫外波段的特征。这里还需要强调一下，纳米添加时颗粒的粒径不能太小，否则会将汗孔堵死，不利于身体健康；而粒径太大，紫外吸收就会偏离这个频段，为了解决这个问题，应该在具有强紫外吸收的纳米微粒表面包敷一层对身体无害的高聚物、将这种复合体加入防晒油和化妆品中既发挥了纳米颗粒的作用、又改善了防晒油的性能。塑料制品在紫外线照射下很容易老化变脆，如果在塑料表面上涂上一层含有纳米微粒的透明涂层、这种涂层对 300～400nm 范围有强的紫外吸收性能，这样就可以防止塑料老化。汽车、舰船的表面上都需涂上油漆，特别是底漆主要是由氯丁橡胶、双酚树脂或者环氧树脂为主要原料。这些树脂和橡胶类的高聚物在阳光的紫外线照射下很容易老化变脆，致使油漆脱落、如果在面漆中加入能强烈吸收紫外线的纳米微粒就可起到保护底漆的作用，因此研究添加纳米微粒而具有紫外吸收的油漆是十分重要的。

　　红外吸收材料在日常生活和国际上都有重要的应用前景。一些经济比较发达的国家已经开始用具有红外吸收功能的纤维制成军服武装部队，这种纤维对人体释放的红外线有很好的屏蔽作用。众所周知，人体释放的红外线大致在 $4～25\mu m$ 的中红外频段。如果不对这个频段的红外线进行屏蔽，很容易被非常灵敏的中红外探测器所发现，尤其是在夜间人身安全将受到威胁。从这个意义上来说，研制具有对人体红外线进行屏蔽的衣服是很必要的。而纳米微粒小，很容易填充到纤维中，在拉纤维时不会堵喷头，而且某些纳米微粒具有很强的吸收中红外频段的特性。纳米 $Al_2O_3$、纳米 $TiO_2$、纳米 $SiO_2$ 和纳米 $Fe_2O_3$ 的复合粉就具有这种功能，纳米添加的纤维还有一个特性，就是对人体的红外线有强吸收作用，这就可以增加保暖作用，减轻衣服的重量。有人估计用添加红外吸收纳米粉的纤维做成的衣服，其重量可以减轻 30%。

用对人体红外线有很强吸收作用的纳米微粒添加到衣服的纤维中，还可以提高衣服的保暖效果。目前，保暖内衣在国内外已经投入市场。这些纺织品和纳米技术结合的产品不仅具有良好的保暖效果，同时还具有抑菌和杀菌的效果。据报道，还可以改善人体的微循环，增强人体细胞活力，促进新陈代谢。

远红外线反射功能纤维是一种具有远红外吸收和反射功能的化纤，通过吸收人体发射出的热量，并能再向人体辐射一定的波长范围的远红外线（其中，包括最易被人体吸收的 $4 \sim 14 \mu m$ 波段），可使人体皮下组织中血流量增加，起到促进血液循环的作用。由于能够反射返还部分人体发射的红外线，也起到了屏蔽红外线，减少热量的损失，使此类纤维从织物的保温性能较常规的织物有所提高。据测定，织物的保暖率可提高12％以上。利用纤维发射远红外线和蓄热功能制造保暖服装、保健服装增加人体血液循环，起到防病和保健的功效。

# 8.3　隐身材料

## 8.3.1　隐身技术及其发展

隐身技术是20世纪发展起来的一门新兴军事技术，伴随着科学技术的进步而日趋成熟。隐身技术涉及的技术领域十分广泛，已经从最初应用在飞机的可视性控制，扩展到各种武器的雷达、红外、声、光、电磁波等各种目标特征信号的控制。隐身技术给现代战争的思维模式和作战方式带来了根本性的变化，隐身与反隐身已成为战争双方争夺信息资源的重要手段。纵观隐身技术的发展历程，可以把它分成三个发展阶段。

（1）起步阶段（20世纪70年代以前）　隐身技术的研究开始于视觉隐身技术。第一次世界大战时期，德国、法国均开始在飞机蒙皮上喷涂伪装色。在第二次世界大战中，为了对付目视探测威胁和刚刚发展起来的雷达、声纳探测威胁，通过降低武器的目标特征信号进行隐蔽攻击的概念已经逐渐形成，并且在飞机、潜艇等武器中开始应用。

第二次世界大战后，地面发射和空中发射的防御型导弹迅速发展起来，导弹与雷达火控系统的结合极大地提高了防空系统的作战效能。具有一定的雷达隐身性能和红外隐身性能的磁性吸波材料开始用于飞机表面涂层。

（2）发展阶段（20世纪70～80年代）　美国是现代隐身技术发展的先驱。经历了越南战争和中东战争之后，美国对武器生存能力的重要性有了基于实战的理解。到了20世纪70年代中期，美国的隐身技术进入了正规的发展时期。

从20世纪70年代初开始，美国国防高级研究计划局组织和领导了一系列的隐身技术预研计划和先进技术演示验证计划，研究成果直接应用于创新性的隐身武器设计中。F117是该阶段隐身技术发展的产物代表，F117采用了各种吸波材料和表面涂料，更主要的是由于它采用了独特的多面体外形。同一时期，欧洲国家如德国、英国和法国也开始进行隐身研究，制订并执行了隐身技术的发展计划，为欧洲先进军事国家隐身技术的发展奠定了基础。

（3）成熟阶段（20世纪90年代至今）　在1989年海湾战争中，F117A通过优异的隐身特性发挥了巨大的作战效能，这刺激了各国竞相开展隐身技术研究和隐身武器研制。整个90年代，隐身技术突飞猛进地发展了起来，武器系统隐身化热潮兴起并不断加温，高隐身性能逐渐成为现代武器系统最引人注目的亮点之一，军事发达国家的隐身技术发展已进入成熟阶段。在这一阶段，B-2与F-22是比较有代表性的隐身作战飞机。

## 8.3.2　隐身材料及其发展

隐身材料的主要要求是：

（1）频带宽　即衰减大于或等于－10dB 的频率范围尽可能宽；

（2）质量轻　希望单位面积的质量 $kg/m^2$ 尽可能小；

（3）多功能　既可以作吸波材料，又可以作结构材料，既可以吸收雷达波，又可以吸收红外波；

（4）厚度薄　在具备上述性能条件下，厚度不能太大，尽可能薄。

随着光电、通讯、计算机和传感器等高新技术及其综合应用的迅猛发展，大大促进了信息获取的实时性及其深度和广度，世界各国防御体系的探测、跟踪、攻击能力越来越强，陆、海、空各军兵种军事目标的生存力，突防能力日益受到严重威胁。要提高目标的生存能力，就要采取各种伪装方法，运用多种新材料新技术，降低目标被发现的可能性和实效性。为此，近年来美、俄、英、法等军事强国都加大了隐身技术的研究力度，新的隐身机理和一批新型隐身材料不断取得进展。在诸多隐身技术中，涂料隐身以其施工方便、成本低廉、性能优越等特点而一直是各国隐身技术研究的重点。自 20 世纪 90 年代初以来，纳米材料和纳米技术的兴起和发展，给隐身涂料带来了突破性进展，已成为当前隐身技术领域研究的热点之一。

纳米材料是指三维尺寸中至少有一维为纳米尺寸的材料，如薄膜、纤维、超细粒子、多层膜、粒子膜及纳米微晶材料等。

纳米涂料一般都是由纳米材料与有机涂料复合而成的，更科学地讲应称作纳米复合涂料（nanocompositecoating），最近已有无机纳米材料与有机高分子树脂复合的纳米涂料，它是通过精细控制无机纳米粒子使其均匀分散在高聚物基体中的性能更加优异的新型涂料。纳米涂料必须满足以下两个条件：一是其中至少有一相的尺寸在 $1\sim100nm$ 之间；二是纳米相的存在使涂料性能得到显著提高或有新功能。广义地讲纳米涂料还包括：金属纳米涂层材料和无机纳米涂层材料，金属纳米涂层材料主要是指材料中含有纳米晶相，无机纳米涂层材料则是由纳米粒子之间的熔融、烧结复合而成。通常所说的纳米涂料均为有机纳米复合涂料。目前，用于涂料的纳米粒子主要有三类：一是金属氧化物如 $TiO_2$，$SiO_2$，$ZnO$，$Al_2O_3$，$Fe_2O_3$ 等；二是纳米金属粉末如纳米 Al，Tl，Cr，Nd，Mo 等；三是无机盐类如 $CaCO_3$。

利用纳米粒子的表面效应、小尺寸效应、量子尺寸效应、宏观量子隧道效应等特殊性质，可以制备紫外屏蔽涂料、吸波涂料、导电涂料、隔热涂料等，从而为提高涂料的性能和赋予涂料新的功能开辟了一条新的途径。

当这种涂料用于隐身目的时，就成为纳米隐身涂料。因此，纳米隐身涂料就是通过筛选，应用特定组成的纳米材料与有机涂料复合，使涂覆目标能够对可见光、雷达、红外等现代探测仪器有隐身作用的纳米涂料。

雷达和红外隐身技术是隐身领域中研究的重点。传统的隐身涂料往往以特定的波段为对象，有些兼顾型隐身涂料则往往牺牲主要隐身方向的优越性能，或降低装备的战斗能力。以研究较多而且比较成熟的铁氧体类吸波复合材料为例，其对雷达波有相当的吸收率，但吸收频带窄、相对密度大对飞行器隐身不利。相比而言，纳米材料与有机涂料结合后，有如下特点：①机械性能如粘接性、耐磨性等大大提高，可以减少其他助剂填料的使用；②高效的宽频带吸波性能，可以覆盖电磁波、微波、红外等波段；③能够增强基体的腐蚀防护能力；④耐候性好，耐大气、紫外线侵害；⑤涂装性能优良，喷涂质量大为改善。

隐身涂料是固定覆盖在武器系统结构上的隐身材料，按其功能可分为雷达隐身涂料、红外隐身涂料、可见光隐身涂料、激光隐身涂料、声纳隐身涂料和多功能隐身涂料等；按涂料隐身原理又可分为吸波隐身涂料和透波隐身涂料，其目的都是最大限度地减少或消除雷达、红外等对目标的探测特征。目前技术较成熟的隐身涂料有：铁氧体系列吸波涂料、石墨、陶瓷型隐形涂料、视黄基席夫碱盐隐身涂料、铁球状吸波涂料、含有放射性同位素的涂料和半导体涂料等。

"隐身"这个名词，顾名思义就是隐蔽的意思。"聊斋"故事中就有"隐身术"的提法，它是指把人体伪装起来，让别人看不见。近年来，随着科学技术的发展，各种探测手段越来越先进：例如用雷达发射电磁波可以探测飞机；利用红外探测器也可以发现放射红外线的物体。当前，世界各国为了适应现代化战争的需要，提高在军事对抗中竞争的实力，也将隐身技术作为一个重要的研究对象，其中隐身材料在隐身技术中占有重要的地位。1989 年海湾战争中，美国第一天出动的战斗机就躲过了伊拉克严密的雷达监视网，迅速到达首都巴格达上空，直接摧毁了电报大楼和其他军事目标。在历时 42 天的战斗中，执行任务的飞机达1270 架次，使伊军 95％的重要目标被毁，而美国战斗机却无一架受损。这场高技术的战争一度使世界震惊。为什么伊拉克的雷达防御系统对美国战斗机束手无策？为什么美国的导弹击中伊拉克的军事目标如此准确？空对地导弹击中伊拉克的坦克有极高命中率？一个重要的原因就是美国战斗机 F117A 型机身表面上包覆了红外与微波隐身材料，它具有优异的宽频带微波吸收能力，可以逃避雷达的监视。而伊拉克的军事目标和坦克等武器没有防御红外线探测的隐身材料。很容易被美国战斗机上灵敏红外线探测器所发现，通过先进的激光制导武器很准确地击中目标。美国 F117A 型飞机蒙皮上的隐身材料就含有多种超微粒子，它们对不同波段的电磁波有强烈的吸收能力。为什么超微粒子，特别是纳米粒子对红外和电磁波有隐身作用呢？主要原因有两点：一方面由于纳米微粒尺寸远小于红外及雷达波波长，因此纳米微粒材料对这种波的透过率比常规材料要强得多，这就大大减少波的反射率。使得红外探测器和雷达接收到的反射信号变得很微弱，从而达到隐身的作用；另一方面，纳米微粒材料的比表面积比常规粗粉大 3～4 个数量级，对电磁波的吸收率也比常规材料大得多。这就使得红外探测器及雷达得到的反射信号强度大大降低，因此很难发现被探测目标，起到了隐身作用。目前，隐身材料虽在很多方面都有广阔的应用前景，但当前真正发挥作用的隐身材料大多使用在航空航天与军事有密切关系的部件上，对于航天的材料有一个要求是重量轻，在这方面纳米材料是有优势的，特别是由轻元素组成的纳米材料在航空隐身材料方面应用十分广泛。有几种纳米微粒很可能在隐身材料上发挥作用，例如纳米氧化铝、氧化铁、氧化硅和氧化钛的复合粉体与高分子纤维结合对中红外波段有很强的吸收性能，这种复合体对这个波段的红外探测器有很好的屏蔽作用。纳米磁性材料，特别是类似铁氧体的纳米磁性材料放入涂料中，既有优良的吸波特性，又有良好的吸收和耗散红外线的性能，加之密度轻，在隐身方面的应用上有明显的优越性。另外，这种材料还可以与驾驶舱内信号控制装置相配合，通过开关发出干扰，改变雷达波的反射信号，使波形畸变，或各使波形变化不定，能有效地干扰、迷惑雷达操纵员，达到隐身目的。纳米级的硼化物、碳化物，包括纳米纤维在隐身材料方面的应用也将大有作为。

正是由于纳米材料的结构尺寸在纳米量级，物质的量子效应和表面效应等对材料性能有重要影响，如纳米材料的电导率很低，随着纳米颗粒尺寸减小，材料的比饱和磁化顽力都急剧上升。金属、金属氧化物和某些非金属材料的纳米级超磁粉在细化过程中，处于表面的原子数越来越多，增大了纳米材料的活性；因此在微波场的辐射下，原子、电子运动加剧，促使磁化，使电磁能转化为热能，从而增加了对电磁波的吸收性能。一般认为，纳米吸波材料对电磁波能量的吸收由晶格缺陷引起的电子散射以及电子与电子之间的相互作用三种效应决定。纳米吸波材料对电磁波特别是高频电磁波具有优良的吸收性能，但其吸收机制尚需进一步研究。

1989 年 12 月 20 日美国 F211A 隐身战斗机首次投入实战，在海湾战争中 F2117A 再显神威，使隐身技术愈来愈受世人关注。经过几十年的发展，隐身涂料已不仅仅用于飞航导弹等飞行器上，几个主要工业化国家和军事强国已开始将隐身涂料技术应用于各种技术装备上。纳米材料因其具有极好的吸波特性，同时具有宽频带、兼容好、质量小和厚度薄等特点，由它制成的涂层在很宽的频带范围内可以躲避雷达的侦察，同时也有可见光和红外隐身作用，因此目前国内外都把纳米材料作为新一代隐身材料加以研究和探索。美国在隐身技术基础理论和实际应用研究方面始终居于前列。隐身材料中含有多种超微粒子特别是纳米粒子，它们对不同波段的电磁波有强烈的吸收能力，可以逃避雷达的监视。美国研制出的超黑粉纳米材料，其雷达波吸收率达到 99％。其实质就是用纳米石墨作吸收剂制成的石墨/热塑性复合材料和石墨/环氧树脂复合材料，不仅吸收率大，而且在低温下仍保持很好的韧性。

法国研制成功一种宽频隐身涂层，它由黏合剂和纳米级微填充材料（含 Co、Ni 合金和 SiC 纳米颗粒）构成。纳米级微屑由超薄不定形磁性薄层及绝缘层堆叠而成，磁性层厚度为 3nm，绝缘层厚度为 5nm。绝缘层可以是碳或无机材料。这种宽频吸波涂层的具体制备过程为：首先通过真空沉积法将 NiCo 合金和 SiC 沉积在基体上，形成超薄电磁吸收夹层结构。其次将超薄夹层结构粉碎为微屑，然后再均匀分散于黏合剂中。据报道，这种多层薄膜叠合而成的夹层结构具有很好的微波磁导率，其磁导率的实部和虚部在 0.1～10GHz 宽频带内均大于 6，与黏合剂复合成的吸波涂层在 50MHz～50GHz 频率范围内具有良好的吸波性能。

我国纳米科技研究始于 20 世纪 80 年代末，目前的研究主要集中在纳米材料的合成和制备、扫描探针显微学、分子电子学以及极少数纳米技术的应用等方面。国内一些研究机构和生产单位在民用纳米涂料合成和应用方面取得了一定的成果，在隐身方面也有取得了一定的突破，在某些方向上达到了较高水平。赵东林曾系统地报道了雷达波吸收剂的研究进展，并详细介绍了一些纳米粒子作为电磁波吸收剂在隐身技术上的应用，认为纳米 ZnO 具有很好的功效。黄妮霞等人研究了 10nm 和 100nm 两种粒径的 $Fe_3O_4$ 在 1～1000MHz 频率范围的电磁波吸收效能，研究发现随着频率增加，纳米 $Fe_3O_4$ 吸收效能增加，纳米粒径越小，吸收效能越高。

纵观国内外纳米隐身涂料的应用研究，可以认为纳米科技的发展程度及纳米材料的制备技术制约和影响着纳米隐身涂料在军事上的应用，随着纳米科技的快速发展，纳米材料将为纳米隐身涂料提供更坚实的物质基础，促使纳米隐身涂料向更高层次发展。目前，一些发达国家已实现纳米隐身涂料在装备上的应用，国内一些企业和研究机构利用纳米技术在民用涂料的生产和研制方面取得了可喜的进展，其研制和开发思路对我国纳米隐身涂料的发展有很大的借鉴和参考价值。就纳米隐身涂料发展整体而言，目前也还存在不少问题，这些问题可大致归纳为以下几个方面。

纳米颗粒在涂料中的稳定分散问题关系到从实验室到生产规模化的实现。目前已知的吸波纳米粒子如纳米氧化锌粉、碳基铁粉、镍粉、硼化物、铁氧体粉以及 Y2（RE，Ni）合金粉等都是优良的电磁波吸收材料，利用这些材料采取适当的工艺可以制备隐身涂料，通过研究应该有更适合、更稳定的纳米粒子问世。纳米隐身涂料在应用中尚存在问题，在实际应用过程中，影响纳米隐身涂料隐身性能的因素很多，根据美欧国家的经验，气候、涂层厚度等因素对隐身涂料性能影响很大，因此对其喷涂施工工艺，维护保养，有着较苛刻的要求，需要对纳米隐身涂料在使用过程中的问题进行深入研究。很多纳米隐身涂料的研究尚处于实验室阶段，与战场环境的要求还有一定的距离，对纳米隐身涂料的性能整体评价有待于进一步深入研究，测评系统有待完善。

### 8.3.3 纳米隐身涂料的制备

纳米材料在涂层材料中的应用可分为两种情况：纳米粒子在传统涂料中分散后形成的纳米复合涂料；完全由纳米粒子组成的纳米涂层材料。前者主要通过添加纳米粒子对传统涂料进行改性，工艺相对简单，工业化可行性好。而后者由于技术及成本问题，在短期内难有工业化方面的突破。由于纳米材料性能的特殊性以及对隐身涂料的特殊性能要求，纳米隐身涂料的制备应注意解决好以下三个重要问题。

（1）纳米微粒的表面修饰 纳米粒子具有高表面活性和庞大的比表面积，极易产生自身的团聚，另外，纳米粒子往往是亲水疏油的，呈强极性，在有机介质中难以均匀分散，使其应有的性能难以充分发挥。对固体颗粒的分散行为研究表明，超细颗粒的团聚在外力作用下被打开成为独立的原生粒子或较小的团聚体后，应对颗粒表面进行处理，才能均匀地与涂料结合，这是能否发挥隐身性能的关键。在纳米隐身涂料的制备过程中，同样需要对纳米粒子进行表面处理，即纳米微粒的表面修饰。纳米微粒的表面修饰就是采用物理或化学方法改变纳米微粒表面的结构和形态，从而赋予微粒新的机能并使其物性得到改善，实现人们对纳米微粒的表面控制。通常对纳米材料的表面修饰主要有以下几类：表面覆盖修饰；局部化学修饰；机械化学修饰；外膜层修饰；高能量表面修饰；利用沉淀反映进行表面修饰。

（2）透明涂料黏合剂的研制 纳米隐身涂料作为一种特殊的功能材料，除含有纳米粒子外，黏合剂、颜料和溶剂等基本组分是必不可少的，隐身功能的产生是各组分共同作用的结果。黏合剂在涂料中是最主要的成分，也是影响涂层发射率的主要因素之一，其性能对隐身效果影响很大。研制在宽波段内透明性好、发射率低的黏合剂，可使纳米隐身涂料的应用具有更广阔的空间，对提高纳米隐身涂料的隐身性能，适应多波段隐身要求至关重要。

（3）纳米隐身涂料的制备方法 目前，纳米涂料比较成熟的制备方法有以下几种。

共混法：把改性的纳米粒子分散在涂料体系中，最好是将其与黏合剂、颜料和其他需要加入的填料预先混合，然后再采用常规生产涂料的方法，通过研磨分散、球磨分散、砂磨分散使之达到良好的分散效果。

溶胶-凝胶法：就是把前驱物质（水溶性盐或油溶性溶质）溶于水或有机溶液中形成均质溶液。溶质发生水解反应生成纳米级的粒子并形成溶胶，溶胶经蒸发干燥转变为凝胶期间可以加入涂料的其他成膜物质，最终生成理想的产物。

原位聚合法：指把纳米粒子直接分散在单体中，按照涂料生产一般方法，聚合后生成纳米隐身涂料。

超声波法：用超声波处理时，声压达到一定值，混合物中产生的空穴或气泡迅速增长，然后突然闭合，在液体局部区域产生极高的压力，导致液体分子剧烈运动，可使纳米聚集体分散成单个的颗粒或更小的聚集体，使有机涂料中的树脂充分包覆在纳米颗粒的表面。

上述方法作为一般纳米涂料常用的制备方法虽已得到广泛应用，但就纳米隐身涂料而言，上述方法是否适用，尚需进一步研究和摸索。

### 8.3.4 纳米隐身涂料的发展趋势

从国内外隐身技术发展的现状看，薄、宽、轻、强是隐身技术不容置疑的发展方向。因此，研制和发展宽频带兼容性好、成本低廉、多功能的纳米隐身涂料是必然的趋势。首先，军事侦察与反侦察的斗争越来越需要性能更好的隐身材料；其次，纳米科技的发展为纳米隐身涂料提供了技术基础与物质储备，这两种因素将促使纳米隐身涂料向更高的水平发展。随着各国对隐身技术的日益重视，对纳米隐身涂料的研究将更加深入，将逐渐走向实用化普及化进程，各种军事装备大量应用纳米隐身涂料必然成为可能。可以预计一种既对雷达、红外又对声波、激光、可见光等隐身兼容性良好的纳米隐身涂料将会问世，其应用范围更为广泛，技术将更为成熟。

纳米科技作为一门具有前沿性、交叉性的新兴学科，对 21 世纪的经济、社会和国防都将产生重大影响。今后，一方面要加强纳米材料的制备技术研究，开发出更多的适合隐身要求的纳米材料，另一方面要加大纳米材料与涂料的复合技术研究，推动纳米隐身涂料的实际应用进程。我国对纳米隐身涂料的研究虽然取得了一定的成效，但应继续加大这方面的研究和投入，使我国的隐身技术迈上一个新的台阶。

## 思考题

1. 说明红外反射膜的构造，它的工作机理和红外线反射膜的特点。
2. 纳米隐身涂料吸波机理是什么？
3. 试述吸波材料国内外发展状况，吸波材料应重点克服的关键技术有哪些？
4. 试述纳米材料在军事领域里的重要作用。
5. 观察身边事物，你所了解的纳米技术或纳米材料在环境污染治理方面有哪些应用？
6. 红外吸收特性是什么？纳米材料及纳米复合材料吸收频带宽化的原因？
7. 红外反射材料有哪些主要应用？
8. 纳米微粒的膜材料在灯泡工业上的应用前景如何？试展开你的思路说明将在其他领域的应用。
9. 查找资料说明什么是光吸收带有蓝移现象？
10. 解释为什么纳光微粒粉体对各种波长光的吸收带有宽化现象。

## 参考文献

[1] 严东生，冯瑞. 材料新星—纳米材料科学，长沙：湖南科学技术出版社，1997，4.
[2] 黄德欢. 纳米技术与应用. 上海：中国纺织大学出版社，2001，7.
[3] 李玲，向航. 功能材料纳米技术. 北京：化学工业出版社，2002，7.
[4] 朱屯，王福明，王习东. 国外纳米材料技术进展与应用. 北京：化学工业出版社，2002，6.
[5] 许并社. 纳米材料及应用技术. 北京：化学工业出版社，2003，12.
[6] 薛书凯，郭亚林. 纳米隐身复合材料的研究进展. 纳米科技，2006，4：15-18.
[7] 董延庭，翁小龙，张捷等. 纳米隐身涂料的应用研究进展. 河南科技大学学报（自然科学版），2004，25（4）：1~5.
[8] 王玲，李续东，朱璐. 隐身技术发展综述. 飞机设计参考资料，2003，2：11~13.
[9] Aiken B, Hsu W P, Matijevie E. Preparation and properties of mondispersed colloidal particles lanthanide compounds Ⅲ. Yttrium（Ⅲ）and mix yttrium（Ⅲ）/Cerium（Ⅲ）System. J. Am. Ceram. Soc., 1998, 71：845~853.
[10] Dong X T, Qu X G, Hong G Y, et al. Preparation and pplication in electrochemistry of nanocrystalline $CeO_2$. Chin. Sci. Bull., 1996, 41（16）：1396~1399.
[11] Dong X T, Hong G Y, Yu D C, et al. Synthesis and properties of cerium oxide nanometer powders by pyrolysis of a morphous eitrate. J. Master. Sci. Technol., 1997, 13（2）：113~117.
[12] Edelstein A. S, Cammarata R. C. Nanomaterials-synthesis, properties, and application. Bristol, Philadelphia：Institute of Physics Pub., 1996.

# 第 **9** 章
## 纳米技术在磁性材料方面的应用

## 9.1 概述

纳米科学的大发展从总体上讲只有约 20 年历史，但磁性纳米材料的研究和应用已有 50 年历史。纳米磁性材料无论在纳米材料共有的基本特性方面，还是在磁性材料特有的若干方面，都有与块状材料不同的特性。其原因是关联于与磁相关的特征物理长度恰好处于纳米量级，例如：磁单畴尺寸，超顺磁性临界尺寸，交换作用长度，以及电子平均自由路程等大致处于 $1 \sim 100\,nm$ 量级，当磁性体的尺寸与这些特征物理长度相当时，就会呈现反常的磁学性质。

纳米磁性材料可以表现在多个层次上，即零维的磁性纳米粒子；一维的磁性纳米丝；二维的磁性纳米膜；块状的磁性纳米粒子复合物。纳米材料的制备方法可分为两大类：①由上到下，即由大到小，将块材破碎成纳米粒子，或将大面积刻蚀成纳米图形等；②由下到上，即由小到大，将原子、分子按需要生长成纳米颗粒、纳米丝、纳米膜或纳米粒子复合物等。本章将以几种纳米磁性材料为例来介绍它们的制备及应用。

## 9.2 几种纳米磁性材料

### 9.2.1 磁记录材料

磁记录是当前有着广泛和重要应用的信息技术，包括磁光记录技术和磁技术。目前国内外正在研制典型的垂直磁记录介质——纳米级六角晶系铁氧体，化学稳定性优于金属磁粉。高频特性优于 $\gamma\text{-}Fe_2O_3$，现已成为新型的磁记录介质而崭露锋芒。最常见的铁氧体的制备方法是陶瓷法，这是常规生产中常用的一种制备高性能铁氧体材料的手段，它以传统的陶瓷制备工艺得到的钡铁氧体等粒子为原料，再辅以球磨法，经高温退火和长时间（1000～2000h）的球磨得到纳米级的铁氧体材料，但此法需耗时长，高温，球磨过程易引入杂质。

这里介绍几种较新的制备铁氧体材料的方法。

#### 9.2.1.1　纳米磁记录材料的制备

（1）共沉淀法　这是一种化学制备方法，即利用化学反应将溶液中金属离子共同沉淀，经过滤、洗涤、干燥和灼烧后得到一定的产物，常用 $OH^-$、$CO_3^{2-}$ 的盐类作沉淀剂，这种方法能在水溶液中混合易控制的成分，但在沉淀过程中会出现胶状物，使反应困难，另外，很多金属不易发生沉淀反应。

图 9-1 所示为 $Fe_3O_4$ 纳米粒子的共沉淀制备：将二价铁离子和三价铁离子的氯化物溶液在氢氧化钠强碱的作用下沉淀。

（2）溶胶-凝胶法　这是 20 世纪 80 年代起发展出的一种新的湿化学方法。这种方法将金属有机物或无机物经溶解在有机溶剂中得到溶液，再通过水解聚合得到溶胶，最后凝胶而后固化，再做高温煅烧处理，最终可得到干燥的氧化物粉末，近年来广泛用于铁氧体纳米材料的制备。此法主要有三种类型：传统胶体型，无机聚合物型和络合物型。其主要的优点是能够控制准确的化学计量比，成分清晰，反应时间短，制得的产物纯度高，粒径小，均匀，有活性；缺点主要是工艺方面很难控制，产物间烧结性不好，干燥收缩大。因此，实验室用铁氧体材料通常采用此法，但大规模生产上很少用它。

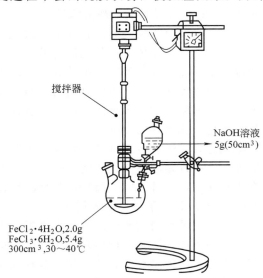

搅拌器

NaOH溶液
5g(50cm³)

$FeCl_2 \cdot 4H_2O, 2.0g$
$FeCl_3 \cdot 6H_2O, 5.4g$
$300cm^3, 30 \sim 40℃$

图 9-1　$Fe_3O_4$ 脱溶颗粒的制备

图 9-2 介绍了有机途径溶胶-凝胶法制备纳米复合颗粒材料的工艺途径。

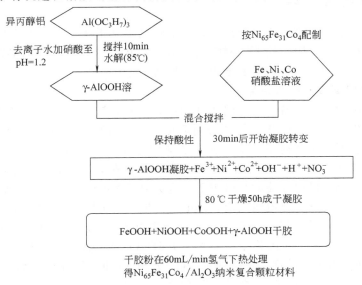

图 9-2　有机法制备 $Ni_{65}Fe_{31}Co_4/Al_2O_3$ 纳米复合颗粒材料

（3）水热合成法　此法是在一封闭的系统中，高于 100℃，水做溶剂，在水自身压强（$10^5Pa$）下反应从而制备出共沉淀前驱物，前驱物在水热反应中能充分溶解形成不同的生长基元，按一定的联结方式成核生长，实际上是一个溶解-再结晶的过程，这种水热合成法所制得的铁氧体产物较为完整，粒径小，粒度窄，活性强，团聚轻，避免了可能出现的粉体团聚现象，结构缺陷和杂质引入等，但水热法对原料的纯度要求高，因此反应成本高，工艺也复杂。

水热法最早用于制造高性能氧化铁磁记录介质。1988 年，美国 R. Roy 等首次用水热法合成铁氧体粉工艺制出了细晶粒。1998 年美国宾夕法尼亚州立大学 Komarneni 等人用微波水热法在 164℃合成了纳米铁氧体粉。

（4）冲击波合成法　此法是用冲击波处理共沉淀法制备的氧化铁和 $M^{2+}$ 氧化物混合获得软磁铁氧体纳米粉体。这是用炸药爆炸驱动钢片高速撞击的办法产生冲击波并传播通过氧化物混合物样品，样品经受冲击波处理后转化生成产物。

（5）超临界法　超临界法是用有机溶剂等代替水做溶剂，在水热反应器中，在超临界条件下制备纳米微粉的一种方法。在反应过程中，液相消失，这就更有利于体系中微粒的均匀成长与晶化，比水热法更优越。

除此之外，还有自蔓延法、喷雾热解法、微乳液法、相转化法、微波场下湿法合成、爆炸法等，这些都是制备铁氧体的较新方法，但从实用角度上来说，还是上述的前三种方法更为常用和便捷，此外高能球磨法也是现阶段较常用的方法。

#### 9.2.1.2　纳米磁记录材料的应用

纳米磁记录材料的研究已有很大进展。当材料晶粒进入纳米尺寸时，制作磁记录材料可大大提高信噪比，改善图像质量，而且可以达到信息记录高密度化。纳米磁性多层薄膜是一种有巨大潜力的信息存储介质，其实验存储密度已达 65Gb/in$^2$。纳米巨磁电阻（GMR）材料可使计算机磁盘存储能力提高 30 倍左右，使每平方英寸的存储能力增加到 100 亿位。纳米 GMR 材料已引起越来越多的科学家和企业家的重视，利用纳米 GMR 可使计算机磁盘存储能力大大提高。

### 9.2.2　巨磁电阻材料

磁性金属和合金一般都有磁电阻现象，所谓磁电阻是指在一定磁场下电阻改变的现象，人们把这种现象称为磁电阻。所谓巨磁阻就是指在一定的磁场下电阻急剧减小，一般减小的幅度比通常磁性金属与合金材料的磁电阻数值约高 10 余倍。

#### 9.2.2.1　巨磁电阻薄膜材料的制备

巨磁电阻薄膜材料的制备主要采用物理方法，如直接溅射法、脉冲激光沉积法（PLD）以及分子束外延生长法等，而化学的方法则鲜见报道。溶胶-凝胶法的突出的特点是容易实现掺杂，合成温度低，工艺简单，组分和微结构均匀等。张志力、王志明等采用溶胶-凝胶法合成了 $La_{1-x}Sr_xMnO_3$（$x$ 为 0～0.6）低织构纳米晶薄膜，研究了合成条件对纳米晶膜成相及表面形貌的影响。磁电性能的测试表明，这类薄膜磁电阻效应在相当宽的温度范围内不随温度改变，并且具有室温磁电阻效应，其电子传导机制可以从颗粒隧穿行为得到解释。

（1）样品制备　采用溶胶-凝胶法，结合旋转涂膜技术，以单晶硅（100）面为基底制备薄膜。按目的产物化学计量比称取 $La(NO_3)_3 6H_2O$、$Sr(Ac) \cdot 1/2H_2O$ 和 $Mn(Ac)_2 \cdot 4H_2O$（所用试剂均为国产试剂，分析纯），溶解于 $H_2O$ 和乙醇混合溶剂，并加入螯合剂柠檬酸，以 6mol/L $HNO_3$ 调节至适当 pH 值范围，加入适量聚乙二醇（PEG，分子量20000），溶解得到澄清的前驱体溶液。旋转涂膜后，于 105～110℃下烘烤 20min，使溶剂挥发，再于 400℃预烧 20min。重复此过程，直至膜层达到一定厚度，最后在适当温度下退火晶化。

（2）性能测试　样品的晶相由 X 射线粉末衍射法用 Cu 的 Kα 射线测得（XRD，D/

Max-2000，Rigaku，日本）；表面形貌及晶粒尺寸采用原子力显微镜（AFM，Auto Probe CP，PSI，U. S. A.）测量；磁电阻采用标准的四引线法，由 Maglab 2000 系统（Oxford，英国）测试。

图 9-3 的 XRD 结果表明，在 700℃ 以上晶化时形成了单一的钙钛矿相，且随晶化温度的升高，衍射峰强度逐渐变强，表明温度高时成相更趋完全，晶化时间对衍射强度无明显影响，但使膜层晶粒增大。

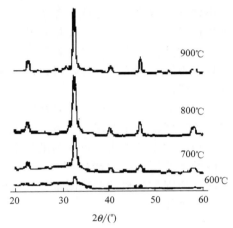

图 9-3　不同退火温度下 $La_{0.7}Sr_{0.3}MnO_3$ 的巨磁薄膜 XRD 结果

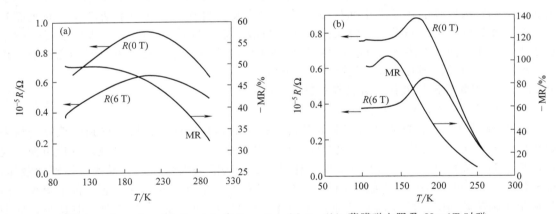

图 9-4　$La_{0.7}Sr_{0.3}MnO_3$（a）和 $La_{0.9}Sr_{0.1}MnO_3$（b）薄膜磁电阻及 $H=6T$ 时磁电阻比 $[MR=(R_H-R_0)/R_H]$ 随温度的变化曲线

实验结果充分表示（图 9-4），用化学法制备该类薄膜具有一定的优越性，对进一步研究室温低磁场磁电阻材料具有重要的意义。

### 9.2.2.2　巨磁电阻效应的应用

1988 年法国巴黎大学的肯特教授研究小组首先在 Fe/Cr 多层膜中发现了巨磁电阻效应（giant magnetoresistance，GMR），在国际上引起了很大的反响。"巨磁电阻"效应使得非常弱小的磁性变化就能导致巨大电阻变化的特殊效应。这一发现解决了制造大容量小硬盘最棘手的问题：当硬盘体积不断变小，容量却不断变大时，势必要求磁盘上每一个被划分出来的独立区域越来越小，这些区域所记录的磁信号也就越来越弱。借助"巨磁电阻"效应，人们才得以制造出更加灵敏的数据读出头，使越来越弱的磁信号依然能够被清晰读出，并且转换成清晰的电流变化。20 世纪 90 年代，人们在 Fe/Cu，Fe/Al，Fe/Al，Fe/Au，Co/Cu，Co/Ag 和 Co/Au 等纳米结构的多层膜中观察到了显著的巨磁阻效应，由于巨磁阻多层膜在高密度读出磁头、磁存储元件上有广泛的应用前景，美国、日本和西欧都对发展巨磁电阻材料及其在高技术上的应用投入很大的力量。

1994 年，IBM 公司研制成巨磁电阻效应的读出磁头，将磁盘记录密度一下子提高了 17 倍，达 5Gbit/in$^2$，最近达到 11Gbit/in$^2$，从而在与光盘竞争中磁盘重新处于领先地位。由于巨磁电阻效应大，易使器件小型化，廉价化，除读出磁头外同样可应用于测量位移，角度等传感器中，可广泛地应用于数控机床、汽车测速、非接触开关、旋转编码器中，与光电等传感器相比，它具有功耗小，可靠性高，体积小，能工作于恶劣的工作条件等优点。利用巨磁电阻效应在不同的磁化状态具有不同电阻值的特点，可以制成随机存储器（MRAM），其优点是在无电源的情况下可继续保留信息。

巨磁电阻效应在高技术领域应用的另一个重要方面是微弱磁场探测器。随着纳米电子学的飞速发展，电子元件的微型化和高度集成化要求测量系统也要微型化。在 21 世纪，超导量子相干器件、超微霍耳探测器和超微磁场探测器将成为纳米电子学中的主要角色。其中以巨磁电阻效应为基础设计超微磁场传感器，要求能探测 $10^{-2} \sim 10^{-6}$ T 的磁通密度。如此低的磁通密度在过去是无法测量的，特别是在超微系统测量如此微弱的磁通密度十分困难，纳米结构的巨磁电阻器件可以完成这个任务。

### 9.2.3　磁性液体材料

纳米磁性液体材料（nano magnetism liquid material），是由超顺磁性的纳米微粒包覆了表面活性剂，然后弥散在基液中而构成。纳米磁性液体制备充分利用了纳米粒子的表面效应，即表面成分的变异和吸附。将长链，如脂肪酸的亲水性羧基—COOH 吸附在磁性纳米粒子表面，而亲油性的烃基 $C_nH_{2n+1}$ 与磁性液体的基液如聚苯醚连接，起到界面活性剂的作用。典型的界面活性剂有油酸、酰亚胺、聚胺等。

#### 9.2.3.1　不同颗粒磁性液体复合材料的制备

（1）铁氧体磁性液体的制备

① 机械研磨法　机械研磨法是 Papell 首先提出的，其原理是将粉碎得到的铁氧体粉末和有机溶剂一同加入球磨机中，经过长时间研磨并浓缩，添加表面活性剂及基液后再充分混合，其中部分微粒稳定地分散在基液中，利用离心分离除去大颗粒，获得铁氧体磁性液体。S. S. Papell 在 1965 年申请的美国专利中介绍了该方法，并用该方法成功地制备了庚烷、油酸和粉状磁铁矿的磁性胶体以及其他磁性液体复合材料。该方法工艺简单，但是制备周期长，材料利用率低，效率低，成本高，球磨罐及球的磨损严重，杂质较多，不能得到高浓度的磁性液体。1973 年，khalafalla 和 Reimers 对该方法进行改进，使研磨时间减少到常规方法的百分之几，但仍然耗电量大、成本高。因此，机械研磨法并未得到推广。

② 解胶法　解胶法（即溶胶法）是在 $Fe^{2+}$、$Fe^{3+}$ 共存溶液中加碱反应后生成 $Fe_3O_4$ 微粒，再加入沸腾的载液与表面活性剂的混合液，使固体微粒在有机溶媒中进行吸附反应，脱水后便得到所需的磁性液体。解胶法由 Khalafalla 于 1972 年提出，使用的载体溶液为含油酸的加热煤油，并用此法制得了油基铁磁性液体。

③ 化学沉淀法　化学沉淀法是将二价的铁盐溶液和三价的铁盐溶液按一定的比例混合，加入沉淀剂（NaOH 或氨水）反应后，获得粒度小于 10nm 的 $Fe_3O_4$ 磁性颗粒，经脱水干燥后，添加一定量的表面活性剂及基液，充分混合分散，获得铁氧体磁性液体。化学沉淀法生产周期短，工艺简便，产品质量较好，能够获得粒度均匀的纳米颗粒，且成本较低，适合工

业化生产。

(2) 金属磁性液体的制备　20 世纪 80 年代，第二代金属磁性液体被研制成功。由于纯金属的铁磁性材料（Fe、Co、Ni 及其合金）的饱和磁化强度远远高于铁氧体，因此在应用上优于铁氧体磁性液体。用汞或镓等液态金属作为基液，还可获得具有热传导率高和导电率高的磁性液体。但是，极容易氧化是金属磁性液体的致命缺点。金属磁性液体有以下几种制备方法。

① 金属羰基化合物热分解法　常用的铁磁元素金属有机化合物有 $Fe(CO)_5$、$Fe_2(CO)_9$、$Co_2(CO)_8$、$Ni(CO)_4$ 等。在一定的条件下，在加入表面活性剂的溶液中使这些金属羰基化合物发生分解即可得到纳米金属磁性颗粒。金属磁性颗粒在表面活性剂的作用下分散在基液中形成稳定的磁性液体。如果采用含有两种或两种以上的金属有机化合物，则可制得二元或多元合金磁性液体。按照外加条件的不同，羰基分解法又可分为紫外线照射分解法与油浴加热分散法。目前，采用该方法可以制备金属铁磁性液体、金属钴磁性液体、金属镍磁性液体以及 FeCo 合金磁性液体与 FeNi 合金磁性液体等。

② 蒸发冷凝法　在旋转的真空滚筒的底部放入含有表面活性剂的基液，随着滚筒的旋转，在其内表面上形成一液体膜。将置于滚筒中心部位的铁磁性金属加热使之蒸发，则金属气体在液体薄层中发生冷凝形成细小的固态金属颗粒，金属颗粒在表面活性剂的作用下分散于基液中，制得稳定的金属磁性液体。该方法可制得粒径为 2～10nm 的 Fe、Co、Ni 磁性液体。用该方法制备的金属磁性液体具有磁性粒子粒度分布均匀、分散性好的特点，但所需设备复杂且还需要抽真空。

③ 电火花熔蚀法　电火花熔蚀法是通过浸没于介电流体中的两个电极之间反复放电，在电极上产生局部的高温过热区，使电极材料（金属或合金）发生熔化、蒸发，并以加热区域喷射进入介电流体中，迅速冷凝成为细小的金属颗粒。由于粒子的粒度分布范围较宽，生成的金属颗粒必须经过进一步筛选，并且需选用合适的表面活性剂方可制得稳定的磁性液体。

④ 电解沉积法　其基本原理为在电解池中以液态金属载体（如水银）为阴极，对铁磁元素金属盐的水溶液或酒精溶液进行电解还原，还原金属在液态金属载体中沉积。为了防止金属颗粒长大，在沉积过程中必须用机械方法或磁力搅拌方法对液态金属载体进行搅动。可用作载体的液态金属主要有水银、镓、镓合金、锡、Ingas 合金（即 InGaSn 合金）和铅铋合金等。其中研究应用最多的是水银。以水银为载体的金属磁性液体存在的主要问题是提高饱和磁化强度比较困难，因为当水银中金属粒子浓度较大时其黏滞性会显著增加。

⑤ 等离子体 CVD 法　中谷功利用等离子体 CVD 法在反应容器底部旋转溶入表面活性剂的基液，并使容器保持在 0.133Pa 的低压状态，把能气化分解后获得铁磁性金属颗粒的有机金属化合物作为原料，并使之气化，与 $H_2$、$N_2$ 或 Ar 或者它们的混合气体混合后导入到反应容器内，在直流电场、高频电场、微波或激光的作用下产生低温等离子体。在等离子体的作用下使气化的有机金属化合物分解生成金属原子或者金属原子团，它们在向容器底部流动的过程中碰撞长大成纳米金属颗粒，经过搅拌，这些金属颗粒被表面活性剂包覆后分散在基液中形成金属磁性液体。例如，用含 $NH_3$ 的混合气体制备氮化铁磁性液体，采用含 $O_2$ 的混合气体制备金属氧化物磁性液体。该方法制备的磁性颗粒粒径分布较宽，导致磁性液体的饱和磁化强度相对较低，并且制备装置复杂。

⑥ 水溶液还原法　水溶液还原法是在溶解一定量的表面活性剂的强还原剂水溶液中添加硫酸亚铁水溶液制备金属铁颗粒。将其絮凝后置于含有其他种类表面活性剂的水溶液中用超声波分散，获得水基金属铁磁性液体。该法工艺简单、能耗低，但磁性颗粒粒径分布

较宽。

（3）氮化铁磁性液体的制备　金属类磁性液体的饱和磁化强度虽然很高，但是其化学稳定性较差，容易发生氧化变质，导致磁性液体磁性能的下降。为此，又研究开发了一种饱和磁化强度高、化学稳定性好的新型磁性液体，即氮化铁磁性液体。其制备方法主要有以下几种。

① 等离子体 CVD 法　用 Ar 气将 $Fe(CO)_5$ 及 $N_2$ 通过等离子体反应器，靠等离子体激发使 $Fe(CO)_5$ 分解，产生的 Fe 与离子态的氮发生化合反应，即可制得氮化铁磁性液体。中谷功以 $Fe(CO)_5$、$N_2$、Ar 分别为 $24mg/min$、$10cm^3/min$、$110cm^3/min$ 的流速制得饱和磁化强度为 $0.022T$、粒径为 $2\sim10nm$ 的磁性液体。李学慧等研究了制备氮化铁磁性液体的制备方法。该法生产效率高、但磁颗粒的粒径分布较宽，饱和磁化强度不高，产品纯化困难，故现已较少使用。

② 气相液相反应法　在添加了羰基铁及胺基系表面活性剂的煤油中导入氨气，通过化学反应生成胺基羰基铁的中间体，然后在高温下分解该中间体，即可生成氮化铁。氮化铁颗粒在表面活性剂的作用下分散在基液中制得氮化铁磁性液体。该方法由日本的中谷功于 1990 年提出，制备的氮化铁磁性液体饱和磁化强度可高达 $0.17T$。

③ 热分解法　中谷功发明了用活化能较低的氨气作为氮源与 $Fe(CO)_5$ 分解产生的 Fe 反应生成氮化铁的方法。氮化铁磁性液体热分解法制备工艺与金属磁性液体制备工艺大体相似。即在制备磁性液体时通入适量的 $NH_3$ 使之与 $Fe(CO)_5$ 反应生成一不稳定的中间化合物或在 $Fe(CO)_5$ 受热分解后生成的纳米铁粉的催化作用下使 $NH_3$ 裂解产生原子氮。中谷功在 1992 年第六届国际磁性液体会议上发表了以 $\varepsilon$-$Fe_3N$ 磁性颗粒分散在煤油中制成磁性液体的论文，其饱和磁化强度达到 $0.233T$，相对初始磁化率 180，且化学稳定性较好，可适用于一般磁性液体无法应用的领域，而引起人们的普遍关注。李学慧等人采用将氩气、氨气和 $Fe(CO)_5$ 蒸气充分混合，稀释后进入热解器，该混合蒸气在一定温度的基液中进行热分解，$Fe(CO)_5$ 分解出的铁晶核与氨气反应生成的纳米氮化铁颗粒，将其用表面活性剂包覆后均匀分散悬浮于基液中制得氮化铁磁性液体。

氮化铁磁性液体的化学稳定性虽优于单质金属，但仍然存在着氧化问题。在大气中，随着时间的延长，氮化铁磁性液体的饱和磁化强度不断下降，1008h 后接近于零。

（4）掺杂磁性液体的制备　掺杂磁性液体是掺杂了金属元素的纳米磁性颗粒，通过表面活性剂分散在基液中形成的液态复合体系。目前研究报道较多的是以 Mn、Co、稀土等取代部分 Fe 的锰铁氧体和钴铁氧体磁性液体。

1966 年，J. R. Thomas 等人通过热分解法制得钴的铁磁性液体，并着重研究了热分解技术和稳定剂的选择。Hess 和 Parker 等人研究了多聚物材料作为制备钴铁磁性液体的稳定剂。在第四届磁性液体国际会议上，D. B. Larnbrack，N. Masoon，S. R. Hoon 和 M. Kilner 等人报道了热分解法，并成功地制备了 Ni-Fe 磁性液体。

近年来，国内对掺杂磁性液体的制备技术进行了研究。李建、颜华等人先后采用"共沉淀-酸蚀法"以不同的原料制备 $CoFe_2O_4$ 磁性液体，并对制备工艺条件和磁性液体磁性能进行了深入研究，李广学、张茂润等人采用 $Co^{2+}$、$Zn^{2+}$、$Fe^{2+}$、$Fe^{3+}$、$NH_3 \cdot H_2O$ 经过氧化还原、分散处理、分离、混合后加入基液进行加热搅拌，制备出了 $Co$-$Fe_3O_4$ 磁性液体。研究表明，$Co$-$Fe_3O_4$ 磁性液体和 $Fe_3O_4$ 磁性液体都是完全软磁性的，$Co$-$Fe_3O_4$ 磁性液体的饱和磁化强度远高于 $Fe_3O_4$ 磁性液体。

朱传征等人报道了用化学共沉淀法制备稀土铁氧体磁性液体，得到了合适的反应条件，并运用 TEM、IR、XRD、DTA 等分析测试手段对磁性颗粒的形状、大小和结构进行了测定和分析，磁性颗粒的粒径在 15nm 左右。蒋荣立等用化学共沉淀法制备水基稀土镝铁氧体磁性液体，并分析了镝加入量等因素的影响。

在磁性液体制备中要解决的主要问题是磁性液体中磁性颗粒的制备和稳定磁性液体的获得。而磁性液体的稳定性主要和下列因素密切相关：

① 所制备的磁性颗粒的粒度大小；

② 表面活性剂的选择和用量是制备磁性液体的关键；

③ 制备过程的核心问题是保证磁性颗粒能以单颗粒分散状态存在于磁性液体中，因为随机因素较多，目前尚无统一的定论，有待深入系统地进行研究。

### 9.2.3.2　纳米磁性液体的应用

由于纳米磁性液体同时具有磁体的磁性和液体的流动性，因而在电子、仪表、机械、化工、环境、医疗等行业领域都具有独特而广泛的应用。

（1）增大扬声器功率　在音圈与磁铁间隙处滴入磁性液体，由于磁性液体热导率较大，早在 19 世纪中下叶人们就成功地用它解决了音圈的散热冷却问题，防止了因瞬时过热而失灵，使输入功率提高 2 倍。同时，磁性液体的添加对频响曲线的低频部分影响较大，通常根据扬声器的结构，选用合适黏滞性液体，可使扬声器具有较佳的频响曲线。

（2）工业密封与润滑　利用磁性液体可被磁控的特性，人们利用环状永磁体在旋转轴密封部件产生一环状的磁场分布，从而可将磁性液体约束在磁场之中而形成磁性液体的"O"形环，且没有磨损，可以做到长寿命的动态密封，这也是磁性液体较早、较广泛的应用之一。此外，在电子计算机中为防止尘埃进入硬盘中损坏磁头与磁盘，在转轴处也已普遍采用磁性液体的防尘密封。

在精密仪器的转动部分，如 X 射线衍射仪中的转靶部分的真空密封、大功率激光器件的转动部件，甚至机器人的活动部件亦采用磁性液体密封法，此外，单晶炉提拉部位、真空加热炉等有关部件的密封等，磁性液体是较为理想的动态密封方式之一。

磁性液体是一种新型润滑剂，磁性液体中的磁性颗粒尺寸仅为 10 单位，因此其独特优点是无磨损，而且在润滑过程中可以抵御加速度、向心力和万有引力等，可用磁力固定，用作润滑剂基本上无泄漏。只要采用合适的磁场就可以将磁性润滑油约束在所需的部位。目前发达国家已广泛用在动压润滑轴径轴承、推力轴承、齿轮传动、液压系统以及两表面互相接触的任何复杂运动机构中。

（3）环保　应用比重的不同进行矿物分离，磁性液体被磁化后相当于增加磁压力，在磁性液体中的物体将会浮起，如同磁性液体的表现密度随着磁场增加而增大，利用此原理可以设计出磁性液体比重计。磁性液体对不同比重的物体进行比重分离，控制合适的磁场强度可以使低于某密度值的物体上浮，高于此密度的物体下沉，原则上可用于矿物分离。例如，使高密度的金属与低密度的砂石分离，亦可用于城市肥料中金属与非金属的分离。近年来由于国内外对高梯度磁分离（HGMS）技术的研究已取得实质性进展，所以磁性液体已广泛用于处理工业三废，燃煤脱硫，给排水以及强磁性与弱磁性甚至非磁性颗粒的分离等方面。据报道，山东省青岛建筑工程学院的朱申红等用此技术和化学选矿联合处理化工厂硫铁矿烧渣，取得了可喜效果。

（4）医疗　磁性液体作为新型不透光材料目前已用于 NMR 和 X 射线诊断中。由于外加磁场作用下可以控制它的位置，所以也用于脑血栓治疗过程中的药物输送和心血管手术中对血管中血液的阻封。

（5）生物技术　由于磁性液体在磁力作用下可发生定向运动，现已在免疫检测、固定化酶、细胞分离、DNA 分离、生物导弹等生物技术领域中应用，比较典型的是 HGMS/F（高梯度磁分离/过滤)、双水相萃取、混合/澄清式磁泳等。英国利用 HGMS 技术已从全血中俘获到红细胞。

此外，磁性液体还可在仪器仪表中的阻尼器、无声快速的磁印刷、磁性液体发电机和定向淬火等方面应用。

## 9.2.4 软磁铁材料

纳米磁性材料作为一种新材料，由于其独特的物理化学性质，如量子尺寸效应、小尺寸效应、表面与界面效应和宏观量子隧道效应等，使其在物理、化学等方面表现出与常规磁性材料不同的特殊性质。随着电子产品向小型化方向发展以及应用领域的不断拓展，纳米软磁铁氧体材料的制备技术成为国际研究的热点之一。软磁铁氧体是指易于磁化也易于退磁的一类铁氧体。其构成为二价金属氧化物（$Fe_2O_3$），微观结构属于立方晶系的尖晶石型。

### 9.2.4.1 纳米软磁铁氧体材料的制备

根据制备原料状态的不同，纳米软磁铁氧体材料的制备可分为固相法、液相法和气相法。液相法是目前实验室和工业上广泛采用的制备方法。其过程为选择一种或多种合适的可溶性金属盐类，按所制备的材料的成分计量配制成溶液，使各元素呈离子或分子态，再选择一种合适的沉淀剂或用蒸发、升华、水解等操作，将金属离子均匀沉淀或结晶出来，最后将沉淀或结晶物脱水或者加热分解而制得超微粉。与其他方法相比，液相法具有设备简单、原料容易获得、纯度高、均匀性好、化学组成控制准确等优点。下面介绍几种纳米软磁铁氧体材料的合成技术。

（1）化学共沉淀法　化学共沉淀法是指在包含两种或两种以上金属离子的可溶性盐溶液中，加入适当沉淀剂，将金属离子均匀沉淀或结晶出来，再将沉淀物脱水或热分解而制得纳米微粉。其特点为：产品纯度高，反应温度低，颗粒均匀，粒径小，分散性也好。但此法对于多组分来说，要求各组分具有相同或相近的水解或沉淀条件，因而工艺具有一定的局限性。

化学共沉淀法按其沉淀剂的不同可分为氢氧化物、碳酸盐和草酸盐等若干方法。按反应初始铁离子的价态不同又可分为两类：一类是以 $Fe^{3+}$ 和其他二价金属离子为初始反应离子，一类是以 $Fe^{2+}$ 和其他二价金属离子为初始反应离子，通过氧化将 $Fe^{2+}$ 氧化成 $Fe^{3+}$，进而制备纳米软磁铁氧体材料。

（2）水热法　水热法是近 10 余年发展起来的制备超微粉又一新的合成方法。此法以水为溶剂，在较高温度（100℃以上）和较高压力（$10^5$ Pa 以上）下，在一个密闭压力容器内进行反应。用此法所制备的微粉晶体粒径小、粒度较均匀、不需要高温煅烧预处理，并且可实现多价离子的掺杂。由于在高温高压的反应釜中进行，这就将一定形式的前驱物溶解，再结晶为良好的微晶材料提供了适宜的物理、化学条件。H. Kumazawa 等人用该法制得了粒径为 15nm 的铁酸镍和 10nm 的铁酸锌和铁酸钴。T. Pannaparayil 等人用此法制得了平均尺寸为 18.5nm 左右的铁酸钴。

（3）溶胶-凝胶法　此法是最近十几年迅速发展起来的一项新技术。它利用金属醇盐的水解和聚合反应制备金属氧化物或金属氢氧化物的均匀溶胶，再浓缩成透明凝胶，凝胶经干燥、热处理可得到氧化物超微粉。其中，控制溶胶凝胶化的主要参数有溶液的 pH 值、溶液浓度、反应温度和时间等。通过调节工艺条件，可以制备出粒径小、粒径分布窄的超微粉。由于溶胶-凝胶法较其他方法具有可在低温下制备纯度高、粒径分布均匀、化学活性大的单组分或多组分分子级混合物，以及可制备传统方法不能或难以制得的产物等优点，而使其得到了广泛的应用。W. F Shangguan 等人采用柠檬酸作凝胶剂，制得了铁酸铜，C. V. Gopal

Reddy 等人用此法制得了纳米粒子铁酸镍。

（4）喷雾热解法 该法是将金属盐溶液通过喷雾器喷入高温介质中制成微小液滴，溶剂的蒸发和金属盐的热分解同时迅速进行，从而直接制得金属氧化物纳米微粒。该法制得的微粒纯度高、均匀性好、所需时间短，而且操作过程简单，可以连续制备且通过改变操作条件可制得各种形态和性能的纳米微粉，如六角型的铁酸锌等。

（5）微乳液法

微乳液通常是由表面活性剂、助表面活性剂（常为醇类）、油（常为碳氢化合物）、水（或电解质水溶液）组成的透明的各向同性热力学稳定体系。微乳液法是将两种反应物分别溶于组成完全相同的两份微乳液中，然后在一定条件下混合两种反应物，微乳液中的微小"水池"中物质穿过被表面活性剂或助表面活性剂所组成的单分子层界面，进入另一颗粒，发生反应。由于反应是在微小的水核中发生的，反应产物的生长将受到水核半径的限制，因此水核的大小直接决定了产物的尺寸，并且产物以纳米微粒的形式稳定地分散于水池中。通过超速离心或将水和丙酮的混合物加入反应完成后的微乳液等方法，使纳米微粒与微乳液分离，再以有机溶剂清洗以去除附着在表面的油和表面活性剂，最后在一定温度下干燥处理，即可得到固体纳米微粒。V. Pillai 等人通过此法制得了 $CoFe_2O_4$ 纳米粒子。

（6）相转化法 相转化法是利用氧化铁体系中的相转化来合成具有尖晶石结构的纳米磁性材料的一种方法。T. Sato 等人将 $Zn^{2+}$ 盐和 $Fe^{3+}$ 盐的混合溶液用 NaOH 使之形成共沉淀后，利用液相相转化制得了纳米铁酸锌。M. Yokoyama 等人以 $Cd(OH)_2$ 和 $Fe(OH)_3$ 的共沉淀为前驱物，利用液相相转化法合成了铁酸镉。刘辉等人以 $ZnSO_4 \cdot 7H_2O$ 和 $FeCl_3 \cdot 6H_2O$ 为原料，在微量相转化催化剂的存在下，采用沸腾回流的方法制备了纳米铁酸锌微晶。该方法反应温度低（100℃）、初始浓度高、反应速度快，是一种工艺设备简单、成本低廉的制备方法。

（7）超临界法 超临界法是指以有机溶剂等代替水作溶剂，在水热反应器中，在超临界条件下制备纳米微粉的一种方法。在反应过程中，液相消失，这就更有利于体系中微粒的均匀成长与晶化，比水热法更为优越。

姚志强等人用超临界法制备了 $10 \sim 20nm$ 的 Mn-Zn 铁氧体纳米晶，并与水热法和共沉淀法制备的试样进行了比较，发现超临界法所制备的微粉粒度更小。这一结果表明超临界法所制备的纳米晶大小均匀，晶化相当完全。

（8）冲击波合成法 冲击波合成法是用冲击波来处理共沉淀法制备的氧化铁和 $M^{2+}$ 氧化物的混合物而获得软磁铁氧体纳米粉体。此法是用炸药爆炸驱动钢片高速撞击的办法产生冲击波并通过氧化物混合物样品传播，样品经受冲击波处理后转化生成产物。由于冲击波作用时间短，生成的铁酸锌来不及长成完整的大颗粒，故以此方法可获得颗粒极微的铁酸盐粉体。

（9）微波场下湿法合成 由于微波具有内部快速加热和选择性加热的特点，可使某些物质在几分钟内被微波加热至几百摄氏度甚至几千摄氏度，因而被加热物体内部基本上不存在温度梯度，反应前驱物受热均匀，这往往使反应在短时间内完成，可有效防止产物颗粒长大，适于制备超细粉体。用此方法液相制备纳米磁性材料的方法是：将先驱共沉淀物在微波辐射下回流陈化若干时间，将所得样品快速冷至室温，经离心分离等处理而制得纳米磁性材料粉体。1998 年，Sridhar Komameni 等人用此法制备出了 $ZnFe_2O_4$、$NiFe_2O_4$、$MnFe_2O_4$、$CoFe_2O_4$，测定发现产物具有高比表面积。Jin-Ho Lee 等人利用此法制得了具有尖晶石结构的镍锌铁氧体。

### 9.2.4.2 纳米软磁铁材料的应用

软磁材料的发展经历了晶态、非晶态、纳米微晶态的历程，由于晶体的对称性高，晶体磁各向异性小，电阻率明显高于金属系软磁材料，且涡流损耗很低，因此主要作为电感元件的磁芯广泛应用于电子、通讯和信息等产业中，是一种用途广、产量大、成本低的电子工业及机电工业基础材料，已应用于开关电源、变压器、传感器等，可实现器件小型化、轻型化、高频化以及多功能化，近年来发展十分迅速，在新材料、能源、信息、生物医学等各个领域发挥举足轻重的作用，直接关系到电子信息产业、家电工业、计算机与通讯、环保及节能技术的发展。

纳米材料被称为面向 21 世纪的新型材料，也是磁性材料发展的一个必然方向。纳米科技的发展也为传统磁性产业提高产品质量档次、提高产品附加值、提高竞争能力和出口创汇能力创造了良好的条件，从而使我国有可能跨越式地直接从一个更高的起点上进行大规模的工业化生产。

## 思考题

1. 简述纳米磁性材料研究的发展历程。
2. 简述纳米磁性材料的基本特征。
3. 介绍几种具体的纳米磁性材料。

## 参考文献

[1] 都有为. 纳米磁性材料及应用. 材料导报，2001，15（7）：6-8.
[2] Tokura Y，Tomioka Y，Magnetism Beyond 2000，Edited by A. J. Freeman. S. K. Bader，North-Holland. 1999，1.
[3] 余声明. 纳米磁性材料技术. 世界产品与技术，2000. 3：52-53.
[4] 庚晋. 纳米磁记录材料及技术. 装备机械，2005，1：45-47.
[5] 李国栋. 2001～2002 年磁记录材料及应用新进展. 信息记录材料，2004，4（2）：41-43.
[6] 王浩. 高密度磁记录材料——纳米磁性团簇研究进展. 材料导报，1996，10（1）：27-30.
[7] 王世敏，许祖勋，傅晶. 纳米材料制备技术. 北京：化学工业出版社，2000.
[8] Kojima Akinori，Makino Akinori，Inouc Akinori. Rapidannealing efect on the microstractare and magnetic prop-erties of the Fe-rich nanocomposite magnets. J ApplPhys，2000，87（9）：6576-6578.
[9] 丁子上，翁文剑. 溶胶-凝胶技术制备材料的进展. 硅酸盐学报，1993，21（5）：443-446.
[10] 唐少龙等. 第 11 届全国磁学和磁性材料会议论文集. 2002.
[11] Childress I R，et al. IEEE Trans. Magn，2001，（37）：1745.
[12] 周艳琼，白木. 纳米巨磁电阻材料. 粉末冶金工业，2002，12（5）：47-48.
[13] 张志力，王哲明，黄云辉等. $So_1$-gel 法制备 $La_1-xSrxMnO_3$ 巨磁电阻薄膜材料. 高等学校化学学报，1999，20（5）：665-669.
[14] Chen C H，Bouwmeester H. J. M.，Kruidhol H，et al. J Mater. Chem.，1996，6（5）：815.
[15] YAN Chun-Hua，HUANG Yun-Hui，WANG Zhe-Ming，et al. Chemistry，1998，7：16.
[16] Teo B. S.，Mathur N. D.，Isaac S. P.，et al. J. Appl. Phys.，1998，83：7157.
[17] Wang X. L.，Dou S. X.，Liu H. K.，et al. Appl. Phys. Lett.，1998，73：396.
[18] Heremans J. J.，Watts S.，Wirth S.，et al. J. Appl. Phys.，1998，83：7055.
[19] ZHANG Ning，DING Wei-Ping，TAN Xi-Lin，et al. Science in China，Ser. A，1998，4：373.
[20] Urushibara A.，Peng Z. Y.，Arima T，et al. Phys. Rev. B，1995，51.
[21] Rao C. N. R. Chem. Eur. J.，1996，2（12）.
[22] Papell S. S. Magnetic Fluid. U. S. Patent 3215572. 1965.
[23] Khalafalla. S. E. Magne to fluids and their Manufacture. US 3764540，1973.
[24] 下饭板润三. 日本特许公开公报. 昭 5144579. 1976.
[25] Hoon S R，KilnerM，TannerB K. Preparation and properties of nickel ferrofluids. Journal of Magnetism Magnetic Materials，1983，39（1-2）：107-113.
[26] 刘思林，藤荣厚，于英仪. 金属磁性液体的制备. 功能材料，2000，31（4）：369-376.
[27] Berkewitz A E，walter J L. Ferrofluids Prepared by Sparkerosion. Journal of Magnetism Magnetic Materials. 1983，39：

75-77.

[28] Alekseen V A, Vep rik I Y, et al. Influence of Microstructure on Physical Mechanical Properties of Liquid Metal Based Magnetic Colloids. Journal of Magnetism Magnetic Materials. 1990, 85: 133-135.

[29] 中谷功, 古林孝夫, 花冈博明. 日本特许公开公报. 昭 6293910. 1987.

[30] 藤田丰久, 真宫三男. 水溶液还原法制备金属铁磁性液体. 粉体与粉末冶金, 1991 (38): 695.

[31] 中谷功, 古林孝夫, 花冈博明. 日本特许公开公报. 昭 6293911. 1987.

[32] 李学慧, 齐锐, 薛志勇, 等. 等离子体活化法制备纳米磁性液体. 稀有金属材料与工程, 2004, 33 (8): 858-860.

[33] 中谷功, 小泽清, 日本特许公开公报. 平 570784. 1993.

[34] 许孙曲. 第六届磁流体国际会议学术论文综述. 磁性材料及器件, 1995, 25 (1): 25-30.

[35] 李学慧, 安宏, 齐锐, 等. 氮化铁磁流体的制备. 无机材料学报, 2003, 18 (6): 1345-1350.

[36] 顾红, 王先逵. 磁流体技术及发展方向综述. 昆明理工大学学报, 2002, 27 (1): 55-57.

[37] 李建, 赵宝刚, 李海, 等. 共沉淀-酸蚀法制备磁性液体及其微粒分析. 西南师范大学学报, 2000, 25 (4): 394-397.

[38] 颜华, 姜玉宏, 陈俊斌等. 共沉淀酸蚀法制备 $CoFe_2O_4$ 磁性液体及其中的微粒粒径分布. 西南师范大学学报 (自然科学版), 2002, 27 (3): 325-328.

[39] 李广学, 张茂润. $CoFe_3O_4$ 磁性液体磁性能的研究. 合肥工业大学学报 (自然科学版), 2001, 24 (2): 248-251.

[40] 朱传征等. 钇铁氧体磁流体的制备及表征. 东华师范大学学报 (自然科学版), 2000 (1): 68-73.

[41] 蒋荣立, 刘永超, 尹文萱. 镝改型铁氧体磁流体的制备与表征. 四川大学学报 (工程科学版), 2004, 36 (1): 32-36.

[42] 李学慧等. 磁流体的研制. 化学世界, 1998 (1): 15-17.

[43] 王文梅, 孙传尧. 磁性液体复合材料制备技术的研究现状与发展趋势. 矿产综合利用, 2007. 2, 1: 31-35.

[44] 牛晓坤, 钟伟. 磁性液体的应用. 化学工程师, 2004, 111 (2): 45-47.

[45] 李国栋. 2004～2005 年磁性功能材料及其应用研究新进展. 稀有金属材料与工程, 2006, 35 (10) 1513-1515.

[46] LEGTENBERGR. Electrostatic actuators fabricated by surface micromaehining techniques. 1996.

[47] Wang Li, Tian Gengfang, Wang Haibo et al. Collected Works of the 4th National Conference on Magnetic Film and Nano-Magnetism. Tianjing: China Physical Society, 2004.

[48] Yu Wenguang, Wei Yu, Wang Xin, et al. Collected Works of the 4th National Conference on Magnetic Film and Nano-Magnetism, Tianjing: China Physical Society, 2004.

[49] 田民波. 磁性材料. 北京: 清华大学出版社, 2001.

[50] 张立德. 纳米材料和纳米结构. 北京: 科学出版社, 2001.

[51] 何时金, 包大新, 任旭余, 等. 纳米科技给传统磁性产业带来的机遇和挑战. J Magn Mater Devices, 2001, 32 (6): 40-44.

# 第 10 章
## 纳米材料在催化方面的应用

## 10.1　金属纳米粒子的催化作用

纳米粒子催化剂是一个新的领域，国际上称它为第四代催化剂。纳米粒子由于尺寸小，表面所占的体积百分数大，表面的键态和电子态与颗粒内部不同，表面原子配位不全等导致表面的活性位置增加，这就使它具备了作为催化剂的基本条件。这种新型催化剂有很薄的均匀表面层（薄层相当于 2～5 个原子层的厚度），特殊的晶体结构，原子级的表面状态，独特的电子结构，优良的表面特性，有利于吸收吸附和表面化学反应的进行，因此其具有密度小、比表面积大、反应活性高、选择性强、使用寿命长、操作性能好等许多优点，适用于各种类型的化学反应，尤其是对催化剂氧化、还原和裂解反应都具有较高的活性和选择性。纳米粒子催化剂作为一种高活性和高选择性的新型催化剂材料引起了催化工作者的普遍关注。最近，关于纳米粒子表面形态的研究指出，随着粒径的减小，表面光滑程度变差，形成了凸凹不平的原子台阶，这就增加了化学反应的接触面。到目前为止，它已在催化氧化、还原、裂解反应以及光催化方面得到了广泛的应用。

催化剂的作用主要可归结为三个方面：一是提高反应速度，增加反应效率；二是决定反应路径，有优良的选择性，例如只进行氢化、脱氢反应，不发生氢化分解和脱水反应；三是降低反应温度。纳米粒子作为催化剂必须满足上述的条件。近年来科学工作者在纳米微粒催化剂的研究方面已取得一些成果，显示了纳米粒子催化剂的优越性。超细 Pt 粉是高效的氢化催化剂；超细 Ag 粉可以作为乙烯氧化的催化剂；超细 Fe 粉可在气相热分解（1000～1100℃）中起成核的作用而生成碳纤维；Au 超微粒子负载在 $Fe_2O_3$、$Co_3O_4$、NiO 中，在70℃时就具有较高的催化氧化活性。

那么，金属为什么能表现出如此优越的催化性能呢？金属能够作为催化剂的活性组分，这里以金属状态的多相催化剂为例简要介绍。金属催化剂的性能主要由以下结构特点决定。

① 金属表面原子是周期性排列的端点，至少有一个配位不饱和位，即悬挂键（dangling bond）。这预示着金属催化剂具有较强的活化反应物分子的能力。

② 金属表面原子位置基本固定，在能量上处于亚稳态。这表明金属催化剂活化反应物

分子的能力强，但选择性差。

③ 金属原子之间的化学键具有非定域性，因而金属表面原子之间存在凝聚作用。这要求金属催化剂具有十分严格的反应条件，往往是结构敏感性催化剂。

④ 金属原子显示催化活性时，总是以相当大的集团，即以"相"的形式表现。如金属单晶催化剂，不同晶面催化活性明显不同。但同时，其适应性也易于预测。

## 10.1.1　超细贵金属催化剂的催化应用

在多相催化领域中，贵金属固体催化剂占有重要的地位，它们广泛应用于石油化工、精细化工、环保催化、生命及生物化学等领域。例如，用于氧化反应的 Ag 和 Au 催化剂，用于烯烃选择性加氢的 Rh 催化剂。这些贵金属固体催化剂在催化反应中表现出很高的活性和选择性，与催化剂的微观结构及性质密切相关。一般来说，贵金属催化剂中的贵金属主要以颗粒状态存在。对于负载型催化剂，贵金属以颗粒状高分散于载体上；对于非负载型催化剂，贵金属则以高分散的颗粒状态或金属簇形式存在。研究表明，这些贵金属颗粒往往以纳米级形态存在于催化剂中，此时催化剂表现出非常高的催化活性和选择性。目前，贵金属催化剂的主要应用途径见表 10-1。

表 10-1　贵金属催化剂及其应用途径

| 族 | 金属元素 | 催化剂应用途径 | 族 | 金属元素 | 催化剂应用途径 |
|---|---|---|---|---|---|
| IB | Ag | 二烯烃、炔烃选择性加氢制单烯烃<br>乙烯选择性氧化制环氧乙烷<br>芳烃的烷基化<br>甲烷氨氧化制氢氰酸<br>甲醇选择性氧化制甲醛 | Ⅷ | Pt | 烯烃、二烯烃、炔烃的选择性加氢<br>醛、酮、萘的加氢<br>环烷烃、环烯烃的脱氢<br>环烷醇、环烯酮的脱氢<br>烃类的深度氧化与燃烧<br>烷烃的脱氢<br>汽车尾气催化净化处理<br>$NO_x$ 的催化还原<br>$SO_2$ 的催化氧化<br>石脑油的催化重整 |
| IB | Au | CO 低温氧化<br>Fischer-Tropsch 合成反应<br>烃类的选择性氧化<br>烃类的燃烧 | Ⅷ | Rh | 烃类羰基化反应<br>Fischer-Tropsch 合成反应<br>烯烃的选择性加氢反应<br>汽车尾气催化净化<br>加氢甲酰化反应<br>烃类重整反应 |
| Ⅷ | Pd | 烯烃、芳烃、醛、酮的选择性加氢<br>不饱和硝基化合物的选择性加氢<br>硝基芳烃的选择性加氢<br>环烷烃、环烯烃的脱氢反应<br>烃类的催化氧化<br>甲醇合成<br>植物油的加氢精制 | Ⅷ | Ru | 乙烯选择性氧化制环乙烷<br>烃类催化重整反应<br>有机羧酸选择性加氢<br>制醇 |

可以看出，贵金属催化剂主要催化一些选择性转化过程，在现代化工具有不可替代的重要作用。

### 10.1.1.1　纳米金在催化中的应用

金位于元素周期表第 IB 族，由于金的外层 d 轨道电子是完全充满的，并且第一电离能很大（9.22eV），很难失去电子，因此可以认为金的催化活性是比较弱的。但是，当金被制成纳米数量级的超细粉末后，却能显示出极高的化学活性和催化性能。与一般纳米粒子相似，Au 纳米粒子的特殊性质也是由其特殊的结构以及由此产生的特殊效应引起的。金具有特殊的电子结构，在一些特定的晶面上存在着表面电子态，其能级恰好位于体能带结构沿该晶向的禁带之中。处于此表面态的电子由于功函数的束缚不能逸出外围，又由于体能态的限制而不能深入内层，只能形成平行于表面方向运动的二维电子云。这是纳米 Au 颗粒具有表面效应、量子效应和宏观量子隧道效应的物理基础。Au 纳米粒子存在结晶面相互交叉的棱角，增大了表面晶格缺陷，提高了表面吸附性能和催化活性，可以在室温下有效地吸附甲酸、硫化氢、硫醇类有机化合物。Au 纳米粒子具有拔氢能力，可在常温下吸附氧气、一氧化碳、甲醇、水等化合物。如果用陶瓷刀将 Au 纳米粒子切削成平滑的表面，可加速吸附苯、己烯、酮、醚等有机化合物。

（1）CO 氧化反应　　CO 的低（常）温催化氧化过程，涉及空气净化、封闭式 $CO_2$ 激光器、CO 传感器、防毒面具以及密闭系统内的 CO 消除等多个方面。最近发现在某些金负载催化剂上，CO 在低温下就可以被完全氧化成 $CO_2$。例如，5%$Au/\alpha\text{-}Fe_2O_3$ 催化剂在 $-76℃$ 时对 CO 氧化反应就有催化活性，到 $0℃$ 时 CO 的转化率已接近 100%。除了 $Au/\alpha\text{-}Fe_2O_3$ 外，以其他氧化物为载体制备的催化剂，如 $Au/TiO_2$、$Au/MgO$、$Au/ZnO$、$Au/Co_3O_4$ 等，也是很好的 CO 低温氧化催化剂。目前，$Au/Fe_2O_3$ 和 $Au/Al_2O_3$ 催化剂已经在空气净化和工业气体净化方面得到商业推广和使用。

$$2CO + O_2 \longrightarrow 2CO_2$$

（2）与氮化物的反应　　$NO_x$ 的还原与环境治理密切有关。金负载催化剂对 $NO_x$ 的各种还原反应均具有良好的催化活性。Au 纳米粒子载在活性氧化铝上成型、烧结，用于汽车尾气净化催化剂，首先由氧与一氧化氮反应生成氧化氮，再将氧化氮（$NO_x$）与烃类（如丙烯）或一氧化碳反应，还原成氮气，如果采用 Au 纳米粒子/沸石分子筛或者 Au 纳米粒子/氧化铁和氧化镍的复合物作为催化剂，在较低的温度下显示了催化活性，在常温条件下一氧化氮与一氧化碳很容易反应生成氧化二氮和二氧化碳；如果在 $60℃$ 的温度条件下，一氧化氮与一氧化碳优先反应生成氮气和二氧化碳。

（3）乙炔氢氯化反应　　乙炔的氢氯化反应是合成氯乙烯的重要反应。对该反应现在工业上采用的是活性炭负载氯化汞催化剂。然而，由于汞催化剂不仅容易失活，而且毒性很大，严重影响生态环境，寻找合适的替代品早已迫在眉睫。Nkosi 等人以 $HAuCl_4$ 为前驱体制备了金负载催化剂，不仅催化活性高，而且更为可喜的是当金负载量≥1%（质量分数）时，失活速率亦比其他催化剂慢。而且，金催化剂与其他金属氯化物催化剂不同，失活以后可以再生。将失活的金催化剂以 HCl 或 $Cl_2$ 处理，可以恢复活性。金催化剂的失活原因是 $Au^{3+}$ 的还原，因此在反应原料中加入少量 NO 可以阻止 $Au^{3+}$ 的还原，延长催化剂的使用寿命。金负载催化剂已成为目前公认的乙炔氢氯化反应的最佳催化剂。

（4）选择性氧化（醇的氧化）　　Prati 等研究表明金负载的纳米粒子能够成为乙醇或二元醇氧化反应的高效催化剂。进一步的研究指出在相对温和的条件下，以氧气为氧化剂，负载在石墨上的金能将甘油 100%选择性地氧化为甘油酸盐。Prati 等对二醇的氧化反应的研究表明反应转化率的高低与负载于载体上的金相关，归因于负载在载体上的金纳米粒子的尺寸效应。甘油选择性氧化反应的金负载催化剂包含的金粒子直径最小为 5nm，最大为 50nm。其中大部分粒子的直径为 25nm 且为多晶本质。降低负载量到 0.5%或 0.25%，对于粒子尺寸分布没有太大的影响，但单位面积上的粒子数密度成正比地降低，与甘油转化为甘油酸的选择性和甘油转化率的降低有关。

（5）水光催化产生氢气　　氢气是干净清洁的能源，将给能源工业带来革命性的变化，尤其是通过光催化分解水产生氢气更是当前热门课题之一。铑超微粒子作光解水的催化剂，比常规催化剂产率提高 2～3 个数量级，但制造工艺复杂；铂吸附在二氧化钛半导体上作水解制氢的催化剂，由于在铂粒子表面有可能促进氢气与氧气的再结合，因此影响了制氢产率。

如果采用 Au 纳米粒子/氧化钛作为光催化剂，水-二醇或水-醇溶液中，通过紫外光照射，研究结果表明，Au 纳米粒子/氧化钛光催化剂比铂催化剂优良，提高了选择性，使制氢产率达 70%左右。

(6) 其他反应　除了催化氧化 CO 以及上述提到的催化作用外，纳米金催化剂在许多方面正发挥着越来越重要的作用。负载型 Au 或 Au 与其他金属组成的双金属催化剂（如 Au/Pd/SiO$_2$ 和 Au/Rh/SiO$_2$ 等）对烯烃、炔烃和芳烃的加氢有明显的催化作用。金负载催化剂在低温下对水煤气转换反应具有很高的活性。还有人发现用共沉淀法制备的 Au/Fe$_2$O$_3$，Au/NiFe$_2$O$_4$ 和 Au/MgFe$_2$O$_4$ 催化剂在 77~197℃可有效地去除 CO$_2$ 气体中的 H$_2$ 杂质。纯化后的 CO$_2$ 可用于生产尿素。这些金催化剂的活性和抗中毒性均优于 Pt/Al$_2$O$_3$ 和 Pt-Pd/Al$_2$O$_3$ 催化剂。

## 10. 1. 1. 2　纳米铂系金属在催化方面的应用

铂族金属锇、铱、铂、钌、铑、钯，已有许多试验说明纳米粒子催化剂的活性与粒子表面原子的排列方式有关微粒的晶态结构和形状是影响催化活性的基本因素。对于纳米金属负载型催化剂，其催化活性与金属种类及载体类型有一定关系。Angel 等人研究了 Rh、Rd 两种纳米金属的负载型催化剂对烃类反应的催化活性与载体的相关性。其报告认为，纳米 Rh 负载型催化剂的活性与载体密切相关，当以硅胶为载体时，其活性比通常的催化剂高得多，而以 α-Al$_2$O$_3$ 为载体时情况相反。另外，载体对纳米 Pd 负载型催化剂活性的影响不显著。

(1) 铂纳米粒子的电催化性能　由于与燃料电池的发展密切相关，铂纳米微粒电极的尺寸效应（size effect）得到众多研究者的关注，尽管由于各自实验条件的差异使得实验结论有所不同，但许多研究成果对于认识金属纳米微粒的电催化行为是很有意义的。有关 Pt 电极的尺寸效应 K·Kino·shita 曾有详尽的综述。

目前对铂纳米微粒电极的电催化行为的研究多集中在氧的电还原（ORR）和甲醇、甲酸等简单有机物氧化反应中。有的作者认为铂纳米微粒对 ORR 反应的电催化不存在尺寸效应，而 Y. Takasu 等设计实验消除了一些干扰因素后，得出的结论是：ORR 反应的比活性（反应峰电流密度）随着铂颗粒直径的变小而降低，并且认为这种效应与铂纳米微粒的表面结晶和电子状态有关。作者还通过 XPS 谱图观察到 Pt$_{4f7/2}$ 和 Pt$_{4f5/2}$ 的结合能随 Pt 颗粒尺寸的降低而迁移到更高的值，这就使得吸附的氧与表面 Pt 原子间存在更强的相互作用，因为氧的最高占有能级 O$_{2p}$ 和 Pt 的价带之间的能量差距随 Pt 颗粒尺寸的降低而减少了。A. Gamez 等也得到了相同的实验结果，认为这种催化活性的降低与氧化物种在小颗粒的表面强烈吸附有关。至于铂纳米微粒电极对甲醇和甲酸电氧化反应的催化性能，文献报道甲醇氧化的比活性随着铂颗粒尺寸的降低而降低，但甲酸氧化的比活性随铂颗粒尺寸的降低而提高，作者推测这种效应可能与铂纳米微粒暴露在表面的晶面有关。暴露在表面的 Pt（110）晶面随颗粒尺寸降低而减少，而 Pt（100）晶面则随颗粒尺寸降低而增加，所以甲酸的氧化可能与暴露在表面的 Pt（100）晶面有密切关系。但是这需要深入细致的实验进一步来验证。最近报道了负载铂纳米微粒对甲醇的电催化氧化可能存在着表面结构敏感效应。Pt（111）晶面对甲醇的氧化活性相对于 Pt（100）晶面要强。

(2) 铑纳米粒子的烃化反应　铑纳米粒子是良好的烯烃选择性加氢催化剂，显示出很高的活性与选择性。烯烃双键上往往与尺寸较大的官能团——烃基相邻接，致使双键很难打开，加上粒径为 1nm 的铑微粒，可使打开双键变得容易，使氢化反应顺利进行。表 10-2 列出了金属铑粒子的粒径对各种烃的氢化催化活性的影响。可以看出，一方面铑纳米金属粒子催化剂确实对烯烃双键有很强的选择性加氢活性，同时发现金属粒子越小，越有利于选择性加氢反应。

表 10-2　不同粒径的金属 Rh 纳米粒子催化剂选择性加氢反应特性

| 反应物 | 催化活性/(H₂mol/g$_{nano-Rh}$×s) | | |
|---|---|---|---|
| | Rh-PVP-MeOH/H₂O | Rh-PVP-MeOH/EtOH | Rh-PVP-MeOH/NaOH |
| | 3.4nm | 2.2nm | 0.9nm |
| 1-己烯 | 15.8 | 14.5 | 16.9 |
| 环己烯 | 5.5 | 10.3 | 19.2 |
| 2-己烯 | 4.1 | 9.5 | 12.8 |
| 丁烯酮 | 3.7 | 4.3 | 7.9 |
| 异亚丙烯丙酮 | 0.6 | 4.7 | 31.5 |
| 丙烯酸甲酯 | 11.2 | 17.7 | 20.7 |
| 甲基丙烯酸甲酯 | 5.8 | 15.1 | 27.6 |
| 环辛烯 | 0.6 | 1.1 | 1.2 |

### 10.1.1.3　纳米银在催化方面的应用

　　纳米银可作乙烯氧化的催化剂。近十年来，银催化剂在氮氧化物（NO$_x$）消除反应中的催化性能逐渐受到重视。负载于 Al₂O₃ 及分子筛载体上的银催化剂在烃类选择还原氮氧化物的反应中表现出较好的活性和选择性。但到目前为止，对于活性组分银在选择还原反应中的催化作用仍有不同观点。

　　文献报道指出分子筛中银担载量高于 7％ 的催化剂样品上，NO 转化率显著提高。将表征结果与反应数据相结合，说明了分子筛外表面纳米银颗粒的形成，提高了银催化剂在 CH₄ 选择还原 NO 反应中的活性。NO/O₂ 在银催化剂上的吸附及其与 CH₄ 之间的程序升温还原反应较好地说明了纳米银颗粒参与选择还原反应的机制。由图 10-1 可知，甲烷要在 320℃ 以上才能活化并参与反应，那么 320℃ 以上稳定存在的氮氧化物物种才能被 CH₄ 有效还原。但在担载量较低的（3％和5％）Ag/H-ZSM-5 催化剂上，氮氧化物的吸附较弱，在温度低于 400℃ 时便全部脱附，这样能与活化的甲烷反应的表面吸附的氮氧化物太少，所以 CH₄ 选择还原 NO 的活性较低。随着分子筛中银含量的增加，有沉积在分子筛外表面的银颗粒的形成，在银颗粒上氮氧化物的吸附能力增强，脱附温度升高（440℃），这样在甲烷活化（320℃）以后仍有足够多的表面氮氧化物吸附物种参与选择还原反应，被活化的甲烷还原为 N₂，提高反应活性。

　　另外，用共价修饰法制备了银纳米修饰电极，该修饰电极对灿烂甲酚蓝（BCB）的电化学氧化还原有较强的催化作用。

## 10.1.2　超细过渡金属催化剂的催化作用

　　过渡金属催化剂是现代化工主导型催化剂之一，在催化剂领域占有十分关键的作用，如合成氨铁系催化剂、轻烃造气用镍基催化剂、燃料油品加氢精制用钴系催化剂以及甲醇合成用铜系催化剂等。

　　过渡金属是一类特殊金属，其价电子结构特别，它们的原子或离子具有 $(n-1)$d，$ns$ 和 $np$ 共 9 个价电子轨道，接受配位体的

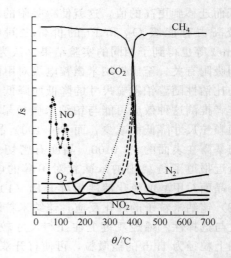

图 10-1　Ag/H2ZSM25 [$w$(Ag)＝9％] 催化剂上 NO 和 O₂ 共吸附后在 2％(CH₄)/98％(He) 气中的程序升温还原谱图

孤对电子。因此，它们的原子和离子有形成络合物的倾向，通常在参与催化反应时形成络合物。纳米材料和纳米技术的发展，使传统的过渡金属催化剂更新换代有了更大的可能，为过渡金属在催化领域的广泛应用提供了良好条件。如何引入纳米合成技术，研制结构更为规整、性能更为优越、性价比更高的新型过渡金属催化剂成为催化学家面临的巨大挑战。过渡金属催化剂的主要应用途径见表 10-3。

表 10-3 　过渡金属催化剂及其应用途径

| 族 | 金属元素 | 催化剂应用途径 |
| --- | --- | --- |
| IB | Cu | 水汽转移反应、醛、酮加氢制备醇<br>甲醇合成、不饱和腈加氢制取不饱和胺<br>硝基芳烃加氢反应制备芳胺 |
| Ⅷ₃ | Ni | 烯烃、芳烃、苯酚的加氢反应、水汽重整制合成气<br>硝基化合物、醇、醛的加氢反应、二氧化碳重整制合成气<br>CO、$CO_2$ 加氢反应（F-T 合成）、低碳烯烃的低聚反应<br>环己醇、环己酮的脱氢反应、C-C,C-N,N-O 化合物的加氢裂解<br>烷烃的脱氢反应 |
| Ⅷ₂ | Co | 烯烃、芳烃、苯酚的加氢反应、烯烃异构化<br>硝基化合物、醇、醛的加氢反应、二氧化碳重整制合成气<br>CO、$CO_2$ 加氢反应（F-T 合成）、低碳烯烃的低聚反应<br>烃类加氢裂解 |
| Ⅷ₁ | Fe | 合成氨反应 |

### 10.1.2.1 纳米镍在催化方面的应用

由于纳米镍尺寸小、比表面积大、表面原子数较多和表面原子的配位不饱和性，导致其表面活性位增多，具有较高的催化活性，已成为一种新型高效催化剂，广泛应用于加氢、偶联、氧化、有机合成、歧化等过程，近年来引起催化界研究者的极大重视。

（1）脱氢及加氢反应　野田道雄等人研究发现，用惰性气体蒸发法制得的超微镍催化剂对异丙醇和环己醇的液相脱氢有较高的催化活性及选择性。超林丰治等人也用蒸发法制得超微镍催化剂，以研究它对 1，3-环辛二烯加氢反应的催化作用。以往采用 Raney 镍催化剂来催化 1，3-环辛二烯的加氢过程，反应生成环辛烯与环辛烷的混合物。实验制备的超微镍催化剂平均粒径 30nm，比表面积为 $27.3m^2/g$，在 $160\sim180℃$ 下用氢气使超微镍催化剂流化几十秒即可还原其表面氧化层。研究表明，这种超微镍催化剂的催化活性是 Raney 镍催化剂的 2～7 倍，对环辛烯的选择性比 Raney 镍催化剂高 5～10 倍。张志琨等用纳米镍作催化剂，其在催化加氢反应中的催化活性是 Raney Ni 的 5～16 倍。杜艳等制备了纳米镍粉催化剂，该催化剂的催化活性大约是工业上通常使用的 Raney Ni 的 16 倍。还原助剂的引入导致催化剂晶粒的减小，从而提高了催化剂的催化活性。用粒径为 30nm 的 Ni 作环辛二烯加氢生成环辛烯反应的催化剂，选择性为 210，而用传统 Ni 催化剂时选择性仅为 24。

（2）电解析氢　析氢反应由于在电解水、氯碱工业和化学电源中的重要性而一直得到不断深入的研究。在电解水中为了降低能耗需要阴极具有低的析氢过电位。为了达到这一目的，共有两种途径：一种是选择析氢反应交换电流密度高的材料，众所周知金属铂是最佳选择，但由于价格昂贵，在应用中受到限制，另外 Ni-Mo 合金由于 Ni、Mo 两种元素的协同作用也具有较好的电催化析氢活性；另外一种方法就是通过增加电极的比表面积来改善析氢反应的活性，采用纳米电极材料就是有效途径之一。1991 年 J·Y·Huot 等将 Ni-Mo 合金的电催化性能与晶粒的尺寸联系起来，发现合金的晶粒尺寸与析氢过电位之间存在着线性关

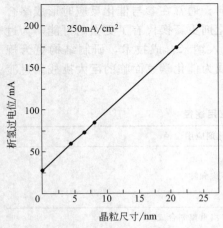

图 10-2　Ni-Mo 合金析氢过电位与
晶粒尺寸的线性关系

系，见图 10-2，由图中可以看出，随着晶粒尺寸的变小，Ni-Mo 合金的析氢过电位逐渐降低，而当晶粒尺寸达到零而形成准非晶结构（quasiamo rphous structure）时，其析氢过电位只有 28mV。其后 H. Yam ashita 等人也发现了 Ni-Sn 合金中类似的情况：当 Ni-Sn 合金的粒径小于 8nm 时，其析氢过电位只有 100mV（$i = 30A/dm^2$）。由于在析氢反应中的潜在应用价值，Ni-Mo 等合金纳米晶材料得到更多的研究，并有许多开发此类合金的专利问世。

（3）其他　陈新兵等发现纳米镍在催化芳基硼酸与溴代芳烃的交叉偶联反应中的转化为 95%，选择性为 84%；Tomiyama 等研究了镍粒径在 5nm 以下时的硅载体镍催化剂，反应选择性急剧提高。在火箭发射用的固体燃料推进剂中，如添加约 1%（质量分数）的纳米镍微粒，每克燃料的燃烧热可增加一倍。纳米的铁、镍与 γ-$Al_2O_3$ 混合轻烧结体可以代替贵金属作为汽车尾气净化催化剂。纳米的镍粉、银粉的轻烧结体作为化学电池、燃料电池和光化学电池中的电极，可以增大与液相或气体之间的接触面积，增加电池效率，有利于小型化。

### 10.1.2.2　纳米铜在催化方面的应用

纳米铜可作乙炔聚合和 CO 氧化反应的催化剂。CO 氧化催化剂工业上大都采用化学浸渍法制备的铂、钯等贵重金属，如石油催化裂化再生塔中使用的助燃剂，汽车尾气处理的催化剂等。有关化学制备贵金属的 CO 催化氧化催化剂的文献是十分丰富的。贵金属的催化性能优良，但价格昂贵，许多过渡金属对 CO 氧化也有催化作用，但是活性和稳定性远比贵金属差。纳米粒子具有独特的量子效应，使得纳米过渡金属如 Cu、Mn、Cr 等粒子的活性大大提高，这为用廉价金属取代或部分取代贵金属作 CO 氧化催化剂提供了可能。

王彦妮等将纳米粒子分散于多层不锈钢网架上，再将网架置于玻璃管式反应器中，反应器外有加热装置。聚合反应开始前，先将反应器抽真空并通入氢气，然后加热进行纳米粒子的还原、活化。乙炔流经纳米粒子即发生聚合反应。纳米 Cu 催化乙炔聚合反应的最佳温度范围为 125～135℃。低于此温度范围，聚合物收率较低，产物呈粉末状；超过此温度范围，聚合物弹性好，但产率降低。延长反应时间不仅可以大大提高聚合产物的收率，而且聚合产物的形貌由粉末状变为棉絮状弹性体；进一步延长反应时间，弹性体由棕色变为黑色，且能导电。纳米粒子的催化作用主要是利用其粒径小和比表面积大的特性。因此，粒径大小对 Cu 粒子的催化活性影响较大。研究发现粒径越小，产物的收率越高。此结果验证了纳米粒子由于其粒径小，比表面积大，故其催化活性高的理论。当乙炔气流经它的表面时易发生化学吸附，导致乙炔分子的键价力发生变化，键能降低，引起分子变形并在纳米 Cu 粒子表面产生自由基，这些自由基可进一步与乙炔分子发生反应。红外表征结果表明，聚合产物的结构中存在 $\leftarrow CH_2 \rightarrow_m$（$m > 5$）基团，这可能是吸附在纳米 Cu 粒子表面的氢与乙炔发生反应的结果。电镜等测试分析结果表明，聚合产物中包含有纳米 C 粒子聚合产物的红外光谱中未发现有—$CH_2$ 基团的振动谱带。因此推测，纳米 Cu 粒子可能与聚合产物链连在了一起。利用 TEM 观察发现，纳米 Cu 粒子多位于纤维的一端或两端，故反应终止时可能歧化终止和偶合终止同时起作用。

近年陈克正等采用物理法制备的纳米铜粒子做催化剂进行乙炔聚合反应，结果发现在一定温度下反应生成一种土黄色蓬松棉絮状物，如图 10-3，其微观形态为纤维状（直径为几十～几百 nm，长度为几百 $\mu$m），并称之为纳米纤维。微观形态下聚合物呈纤维状，纤维的长短、粗细随聚合条件变化。由聚合实验发现，乙炔聚合反应是在纳米铜粒子的表面上进行的，反应结束后纳米铜粒子被聚合物包埋。利用 TEM 观察发现，纳米铜粒子可以不同方式存在于聚合物纤维中间，且其存在方式不是任意的而是有一定的取向，因此可以推测乙炔可能只在纳米铜粒子的某些晶面上或某些活性点上聚合生长。

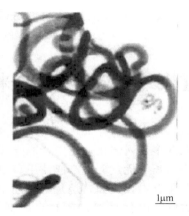

1μm

图 10-3　聚合物的 TEM

### 10.1.2.3　纳米铁钴在催化方面的应用

（1）纳米铁　纳米铁作为催化剂在 $C_6H_6$ 气相热分解（1000～1100℃）中起成核作用制备碳纤维。研究发现纳米金属铁、镍、铜等均可作为乙烯聚合的催化剂，不同金属得到产物形貌各不相同，纳米 Fe 像蜻蜓，纳米 Bi 的是细螺旋，纳米 Ni 的螺旋更具有特色，在纳米纤维自成螺旋时，又同时绕成一个螺旋管；尤其是在每种催化剂聚合产物的起端聚合物形状各不相同，也可以说成是各有特色，纳米 Fe 催化聚合产物的起端像海豚的头，纳米 Bi 的像树杈，纳米 Cu 的像圆环。由于不同催化剂表面的活性中心各异，因此聚合产物的形态有很大差异。

陈理等利用液相共沉淀法制备得到了纳米铁催化剂，经过催化剂组成，溶液过饱和度，焙烧温度等影响因素的考察，得到了优化的结果。在裂解甲烷过程中，该铁催化剂显示出良好的纳米活性效应，生成了大量细而长的小直径碳纳米管，为有小直径碳纳米管的批量制备提供了基础。

（2）纳米钴　王军、宋永才等研究了掺混纳米钴粉的聚碳硅烷的热裂解过程，发现掺混纳米 Co 粉后，当裂解温度高于 1000℃ 时，裂解产物的 XRD 分析谱图中就出现了尖锐的 β-SiC 衍射峰，较低温度下裂解产物中就有较大直径的 β-SiC 晶粒产生，随着裂解温度的提高，β-SiC 晶粒迅速长大到 10nm 以上。这表明，掺混纳米 Co 粉有效地促进了热裂解过程中无定形态 SiC 生长成为直径较大的 β-SiC 微晶。

表 10-4 列出了根据不同 Co 含量的聚碳硅烷经 1250℃ 热裂解后产物的 XRD 分析中β-SiC 衍射峰计算出的 β-SiC 晶粒直径。从中看出，随着体系中纳米 Co 含量的提高，热解产物中 β-SiC 晶粒直径增大。这进一步证明了纳米 Co 粉在裂解过程中促进了产物中 β-SiC 晶粒的生长。

表 10-4　Co 含量对热裂解产物中 β-SiC 晶粒直径的影响

| Co 质量分数/% | 0 | 1 | 2 | 3 | 5 | 10 | 15 | 20 |
|---|---|---|---|---|---|---|---|---|
| β-SiC 直径/nm | 2.28 | 2.97 | 3.40 | 3.95 | 5.86 | 7.74 | 9.10 | 10.36 |

上述分析表明，纳米 Co 粉对聚碳硅烷热裂解过程中 β-SiC 微晶的生长具有催化作用。研究表明，CoSi 是一种金属间化合物，当裂解温度较高时，CoSi 呈液态，此时聚碳硅烷分子内 Si—C、C—H 等键断裂，在液态 CoSi 中溶解了大量的 Si、C 元素，从而促使其反应生成大直径的 β-SiC 晶粒。因此可能的催化机理如下：

$$Co + (Si, C) \longrightarrow Co(Si, C)$$
$$Co(Si, C) \longrightarrow \beta\text{-}SiC + CoSi$$

CoSi 是一种磁性物质，β-SiC 电阻率较低。含纳米钴粉的聚碳硅烷在 1250℃ 热裂解后生成了 CoSi 和较大直径的 β-SiC 微晶，我们由此制备出了强度 1.2～1.6GPa、电阻率为 $10^{-2}～10^5\Omega\cdot$cm 且连续可调的掺混型磁性碳化硅陶瓷纤维。

# 10.2 半导体纳米粒子的光催化作用

可以用作光催化剂的 n 型半导体种类繁多，有 $TiO_2$、$ZnO$、$Fe_2O_3$、$CdS$ 和 $WO_3$ 等。在众多的光催化剂之中，$TiO_2$ 以其催化性能优良、化学性能稳定、安全无毒副作用、使用寿命长等优点而被广泛使用。使用发光半导体来进行污染处理的方法，已被成功地应用于各种化合物，例如，烷烃、脂肪醇、脂肪羧酸、酚醛、芳香族羧酸、染料、PCB 类、简单芳香族及卤代烃等，还有表面活性剂和农药。同时在含水的溶液中对于重金属（即 $Pt^{4+}$、$Au^{3+}$、$Rh^{3+}$、$Cr^{6+}$）的再还原沉淀，也有重要作用。在很多情况下对有机化合物的完全矿化也起作用。

## 10.2.1 半导体纳米粒子的光催化原理

半导体的能带结构通常是由一个充满电子的低能价带（valence band，VB）和一个空的高能导带（conduction band，CB）构成，价带和导带之间的区域称为禁带，区域的大小称为禁带宽度。半导体的禁带宽度一般为 0.2～3.0eV，是一个不连续区域。半导体的光催化特性就是由它的特殊能带结构所决定的。当用能量等于或大于半导体带隙能的光波辐射半导体光催化剂时，处于价带上的电子（$e^-$）就会被激发到导带上并在电场作用下迁移到粒子表面，于是在价带上形成了空穴（$h^+$），从而产生了具有高度活性的空穴/电子对。高活性的光生空穴具有很强的氧化能力，可以将吸附在半导体表面的 $OH^-$ 和 $H_2O$ 进行氧化，生成具有强氧化性的·OH 自由基来氧化降解有机污染物。同时，空穴本身也可夺取吸附在半导体表面的有机物中的电子，使原本不吸收光的物质被直接氧化分解。这两种氧化方式可能单独起作用也可能同时起作用，对于不同的物质两种氧化方式参与作用的程度有所不同。

## 10.2.2 半导体纳米粒子的应用方法与实例

纳米半导体比常规半导体催化活性高很多，原因在于：由于量子尺寸效应，使半导体粉体的导带和价带间的能隙变宽。导带电位变得更负，粒子具有更强的氧化和还原能力。况且，纳米半导体粒子的粒径小，光生载流子比常规材料的光生载流子更容易通过扩散迁移到表面，形成表面态对载流子的捕捉，促进氧化和还原反应。半导体纳米粒子光催化效应在环保、水质处理、有机降解、失效农药降解等许多方面有重要的应用。

### 10.2.2.1 半导体纳米粒子光催化剂在抗菌方面的应用

随着纳米 $TiO_2$ 光催化剂的抗菌性能不断被人们开发和利用，抗菌陶瓷、抗菌塑料、抗菌涂料、抗菌纤维和抗菌日用品等也相继出现。

（1）抗菌陶瓷 日本 TOTO 公司已经将涂覆有 $TiO_2$ 纳米膜的抗菌瓷砖和卫生陶瓷商品化生产，用于医院、食品加工等场所。为了充分利用室内的太阳光和弱光，人们又积极开发了不受光源条件限制的抗菌陶瓷。刘平制备的表面镀有纳米 $TiO_2$ 薄膜的自清洁陶瓷，在无光照条件下，15min 内对金黄色葡萄球菌的灭菌率超过 80%。钱泓制备的 $TiO_2$ 抗菌陶瓷，在普通荧光灯下，对金黄色葡萄球菌的灭菌率可达到 85%。

（2）抗菌塑料 纳米 $TiO_2$ 粉末与树脂高分子材料掺混可以制备成抗菌塑料，在净化环境方面具有广泛的应用前景。徐瑞芬制备的纳米 $TiO_2$ 抗菌塑料具有长效广谱的抗菌性能，在反应 24h 后对大肠杆菌、金黄色葡萄球菌和枯草芽孢杆菌黑色变种的杀菌率均可达到 97％以上。另外，抗菌塑料可吹制成薄膜用于食品包装，能起到保鲜杀菌的作用。丁新更用掺杂银离子的纳米二氧化钛与聚乙烯母粒掺混制备的抗菌塑料，吹制成薄膜用于牛奶包装，在冷藏条件下，可保存 10 天。

（3）抗菌涂料　将纳米 $TiO_2$ 粉末添加于普通涂料中可制备成抗菌涂料，是值得大力推广的一种绿色环保材料。徐瑞芬自制的纳米 $TiO_2$ 抗菌涂料，杀菌作用彻底持久，而且不受光源条件限制。在室内自然光、日光灯甚至黑暗处微光条件下，也能起到较强的杀菌效果，在 2h 后对大肠杆菌、金黄色葡萄球菌、枯草芽孢的杀菌率均可达到 90％以上。

（4）抗菌玻璃　纳米 $TiO_2$ 薄膜负载于玻璃（如日用玻璃器皿、平板装饰玻璃等）表面，可制成具有杀菌功能的玻璃制品，可广泛应用于医院、宾馆等大型公共场所。雷阁盈制备的 $TiO_2$ 微晶膜玻璃具有杀菌广谱高效的特点，在自然光照射 30min 后对大肠杆菌、金黄色葡萄球菌和白色念珠菌的杀菌率均达到 90％以上。

（5）抗菌不锈钢　纳米 $TiO_2$ 薄膜涂覆于不锈钢表面可制备成具有杀菌性能的不锈钢，在食品工业、医疗卫生乃至一般家庭都有广泛的应用前景。汪铭制备了涂覆有 $Ag^+/TiO_2$ 薄膜的抗菌不锈钢，与普通不锈钢相比，耐蚀性优良，耐磨性得到提高，其他指标基本相同。对大肠杆菌的杀菌实验发现，其抗菌性能随着膜层中含银量的增加而提高，当含银量大于 2％（质量分数）时，不锈钢的抗菌率可达到 90％以上。

## 10.2.2.2　半导体纳米粒子光催化剂在净化空气方面的应用

一般的建筑材料、装饰材料及家庭所用的化学品等会释放出种类繁多的挥发性有机和无机化合物，如苯、甲醛、丙酮、氨、二氧化氮、硫化氢等。此外，还有烟雾粉尘、霉变异味、油烟等。随着汽车数量的增加，尾气中氮氧化物的排放日益增加。如果将 $TiO_2$ 作为功能粉体材料，复合到涂料中，研制成无污染、无毒害的纳米 $TiO_2$ 光催化绿色复合材料，在室内空气净化领域发挥了重要作用。纳米 $TiO_2$ 光催化绿色复合涂料在达到有效净化室内空气的作用的同时，苯、甲醛、氨气等有害物质被氧化还原后生成二氧化碳和水。据了解，喷涂 1000 平方米纳米 $TiO_2$ 光催化绿色复合涂料，相当于 70 棵白桦树的空气净化能力。

（1）$TiO_2$ 光催化氧化处理有机污染物与无机污染物　对水体质量影响较大的有害有机物有烃类、醛类、醇类、酮类、酚类、卤代物、多环芳烃、多氯联苯、多氯二　英、合成农药、染料和杂环化合物等。有机污染物本身有一定的生物积累性、毒性和致癌、致畸、致突变的"三致"作用，一些有机物对人的生殖功能产生不可逆的影响，是人类的隐形杀手。$TiO_2$ 能有效地将废水中的有机物降解为 $H_2O$、$CO_2$、$PO_4^{3-}$、$SO_4^{2-}$、$NO_3^-$ 和卤素离子等无机小分子，达到完全无机化的目的。

霍爱群等用纳米 $TiO_2$ 膜光催化降解废水中阿特拉津的研究取得了较好的效果，研究表明，在光催化降解水中阿特拉津反应中，纳米级 $TiO_2$ 膜比普通 $TiO_2$ 有更高的催化活性。250W 高压汞灯（2 只）照射含阿特拉津 30mg/L 水溶液 10h，其降解率高达 98％。蒋伟川等研究半导体光催化降解分散染料溶液，试验结果表明，以 $TiO_2$ 为催化剂，300W 高压汞灯为光源，在通入空气条件下，水溶液中的分散深蓝和分散大红能被有效地降解。王怡中等研究了用 $TiO_2$ 悬浆体系太阳光催化降解甲基橙，在平均照度为 926001lx（勒克斯）的晴天，初始浓度为 20mg/L 的甲基橙溶液，初始 pH 值为 3.88，光解 2h 后色度去除率达 90％以上。

无机水体污染物来源于采矿、金属冶炼、化工、机械加工等行业，常见的有汞、镉、铬、铅等重金属离子和 $CN^-$ 以及溶解在水中的有害气体如 $H_2S$，$SO_2$，$NO_2$，$NO$ 等，水中 $CN^-$ 的含量达 0.3～0.5mg/L 时，就可导致鱼类死亡。人一次误服 0.1g KCN 或 NaCN 就会死亡。如发生在日本的水俣病、痛痛病就是由水中的汞、镉离子引起的。高浓度的铬会损伤中枢神经,有致癌作用。

许多无机物在 $TiO_2$ 表面也具有光化学活性,Miyaka 等早在 1977 年就开始了用 $TiO_2$ 悬浮粉末光解 $Cr_2O_7^{2-}$ 还原为 $Cr^{3+}$ 的研究。利用 $TiO_2$ 催化剂的强氧化还原能力,可以将污水中的汞、铬、铅以及氧化物等降解为无机物。Serpone 等报道了用 $TiO_2$ 光催化法从 Au $(CN)_4^-$ 中还原 Au,同时氧化 $CN^-$ 为 $NH_3$ 和 $CO_2$ 的过程,指出该法用于电镀工业废水的处理,不仅能还原镀液中的贵金属,而且还能消除镀液中氰化物对环境的污染,是一种很有应用价值的处理方法。

(2) 光催化降解水中有机磷农药  光催化降解有机磷农药的研究较早,国外已有不少关于光催化降解有机磷农药的报道文献。Burrows 等对光催化降解有机磷农药的机理做了阐述;法国的 Cécile 等对乙拌磷、丙胺磷、氯唑磷和溴丙磷 4 种有机磷农药进行降解,确定了其光催化降解的产物,而且还建立了其动力学方程。国内以 $TiO_2$ 光催化降解有机磷农药的研究也很多,如周波等以天然沸石负载 $TiO_2$ 对敌敌畏和对硫磷进行光降解,经过 2h 的光照,有机磷可完全被催化氧化为 $PO_4^{3-}$。葛飞等采用自制 $TiO_2$ 固定膜浅池反应器对经生化处理后的甲胺磷农药废水进行降解实验,有机磷的去除率达到 100%,COD 的去除率达到 85.64%,排放废水 COD 降低至 59.3mg/L,达到国家《污水综合排放标准》一级标准。张明让等以分子筛负载 $TiO_2$ 作为催化剂,降解甲拌磷农药模拟废水,在 $H_2O_2$ 的协同作用下,有机磷农药降解率可达到 80% 以上。信欣等则以活性炭负载 $TiO_2$ 对敌敌畏农药模拟废水进行降解,降解率可达 92.2%,是相同条件下单独采用 $TiO_2$ 粉末作催化剂降解率的 3 倍。

(3) 半导体氧化物光催化裂解水制氢  自 20 世纪 60 年代末日本科学家 Fujishima 和 Honda 发现光照 n 型半导体 $TiO_2$ 电极导致水的分解从而产生氢气的现象,揭示了利用太阳能分解水制氢。随着由电极电解水演变为多相光催化分解水,以及除 $TiO_2$ 以外许多新型光催化剂的相继发现和光催化效率的相应提高,光催化分解水制氢近年来受到了世界各国政府和学者的热切关注。图 10-4 为以 $TiO_2$ 为光催化剂光解水反应机理图:

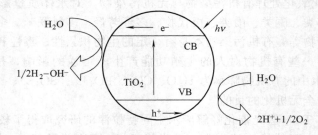

图 10-4  $TiO_2$ 光解水反应

关于利用半导体氧化物光催化裂解水制氢的实例很多。如 1980 年 Sato 等将 $Pt/TiO_2$ 表面覆盖 NaOH,在水蒸气中进行光分解实验,发现了 $H_2$ 和 $O_2$ 的同时产生。与此同时,也出现了将 $TiO_2$ 表面同时负载 Pt 和 $RuO_2$ 的光催化剂将水完全分解的报道。Bam 等研究了用不同方法制备的 $TiO_2$ 分别担载了 Pt(0.3%~1%)和 Au(1%~2%)在乙醇溶液中的析氢情况,发现担载 Au 的 $TiO_2$ 的光催化活性比担载 Pt 的 $TiO_2$ 的活性低(约 40%)。Andrzel 等用少量的 $Cr_2O_3$ 掺杂到 $TiO_2$ 中,在可见光照射下,可从甲醇水溶液中制得氢,量子产率可高达 22.1%。

(4) 制备金属催化剂和回收贵金属  半导体光催化除了用于治理重金属污染外,基于其还原能力还可以用于以下几个方面。

光催化是制备各种负载型金属催化剂的一种新型的方法。在锐钛矿 $TiO_2$ 的作用下，$H_2PtCl_6$ 溶液首先按下列方程式反应在 $TiO_2$ 表面沉淀出单个的 Pt 原子：

$$Pt^{4+}+2H_2O\longrightarrow Pt+4H^++O_2$$

$$Pt\longrightarrow Pt_2^{4+}\longrightarrow Pt_2\longrightarrow Pt_3^{4+}\longrightarrow Pt_3\longrightarrow\cdots Pt_m$$

以此为生长点，$Pt^{4+}$ 沿着反应方程式的步骤逐步被还原生长成单质金属颗粒，得到性能改进的负载型催化剂 $Pt/TiO_2$。Pt、Pd、Rh、Au 和 Ir 等相应的盐溶液均可借助光催化反应在 $TiO_2$ 表面沉积出金属单质，做成如 Pt/Pd 等具有特定功能的双金属复合催化剂。

工业上可利用光催化使金属离子沉积，以实现贵金属的提取，从银离子溶液中提取金属银的反应过程类似上述方程。Sclafani 等发现，300K 左右时银在 $TiO_2$ 粉体上析出速率与温度变化无关，但依赖于银离子的初始浓度。增加光照强度后，单位时间内 $TiO_2$ 吸收的光子数增加，银的析出明显加快。光催化提取贵金属的突出优点在于它使用于常规方法无能为力的极稀溶液，能用较简便的方法使贵金属富集在催化剂的表面，然后再用其他方法将其收集起来加以利用。由于各种金属的氧化-还原电位不高，当溶液中同时存在多种金属离子时，它们将选择性地顺序析出，若条件控制得当，光催化甚至还可以用于混合离子的分离。

（5）利用纳米光催化合成有机物和无机物　光催化不仅可以分解破坏有机物，在适当条件下还能用来合成一些有机物。Tada 及其合作者首次报道了金红石型的 $TiO_2$ 微粒光催化剂使纯 1，3，5，6-四甲基环四氧硅烷开环聚合，在催化剂表面形成了聚甲基氧硅烷（PMS）。$TiO_2$ 光催化还适用于苯乙烯的聚合，在非水溶剂中主要生成聚苯乙烯，若采用水溶液并曝气则生成苯乙酮。以纳米 ZnO 胶体做光引发剂很容易使甲基烯酸甲酯聚合，反应过程中空穴被溶剂俘获，电子起引发作用。

$CO_2$ 在水中可被光催化还原成甲酸、甲醛、甲醇及痕量甲烷。Pd、Rh、Pt 或 Au 在 $TiO_2$ 上沉积会大大加快甲烷的生成，其中，$Pd/TiO_2$ 复合催化剂进行光催化得到的甲烷量是单纯用 $TiO_2$ 得到的 35 倍。

利用半导体光催化不但可以合成高聚物，还可以将膜产物包覆在催化剂上，对某些半导体进行表面改性。武鸣等以 β-环糊精分子包覆的纳米半导体 ZnS 为光催化剂，催化甲醇水溶液生成氢的同时得到了乙二醇。在该反应中，存在着以下的反应机理，见下式。

$$\cdot OH+CH_3OH\longrightarrow \cdot CH_2OH+H_2O\text{（缓慢过程）}$$

$$\cdot CH_2OH+\cdot CH_2OH\longrightarrow HOCH_2CH_2OH$$

$$CH_3OH+h^+\longrightarrow \cdot CH_2OH+H^+$$

Yue 等人采用平行板形反应器在流化床状态下成功地由氮和氢合成了氨。光催化合成氨的催化剂是掺铁的金红石型 $TiO_2$ 粉体，所用光源是 100W 汞蒸气灯，压力大致为常压，合成温度仅为 $(84\pm2)\,℃$。而常规方法合成氨采用以氧化铁为主体的多组分复合催化剂，温度要在 480℃ 左右，压力则高达约 $3\times10^7\,Pa$。

近年来，纳米半导体粒子（如 $TiO_2$、$SnO_2$、ZnO 等）构成的多孔的、大比表面积 PEG 电池因具有优异的光电转换特性，从而备受瞩目。1990 年，Weller 及其合做者报道了具有量子尺寸的 CdS 对多孔多晶 $TiO_2$ 的敏化作用，在单色光照射下，光电转换效率达 6%。1991 年，Gratzel 等报道了经三联吡啶钌敏化的纳米 $TiO_2$ PEG 电池卓越的性能。在模拟太阳光下，光电转换效率可达 12%，光电电流密度大于 $12A/cm^2$。1994 年，Waller 及其合作者又报道了具有量子尺寸的 PdS、CdS、$Ag_2S$、$Sb_2S_3$ 和 $Bi_2S_3$ 粒子，这些纳米粒子大大增

加了 $TiO_2$ 电池的 IPCE 值（在单色光照射下的光电转换效率），并将光响应区间拓展到可见光甚至近红外区。

## 思考题

1. 纳米贵金属催化剂主要用于哪些方面，试举例说明。
2. 以 $TiO_2$ 为例，说明半导体纳米粒子的光催化原理。
3. 纳米 $TiO_2$ 在催化方面现有哪些应用？

## 参考文献

[1] 刘吉平，廖莉玲. 无机纳米材料. 北京：科学出版社，2002.
[2] 卢艳，匡洞庭. 超微粒子催化剂. 油气田地面工程，2004，23（8）：55.
[3] 徐云鹏，田志坚，林励吾. 贵金属固体催化剂的纳米结构及催化性能. 催化学报，2004，25（4）：331~338.
[4] 阎子峰. 纳米催化技术. 北京：化学工业出版社，2003.
[5] 王东辉，郝郑平，程代云等. 金催化剂的研究进展及其在环保催化中的应用. 自然科学进展，2002，12（8）：794~799.
[6] 周全法，尚通明. 金纳米粒子的催化特性及其应用. 黄金，2003，24（2）：6~9.
[7] 陶泳，高滋. 金的催化作用. 化学世界，2005，2（4）：114~117.
[8] 周忠清，金国山. 金超微粒子催化剂的新进展. 现代化工，1999，9（2）：19~21.
[9] 尹涛，杨恩翠. 催化研究进展. 天津化工，2006，20（1）：11~13.
[10] Prati k Rossi M. Gold on carbon as a new catalyst for selective liquid phase oxidation of diols. J. Catal. 1998. 176：552~560.
[11] Carretin S. cMom P, Johnston P. t al. xidation of glycerol using supported Pt, Pd and Au catalysts. Phys. Chem. Chem. Phys. 5（2003）1329~1336.
[12] Hao Z, An L, Zhou J, et al. React Kinet Catal Lett，1996，59：295.
[13] 彭程，程璇，张颖等. 碳载铂纳米微粒修饰的玻碳电极对甲醇的电催化氧化. 稀有金属材料与工程，2005，34（6）：950~953.
[14] 石川，程谟杰，曲振平等. 纳米银催化的甲烷选择还原 NO 反应研究. 复旦学报（自然科学版），2002，41（3）：269~273.
[15] 高迎春，李茂国，王广凤等. 银纳米修饰电极的制备及其对灿烂甲酚蓝的催化研究. 分析试验室，2004，23（12）：78~81.
[16] 杨毅，曹新富，刘磊力等. 纳米过渡金属粉对 AP 热分解的催化作用. 含能材料，2005，13（5）：273~277.
[17] 张锡凤，殷恒波，程晓农等. 纳米镍的制备方法及其在催化领域的应用. 化学与生物工程，2005，（10）：8~10.
[18] 杜艳，陈洪龄，陈日志等. 高活性纳米镍催化剂的制备及其催化性能研究. 高校化学工程学报，2004，18（4）：515~518.
[19] 张汝冰，刘宏英，李凤生. 纳米材料在催化领域的应用及研究进展. 化工新型材料，1999，27（5）：3~5.
[20] 王彦妮，张志琨，崔作林. 纳米粒子在乙炔聚合反应中的催化作用. 催化学报，1995，16（4）：304~307.
[21] 陈克正，张志琨，崔作林. 纳米铜粒子催化乙炔聚合产物的 IR 表征. 高分子学报，2000，（2）：180~183.
[22] 陈理，张强，骞伟中，等. 纳米铁催化剂制备及裂解甲烷生长小直径碳纳米管. 中国颗粒学会 2006 年年会暨海峡两岸颗粒技术研讨会. 2006. 402~405.
[23] 王军，宋永才，冯春祥. 聚碳硅烷/纳米钴粉的热裂解研究. 材料科学与工程，1998，16（1）：69~71.
[24] 智勇. 半导体光催化氧化的机理及实践应用. 鞍山师范学院学报，2005，7（02）：35-40.
[25] 顾宁等. 纳米技术与应用. 北京：人民邮电出版社，2002.
[26] 谢立进等. 半导体光催化剂的研究现状及展望. 硅酸盐通报，2005，（06）：80-84.
[27] 崔玉民. 光催化法在环境保护方面的研究进展. 太阳能学报，2004，25（03）：412-418.
[28] 杨合等. 半导体多相光催化技术研究进展. 环境保护，2003，（06）：22-23，54.
[29] 赵毅等. 纳米级 $TiO_2$ 光催化氧化机理及其在污染治理中的应用. 电力环境保护，2005，21（04）：43-47.
[30] 杨志伊. 纳米科技. 北京：机械工业出版社，2004.
[31] 陈娜等. 纳米 $TiO_2$ 光催化剂在抗菌方面应用的新进展. 化学工业与工程，2005，22（06）：445-449.
[32] 张晔. 净化环境的绿色光催化剂二氧化钛. 赤峰学院学报（自然科学版），2005，21（02）：23-24.
[33] 赵红花. 负载型 $TiO_2$ 光催化技术在水处理中的应用. 甘肃联合大学学报（自然科学版），2006，20（03）：61-63.
[34] 张翼等. 高级氧化技术降解水中有机磷农药的研究进展. 环境污染与防治，2006，28（05）：361-364.
[35] Pehkonen, S. O. etc. The Degradation of Organophosphorus Pesticides in Natural Waters：A Critical Review. Critical Reviews in Environmental Science and Technology，2002，32（1）：17-72.
[36] Burrows, H. D. etc.. Reaction pathways and mechanisms of photodegradation of pesticides. Journal of Photo-

chemistry and Photobiology B：Biology，2002，67（2）：71-108.

[37]　Zamy，C. C. etc. Phototransformation of selected organophosphorus pesticides in dilute aqueous solutions. Water Research，2004，38（9）：2305-2314.

[38]　乔秀丽. 纳米复合 $Y_2O_3/TiO_2$ 催化剂的光催化性能研究. 高师理科学刊，2007，27（03）：48-50.

[39]　葛飞等. $TiO_2$ 固定膜光催化降解甲胺磷农药废水. 中国给水排水，2001，17（10）：9-11.

[40]　张明让等. 分子筛附载纳米 $TiO_2$ 催化降解有机磷农药废水. 净水技术，2004，23（01）：7-9.

[41]　信欣等. 活性炭负载 $TiO_2$ 光降解水中敌敌畏的研究. 工业用水与废水，2004，35（01）：30-32.

[42]　黄昀等. 半导体氧化物光催化裂解水制氢. 化学进展，2006，18（07，08）：861-869.

[43]　崔文权等. 用于甲醇水溶液制氢的光催化剂纳米 $TiO_2$ 的改性进展. 合成化学，2004，12（05）：452-456.

[44]　Bamwenda，G. R. etc. Photoassisted hydrogen production from a water-ethanol solution：a comparison of activities of $Au/TiO_2$ and $Pt/TiO_2$. Journal of Photochemistry and Photobiology A：Chemistry，1995，89（2）：177-189.

[45]　Sobczynski，A. Photoassisted hydrogen production from a methanol-water mixture on platinized $Cr_2O_3$-DOPED $TiO_2$. Journal of Molecular Catalysis，1987，39（1）：43-53.

[46]　李凤生. 纳米功能复合材料及应用. 北京：国防工业出版社，2003.

# 第 11 章
# 纳米材料在精细化工方面的应用

## 11.1 陶瓷增韧

### 11.1.1 陶瓷概述

从成分来看，陶瓷材料既不像金属那样由金属元素的原子组成，也不像有机物那样主要由碳、氢、氧原子所构成，陶瓷是由金属氧化物、氮化物、碳化物、硼化物等化合物或其相互作用形成的复杂化合物所组成，实质上是一类由多种物质组成的复合材料。

从结合状态也就是化学键来看，金属材料是由金属键构成，其自由电子分散于原子之间，形成原子与原子的结合。有机材料是由原子之间的共价键结合成分子，但分子之间则是由很弱的范德华力所构成。而陶瓷材料绝大多数是周期表中电负性差别很大的元素之间形成的化合物，大部分以离子键结合，小部分以共价键、金属键结合。但归根到底，陶瓷区别于金属和有机材料还是由于其化学成分以及其原子、分子间的结合状态。

陶瓷材料具有优良的力学性能、耐高温性能、电磁方面的性能及防腐蚀和耐环境的性能，但是由于其韧性较低而呈脆性，且难于加工，严重影响了它的应用范围。通常的陶瓷是借助于高温高压使各种颗粒融合在一起制成的。纳米颗粒压成块体后，颗粒之间的界面具有高能量，在烧结中高的界面能释放出来成为额外的烧结驱动力，有利于界面中孔洞收缩和空位团的湮没，因此在较低温度下烧结就能达到致密化的目的，且性能优异。由于烧结温度低，制成的烧结体晶粒较小，因此特别适用于电子陶瓷制备，如利用纳米钛酸钡颗粒烧结可提高片式电容器和片式电感器的各种性能。纳米功能陶瓷是指通过有效的分数、复合而使异质相纳米颗粒均匀、弥散地保留于陶瓷基质结构中而得到的具有某种特殊功能的复合材料。

纳米陶瓷是纳米材料的一个分支，是指平均晶粒尺寸小于 100nm 的陶瓷材料。纳米陶瓷属于三维的纳米块体材料，其晶粒尺寸、晶界宽度、第二相分布、缺陷尺寸等是在纳米量级的水平。纳米陶瓷具有塑性强、硬度高、耐高温、耐腐蚀、耐磨的性能。它还具有高磁化率、高矫顽力、低饱和磁矩、低磁耗以及光吸收效应，这些都将成为纳米材料开拓应用的一个崭新领域，并将对高技术和新材料的开发产生重要作用。1987 年，德国的 Karch 等人首次报道了所研制的纳米陶瓷具有高韧性与低温超塑性行为。

## 11.1.2　纳米陶瓷的性能

### 11.1.2.1　纳米陶瓷的力学性能

力学性能包括陶瓷的弹性、塑性变形与蠕变、陶瓷的强度与断裂等。研究表明：在陶瓷基体中引入纳米分散相进行复合，能使材料的力学性能得到极大改善。其中最突出的作用有三点：第一，提高断裂强度；第二，提高断裂韧性；第三，提高耐高温性能。同时，纳米复合也能提高材料的硬度、弹性模量、Weibull 模数，并对热膨胀系数、热导率、抗热震性产生影响。

（1）室温力学性能　如果陶瓷以纳米晶的形式出现，可以观察到通常为脆性的陶瓷变成可延展性的陶瓷，在室温下就允许有大的弹性形变（有时可达 100%）。延展性在某种程度上起源于原子沿着晶粒间界面的扩散流，考虑到界面扩散蠕变（Coble 蠕变），其形变率 $\xi$ 可由下式表示：

$$\xi = \lambda \Omega B \delta D_b / d^3 KT$$

式中　$\lambda$——拉伸应力；

$\Omega$——原子体积；

$d$——晶粒的平均粒径；

$B$——常数；

$D_b$——边界扩散率；

$K$——玻耳兹曼常数；

$T$——绝对温度；

$\delta$——边界温度。

纳米功能陶瓷相对于普通陶瓷，其扩散蠕变率约增加 $10^{11}$ 倍，这主要是由于晶粒直径 $d$ 的减小（通常从 $10\mu m$ 降到 10nm），以及扩散率的增强。

室温下，纳米功能陶瓷的硬度随 SiC 或 $Si_3N_4$ 添加量的增加而增加。这是由于 SiC 或 $Si_3N_4$ 的硬度比一般氧化物陶瓷的硬度高。纳米功能陶瓷的强度，开始时随二次分布相的加入量增加而增加，在某一个成分点达到最高强度，然后强度随二次分布相的增加而降低。

纳米功能陶瓷具有典型的晶中断裂面。换句话说，断裂不是沿晶界进行。断裂造成了断裂面上几乎所有晶粒的断裂。这与一般单相 $Al_2O_3$ 陶瓷的断裂面有很大的不同。晶界断裂的比例随纳米功能陶瓷中 SiC 含量的增加而减小，由典型的穿晶断裂转变成典型的沿晶断裂。纳米功能陶瓷的断裂类型与分布在基质中 SiC 颗粒周围的应力场有关。这种高达 100MPa 的热应力场是由于基质相与二次添加相所具有的不同热膨胀系数而产生的。在烧结后冷却过程中，分布在 $Al_2O_3$ 基质中的 SiC 的收缩比 $Al_2O_3$ 小。由于 SiC 的粒度很小而界面上又不存在容易变形的杂质相，这种热应力既不会产生微裂纹而消失，也不会被杂质相所容纳。可以推断，纳米功能陶瓷的断裂特性及力学性能的改进与纳米颗粒及周围的应力场有关。造成韧性增加的主要机理是纳米尺寸 SiC 颗粒在材料断裂过程中使裂纹的方向偏转。当然也不排除其他增韧机理。不同的材料有不同的增韧机理。例如以 MgO 为基质的复合材料与以 $Al_2O_3$ 为基质的纳米复合材料有不同的增韧机理。

（2）高温力学性能　纳米功能陶瓷能使基体材料的强度和韧性提高 2～5 倍。氧化物及其纳米复相陶瓷的断裂强度与温度的关系表明引入一定量的纳米颗粒后，其强度与耐高温性能明显提高，特别是当 SiC/MgO 纳米功能陶瓷的温度到达 1400℃附近时，其断裂强度仍能接近 600MPa。因此在解决 1600℃以上应用的高温结构材料方面，选用纳米功能陶瓷是重要的途径之一。

聚甲基硅氮烷在高温下裂解后，可以制得 $\alpha$-$Si_3N_4$ 微米晶与 $\alpha$-$SiC$ 纳米晶复合陶瓷材料。它具有良好的高温抗氧化性能，可在 1600℃ 的高温使用（氮化硅材料的最高使用温度一般为 1200～1300℃）。最新研究进展是通过添加硼化物提高材料的热稳定性，利用生成 BN 的包裹作用稳定纳米氮化硅晶粒，将这种 Si/B/C/N 陶瓷的使用温度进一步提高到 2000℃，这是目前国际上使用温度最高的纳米功能陶瓷。

#### 11.1.2.2 纳米功能陶瓷的热性能

纳米功能陶瓷的热性能包括熔点、热容、导热性、热膨胀及耐热冲击性能等。大多数纳米功能陶瓷在低温下热容小，高温下热容大，达到一定温度后热容与温度无关。热容对气孔率很敏感，气相越多，热容量越小。

#### 11.1.2.3 纳米功能陶瓷的化学稳定性能

陶瓷材料由很多的耐腐蚀性能，陶瓷材料的化学组成、晶体结构类型、孔隙、一定温度下材料的变异以及腐蚀介质的性质都会影响陶瓷材料的耐腐蚀性能。

### 11.1.3 纳米陶瓷的主要增韧机理

（1）裂纹偏转　裂纹偏转增韧是裂纹非平面断裂效应的一种增韧方式。当纳米颗粒与基体间存在热膨胀系数差异时，残余热应力会导致瓷体中的扩展裂纹发生偏转，使得裂纹扩展路径延长，有利于材料韧性的提高。裂纹偏转方向与纳米颗粒和基体间热膨胀系数的相对大小有关。当基体的热膨胀系数较大时，裂纹向纳米颗粒扩展，如果纳米颗粒本身及其与基体间的结合强度足够大，纳米颗粒此时甚至可以对裂纹起到钉扎的作用；当基体的热膨胀系数较小时，扩展裂纹趋于沿切向绕过纳米颗粒。

裂纹扩展到达晶须时，被迫沿晶须偏转，这意味着裂纹的前行路径更长，裂纹尖端的应力强度减少，裂纹偏转的角度越大，能量释放率就越低，增韧效果就越好，断裂韧性就提高。如图 11-1 所示。图 11-1（b）表示：①裂纹和晶须相遇；②裂纹弯曲向前；③在晶须前面相接；④形成新的裂纹前沿并留下裂纹。

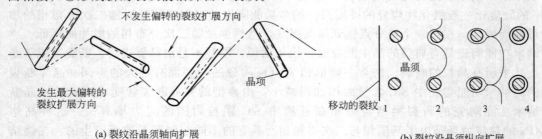

(a) 裂纹沿晶须轴向扩展　　　　　　　　　　　(b) 裂纹沿晶须纵向扩展

图 11-1　裂纹偏转机理示意图

（2）裂纹桥联　裂纹桥联是一种裂纹尖端尾部效应，是发生在裂纹尖端后方由补强剂连接裂纹的两个表面并提供一个使两个裂纹面相互靠近的应力，即闭合应力，这样导致应力强度因子随裂纹扩展而增加。即裂纹扩展过程中遇上晶须时，裂纹有可能发生穿晶破坏，也有可能出现互锁现象（interlocking），即裂纹绕过晶须并形成摩擦桥。在晶须复合陶瓷基材料和粗晶 $Al_2O_3$ 陶瓷及 $Si_3N_4$ 陶瓷中，由于晶须、$Al_2O_3$ 粗颗粒和 $\beta$-$Si_3N_4$ 长颗粒对裂纹表面的桥连作用，使材料表现出强烈的 R-曲线效应，由此导致材料韧性的显著改善。在纳米陶瓷中，由于纳米颗粒尺寸很小，纳米颗粒对于裂纹的桥连作用只能发生在裂纹尖端的局部小区域。此时纳米颗粒虽然不能明显提高 R-曲线上的韧性平台值，但却可以使 R-曲线在短的裂纹扩展长度上出现陡然上升情况。由于 R-曲线上某点处切线的斜率代表材料此时的强度，纳米复相陶瓷 R-曲线在短裂纹扩展长度上的陡然上升可以使其强度得到明显提高。

在脆性陶瓷基体中加入延性粒子能够明显提高材料的断裂韧性。一般情况下，延性粒子指的是金属粒子。金属粒子的弹性应变使裂纹桥联成为金属陶瓷（陶瓷基体中引入金属相的复相陶瓷）中最有效的增韧机制。当裂纹扩展到陶瓷/金属界面时，由于延性金属颗粒和脆性基体的变形能力不同，引起裂纹局部钝化，某些裂纹段被迫穿过粒子，而形成被拉长的金属颗粒桥联（图 11-2）。

（3）晶粒拔出　拔出效应是指当裂纹扩展遇到高强度晶须时，在裂纹尖端附近晶须与基体界面上存在较大的剪切应力，该应力极易造成晶须与界面的分离开裂，晶须可以从基体中拔出，因界面摩擦而消耗外界载荷的能量而达到增韧的目的。同时晶须从基体中拔出会产生微裂纹来吸收更多的能量。当晶须取向与裂纹表面呈较大角度时，由基体传向晶须的力在二者界面上产生的剪切应力

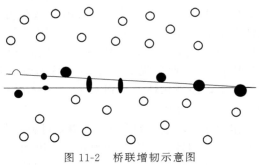

图 11-2　桥联增韧示意图

达到了基体的剪切屈服强度，但未达到晶须的剪切屈服强度时，晶须不会被剪断而会从基体中被拔出。使用长径比高的晶须增韧聚合物基复合材料，晶须对增韧主要贡献就是来源于裂纹扩展过程中晶须拔出所消耗的能量。

当晶须与基质的界面剪切应力很低，而晶须的长度较大（$>100\mu m$），强度较高时，拔出效应显著。随着界面剪切应力增大，界面摩擦力大，拔出效应降低，当界面剪切应力足够大时，作用在晶须上的剪切强度可能引起晶须断裂而无拔出效应。

（4）纳米颗粒增韧机理　新原皓一把纳米颗粒增韧的机理归结为：①组织的细微化作用，抑制晶粒成长和减轻异常晶粒的长大；②残余应力的产生使晶粒内破坏成为主要形式；③控制弹性模量 $E$ 和热膨胀系数 $\alpha$ 等来改善强度和韧性等；④晶内纳米粒子使基体颗粒内部形成次界面，并同晶界纳米相一样具有钉扎位错的作用。

日本研究人员用氧化铝和碳化硅超细粉合成的高强度纳米复相陶瓷在 1100℃时强度超过 1500MPa，并认为获得超强度、超韧性结构陶瓷的主要方法是采用微米和纳米混杂的复合技术。

（5）纳米陶瓷自增韧　如果在陶瓷基体中引入第二相材料，该相不是事先单独制备的，而是在原料中加入可以生成第二相的原料，控制生成条件和反应过程，直接通过高温化学反应或者相变过程，在主晶相基体中生长出均匀分布的晶须、高长径比的棒状晶粒或晶片的增强体（棒状或片状晶粒的形成必须满足热力学相动力学条件），形成陶瓷复合材料，则称为自增韧。这样可以避免两相不相容、分布不均匀，强度和韧性都比外来第二相增韧的同种材料高，利用这一点，可以进一步提高材料的各种力学性能。

自增韧是能够有效提高陶瓷断裂韧性的一种新工艺，实质是通过工艺因素的控制，使陶瓷晶粒在原位形成有较大长径比的形貌，从而起到类似于晶须的补强增韧作用。

## 11.1.4　纳米陶瓷的应用

陶瓷在高温、强腐蚀等苛刻的环境下起着其他材料不可代替的作用，然而，脆性是功能陶瓷难以克服的弱点。通过改进工艺和化学组成等方法来克服功能脆性的尝试都不太理想，无论是固溶掺杂的氮化硅或相变增韧的氧化锆在实际应用中作为功能陶瓷发动材料还不能现

实。而纳米功能陶瓷则很好地解决了陶瓷的脆性问题。

（1）纳米金属增韧陶瓷　将纳米金属尤其是高温合金相制成的纳米微粒，加入到陶瓷材料中，可大大提高陶瓷的韧性和抗冲击力，又不降低其原有的强度和硬度，综合了金属与陶瓷两方面的优势，应用领域十分广泛。使用 Fe，Ni，W，Ti，Mo，Cr 等金属材料进行增韧得到的复相氧化铝陶瓷材料，其机械性能尤其是断裂韧性有了很大的提高，例如，使用 Ni 颗粒增韧的 $Al_2O_3$ 陶瓷其断裂韧性最高可到 $12MPa \cdot m^{1/2}$。据报道，孙康宁等人近年来研究了微米 $Fe_3Al_2$ 与 $Al_2O_3$ 有良好亲和性，采用微米级 $Fe_3Al_2$ 增韧复合陶瓷时，其断裂韧性最高可达 $7.0MPa \cdot m^{1/2}$。Chou 等人利用 NiAl 金属间化合物增韧 $Al_2O_3$ 陶瓷，使其抗弯曲强度增加了 60％。T Klassen 等人用镍合金增韧 $Al_2O_3$ 陶瓷，所得试样的性能与纯氧化铝相比，断裂韧性由 $3.5MPa \cdot m^{1/2}$ 提高到 $5.6MPa \cdot m^{1/2}$，抗弯强度由 350MPa 提高到 527MPa，耐磨性也提高了 1 倍。韩国学者制备得到的纳米 $Al_2O_3/Cu$ 陶瓷的相对密度宰 99％以上，断裂韧性增加到 $4.8 \sim 4.9MPa \cdot m^{1/2}$，是同种条件下无铜包裹的 $Al_2O_3$ 陶瓷的断裂强度的 1.3 倍。

作为切削陶瓷材料的 $SiC_w$ 陶瓷材料比其他同种材料制成的刀具具有更高的硬度、抗弯强度、断裂韧性、耐磨性和耐热性，因而具有更长的寿命。20 世纪 80 年代中期以来，如美国格林里费、德国赫尔特、日本达依吉特和瑞典山得克等公司都先后研制成功晶须增韧陶瓷刀具，实现了商品化，并已应用于生产实践中。我国长沙工程陶瓷公司等单位已经联合试制了 $SiC_w-Al_2O_3$ 和 $SiC_w-Si_3N_4$ 两类晶须增韧材料。$SiC_w$ 增强生物活性玻璃陶瓷材料，作为生物陶瓷材料，该复合材料的抗弯强度可达 460MPa、断裂韧性达 $413MPa \cdot m^{1/2}$，其韦布尔系数高达 2417，成为可靠性最高的生物陶瓷复合材料。磷酸钙系生物陶瓷晶须同其他增强材料相比，不仅不影响材料的增强效果，而且由于良好的生物相容性，可广泛应用于生物陶瓷材料中。利用羟基磷灰石晶须的生物活性也可制得生物复合材料。

（2）自增韧化纳米稀土陶瓷　裂纹偏转和晶粒拔出是自增韧陶瓷的主要增韧机制。纳米粉体在高温烧结固化时，晶粒易迅速长大而失去原有纳米晶粒材料的特性。解决途径之一，是在制造及固化材料致密化过程中新生成纳米结构。利用固溶分相原理，将微米材料经特殊处理，可形成原位生长的纳米功能陶瓷。这种方法制备的原位自增韧纳米稀土陶瓷材料，兼有韧性、高硬度、高强度以及高热导性的特点，对制成大型高温实用器件有重要意义。据报道，清华大学已将该新材料应用于高温线材陶瓷轧辊、高温发动机陶瓷部件等。

目前，自增韧在陶瓷复合材料中的应用很广泛，包括 $Si_3N_4$、Sialon、Al-Zr-C、Ti-B-B、SiC、$Al_2O_3$、$ZrB_2/ZrC_{0.6}/Zr$ 材料和玻璃陶瓷等。近年来，研究最多的是 $Si_3N_4$ 和 Sialon。自韧 $Si_3N_4$ 陶瓷在 1350℃时高温韧性是 $12.2 \sim 14.7MPa \cdot m^{1/2}$，而纳米微粉增强的 $SiCNnp/Si_3N_4$ 复相陶瓷的高温强度和断裂韧性分别达到 701MPa 和 $11.5MPa \cdot m^{1/2}$，强度保留率达到 90％。运用科技手段可以制成各种透明陶瓷，它像蓝宝石一样硬、玻璃一样透明，耐 2000℃的高温，耐腐蚀，而且力学性能好。可制成各种防弹陶瓷、导弹整流罩等。

（3）高韧性复相纳米陶瓷　当纳米陶瓷粒子弥散到基体晶粒或晶粒边界时，力学性能就有明显改善。例如体积比为 5％的 SEC 纳米粒子弥散到 $Al_2O_3$ 基体中，其室温断裂强度增加 3 倍，而且这种高强度可保持到 1200℃。纳米功能陶瓷还具有好的蠕变阻抗，其蠕变断裂行为也与单相陶瓷不同。几种氧化物和氮化物的力学性质都能靠加入的纳米 SiC 粒子的弥散而获得改善。目前，这类纳米功能陶瓷力学性能提高的机理正在进行深入研究。

又如，$ZrO_2$ 陶瓷由于应力诱发介稳四方到单斜的马氏体相变，使材料基体得以增韧和强化，因而 $ZrO_2$ 陶瓷具有较高的强度和韧性。$ZrO_2$ 陶瓷在使用过程中，在应力的作用下，不断发生 $t-ZrO_2 \rightarrow m-ZrO_2$ 的转变，因相变发生的体积膨胀，诱发了微裂纹。虽然少量的微裂纹对强度的影响并不明显，但随着相变的继续，微裂纹增多，此时微裂纹已成为对强度产生危害的缺陷。在 $ZrO_2$ 陶瓷中添加一定量高弹性模量和高硬度的 $Al_2O_3$ 可抑制微裂纹的生长及串接，对基体强度有益。同时，将 $Al_2O_3$ 加入到 $ZrO_2$ 中，也可降低原料成本。

$Al_2O_3/Fe_2O_3$ 复相多孔陶瓷材料具有较高的透气性能、耐腐蚀、耐高温。在制造塑料、橡胶、低熔点合金的透气性成型模具以及过滤、吸音、隔热防护涂层、梯度功能材料等方面有着广阔的应用前景。但是由于该材料质脆、强度偏低，所以至今尚未在工业中得到广泛的应用。穆柏椿等人在 $Al_2O_3/Fe_2O_3$ 复相多孔陶瓷材料配方的基础上采用加入适量的不锈钢纤维以及对铁粉进行化学镀镍的复合强化的办法，研制出具有较高强度、较高韧性的 $Al_2O_3/Fe_2O_3$ 复相多孔陶瓷材料，取得了显著的强韧化效果。

连续纤维增韧陶瓷基复合材料（CMC）可以从根本上克服陶瓷脆性，是陶瓷基复合材料发展的主流方向。连续纤维增韧碳化硅陶瓷基复合材料主要包括碳纤维和碳化硅纤维增韧碳化硅（C/SiC、SiC/SiC）两种。其密度分别为难熔金属和高温合金的 1/10 和 1/4，比C/C具有更好的抗氧化性、抗烧蚀性和力学性能，覆盖的使用温度和寿命范围宽，因而应用领域广。CMC-SiC 在 700～1650℃ 范围内可以工作数百至上千小时，适用于航空发动机、核能和燃气轮机及高速刹车；在 1650～2200℃ 范围内可以工作数小时至数十小时，适用于液体火箭发动机、冲压发动机和空天飞行器热防护系统等；在 2200～2800℃ 范围内可以工作数十秒，适用于固体火箭发动机。CMC-SiC 在高推重比航空发动机内主要用于喷管和燃烧室，可将工作温度提高 300～500℃，推力提高 30%～100%，结构减重 50%～70%，是发展高推重比（12～15，15～20）航空发动机的关键热结构材料之一。CMC-SiC 在高比冲液体火箭发动机内主要用于推力室和喷管，可显著减重，提高推力室压力和寿命，同时减少冷却剂量，实现轨道动能拦截系统的小型化和轻量化。CMC-SiC 在推力可控固体火箭发动机内主要用于气流通道的喉栓和喉阀，可以解决新一代推力可控固体轨控发动机喉道零烧蚀的难题，提高动能拦截系统的变轨能力和机动性。CMC-SiC 在亚燃冲压发动机内主要用于亚燃冲压发动机的燃烧室和喷管喉衬，可以解决这些构件抗氧化烧蚀的难题，提高发动机的工作寿命，证飞行器的长航程。CMC-SiC 在高超声速飞行器上主要用于大面积热防护系统，比金属 TPS 减重50%，可减少发射准备程序，减少维护，提高使用寿命和降低成本。CMC-SiC 在工业燃气涡轮发电机上主要用于燃烧室内衬和第一级覆环，可提高工作温度以减少甚至取消冷却空气量，从而提高燃烧效率，减少尾气排放，提高输出功率。CMC-SiC 在核聚变反应堆内主要用于与核聚变反应直接接触的第一壁构件，可以解决材料在高温辐照环境的损伤问题，是目前各种核聚变反应堆方案的首选第一壁材料。与 C/C 刹车材料相比，CMC-SiC 作为高速刹车系统用材料具有周期短、成本低、强度高、动静摩擦系数分配合理等显著优点。主要用于新一代战斗机刹车系统，也可用于高速列车、赛车和跑车。作为空间超轻结构反射镜用材料，CMC-SiC 主要用于反射镜框架和镜面衬底，具有重量小、强度高、膨胀系数小和抗环境辐射等优点，可以解决大型太空反射镜结构轻量化和尺寸稳定性的难题。

# 11.2　纳米复合涂料

科学地讲，纳米涂料应称为纳米复合涂料，习惯上叫纳米涂料。纳米复合涂料必须满足两个条件才能称为纳米涂料：一是至少有一相尺寸在 1～100nm；二是由于纳米相的存在而使涂料的性能有明显提高或增添新的功能，二者缺一不可。

我国涂料产业发展较快，有些涂料品种在质量上接近或超过发达国家当前的涂料水平。

利用高新技术改造传统涂料产业是迅速提高涂料质量、更新涂料品种的重要手段。纳米材料的独特性能对涂料的影响将是深远的，用纳米材料结合传统涂料制造纳米复合涂料是涂料发展的重要方向。所谓纳米复合涂料，就是将纳米粉体用于涂料中所得到的一类具有抗辐射、耐老化与剥离强度高或具有某些特殊功能的涂料，纳米复合涂料可分为纳米改性涂料和纳米结构涂料。利用纳米粒子的某些功能对现有涂料进行改性，提高涂料的性能，这种涂料称为纳米改性涂料；而使用某些特殊工艺制备的涂料，其中某些组分的细度在纳米级，这种涂料称为纳米结构涂料。纳米改性涂料是传统涂料的进一步发展，不仅是在品种方面，更重要的是涂料的品质有了很大的提高和改善；纳米结构涂料是新发展的功能涂料，主要限于军事隐形涂料、抗静电涂料、热阻涂料、抗菌涂料、界面涂料、自修复涂料、电磁涂料、红外线吸收涂料、电绝缘涂料、空气净化涂料等。通常依据纳米复合涂料的功能性，可分为：功能型纳米复合涂料、通用型纳米复合涂料、特种纳米复合涂料等。

我国已有较多的纳米粉体生产企业，可生产各种各样的用于制备纳米复合涂料的粉体材料。但是真正研究开发成功纳米复合涂料的并不多，尚未获得实践应用，也尚未得到市场认可。纳米材料生产企业和科研单位在纳米粉体的制备和表面改性技术方面具有优势，而涂料科研单位则在涂料分子设计和涂料的应用研究方面具有优势，只有两者密切结合，优势互补，才能加快纳米粉体在涂料种的应用步伐。

目前纳米材料在涂料中的应用美国处于领先地位，其次是日本、德国等国家。美国在具有随角度异色性的豪华轿车面漆、军事隐身涂料、绝缘涂料等纳米涂料方面取得成功，并已实现产业化。另外，美国还开展了透明耐磨涂料、包装用阻隔性涂层等纳米涂料的研究。日本则在静电屏蔽涂料、光催化自洁涂料等研究开发取得成功并进行产业化。德国政府对纳米涂料的开发投入了大量的科研经费，纳米涂料的产值几年增加了近十倍。国内纳米涂料的开发主要集中在改善建筑涂料的耐候性和建筑内墙涂料的抗菌性方面，而在工业涂料、航空航天涂料以及功能性涂料的研究开发和产业化应用方面落后于发达国家。

## 11.2.1 纳米涂料在环境领域的应用

人类对地球资源过渡的开采和利用，带来了日趋严重的问题，资源短缺、环境污染、疾病蔓延等，越来越困扰着人类的生存和发展。纳米技术在环境保护和环境治理方面的应用也应运而生，并迅速发展。随着经济的发展，人们越来越重视生活质量的提高，所以抗菌、防腐、除味、净化空气和优化环境等活动将成为人们的追求。

### 11.2.1.1 应用原理

（1）利用纳米粒子的表面活性对细菌的杀伤力，由纳米抗菌粉与有机涂料复合制得的纳米抗菌涂料，可涂覆在建材产品表面，如卫生洁具、用具以及房屋、医院手术间和病房的墙面、地面等上，起到防霉、杀菌等作用。

（2）利用 $SiO_2$、$ZnO$、$TiO_2$ 等纳米粒子的光催化特性，可制得光催化、大气净化环保涂料。

（3）利用纳米涂料的纳米微粒表面界面原子配位不饱和，使得表面活性越来越高，在光照下，具有很强的使有机物合成或降解的光催化过程，并且能产生大量的电子和空穴，空穴使有机物分子的 $OH^-$ 反应成氧化性很高的 $OH$ 自由基，这些十分活泼的自由基可以把难降解的有机物氧化成无毒害 $CO_2$ 和水等无机物。

### 11.2.1.2 应用方法及实例

（1）抗菌防污涂料　将纳米粉体均匀分散到涂料中，得到纳米粉体杀菌剂以纳米级分散的稳定的涂料就是抗菌防污涂料。纳米 $TiO_2$ 具有很高的光催化性能，是一种光催化半导体抗菌杀菌剂。将一定量的纳米 $ZnO_2/Ca(OH)_2/AgNO_3$ 等加入到 20％的磷酸盐溶液中，经混合、干燥、粉碎等处理后，在制成涂料涂于电话机等公共用具上，具有很好的抗菌能力。医院的某些场所附有各种病菌，如果在这些地方涂刷抗菌防污涂料，在光的照射下，就可以在较短的时间内将病菌杀灭。并且可以随时用水冲刷，把氧化分解的污垢除去，从而使涂料仍具有抗菌防污的效果维持较长的使用期。家庭装修使用的新材料、粘接剂以及家居等往往会产生甲醛、丙酮等有毒有害气体，居室内的污染问题已经对人类的健康产生了威胁，抗菌防污涂料正是解决这类问题的有效途径。

① 电石气是以含硼为特征的铝、钠、铁、镁、锂环状结构的硅酸盐物质，它的两个重要特性是热电性和压电性，在一定条件下产生热电效应和压电效应。基于这两种效应，当温度和压力有变化时（即使很微小的变化）即能引起电气石晶体之间的热点差，这种静电达到 $10^6\,eV$，此能量足以使空气发生电离，被激发的电子附着于临近的分子并使其转化为空气负离子，即氧负离子，达到净化空气的目的。这种涂料就是通常说的抗菌保健型涂料，既起到室内装饰又起到净化室内环境的作用。该种涂料的配方见表 11-1。

**表 11-1　抗菌保健涂料组成**

| 组　　分 | 组成/质量份 | 组　　分 | 组成/质量份 |
| --- | --- | --- | --- |
| 水 | 300～350 | 增稠剂（德谦 WT-102） | 10～15 |
| 苯丙乳液（BC-01） | 400～500 | HEC（2％） | 6～10 |
| 分散剂（德谦 DP-512） | 1～2 | 醇酯 12 | 15～25 |
| 防霉剂（德谦 MB11） | 3～5 | 乙二醇 | 40～50 |
| 润湿分散剂（DP-18） | 1～2 | 颜填料 | 50～80 |
| 消泡剂（德谦 082） | 2～4 | 纳米粉湿浆① | 20～30 |

① 纳米粉湿浆：系电气石和纳米催化剂复合而成，存放稳定性好。

② 由欧盟多国专家合作开发的一种氧化钛纳米涂料可有效改变空气污浊的状况，将这种特殊材料涂抹在建筑物外墙或铺设地面，可在阳光的作用下，吸收多达 85％的一氧化氮气体。这项被称为 PICADA 的欧盟项目是由设在希腊的欧盟公民健康和保护研究所与来自丹麦、法国、意大利和希腊的企业共同完成的，专家经过 3 年研究开发出了这种特殊性能的氧化钛纳米涂料。

氧化钛颗粒具有很强的附着力和发光特性，常用于室内墙面涂料和纺织颜料，也用于纸张、防晒霜和牙膏等生活用品，将其作为清洁室外空气的墙面和地面材料是材料科学上的创新。这种特殊材料可吸收空气中有害的有机物和无机物分子，并在太阳光紫外线的作用下，破坏有害物质的分子结构，这种特殊涂料不仅可减少对人体有害的一氧化氮气体烟雾，还可对汽油这样的液态有毒物质起催化作用。

③ 北京祥龙公交公司将一种纳米自清洁技术喷涂在公交车内，这样公交车就可以抵制各种病菌，防止细菌在车内传播。这种新型的纳米材料铺涂在车厢内的扶手、座位以及车顶和地面，会附着在铺涂物体的表面，形成一层透明的光半导体薄膜，它在光线照射下就产生类似于光合作用的表面催化反应，不仅可以杀灭车内各种病原微生物，也可以把各种有机污染物彻底分解成水和二氧化碳，而且成膜性能优良、附着力强，可在车内保持一年以上，起到净化空气、杀菌、除臭、防霉等自洁功能，还可去除去车内异味。西北大学曾进行过纳米 ZnO 的定量杀菌试验，在 5min 内纳米 ZnO 的浓度为 1％时，金黄色葡萄球菌的杀菌率为98.86％，大肠杆菌的杀菌率为 99.93％。纳米氧化镁也是很好的抗菌涂料添加剂，有关报

道说由于在氧化镁颗粒表面能形成超氧负离子（$O_2^-$），使其具有较强的抗菌杀菌能力。也有人认为，由于纳米氧化镁有较大的表面积，丰富的晶格缺陷和带正电性，具有很强的与带负电的病菌反应作用，当吸收了卤素气体时，与细菌、孢子、病毒等有很高的反应活性。Lei Huang 等人采用四种不同的制备方法制得纳米氧化镁，所用原料也不相同（如 $Mg(NO_3)_2 \cdot 6H_2O$，$Na_2CO_3$）。分析了纳米氧化镁的杀菌特性和机理以及影响因素。实验结果表明纳米氧化镁的杀菌特性与纳米粒子颗粒的大小有很大的关系。杀菌效率与纳米氧化镁颗粒大小的关系如图 11-3。

④ 青岛益群新型涂料有限公司刘永屏发明的一项内墙抗菌净化纳米涂料，提供了一种具有较强抗菌能力的纳米内墙涂料及其制备方法。其配方为纯水 15%～22%，乙二醇 2%～5%，高岭石 4%～10%，轻钙 8%～15%，硅酸铝 5%～8%，立德粉 6%～20%，丙烯酸乳液 15%～19%，纳米级二氧化钛 1.5%～3%，以及分散剂、消泡剂、成膜助剂、增稠剂和流平助剂等。制备过程中克服了纳米材料的团聚性，增强了分散效果，使纳米材料的性质得到了充分的发挥，该涂料具有较强的抗菌净化能力，净化范围广，光

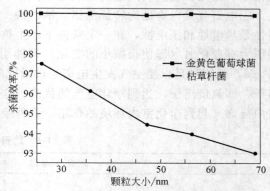

图 11-3　杀菌效率与纳米氧化镁颗粒大小的关系

催化条件低，而且有较强的再生能力。该发明特点在于其组分中含有纳米级二氧化钛，它是一种半导体材料，在光催化下其价带上的电子很容易地跃迁至导带，形成空穴电子对，水蒸气和氧与空穴发生作用，最终产生具有高的化学活性的羟基自由基，它可以使空气中的甲醛、$NO_x$、$SO_2$ 等有害气体降解，可将与之接触的细菌细胞膜破坏使细菌被杀灭，该涂料具有广泛的抗菌防污功效，具有较大的生态意义。

（2）纳米银抗菌涂料

① 银离子对牢固吸附的细胞具有强的穿透力，银离子穿透细胞壁进入细胞核内，破坏细胞合成酶的活性，细胞丧失分裂增殖能力而死亡。实验表明，该类涂料对白色念珠菌抑菌率达到 100%，是很好的居室净化材料。典型配方见表 11-2。

表 11-2　银类抗菌涂料组成

| 组　分 | 组成/质量份 | 组　分 | 组成/质量份 |
|---|---|---|---|
| 水 | 300～340 | 增稠剂（德谦 WT-102） | 10～15 |
| 苯丙乳液 | 400～500 | HEC（2%） | 6～10 |
| 分散剂（德谦 DP-512） | 1～2 | 醇酯 12 | 15～25 |
| 防霉剂（德谦 MB11） | 3～5 | 乙二醇 | 35～45 |
| 润湿分散剂（德谦 DP-18） | 2～4 | 颜填料 | 200～250 |
| 消泡剂（德谦 DP-18） | 2～4 | HN-300（银系无机抗菌粉） | 1～4 |

② 纳米银抗菌内墙涂料采用纳米金属银作为抗菌有效成分，它可以有效地抑制和杀灭环境中的有害病菌，分解有害气体，降低环境微生物对人体的危害。江苏晨光涂料有限公司、深圳清华大学研究院、江苏晨光纳米材料科技有限公司联合开发而成的纳米银抗菌内墙

涂料，很好地解决了纳米银易团聚、氧化、变色等技术难题，达到了世界先进水平；纳米复合多功能涂料采用纳米银与纳米二氧化钛进行复配的方法以提高纳米二氧化钛的光催化活性，解决其应用受紫外光限制的技术瓶颈问题。此产品在近紫外光下具有很好的抗菌性，可有效抑制和杀灭环境中的有害病菌，降解空气中的有害气体（如甲醛、苯、氨等有机物），具有净化空气的功能。新型多功能纳米组装无机抗菌剂及其应用是以食品级具有纳米微孔的二氧化硅（粒径 $1\sim2\mu m$）为载体，在载体的纳米微孔中组装银、铜、锌等抗菌组分，得到具有突出特点的多功能型无机抗菌剂，抗菌、防霉、抗藻性能优异，对皮肤无刺激，抗菌持久性、耐高温性、稳定性好，可作为饮用水专用涂料、游泳池专用涂料、食品仓库专用涂料和粮仓专用涂料等卫生安全产品的功能性添加剂。

③舟山明日纳米材料公司研制的 MFS350 型纳米复合银系抗菌粉是以纳米 $SiO_{2-x}$ 作为载体，将银离子均匀地设计进纳米 $SiO_2$ 表面的微孔中并实施稳定，使其能缓慢释放而达到长久杀菌、抗霉作用。顺德美涂士化工有限公司开发的"纳米银抗菌水性涂料"生产技术已通过技术鉴定，并投入批量生产。该中心利用银的强力杀菌作用，且没有二次污染，在水性涂料中添加纳米银粉末助剂，开发出了"纳米银抗菌水性涂料"，该涂料具有物理性能优异、漆膜光洁柔和、丰满度好、流平性好。

## 11.2.2　纳米涂料在功能涂层材料领域的应用

目前纳米涂料在功能涂层方面的研究具有代表性的国家有美国、日本、德国等国家，技术也比较先进。美国在具有随角度异色性的豪华轿车面漆、军事隐身涂料、绝缘涂料等纳米涂料方面取得成功并已实现产业化。另外，美国还开展了透明耐磨涂料、包装用阻隔性涂层等纳米涂料的研究。日本则在静电屏蔽涂料、光催化自洁涂料等研究开发取得成功并进行产业化。德国政府也投入了大量的科研经费进行纳米功能涂料的研究。

### 11.2.2.1　应用原理

纳米粒子对电磁波具有很好的吸收性能，利用此种性能可将纳米粒子与一些有机涂料复合形成具有隐身功能的纳米复合涂料；利用纳米粒子的静电屏蔽性能，来消除或减少生产生活中的静电干扰，并且不同的纳米粒子可以吸收不同的可见光波段，因此可以采用不同的纳米粒子来改变防静电涂料的颜色。另外利用纳米粒子对红外线的吸收和反射性能，可将纳米粒子与有机涂料复合形成纳米隔热涂料，广泛用于屋顶、玻璃幕墙、汽车玻璃、油罐、石油管道、汽车、军舰、宇宙飞船等表面的隔热。

### 11.2.2.2　应用方法及实例

（1）紫外线防护纳米涂料　紫外线是太阳光的主要组成部分，其能量约占日光总能量的 $6\%$，但是近年来由于环境污染，臭氧层破坏，人们越来越多的受到紫外线辐射的危害，UVB（$280\sim320nm$）可使人体的皮肤红肿出现水疱；UVB（$320\sim400nm$）对表皮的细胞具有极强的穿透力，直接作用于真皮，具有积累性，可活化黑色素，引起皮癌。紫外线能够使塑料、合成树脂、有机玻璃等合成材料中的高分子链降解，导致老化，涂料的耐候性差，易粉化。涂料的作用就是对基体的装饰和保护，但是，由于紫外线的破坏作用，使涂料失去了它应具有的作用。纳米 $TiO_2$、$ZnO_2$、$Al_2O_3$、$SiO_2$、$Fe_2O_3$ 等，都是优良的抗紫外线吸收剂，用在有机涂料中，能明显提高涂料的抗氧化性能。实验表明：少量的纳米 $TiO_2$ 就能使涂料的紫外线透过率显著降低；纳米 $SiO_2$ 在紫外光固化涂料中，也能显著的降低紫外线的透过率，纳米 $SiO_2$ 含量 $5\%$ 时，紫外线的透过率降低到 $30\%$ 以下，具有良好的紫外线防护作用。如图 11-4 所示。

陈国新等人通过对涂料紫外线屏蔽率的测定发现纳米 ZnO 和 $SiO_2$ 能够明显提高涂料的

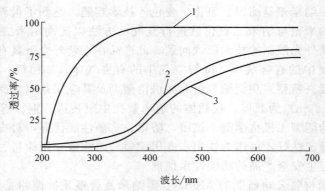

图 11-4　含纳米 $TiO_2$ 的丙烯酸酯涂料的紫外-可见光谱

纳米 $TiO_2$ 含量：1—0%；2—0.5%；3—0.75%

抗 UV 老化性，并制备了具有 UV 屏蔽作用的纳米透明涂料。分别测定了纳米 $SiO_2$ 和 ZnO 水分散体在使用不同分散剂时的透过率与波长的关系。（见图 11-5，图 11-6）。

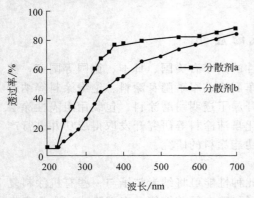

图 11-5　纳米 $SiO_2$ 水分散体在不同
分散剂下的紫外-可见光透过率

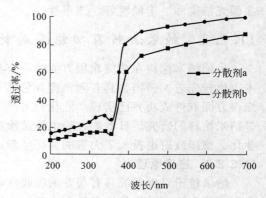

图 11-6　纳米 ZnO 水分散体在不同
分散剂下的紫外-可见光透过率

由图 11-5、图 11-6 可以看出纳米 ZnO 和 $SiO_2$ 具有很好的 UV 屏蔽作用，不同的分散剂对纳米粒子的分散具有较大的影响。

（2）纳米隐身涂料

① 纳米红外伪装隐身涂料是用纳米颗粒材料作添加剂或助剂制成的一种新型红外功能涂料，组配不同的外观颜色，形成三色或四色可见光迷彩涂层，能实现可见光/红外线的复合隐身功能。红外伪装涂料（溶剂型）工艺简单、施工方便、坚固耐用、成本低廉，是一种重要的热隐身涂料。

西方军事强国都把纳米材料作为新一代隐身材料进行研究，并列为"关键军用技术"，据称法国已研制出一种称为纳米级微屑的毫米波隐身涂层。雷达装备红外伪装设计，常用的方法是红外变形伪装，即改变目标的暴露征候，使其不再反映目标原有性质和形态。纳米涂料采用高、中、低三个不同红外发射率的三色可见光迷彩涂料，使伪装表面产生不同发射率梯度，可使目标热像形成不同灰度的斑块。外场实验证明，两块涂层的发射率差大于 0.11 时，就能实现目标表面较好的图像分割效果。纳米涂料因其涂装方便、无结构和运动限制、价格适度，用于雷达装备红外对抗，具有明显的军事经济意义，将是军事装备红外对抗的重要手段。

② 据有关报道，美国国防部与新泽西技术研究院（NJIT）签定了一项价值 83.8 万美元的合同以从事纳米隐形涂料的研究。项目要求研发的这种涂料可以使战斗车辆的面漆一旦被腐蚀或刮伤后，能够自动修复。另外还要求这种新涂料可以根据周围环境而变色，使其与周围环境相吻合，从而可用于直升飞机以及军用卡车上的隐身作用，该项技术还可用于其他一些武器装备的隐形和防腐。

③ 法国研制一种宽频微波吸收涂层，这种由多层薄膜叠合而成的结构具有很好的磁导率，这种涂层由粘接剂和纳米级微填料组成（Co、Ni 合金和 SiC 纳米颗粒），在 $50MHz\sim50GHz$ 内具有良好的吸波性能。美国研制的"超黑粉纳米吸波材料"对雷达波的吸收率＞99％。并且美国花费 3 亿美元研制的顶级绝密技术——纳米雷达吸波涂料，每辆坦克只需花 5000 多美元，就可获得涂层薄、吸收率高和吸收波带宽的隐身涂层，有极高的军事利用价值。

（3）纳米防静电及屏蔽涂料　在物理学中，为防止外界的场（包括电场、磁场，电磁场）进入某个需要保护的区域，称为屏蔽。屏蔽分为静电屏蔽、静磁屏蔽、电磁屏蔽，这三种屏蔽的根本目的则是依据不同的物理原理，利用屏蔽壳上由外场产生的感应效应来抵御外场的影响，从而抵御外界的干扰。

① 纳米 PU 防静电涂料：将纳米聚氨酯涂料加入到云母导电粉中，搅拌均匀，研磨而制成纳米聚氨酯抗静涂料。其中纳米聚氨酯质量分数占 $65\%\sim88\%$，导电粉质量分数为 $12\%\sim35\%$。该纳米聚氨酯防静电涂料与传统的用石墨、炭墨做导电粉的防静电涂料相比，具有色泽美观，品种丰富，装饰性好，同时又具有突出的耐磨性、耐刮性和透明性等特点，可以作为汽车面漆，墙面漆，还可喷涂于油罐表面，室内地面，各种球场、跑道和游泳场馆等易产生静电的场所。

② 由河南省纳米材料工程技术研究中心与河南大学特种材料实验室共同研制完成的可吸收电磁波的纳米涂料通过省级鉴定。该涂料中加入自行研制成功的一种特殊材料即"油溶性低熔点合金纳米粒子"，使其具有吸波能力的纳米吸波涂料。该涂料应用于微波炉外表面或手机外壳等，可吸收或大大减少电磁波辐射，消除或减少电磁辐射对人体的伤害。该吸波涂料技术在太阳能吸收、多相催化、微电子以及生物抗静电、抗磁性、防辐射油漆涂料等领域也具有广阔的应用前景。

③ 美国一家公司发明了一种可以屏蔽手机讯号的纳米涂料，使某些禁止使用手机信号的场所，如电影院，医院等，可以实现屏蔽手机的讯号的干扰。该公司将这一发明称为"自然纳米"，它使用的是铜粒子，在结合阻挡讯号的装置来实现对手机讯号的封锁。

## 11.2.3　其他领域应用方法与实例

（1）美国空军研发出一种能自动清洁的纤维，上面的纳米涂料不但能防水防污，而且还能杀菌。美军科技人员的这项研发成果意味着运动服或其他衣着可穿多次，无需经常清洗。英国服装制造商 AIexium 已赢得特许权，将这种新科技用在制造相关服饰。该涂料经微波处理后可永久附着在纤维上，只要涂料的化学物质没有消失，其自洁功能就一直存在，据悉，该种衣料还可以再生，只要把纤维浸在化学涂料溶液中，就能恢复原先的效果。

（2）纳米半导体合金粉体对太阳光谱具有理想的选择性，在可见光区透过率高，而对红外光却具有很好的屏蔽性能，因此在有机涂料中分散纳米半导体合金粉，就可制得纳米透明隔热涂料，涂在玻璃表面形成透明隔热膜。国外透明隔热纳米涂料的研究主要集中在美、日、韩等国家，且大多以专利形式公布，研究的重点主要还是集中在无机功能材料的选择方面如 ITO（氧化铟锡）、ATO（锑氧化锡）及氧化锡等纳米半导体材料。国内有关纳米透明隔热涂料的研究起步较晚，目前主要集中在一些科研院所。南京工业大学赵石林等研究了含纳米 $TiO_2$、ATO（锑氧化锡）、ITO（氧化铟锡）的透明隔热涂料，并取得了一定的成绩。姚晨、赵石林等人采用独特的纳米粉体分散方法，将纳米半导体合金材料分散，制备出纳米浆，再采用环保型高性能树脂与纳米浆混合，制备出透明隔热涂料。

（3）江南大学纳米色素与数字喷墨印花研究开发中心，经过多年实验研究，成功的研制出可用于办公室数字喷墨打印、纺织品数字喷墨印花以及纺织品染色印花加工的纳米涂料墨水，并投入批量生产。该纳米涂料墨水粒径在 $50\sim150nm$，有黄、品红、浅品红、青、浅青和黑六种颜色。该项技术克服了传统燃料墨水耐光牢度差、生产周期长、对环境有污染等缺点，带动了颜料化工、广告喷绘等行业的技术进步，为我国纺织印染行业数字喷墨印花技术的发展奠定了技术基础。

（4）高速公路护栏不仅用来防止失控车辆跃出路外，还可以使高速公路的线形轮廓更加顺畅，明确车辆视线诱导方向。目前公路护栏的防腐一般是采用热浸镀锌来处理，这种措施能有效地防止护栏材料产生氧化、锈蚀等。但是汽车尾气等污染物的排放，使得高速公路护栏很快被污染变黑，丧失美观，且损害对车辆的视线的诱导作用。公路护栏专用纳米自洁防腐涂料主要采用纳米粒子的双疏原理，采用特殊的工艺将纳米乳液、纳米颜填料、纳米杀菌剂复合而成。均匀分散的纳米颗粒非常容易填充与护栏涂层的孔隙或毛细孔中，另外纳米粒子的表面积大，表面活性强，容易与有机物和金属表层的涂层形成化学结合。这些特点都使的纳米涂层具有很好的抗渗透性耐候性，附着力大等特性。涂有专用纳米自清洁防腐涂料的公路护栏在抗腐蚀、耐候性、抗粘、抗污染等性能方面均有较大的提高。

（5）德国魏图公司发明了 RiNano 纳米涂料用于冷凝设备上，在空调机上涂覆在纳米涂料可大大增强空调的性能，降低成本。将纳米涂料作为空调的散热叶片的密封剂，可减少灰尘在散热器上的附着，使其易于清洗，不易损坏，可延长空调的使用寿命，并且可使空调的输出功率长时期保持在正常水平，减少或消除因灰尘的累积而使空调不能正常运行。

# 11.3　纳米材料在胶黏剂工业中的应用

国外已将纳米 $SiO_2$ 作为添加剂加入到胶黏剂和密封胶中，使胶黏剂的粘接效果和密封胶的密封性都大大提高。其作用机理是在纳米 $SiO_2$ 的表面包覆一层有机材料，使之具有亲水性，将它添加到密封胶中很快形成一种硅石结构，即纳米 $SiO_2$ 形成网络结构，限制胶体流动，固化速度加快，提高粘接效果，由于颗粒尺寸小，更增加了胶的密封性。

近年来，胶黏剂向低黏度、高强度、耐冲击、阻燃等特殊用途方向发展，随着社会对水下胶黏剂更高性能的需求，在环氧树脂胶黏剂中加入纳米填料，可大大提高胶黏涂层的强度、耐磨、耐蚀和其他性能，同时降低胶黏剂的成本的研究也在不断地研究和探索中。

## 11.3.1　纳米技术改性胶黏剂的原理

为了大大提高胶黏涂层的强度、耐磨、耐蚀和其他性能，可采用在环氧树脂胶黏剂中加入纳米填料的方法。纳米粒子填料的研究成为一门新的课题，其中插层复合法的研究最为广泛，早在 20 世纪 80 年代，国外就有人利用溶液插层法制备了聚酰胺/黏土纳米复合材料，后来又用熔融插层法制备了聚苯乙烯/黏土纳米复合材料，并对熔融插层的动力学进行了研究。中国科学院化学研究所也制备出了尼龙 6/蒙脱土纳米复合材料、硅橡胶/蒙脱土复合材料等，并对它们的性能和结构进行了研究。由于这种方法基体中分散相尺寸很小，有机相与无机相之间的界面黏合作用很强，因此有许多性能优越于常规的复合材料。下面就对插层复合法做详细的介绍，主要包括溶液插层法和熔融插层法。

### 11.3.1.1　溶液插层法

以溶液状态对黏土进行插层制备纳米复合材料即溶液插层法。依据溶液的构成，可分为单体溶液插层、聚合物水溶液插层、聚合物有机溶液插层、聚合物有机乳液插层等几种形式。

(1) 单体溶液插层　所谓单体溶液插层，就是将黏土分散在液态活性单体中，单体插入到黏土的层间，原位聚合形成有机聚合物插层复合材料的一种插层方法。

① 丙烯酸酯类、吡咯等杂环类、苯胺类及其衍生物等单体，常温下是液态物质，它们可以被插层到黏土层间域，以自由基聚合机理氧化或电化学聚合机理成插层复合材料。所得到的复合材料依据插层客体的聚合物链结构兼有强力学性能、导电性能、各向异性和易加工性等。苯胺可以嵌入到汉克托石（一种含成层状硅酸盐）的层间域，并通过层间聚合得到高度有序的由单一聚苯胺链和绝缘的基质层叠加而成的多层膜。层间的 $Cu^{2+}$ 是通过离子交换引入的，并且它在苯胺聚合过程中起到氧化中心点作用。在受限的空间里，苯胺聚合得到的是单分子链，是典型的纳米复合材料。

将聚酰亚胺的前驱体酰胺酸插层到有机黏土中，经高温脱水、脱二氧化碳可形成聚苯并唑插层黏土复合材料。这种杂链聚合物插层复合材料硬度高、刚性强，少量的黏土就赋予复合材料较高的性能。

② 也可以将有机黏土分散到聚合单体的悬浮体系中实施聚合。可聚合的季铵盐和脂肪长链季铵盐改性的黏土分散到甲基丙烯酸甲酯悬浮体系中，热引发自由基聚合，得到聚甲基丙烯酸甲酯插层复合材料。黏土存在下的甲基丙烯酸甲酯悬浮聚合，影响了聚甲基丙烯酸甲酯的颗粒规则性，降低了单体的收率和聚合转化率。黏土的有效剥离，使复合材料的力学性能有了明显的提高。苯乙烯的悬浮体系中，加入以甲基丙烯酰基硅氧烷改性的黏土，随后实施聚合，得到聚苯乙烯插层型纳米复合材料。研究发现，因有效的硅烷改性剂存在，有 23％的聚苯乙烯通过共价键悬挂在黏土的层间。

(2) 聚合物水溶液插层　聚合物可以从水溶液中直接插层到黏土矿物的层间域形成纳米复合材料。其特点是：水溶液对黏土具有一定的溶胀作用，有利于聚合物插层并剥离黏土片层；插层条件比其他方法温和，水基插层则既经济又方便。

水溶性聚合物如聚环氧乙烷（PEO）、聚乙烯吡咯烷酮、聚丙二醇和甲基纤维素等在水溶液中与层状黏土或层状氧化物共混合插层，最后缓慢蒸发掉水溶剂，可方便地制备纳米复合材料。如聚乙二醇/$V_2O_5$ 纳米复合物、PEO/$Li_xMoO_3$ 纳米复合物等。在中性条件下，聚合物/$V_2O_5$ 纳米复合物结构很脆弱，受热易发生结构改变，导致复合物变性。如果在水溶液中加入酸性物质，使复合物凝胶化，则能够得到稳定的受热不变性的复合物，迅速除去溶剂，即可得到插层纳米复合材料。将聚环氧乙烷与不同交换性阳离子的蒙脱土溶液混合搅拌，合成了新的具有二维结构的有机-无机复合材料。这种材料经不同的溶剂处理后，其PEO 含量保持不变，显示了这种层间化合物机号的稳定性。热分析表明，他们在惰性气氛中的热稳定性高达 500～600K。X 射线衍射显示，PEO-蒙脱土层间化合物的片层间距为1.72nm，除去蒙脱土晶片的厚度，其层间距约为 0.8nm，相当于层间聚合物的厚度，因此，可以认为聚合物 PEO 以螺旋形的链平行地置于蒙脱土晶片所确定的平面（$a$、$b$ 轴）之间。红外分析说明，环氧乙烷单元中的氧原子与层间可交换性阳离子发生了离子-偶极分子相互作用。

(3) 聚合物有机溶液插层　聚合物有机溶液插层方法，从插层技术上讲是比较好的，能够使很多的聚合物有效地插层到黏土层间域；但从经济成本上讲，浪费大量的有机溶剂，并且存在污染环境的可能性，虽然如此，它对制备精细插层纳米复合材料来说又是必须的。例如，发光纳米复合材料，相对分子质量 22 万、相对分子质量分布指数 $M_w/M_n = 1.8$ 的聚对苯乙炔溶解在氯仿中，然后加入有机黏土，室温下插层一昼夜，随后处理，即可得到发光复合材料。用于制造医用纳米复合材料也是可取的，将聚己内酰胺溶解在氯仿中，再将有机化蒙脱土加入，动态插层一定时间，除去氯仿，即得聚己内酰胺插层复合材料。在有机溶剂中，以多元醇聚醚（如二羟基化聚环氧乙烷、三羟基化聚环氧丙烷、聚环氧丙烷二醇等）对蒙脱土插层，不仅这种客体插层顺利，而且黏土层间距增大，使随后加入的甲苯二异氰酸酯更易插层。通过原位酯化反应，使黏土片层剥离，形成聚氨酯结构连续相，构成剥离型插层复合材料。

（4）聚合物乳液插层　聚合物乳液插层是一种方便、简单的良好方法，直接利用聚合物乳液如橡胶胶乳对分散的黏土进行插层，可规模化进行，可以在一定范围内有效地调控复合物的组成比例，无环境污染。将一定量的黏土分散在水中，加入橡胶乳液，以大分子胶乳粒子对黏土片层进行穿插和隔离，胶乳粒子直径越小，分散效果越好。然后加入絮凝剂使整个体系共沉淀，脱去水分，得到黏土/橡胶复合材料。为改善界面作用效果，可在体系中加入含铵盐基的多官能团偶联分子。乳液插层法充分利用了大多数橡胶均有乳液的优势，工艺最简单，易控制，成本最低；缺点是在黏土质量分数较高时（不小于 20%）分散性不如反应性插层法好。用此技术已制备了黏土/丁苯橡胶（SBR）、黏土/丁腈橡胶（NBR）、黏土/卤化丁腈橡胶（XNBR）、黏土/丁苯吡橡胶、黏土/天然（NR）、黏土/氯丁橡胶（CR）等纳米复合材料。

### 11.3.1.2　熔融插层法

对大多数聚合物来说，溶液插层技术有其局限性，因为可能找不到合适的单体来插层或者找不到合适的溶液来同时溶解聚合物和分散黏土。将高聚物在熔融状态下直接插层于具有层状结构的黏土中，而不需借助于任何溶剂则最好。

熔融插层是应用传统的聚合物加工工艺，在聚合物熔点（结晶聚合物）或玻璃化温度（非晶聚合物）以上将聚合物与黏土共混制备纳米复合材料的方法，这种方法不需任何溶剂，工艺简单，易于工业化应用。对黏土进行插层有机化处理，改善了其与高聚物基体之间的相容性，并利用受限空间内的力化学作用加强基体与黏土之间的相互作用，使熔体插层法成为制备纳米复合材料的有效方法之一。

可熔融插层的有机聚合物包括聚烯烃、聚酰胺、聚酯、聚醚、含磷、氮等杂原子主链聚合物和聚硅烷等。非极性聚合物对黏土的熔融插层存在一定困难，如非极性聚乙烯对蒙脱土的插层，不仅没有使蒙脱土的层间距增大，反而使黏土层间距由 1.96nm 减小到 1.41nm，导致复合材料的性能下降。极性聚合物的熔融插层，效果要好得多，如烷基铵改性的蒙脱土与聚苯乙烯粉末混合，并将它们压成球团，接着在高于聚苯乙烯玻璃转变温度（90℃）下加热球团，从而制备出了二维纳米结构的聚苯乙烯-有机蒙脱土复合材料。X 射线衍射表明，经过加热后明显地出现了聚乙烯插层复合物新衍射峰，而原有的有机蒙脱土的衍射峰逐渐减弱，加热一定时间后完全消失。同样将 PEO 嵌入到黏土矿物的层间域，形成新的聚合物电解质纳米复合材料，蒙脱土层间 PEO 链的无序排列有利于层间阳离子的迁移，嵌入 PEO 的蒙脱土具有比原蒙脱土高的离子电导率，PEO-蒙脱土复合材料在较宽温度范围内具有良好的热稳定性和维持高离子电导率的特性。当以 PMMA 对 PEO 链的改性插层时，进一步加大蒙脱土层间聚合物链的无序度，更有利于层间 $Li^+$ 迁移；复合材料的常温离子电导率接近 $10^{-3}S/cm$，且具有良好的温度稳定性。PEO 其本身就是单离子导电性材料，PEO-黏土插复合材料将是很有发展前途的新型离子导体。在熔融插层时，如果辅以必要的分散技术诸如超声波振动技术，则可增加黏土的剥离程度，使黏土更细更均匀地分在聚合物基体中。具有比其他方法制备 PEO-蒙脱土复合材料更高的离子电导率更好的各向异性。

　　黏土层间是一个活性的有限的空间，能够直接插层较多种类的聚合物，但每一种可插层的聚合物都有一定的插层量。通过将环氧树脂与黏土直接混合的实验研究表明，得到的环氧树脂/黏土混合物经过两个月静置存放后，没有分层分相现象，XRD 衍射技术监测显示：黏土层间距未变，说明在摄氏几十度的条件下，混合搅拌几十分钟即可完成插层，环氧树脂在黏土层间相当稳定，存放过程中环氧树脂未从黏土层间析出。进一步研究表明，在一定的条件下，层间可容纳的环氧量有一饱和值，达到该值后，继续延长混合时间或使用能保障充分混合的溶剂法并不能使层间距进一步增大。利用加压熔融的方法，将聚苯乙烯、聚环氧乙烷或聚二甲基硅烷插层到蒙脱土中，研究发现，黏土有限的片层空间使聚合物的微区尺寸为 20～50nm，由于聚合物分子链在夹层中不能自由运动，聚合物的玻璃化转变温度提高了许多。

　　通过插层技术的发展，人们对复合材料的设计将会更深入，材料的性能将会更加优越并存在着巨大的发展潜力。

## 11.3.2　纳米材料改性胶黏剂的应用实例

### 11.3.2.1　纳米填料在环氧胶黏剂的应用

　　环氧胶黏剂存在着固化后内应力大、质脆、耐疲劳性/耐冲击性差等缺点，因而环氧胶黏剂的增韧改性一直是国内外研究的热点。

　　加入填料的目的是改善胶层的物理、力学和工艺性能。加入廉价的填料还可以降低成本。填料加入应控制一定的黏度、保证机械物理性能、基本不含水分和对固化反应产生有害影响的杂质。

　　例如：在环氧树脂中加入定量的填料，如氧化钙、粉煤灰等，可大大提高胶黏剂涂层的强度和耐磨性能。将纳米粒子作为填料加入环氧树脂胶黏剂中，获得纳米胶黏剂，刘敬福等就研究纳米 $SiO_2$ 和纳米有机蒙脱土填料对环氧树脂胶黏剂强度及耐磨性影响，为其在工程应用中提供了基础数据。数据表明，填加纳米 $SiO_2$ 后胶黏剂的强度有了不同程度的提高。这说明纳米 $SiO_2$ 起到了增强的作用。因为 $SiO_2$ 属于纳米粒子，粒径小，表面存在不饱和的残键及不同状态的羟基，表面活性高，两者具有一定的相容性，它与环氧树脂形成较高的粘接力，界面强度高，大大提高了材料的强度。在一定范围内纳米 $SiO_2$ 含量越大，它的增强效果越好，因此强度上升，但是纳米颗粒表面能大，易团聚，如果颗粒过多，纳米颗粒不能分散均匀，形成较大的团聚，使强度下降。另外，蒙脱土颗粒为刚性离子，粒径较小，表面能高，可与环氧树脂形成较高的粘接力，界面结合强度较高，能够承担一部分基体传递的载荷。同时树脂具有一定的韧性，蒙脱土颗粒均匀应力，提高材料的剪切强度和冲击弯曲强度。但颗粒过多，易形成较大聚集，对裂纹萌生与扩展不能有效的阻碍，强度下降。

　　一般无机物填充聚合物提高材料刚性的同时会降低其韧性，但纳米材料却能够兼顾二者。原因在于纳米粒子能均匀地分散在基体中，当基体受到冲击时，粒子与基体之间产生银纹，同时粒子之间的基体也产生塑性变形，吸收冲击能，从而达到增韧的效果。另外，纳米粒子的比表面积大，粒子与基体的界面变大，产生微裂纹和塑性变的效应更强，从而吸收的冲击能更多，增韧效果更显著。李晓俊等将粒径为 40nm 的活性碳酸钙加入环氧树脂中，环氧树脂固化物的弯曲强度、拉伸强度、弯曲弹性模量、断裂伸长率、邵氏硬度等均随着纳米碳酸钙用量的变化而变化。在添加量为 0.1～20 份范围内，其固化物各项力学性能都呈增加趋势。这是由于纳米碳酸钙粒子细，能与环氧树脂有充分的相界面接触，环氧树脂固化时，纳米粒子充分地填补了树脂间隙。同时纳米碳酸钙所带的活性基团可能参与环氧树脂的固化反应，在环氧间隙间充当柔韧键，缓解应力集中，使环氧树脂胶的性能明显改善。

陈名华等制备了纳米 $TiO_2$/环氧树脂胶，研究了不同制备方法和纳米 $TiO_2$ 的含量对环氧树脂胶的力学和热力学性能的影响。纳米 $TiO_2$ 加入到环氧树脂胶后，能显著提高该胶的力学性能、玻璃化温度、微波固化强度，其最佳用量为 3%。

王霞等通过溶胶-凝胶的方法使正硅酸乙酯在环氧树脂中形成纳米 $SiO_2$ 相，纳米粒子粒径约 60nm，均匀地分散在环氧树脂中，使环氧树脂胶黏剂具有很好的抗流淌性，且不降低环氧树脂的粘接性能。

### 11.3.2.2　纳米填料在聚氨酯胶黏剂的应用

聚氨酯胶黏剂是一种发展迅速的多功能合成高分子材料，由于其原料品种多样化以及分子结构的可调性，可以设计出具有不同用途的、适合于各种材料间粘接的多功能聚氨酯胶黏剂。聚氨酯胶黏剂起始粘接性高，胶层柔软，剥离强度、抗弯曲强度、抗扭和抗冲击等性能优良，且耐冷水、耐油、耐稀酸和耐磨性较好，它不仅能在室温下固化，而且也可加热固化，但其也有一定弊端，耐热性较差。在胶黏剂中添加纳米粒子，可显著提高其耐热性、拉伸强度、抗剪强度、耐剥离强度等。

上海新风化工研究所以两端 NCO 基团的聚氨酯预聚体为甲组分，固化剂 E-300 为乙组分，制备了三元乙丙（EPDM）橡胶基双组分防水材料专用胶黏剂。其物理化学性能优异、老化性能稳定，抗拉强度、抗剪强度以及剥离强度和试样的断裂伸长率均得到提高，同时还可以控制胶黏剂的流变和触变性能。

清华大学化工系研究了 $CaCO_3$ 对硅酮改性聚氨酯密封胶的力学性能和流变性能的影响，结果表明，纳米 $CaCO_3$ 较重质 $CaCO_3$ 制得密封胶的弹性和触变性好。纳米金刚石粉末由于具有高强度、低摩擦系数及多晶体特性，因而其耐磨性能优异。北京天工表面材料技术有限公司制备了纳米金刚石/聚氨酯胶黏剂，其耐磨性较之单纯的聚氨酯胶黏剂提高了 2.24 倍，而且拉伸强度也提高了 27.8%。Belen J B 等将不同比表面积（$90 \sim 380 m^2/g$）和初始粒径（分别为 $20 \sim 7nm$）的石英加入到溶剂型热塑性聚氨酯胶黏剂中，提高了聚氨酯胶黏剂溶液的黏度，并赋予其假塑性和抗流变性。

聚氨酯胶黏剂广泛用于制鞋业，主要用于鞋底与鞋面的粘接，但存在初黏力不足，对非极性裁纸刀粘接强度低等缺点。而纳米技术的应用则成功解决了这一问题。将聚己二酸丁二醇酯、聚己内酯和有机蒙脱土进行插层复合，再与六亚甲基二异氰酸酯反应制得纳米复合材料，并溶于混合溶剂中，用丙烯酸酯改性，得到固含量为 14%～18% 的纳米复合聚氨酯胶黏剂。该胶黏剂具有良好的稳定性，不分层，有较强的初黏力，对非极性材质有很好的粘接性，同时原材料来源广泛，仍可使用原有的设备，操作简便，产品质量稳定。

DUAN YL 等制备了一种用于胶黏剂和涂料的纳米水性聚氨酯分散液。该分散液是由 1,6-己二异氰酸酯、四甲基苯二甲基异氰酸酯和其他多异氰酸酯组成的混合物，具有良好的粘接性、成膜性，而且用其制备的膜具有良好的力学性能。

总之，采用合适的方法将纳米粒子与聚氨酯复合制备出的纳米复合聚氨酯胶黏剂，纳米粒子的加入能显著提高聚氨酯胶黏剂的某些性能，其综合性能得到大幅度的改善，从而拓展其应用领域，提高其使用效果。因此纳米技术是对聚氨酯胶黏剂性能改进的有效手段，它在该领域的成功应用将使聚氨酯胶黏剂进入一个崭新的发展阶段。

### 11.3.2.3　纳米填料在酚醛树脂胶黏剂中的应用

随着近代科学技术的发展，耐热性胶黏剂在许多高科技领域中得到了广泛的应用，尤其在航空航天、电子、汽车制造、机械制造等工业技术领域中，对结构胶黏剂的耐高温性能的要求越来越高。此外，在人们的日常生活和工农业日常生产中，耐热性胶黏剂也经常用到。所以，开发成本低、高粘接力、固化温度低、固化时间短、耐热性好的胶黏剂势在必行。

在选择酚醛树脂作为耐热性胶黏剂的基体材料时，酚醛树脂由于含有大量苯环以及固化后形成高度交联结构，所以韧性很差。酚醛树脂胶黏剂脆性大，因此多采用改性酚醛树脂胶黏剂，酚醛-丁腈胶黏剂就是其中的一类。丁腈橡胶属极性的和非结晶性的不饱和橡胶，具有良好的耐非极性油和非极性溶剂的性能，广泛用于制作耐油制品。丁腈橡胶有很好的柔韧性，可以改善酚醛树脂的脆性。酚醛-丁腈胶黏剂综合了酚醛树脂热稳定性与丁腈橡胶高弹性的优点。酚醛树脂与丁腈橡胶的分子交联，形成体型高分子，提高了胶黏剂的交联度。交联度高耐热性好，机械强度也相应提高。

酚醛树脂由于含有大形量苯环以及固化后成高度交联结构，所以韧性很差。马恒怡等采用加入丁腈弹性纳米粒子（NBENP）的方法，制备了具有高韧性和高耐热性的甲阶酚醛树脂。丁腈弹性纳米粒子（NBENP）是一种全硫化粉末橡胶，由于它和酚醛树脂之间的反应加强了界面连接，加之其粒径小，增大了比表面积和界面面积，形成很强的界面相互作用，使得酚醛树脂在承受载荷时，抵抗变形和传递应力的能力加强，因此体系的强度增加。并且发现 NBENP 改性酚醛树脂的冲击断面是大大小小的橡胶粒子引发的微裂纹，橡胶粒子的空洞化现象明显。这些都会消耗大量能量，使基材的韧性提高。在丁腈橡胶与酚醛树脂的交联结构中，酚醛树脂分子之间隔有丁腈橡胶分子，使得酚醛树脂分子间距离增大，分子间氢键被破坏，则分子间作用力减小，分子柔顺性提高，脆性减小，韧性增强。从而提高了胶黏剂的综合性能。

另外，刘毅佳等人用短切碳纤维改性酚醛树脂胶黏剂，为确定最佳组分含量，采用正交实验法对"酚醛树脂（PF）＋纳米 $SiO_2$ 粉＋石墨粉＋$ZrO_2$ 粉＋短切碳纤维"胶黏剂体系进行了配方研究，并探讨了组分含量对胶黏剂性能的影响。得到了"PF＋2％纳米 $SiO_2$ 粉＋1％石墨粉＋1％ $ZrO_2$ 粉＋4％短切碳纤维"的最佳配方，其对石墨材料的粘接强度，胶黏剂本体线烧蚀率，质量烧蚀率等进行了测试，选取了胶黏剂体系的最佳配方。

### 11.3.2.4　纳米填料在其他胶黏剂中的应用

（1）纳米复合聚乙烯醇胶黏剂　聚乙烯醇（PVA）因具有水溶性好、无毒、成本低等优点而被广泛应用，但聚乙烯醇分子中含有大量的羟基，亲水性大，单纯以聚乙烯醇作为胶黏剂，因其耐水性差而限制了使用范围。目前普遍采用化学改性方法使其耐水性得到改善，常用的有甲醛改性聚乙烯醇，但因游离甲醛、TDI（甲苯二异氰酸酯）的刺激气味及毒性使其应用范围受到限制。目前纳米复合聚乙烯醇胶黏剂在广泛地研究中，其产品特点是以聚乙烯醇为主料，采用独特的纳米复合技术制备而成，应用前景极为广阔。它的性能优异，粘接强度高、耐水性、耐热性好。其环保性好，不使用甲醛等有毒物质，对生产操作者、使用者以及环境都无毒无害。另外它的成本低廉，原料成本低，仅包括聚乙烯醇、少量的纳米材料和水；加工成本低，制备工艺简单、操作简便、工艺流程短。广泛应用于建筑、装潢领域，用于普通内墙腻子的批刮、水泥砂浆的增强剂，石膏装饰线、吊顶、墙布、瓷砖以及水泥制品等的粘贴，也可用作内外墙和地面涂料的胶料，还可以用来粘贴金属/塑料/木制品的各种角线以及纸皮、木皮等。在造纸工业中，用于织物、书籍装订、壁纸、墙纸、商标等的粘贴。

（2）纳米生物胶黏剂　由黄卫宁等人发明的专利中了解到，他们制成了一种纳米生物胶黏剂。该发明涉及一种纳米生物胶黏剂及其生产方法，具体地是涉及利用偶联剂与纳米二氧化硅对大豆分离蛋白进行分子修饰，以提高其胶黏特性，属于木材胶黏剂技术领域。其主要取大豆分离蛋白分散在水中配制成基料；在上述基料中加入偶联剂和纳米二氧化硅，分散均匀；经超声波处理、再经喷雾干燥为粉末状纳米生物胶黏剂。本发明利用偶联剂使纳米二氧化硅与大豆分离蛋白分子能均匀牢固地结合在一起,同时利用纳米二氧化硅及偶联剂与木材基料之间的强烈结合能来大幅度增强大豆蛋白胶黏剂的胶黏特性,不会造成严重的环境污染,有利于人们身体健康。

随着纳米技术的不断更新和发展,胶黏剂产业和纳米技术相结合,胶黏剂正高速向低黏度、高强度、耐冲击、阻燃等特殊用途方向发展,随着社会对胶黏剂更高性能的需求,在胶黏剂中加入纳米填料,以大大提高胶黏涂层的强度、耐磨、耐蚀以及其他优越的性能,同时降低胶黏剂的成本的研究还在不断地研究和探索之中。

# 11.4  纳米技术在化妆品方面的应用

采用纳米技术研制的化妆品是将化妆品中最具功效的成分特殊处理成纳米级的微小结构,顺利渗透到皮肤内层,较好发挥护肤、疗肤效果。纳米具有特殊的光学性质,如纳米硅吸光系数很大,可研制出特殊功能的防晒化妆品;采用纳米技术为细菌编制程序,进而大规模地制造人体生长激素,干扰素及胰岛素等,用以修复细胞中的某些基因突变,进而使人体恢复青春。纳米粒,即纳米球与纳米囊,其可使药物及化妆品在体内吸收,作用很强,可研制疗效作用的化妆品。纳米超微粒技术处理的原料,诸如 SOD、氨基酸等全部为皮肤吸收,以该技术加工的中草药,能使其发挥意想不到的效果。纳米微粒在抗菌杀菌材料上也有应用,根据细菌细胞膜、细胞壁存在的电特性,应用正负电效应,使细胞窒息,死亡,达到杀菌目的,为化妆品质量控制提供新的途径。国内已有纳米微球生产技术,业已研究出"纳米调理美颜露"、"生物多肽溶角质素"、"水凝滋润洁面爽"、"基因重组抗皱霜"、"纳米退黑修复眼霜"及"骨胶原再生面膜"。这类化妆品,基质配方稳定,滋润感好,添加的有效成分活性保持时间长,疗效倍增。

## 11.4.1  纳米复合材料的光学性质

(1)优异的光吸收材料  纳米微粒的量子尺寸效应等使它对某种波长的光吸收带有蓝移现象和各种波长光的带有宽化现象。纳米微粒的紫外吸收材料就是利用这两个特性。通常的纳米微粒紫外线吸收材料是将纳米微粒分散到树脂中制成膜,这种膜对紫外光的吸收能力依赖于纳米粒子的尺寸和树脂中纳米粒子的掺加量和组分。目前,对紫外光吸收好的几种材料:$30 \sim 40nm$ 的 $TiO_2$ 纳米粒子的树脂膜、$Fe_2O_3$ 纳米微粒的醇酸树脂薄膜。前者对 $400nm$ 波长以下的紫外光有极强的吸收能力,后者对 $600nm$ 以下的紫外光有良好的吸收能力,可用作半导体器件的紫外线过滤器。

(2)粉体的光防护功能

太阳光中能穿过大气层辐射到地面的紫外线占总能量的 $6\%$,按其波长可分为 UVA、UVB、UVC 三个波长,紫外线因其灭菌消毒和促进体内合成维生素 D,而能使人类获益,但同时也有加速人体皮肤老化及产生癌变的可能。紫外线对人体皮肤的危害性参见第 6 章相关内容。

三氧化二铝($Al_2O_3$)、氧化镁($MgO$)、氧化锌($ZnO$)、二氧化钛($TiO_2$)、二氧化硅($SiO_2$)、碳酸钙($CaCO_3$)、高岭土、炭黑及金属等多种物质对紫外线都具有屏蔽作用。我们先前已经知道,大气中的紫外线主要是在 $300 \sim 400nm$ 波段,太阳光对人体有害的紫外线也是在此波段。防晒油和化妆品中就是要选择对这个波段有强吸收的纳米微粒加入其中产生屏蔽作用的。

最近研究发现，纳米 $TiO_2$、纳米 $ZnO$、纳米 $SiO_2$、纳米 $Al_2O_3$、纳米云母、纳米氧化铁都有在这个波段吸收紫外光的特征。在实际应用中，纳米颗粒的粒径不能太小，否则会将汗毛孔堵死，不利于身体健康；而粒径太大，紫外吸收又会偏离这个波段。为了解决这个问题，应该在具有强紫外光吸收的纳米微粒表面包敷一层对身体无害的高聚物，将这种复合体加入防晒油和化妆品中既发挥了纳米颗粒的作用，又改善了防晒油的性质。

## 11.4.2　应用方法与实例

对化妆品配方师来说，特别是皮肤护理品，纳米粒子的稳定性使其成为理想的选择。皮肤护理使用者利用纳米粒子来向皮肤传递抗衰老成分，因为它们效率更高、更有效和更持久。使用磷脂制备的纳米粒子对角质层具有亲和性，有关药物传递的研究表明，脂质体传递体系比传统的乳液要好。既然纳米粒子是由非常类似于脂质体的成分构成，那么它们的作用也应该类似。另一个利用纳米粒子的皮肤护理领域是防晒。氧化锌是一个很好的防晒成分，但会在皮肤上留下一层白色物质。如果把它加入纳米粒子中，防晒品会更容易铺展，更高效地覆盖，且变得透明。然而对于头发护理，纳米粒子没有提供更多的好处，或许可以将活性成分传递到头皮，对于去头屑产品或防晒品这样的应用是有用的。纳米粒子的外壳是带正电荷的，易于吸附到被损坏头发的位置，因此可以达到靶向传递的目的。纳米粒子在皮肤和头发方面会有广泛的应用。例如，灌有香精的纳米粒子喷到头发上，当梳理或触摸头发时散发出香味。将色彩包封于纳米粒子中，纳米粒子应用于化妆品时是看不见色彩的，但用手指一搓即可显现色彩。

### 11.4.2.1　纳米技术在防晒化妆品中应用

纳米防晒化妆品是采用纳米技术研制的防晒化妆品，它将防晒化妆品中的活性成分特殊处理成纳米级这种极其微小的结构，并结合使用各种新型纳米载体系统，使防晒效果大大增强且具有一些新奇的特性。

(1) 防晒剂的选择是防晒化妆品配方的核心所在。传统的防晒化妆品往往使用有机化合物作为紫外吸收剂，但是，为了尽可能保护皮肤不接触紫外线，必须提高其添加量，而这样就会增加产品成本，降低产品的安全性。与传统的防晒化妆品相比纳米防晒化妆品有显著的优越性，体现在以下几个方面：①更强的防晒性能：将二氧化钛及氧化锌纳米化、超细化、在粉体表面包覆具有亲水、亲油功能基团的表面化处理，以此提高粉体的适配性以及在不降低透明度的情况下显著提高两者的 UVA 屏蔽效果；②较弱的刺激性：传统的有机防晒剂活性和刺激性较强，会对皮肤产生毒副作用，而纳米无机材料克服了传统配方的缺点，应用非常安全；③良好的光稳定性、耐热性：有机紫外线吸收剂有许多在高温状态下使用会出现挥发或分解问题，但纳米氧化锌对热非常稳定；④稳定的纳米包裹技术：目前防晒化妆品中多使用复合防晒剂，采用纳米技术将多种防晒剂包裹在纳米微球中，这样可以优化多种防晒剂的性能，使其配方稳定，有效活性成分保存时间久，效果倍增，此外，还可以有控制地释放有效活性成分，显著提高产品的 SPF 值。

(2) 新型载体在防晒化妆品的活性传输技术中很关键，载体的不同直接影响防晒剂的性能。纳米技术的发展带来了多种新型载体系统如纳米颗粒悬浮液、脂质体、固体脂质纳米粒、纳米结构脂质载体、纳米乳液、聚合物纳米粒、磁性纳米载体及无机材料纳米载体等，在防晒化妆品中应用较多的是固体脂质纳米粒（solid lipid nanoparticles，SLN），它是 20 世纪 90 年代发展起来的一种新型微粒载体系统。SLN 以天然或合成的固态类脂为载体，将药物或活性成分包裹于类脂的核中，制成粒径为 $50\sim1000nm$ 的纳米载体系统。

Sylvia 等报道 SLN 可以作为美容活性成分富有前景的载体，因为它与传统载体相比有很多优点：①SLN 可以保护不稳定化合物以减少其化学降解，如维生素 A、E；②根据生产的 SLN 类型控制活性物质的释放。如将活性成分附于 SLN 的外壳就具有立即释放的特性，而将活性成分置于脂质体的核心则可以控制其持续释放；③SLN 作为封包剂，可以用来增加皮肤的水合作用；④SLN 有阻挡紫外线的潜能，本身可以作为物理防晒剂，也能和其他分子防晒剂联合使用获得更好的光保护效果。一个活体实验研究表明在传统的 O/W 剂型中加上 4% 的 SLN，使用 4 周后可以使皮肤的水合作用提高 31%。而 SLN 作为物理防晒剂和分子防晒剂的活性载体研究表明，分子防晒剂的量减少 50% 时就可以达到传统防晒剂的同等效果。Song 在 2005 年也报道了载有 3，4，5-三甲氧基苯酰角素（3，4，5-trimethoxy-benzoylchitin，TMBC）的 SLN，本身既可以作为物理防晒剂，又作为载体促进对 UVB 的保护。另外微胶囊是指用聚合物薄膜将微量固体、液体或气体物质包裹制成微小囊状物，壁超薄、厚仅 10nm。Villalobos-Hernandez 报道二氧化钛纳米胶囊化后 SPF 显著增加，可高达 50。Perugini 用纳米载体系统对防晒剂成分光降解作用的影响进行了相关实验，结果示防晒剂成分的光降解作用在纳米胶囊化后由 52.3% 降到 35.3%。因此，载有反式 2-乙基己基甲氧基肉桂酸（trans-2-ethylhexyl-p-meth-oxycinnamate，trans-EHMC）的多聚左右旋丙酸-乙醇酸交酯（poly-D，L-lactide-co-glycolide，PLGA）纳米粒提高了防晒剂的光稳定性。

（3）开发纳米技术在防晒化妆品中应用还需注意的几个问题。纳米技术为防晒化妆品行业带来革命性的变化。但 Morgan 等提出纳米技术也是把"双刃剑"，提醒人们应注意这一高新技术所具有的潜在危险。纳米技术带来这些优良特性的同时也可能对生物系统和环境产生有害影响，如：①纳米粉与皮肤相容性的问题，活性物质纳米化后有引起皮肤刺激反应和炎症反应的可能；②纳米胶囊化可以提高在空气和光中不稳定的成分如维 A 酸类、维生素 E 等的光稳定性，但仍有致皮肤光敏的可能；③纳米技术使防晒化妆品的活性成分渗透到皮肤的量增多、深度增加，因此使用时应适当控制活性成分的用量。

Sayes 等用体外实验检测活性簇（reactive species，RS）来评价防晒化妆品的细胞毒性，在细胞培养中检测纳米材料对细胞的毒性，观察结果发现纳米二氧化钛只有在相对较高浓度下（100mg/mL）才产生细胞毒性和炎症反应，且呈现时效和量效关系。故目前国际上仍急需对纳米材料的安全性进行统一的检测及评价。

### 11.4.2.2 在药物化妆品中的应用

纳米药材由于副作用少，对某些皮肤病疗效好而被用于化妆品中。同时，中药材性质温和，药力发散较慢，被吸收后有长期作用于皮肤的功效。近年来，纳米药物化妆品得到了迅速的发展。灵芝经纳米化后添加到化妆品中，其杀灭肿瘤或细菌的成分就可以被皮肤吸收，达到预防和治疗皮肤癌等皮肤病的目的。人参、芦荟、黄芪等中药材经纳米化后添加到化妆品中，可以达到治病美容的双重目的。

成都叶氏美容日化有限公司率先运用纳米功能原料，引进新型生物机能技术和纳米技术进行超微乳化，生产了 DNA 纳米祛斑霜。其膏体为纳米颗粒，活性物质渗透性大大增强，彻底打破了化妆品生产的传统乳化工艺，大大提高了化妆品的吸收率。DNA 纳米祛斑霜较好地结合了 DNA 和纳米两大美容高科技技术，是药物化妆品市场上的一大新秀。纳米化妆品最大的突破则是在解决祛斑顽症方面。色斑是体内、体外两大因素影响黑色素细胞在人体内按三条生理路线而形成的色素沉着，只有将内服和外用相结合才能彻底祛斑。祛斑霜是指在雪花膏、香蜜等护肤化妆品中加入一定的药物，具有抑制皮肤黑色素生成、减少或除去皮肤色斑的功效的药物化妆品。所加药物种类不同时，其祛斑效果也有所差别。在护肤品加入水杨酸苯酯和 $TiO_2$ 后，能避免皮肤遭受紫外线照射的作用，从而减少黑色素的产生，但并不能从生理上抑制黑色素的产生。加入 4-异丙基儿茶酚可从生理上减缓皮肤黑色素形成的氧化过程，可医治皮肤黑色素过多症。在化妆品中加入氯化高汞等强氧化剂，使用后可使面部局部脱皮，从而导致色斑氧化脱落。维生素 C 对抑制皮肤黑色素有辅助作用，药效缓慢但无毒。一般祛斑产品在功效上均存在一定的难度，而纳米化妆品中的祛斑成分达到了纳米数量级，可以很顺利地渗入皮肤，祛斑效果大大提高。

### 11.4.2.3　在化妆品乳化技术中的应用

乳化技术是制备膏霜和乳液类化妆品的关键技术，传统工艺乳化得到的化妆品膏体内部结构为胶团状或胶束状，其直径为微米数量级，对皮肤的渗透能力较弱。皮肤一般只能通过表皮吸收和毛囊腺吸收这两条途径，皮肤最外层为疏水性角质层，因而水溶性物质和大分子量的物质通过这两条途径的吸收相当不易。因此，传统工艺生产的化妆品膏体不易被表皮细胞吸收。纳米技术应用到化妆品制造业中，可以对传统工艺乳化得到的化妆品的缺陷进行很好的改进。采用纳米技术制备化妆品时，将化妆品中最具功效的成分进行特殊处理，得到的化妆品膏体微粒尺寸可以达到纳米数量级。这种纳米级膏体对皮肤的渗透性大大增加，皮肤选择吸收功能物质的利用率随之大大提高。近年来，在国际上出现了一种先进的功能性化妆品——毫微乳液，其粒径为 $100\sim200nm$，与普通乳液相比，由于粒径小而对皮肤渗透性更强，可使活性物质直接而均匀地作用于角质层，如与抗衰老、美白等活性剂复配使用，效果更好。毫微乳液不含或少含表面活性剂，十分适用于敏感皮肤。

### 11.4.2.4　在活性物质传输技术中的应用

在活性成分的传输技术中，新型载体是关键。化妆品的传统载体是水和各种动植物油脂，近年来，微胶囊和纳球已广泛应用为化妆品的载体。微胶囊是指用聚合物薄膜将微量固体、液体或气体物质包裹制成微小囊状物，超薄壁厚仅 10nm。微胶囊可防止各种成分间的相互干扰，控制添加剂的释放速度。

2003 年授权公开的美国专利 US6565886 介绍了法国欧莱雅公司研发的一种纳米微胶囊的制造工艺，其内部可含化妆品成分。这种纳米微胶囊包括脂质中心和不溶于水的聚己二酸烷烯包膜，粒径的平均大小为 $50\sim800nm$。欧莱雅公司研究开发的第一个纳米产品，充分使用了纳米的专利技术，将维生素 A 包囊在聚合物中，这种胶囊像一种海绵，吸收并维持乳液，直到外面壳体溶解。欧莱雅调查了使用该项技术产品的女性，80% 觉得有抗皱效果，75% 的人认为该产品能紧缩皮肤。

纳球是近年来出现的另一种新型多孔微粒载体，直径为纳米级，纳球由于多孔而使球体表面积增加，从而具有极强的吸附能力，可运载更多的有效成分，并具有缓释和定向释放的效应。欧洲已经开发出纳球 100NCK、纳球 100NH 等具有定向释放特性的纳球产品，广泛应用于各种化妆品中。

### 11.4.2.5　在新型化妆品原料制备中的应用

美容保健领域中的热门 DNA 是纳米生物仿生化妆品的最佳搭档。DNA 这种天然生物材料最易通过纳米技术处理，所以，DNA 与纳米技术完美结合的产品，便成为如今化妆品行业中的宠儿，它们给美容行业带来了一股新鲜的活力。纳米技术使新型化妆品原料替代合成化学品成为一种必然。

丹奇日化推出的隐形仿生功能膜就是利用纳米技术及材料特有的高精度选择能力，从生物材料定向提取精准高通量功效成分精华，重新进行分子自组装，形成新的能量单元，各单元有机组合后，制成液态产品，产品涂在人体肌肤上后，数分钟内即可形成一层具有各种功能的智能化隐形仿生功能膜，也称人造皮肤。

深圳安信纳米科技控股有限公司研制出一种颗粒尺寸为 25nm 的广谱速效纳米抗菌颗粒，无毒无味、无刺激、无过敏反应，遇水杀菌能力更强，是一种不产生耐药性的纯天然抗感染的医用美容产品。广谱速效纳米抗菌颗粒作为安全的抗感染药物不仅应用于医药美容领域，而且还将广泛应用于现代人的日常美容生活，涉入饮用水净化、环境保护、食品卫生、日常消毒、美容护肤等领域。

牛油树脂是一种新型的天然油脂原料，可赋予皮肤良好的感觉，并可增强产品的理疗美容作用。牛油树脂中含有微量的丁酰鲸鱼醇，它具有与肾上腺皮质素类似的作用。牛油树脂目前主要有两种生产方法，一是溶剂萃取法，一是机器粉碎法。奥尔胡斯奥列公司发明了纳米细化牛油树脂的工艺，研制出一种以牛油树脂为基质的原料——纳米乳化 SBE，它对热不敏感，具有一定的抗氧性，在室温下可稳定 4～5 年。在配制产品时，可将 SBE 混合于乳化剂或不含水的原料中，得到的化妆品可防止皮肤出现皱纹，提供长时间的保湿作用，使干燥、受损伤的头发恢复健康，并赋予头发润泽和光亮。此外，纳米细化牛油树脂还可作为芳香疗法用产品。

Teco 公司利用纳米技术生产了一种金属硫蛋白（MT），它是一种低分子量、富含半胱氨酸的金属络合蛋白，具有易被皮肤吸收、不易分解、不易变性的特点，还具有修复受损细胞的作用。因此，含有纳米 MT 成分的化妆品对某些炎症皮肤具有一定的抗菌、理疗功能。特别是纳米 MT 具有结合金属的特殊功能，可防止含重金属的化妆品颜料引起的皮肤伤害，这是其他任何一种化妆品所不具备的功能，从而使纳米 MT 成为 21 世纪化妆品中最有发展前途的生物添加剂。

#### 11.4.2.6 在化妆品包装材料中的应用

随着纳米技术在化妆品中的广泛应用，涌现了越来越多的含纳米添加剂的新型化妆品，对化妆品的包装材料也提出了新的要求。

蒙脱土的基本结构单元为天然的纳米硅酸盐片层，每一层由两个硅氧四面体含一个铝氧八面体构成，片层上的负电荷由层间的阳离子平衡，容易与烷基季铵盐或其他有机阳离子进行离子交换反应而生成有机土，有机土再进一步与单体或聚合物熔体反应，并被剥离为纳米尺度的片层，均匀分散到聚合物基体中，形成聚合物/黏土纳米塑料。

纳米塑料的特点是耐高温、耐磨、美观诱人，重量则比玻璃瓶轻一半以上，而且烤不坏，摔不碎，呈现出优异的物理力学性能。同时，纳米塑料耐化学腐蚀、耐老化、不生锈、无毒性、不含任何金属稳定剂，有良好的透明度和较高的光泽度。特别是纳米塑料具有物理祛臭作用和无机抗菌防污染作用，因此，纳米塑料必然会取代传统材料来充当化妆品的包装瓶。

#### 11.4.2.7 纳米化妆品的发展方向

随着科学技术的发展以及人们自我保护意识的增强，对于具有防晒等特殊功效的化妆品的需求量将会不断增加，所以利用纳米技术开发新型化妆品将是化妆品行业的一大发展方向，但同时还应该关注纳米的安全问题。纳米技术的应用是跨学科、跨门类的，因此将纳米技术与其他技术有机结合起来，进一步改善化妆品的功效，提高化妆品的档次，前景将是十分可观的。

（1）应用于防晒化妆品中纳米 $TiO_2$ 的种类和发展趋势

① 纳米 $TiO_2$ 粉体　这种纳米 $TiO_2$ 产品以固体粉末的形式出售，根据纳米 $TiO_2$ 的表面性质可分为亲水性粉体和亲油性粉体：亲水性粉体用于水性化妆品中，亲油性粉体用于油性化妆品中。亲水性粉体一般通过无机表面处理。

② 纳米 $TiO_2$ 的分散体　英国 Uniqema 公司专门为化妆品生产商制备了纳米 $TiO_2$ 分散体，适用于防晒膏、唇膏、粉底霜和增润剂，其商品名叫做 Tioveil。它的优点是容易分散、透明性好、紫外线屏蔽性效率高。Uniqema 公司的生产工艺和表面处理方法都是一流的，

可以使已经沉淀的纳米 $TiO_2$ 能重新充分分散于化妆品中，从而能保持优异的透明度和紫外线屏蔽性。

③ 肤色纳米 $TiO_2$　由于纳米 $TiO_2$ 粒子细、易散射可见光中波长较短的蓝色光，当加入防晒化妆品中会使皮肤呈蓝色调，看上去不健康。为了配成皮肤色，早期往往要向化妆品配方中加入氧化铁一类红色颜料。但由于纳米 $TiO_2$ 与氧化铁在密度上和与基料之间的润湿性上的差异，往往会发生浮色。为了克服上述弊端，日本开发了含铁的肤色纳米 $TiO_2$，主要采用共沉淀法，在纳米 $TiO_2$ 表面包覆一层氧化铁，有时还要经过高温煅烧使铁离子渗透到纳米 $TiO_2$ 的晶格中。石原产业株式会社的 TTO-F 系列和日本帝国化工公司的 MT-100F 都是含铁类纳米 $TiO_2$。

④ 我国纳米 $TiO_2$ 生产状况　我国纳米 $TiO_2$ 的小试研究非常活跃，理论研究水平已达世界先进水平，但应用研究和工程化研究相对落后，许多研究成果无法转化为工业化产品。我国的纳米 $TiO_2$ 的工业化生产始于 1997 年，比日本晚 10 多年。目前能规模化生产纳米 $TiO_2$ 的企业有安徽科纳新材料有限公司，舟山明日纳米材料有限公司，江苏河海纳米科技股份有限公司等单位。有的企业已形成年产百吨的生产规模，某些技术指标已达国外同类产品水平。制约我国纳米 $TiO_2$ 产品质量和市场竞争力原因有两个：一是应用技术研究滞后。应用技术研究需要解决纳米 $TiO_2$ 在复合体系中的添加工艺、效果评价等问题。纳米 $TiO_2$ 在许多领域的应用研究还没有完全展开，某些领域例如防晒化妆品领域的研究仍要继续深化。应用技术研究的相当滞后造成我国纳米 $TiO_2$ 产品无法形成系列化牌号以适应不同领域的特殊要求；二是纳米 $TiO_2$ 的表面处理技术有待进一步深入研究。表面处理包括无机表面处理和有机表面处理，表面处理技术是由表面处理剂配方、表面处理工艺和表面处理设备组成。表面处理技术直接影响纳米 $TiO_2$ 的耐候性、分散性、透明性和紫外线屏蔽性等重要技术指标。当前，我国纳米 $TiO_2$ 的表面处理工艺还基本沿用普通钛白粉的表面处理方法，但由于纳米 $TiO_2$ 普遍存在团聚现象，纳米 $TiO_2$ 粒子分散难度远大于微米级的钛白粉，如何把团聚体分散开、在单颗粒上包膜是纳米 $TiO_2$ 的表面处理首要解决的问题。

（2）应用于防晒化妆品中纳米氧化锌的发展趋势

① 双亲性纳米氧化锌粉体　纳米 ZnO 产品多以固体粉末的形式出售。国外为防晒化妆品生产纳米 ZnO 粉体的著名公司有德国的 BASF、日本 Sakai 化学和日本帝国化工、日本昭和电工和日本住友水泥等公司。目前，将纳米 ZnO 粉体表面包覆具有多个亲水基团和亲油基团的表面处理剂，使其具有亲水和亲油的双亲性，这样所得的纳米 ZnO 粉体可适用极性和非极性体系，具有很强的通用性，是纳米 ZnO 表面处理的一个发展方向。

② 纳米氧化锌的分散体　纳米 ZnO 分散体是纳米 ZnO 粉体在分散剂作用下，经高剪切混合、球磨或砂磨等方法制备出的一种浆体，分散体总体分为油性分散体和水性分散体两种。由于化妆品制造过程中的分散强度都较弱，纳米 ZnO 难以分散到原始粒径，纳米 ZnO 的透明性和紫外线屏蔽性不能充分发挥。为了适应这一情况，把纳米 ZnO 制备成容易分散、透明性好、紫外线屏蔽性效率高的分散体形式，不但便于用户使用而且可降低成本、提高单位质量纳米 ZnO 的屏蔽紫外线效果，还可减少纳米 ZnO 运输和使用过程的粉尘污染，是纳米 ZnO 在防晒化妆品中应用的一个发展方向。

③ 特殊形状的纳米氧化锌　改进纳米 ZnO 的紫外线屏蔽效率和可见光透明性一直是研究者的努力方向，鉴于纳米 ZnO 易团聚、难分散和使用感觉欠佳，日本花王株式会社合成了直径 $0.1 \sim 1.0 \mu m$、厚 $0.01 \sim 0.20 \mu m$、径厚比大于 3 的片状 ZnO。这种粉体易于分散，附着在皮肤上的感觉良好，紫外线屏蔽效果也较好。日本资生堂株式会社最近开发了由原始

粒径 50～100nm 粒子以面状形式聚集的 ZnO，这种纳米 ZnO 聚集体外形呈康乃馨状，边缘部分每隔 10～200nm 不规则地发生 10～200nm 的凹凸。

④ 核壳结构的纳米 ZnO  为减少成本和提高紫外线的屏蔽效果，选用白云母、绢云母、滑石粉、高岭土、硅藻土、二氧化钛和氧化铁等为核体，核体经表面活化处理后，再在核体表面沉积一层或几层透明致密的纳米 ZnO，这种粉体用于化妆品中易分散且白化现象小。德国 Merck 颜料公司以片状云母粉为核体，首先在核体上沉积占核体质量 10%～50% 的硫酸钡，硫酸钡粒子的直径为 0.1～2.0μm。再在核体上包覆占核体质量 50%～200% 的纳米 ZnO，纳米 ZnO 为针状晶体，长径为 0.05～1.50μm。这种核壳结构的纳米 ZnO 复合体具有极好分散性，对屏蔽紫外线特别是对长波紫外线的屏蔽性能优异，在防晒化妆品中还具有很好的延展性、黏合性和抗变色作用。

⑤ 我国纳米氧化锌生产状况  我国纳米 ZnO 的基础研究和规模化生产起步较晚，目前纳米 ZnO 的制备技术虽已取得了一些突破，在国内形成了几家产业化生产厂家，有的已达到千吨的规模，但是产品牌号不多，都是一些通用型产品，还不能形成系列化和专用化的产品。主要由于纳米 ZnO 的粒径调控技术、减轻纳米 ZnO 粒子团聚技术、表面处理技术及应用技术尚未成熟。在基础研究的同时，加强应用领域的研究是纳米 ZnO 研究者和生产厂家所面临的亟待解决的问题。

# 11.5  纳米材料在化工助剂中的应用

## 11.5.1  纳米材料在塑料制品中的应用

### 11.5.1.1  纳米材料在抗菌功能塑料制品中的应用

塑料在各个领域得到广泛应用，家电产品、医疗器具、塑料建材、食品用器具及日用品等领域对抗菌塑料制品均有需求。抗菌塑料一般采用向树脂中添加抗菌剂或抗菌母料的方法制备。因塑料成型要经高温，可适应高温的是无机抗菌剂。传统的抗菌金属硫酸铜、硝酸锌等粉末直接加入到热塑性塑料中，不好结合。无机纳米抗菌剂粉末经特殊处理制得抗菌塑料母粒用于塑料制品，与塑料有良好的相容性，有利于抗菌剂的分散。无机银离子被吸附到如活性炭、蒙脱石、藻土等无机纳米材料中形成的粉体抗菌性能良好。但是，纳米粉体若分散不均会导致制品抗菌效果下降。另外，用 $TiO_2$ 纳米粉体与塑料混合，挤塑成型，通过紫外线照射形成抗菌塑料，其抗菌作用通过抗菌剂缓释而形成。

据 WHO 于 1996 年的调查，人类 80% 的疾病与被病菌感染的饮水有关。一种塑料给水管（CN 1 316 328A）的制造步骤为：将纳米 $TiO_2$、酞酸酯按 1:20 预混，再与抗菌剂及树脂再混合，挤出造粒、烘干、脱水，与树脂混合挤压成型。其对大肠杆菌、金黄葡萄球菌、肺炎球菌及真菌的杀菌率达 90% 以上。丙烯腈与可共聚的季铵盐化合物以及有机化蒙脱土经微乳液聚合得到的聚合物纳米复合抗菌材料及 PE、PP-R、ABS、PA、PVC-U 等塑料树脂按（0～20）:100 混合，挤出造粒，得抗菌母料（CN1781695A）；烘干、脱水；与树脂混合后再成型得到抗菌塑料给水管。纳米抗菌塑料为原料的气管导管试验管对 3 个浓度水平（$10^9$CFU/mL、$10^7$CFU/mL、$10^5$CFU/mL）的金黄色葡萄球菌、表皮葡萄球菌、大肠杆菌、铜绿假单胞菌等抑菌率达 40%～100%。

由宁波华实纳米材料有限公司申请的专利"一种无机载纳米银粉体在制作抗菌塑料中的应用方法"由单烷氧基钛酸酯偶联剂、六偏磷酸钠、KH-560 型硅烷偶联剂一或多种与丙酮的混合液对锐钛矿型纳米 TiO₂、纳米 SiO₂、坡缕石、沸石、蒙脱石及其混合物的超细粉体为载体的银粉体（粒度 1～50nm，含量 10％）按（5～20）∶1 混合，超声波振荡 0.5～3h，得改性粉体；加入丙烯酸酯与香蕉水的混合液，再超声振荡，得黏稠液；再旋涂到塑料薄板上，用乙醇或丙酮清洗，在 45℃下烘干得到的薄板对大肠杆菌、金黄色葡萄球菌、白色念珠菌等抑制杀死率可达 99％。主要应用于抗菌家电产品，抗菌医疗器具，抗菌塑料建材，食品用抗菌器具及抗菌日用品等领域，适用于 PP、PS、HDPE、LDPE、PVC、PC、ABS 等塑料中。

由何烨申请的专利"电梯纳米抗菌按钮"涉及的电梯纳米抗菌按钮，由按钮显示片、按钮活动座、按钮壳体构成电梯按钮本体，在按钮显示片的外表层上覆有由纳米塑料加工制成的材料层；按钮活动座、按钮壳体安装到电梯后的裸露的外表层上亦覆有由纳米塑料加工制成的材料层。其实用性强，环保性好，由于电梯纳米按钮的杀菌抑菌功能，与一般的电梯按钮相比，当乘客在按触按钮的时候，手指粘上传染病菌的概率将大大减少，从而在极大程度上避免了乘客因触摸了电梯按钮而感染疾病的可能。

### 11.5.1.2　纳米材料在阻燃窒息功能塑料制品中的应用

有些纳米塑料还具有很高的自熄性、很低的热释放速率（相对聚合物本体而言）和较高抑烟性，是理想的阻燃材料，例如把聚己内酯/硅酸盐纳米塑料和未填充的聚己内酯放在火中 30s，取出后纳米塑料就停止燃烧，并保持它的完整性；与此相反，未填充的聚合物则继续燃烧直到样品被破坏为止。如纳米尼龙 6，当黏土含量为 5％时，其热释放速率的峰值（评价材料火灾安全性的关键因素）可以下降到 50％以上。因此，国外有文献称这种纳米塑料制造技术是塑料阻燃技术的革命。

目前中国科学院化学研究所开发出了增强型阻燃纳米聚对苯二甲酸乙二酯，经国家有关部门测试，表明该种新型纳米聚对苯二甲酸乙二酯的各项性能指标均达到或超过了国内外 PET 工程塑料产品。该产品性能稳定、可靠，完全具备了批量生产的技术条件。

谢荣才等合成了不团聚的纳米级氢氧化镁针状晶体，在短轴方向尺寸为 2nm，长轴方向尺寸为 50nm。纳米氢氧化镁的荧光光谱和拉曼散射强度大幅度提高。将该纳米氢氧化镁用于 EVA 阻燃，发现 50％的纳米氢氧化镁可以使材料的氧指数提高到 38.3％，高于相同填充量的微米级氢氧化镁/EVA 共混材料的 24.0％，达到 UL94V-0 级要求。

由四川大学申请的专利"含磷阻燃聚对苯二甲酸乙二醇酯/层状硅酸盐纳米复合材料及其制备方法和用途"，是一种以对苯二甲酸二甲酯或对苯二甲酸、乙二醇、层状硅酸盐、反应型含磷阻燃剂、插层剂、分散介质和催化剂为原料，通过酯交换或直接酯化的原位插层聚合方法制备的含磷阻燃聚对苯二甲酸乙二醇酯/层状硅酸盐纳米复合材料。该复合材料的力学性能、热性能都有了较大幅度的提高，尤其是在具有阻燃性的同时，还具有耐溶滴性，因而是综合性能优良的纳米阻燃聚酯材料，且其制备方法成熟、操作简便。这种复合材料可用作制备阻燃塑料制品和阻燃纤维的原料。

由广州凯恒科塑有限公司申请的专利"一种辐照交联低烟无卤无磷纳米阻燃热收缩材料及其制备方法"，涉及的一种辐照交联低烟无卤无磷纳米阻燃热收缩材料，是由乙烯-乙酸乙烯酯共聚物、乙烯-辛烯共聚物、聚合物相容剂、有机硅聚合物、复合抗氧剂、纳米氢氧化镁阻燃剂、表面活化处理的超细氢氧化铝或氢氧化镁、润滑剂、敏化剂等，采用混合搅拌、挤出、拉丝、风冷、切粒、辐照、扩张拉伸、冷却定型而制得。本发明热收缩材料具有优良的阻燃效果且没有含卤阻燃剂和含磷阻燃剂，是一种环境友好产品，在材料加工、使用以及废弃后对生态环境和人类健康的影响很小，用途广泛，制备方法简易，原料易得，价格低廉，适用于工业化生产。

### 11.5.1.3 纳米材料在高强度塑料制品中的应用

加入纳米材料的环氧塑料，其结构完全不同于加白炭黑等粗晶粒子的环氧塑料。粗晶粒子一般作为补强剂，主要分布在高分子材料的链间；而纳米材料由于表面严重的配位不足，表现出极强的活性，庞大的比表面欠氧使它很容易和环氧分子的氧发生键合作用，提高分子间的键力。同时，有一部分纳米颗粒仍然分布在高分子链的空隙中，表现出很高的流动性，从而大幅提高纳米塑料的强度、韧性和延展性。同时，由于纳米粒子小于可见光波长，纳米塑料具有高的光泽和良好的透明度以及耐老化性。

普通尼龙-6 具有良好的物理机械性能，例如拉伸强度高，耐磨性优异，抗冲击性能好，耐化学药品和耐油性突出，是五大工程塑料中应用最广的品种。但是，普通尼龙-6 的吸水率高，在较强外力和加热条件下，其刚性和耐热性不佳，制品的稳定性和电性能较差，在许多领域的应用受到限制。

中国科学院化学研究所工程塑料国家重点实验室应用我国天然的蒙脱土作为无机分散相，发明了一步法制备纳米尼龙-6，现已获得我国家发明专利。纳米尼龙-6 与普通尼龙-6 相比具有高强度、高模量、高耐热性、低吸湿性、尺寸稳定性好、阻隔性能好等特点，性能超过普通尼龙-6，并且具有良好的加工性能。纳米尼龙-6 与普通玻璃纤维增强和矿物增强尼龙-6 相比，密度低、耐磨性好。纳米尼龙-6 还可制备玻璃纤维增强和普通矿物增强等改性纳米尼龙-6，其性能更加优异。目前中国科学院化学研究所开发的纳米尼龙-6 具有优异的性能及较好的性能价格比，其应用领域非常广泛，可用于制造汽车零部件，尤其是发动机内耐热性能要求高的零件，还用于办公用品、电子电器、日用品领域以及制造管道挤出制品等。纳米尼龙-6 是工程塑料行业的理想材料，该产品的开发为塑料工业注入了全新的概念。用纳米尼龙-6 还可制备高性能的膜用切片，适用于吹塑和挤出制备热收缩肠衣膜、双向拉伸膜、单向拉伸膜及复合膜。与普通尼龙-6 薄膜相比，纳米尼龙-6 薄膜具有更佳的阻隔性、力学性能和透明性，因而是更好的食品包装材料。

### 11.5.1.4 纳米材料在阻透功能塑料制品中的应用

由于聚合物基体与蒙脱土片层的良好结合，通过控制纳米硅酸盐片层的平面取向，纳米塑料制品表现出良好的尺寸稳定性和很好的气体阻透性。

纳米塑料与未填充的聚合物相比，随着蒙脱土含量的增加，其气液体的透过性迅速下降，即阻隔性能显著上升。在聚酰亚胺-蒙脱土纳米塑料中，随着蒙脱土含量的增加而显著下降。当蒙脱土质量含量仅为 2% 时，其渗透系数下降近一半；当用不同黏土来制备时，随着黏土片层长度的增加，塑料的阻隔性能提高更显著。这是由于在纳米塑料中的聚合物基体中存在着水分子和单体分子不能透过的分散的、大的尺寸比的硅酸盐层，迫使溶质要通过围绕硅酸盐粒子弯曲的路径才能通过，这样就提高了扩散的有机通道长度，从而达到阻隔性上升的目的。

与纯聚对苯二甲酸乙二醇酯（PET）相比，纳米蒙脱土对 PET 的影响是减少了 PET 的半结晶时间，降低了 PET 的平衡点。这些表明：纳米 PET 的力学性能、热性能得到了提高，对气体、水蒸气的阻隔性也有很大的改善。纳米 PET 的结晶速率有很大程度的提高，因而成型时可降低模具温度，加工性能优良。用作工程塑料时，还可以不添加结晶成核剂、结晶促进剂和增韧剂就直接与其他填料复合。由于纳米填充粒子尺寸很小，塑料在加入纳米材料后仍能保持一定定期的透明性。实际应用中还可以通过加工条件控制使其制品透明、半透明或不透明，以适应不同场合的需要。实践表明由纳米 PET 吹制的瓶材具有良好的阻隔性，是啤酒和软饮料的理想包装材料。

### 11.5.1.5 纳米材料在耐摩擦功能塑料制品中的应用

在复合材料中，有的填充物有很高的强度和刚性，可以改善基体的摩擦磨损性能，并提高其力学性能和使用寿命。由于塑料硬度不高，在硬质磨粒磨损的连续作用下，其表面会产生塑性变形和较多的裂纹，这些裂纹沿着表面层和次表面层扩展而相互连接后就会造成片状磨屑剥离而形成较大的磨损。B. J. Briscoe 将在微凸体作用下的高聚物表层划分为界面区和内聚区，并且指出高聚物的磨粒磨损在很大程度上决定于内聚区的性能。K. Srivastava 等研究了纳米石墨粉及短切玻璃纤维填充 EP 复合材料的摩擦学性能，发现这种材料的摩擦磨损性能优于钢，当石墨含量为 10％左右时，其摩擦系数和磨损量比较低，磨损量随石墨含量的增大而减小，而摩擦系数随载荷的加大而减小，但在高载荷下，摩擦系数趋于稳定值。分析认为，这是由于填充石墨的 EP 与对偶件对磨时其接触表面形成了起润滑作用的石墨层，从而减小了磨损。

纳米塑胶跑道比一般的体育场馆使用的聚氨酯塑胶跑道更耐磨、阻燃、防霉性更好，且环保性能也达到国际标准。纳米跑道就是在传统的制造跑道的材料——聚氨酯中加入一定比例的纳米粉体，经过一定的手段，生产出来纳米聚氨酯，以改变传统塑料跑道的物理性质。经过实验对比，纳米跑道不但秉承了一般聚氨酯塑胶的高强度、弹性好、经久耐用等特点，更表现出良好的力学性能，其抗张强度和断裂伸长率成倍地超过普通聚氨酯材料，并且有更佳的耐磨、阻燃和防霉性能，使用寿命也将延长。其优良的回弹值及压缩复原性更是备受运动员推荐。

聚醚醚酮（PEEK）是重要的耐热性热塑性树脂，属特种工程塑料，是近 20 年来研究最多的高性能塑料品种，已在航天、航空、火箭和导弹零部件上得到较为广泛应用，主要用作耐热零部件。在民用中多用做摩擦材料，纳米 SiC 陶瓷微粒作为填充 PEEK，能显著地改善其摩擦性能和部分力学特性。为了比较纳米 SiC 陶瓷粒子填充 PEEK 和微米级 SiC 陶瓷粒子填充 PEEK 的摩擦特性，有人利用热压法分别以纳米 SiC 和微米 SiC 作为填料，制取了两种不同 SiC 填充的聚醚醚酮材料，并对它们在相同摩擦条件下的摩擦磨损性能进行了研究。同时还用扫描电子显微镜对摩擦表面形貌进行了观察，进而对材料的磨损机理作了分析。研究结果表明，10％纳米 SiC 作为填料能有效地改善 PEEK 的摩擦磨损性能，而相同含量的微米 SiC 作为填料只能使 PEEK 耐磨性能有所改善，但没有减摩效果。微米 SiC 填充 PEEK 的磨损方式是以严重的犁削和磨粒磨损为主，而纳米 SiC 填充聚醚醚酮的磨损方式则是以轻微的黏着磨损为主。这表明纳米 SiC 的加入大大改善了材料的耐磨性。

由田震申请的专利"水机纳米塑料合金零部件及其制备方法"提供了一种能抗磨损、抗空蚀、且成本降低的水机纳米塑料合金零部件及其制备方法。将一定重量配比的芳纶短纤维、纳米粉料、尼龙粉料、聚四氟乙烯粉料混合后，再与由环氧树脂、固化剂、稀释剂按重量配比 1∶(0.9～4)∶(0.3～1.7) 混合配制而成的环氧树脂浆料混合，倒入安放有碳钢骨架及芳纶网格布筋的零部件模具内，加压固化成型。适用生产各种水机的零部件，所得产品抗磨损、抗空蚀能力较强，使水机的检修周期缩短，延长了使用寿命，工作效率提高，同时也降低了生产的成本。

### 11.5.1.6　纳米材料在导电功能塑料制品中的应用

聚合物-层状硅酸盐黏土纳米复合材料已经成为聚合物基复合材料研究领域的一个重要分支。硅酸盐纳米塑料可用作聚合物电解质。对于聚环氧乙烷（PEO）电解质来说，在熔点温度以下，其电导率下降很多（从 $10^{-5}$ S/cm 到 $10^{-8}$ S/cm）。这种下降是由于 PEO 形成了晶体，从而阻止了离子的运动，而插层则可以阻止晶体的生长提高 POE 的电导率。此外，由于在纳米塑料中硅酸盐片层是不能移动的，纳米塑料的导电为单离子传导行为。温度对纳米塑料的电导率影响很小，电导率随温度降低只是稍有下降。熔融插层的纳米塑料的电导率比溶液插层的要高，而且各向异性更明显。这可能是由于在熔融插层材料中存在过量的聚合物，提供了一条更容易的导电途径。

聚吡咯（PPY）在空气中具有较好的稳定性，但它的力学性能、加工性能和导电性能限制了应用。为解决它的刚性主链引起的加工困难，采用的化学方法有调整聚合物主链结构、吡咯单体与适当的官能化单体共聚、使用聚合物型或表面活性剂型的掺杂阴离子、合成稳定化的 PPY 胶体粒子。为综合改善 PPY 的导电性和成型问题，人们曾尝试过的合成方法有电化学合成法、化学蒸气沉积法和化学合成法。尽管如此，PPY 的力学性能、加工性能和导电性能仍不理想。

选择水为介质，以三氯化铁为氧化剂进行化学聚合，方法简单、易行；在纳米二氧化硅粒子存在下所得 PPY 粉末便于冷压成型，可用做二次电池的电极材料、免疫医学的示踪剂、离子传感器、抗静电屏蔽材料、太阳能材料；纳米二氧化硅粒径小，可望通过纳米效应既改善材料的力学性能，又克服因力学性能改善而导致电性能下降的弊端。PPY 经过化学掺杂后导电性能明显改善，目前在实验室制得的材料电导率已达 $42.9S/cm$。

### 11.5.1.7 纳米材料在吸波功能塑料制品中的应用

吸波材料在现代和未来战争中起着重要作用，对武器装备隐形要求研究吸波材料，因此，吸波材料已逐渐发展成为一种重要的新型材料。所谓吸波材料是指能够通过自身的吸收作用来减少目标雷达散射截面的材料，其基本原理是将雷达波转换成为其他形式的能量（如机械能、电能和热能）而消耗掉。目前雷达吸波材料主要由吸收剂与高分子树脂组成，而决定吸波性能的关键是吸收剂类型和含量。根据吸收机理的不同，吸收剂可分为电损耗型和磁损耗型两大类。纳米粒子具有较高的矫顽力，可引起大的磁滞损耗，由于纳米微粒比表面积大，表面原子比例高，悬挂键增多，界面极化和多重散射使其吸波能力剧增。同时，量子尺寸效应使纳米粒子的电子能级发生分裂，分裂的能级间隔正处于微波的能量范围内（$10^{-2} \sim 10^{-5} eV$），从而产生新的吸波通道。

纳米吸波材料主要是纳米金属与纳米合金的复合粉体，以 Fe、Co、Ni 等纳米金属与纳米合金粉体为主。采用多相复合的方式，其吸波性能优于单相纳米金属粉体，吸收率大于 10dB 的带宽可达 3.2GHz，谐振频率点的吸收率大于 20dB。复合体中各组元的比例、粒径、合金粉的显微结构是其吸波性能的主要影响因素。

吴凤清等用聚乙二醇（PEG）凝胶法制备了 $Ba(Zn_{1-x}Co_x)_2Fe_{16}O_{27}$ 复合氧化物纳米材料，通过实验证明纳米尺寸吸收剂的吸波性能远胜于常规尺寸吸收剂材料，而且吸收剂粒径越小，吸波性能越好。邓建国等人正致力于将具有磁损耗和电损耗的两种功能材料组合起来，同时发挥纳米粒子对微波的吸收效能。例如以具有磁损耗特性的改性铁氧体作为核，以具有电损耗特性的导电高分子聚合物作为壳层，有望制成高性能的复合吸波介质材料。铁氧体纳米颗粒与聚合物制成的复合材料能有效吸收和衰减电磁波及声波，减小反射和散射，被认为是一种极好的吸波材料。铁氧体纳米复合材料多层膜在 7~17GHz 频率段的峰值吸收为 -40dB，小于 -10dB 的频宽为 2GHz。铁氧体纳米颗粒与聚合物复合材料在国外已进入实际应用阶段，但在其制造过程中，如何保证铁氧体纳米颗粒均匀地分布在聚合物中，至今尚未有资料透露。

### 11.5.1.8 纳米材料在提高塑料制品热稳定性中的应用

硅酸盐的耐高温性用于纳米塑料使其耐热性和热稳定性明显提高。例如聚二甲基硅氧烷（PDMS）-蒙脱土纳米塑料和未填充的聚合物相比，其分解温度大大提高，从 400℃ 提高到 500℃。由此可知，由于 PDMS 分解成易挥发的环状低聚物，但纳米材料的透过性很低，从而使挥发性分解物不易扩散出去，提高了塑料的热稳定性。

Ruiz-Hitzky 等将聚环氧乙烷（PEO）与不同交换性阳离子的蒙脱土溶液混合搅拌，合成了新的具有二维结构的纳米塑料。这种材料经不同的溶剂处理后，其 PEO 含量保持不变，显示了这种层间化合物极好的稳定性。热分析表明，其在惰性气氛中的热稳定性高达 500～600K。

## 11.5.2 纳米塑料的其他性能

（1）纳米塑料的各向异性 纳米塑料还具有各向异性的特点。例如在尼龙-层状硅酸盐纳米塑料中，热胀系数就是各向异性的。在注射成型时的流动方向的热胀系数为垂直方向的一半，而纯尼龙为各向同性的。从透射电镜照片可以看出，1nm 厚的蒙托土片层分散在尼龙基体中，蒙脱土片层的方向与流动方向相一致，聚合物分子链也和流动方向相平行。因此，各向异性可能是蒙脱土和高分子链取向的结果。

（2）纳米塑料的热力学原理及性能 目前对纳米塑料的研究还主要集中在合成与性能方面，关于热力学方面的研究极少有报道。Giannelis 初步提出一个基于平均场的晶格热力学模型。首先，他提出了几点假设：①各种组分的构象和相互作用是独立的；②杂化物形成的自由能变化可分成独立的熵和焓两项；③熵是聚合物和硅酸盐（包括层间的烷基铵离子）构象变化的总和；④硅酸盐构象的变化可用修正的 Flory-Huggins 晶格模型来测定，在这个模型中，占据的晶格模拟烷基铵阳离子在不能穿透的硅酸盐片层之间的取向；⑤插层聚合物链的约束，与用自洽场法处理的、在两表面之间具有排斥体积的无规飞行聚合物相似；⑥对于焓，应用一个修正的平均场。在这个方法中，每个晶格位置相互接触的数目被每个晶格位置相互作用面积所代替，允许相互作用参数用单位面积的能量来表示，并且可用界面或表面能近似表示。

Giannelis 的研究表明：由于聚合物的限制，熵的损失（这通常阻止插层）必须由层的分离而获得补偿。如果熵的损失大于或等于熵的获得，则焓就决定插层是否发生。如果焓不能补偿熵的损失，就没有插层的发生，导致非分散或不相容杂化物。理想的聚合物应当具有极性或含有能和硅酸盐表面相互作用的官能团。聚合物和硅酸盐的作用越强，就会形成插层杂化物直至剥离型杂化物。

## 11.5.3 纳米材料在橡胶制品中的应用

### 11.5.3.1 纳米材料在阻燃功能橡胶制品中的应用

在有机蒙脱土/天然橡胶（TMT/NR）纳米复合材料中，橡胶大分子链插层后，一方面蒙脱土会对层间大分子产生一定的阻隔作用，另一方面蒙脱土能够促使 TMT/NR 复合材料燃烧表面形成炭层，炭层能够减缓燃烧热向未燃部分的热反馈以及分解产物向火焰区的扩散，抑制了挥发物产生，起到了良好的阻隔作用，从而能降低燃烧过程中的热释放速率。同时，蒙脱土良好的吸附作用可以吸收一部分成炭，降低生烟速率。因此，有机插层蒙脱土的加入可以赋予材料较好的阻燃性和抑烟性。

李博等采用机械混炼插层法制备了有机蒙脱土/NR 纳米复合材料，实现了无机片层在橡胶基体中的纳米级分散。该纳米复合材料能有效降低天然胶的 HRR 值，而且表现出良好的吸附成炭作用，明显改善了天然胶的抑烟效果。可见，有机蒙脱土/天然橡胶（TMT/NR）纳米复合材料是一种新型具有阻燃效能且环境友好的阻燃材料。

### 11.5.3.2 纳米材料在耐摩擦功能橡胶制备中应用

纳米超细微粒材料是以团聚体形态分散，靠机械加工剪切力无法打开团聚体结构，实现纳米级分散，而只有纳米超细微粒材料在橡胶中达到纳米级分散才可能充分发挥其特性。众所周知，羧基聚丁二烯又称液体橡胶，其与我们生产所需要的橡胶（主要为天然橡胶和丁苯橡胶）相容性好，能均匀地分散在橡胶中，而纳米超细微粒借助于自身的羟基和羧基聚丁二烯中的羧基发生反应，使自身也在橡胶中达到纳米级分散。另外，由于羧基聚丁二烯分子两端均含有—COOH，易于和纳米超细微粒中—OH 交联，形成立体网络结构。以上两个方面提高了橡胶的耐磨性和压缩永久变形性，从而提高了 V 带的抗疲劳性能。

### 11.5.3.3 纳米材料在提高橡胶制品热稳定性中的应用

上海交通大学专利"乙丙橡胶（EPR）/蒙脱土纳米复合材料的制备方法"，公开了 EPR/蒙脱土纳米复合材料由 EPR、蒙脱土、插层剂、活性剂、促进剂和硫化剂组成。其制备方法为：首先将 EPR、蒙脱土和插层剂加入密炼机（30～120℃）中进行混炼制得一段混炼胶，然后将一段混炼胶、活性剂、促进剂和硫化剂加入密炼机（30～100℃）中混炼（在剪切混炼过程中，插层剂和 EPR 分子原位发生插层，使蒙脱土的层间距明显增大），最后将混炼胶在 140～200℃下进行硫化，即制得插层型的 EPR/蒙脱土纳米复合材料。该方法不仅加工工艺简单，无需在混炼前对蒙脱土进行有机改性，而且可以大幅提高 EPR 的物理性能和热稳定性。

## 思考题

1. 纳米陶瓷的主要增韧机理是什么，体现在哪些方面？
2. 举例说明纳米复合功能涂料的应用。
3. 纳米材料与技术在化妆品中的应用原理与发展趋势是什么？
4. 纳米材料与技术在橡塑材料中有哪些应用？
5. 通过检索，纳米材料与技术环在哪些领域有应用？趋势如何？

## 参考文献

[1] 杨志伊. 纳米科技. 北京：机械工业出版社，2004.
[2] 徐国财. 张立德. 纳米复合材料. 北京：化学工业出版社，2002.
[3] 李凤生，杨毅，马振叶，等. 纳米功能复合材料及应用. 北京：国防工业出版社，2003.
[4] 刘玲，殷宁，王心葵，等. 晶须增韧复合材料机理的研究. 材料科学与工程，2000，18（2）：10-12.
[5] Evan A G. Prospective on the development of high toughness ceramics. J Am Ceram Soc, 1990. 73 (2)：187-206.
[6] V. V. Krstie, P. 5. Nieholson, R. G. Hoagland. Tougheningofglass by metalliepartieles, J. Am. Ceram. Soe., 1981, 64 (9), 499-504.
[7] D. B. Marshall, W. L. Morris, B. N. Cox. Toughening Meehanisms in eomentedearbides, J. Am. Ceram. Soe., 1990, 73 (10)：2938-2943.
[8] A. E. Ashby, F. J. Blunt, M. Bannister, Aeta. Met. 1989, (37)：3001-3009.
[9] B. Fllinn, M. RuehleA. G. Evans. Aeta. Met., 1989, (37)：3001-3009.
[10] W. H. Tuan, R. J. Brook. Thetougheningofaluminawithniekel inelusion, J. Eruo. Ceram. Soe., 1990, (6)：31-37.
[11] Oh S T, Sando M, Niihara K. J Am Ceram Soc, 1998, 81 (11)：3013.
[12] 张振东，庞来学. 陶瓷基复合材料的强韧化研究进展. 江苏陶瓷，2006，39（3）：8-12.
[13] 范景莲，徐浩翔，黄伯云等. 金属-$Al_2O_3$ 陶瓷基复合材料的研究与发展前景. 粉末冶金工业，2003，13（3）：1-5.
[14] 季光. 晶须增韧陶瓷刀具评述. 工具技术，1994，28（4）：39-40.
[15] 张宏泉，闫玉华，李世普. 生物医用复合材料的研究进展及趋势. 北京生物医学工程，2000，19（1）：55-59.
[16] 唐耿平. 自增韧与 Si-C-N 纳米微粉增强 $Si_3N_4$ 复合材料工艺、结构与性能研究. 国防科学技术大学，2002.
[17] Naslain R. Design, preparation and properties of non -oxide CMCs for application in engines and nuclear reactor s: An overview. Composites Science and Technology, 2004, 64 (2)：155-170.
[18] Kermc M, Kalin M, Vi·zintin J. Development and use of an apparatus for t ribological evaluation of ceramic based brake material s. Wear, 2005, 259 (7/12)：1079-1087.
[19] Krenkel W, Heidenreich B, Renz R. C/$C_2$SiC composites for advanced f riction systems. Advanced Engineering Materials, 2002, 4 (7)：427-436.
[20] 徐国财，张立德，纳米复合材料. 北京：化学工业出版社，2002.
[21] 刘福春，韩恩厚，柯伟. 纳米复合材料的研究进展. 材料保护，2001，34（2）：1-5.
[22] 张强，张立武，杨延涛. 纳米涂料的应用及发展建议. 化工新型材料，2004，32（1）：38-40.

[23] J. Sawai, H. Kojima, H. Igarashi, etal.. Microb. Biot. 2000 (16): 187-194.

[24] O. B. Koper, J. S. Klabunde, G. L. Marchin, K. J. Klabunde, P. Stoimenov, L. Bohra, Curr. Microbiol. 2002, (44): 49-55.

[25] Lei Huang, Dian-Qing Li, Yan-Jun Lin, etal. Controllable preparation of Nano-MgO and investigation of its bactericidal properties. Journal of Inorganic Biochemistry. 2005, (99): 986-993.

[26] 刘永屏. 中国专利公开号 CN1485382, 2004.

[27] T. Kasiwagi, A. B. Morgan, J. M. Antonucci, etal.. J. Appl. Polym. Sci. 2003, 89: 2072.

[28] Tsutomu Mizutani, Koji Arai, et al. Application of silica-containing nano-composite emulsion to wall paint: A new environmentally safe paint of high performance. Progress in Organic Coatings 2006, (55): 276-283.

[29] 张鑫, 赵石林, 李小男等. 全国第二界纳米材料和技术应用论文集. 中国材料研究学会. 杭州: 2001.

[30] 张强, 张立武, 杨延涛. 纳米涂料的应用及发展建议. 化工新型材料, 2004, 32 (1): 38-42.

[31] 陈国新, 赵石林. 纳米 UV 屏蔽透明涂料的研制. 现代涂料与涂装, 2003, (3): 1-3.

[32] 冉仕勇, 杨曦. 纳米涂料用于雷达装备红外伪装与隐身. 雷达与电子战, 2004, (4): 24-29.

[33] 美将运用纳米涂料制隐形武器, 上海化工, 2003. 03: 36.

[34] 张晓晔, 白晶等. 静电屏蔽原理. 哈尔滨师范大学自然科学学报, 2003, 19 (6): 30-32.

[35] 姚晨, 赵石林, 缪国元. 纳米透明隔热涂料的特性与应用. 涂料工业, 2007, 37 (1): 29-31.

[36] Guohua Chen, Xiuqin Chen, Zhiyong Lin, et al. Journal of Materials Science Letters, 1999, (18): 1761.

[37] Ruiz-Hitzky E. Advance Materials, 1993, 5 (5): 334.

[38] Q Wu, Z Xue, Z Qi, et al. Polymer, 2000, 41: 2029.

[39] Jin-Hae Chang, Dae-Keun Park, Kyo Jin Ihn. Journals of Polymer Science, Part B, 2001, 39: 471.

[40] B Winkler, L Dai, A Mau. Journal of Materials Science Letters, 1999, 18: 1539.

[41] Guillermo Jimenez, Hoboo Cyata. Journal of Applied polymer Science, 1997, 64 (11): 2211.

[42] 胡源, 宋磊, 陈祖耀等. 全国第二届纳米材料和技术应用会议论文集. 中国材料研究学会. 杭州: 2001.

[43] Heinemann J, Richert P, Thomann R. Macromolecular Rapid Communication, 199, 9 20: 423.

[44] Vaia R A, Ishii H, Giannelis E P. Chemistry of Materials, 1993, 5: 1694.

[45] Krawiec W, Scanlon L G, Fellner J P, et al. Journal of Power Sources, 1995, 54: 310.

[46] Hitzky E R, Aranada P. Advanced Materials, 1990, 2 (11): 545.

[47] 陈文, 徐庆, 袁润章等. 聚合物-锂改性蒙脱石复合材料离子迁移. 物理化学学报, 1999, 15 (8): 704-708.

[48] 吕建坤, 柯毓才, 漆宗能等. 插层聚合制备黏土/环氧树脂纳米复合材料过程中黏土剥离行为的研究. 高等分子学报, 1999, (1): 85-89.

[49] 李赫亮, 刘敬福, 李智超. 填料对环氧胶黏涂层耐蚀及耐磨性影响. 表面技术, 2003, (3): 46-48.

[50] 李晓俊, 刘小兰, 叶超等. 纳米 $CaCO_3$ 改性环氧胶黏剂. 青岛科技大学学报, 2005, 26 (5): 421-427.

[51] 陈名华, 姚武文, 汪定江, 等. 纳米 $TiO_2$ 对环氧树脂胶黏剂性能影响的研究. 粘接, 2004, 25 (6): 12-15.

[52] 王霞, 李姜, 余云照. 一种新型环氧树脂流变改性剂——纳米 $SiO_2$. 新产品·新工艺, 21 (1): 24-26.

[53] 袁宏伟, 卢建军. 纳米技术在聚氨酯工业中的应用. 聚氨酯工业, 2004, 19 (6): 5-9.

[54] YU ZL. Nano polyurethane adhesive for shoe and its preparing process. CN1363 639A.

[55] DUAN YL, ZOU HX. Aquueous polyurethane diperaing liquid as adhesive and paint and its preparation. CN1 369 639.

[56] 马恒怡, 魏根拴. 丁腈弹性纳米粒子改性酚醛树脂的研究. 高分子学报, 2005, (3): 467-470.

[57] 刘毅佳, 郑亚萍, 崔红等. 短切碳纤维/酚醛树脂胶黏剂的配方研究. 固体火箭技术, 2006, 29 (6): 460-462, 466.

[58] 黄卫宁, 张学军, 邹奇波, 贾春. 一种纳米生物胶黏剂及其生产方法. CN1974706, 2007.

[59] 王雨来. 化妆品中的纳米技术. 福建轻纺, 2004, (02): 30-31.

[60] 顾宁, 付德刚, 张海黔等. 纳米技术与应用. 北京: 人民邮电出版社, 2002.

[61] 张海燕, 徐子颉, 甘礼华. 液体无机纳米紫外吸收剂的制备技术. 实验室研究与探索, 2004, 23 (11): 12-13.

[62] 姚超, 张智宏, 林西平. 纳米技术与纳米材料 (V)——防晒化妆品中的纳米二氧化钛. 日用化学工业, 2003, 33 (5): 333-336.

[63] 姚超, 吴凤芹, 林西平. 纳米技术与纳米材料 (Ⅵ)——纳米氧化锌在防晒化妆品中的应用. 日用化学工业, 2003, 33 (6): 393-397.

[64] 张文征, 张羽天. 载银抗菌材料的研究与开发. 化工新型材料, 1997, (7): 20-22.

[65] 祖庸, 王训, 吴金龙. 新型无机抗菌剂——超微细氧化锌. 化工时刊, 1999, 13, (1): 7-9.

[66] KOICHI DHTSU, NORIAKI SATO. Ultraviolet rays-absorbing composition and process for producing the same. US: 5976511, 1999.

[67] NISHIHAMA SHUJ I, FUKUI HIROSHI. Silica/zinc oxide complex, its production and cosmitic formulated with the same. JP 特开平 11 -001411, 1999.

[68] 唐淑娟, 甘应进, 韩连顺. 纳米技术与功能服装材料. 宁波服装职业技术学院学报, 2003 (3): 23-25.

[69] 解宪英. 纳米二氧化钛的制备及其应用进展. 上海化工, 2001, (5): 16-18.

[70] 阎淑萍, 张士莹, 秦惠霞等. 纳米材料在化工领域中的应用. 河北化工, 2001, (3): 1-5.

[71] 李凤生, 杨毅, 马振叶等. 纳米功能复合材料及应用. 北京: 国防工业出版社, 2003.

[72] 阮蒂舒乐，佩瑞罗曼诺乌斯基. 化妆品科学的新技术及展望. 日用化学品科学，2006，29（3）：3-5.

[73] 李国辉，李春忠，朱以华. 防晒化妆品用纳米氧化钛的表面处理及紫外吸收性能. 化学世界，2000，(2)：59-63.

[74] 王雨来. 化妆品中的纳米技术. 福建轻纺，2004，(2)：30-31.

[75] 陈德明，王亭杰，雨山江等. 纳米 $TiO_2$ 的性能、应用及制备方法. 材料工程，2001，(11)：42-47.

[76] 祖庸，雷闫盈，俞行. 新型防晒剂——纳米二氧化钛. 化工新型材料，1998 (6)：26-30.

[77] 罗付生，韩爱军，杨毅等. 化妆品用聚甲基丙烯酸甲酯-二氧化钛复合微球的制备及性能. 日用化学工业，2002，32（2）：40-42.

[78] 涂国荣，王武尚，张利兴等. 纳米 $TiO_2$ 与天然紫外吸收剂防晒效用的研究. 精细化工，2001，18（7）：379-381.

[79] 张萍，周大利，刘恒. 化妆品用肤色二氧化钛的制备研究. 日用化学工业，2002，32（1）：29-30.

[80] 石原产业株式会社. 新产品超细二氧化钛（下）. 钛白情报通讯，1996，(4)：19-29.

[81] 曹妍，骆丹. 防晒化妆品中的纳米技术. 中国美容医学，2006，15（10）：1206-1208.

[82] Treye Thomas，Karluss Thomas，Nakissa Sadrieh，et al. Research Strategies for Safety Evaluation of Nanomaterials. Toxicological sciences，2006，91（1）：14-19.

[83] Wissing SA，Muller RH. Cosmetic applications for solid lipid nanoparticles (SLN). Int J Pharm，2003，254（1）：65-68.

[84] Song C，Liu S. A new healthy sunscreen system for human：solid lipid nanoparticles as carrier for 3，4，5-trimethoxybenzoylc hitin and the improvement by adding Vitamin E. Int J Biol Macromol，2005，36（1-2）：116-119.

[85] Villalobos-Hernandez JR. Novel nanoparticulate carrier system based on carnauba wax and decyl oleate for the dispersion of inorganic sunscreens in aqueous media. Eur J Pharm Biopharm，2005，60（1）：113-122.

[86] Perugini P，Simeoni S，Scalia S，et al. Effect of nanoparticle encapsulation on the photostability of the sunscreen agent，2-ethylhexyl-p-methoxycinnamate. Int J Pharm，2002，246（1-2）：37-45.

[87] Kara Morgan. Development of a Preliminary Framework for Informi ng the Risk Analysis and Risk Management of Nanoparticles. Risk Analysis，2005，25（6）：1621-1634.

[88] Christie Sayes，Rajeev Wahi，Preetha A，et al. Correlating Nanoscale Titania Structure with Toxicity：A Cytotoxicity and Inflammatory Response Study with Human Dermal Fibroblasts and Human Lung Epithelial Cells. Toxicological sciences，2006，92（1）：174-185.

[89] Nel A，Xia T，Madler L，et al. Toxic potential of materials at the nanolevel. Science，2006，311（5761）：622-627.

[90] 王学川，任龙芳，强涛涛. 纳米材料在化妆品中的应用. 日用化学品科学，2006，29（4）：15-18.

[91] 杨毅，韩爱军，罗付生等. 超细复合微粒及其在化妆品中的应用. 香料香精化妆品，2001，(2)：14-16.

[92] 叶琳，肖作兵. 纳米微胶囊技术与纳米化妆品研究进展. 香料香精化妆品，2006，8（4）：22-26.

[93] 张峻，齐崴，韩志慧等. 食品微胶囊、超微粉碎加工技术. 北京：化学工业出版社，2005.

[94] 宋健，陈磊，李效军等. 微胶囊化技术及应用. 北京：化学工业出版社，2001.

[95] Narty J J，Oppenheim R C，Speiser P. Pharm Acta Helv，1978，53（1）：17-23.

[96] 王成云，李英. 纳米技术在化妆品中的应用. 香料香精化妆品，2001，6：31-37.

[97] 郭志光，刘维民. 仿生超疏水性表面的研究进展. 化学世界，2006，18（6）：721-726.

[98] 徐建平，陈伟东，计剑. 新型仿生聚合物胶束用于纳米药物载体的研究. 高等学校化学学报，2007，28：394～396.

[99] 杨茜. 生物仿生化妆品的优势及市场发展. 上海化工，2005，30（1）：44-45.

[100] 苏珊 A 艾利娅. 天然个人护理品趋势. 日用化学品科学. 2006，29（6）：13-16.

[101] 徐乐焱，王毅，邱炳源. 锌金属硫蛋白拮抗甲基汞对红细胞膜损伤的作用. 卫生研究，2000，29（2）：80-82.

[102] 郑军恒，李海洋，茹刚. 金属硫蛋白清除羟自由基功能的研究. 北京大学学报（自然科学版），1999，35（4）：573-576.

[103] 张金柱，汪信，陆路德. 纳米无机粒子在塑料高性能化改性中的应用. 工程塑料应用，2001，29（5）：44-46.

[104] 马楠，崔德健，王世岭，等. 纳米抗菌塑料气管导管的毒性试验及理化性能、抗菌性能测定. 解放军医学杂志，2005，30（10）：907-909.

[105] 刘超锋，杨振如. 纳米抗菌塑料的开发和应用. 橡塑资源利用，2007，(2)：8-11.

[106] 阮圣平，吴凤清，王永为等. 钡铁氧体纳米复合材料的制备及其微波吸收性能. 物理化学学报，2003，19（3）：275-277.

[107] 邓建国，王建华，贺传兰. 纳米微波吸收剂研究现状与进展. 宇航材料工艺，2002，(5)：5-9.

[108] 刘向峰，张军，张和平. 高抗冲聚苯乙烯/蒙脱土复合材料的阻燃性研究. 高分子学报，2004，(5)：650-655.

[109] 李博，刘岚，罗鸿鑫，等. 有机蒙脱土/天然橡胶纳米复合材料的阻燃性能研究. 高分子学报，2007，(5)：456-461.

[110] 石水祥，李小平，吴国森. 羧基改性纳米材料在橡胶 V 带中的应用. 中国橡胶，2007，(1)：23-25.

[111] 王元苏. 乙丙橡胶/蒙脱土纳米复合材料的制备方法. 橡胶工业，2007，(54)：497-497.

# 第 12 章
## 纳米材料的安全性与安全性研究

  近年来，由于纳米技术和纳米材料所带来的可观的经济收益和技术进步，国内外的研究和相关投资都极为可观。研究领域迅速拓宽，内涵不断扩展。随着纳米技术的飞速发展，各种纳米材料大量涌现，其优良特性及新奇功能使其具有广泛的应用前景，人们接触纳米材料的机会也会随之迅速增多。然而，任何一项新的技术都会带有"双刃剑"的两面性，存在其风险性，这是 20 世纪科学技术发展使人类得到的经验和共识，纳米科学技术可能也不例外。

  纳米技术的生物安全性问题之所以受到科学家们的如此关注，缘于一种宏观思考，即，纳米技术的发展是否也将带来纳米物质对人体以及生态环境的污染，从而危及人类健康，同时，认识和解决这一问题，也是促进和保障纳米科技健康和可持续发展的必要条件。我们知道，当物质细分到纳米尺度时，纳米颗粒（也称超微颗粒）在理化性质上发生巨大的变化，从而导致它们在生物体内的生理行为与常规物质可能有很大的不同，其生物学效应也出现了显著的改变，由于体积太小、个体稳定性太强等特点，"纳米材料"可能具有一定的毒性，有可能进入人体中那些大颗粒所不能到达的区域，如健康细胞，纳米物质可能比较容易透过生物膜上的孔隙进入细胞内或如线粒体、内质网、溶酶体、高尔基体和细胞核等细胞器内，并且和生物大分子发生结合或催化化学反应，使生物大分子和生物膜的正常立体结构产生改变，其结果可能将导致体内一些激素和重要酶系的活性丧失。如树枝状纳米物质可能会造成渗透性破坏，甚至导致细胞膜破裂；水溶性富勒烯分子可能会进入大脑，造成黑鲈鱼大脑损伤等。由于超微粒子的比表面积增大，其化学活性增高，可能更易对机体造成损伤。目前国内外一些初步的研究表明；正常无害的微米物质一旦细分成纳米级的超细微粒后就出现潜在毒性，且颗粒愈小表面积活性越大、生物反应性愈大。这些事实提示我们，过去宏观物质的生物环境安全性评价结果，包括对人体健康及生态环境的影响，也许并不适用于纳米尺度物质，现有的职业和环境卫生接触标准是否适用、这种新材料和新技术可能带来的生物安全性方面以及对生物环境健康与安全的潜在的影响等相关的研究也逐渐被认识和重视。

  纳米生物环境效应的研究必须与纳米科学技术的发展同步进行；纳米技术有可能成为人类第一个在其可能产生负面效应之前，就已经过认真研究，引起广泛重视，并最终能安全造福人类的新技术。

目前纳米生物安全性研究已经取得了一些初步结果。但是，已有的研究数据还很有限。关于纳米颗粒和材料对环境和人类健康安全性评价方面的研究和相关信息非常缺乏。正因为如此，很容易使人们误认为所有的纳米材料都有很大毒性。要消除这种误解，得到准确、客观、负责的科学结论，可能还需要几年或者更长时间。由于纳米材料的生物环境效应、毒性、安全性的研究刚刚起步，不仅实验数据有限，而且实验方法学也有很大难度。如何保证所观察现象，以及由此所得出的结论是来自于物质的纳米尺度特性对生物体的影响，仅靠单纯的生物学、医学和纳米技术无法满足要求。因此，有关纳米尺度材料的生物效应及其毒理的研究在方法学上具有很大的挑战性。为此，本章从预防医学角度，根据宏观物质制成纳米材料后产生的理化性质变化，阐述纳米材料可能对生物和人类存在的潜在性影响，介绍纳米材料毒理学的研究现状和已经建立的实验方法，并提出进行纳米材料安全性评价的必要性，便于人类正确地认识和合理地应用纳米材料。最后提出存在的重要问题，同时展望将来的研究重点。

# 12.1 纳米材料安全性及研究意义

纳米科学技术的研究领域，主要集中在尺寸从 $0.1\sim100nm$ 之间的物质的组成、性质和特殊功能。在这个尺度上，纳米物质会出现一些与常规尺度物质差别很大的特殊物理化学性质。例如，颗粒越小，比表面积越大，表面活性就越大，出现巨大的表面效应、量子效应、界面效应等，它们会导致异常的吸附能力、化学反应能力和光催化性能等。当粒子尺寸进入纳米量级（$1\sim100nm$）时，由于纳米粒子的表面原子与体相总原子数之比，随粒径尺寸的减小而急剧增大，显示出强烈的体积效应（即小尺寸效应）、量子尺寸效应、表面效应和宏观量子隧道效应，从而在光学、热学、电学、磁学、力学以及化学方面显示出许多奇异的特性。由于超微颗粒的这些优良特性，它们在机械、计算机、半导体、光学、纺织、石油、汽车、军事装备、家用电器、环境保护、化妆品、医药、化工等诸多领域都具有十分广泛的应用前景。随着纳米技术的不断发展，越来越多的纳米化技术被应用到生物医药领域，为疾病的诊断和治疗提供极大的利益。同时，人们在研究、生产、消费活动和环境中接触纳米材料的机会也迅速增多。

超微颗粒在理化性质发生巨变的同时，其生物学效应的性质和强度也可能发生质的变化，在空气中，以气溶胶的形式存在的纳米颗粒可长期飘浮，能成为多种有机污染物广泛传播的重要载体。在水中，纳米颗粒很难沉降。在土壤中，它能畅通无阻地转移，也能被蚯蚓、细菌吸收和进入食物链。

目前，人们关注的纳米技术安全性问题主要集中在：纳米微粒对人类健康的潜在风险和对环境的负面影响。尽管纳米材料毒理的问题现在还说不清楚，但专家都同意需要对纳米科技的潜在风险及其负面影响进行专门研究。

纳米材料对人体的潜在影响包括以下几个方面。

（1）纳米材料进入机体的概率增加 纳米材料微小，有可能进入人体中那些大颗粒所不能到达的区域，如健康细胞，纳米材料能够通过呼吸道、皮肤、消化道及注射等多种途径迅速进入人体内部，其中经呼吸道是一个主要途径，并易通过血、脑、睾丸、胚胎等生物屏障分布到全身各组织之中，往往比相同剂量、相同组分的微米级颗粒物更易导致肺部炎症和氧化损伤。即使宏观状态时，水分配系数小也有可能通过简单扩散或渗透形式经过肺血屏障和皮肤进入体内。纳米材料比表面积大，粒子表面的原子数多，周围缺少相邻原子，存在许多空键，故具有很强的吸附能力和很高的化学活性。特别是机动车尾气中的污染物和生产过程中产生的尘雾等进入人体最主要的途径就是呼吸道。并且因为纳米颗粒粒径微小，容易进入肺部，比大颗粒物更容易进入肺间质，大多数研究结果表明肺泡巨噬细胞可能在肺部炎症的发生和发展中起关键作用。肺泡巨噬细胞是对抗沉积颗粒的细胞，其对颗粒的吞噬能力和反应直接关系到颗粒的命运。纳米颗粒物使肺泡巨噬细胞的趋化能力增高而吞噬能力降低，这样就使肺泡中的纳米颗粒物不能被巨噬细胞清除，而在肺泡中长期存在，从而产生慢性炎症反应，正是巨噬细胞趋化能力的增强加重了肺部炎症的症状。纳米颗粒物在体内转运和分布的差异，可能是受颗粒物粒径、溶解度和理化性质的影响，但纳米颗粒物能够通过呼吸道进入血液循环进而分布到全身重要的组织器官。

目前，对纳米颗粒物引起肺部炎症及细胞损伤的机制也进行了探讨。一般认为，纳米颗粒引起氧自由基的产生和细胞内钙离子浓度的升高在肺部损伤过程中起着关键作用。纳米颗粒物通过产生氧自由基和调节细胞内钙离子浓度来调节细胞内促炎症细胞因子的表达，产生促炎症反应，继而发生肺部损伤。

纳米颗粒进入人体的另外一个重要途径是胃肠道，主要包括摄入含有纳米颗粒的食物、药物，以及从肺部清除的黏液。研究表明，经胃肠道摄入的纳米颗粒主要通过小肠和大肠的淋巴组织吸收，也能进入血液循环，最后主要被肝脏摄取。而经皮肤吸收主要是应用防晒霜一类的化妆品，但这一途径还未被阐明。

（2）纳米材料进入细胞的概率增加　由于粒径极小，表面结合力和化学活性显著增高。其组成虽未发生变化，但对机体产生的生物效应的性质和强度可能已发生改变。可能透过生物膜上的孔隙进入细胞及细胞器内，与细胞内生物大分子发生结合，使生物大分子和生物膜的正常空间结构改变。导致体内一些激素和重要酶系活性丧失；或使遗传物质突变，导致肿瘤发病率升高或促进老化过程。

纳米颗粒是否对细胞凋亡过程产生特殊的影响，也是人们关心的重要问题之一。尽管对纳米颗粒引起的细胞凋亡的机理还不清楚，但可能是由于反应活性很大的纳米颗粒和细胞膜相互作用产生了活性氧物质，产生的氧化应激引起细胞膜脂质层的破裂，细胞内钙稳态失去平衡，导致依赖于 $Ca^{2+}$ 浓度的核酸内切酶的活化，引起了细胞凋亡。

（3）纳米材料通过血脑屏障和血睾屏障的概率增加　可能透过血脑屏障和血睾屏障，对中枢神经系统、精子生成过程和精子形态以及精子活力产生不良影响。可能通过胎盘屏障对胚胎早期的组织分化和发育产生不良影响，导致胎儿畸形。纳米材料可以引起氧化应激、炎症反应、DNA 损伤、细胞凋亡、细胞周期改变、基因表达异常，并可引起肺、心血管系统及其他组织器官的损害。

因此，纳米物质进入生物体后会导致新的生物效应，有正面的影响，也有负面影响。纳米技术给人类健康造成的负面影响却不能忽视，事实上，纳米生物环境效应研究，不仅是新出现的科学问题，而且与纳米药物的研发、生物体纳米检测技术、纳米产品的安全性以及纳米标准等直接相关，是纳米产业健康可持续发展的基础和保证。由纳米尺寸所引发的特殊生物效应的机制研究也十分紧迫。其负效应即纳米安全问题已逐渐引起世界各国的重视。各国的科学家都呼吁在纳米生物医疗产品被更广泛的应用之前，应该通过进一步的实验对其风险收益比进行评估。了解纳米材料在体内和体外的特殊化学、物理性质对揭示纳米效应引起毒性和生物活性的机制也是至关重要的。

转基因技术之所以引起广泛的争议，甚至被抵制，关键就在于人们对其安全性没有深入的了解，在发展转基因技术的同时没有同步开展其对环境和人体健康的安全性研究，因此，在发展纳米科技的同时，同步进行安全性研究是至关重要的。

纳米科学只有十几年的历史，人们对它的认识还不完全，过去宏观物质的安全性评价结果有可能不适用于纳米材料，并且我国至今没有纳米材料生产的许可证制度和纳米实验室安全问题的规定，纳米毒理方面的研究就显得十分紧迫，开展纳米毒理研究有重大科学意义和社会效益。我们要做的是，在发展纳米技术的同时，同步开展其安全性和致毒机制的研究，使纳米技术有可能成为人类第一个在其可能产生负效应之前，就已经过认真研究，引起广泛重视，并最终能安全造福人类的新技术。

由于纳米颗粒对生物有可能造成的危害，许多持谨慎态度的科学家提出，在没有了解清楚纳米技术安全性的情况下，应暂停纳米研究和新纳米材料的商业化生产。但更多的人认为，纳米技术就像其他新技术一样，虽然有可能带来安全、伦理、社会诸多问题，但也不必对此过于恐慌，甚至因噎废食。如果因为担心负面影响而不敢发展纳米技术或做出过于严格的限制，那当然是愚蠢的；但是不考虑后果地盲目发展纳米技术，也是危险的。开展纳米技术的安全性研究，并不是要限制纳米技术的发展，而是要更科学的发展纳米技术。只有我们认真的对待纳米技术的正反两面，才能真正地推动我国科学技术的进步，促进我国纳米技术产业化的健康、有序的发展。在与发达国家经济和科技竞赛的道路上，抢占经济和科技制高点。在这个意义上，开展纳米技术的安全性研究，并不是要限制纳米技术的发展，而是要更科学地发展纳米技术。目前，国内还没有纳米材料生产的许可证制度和纳米实验室安全问题的规定，而在国外在这方面的研究也只是刚刚起步，缺乏必要的系统性、理论性和定量化的评价标准。因此，纳米毒理方面的研究显得十分紧迫。加强我国对纳米技术安全性问题的研究已是刻不容缓。

那么，我国应该如何面对纳米技术的安全性问题呢？

纳米技术的生物安全性评估是一个全球性的问题，相关的研究不是单一的某个学科可以完成的，应该是多学科交叉，需要几个学科来共同完成。首先，纳米技术涉及很多学科，如电子、生物、物理、化学等，所以对纳米技术生物安全性的评估研究，需要临床医学、基础医学、毒理学、物理学、分子生物学、化学和环境科学等多学科的融合，应该是多个学科互相协作来完成，并充分利用各种先进的分析技术，包括依托大科学设施开展多学科的综合研究；其次，主要应该有两个学科来主导这项研究，一是生物方面，二是环境方面。这就涉及纳米技术的生物安全性和对环境的作用问题。目前还不能确定纳米产品会从根本上危害人体健康。但是纳米技术就像其他新技术一样，有可能带来安全、伦理、社会诸多问题，对此也不必恐慌，因为纳米技术现在还处于实验室探索阶段，只要我们加强这方面研究，一旦有问题也容易加以控制。

总体上说，应采取以下几条措施应对纳米技术安全性问题。

（1）建立相应的研究基金  由国家设立专项研究资金，建议由科技部和自然科学基金委联合牵头，组织有关部门，尤其是国家纳米科学中心等公共研究机构进行纳米技术对生物的安全性和对环境的影响研究，建立纳米技术安全性和环境影响的评价体系。

（2）建立相应的法规  对涉及纳米技术安全性的问题进行立法，建立纳米技术在环保以及劳动保护方面的专门法规，这是由于纳米材料具有一些不寻常的特性，目前有关的法规都不适用于纳米材料。所以我国应考虑制定一些关于纳米技术的、有针对性的法规。通过法律的手段来对相应的行为进行约束，因为只有国家才具有强制力，才可以对纳米技术带来的负面效应进行立法和规范。

（3）制定相应的技术标准  将纳米技术的安全性和环境影响列入到的有关制造和废弃纳米材料的行业标准中，对使用和废弃纳米材料进行约束，这一点是非常重要的，甚至可以作为将来纳米技术国际竞争的绿色壁垒，具有重要的国家战略意义。

（4）开展纳米材料的防护研究　对纳米材料造成的潜在危害，我们应该开展怎样防护的研究。如纳米材料可能造成的职业病研究，以及怎样为劳动者提供相应的保障。纳米材料对水和空气造成什么样的污染，以及我们应当如何治理来起到对人类的生态环境保护的作用等。

（5）应用纳米毒理学的研究成果　进一步拓展纳米毒理学研究的思路，应用某些"毒理"，以产生有益的生物医学效益，例如对病变细胞的控制和病变组织的修复。还可以考虑研究如何利用纳米物质的生物效应来进行某些病变的早期诊断，以及有巨大发展潜力的在农业上的应用。同时建立科学的纳米材料的检测方法。

# 12.2　纳米材料安全性的研究方法

对微小而不被肉眼所见的纳米颗粒，安全性能测试是件高难度的事。显微镜管不了它，传统的毒理学试验和化学物危险度评价的方法不完全适合它。纳米性质引发的特殊生物效应决定了，如果只采用常规的实验方法来检测纳米医药产品的生物安全性，明显是不科学也是不充分的。进行纳米材料的安全性评价时应充分考虑其物理化学性质和在机体中的存在状态。

为了研究纳米物质生物效应的机理，我们需要确定纳米颗粒在体内的吸收、分布、代谢和清除的生物学通路，各种形态纳米物质与生物器官相互作用的方式，不同纳米材料可能的靶器官或生物标志物等，才有可能全面地考察其体内作用效应和安全性。各国科学家都在创建相关数据库，以期早日找到安全标准。因此，为了更好地研究纳米材料的安全性，我们应该采取如下研究方式。

① 建立体外试验筛选方法。

② 对其重新进行常规的毒理学检测，如：急、慢性毒性，三致试验等。Ames 实验、微核实验、小鼠精子畸形实验是最常用的一组短期致突变实验，其结果经常被用来评估化学物质对人类的潜在遗传毒性。

③ 对纳米载体毒性进行多学科评价。建立相应的机构，将纳米载体毒性的评价贯穿于整个发现与开发的过程当中，综合运用药学、物理、化学和计算机科学等多学科的技术方法。

④ 对纳米载体的体内靶向作用进行人群的流行病学调查。由于不同人群生理状态不同，对纳米载体的体内靶向作用也可能有影响，因此要进行人群的流行病学调查，了解体内应用的远期效应。

⑤ 对纳米载体的靶向作用机制研究。采用先进的仪器和手段，研究纳米载体的靶向作用机制，为其毒理学评价提供理论依据。对纳米颗粒进行表面修饰，抑制药物载体在非靶部位的非特异性分布。减少纳米载体与生物体的非特异性相互作用，掌握其药代动力学特点。

另外，医用纳米材料和纳米药物的生物效应和安全性的研究，不能与其材料的本身的研究与开发剥离开来，必须按照国家药品监督局的规定进行生物安全研究。

（1）国内外常用的纳米材料安全性研究方法　纳米材料的安全性需要从很多方面进行评估，特别是外观检测、动物活体试验。现在已有的生物学实验主要是在不同水平上系统研究其毒性作用。包括以下几个方面。

① 纳米生物材料在动物整体和人体水平上的生物效应（如急性、亚急性、慢性毒性）。

② 纳米生物材料的体内、外分布。为了能更加全面、细致地了解纳米生物材料对人体

的不利影响，就需要观察其在动物体内的药代动力学特征，包括接触、吸收、分布、消除的特点，探明组织蓄积性及可能作用的靶器官。深入探讨一些微粒的基本参数（如，粒子尺寸、粒径分布等）与体内分布消除常数的相关性。

③ 纳米生物材料与细胞间的相互作用及其对细胞结构与功能的影响。

④ 纳米生物材料的生物相容性。体外细胞与材料共培养时，一旦材料有毒性物质释放，细胞形态和增殖状态就会立即发生变化，同时可以直接观察到细胞在材料表面的黏附情况及界面反应，作为材料生物相容性的最直观证据。但是与常规的生物医药材料不同，如果只采用常规的实验方法来检测纳米医药产品的生物安全性，明显是不科学也是不充分的。考虑到纳米材料的特殊性质，在进行体内实验（动物实验）和体外实验（细胞生物学实验）之前必须先对其一系列理化性质进行考察，包括颗粒大小（表面面积、粒径分布、聚集状态）的测定，化学组成（纯度、结晶度、导电性）的确定，表面结构（表面连接、表面改性、有机/无机包衣），溶解行为的研究。获得这些参数，将能够更好的解释纳米材料引发细胞水平、亚细胞水平、蛋白质水平的生物效应的机制。

① 接触毒性研究法　国外有人采用纳米纺织品直接贴覆皮肤的方法，将纳米纺织品用于临床试验中。研究发现：银离子能从纳米纺织品中游离出来，不仅能杀灭细菌，而且它对细胞还具有反分化的作用，可以加速病人伤口的愈合；同时，还发现它会引起病人伤口的不良反应。

② 动物活体试验研究法　一般采用支气管注入（肺部注射研究）、静脉注射、腹腔注入、灌胃和皮下注射等方式。例如：对单壁碳纳米管的毒性进行研究可采用支气管注入方式。发现注入 0.1mg 单壁碳纳米管的小鼠无明显的可诊断的毒性迹象．而剂量为 0.5mg 时，一部分动物死亡，另一部分出现明显的肺部毒性。

③ 细胞毒理学研究方法（MTT 分析法）测定细胞 OD（吸光度值）值　MTT 是一种黄色、可溶性四唑盐，在活细胞线粒体内可被脱氢酶还原为蓝紫色沉淀物即 MTT 甲瓒，使细胞染色，对死亡细胞无染色，该沉淀物可被有机溶剂洗脱，通过分光光度仪定量测定溶解于有机溶剂中的 MTT 甲瓒的染色浓度，从而评价细胞的增殖率和死亡率。

④ 经口急性毒性动物试验方法测定 $LD_{50}$（半数致死量）　山东省疾病预防控制中心曾采用霍恩氏法，经口灌喂方式对 20 只小鼠进行染毒试验，所用药品为多功能纳米抗菌陶瓷白色粉末。试验前将雌雄动物随机分为 4 组，每组 5 只，空腹 12 小时供试验备用。各组动物染毒设计剂量分别为 10000mg/(kg·bw)，4640mg/(kg·bw)，2150mg/(kg·bw)，1000mg/(kg·bw)，一次性经口灌胃，灌胃量为 0.1 mL/10(g·bw)，每天观察和记录各组动物中毒表现和死亡动物数，14 天结束试验。研究发现，染毒后，各剂量组动物均未出现明显中毒表现，动物饮食、生长状况良好，而且各组动物未出现死亡。并根据急性毒性分级标准，该样品经急性经口毒性试验验证实际无毒，但是未对机理进行详尽的阐述。

目前，大部分的纳米材料的急性毒性、亚急性毒性、慢性毒性以及它们和相应微米物质的差别、对人体健康的影响等，还没有进行过研究，实验数据有限，这一方面需要更长时间的积累数据、分析归纳，才能发现和揭示纳米生物效应的一般性规律，才能建立相应的理论体系；另一方面，也迫切需要建立纳米生物效应研究的新的实验方法学。

（2）目前对纳米材料安全性进行研究存在的挑战

① 未来 3～10 年内开发出评估纳米材料暴露在水与空气中的影响的仪器。

由于纳米技术及其材料的多样性，评估其对健康与环境的影响，需要采用能适应不同条件的多种传感器，包括分别或同时监测纳米材料暴露在空气和水中的情况及其可能造成的危害的仪器。

首先，目前整日与纳米材料打交道的人迫切需要廉价的、便携的、可广泛使用的空中样本收集器，以测量工作环境中的纳米材料暴露情况，包括其数量、比表面积和聚集等数据。这样的仪器需要在未来 3 年内商业化。

第二，纳米产品制造过程中排出的废物，如防晒油等液体消费品中的纳米颗粒，不可避免地会在水中堆积。不追踪这些废物，就不能确定纳米颗粒存在是好事还是坏事。因此，需要在未来 5 年开发追踪纳米颗粒在水中散落、聚集和转化情况的仪器。

第三，需要在未来 10 年内开发相关智能传感器，以直接探测和显示出纳米颗粒对人体健康与环境的危害情况。

② 在未来 5～15 年内开发出能有效评估纳米材料毒性的方法。

纳米材料因尺寸、形状、组分和涂层的不同，多样性明显超过常规化学品。又鉴于其产量高、急需筛选出潜在危害物的考虑，科学界首先面临的挑战是在今后 2 年内，就纳米技术对人体及环境的影响达成国际公约，并使有关测试方法在 5 年内生效。最主要的问题在于：使用全球统一标准的纳米颗粒测试样品，让政府、企业和科学界进行比较和研究。

动物试验能持续提供有关纳米毒性的最新信息，但也有一定的局限性，还存在经济与伦理方面的问题。目前，已有技术手段用于模拟与预测纳米颗粒在活体内的表现。未来 15 年需要开发能替代活体试验的测试方法。

③ 未来 10 年内开发出预测纳米材料，特别是新纳米材料对人类健康和环境影响的模型。

为了评估多组分和多功能纳米材料，科学界需要具有预测新纳米材料和产品潜在影响的能力。首先，开发有效预测纳米材料在环境中传播、运输、转化和累积的模型，同时保证该模型具有监测纳米材料在人体内有关剂量、活动、累积、转化等情况，便于预测纳米材料的理化特性，以及易感人群的情况。第二，运用纳米材料预测模型进行安全的设计，包括在制造纳米材料时，强化需要的特性，同时遏制其毒性。

④ 未来 15 年内开发评估纳米材料终生对人类健康和环境影响的监测系统。

鉴于长久监控纳米材料的风险的考虑，需要开发评估纳米材料从最初制造、使用到最终处理整个环节的影响系统，为科研提供决策参考，以促进纳米工业的良性发展。

⑤ 在未来 1 年内建立注重纳米材料安全风险研究的机制

有关纳米材料安全性的系统研究将为纳米工业界、消费者和政策决策者提供很好的决策意见。政府部门需要在此基础上系统研究降低纳米材料风险的发展战略，营造支持纳米技术安全开发的监察环境，并与工业界进行协调。

首先，建立跨部门、跨学科的纳米安全性研究合作机制。在政府与工业界之间，合理利用现有资源，保证跨学科的研究中心和纳米研发网络能增强合作。鼓励政府与企业结成伙伴，在透明和可信的原则下，形成良性的监督关系。

第二，协调科技界外的有关纳米技术好处与风险的协调研究。科技界需要对最新科研信息进行归纳、评估，并最终与决策者及消费者达成共识。

第三，形成有关纳米技术安全信息分享与协调的国际网络。全球对纳米技术风险研究的理解和支持，对希望开发纳米技术的中小企业非常重要。只有信息共享，他们才能对发展纳米经济充满信心。

## 12.2.1　毒理性研究

当这些具有特殊性质的纳米结构、纳米尺寸的物质进入生命体以后会出现什么样的后果，目前这还是一个未知的问题。根据现有的知识，外源性物质的生物效应与物质本身的物理化学性质直接相关。由于纳米物质具有与常规物质不同的性质，它们与人体直接接触或直接进入人体以后，是否会导致特殊的生物效应？这些效应对生命过程和人体健康是有益或者有害？对生物体和环境会带来什么影响？是否会产生一些新的生物与环境问题？等等。目前有关这些问题的研究还刚刚开始，纳米的毒性会随着表面结构的改变而改变，可见其潜在毒性并非不可克服的洪水猛兽。因此，纳米毒理学应运而生，并且形成了一个新的交叉前沿科学——纳米生物环境效应与纳米毒理学。

虽然目前对纳米材料毒理方面的研究还不十分充分，但某些负面作用已被证实，纳米科技的潜在风险及其将来负面影响已成为专家共识。例如，吸入碳纳米管能导致肉芽瘤，该病是肺结核病的典型特征。低剂量染毒时碳纳米管比炭黑和石英毒性更强。较高剂量染毒时石英（粉）造成肺部感染最为严重，而碳纳米管的毒性介于羰基铁和石英（粉）之间。

近几年纳米材料的毒理学研究逐渐从传统的实验如肺功能测定等向其他一些生物学终点转变，如颗粒引发的呼吸道和心血管系统炎症反应的氧化应激、细胞信号传导的改变以及炎症介质的激活和释放情况等。尤其是纳米材料的大表面积更为颗粒的表面因子与一些生物材料如蛋白质、细胞等之间的催化反应提供了特定的界面。研究也在动物整体实验、动物器官外植体、细胞甚至亚细胞等不同水平展开。以往一直认为二氧化钛（$TiO_2$）是低毒粉尘，在许多粉尘的毒理学研究中，$TiO_2$ 往往被用作无毒的对照粉尘。但是，研究发现超微 $TiO_2$（平均直径为 20nm）引起的大鼠肺部炎症比相同空气质量浓度的微米级细 $TiO_2$（平均直径为 250nm）更为严重。因此，即使是无毒或低毒的细颗粒材料，其超微颗粒也可能会变得有毒。因此，此类曾被认为无毒或极低毒物质的纳米级颗粒以及其他纳米颗粒成了毒理学研究的热点。目前纳米材料毒理学研究的一个主要方向是肺毒理研究。研究发现纳米材料可沉积在肺中，引起肺部损害。$TiO_2$、$Al_2O_3$ 等惰性颗粒以及一些有机材料如聚苯乙烯颗粒在肺部吸收、转移、分布，引起肺部反应的程度大多随粒径大小不同而不同。纳米级颗粒引起更严重的肺部炎症、上皮细胞增生、纤维化及肿瘤，甚至极高的死亡率。纳米材料对其他系统的毒性也逐渐受到重视。对其在心血管、消化、神经系统中的沉积和损害情况等的研究发现，纳米材料除了在肺部被巨噬细胞吞噬或逃脱其监视而被上皮细胞吸收或进入间质外，仍有少部分可转移至肺外组织如肝、脾肾甚至骨髓，且颗粒直径越小，转移分数越大。进入肠道的纳米材料吸收效率也比同材料的微米级粒子高，且吸收的颗粒可经淋巴管进入血液循环到肝（主要聚集在枯否细胞）及脾（脾小结）。纳米材料还可以通过血脑屏障，可能影响中枢神经系统。但是，这些纳米材料肺外转移和沉积的证据并不能表明其对沉积部位产生了损害，还有待进一步研究。

纳米颗粒毒性与粒径的大小有重要联系。纳米材料在不同的外部条件下的毒性研究，具较强的应用价值。纳米材料在生物体内可能会对作用于不同的靶器官，进而带来某些特殊毒性。对纳米材料应从不同水平上系统研究其毒性作用，才能客观评价纳米材料的安全性。纳米材料可利用现代生物代谢和功能分子靶向示踪或成像的手段，在活体水平对纳米材料的毒作用机理进行研究，用以制定统一的安全性评价标准。

### 12. 2. 1. 1 纳米粒子的生物效应及其毒理学

目前对纳米材料毒理学的研究尚处于起步阶段，目前为止，科学家们只对纳米 $TiO_2$、$SiO_2$、碳纳米管、富勒烯和纳米铁粉等少数几个纳米物质的生物效应进行了初步的研究。

（1）纳米 $TiO_2$ 的生物效应及其毒理学　纳米 $TiO_2$ 在涂料、抗老化、污水净化、化妆品、抗静电等方面存在广泛应用，因而产量较高，对其毒性研究也较多。在体内和体外的实验研究中，纳米尺度的 $TiO_2$ 颗粒均比微米尺度的 $TiO_2$ 颗粒对肺部的损伤程度大，这与纳米颗粒小的粒径和大的比表面积有直接关系。

(2) 碳纳米管的生物效应及其毒理学　碳纳米管是在 1991 年发现的，它是一种完全人造的一维结构材料。由于单壁碳纳米管在机械和电子磁性方面有优越的性质，因此有着广泛的应用和商业价值，在很多领域显示出广泛的应用前景。比如作为高灵敏度的化学传感器，制作超强度的电缆以及扫描探测显微镜的探针，既可以取代铜作为导体，也可以取代硅作为半导体。现在单壁碳纳米管的生产能力有限，不会对人类造成太大的危害。但是一旦设计出便宜的大批量生产单壁碳纳米管的方法，无疑会增大其对人类健康的影响。未被处理过的纳米管非常轻，有可能通过空气到达人的肺部。因此，单壁碳纳米管对于环境和生物的安全性也最先被人们注意。但是，如何检测在动物体内的纳米碳管是一个难题。最近利用射线探测技术的高灵敏度的优点，部分地解决了这个问题。单壁碳纳米管和等量的石英相比表现出更显著的细胞毒性。同时，单壁碳纳米管与多壁碳纳米管均可以引起细胞结构的改变。因此在一定剂量下单壁和多壁碳纳米管诱导了明显的细胞凋亡。而且这不同于细胞坏死，它不会产生炎性反应。单壁碳纳米管的毒性不是由所含金属引起的，而是由单壁碳纳米管本身造成的。如果碳纳米管到达肺部，将比炭黑和石英更具毒性，长期吸入碳纳米管对健康极其不利。但碳纳米管不像石英那样会带来持续的肺部炎症。

低剂量的单壁碳纳米管在体内的滞留性是其长期暴露的关键问题，然而要想彻底了解其毒性的机制，需要进一步的研究。不能简单根据石墨的安全剂量来外推碳纳米管的安全剂量，只有通过大量的研究获得充足的毒理学研究数据，才能得出纳米材料对人类的安全剂量。

(3) 阿霉素 (外包覆聚氰基丙烯酸酯纳米微粒)　聚氰基丙烯酸酯纳米微粒可以使阿霉素 (一种抗肿瘤药) 通过静脉注射后穿过血脑屏障，从而抑制老鼠脑部肿瘤的增长。阿霉素被聚氰基丙烯酸酯纳米微粒包覆后毒性不变，甚至比不包覆前的毒性弱。

(4) 固体脂质纳米颗粒　相对于传统的胶质载体 (例如乳状液、脂质体)，固体脂质纳米颗粒是另一种可供选择的载体系统。研究发现，0.5% 的聚酯纳米颗粒可使 100% 的细胞死亡，而 10% 的固体脂质纳米颗粒却令 80% 的细胞存活。由此可见，固体脂质纳米颗粒具有相对较低的毒性。

(5) 超细铁粉的生物效应及其毒理学　铁在环境中广泛存在，并且是大气颗粒物中的主要成分。因此在研究由大气污染而带来的健康损伤时，铁扮演了重要的角色。呼吸道上皮细胞暴露于含铁的大气颗粒物后，细胞中铁蛋白的表达量升高。铁蛋白的升高可能是由于大鼠肺部沉积的铁粉颗粒转化成了生物活性的铁。随着暴露剂量的升高，超细铁粉已经表现出了轻微的毒副作用。

我国关于纳米颗粒毒性的相关研究还很缺乏，尽管已经取得了一些初步的研究结果，但与纳米材料研究相比尚处于起步阶段。纳米材料的生物安全性研究不仅对人体健康具有重要意义，而且还牵涉到劳动保护、资源利用等许多方面，所以应该引起我国政府的高度重视。

#### 12.2.1.2　纳米颗粒的毒作用研究

(1) 毒理学研究　纳米物质由于尺寸小，与常规物质相比更容易透过血脑屏障、血睾屏障、胎盘屏障等，也容易透过生物膜上的空隙进入细胞内。同时，由于纳米物质的表面积大，其毒性作用的方式便更为丰富。

① 肺毒理研究　纳米材料可沉积在肺中，引起肺部损害；即使是无毒或低毒的细颗粒材料，其纳米材料也可能会产生毒性。$TiO_2$、聚苯乙烯颗粒等在肺部吸收、转移、分布，引起肺部反应的程度多随粒径的减小而增强。纳米级颗粒可引起更严重的肺部炎症、上皮细胞增生、纤维化及肿瘤，甚至可导致较高的死亡率。

② 超微颗粒对其他系统的毒性    超微颗粒除了在肺部被巨噬细胞吞噬或逃脱其监视而被上皮细胞吸收或进入间质外，仍有少部分可转移至肺外组织如肝、脾、肾、骨髓，且颗粒直径越小，转移数量越大。进入肠道的超微颗粒吸收效率也比同材料的微米级粒子高，且吸收的颗粒可经淋巴管进入血液循环到肝（主要聚集在枯否氏细胞）及脾脏（脾小结）。超微颗粒还可以通过血脑屏障，可能影响中枢神经系统。

（2）毒作用影响因素

表面积：纳米颗粒粒径越小，比表面越大，使处于表面的原子越来越多，不饱和键数目多于微米级颗粒，同时其表面能迅速增加，位于表面的原子占相当大的比例，使其表面原子具有较高的活性，而极不稳定，易与其他原子结合。比表面积大，与肺部炎症指标——多形核白细胞数量呈正相关。故认为表面积可能是引起炎症的主要变量。随着粒径减小，表面原子数迅速增加，这是由于粒径小，表面积急剧变大所致。表面积可能是反映超微粒子毒性的一个重要参数。

颗粒数目：研究发现当 $TiO_2$ 超微颗粒与微粒数小于 $1 \times 10^{13}$ 时，肺中颗粒保留数一直保持不变，当颗粒数达到 $1 \times 10^{13}$ 时，肺中保留颗粒数才开始呈指数上升。原因之一就是当低于肺部负荷时，超微颗粒的清除率非常高而极少进入间质，而一旦超过负荷（颗粒数超过 $1 \times 10^{13}$），肺开始出现颗粒超负荷，肺部保留颗粒数开始增多。当 $TiO_2$ 微粒数达到 $1 \times 10^{14}$ 时，同样有极高的保留率，这说明颗粒数目比其颗粒大小对颗粒的保留率作用更强，更能决定吸收的多少。

诸多超微颗粒与微粒毒性比较的研究中，大多是给予等质量的颗粒。这就意味着给予超微颗粒和微粒的数目大有不同，超微颗粒数目可大于微粒数 $3 \sim 4$ 个数量级，且注入 1 天后滞留的超微颗粒比微粒多 $50\%$。

颗粒的化学性质：人群吸入高剂量 MgO 超微颗粒及微粒，未观测到肺部炎症反应。而吸入 ZnO 超微颗粒和微粒 20h 后即可检测到炎症细胞因子、肺部微环境的细胞反应。而两者在实验方法上并没有显著的差异。这也提示，除了颗粒大小、数目、表面积、物理性质外，化学性质对颗粒毒性也有重要影响。

颗粒表面包被情况：超微颗粒包被后，颗粒表面特性如不饱和键数目发生改变或者包被物本身产生毒作用，使得颗粒毒性表现发生改变。将同一直径 $TiO_2$ 超微颗粒用硅甲烷修饰成亲脂性，注入大鼠后发现亲脂性颗粒引起的肺部炎症反应程度比亲水性颗粒轻。但也有相反的结论，给大鼠注入 2mg 被修饰成亲脂性的 $TiO_2$ 颗粒引起急性毒性及死亡。颗粒表面吸附的许多物质如过渡金属元素、细菌等物质可通过氧化应激增加毒性作用。超微颗粒表面包被物质的有无以及包被物的成分等均可改变颗粒的毒性表现。

颗粒的新鲜度：颗粒的新鲜与否可影响其毒性。新鲜聚四氟乙烯烟尘的毒性远比陈旧烟尘大，因为陈旧颗粒易聚集而使毒性减弱。当然，其他如超微颗粒暴露频率、持续时间、暴露浓度、接触方式等也是影响其对人体毒作用的因素。

（3）实验动物间的差异    超微颗粒较之于常规颗粒，其毒性发生了改变。但是，目前相关的人群流行病学调查资料有限，其对人体的毒性尚有待进一步的研究。不同种属动物间实验结果的差异使得超微颗粒毒理学研究的结果很难外推至人。此外，需要更多地从细胞或分子水平对超微颗粒的毒性进行重新描述。由于同一质量浓度下，超微颗粒具有更大的颗粒数和表面积，所以目前更倾向于这样的观点：颗粒表面积是预测肺脏毒性的剂量尺度，它比质量浓度更能反映潜在的后果。超微颗粒毒性的研究结果对当前基于质量浓度制定的职业和环境卫生接触标准提出了挑战。当前的安全性评价方法也遇到了新问题，远不能满足纳米材料大量增加的需要。因此，需用各种动物试验、临床试验及流行病学研究对各种超微颗粒与微粒的毒性进行比较，以明确它们的毒性情况。同时，积极探索合理、高效的评价方法就显得更为重要和迫切。

品系间差异：超微颗粒在不同品系的啮齿类动物中引起的肺部反应不同。同等处理条件下，大鼠比小鼠的肺部反应更严重，进而发生进展性的上皮改变和纤维增生。一般在大多数超微颗粒与细颗粒毒性比较的研究中，大鼠模型被认为是颗粒引起肺部炎症发生的最敏感从而运用最多的动物模型。

种属差异：超微颗粒物在不同种属动物间毒性表现将会不同。首先，沉积的解剖部位不同：大鼠慢性吸入颗粒物，颗粒主要沉积于肺泡腔，而人类则主要沉积于肺间质区。其次，引起的反应也不同：大鼠与其他非啮齿类哺乳动物相比，其肺泡巨噬细胞中保留的粉尘比例更大，肺清除颗粒的速度更快。第三，清除速度不同：灵长类动物对肺末梢部颗粒的清除速度更慢，而滞留的肺颗粒负荷则更倾向于从肺泡区迁移至肺间质区。因此，超微颗粒物在不同种属动物间毒性表现将会不同。

## 12.2.2 病理性研究

目前尚无足够的证据说明超微颗粒对人体有害，大多健康危害的证据来自毒理学研究，而流行病学研究资料极少。对超微颗粒的认识主要来自针对空气污染颗粒，特别是可吸入颗粒物中的纳米颗粒成分研究的推测。近几十年由于人们生活条件改变，室内燃煤型空气污染相对减少而室外大气污染日益加重，且空气污染可诱发一些易感人群肺部或心血管疾病等，引起死亡率增加。超微颗粒的流行病学研究提示大气中超微颗粒的浓度与敏感个体健康损害相关，如空气污染颗粒与肺或心血管疾病的发生或患者死亡有关，与哮喘病人呼气峰值流量的降低相关性最好的是严重空气污染时气道污染颗粒的超微成分数目而非细颗粒物的质量浓度。研究发现超微颗粒的数目与肺功能呈负相关关系，超微颗粒引起人们心肺功能改变的流行病学调查结果并不一致。其原因可能是不同生理病理状态的人群如慢性阻塞性肺病、哮喘或者心脏病患者肺的解剖结构以及生理功能、呼吸模式等不同，不同空气动力学直径的颗粒进入肺部以及沉积其中的况不同，最后引起不同的生物学效应。

（1）纳米微粒入侵人体的途径及去向　纳米材料要对人体或其他生物体造成物理伤害，首先人体或其他生物体要能够接触到这种材料，其后它通过一定的途径进入体内，与细胞相互作用。只要材料本身具有毒性，同时又能在靶器官中聚集至一定的剂量，它就会导致组织损伤。纳米拉子的超微性使得纳米材料更易于被人体吸收，进入人体血液循环系统。一般而言，纳米材料进入人体主要通过呼吸道吸入、胃肠道摄入，或涂抹于皮肤透过皮肤吸收；还有很多纳米生物材料都是与人体直接接触的，例如，某些医疗器械在使用过程中可能有纳米材料从器械上脱落下来遗留在人体；某些纳米材料制成的药物、药物载体、医用传感器等产品已在临床上得到广泛应用，它们通过口服、注射、皮敷等手段直接进入人体。

① 纳米粒子通过呼吸道进入人体纳米粒子通过呼吸道进入人体，能够穿透血肺屏障进入血液循环。与普通颗粒相比，更易于从肺部转移至其他器官。空气中的微小颗粒被吸入人体后，会沉积在肺壁表面的纤毛上，这些微粒可通过气管内层细胞外的纤毛有规律的摆动，一部分上行至喉咙被排出体外，另一部分下行进入肺内气体交换组织，被巨噬细胞吞噬。这些含有微小颗粒的巨噬细胞，一部分可通过入气管道被排除体外，另一部分可通过肺部进入淋巴管而到达淋巴结。这两种机制都是将微小颗粒清除出可能引起毒性反应的脏器或者其他部位。但是纳米颗粒的超微性使得它与一般的微小颗粒的排出机制不同。肺泡内腔与血液之间的距离，相对于支气管来说血肺屏障的防御能力很弱，当其下行进入到气体交换组织时，

纳米拉子的微小尺寸使得它很容易随空气进入到肺泡当中。肺部拥有大约 3 亿个肺泡，表面积巨大、而且血流丰富，使得它成为纳米粒子入侵血液的门户。

体外试验研究也证明了纳米颗粒物对呼吸系统的损伤。用纳米颗粒物处理鼠巨噬细胞和人支气管上皮细胞，发现纳米颗粒物很快进入线粒体，鼠巨噬细胞的线粒体嵴出现了广泛的破裂，人支气管上皮细胞也出现了线粒体损伤，形成了同心环状构造。用单壁纳米碳管处理肺泡巨噬细胞还发现细胞的四甲基偶氮唑盐（MTT）活性降低，在电镜下观察发现，细胞内质网肿胀，有吞噬小泡形成，在高剂量下还可以看到细胞核核基质发生形态改变，并且细胞出现凋亡样改变。类似研究也显示，纳米粒径的柴油机废气颗粒物（DEP）也能够引起支气管上皮细胞和鼻黏膜上皮细胞膜的损伤。

② 纳米粒子透过皮肤皮肤是一个严格的生物屏障，几乎不转运任何营养物质。颗粒物质一般是无法渗入表皮层的，但表皮层易被损坏或穿孔而降低其抵御异物入侵的能力。如给烧伤创面外用纳米银敷料后，银粒子就会进入血液，过量的银颗粒蓄积将会导致肝肾毒性。大量异物入侵或者是长期受异物入侵时（如某些物质或长期在阳光照射），会引起长期的或重复的皮肤炎症反应，最终会导致皮肤受损，严重时引起癌变。拿防晒霜为例，2003 年一项研究表明很多产品中使用的二氧化钛纳米微粒可以进入皮肤甚至细胞，并在细胞内产生自由基，破坏原有的基因，其长期使用的安全性是值得评估的。又如加入纳米颗粒的妇女卫生巾，具有极强的抗杀细菌作用。但是，这些与人体接触的材料有多少纳米颗粒会脱落，而这些脱落的纳米颗粒的粒径是多少，有多少会进入人体，并且多大的粒径是相对安全的，进入人体的纳米颗粒是如何代谢的，它对人体会产生什么样的作用，所有这一切的答案都需要进行深入的研究来解答。

③ 透过血脑屏障进入大脑纳米生物技术的一项重要应用就是纳米靶向药物的开发。研究表明，纳米粒子是通过被动转运、载体介导或者吞噬作用跨越血脑屏障的。例如，用聚山梨醇酯包被的纳米颗粒可以靶向载脂蛋白 E 或者其他的血液成分。通过表面改性修饰得到的类似低密度脂蛋白的纳米颗粒可以与低密度脂蛋白受体结合并反应。这样，负载在颗粒上面的药物就可以随之在这些细胞内释放并扩散到脑内或者直接跨过细胞单层。但纳米粒子究竟是怎样突破血脑屏障的，对内皮细胞间紧密连接是否有损伤，还有待于进一步确定。能够跨越血脑屏障的纳米药物固然受到欢迎，但是意味着毒性物质也有可能通过这种途径进入大脑，所以需要对纳米载药材料进行全面的安全性评价。

④ 纳米颗粒能够进入中枢神经系统，能够穿透戴者经过神经轴突进入大脑。

美国纽约 Rochester 大学 oberdorster 等通过阻滞大鼠的一侧的鼻孔追踪大脑半球的结果来证明纳米粒进入大脑的途径。纳米炭粒被小鼠吸入以后，能在大脑嗅觉中枢的嗅球里发现纳米粒。药物和营养物质等进入大脑是通过血液进入大脑，也有人认为碳纳米颗粒却是通过传输信号和收集气味的嗅球进入到大脑的。

⑤ 纳米颗粒对心血管系统的作用，纳米材料对人体各器官究竟有怎样的影响还没有足够的证据，目前的研究主要集中在心血管系统危害方面。已有研究显示自主神经系统将成为吸入纳米粒子的终端作用部位。关于这种作用有两种不同的假说：一种假说认为，由于吸入过量的纳米颗粒，肺部发生大面积炎症，释放各种介质，进一步作用于心脏、凝血系统和心血管系统；另一种则认为，纳米粒子是从肺部直接进入到血液循环中，再作用于凝血系统和心血管系统。深入的研究还在继续进行。

由于吸入环境中的纳米物质，居民患心肌梗塞、粥样硬化和冠状动脉硬化等心血管疾病的机率增加。空气中纳米颗粒物浓度升高，使急性心肌梗塞的发病危险在暴露后几小时或一天内上升，同时纳米颗粒物能够降低心率变异性，而心率变异性的降低又往往是心血管疾病发病率和死亡率升高的先兆。目前，纳米颗粒物引起心血管疾病的机制还不是很清楚，但一般认为纳米颗粒物主要通过下列途径引起心血管疾病：

　　a. 纳米颗粒物引发炎症，改变血液的凝固性，使冠状动脉性心脏病发病率升高。

　　b. 纳米颗粒可以从肺部进入到血液循环，与血管内皮相结合，从而形成血栓和动脉硬化斑。

　　c. 由于纳米颗粒能够进入中枢神经系统，所以一些心血管效应可能是一种自主反射。

　　⑥ 纳米颗粒的另一个重要的靶器官是肝脏。

　　(2) 纳米特性引发的特殊生物效应　纳米生物材料与传统的材料不同，具有很多特别的性质，因此，当纳米颗粒侵入人体时，有可能越过甚至破坏人体的正常防御机制。纳米技术设计出的微粒与我们以前接触到的微粒在化学和物理性质上有很大的差异，会造成很大的危害，这一点必须要警惕。

　　① 纳米材料的粒径较小，与传统物质相比，具有较高的表面活性，所以纳米颗粒容易透过血脑屏障、皮肤进入体内，进入血液循环系统，通过血液循环到达人体其他器官和部位。与普通颗粒相比，纳米颗粒更易于从肺部转移至其他器官。与传统材料相比，纳米材料与人体作用的机制有所不同，在微米级不引起毒性的物质，当以纳米尺寸存在时，在足够的剂量下，反而能对细胞或者脏器产生不良反应，因为纳米材料尺寸通常在 $1\sim100nm$ 范围内，远小于细胞尺寸，所以比较容易透过细胞膜上的孔隙进入细胞内或细胞内的各种细胞器内，包括线粒体、内质网、溶酶体、高尔基体和细胞核等，并和生物大分子发生结合或催化化学反应，使生物大分子和生物膜的正常立体结构发生改变。其结果将导致体内一些激素和重要酶系的活性丧失，或使遗传物质产生突变导致肿瘤发病率升高或促进老化过程。

　　② 纳米材料的另一个特点就是比表面积大颗粒表面的原子数多，周围缺少相部原子，存在许多空键，故具有很强的吸附能力和很高的化学活性。与传统材料相比，纳米材料与人体发生相互作用的概率将极大的增加。这主要表现在一方面，纳米材料和普通材料在质量相同的前提下，材料的数量和表面积呈几何倍数增加。动物体内试验也表明吸入颗粒产生的毒性大小与吸入颗粒的总表面积大小成正比。另一方面纳米粒子的表面活性很高，能产生自由基（活性原子或者活性分子），这些自由基可以导致细胞膜被破坏，使颗粒进入这些细胞之内，所以它引起的毒性更大。常规药物被纳米颗粒物装载后，急性毒性、骨髓毒性、细胞毒性、心脏毒性和肾脏毒性明显增强。所以在进行安全性评价时必须先确定其颗粒大小和粒径分布。

　　③ 纳米材料表面改性或者涂层表面连接上了一些特异基团成为生物反应位点。改性后化学组成和物理性质发生较大变化，可能引起毒性物质释放到介质中。其生物相容性也将发生较大改变，可能会影响其在特定器官或者细胞的蓄积，使用肺部表面活性剂处理后的纳米粒同细胞一起培养时，细胞对其吞噬能力与表面处理前明显不同。在使用纳米材料作为药物载体的时候，为了达到特殊目的，如：改善溶解性、提高其透膜能力、使其能透过血脑屏障或者靶向某一特异受体，都需要进行表面改性。一般而言，人体排出异物的方式有尿液排出、呼吸排出、胆汁消化后经肠道排出，颗粒的表面性质改变后，其排泄的动力学参数也改变，蓄积性、毒性也可能会加剧。所以在进行安全性评价时要将表面改性作为纳米材料的一部分进行研究。

　　总之，一些纳米颗粒物能够引起一系列不良的生物学效应。但是，对这些生物学效应的研究还不全面，机制还不是很清楚。有待于进行全面、系统、深入的研究。

　　(3) 将来的研究重点和展望　对工业纳米颗粒或纳米材料进行风险评价需要解决以下几个关键问题。

① 研究工业纳米颗粒物的毒理学；

② 建立工业纳米颗粒物的安全暴露评价体系；

③ 研究使用现有的颗粒和纤维暴露毒理学数据库外推工业纳米颗粒物毒性的可能性；

④ 工业纳米颗粒在环境和生物链中的迁移过程，持续时间及形态转化；

⑤ 工业纳米颗粒在生态环境系统中的再循环能力和总的持续性。

对工业纳米粉体，如纳米金属粉、纳米氧化物等进行毒性研究时，可以选取一些免疫细胞如巨噬细胞、淋巴细胞、粒细胞等进行体外研究；同时在体内可以通过急性毒性实验获得半致死量和最大耐受剂量等基本数据，对其毒性进行分级，初步了解受试物的毒性强度、性质和可能的靶器官，获得剂量-反应关系，为进一步的毒性实验研究提供依据。具体研究重点包括：

a. 根据急性毒性实验获得的基本数据对纳米颗粒进行吸入毒理学方面的研究，如肺组织病理变化，支气管肺泡灌洗液（BAL）内生化指标变化和肺匀浆液中一些酶活性的变化；

b. 研究纳米颗粒在体内的吸收、分布和排泄的生物转运过程和代谢过程；

c. 采用不同暴露途径研究不同工业纳米颗粒的一般毒性和特殊毒性；

d. 研究混合纳米颗粒及纳米颗粒与大气污染物混合的毒性；

e. 从分子水平阐释纳米颗粒和纳米材料的毒性机理。

综上所述，纳米尺度材料已经显示出一些特殊的生物效应以及对人体健康潜在的影响。目前也只是对众多的纳米材料中很少的几种有所研究，且研究数据也很不全面。因此，对纳米尺度物质的生物效应，尤其是病理学与安全性问题，目前尚无法得到明确的结论。更重要的是，当我们讨论纳米尺度物质的生物效应或毒性这个问题时，不能泛泛而言，必须明确材料的种类、形态、尺寸（粒径）大小以及剂量的多少等参数。比如，即使同一种类的纳米材料，当其尺寸（粒径）大小不同，其生物效应相差很大。因此，在研究纳米材料生物学效应时，几何效应显得尤为重要，必须对每一种不同粒径的材料进行研究，这极大地增加了研究的工作量和复杂性。因此，正如纳米科学技术是一个长久的、持续的研究开发过程一样，纳米尺度物质的病理学（包括生物毒性）的研究，也将是一个长久的、持续的过程。

# 12.3　其他安全性研究

### 12.3.1　纳米毒性的修饰化学与纳米生物效应的应用

纳米生物效应的研究结果给化学领域提出了新的研究方向——降低乃至消除纳米毒性的修饰化学。对具有负的生物效应的纳米分子进行化学修饰，或物理处理来降低和消除某些纳米材料对生物体的负面生物效应（毒性），在保持其有益的纳米功能特性的同时消除其毒性，这方面的化学研究已经开始。比如，富勒烯（$C_{60}$）已经被广泛应用于癌症治疗和靶向药物输道等领域，然而 $C_{60}$ 的毒副作用限制于它在医疗上的应用。

### 12.3.2　建立纳米技术的安全性评估

随纳米材料日益广泛的应用，人们接触纳米材料的机会大大增加了。由于纳米结构具有的特殊效应，因此，对纳米技术进行安全性评估就成为迫切需要解决的问题。由于纳米颗粒生物学评价的资料较少，所以应该尽快开展纳米颗粒在体内的分布及转运和转化、纳米材料的毒性和毒理学等方面的研究。另外，还需要通过流行病学研究及实验室毒理学和生物效应评价制定特定的法规来保护生产和使用纳米颗粒的工人。同时，对纳米材料在医药和化妆品领域的应用也应进行规定。为了避免出现先污染后治理的情况，在开发新纳米材料的同时必须同时对其毒性和环境效应进行评价，此外，面对每年大量新型纳米材料的涌现，有必要对每种类型的纳米材料进行健康和环境安全性评价，但是还没有合适的研究模型，更缺乏高通量筛选的方法。我们期待出现更合理、有效、快速的评价方法，以解决纳米技术快速发展所带来的安全性评价的问题。

建立纳米技术的安全性评估，要分为两个层次去考虑：一个层次是考察不同纳米材料对生物体的作用，另一个层次是考察不同纳米材料对环境的影响。对生物体和环境作用的考察主要应该包括如下内容：一是考察不同类型的纳米材料在表层细胞的代谢情况，建立纳米材料在表层细胞的代谢过程的模型；二是不同类型的纳米材料在深层细胞组织内的代谢情况，并建立相应的模型；三是不同类型纳米材料在免疫系统内的代谢过程，如巨嗜细胞、白血球等的代谢过程，建立相应的模型；四是不同类型的纳米材料在脏器内的代谢过程，如人体的重要器官肝、心、肺、肾等，建立相应的模型；五是不同类型的纳米材料的靶向模型，不同粒径、不同材料的靶向作用，是主动靶向还是被动靶向，为疾病的治疗提供相应的依据；六是不同类型的纳米材料在细胞内对细胞器的作用模型，重点考察纳米材料是否会影响 DNA、RNA 等遗传物质的表达，蛋白质等物质的合成过程等；七是考察不同类型的纳米材料是否可以突破血脑屏障的，是否可以进入脊髓，寻求可以利用的纳米医疗技术，用于疑难病症的治疗。八是分别对不同维度和不同类型的纳米材料进行考察，重点是 0 维和 1 维材料；九是考察不同物质状态和不同类型的纳米材料，除固体之外，还要考察气溶胶和液体等，十是不仅要考察生物，而且要考察不同类型的纳米材料对环境的作用，纳米材料在自然界中是否可以自然降解，自然降解的周期是多少，如果不能降解，我们应该如何处理，通过这些考察建立相应的实验模型和积累相关的数据，为纳米材料的废弃标准提供依据。

## 12.3.3 职业安全与卫生标准体系建设及意义

许多国家对职业和环境接触粉尘制定了相应的卫生标准以保障人们的健康安全。这种卫生标准大多是根据微米级颗粒的空气质量浓度制定的。而纳米材料是很特殊的一类物质，粒径大小、形状、表面积、化学组成等不同则毒性也可能不同。这些均对当前的卫生标准提出了挑战。如 1nm、50nm、100nm 的同材料物质毒性表现可能会有很大不同。因此，制定卫生标准时是考察某几种特定粒径的纳米颗粒的毒性还是每种粒径颗粒的毒性，成为当前世界各国纳米材料安全性评价体系或机构尚未解决的一个问题。

我国纳米产业发展较快，职业接触人数众多，多为常规防护，且条件不一，一旦出现问题，则可能涉及人员较多，影响较大。纳米产业职业安全与卫生标准体系的建设首先是贯彻和落实《中华人民共和国职业病防治法》的需要，能够维护劳动者的健康及其相关权益，保护我国的劳动力资源。因此，职业安全与卫生标准体系建设着眼于职业人群的健康保护，需要解决如下一系列问题：

① 纳米材料安全性评价标准。

② 纳米材料工作环境检测标准。

对于职业人群的健康保护需要从多方面来进行。工作场所的环境状况是一个重要方面。目前的检测手段仅限于微米级的材料，而纳米级材料的检测尚需研究合适的检测设备并且制定相关的检测标准。

③ 纳米产业职业防护标准：不同的职业接触需要制定不同的职业防护标准，配备不同的个人防护设施和用品。个人防护用品是劳动者在劳动过程中为免遭或减轻事故伤害或职业

危害所配备的防护装备。它是保护职工安全与健康所采取的必不可少的辅助措施，在某种意义上，它是劳动者防止职业毒害和伤害的最后一项有效措施。

④ 纳米产业职业健康监护规范：职业健康监护主要包括职业健康检查、职业健康监护档案管理等内容。职业健康检查包括上岗前、在岗期间、离岗时和应急的健康检查。接触不同的纳米材料，相应的健康检查项目、周期等也不相同，因此需要根据实际接触情况研究具体内容。

⑤ 纳米产业事故应急救援预案：纳米材料的特殊性质可能带来特定的安全问题，需要制定针对性的事故应急救援预案。要从容地应付紧急情况，需要周密的应急计划、严密的应急组织、精干的应急队伍、灵敏的报警系统和完备的应急救援设施。

⑥ 纳米产业职业危害控制管理：需要根据不同纳米材料的特性逐步发展相应管理和工程控制措施。主要根据纳米材料的特性、毒性、用量和工作要求，提出相关的有针对性的控制指南卡，包括工作场所出入、管理、设计和设备、维护、检查和测试、清洁和整理、个人防护用品、培训、监督以及劳动者检查清单等内容。

纳米产业职业安全与卫生标准体系的建设可以带动许多方面的发展。当前，纳米材料及其产品的研究方面，我国基本与世界同步，国家目前也在增加投入，力争在这个领域处于领先水平。而针对纳米材料特性的相关职业卫生标准，世界各国也处于同一个起跑线上，我国如果能在这个方面加快研究步伐，既可保护从业人员健康，又可在该项研究方面取得突破，使其处于领先水平，促进科技进步。纳米产业职业安全与卫生标准体系的建设对于保证纳米技术产业的健康、长期和可持续的发展也有十分重要的意义。纳米产业职业安全与卫生标准体系的建设，将对应用于纳米产业的个人防护用品、作业环境快速检测设备、应急救援设备以及救援机构的资质认可提出更规范的要求，从而推动我国防护用品、检测设备和急救设备等相关产业和技术的发展。我国于 2005 年 2 月 28 日发布并于当年 4 月 1 日起实施的首批 7 项纳米材料标准，包括 1 项术语标准、2 项检测方法标准和 4 项产品标准。这表明了我国纳米产业的发展已逐步规范起来。然而，相应的职业安全与卫生标准体系尚未建立起来，需要加快该方面建设的步伐。当然，对纳米材料安全性研究以及职业安全与卫生标准体系的建设不是一劳永逸的事情，需要政府管理机构的科学决策和加大投入力度，更需要有关专家和职业安全与卫生工作者的不懈努力，以使及早规避纳米颗粒物特别是纳米材料可能对人类健康造成的损害。

## 思考题

1. 纳米材料对人体有哪些潜在的危害，说明理由？
2. 针对纳米材料存在的安全性，我们应该采取什么措施和心态来应对？
3. 研究纳米材料的安全性的方法有哪些，这对指导我们发展纳米技术有什么意义？
4. 影响纳米材料毒性的因素有哪些？
5. 纳米材料存在哪些独特的生物效应？说明产生这些独特生物效应的原因。
6. 谈谈纳米材料的结构特征和产生其独特的生物效应以及安全性的机理。
7. 纳米材料对人体的入侵途径有哪些？举例说明。
8. 如何建立纳米技术的安全性评估？有什么意义？
9. 针对纳米材料存在的安全性，我们如何建立相应的职业安全与卫生标准体系？有什么意义？
10. 结合纳米技术带给人们的利弊，谈谈你对我国发展纳米技术的想法和建议。

## 参考文献

[1]　于燕，颜虹，胡森科，张振军，孙晓英. 纳米材料的安全性评价. 中国临床康复，2006，10（1）：151-153.

[2]　Thomas K，Sayre PResearch strategies for safety evaluation of nanomateri-als，partI：evaluating the human health implications of exposure to nanoscale materials. Toxicological Sciences，2005，87（2）：316-321.

[3]　Sayes C M，John D F，Guo W，et al. Differential cytotoxicity of water-soluble fullerenes，Nano Lett，2004，4（10）：1881.

[4]　陆荔，马明，张宇等. 纳米材料生物安全性研究进展. 东南大学学报（自然科学版），2004，34：711-714.

[5]　Balshaw D M，Philbert M，Suk W A. Research strategies for safety evaluation of nanomaterials，part Ⅲ：nanoscale technologies for assessing risk and improving public health. Toxicological Sciences，2005，88（2）：298-306.

[6]　Jingyi Chen；Benjamin J. Wiley；and Younan Xia. One-Dimensinal Nanostructures of Metals：Large-Scale Synthesis and Some Potential. Applications. Langmuir 2007，（23）：4120-4129.

[7]　汪冰，丰伟悦，赵宇亮等. 纳米材料生物效应及其毒理学研究进展. 中国科学 B 辑化学，2005，（35）：1-10.

[8]　Powers KW，Brown S C，Krishna V B，et al. Research strategies for safety evaluation of nanomaterials. part Ⅵ：characterization of nanoscale particles for toxicological evaluation . Toxicological Sciences，2006，90（2）：296-303.

[9]　毕永红，胡征宇. 纳米材料对环境和健康的潜在危害. 上海环境科学，2006，25（5）：214-218.

[10]　Lam C W，James J T，McCluskey R，et al. Pulmonary toxicity of single-wall carbon nanotubes in mice 7 and 90 days after intratracheal instillation. Toxicological Sciences，2004，77：126-134.

[11]　Warheit D B，Laurence B R，Reed K L，et al. Pul-monary-toxicity-screening studies with single-wall carbon nano-tubes. In：The 225 th ACS National Meeting. New Orleans. LA. 2003：23-27.

[12]　王威，孙品，仇玉兰，吴芬，缪文彬，夏昭林. 纳米产业发展呼唤职业安全与卫生标准体系. 中国工业医学杂志，2007，20（1）：57-59.

[13]　陈国永，廖岩，马昱，陶茂萱. 纳米颗粒物生物安全性研究进展. 国外医学卫生学分册，2007，34（4）：206-209.

[14]　朱广楠，孙康宁，孙晓宁. 碳纳米管和几种纳米颗粒材料的安全性研究进展. 生物骨科材料与临床研究，2005，10（5）：48-50.

[15]　Wang HF，Liu YF，Zhao YL，et al. XPS study of C-I covalent bond on single-walled carbon nanotubes（SWNTs）. Acta Phys Chim Sinica 2004：20（7）：673-675.

[16]　裘著革，林治卿. 纳米尺度物质对生态环境的影响及其生物安全性的研究进展与展望. 生态毒理学报，2006. 9. 1（3）：203-208.

[17]　翟华嶂，李建保，黄勇. 纳米材料和纳米科技的进展、应用及产业化现状. 材料工程，2001. 11：43-48.

[18]　Renwick LC，Donaldson K，Clouter A Impairment of alveolar macrophage phagocytosis by ultrafine particles. Toxicological Appiy Pharmacal 2001，172：119-127.

[19]　Warheit DB，Laurence BR，Reed KL，et al. Comparative pulmonary toxicity assessment of single wall carbon nano-tubes in rats. Toxicological Science 2004，77（1）：117-125.

[20]　李杜，何晓晓，王柯敏，何春梅. 无机硅壳类纳米颗粒对细胞的毒性检测. 湖南大学学报（自然科学版），2002，12（6）：1-6.

[21]　许海燕，孔桦. 纳米材料的研究进展及其在生物医学中的应用. 基础医学与临床，2002，22（2）：97-100.

# 机械制造工程实践

## 实习报告

班 级：＿＿＿＿＿＿＿＿＿＿＿＿＿＿

姓 名：＿＿＿＿＿＿＿＿＿＿＿＿＿＿

学 号：＿＿＿＿＿＿＿＿＿＿＿＿＿＿

组 号：＿＿＿＿＿＿＿＿＿＿＿＿＿＿

成 绩：＿＿＿＿＿＿＿＿＿＿＿＿＿＿

年　　　　月　　　　日

# 1　金属材料与热处理基本知识

## 一、填空题。

1. 钢和铸铁的主要区别在于含碳量的不同。一般碳的质量分数为_____的是钢，碳的质量分数为_____的是铸铁。

2. 钢的热处理中，"淬火＋高温回火"也称为_____。

3. 金属材料的力学性能主要包括_____、_____、_____、_____以及_____。

## 二、指出下表所列材料的名称和主要用途。

| 代　号 | 名　　称 | 主　要　用　途 |
|---|---|---|
| Q235 | | |
| 20 | | |
| 45 | | |
| T10 | | |
| W18Cr4V | | |
| HT250 | | |

# 2  铸 造 成 型

一、标出图 2-1 所示砂型铸造铸型各部分名称。

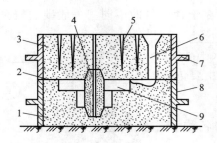

图 2-1  砂型铸造铸型

1 _____ ; 2 _____ ; 3 _____ ;
4 _____ ; 5 _____ ; 6 _____ ;
7 _____ ; 8 _____ ; 9 _____

二、填空题。

1. 常见的手工造型方法有 _____ 、 _____ 、 _____ 、
_____ 、 _____ 和 _____ 。

2. 常见铸造缺陷有 _____ 、 _____ 、 _____ 、 _____ 、
和 _____ 。

3. 型砂的主要成分是 _____ 。一般型砂中掺有 _____ 做黏合剂，并
加入适量 _____ ，使得型砂容易成型并且铸型也具有一定强度。

三、根据图 2-2 和图 2-3 所示的零件形状和尺寸，试确定单件小批生产条件下的
造型方法，并在图上标出分型面和浇注位置。

1. 法兰盘

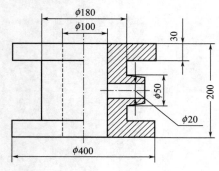

图 2-2  法兰盘

造型方法： _____ 。

2

2. 座套

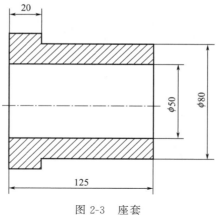

图 2-3　座套

造型方法：_____。

# 四、填写砂型铸造生产工艺流程图（图 2-4）。

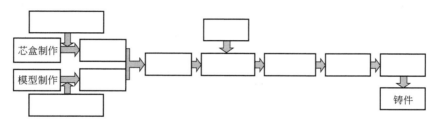

图 2-4　砂型铸造生产工艺流程图

# 3 锻 压 成 型

## 一、填空题。

1. 锻造前坯料加热的目的是为了提高＿＿＿＿＿＿＿＿和降低＿＿＿＿＿＿＿＿。

2. 自由锻造的基本操作工序＿＿＿＿＿＿＿＿、＿＿＿＿＿＿＿＿、＿＿＿＿＿＿＿＿、＿＿＿＿＿＿＿＿、＿＿＿＿＿＿＿＿和＿＿＿＿＿＿＿＿等。

3. 冲压基本工序包括＿＿＿＿＿＿＿＿、＿＿＿＿＿＿＿＿、＿＿＿＿＿＿＿＿、＿＿＿＿＿＿＿＿和＿＿＿＿＿＿＿＿。

4. 锻造不仅能改变坯料的＿＿＿＿＿＿＿＿，而且会改善金属材料的＿＿＿＿＿＿＿＿。

5. 冲压模具可分为＿＿＿＿＿＿＿＿、＿＿＿＿＿＿＿＿、＿＿＿＿＿＿＿＿、＿＿＿＿＿＿＿＿等各种类型。

## 二、写出下图所示零件的自由锻造工艺过程。

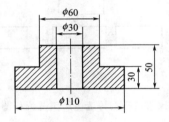

# 4 焊 接 成 型

一、图示工件由钢板拼焊，如不翻转工件，说明各焊缝的接头型式和焊接的空间操作位置。

| 标　号 | 接头型式 | 焊接位置 |
|---|---|---|
| B 与 C | | |
| A 与 B | | |
| C 与 E | | |
| DH 与 E | | |
| D 与 H | | |
| F 与 G | | |

二、说明下列焊接方法的特点和应用范围。

| 焊 接 方 法 | 特　　点 | 应 用 范 围 |
|---|---|---|
| 手工电弧焊 | | |
| 气焊 | | |
| 埋弧自动焊 | | |
| $CO_2$ 气体保护焊 | | |
| 氩气保护焊 | | |

三、填空题。

1. 焊条的焊芯起_____、_____和_____作用；药皮起到_____、_____和_____作用。

2. 手工电焊机可分为_____和_____两类，在操作中_____电焊机要注意极性。

3. 手工电弧焊技术规范是指_____、_____、_____和_____。

4. 手工电弧焊常见焊接缺陷有_____、_____、_____、_____和_____。

5. 焊接操作前要戴好_____、_____及_____等防护用品。

6. 焊后工件清渣时，敲渣方向要_____，防止焊渣飞溅伤人。

7. 采用直流弧焊机焊接薄壁工件时，_____极接焊件，_____接焊条。

# 5　机械切削加工基本知识

## 一、选择题。

1. 下列加工方法中，主运动为刀具的旋转运动的是（　　）。
   A. 车外圆　　　　　　B. 钻床　　　　　　C. 刨平面　　　　　　D. 拉孔
2. 下列加工方法中，进给运动为刀具的直线运动的是（　　）。
   A. 磨削　　　　　　　B. 刨削　　　　　　C. 车削　　　　　　D. 铣削
3. 下列表面粗糙度值 $Ra$ 中，表示表面最粗糙的是（　　）。
   A. $Ra1.6$　　　　　B. $Ra3.2$　　　　C. $Ra6.3$　　　　D. $Ra12.5$
4. 降低切削温度最有效的方法是（　　）。
   A. 增大主偏角　　　　B. 适当增大后角　　C. 使用切削液　　　D. 增大刀尖圆角
   半径
5. 常用的车刀有 $45°$、$60°$、$75°$、$90°$ 四种偏刀，这里的角度是指（　　）。
   A. 主偏角　　　　　　B. 后角　　　　　　C. 刃倾角　　　　　D. 副偏角

## 二、判断题。

1. 积屑瘤的存在，对粗加工有利，而对精加工不利。　　　　　　　　　　　（　　）
2. 主切削力是计算机床主电动机功率的主要依据。　　　　　　　　　　　　（　　）
3. 在切削加工中，为了提高生产效率，没有必要将粗加工和精加工分开进行。（　　）
4. 用塞规检测工件时，若工件尺寸能通过通端，而不能通过止端，则说明工件是不合格品。　　　　　　　　　　　　　　　　　　　　　　　　　　　　　　　（　　）
5. 切削加工中，进给运动只有一个，而主运动可以是一个，也可以是几个。　（　　）
6. 主运动只能是旋转运动。　　　　　　　　　　　　　　　　　　　　　　（　　）

## 三、填空题。

1. 机械切削加工的三要素分别是＿＿＿＿＿＿＿＿、＿＿＿＿＿＿＿＿、＿＿＿＿＿＿＿。
2. 车刀由三个面、两个刃和一个尖组成。三个面是指＿＿＿＿＿，＿＿＿＿＿，＿＿＿＿＿；两个刃是指＿＿＿＿＿，＿＿＿＿＿；一个尖是指＿＿＿＿＿。
3. 刀具材料需要具备的性能特点是＿＿＿＿＿＿、＿＿＿＿＿＿、＿＿＿＿＿和＿＿＿＿。
4. 零件的加工精度包括＿＿＿＿＿＿＿＿、＿＿＿＿＿＿＿＿、＿＿＿＿＿＿和＿＿＿＿＿等。
5. 下图所示游标卡尺的读数是＿＿＿＿＿＿＿mm。

6. 零件的某一尺寸为 $48^{+0.01}_{-0.03}$，其基本尺寸为＿＿＿mm，允许加工的最大尺寸是＿＿＿mm，最小尺寸为＿＿＿＿mm，尺寸的公差是＿＿＿＿mm。

# 6 车 削 加 工

## 一、选择题。

1. 为了保证安全，车床开动后，下列哪个动作是不允许的？（　　）
   A. 改变进给量　　　　B. 改变切削深度　　　C. 改变主轴转速　　　D. 加大冷却液流量

2. 在车床上加工偏心工件，工件的安装一般选用下列何种附件？（　　）
   A. 三爪卡盘　　　　　B. 跟刀架　　　　　　C. 四爪卡盘　　　　　D. 平口钳

3. 车削一根细长阶梯轴，请从以下装夹方法中选择正确的工件装夹方式。（　　）
   A. 四爪卡盘＋单顶尖　　　　　　　　　B. 双顶尖＋跟刀架
   C. 三爪卡盘＋跟刀架　　　　　　　　　D. 双顶尖＋中心架

4. 安装车刀时，刀尖比工件中心应该（　　）。
   A. 高于　　　　　　　B. 低于　　　　　　　C. 等高　　　　　　　D. 无所谓

5. 车削轴形外圆时，若前后顶尖中心不重合，车出的外圆会出现（　　）。
   A. 椭圆　　　　　　　B. 锥度　　　　　　　C. 马鞍形　　　　　　D. 腰鼓形

6. 车削螺纹时，若车床丝杠是工件螺距的整倍数，应采用以下哪种加工方法。（　　）
   A. 正反车法　　　　　B. 对开螺母法　　　　C. 套螺纹法　　　　　D. 攻螺纹法

7. 在车床上安装工件时，能够自动定心的车床附件是（　　）。
   A. 中心架　　　　　　B. 花盘　　　　　　　C. 四爪卡盘　　　　　D. 三爪卡盘

8. 车削加工转动刻度盘进刀时，若不慎刻度过了头而需将车刀退回时，应（　　）。
   A. 直接退回　　　B. 向相反方向摇过半圈左右，而后摇到所需要的格数
   C. 从重新对刀开始　　D. 将错就错，继续加工

## 二、判断题。

1. 车削长径比 $L/D > 10$ 的细长轴类零件时，在没有使用中心架或跟刀架时，由于径向力的作用，会使车削后的工件成为中凸形状。　　　　　　　　　　　　　　　　（　　）

2. 车削锥面时，刀尖移动轨迹与工件旋转轴线间夹角应等于工件锥面角的两倍。　　（　　）

3. 在同样的车削条件下，进给量 $f$ 越小，则表面粗糙度 $Ra$ 越大。　　　　　　　（　　）

4. 工件实际加工时，应首先进行试切削，这是为了保证精度要求和安全需要。　　　（　　）

5. 车削工件时，进给量的调整是通过变速箱中的变速机构实现的。　　　　　　　　（　　）

6. 精车时，采用较大的副偏角或者刀尖处刃磨成尖角可以减小表面粗糙度 $Ra$ 值。
   　　　　　　　　　　　　　　　　　　　　　　　　　　　　　　　　　　　（　　）

7. 装好零件和刀具后，应在启动车床之前，利用手动的方式，检查加工过程中是否会发生干涉、碰撞，并及时加以修正。　　　　　　　　　　　　　　　　　　　　（　　）

## 三、填空题。

1. 车削锥面的方法主要有_____、_____、_____和_____等。

2. 在车床上加工螺纹有_____、_____和_____等几种方法。

3. 使用双顶尖安装工件时，必须借助于_____和_____来带动工件旋转。

4. 车削加工的尺寸精度等级一般为_____，表面粗糙度值 $Ra$ 值为_____。

5. 车刀尖应与车床主轴中心线等高，刀尖的高低可利用_____高度进行调整。

6. 为了获得较高的生产效率和保证加工精度，可将工件加工分为若干个阶段。对精度要求较高的零件，一般按照_____、_____、_____顺序进行。

7. 车削加工操作时，站立位置不要_____卡盘，以防工件_____发生事故。

8. 车削加工过程中，车床上的切屑要及时用_____清理，刀架附近不允许堆积切屑，但不能直接用_____清理，以防止发生事故。

9. 螺纹刀有_____条主切削刃和_____条副切削刃。

10. 跟刀架适用于_____类零件加工的辅助装夹，中心架适用于_____类零件的辅助装夹。

## 四、完成下列各题。

1. 在图 6-1 上标出车外圆、车端面和镗孔时的主偏角和副偏角。

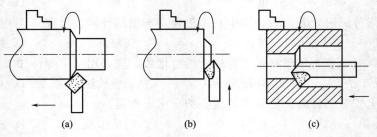

(a)                    (b)                    (c)

图 6-1　标出主偏角和副偏角

2. 分别将下列刀具的名称和用途填入图中。

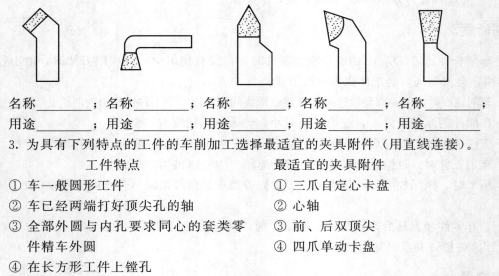

名称_____；名称_____；名称_____；名称_____；名称_____；

用途_____；用途_____；用途_____；用途_____；用途_____

3. 为具有下列特点的工件的车削加工选择最适宜的夹具附件（用直线连接）。

工件特点　　　　　　　　　　最适宜的夹具附件

① 车一般圆形工件　　　　　① 三爪自定心卡盘

② 车已经两端打好顶尖孔的轴　② 心轴

③ 全部外圆与内孔要求同心的套类零　③ 前、后双顶尖

件精车外圆　　　　　　　　④ 四爪单动卡盘

④ 在长方形工件上镗孔

4. 如图 6-2 所示，长轴的毛坯为 45 钢 $\phi30\text{mm}\times136\text{mm}$，单件生产，试确定其加工工艺过程。

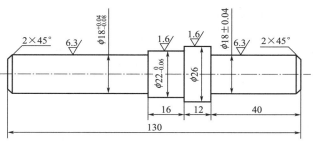

图 6-2  长轴毛坯尺寸

5.请分别说明表 6-1 中零件上标有粗糙度值要求的表面加工时的装夹方法。

表 6-1  零件的装夹方法

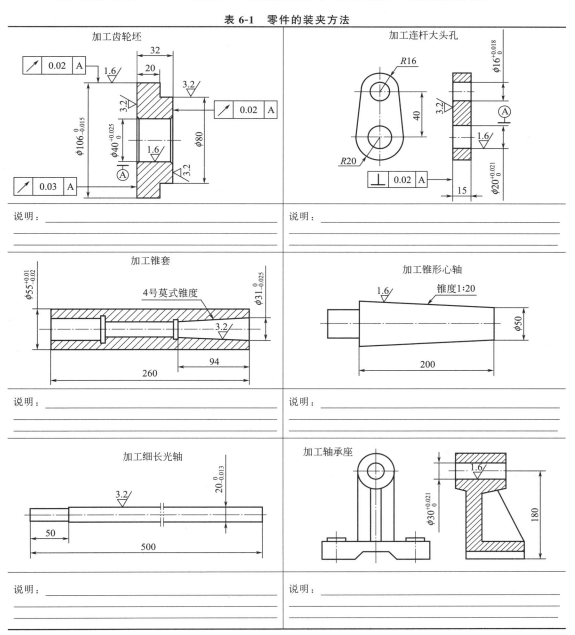

| 加工齿轮坯 | 加工连杆大头孔 |
|---|---|
| 说明： | 说明： |
| 加工锥套 | 加工锥形心轴 |
| 说明： | 说明： |
| 加工细长光轴 | 加工轴承座 |
| 说明： | 说明： |

9

6. 将表 6-2 所示形位公差的含义按顺序填入表中。

表 6-2　形位公差含义

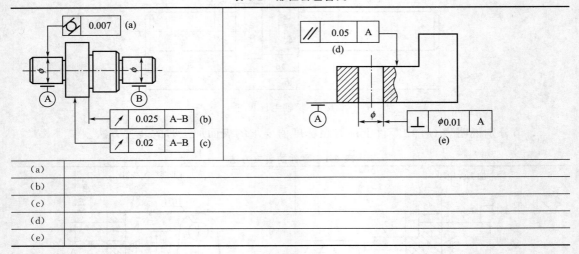

| (a) | |
| --- | --- |
| (b) | |
| (c) | |
| (d) | |
| (e) | |

# 五、车工实验记录。

1. 刀具角度测量实验。

| 刀具名称 | 前角 $\gamma_o$ | 后角 $\alpha_o$ | 主偏角 $\kappa_r$ | 副偏角 $\kappa'_r$ | 刃倾角 $\lambda_s$ |
| --- | --- | --- | --- | --- | --- |
| 75°外圆车刀 | | | | | |
| 90°外圆车刀 | | | | | |
| 切断刀 | | | | | |
| 40°外圆车刀 | | | | | |

2. 装夹方法对工件加工精度影响实验。

（1）齿轮坯外圆跳动测量值

| 齿轮坯 | 加工方法 | 外圆对内孔轴线的径向跳动 | | | | 结　论 |
| --- | --- | --- | --- | --- | --- | --- |
| | | 第一次测量值 | 第二次测量值 | 第三次测量值 | 平均测量值 | |
| | 加工工艺 A | | | | | |
| | 加工工艺 B | | | | | |

（2）传动轴外圆跳动测量值

| 传动轴 | 加工方法 | 测量位置 | 外圆对 A、B 公共轴线的径向跳动 | | | | 结论 |
| --- | --- | --- | --- | --- | --- | --- | --- |
| | | | 第一次测量值 | 第二次测量值 | 第三次测量值 | 平均测量值 | |
| | 加工工艺 A | $\phi 20^{\ 0}_{-0.05}$ | | | | | |
| | | $\phi 28^{\ 0}_{-0.021}$ | | | | | |
| | | $\phi 17^{\ 0}_{-0.043}$ | | | | | |
| | 加工工艺 B | $\phi 20^{\ 0}_{-0.05}$ | | | | | |
| | | $\phi 28^{\ 0}_{-0.021}$ | | | | | |
| | | $\phi 17^{\ 0}_{-0.043}$ | | | | | |

3. 切削参数对加工表面粗糙度的影响实验。

工件材料：45 钢 ；刀具材料：YT15

| 序号 | 工件外径 /mm | 主轴转速 /(r/min) | 项目 | 项目值 | 粗糙度 Ra 值 | 结论 |
|---|---|---|---|---|---|---|
| 1 | | | 切削速度 $v_c$/(m/min) | 5～10 | | |
| | | | 进给量 $f$/(mm/r) | 0.2 | | |
| | | | 切削深度 $\alpha_p$/mm | 1 | | |
| 2 | | | 切削速度 $v_c$/(m/min) | 40～50 | | |
| | | | 进给量 $f$/(mm/r) | 0.2 | | |
| | | | 切削深度 $\alpha_p$/mm | 1 | | |
| 3 | | | 切削速度 $v_c$/(m/min) | 80～100 | | |
| | | | 进给量 $f$/(mm/r) | 0.2 | | |
| | | | 切削深度 $\alpha_p$/mm | 1 | | |
| 4 | | | 切削速度 $v_c$/(m/min) | 20～30 | | |
| | | | 进给量 $f$/(mm/r) | 0.1 | | |
| | | | 切削深度 $\alpha_p$/mm | 1 | | |
| 5 | | | 切削速度 $v_c$/(m/min) | 20～30 | | |
| | | | 进给量 $f$/(mm/r) | 0.2 | | |
| | | | 切削深度 $\alpha_p$/mm | 1 | | |
| 6 | | | 切削速度 $v_c$/(m/min) | 20～30 | | |
| | | | 进给量 $f$/(mm/r) | 0.4 | | |
| | | | 切削深度 $\alpha_p$/mm | 1 | | |
| 7 | | | 切削速度 $v_c$/(m/min) | 20～30 | | |
| | | | 进给量 $f$/(mm/r) | 0.2 | | |
| | | | 切削深度 $\alpha_p$/mm | 0.5 | | |
| 8 | | | 切削速度 $v_c$/(m/min) | 20～30 | | |
| | | | 进给量 $f$/(mm/r) | 0.2 | | |
| | | | 切削深度 $\alpha_p$/mm | 1 | | |
| 9 | | | 切削速度 $v_c$/(m/min) | 20～30 | | |
| | | | 进给量 $f$/(mm/r) | 0.2 | | |
| | | | 切削深度 $\alpha_p$/mm | 2 | | |

# 7 铣削加工

## 一、填空题。

1. 铣削加工的主运动为 _____ ，进给运动为 _____ 。

2. 铣床的主要附件有 _____ 、 _____ 、 _____ 、 _____ 和 _____ 等。

3. 利用铣床可以加工 _____ 、 _____ 、 _____ 和 _____ 等表面。

4. 在铣床上利用分度头加工齿数为 32 的齿轮，应选用 _____ 孔的分度盘，每次分度手柄应转 _____ 圈，再转 _____ 孔距。

5. 变换切削速度时，必须 _____ 后进行，以免 _____ 。

6. 指出下表中各图示铣削的加工表面名称、所用的机床种类和铣刀名称。

| 铣削加工 | | | | | |
|---|---|---|---|---|---|
| 加工名称 | | | | | |
| 机床种类 | | | | | |
| 铣刀名称 | | | | | |

7. 铣削的尺寸精度一般可达 _____ ，表面粗糙度 $Ra$ _____ 。

## 二、铣削下列表面，试选择适当的机床和刀具。

1. 铣削尺寸为 $250 \times 120$ 的水平表面，机床： _____ ；刀具： _____ 。

2. 铣削 T 形槽，机床： _____ ；刀具： _____ 。

3. 铣削 V 形槽，机床： _____ ；刀具： _____ 。

4. 铣削轴上封闭平键槽，机床： _____ ；刀具： _____ 。

5. 铣削六方螺母的六个侧面（卧式），刀具： _____ 。

# 8　刨 削 加 工

## 一、填空题。

1. 刨削主要用于加工＿＿＿＿＿＿＿＿、＿＿＿＿＿＿＿＿、＿＿＿＿＿＿＿＿、＿＿＿＿＿＿＿＿、＿＿＿＿＿＿＿＿、＿＿＿＿＿＿＿＿等表面。

2. 刨削加工中，精刨能达到尺寸精度的为＿＿＿＿＿＿，表面粗糙度 $Ra$ 为＿＿＿＿＿＿＿。

3. 牛头刨床刨削的主运动是＿＿＿＿＿＿＿＿＿，进给运动是＿＿＿＿＿＿＿＿＿＿＿。

4. B6050 刨床中的 B 表示＿＿＿＿＿＿＿＿，60 表示＿＿＿＿＿＿＿＿，50 表示＿＿＿＿＿＿＿＿。

## 二、选择题。

1. 刨刀分弯头刨刀和直头刨刀，哪种在刀杆弯曲时刀尖不会扎入工件？（　　　）
   A. 弯头刨刀　　　　　　　B. 直头刨刀

2. 在插床上插削花键槽时，常用的分度工具是（　　　）。
   A. 万能分度头　　　　　　B. 圆形工作台

## 三、问答题。

1. B6050 牛头刨床主要由哪几部分组成？各有何功用？

2. 简述刨削 T 形槽的一般步骤。

# 9 磨 削 加 工

## 一、填空题。

1. 磨削加工的尺寸精度一般为＿＿＿＿＿＿＿，表面粗糙度 $Ra$ 值一般为＿＿＿＿。

2. 利用磨床可以加工＿＿＿＿＿＿、＿＿＿＿＿＿、＿＿＿＿＿＿、＿＿＿＿＿＿、＿＿＿＿＿＿、＿＿＿＿＿＿＿和＿＿＿＿＿＿＿等表面。

3. 砂轮硬度是指其＿＿＿＿＿＿＿＿＿＿＿。软砂轮用于加工＿＿＿＿＿类工件，硬砂轮用于加工＿＿＿＿类工件。

4. 平面磨床上装夹工件一般采用＿＿＿＿＿＿＿＿＿；外圆磨床上装夹轴类工件可采用＿＿＿＿，短工件用＿＿＿＿＿装夹，空心盘套类工件用＿＿＿＿＿＿装夹。

5. 外圆磨削可分为＿＿＿＿＿和＿＿＿＿＿两种方法。＿＿＿＿＿方法适于精磨及磨削较长的工件，＿＿＿＿＿法适于磨削刚性较好或两侧都有台阶的轴颈等。

## 二、填图题。

磨削加工图示零件标注粗糙度符号的表面，选择机床类型并在图上标出装夹方法。

| 零件简图 | 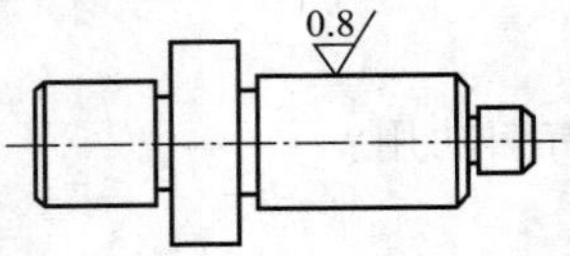 | 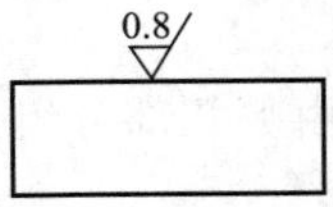 | 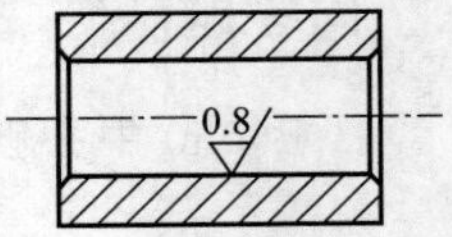 |
|---|---|---|---|
| 加工方法 | 磨削小轴外圆 | 磨削垫块平面 | 磨削钢套内孔 |
| 机床类型 | | | |
| 装夹方法 | | | |

## 三、简要回答问题。

与外圆磨削相比，内圆磨削加工过程中的特点。

14

# 10 钳 工

## 一、填空题。

1. 钳工的基本操作有_____、_____、_____、_____、_____、_____、_____、_____、_____、_____和_____等。

2. 常用的钳工画线工具有_____、_____、_____、_____、_____、_____和_____等。

3. 粗锉刀适于锉削_____材料,细锉刀适于锉削_____材料。

4. 用钳工方法加工一个 M6×1 的螺纹孔,应选用 φ_____的麻花钻和 M6×1 的_____,它一套有_____个。

5. 钳工加工内螺纹的方法称为_____;加工外螺纹的方法称为_____。

6. 用钳工方法套出一个 M24×2 的螺纹,所用刀具叫_____,套螺纹前圆杆的直径应为 φ_____。

7. 根据锯齿的粗细将锯条分为粗锯齿条、细锯齿条、中锯齿条,锯齿粗细的选择应根据材料的_____、_____来确定。_____齿条适宜锯削铜、铝等软金属及厚工件;_____齿条适宜锯削钢、板料及薄壁管件;_____齿条适宜锯削普通钢、铸铁及中厚度工件。

8. 平面锉削的基本方法有_____、_____和_____三种。

9. 在钻削加工中,其主运动是_____,进给运动是_____。

10. 钳工装配中拧紧圆形成组螺栓(螺母)时,应按_____顺序并循环_____次逐步拧紧。

11. 螺纹连接常用的放松装置有_____、_____、_____、_____。

12. 进行钻床操作时,严禁_____,袖口要扎紧,女同学要将长发盘入工作帽中。小零件钻孔用_____夹持,大零件钻孔时用_____夹持。

## 二、填图题。

1. 锉削加工下列零件有阴影表面时选择合适的锉刀和锉削方法。

(a) 板 锉刀 顺 锉法　　(b) _____锉刀 _____锉法　　(c) _____锉刀 _____锉法

(d) _____锉刀 _____锉法　　(e) _____锉刀 _____锉法　　(f) _____锉刀 _____锉法

15

2. 说明下图中各种孔加工方法的名称和所用的刀具。

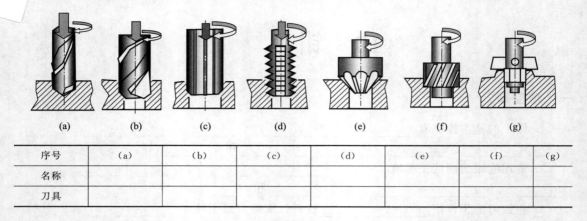

| 序号 | (a) | (b) | (c) | (d) | (e) | (f) | (g) |
|------|-----|-----|-----|-----|-----|-----|-----|
| 名称 | | | | | | | |
| 刀具 | | | | | | | |

3. 在图 10-1 示零件上由钳工加工一个 M10 深 15 的螺纹孔，将其在工艺结构上的不合理之处在图上改正，并说明理由。

_____

_____。

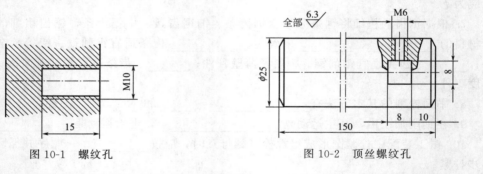

图 10-1　螺纹孔　　　　　　　　　　　　图 10-2　顶丝螺纹孔

4. 在图 10-2 示零件上由钳工加工出一个边长为 8mm 的方通孔和 M6 的顶丝螺纹孔，写出加工的工序步骤和所使用的工具。

_____

_____。

# 11   数 控 加 工

## 一、填空题。

    1. 数控车床适于加工具有＿＿＿＿＿＿＿＿＿＿＿＿＿＿＿＿的回转体类零件。

    2. 数控铣床适于加工具有＿＿＿＿＿＿＿＿＿＿＿＿＿＿的零件。

    3. 数控机床进给系统一般是由＿＿＿＿＿驱动，通过＿＿＿＿＿实现进给传动的。

    4. 数控编程中准备功能代码称为＿＿代码，辅助功能代码称为＿＿代码。

    5. 数控加工程序有两种编制方法，即＿＿＿＿＿＿和＿＿＿＿＿＿。

    6. 数控程序中，F 表示＿＿＿＿＿＿，S 表示＿＿＿＿＿＿，T 表示

＿＿＿＿。

## 二、简答题。

    1. 数控加工的特点在于：＿＿＿＿＿＿＿＿＿＿＿＿＿＿＿＿＿＿

＿＿＿＿＿＿＿＿＿＿＿＿＿＿＿＿＿＿＿＿＿＿＿＿＿＿＿＿＿＿＿＿＿＿

＿＿＿＿＿＿＿＿＿＿＿＿＿＿＿＿＿＿＿＿＿＿＿＿＿＿＿＿＿＿＿＿＿＿。

    2. 机床坐标系与工件坐标系的区别是：＿＿＿＿＿＿＿＿＿＿＿＿

＿＿＿＿＿＿＿＿＿＿＿＿＿＿＿＿＿＿＿＿＿＿＿＿＿＿＿＿＿＿＿＿＿＿。

    3. 数控机床开机后必须要回零，这是因为：＿＿＿＿＿＿＿＿＿＿

＿＿＿＿＿＿＿＿＿＿＿＿＿＿＿＿＿＿＿＿＿＿＿＿＿＿＿＿＿＿＿＿＿＿。

    4. 实习中数控车床对刀并建立工件坐标系的过程是：＿＿＿＿＿＿

＿＿＿＿＿＿＿＿＿＿＿＿＿＿＿＿＿＿＿＿＿＿＿＿＿＿＿＿＿＿＿＿＿＿。

    5. 数控铣削加工中心与数控铣床的主要区别是：＿＿＿＿＿＿＿＿

＿＿＿＿＿＿＿＿＿＿＿＿＿＿＿＿＿＿＿＿＿＿＿＿＿＿＿＿＿＿＿＿＿＿。

## 三、编制下图所示零件的数控车削加工程序（SIEMENS802C 数控系统）。

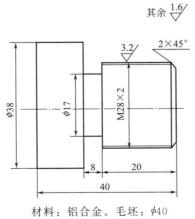

材料：铝合金。毛坯：φ40

| 程　　序 | 说　　明 |
| --- | --- |
| | |
| | |
| | |
| | |
| | |
| | |
| | |
| | |
| | |
| | |
| | |
| | |
| | |
| | |
| | |
| | |

# 12 特种加工

**填空题。**

1. 电火花成型加工和电火花线切割加工都是基于 _____ _____ 原理。

2. 数控电火花成型加工的工具是 _____，主要适于 _____ 的加工；而数控线切割加工的工具是 _____，主要适于 _____ _____ 的加工。

3. 激光加工的特点是 _____ _____， 因此适于进行 _____ 加工。

4. 超声波加工的特点是 _____ _____， 因此适于进行 _____ 加工。

5. 特种加工与机械加工相比，两者在加工原理与方法上的主要不同是：_____ _____。

ISBN 978-7-122-10105-1

定价：28.00元